*

PANOPTIKUM INTERESSANTER DINGE UND BEGEBENHEITEN

Mathias Scholz

Impressum

mathias.scholz@t-online.de

Naturwunder-Blog: http://goo.gl/xw5nKd

Herstellung und Verlag: BoD - Books on Demand, Norderstedt

ISBN 978-3-7431-1727-3

Für Kater Humpel

1. Themen

Nichts im Leben, außer Gesundheit und Tugend, ist schätzenswerter als Kenntnis und Wissen; auch ist nichts so leicht zu erreichen und so wohlfeil zu erhandeln: die ganze Arbeit ist Ruhigsein und die Ausgabe Zeit, die wir nicht retten, ohne sie auszugeben.

Johann Wolfgang von Goethe

Dieses kleine Büchlein ist ein Experiment. Es geht darin um Dinge, Themen und Begebenheiten, die zumindest der Autor - und ich hoffe letztendlich auch Sie, der Leser - in der einen und anderen Form als nicht ganz uninteressant empfinden, weil die angeschnittenen Themen vielleicht für Sie in dem behandelten Kontext neu sind oder sich dabei Zusammenhänge auftun, die nicht nur auf dem ersten Blick überraschend erscheinen mögen. Kurz gesagt, das Ziel des Büchleins ist etwas, was man in gebildeten Kreisen als „Horizonterweiterung" bezeichnen würde. Es vermittelt auf unterhaltsame Art und Weise Wissen um der Erkenntnis wegen und unter der Prämisse, dass „jede Art von Wissen" (im Unterschied zum „Nichtwissen") etwas Nützliches und Erstrebenswertes ist, und selbst dann, wenn man es vielleicht nur in gepflegten Smalltalks zur „Anwendung" bringen kann··· Und glauben Sie mir - wenn Sie es nicht schon selbst festgestellt haben - unsere „Welt" wird einen umso interessanter und erstaunlicher erscheinen, je mehr man darüber weiß. In diesem Sinne soll dieses Büchlein auch eine kleine Hommage an die Allgemeinbildung sein, deren Vernachlässigung man leider immer mehr in einer Welt, in welcher nur noch eng begrenztes Fachwissen von Wert zu sein scheint, konstatieren muss.

Vielleich animiert Sie auch das eine oder andere Thema, sich mit den behandelten Sachverhalten auch anderweitig auseinanderzusetzen - und wenn es nur ein ergänzender Blick in die Wikipedia ist (um den Zeitgeist zu frönen) oder das Thema Sie animiert, den Fernseher entgegen jeder Gewohnheit am Abend auszulassen und stattdessen wieder einmal zu einem guten Buch zu greifen. Denn die Schrift und die sie ermöglichenden Bücher und Bibliotheken sind die bei weitem wichtigsten Erfindungen, welche die Menschheit in ihrer Geschichte hervorgebracht hat, nicht etwa das Fernsehen, das Internet, das Automobil oder das Smartphone, wie manche vielleicht annehmen mögen. Denn Bücher bewahren Wissen über das Leben der Menschen hinaus auf, die dieses Wissen einst einmal zusammengetragen, zusammengestellt und vielleicht sogar selbst erarbeitet haben. Sie stellen das eigentliche Gedächtnis der Menschheit dar und sind damit die Grundlage für jeden wissenschaftlich-technologischen und natürlich auch kulturellen Fortschritt. Deshalb verachtet Bücher nicht! Denn ohne Bücher und Bibliotheken gäbe es mit Sicherheit heute all das nicht, was unser Leben in einer modernen Gesellschaft so bequem und lebenswert macht. Schon der große mährische Pädagoge Johann Amos Comenius (1592-1670) schrieb im Jahre 1650:

„Wenn es keine Bücher gäbe, wären wir alle völlig roh und ungebildet, denn wir besäßen keinerlei Kenntnisse über das Vergangene, keine von göttlichen oder menschlichen Dingen. Selbst wenn wir irgendein Wissen hätten, so gliche es den Sagen, die durch die fließende Unbeständigkeit mündlicher Überlieferung tausendmal verändert wurden. Welch göttliches Geschenk sind also die Bücher für den Menschengeist! Kein größeres könnte man sich für ein Leben des Gedächtnisses und des Urteils wünschen. Sie nicht lieben heißt die Weisheit nicht lieben. Die Weisheit aber nicht lieben bedeutet, ein Dummkopf zu sein. Das ist eine Beleidigung für den göttlichen Schöpfer, welcher will, dass wir sein Abbild werden."

2. Wunderkammern

Eng mit den Bibliotheken verwandt (und in denen man bekanntlich Bücher und Schriften aller Art sammelt) ist das Panoptikum, die Wunderkammer, in der man seit dem späten Mittelalter und in der beginnenden Neuzeit „Dinge", in erster Linie „Kuriositäten", naturkundliche Objekte sowie Kunstgegenstände, meist alles andere als systematisch gesammelt und aufbewahrt hat. Ein weltweit bekanntes Beispiel dafür ist das berühmte „Grüne Gewölbe" in Dresden, welches Sie unbedingt besuchen sollten, wenn es Sie einmal nach Dresden verschlägt. Es ist die Schatz- und Wunderkammer der Wettiner Fürsten, die darin ihre Kunstschätze seit 1724 öffentlich zugänglich gemacht haben. Obwohl es sich hier eher um eine Kunstsammlung handelt, kann sie ihren Ursprung aus dem gerade in der Barockzeit unter den weltlichen Herrschern weit verbreiteten Wunsch nach dem Besitz „wunderlicher und kurioser Dinge" kaum verheimlichen. Ja, August der Starke stellte selbst fähige Künstler und Handwerker seiner Zeit an, um entsprechende Exponate nach seinen Wunschvorstellungen herstellen zu lassen. Ich denke hier nur an den Hofgoldschmieds Johann Melchior

Dinglinger (1664-1731), dessen Arbeiten (beispielsweise „Das goldene Kaffeezeug" (1701) oder das „Bad der Diana" (1704)) auch heute noch zu den herausragenden Exponaten des „Grünen Gewölbes" zählen.

Der Begriff der „Wunderkammer" wurde meines Wissens zum ersten Mal in der sogenannten „Zimmerischen Chronik", der Familienchronik der Grafen von Zimmern aus Meßkirch in Baden-Württemberg (sie entstand zwischen 1564 und 1566), verwendet, um damit eine unspezifische Kunst-, Naturalien- und Kuriositätensammlung zu bezeichnen, wie sie besonders im Zeitalter des Barocks unter Landesherrn und vermögenden Bürgern weit verbreitet waren. Damit konnte man angeben, seine hohe Bildung beweisen und sein Vermögen in diesem Sinne „sinnvoll" anlegen. Exponate gab es zuhauf. Insbesondere die Entdeckungs- und Handelsreisen nach „Übersee" brachten stetigen Nachschub an Tierbälgen, Trophäen, ethnographischen „Kuriosa" mit, die dann in entsprechenden „Kuriositätenkabinetten" landeten···

Es gab aber auch „städtische Wunderkammern", die sich, wie die im ostsächsischen Zittau, bis auf das Jahr 1564 zurückverfolgen lassen. In genau diesem Jahr wurde hier mit der Schenkung einer Wiener Standsonnenuhr quasi ihr „Grundstein" gelegt. Aus deren reichem Bücherbestand entwickelte sich im Laufe der folgenden Jahrhunderte eine überaus wertvolle Bibliothek, die zu Teilen noch heute im Altbestand der Christian-Weise-Bibliothek erhalten geblieben und Interessenten zugänglich ist. Einige der Kunstgegenstände daraus (wie z. B. der „Engelmannsche Himmelsglobus" von 1690 oder die Armillarsphäre von 1790) können im Zittauer Stadtmuseum besichtigt werden.

In früheren Zeiten bezeichnete man solch eine „Wunderkammer" meist als ein Panoptikum. Heute wird dieser Begriff gewöhnlich nur noch als Synonym für ein „Wachsfigurenkabinett" verwendet, welches ja, wenn man es richtig betrachtet, in einem gewissen Sinn auch nur eine spezielle Art von „Wunderkammer" darstellt, insbesondere dann, wenn man sich vor Augen führt, wie die dort ausgestellten und ausgesprochen lebensecht wirkende Figuren hergestellt werden.

Im Sinne des Titels dieses Buches wollen wir uns unter „Panoptikum" dann doch eher ein „barockes Kuriositätenkabinett" vorstellen, welches eine Vielzahl unterschiedlichster „wunderlicher Dinge" enthält, wobei der Begriff „wunderliche Dinge" sehr weit gefasst wird und nicht nur „dinghafte" Objekte, sondern auch Begebenheiten, Lebensschicksale, wissenschaftliche und philosophische Erkenntnisse, geschichtliche Ereignisse sowie technische und kulturelle Errungenschaften umfassen soll. Und wenn diese Dinge nicht nur bemerkenswert, sondern auch noch interessant sind (d. h. eine kognitive Anteilnahme auch ohne erkennbaren höheren Zweck bei Ihnen als Leser oder Betrachter hervorrufen), ja dann sind sie vielleicht sogar Thema dieses Buches···

3. Es gibt nichts Neues unter der Sonne

So, und damit soll es auch schon mit der ganze Vorrede gewesen sein. Denn wie heißt es schon in der Bibel unter „Prediger 1,9“: *„Es gibt nichts Neues unter der Sonne.“* Denn, wenn man es ganz genau betrachtet, ist alles, was Sie im Folgenden lesen werden bzw. sogar alles, was Sie in ihrem Leben bis heute bereits gelesen haben oder in Zukunft noch je lesen werden, als Text in einer codierten Form in einer Zahl enthalten, deren ersten drei Ziffern (eine Vorkommastelle, zwei Nachkommastellen) ihnen garantiert bekannt vorkommt. Und wenn Sie sich darüber hinaus noch folgenden, etwas holprigen Spruch merken und dabei auch noch dessen tieferen Sinn erkennen, dann kennen Sie die Kreiszahl Pi - und um die geht es hier - sogar bis auf 31 Stellen nach dem Komma genau:

„Sei e hoch i reell bezwecket, es klappt nicht mit jenem Exponent. Imaginäre Untiefe verdecket, wer Pi mit Primzahl zwei dezent zu dieser Zahl mit Mut verrührt, bis so Einheit Erweckung spürt.“

4. Die geheimnisvolle Zahl Pi

Das ist doch schon etwas. Denn wer kennt denn schon diese Zahl auf 32 Stellen genau? Übrigens, der „inoffizielle“ Weltrekord beim memorieren der Kreiszahl liegt bei 83.431 Nachkommastellen und der „offizielle“ bei 67.890, was etwas weniger als die Hälfte der Anzahl der Wörter in diesem Buch entspricht. Oder, wenn Sie pro Sekunde eine Ziffer nennen, brauchen Sie für den „inoffiziellen Weltrekord“ gerade einmal 23 Stunden und 11 Minuten um alle 83.431 Stellen aufzusagen··· (aber zuvor müssen Sie diese erst einmal auswendig lernen!) Es ist schon erstaunlich, was sich ein menschliches Gehirn so alles merken kann (wir kommen darauf zurück)···

Pi, also das Verhältnis des Umfangs eines (euklidischen) Kreises zu dessen Durchmesser, ist nicht ohne Grund eine ganz besondere Zahl, denn es handelt sich um eine irrationale reelle Zahl (d. h. sie kann nicht als Bruch zweier ganzer Zahlen aufgeschrieben werden), sowie um eine transzendente Zahl, was bedeutet, dass sie unendlich viele Stellen besitzt, die sich nicht ab einer bestimmten Stelle periodisch wiederholt - wie das bei rationalen Zahlen der Fall ist. Der mathematisch exakte Beweis dafür gelang übrigens erst im Jahre 1882 dem deutschen Mathematiker Ferdinand von Lindemann (1852-1939). Und da Pi bekanntlich auch der Fläche eines Einheitskreises entspricht, folgt daraus zwingend, dass eine Quadratur des Kreises (einer Aufgabe, an der sich schon die Mathematiker des alten Griechenlands ihre Zähne ausgebissen haben) unmöglich ist. Was ist nun das Besondere an solch einer transzendenten Zahl? Der Mathematiker würde sagen, dass sie erst einmal irrational ist und zum anderen, dass sie niemals die Nullstelle eines irgendwie gearteten Polynoms mit ganzzahligen Koeffizienten sein kann - was mathematisch ihre Transzendenz begründet. Praktisch bedeutet das, dass eine derartige Zahl eine Folge von Ziffern ist, die keine wie auch immer geartete Regelmäßigkeit erkennen lässt. Man muss gewöhnlich jede einzelne Ziffer davon separat berechnen (was man einen „Tröpfelalgorithmus" nennt) und es lässt sich nie exakt vorhersagen, was wohl die nächste Ziffer in der Ziffernfolge sein wird - es sei denn, man rechnet sie aus. Von Pi sind heute bereits mehr als 13.300.000.000.000 Nachkommastellen bekannt (Stand Oktober 2014, Rechenzeit 208 Tage). Und dabei gilt:

„Jede endliche Näherung von Pi (unabhängig, wie groß sie auch ausfallen mag) ist klein gegenüber den unendlich vielen Stellen, die diese Zahl ausmacht."

Eine näherungsweise Berechnung von Pi Ziffer für Ziffer ist deshalb möglich, weil sich diese transzendente Zahl in verschiedener Form als eine mathematische Reihe darstellen lässt. Eine solche Reihe hat im Jahre 1682 der berühmte deutsche Universalgelehrte Gottfried Wilhelm Leibniz (1846-1716) entwickelt. Weil sie so schön ist, soll sie hier auch wiedergegeben werden:

$$\pi = 4 \sum_{k=0}^{\infty} \frac{(-1)^k}{2k+1}$$

Nur leider ist sie zur Berechnung von Pi quasi unbrauchbar, da die Reihe extrem langsam konvergiert (um die ersten zwei Nachkommastellen zu erhalten, muss man ~ 50 Glieder dieser Reihe berechnen). Deshalb wurden einige Anstrengungen unternommen, um schneller konvergierende Reihen zu finden. Eine davon stammt von dem außergewöhnlichen und in seinem Tun rätselhaften indischen Mathematiker Srinivasa Ramanujan Aiyangar (kurz „S. Ramanujan" - wenn Sie ihn kennen, sind Sie sicher Mathematiker), der irgendwann in sein noch heute in vielen Teilen rätselhafte Notizbuch folgende Reihe schrieb:

$$\frac{1}{\pi} = \frac{\sqrt{8}}{9801} \sum_{k=0}^{\infty} \frac{(4k)!\ (1103 - 26390k)}{(k!)^4\ 396^{4k}}$$

Aber auch diese Reihe ist aufgrund ihres Konvergenzverhaltens nicht für Weltrekorde im „Pi-Ausrechnen" geeignet. Hierfür verwendet man sogenannte „Tröpfelalgorithmen" (engl. *spigot algorithm*), bei der Ziffer für Ziffer ausgerechnet wird. Aber das ist ein anderes Thema, welches wir hier nur erwähnen, aber nicht weiter vertiefen wollen. Wir möchten vielmehr auf einen anderen, fundiert vermuteten, aber noch nicht bewiesenen Sachverhalt in Bezug auf Pi hinweisen, der zu erstaunlichen Konsequenzen führt. Denn wenn man neben der Irrationalität und der Transzendenz von Pi noch beweisen könnte, dass die Kreiszahl auch eine sogenannte „normale" Zahl ist, dann bedeutet das, dass jedes Buch der Welt (genaugenommen jedes endliche, in Buchstaben und Ziffern formulierte Schriftstück) irgendwo in der Zahlenfolge von Pi verschlüsselt vorliegt.

5. Jedes Buch der Welt ist in Pi enthalten

Aber was ist nun erst einmal eine „Normale Zahl"? Als normale Zahl wird in der Mathematik eine reelle Zahl bezeichnet, unter deren Nachkommaziffern für jedes k > 1 alle möglichen k-stelligen Ziffernblöcke mit gleichen asymptotischen relativen Häufigkeiten auftreten. Oder anders ausgedrückt, jede der Ziffern „0", „1", „2" ··· „9" kommt statistisch gesehen in ihr gleich oft vor. Und genau das führt zu der bereits erwähnten zutiefst logischen und unausweichlichen Konsequenz: Dieses Buch, welches Sie hier lesen, ist in verschlüsselter Form irgendwo in Pi enthalten. Und auch in allen denkbaren Kombinationen von Druckfehlern etc. pp. „Verschlüsselt" bedeutet hier nichts weiter, als dass man z. B. irgendeinen Buchstaben oder ein Zeichen gemäß dem ASCII-Code (als Beispiel für eine häufig verwendete Codierung) durch drei aufeinanderfolgende Ziffern verschlüsselt und auf diese Weise eine beliebige Zahlenfolge in Pi in eine Buchstabenfolge rückübersetzen kann. Es ist bei einer normalen transzendenten Zahl mit unendlich vielen Nachkommastellen natürlich müßig, in ihr konkret nach einem codierten Buch zu suchen (wie gesagt, jeder endliche Teil dieser Zahlenfolge ist (winzig) klein gegenüber der gesamten (unendlichen) Zahlenfolge). Auch in den 13,3 Billionen bis heute bekannten Stellen wird man in dieser Beziehung kaum mit Erfolg rechnen können..

6. ISBN und Pi

Aber nun haben sich ein paar Enthusiasten gedacht, man kann die Sache ja einmal ganz entspannt angehen und schauen, welche Bücher in den ersten 50 Millionen Nachkommastellen von Pi wohl enthalten sind - und zwar anhand ihrer ISBN-Nummer. Also flugs ein Programm geschrieben und alle ISBN-Nummern überprüft, ob ihre 13 Stellen irgendwo in diesem winzig kleinen Teil der Ziffernfolge, die Pi ausmacht, hintereinander auftauchen. Und man wurde erwartungsmäßig auch prompt fündig.

7. Schneeweißchen und Rosenrot

So ließen sich schon beim ersten Versuch 3 Bücher auf diese Weise in Pi eindeutig identifizieren, darunter die holländische Ausgabe des Märchens „Schneeweißchen und Rosenrot“ der Gebrüder Grimm. Dieses leider in der heutigen Zeit etwas in Vergessenheit geratene Märchen hat in einem Lied der deutschen Rockgruppe „Rammstein“ erst kürzlich eine gewisse Renaissance erfahren (in Form des Titels „Rosenrot“ auf dem gleichnamigen Album von 2005) und ist schnell auf YouTube zu finden. Ursprünglich ist dieses Märchen selbst eine Adaption eines anderen Märchens gewesen, welches auf die Pädagogin Karoline Stahl (1776-1837) zurückgeht und das 1837 in die berühmten Sammlung *„Kinder- und Hausmärchen“* der Brüder Grimm (Jacob (1785-1863) und Wilhelm Grimm (1786-1859)) aufgenommen wurde. Dass aber gerade diesem Märchen eine besonders tiefe tiefenpsychologische Bedeutung zukommt, wusste aber weder Karoline Stahl, die es erfunden hat, noch ahnten es die Brüder Grimm, die es in ihre Märchensammlung übernommen hatten. Erst der bekannte Theologe und Psychoanalytiker Eugen Drewermann, der übrigens eine sehr lesenswerte Biografie über Giordano Bruno (1548-1600) geschrieben hat (ISBN 3-423-30747-1), gelang diese wahrhaft fundamentale Entdeckung···

8. Die Brüder Grimm und das "Deutsche Wörterbuch"

Doch zurück zu den Brüdern Grimm. Ihre eigentliche Leistung als Germanisten liegt in der Herausgabe des *„Deutschen Wörterbuchs"*, ein Werk von 34.824 Seiten, welches erst 1961, also 123 Jahre nach dessen Beginn, vollendet werden konnte. Es ist heute für jedermann im Internet kostenlos einsehbar, kann aber auch als 33-bändige gedruckte Ausgabe in Leder für schlappe 4000 € als Zierde für die heimische Bücherwand erworben werden. Wenn man also wissen will, was ein bestimmtes deutsches Wort, welches es eventuell noch nicht bis in die Wikipedia geschafft hat, genau bedeutet, dann ist Grimm' s Wörterbuch zweifellos die erste Wahl, um das in Erfahrung zu bringen. Oder wissen sie auf Anhieb, welche Bedeutung das Verb „abblatten" hat? „Entblättern" ja, aber „abblatten"? Wenn ja, denn sind Sie entweder Mediziner oder Jäger. Denn „abblatten" tut das Wild, wenn es das grüne Laub von jungen Bäumen zupft oder aber das Schultergelenk, wenn aus irgendeinem Grund der *Nervus suprascapularis* gelähmt ist. Wörter haben also eine Bedeutung und eine Herkunft. Beides versuchten Jacob und Wilhelm Grimm für jedes deutsche Wort, dessen sie irgendwie habhaft werden konnten, zu ermitteln.

9. Was ist ein Idiot?

Dabei gingen ihnen natürlich ursprünglich einige Wörter durch die Lappen, da sie zu ihren Lebzeiten noch nicht Eingang in den normalen Wortschatz gefunden hatten. So beispielsweise das schöne und oft genutzte Wort „Idiot", welches aus dem Griechischen stammt und eigentlich nichts anderes als eine „Privatperson" bezeichnet. Heute weiß man, dass eine Privatperson unter gewissen Umständen durchaus ein „Idiot" sein kann, und zwar dann, wenn sie sich wie ein Dummkopf oder Trottel (leitet sich wahrscheinlich für das in Österreich übliche Wort „trotteln" für den gemächlichen Pferdegang her) anstellt. Das Wort *„idiotes"* hat also seit Homer einen gewissen Bedeutungswandel erfahren. Deshalb fühlt man sich auch beleidigt, wenn man als „Privatperson" (oder noch häufiger als „Amtsperson") auf diese Weise tituliert wird. Wir verwenden alle tagtäglich eine Unmenge von Wörtern, deren Bedeutung uns als Muttersprachler zwar voll bewusst ist, aber über deren Herkunft wir gewöhnlich so gut wie nichts wissen.

10. Etymologisches Wörterbuch

Damit sich dieses „Nichtwissen“ nicht kultiviert, wurde 1883 das „Etymologische Wörterbuch der Deutschen Sprache“ erfunden und bis heute 25-mal verlegt. Es ist mittlerweile im *„Digitalen Wörterbuch der deutschen Sprache“* aufgegangen. Darin zu schmökern kann durchaus Spaß machen. Lehrreich ist es allemal. So weiß man gewöhnlich, dass in einer Poliklinik (DDR-Bezeichnung für ein Ärztehaus) viele Krankheiten behandelt werden und dass der Polytheismus die Vielgötterlehre ist. Aber warum zum Teufel wird „Poli“ einmal mit „i“ und „Poly“ ein anderes Mal mit „y“ geschrieben? Haben Sie sich darüber schon einmal Gedanken gemacht? Die Antwort ist eigentlich ganz einfach. Das griechische Wort *„polys“* bedeutet „viel“ - deshalb Polyp, wenn man viele Arme hat oder Polyhistor, wenn man ein „Vielwisser“ ist wie z. B. Gottfried Wilhelm Leibnitz (1646-1716) oder, unter den Physikern, Lew Landau (1908-1968), oder Sie selbst, wenn Sie Zeit und Mut aufbringen, dieses Buch bis zum Ende zu lesen. Die Polizei dagegen ist genauso wie die Poliklinik nichts weiter als eine städtische Einrichtung. Und eine Stadt nannten die Griechen nun mal „Polis“ - so wie die Amerikaner ihre große Stadt in Indiana „Indianapolis“ oder ihre große Stadt in Minnesota folgerichtig „Minneapolis“ nannten. Dass man im preußischen Berlin in manchen zwielichtigen Kreisen die Polizisten verächtlich „Polypen“ geschimpft hat (und zwar bevor dafür das schöne Wort „Bullen“ in den allgemeinen Sprachgebrauch, insbesondere einiger linksalternativer Mitbürger, überging), muss entweder an deren rudimentären Griechisch-Kenntnissen oder der Fähigkeit der Polizei, wie ein „Polyp“, quasi „vielarmig“, Gesetzesbrecher zu ergreifen, gelegen haben.

11. Hans Albers als "Der Greifer“

Daraus leitete sich dann, glaube ich, die quasi wieder eingedeutschte Form „Der Greifer“ für einen ganz bestimmten Polizisten aus Essen ab (genauer Otto Friedrich Dennert, „Kriminaloberkommissar“), der in dem gleichnamigen Film von 1958 durch Hans Albers (1891-1960) verkörpert wurde. Hans Albers sieht man heute nicht mehr so oft im Fernsehen.

12. Münchhausens Ritt auf der Kanonenkugel

Aber sein Ritt auf der Kanonenkugel in dem Film „Münchhausen“ von 1943 ist und bleibt trotzdem legendär. Da fragt man sich als Laie: Ist so etwas überhaupt möglich? Als Physiker möchte ich antworten: Ja, natürlich. Wenn die Kanonenkugel auf dem Boden liegt. Einfach draufsetzen. Andernfalls, im Fluge, nein. Die Abschussgeschwindigkeit einer Kanonenkugel zur Zeit des Russisch-Österreichischen Türkenkrieges (zu jener Zeit, 1736-1739, handelt der Film) dürfte bei ~150 m/s gelegen haben. Da ist nicht nur das Aufsteigen ein ernstes Problem. Selbst das „Festhalten“ dürfte *in realo* ziemlich schwierig werden. Auch das Kunststück, welches der Legende nach Hieronymus Carl Friedrich von Münchhausen (1720-1797) vor der Feste Otschakov am Schwarzen Meer vollbrachte, indem er mitten im Flug auf eine entgegenkommende Kanonenkugel umstieg, erscheint bei einer Relativgeschwindigkeit von dann, sagen wir mal 300 m/s, bereits vom Gefühl her als etwas unrealistisch. Ich denke, hier hat der Baron eindeutig gelogen. Das Gleiche gilt auch für *„Münchhausens Theorem, Pferd, Sumpf und Schopf“* (Hans Magnus Enzensberger). Denn wenn es wahr wäre und der Baron hätte sich wirklich selbst mit samt seinem Pferd - und zwar am eigenen Schopf - aus dem Sumpf gezogen, dann hätte Isaak Newton (1642-1726) mit seinem Theorem *„actio=reactio“* wahrlich einpacken können. Die Welt würde sich dann aber auch viel wunderlicher verhalten und wäre wahrscheinlich nicht mehr wiederzuerkennen. Also, wenn Sie einmal die dem Baron von Münchhausen zugeschriebenen Geschichten lesen möchten (was ich nur empfehlen kann, z. B. auf Google Books *„Des Freiherrn von Münchhausen wunderbare Reisen und Abentheuer zu Wasser und zu Lande“*), behalten Sie immer im Hinterkopf: Es handelt sich dabei um Lügengeschichten.

13. Lügen, Logik, Paradoxien

Gelogen wurde bekanntlich schon immer. Das ist eine Binsenweisheit. Kleine Lügen helfen das Leben angenehmer zu gestalten, große Lügen erreichen eher das Gegenteil. Und Lügen können auch zu unüberbrückbaren logischen Problemen führen, wenn man z. B. felsenfest behauptet *„Dieser Satz ist falsch!“*. Das ist eine moderne Form der Aussage *„Alle Kreter sind Lügner“* - sobald er von einem Kreter artikuliert wird. Hier kollidiert eine Aussage mit der Aussagenlogik. So etwas nennt man ein logisches Paradoxon. Wenn der obige Satz mit den Kretern wahr sein sollte (wie es einst Ephimedes, der Kreter, behauptete), dann folgt aufgrund der Selbstreferenz, dass er falsch ist - und umgekehrt. Diese direkte Selbstreferenz lässt sich leicht durch zwei aufeinanderfolgende Aussagen aufheben - aber ohne, dass es irgendwie besser wird: *„Der nächste Satz ist falsch. Der vorhergehende Satz ist wahr“*. Auch hier wird einem ganz wirr im Kopf. Wenn die Aussage wahr ist, dann ist sie falsch - also kann sie nicht wahr sein, und wenn die Aussage falsch ist, so ist sie wahr, kann also nicht falsch sein. „Logisch“ ist dieses Paradoxon offensichtlich nicht aufzulösen.

Ähnlich verhält es sich mit der Aussage *„Nichts, aber auch gar nichts in diesem Buch ist wahr“* im Vorwort eines Buches (nicht dieses - es hat nämlich keines!). Im Falle eines Romans ist das erst einmal nur eine Feststellung, die sicherlich für das gesamte Buch gilt (man denke nur an die Romanfigur James Bond von Ian Fleming), jedoch nicht für das Vorwort selbst, welches vom Autor eventuell vorangestellt wurde. Wenn aber das Vorwort zum Buch gehört, dann impliziert die Aussage, dass auch das Vorwort inkl. dieses Satzes unwahr ist, also der Roman selbst dagegen Tatsache (angenommen, das Vorwort besteht nur aus der Bemerkung „Mindestens eine Aussage in diesem Buch ist falsch“. Dann muss der Hauptteil des Buches mindestens einen Fehler enthalten. Angenommen, der Hauptteil des Buches ist jedoch völlig fehlerfrei. Dann ist das Vorwort wahr, wenn es falsch ist, und falsch, wenn es wahr ist.)

14. Mister Shanks hat sich verrechnet

Dieses Paradoxon widerspiegelt in einem gewissen abstrakten Sinn auch die Tragik des Mathematikers William Shanks (1812-1882), der zu seinen Lebzeiten natürlich noch keine Zugriff auf die Webseite www.pibel.de hatte, weshalb er die Mühe auf sich nahm, die von uns schon behandelte Zahl Pi Ziffer für Ziffer anhand einer speziellen Reihenentwicklung von Hand auszurechnen. Seine Tragik bestand darin, dass er bei Erreichen der 528. Dezimalstelle einen Fehler machte (entspricht dem Hauptteil seiner Abhandlung, während er im Vorwort behauptete, dass alle Ziffern richtig sind) und es nicht bemerkte, was dazu führte, dass alle folgenden Ziffern (er berechnete Pi bis zur 707. Dezimalstelle ohne Taschenrechner!) auch falsch waren. Dieser Fehler hatte aber glücklicherweise keinen Einfluss auf das körperliche und geistige Wohlbefinden von Mr. Shanks, denn der Fehler wurde erst 1945, 63 Jahre nach dessen Tod, entdeckt··· Hätte er damals geahnt, dass er sich an irgendeiner Stelle verrechnet hat, dann wäre die Suche nach der fehlerhaften Stelle eine Tortur geworden. Denn wenn die letzte Ziffer, die er berechnet hat, falsch ist, dann ist mit hoher Wahrscheinlichkeit auch die Ziffer davor falsch. Aber nicht nur diese, sondern wahrscheinlich eine ganze Reihe von Ziffern (hier konkret 176). Um den Fehler zu finden, muss man offensichtlich an der Stelle wieder von vorn beginnen, von der man ganz genau weiß, dass sie richtig ist.

15. Lose und Trugschlüsse

Ähnlich, wie man nicht weiß, wo der Fehler in der genannten Ziffernfolge liegt, weiß man auch nicht, welches Los in einem Lostopf mit, sagen wir einmal, 10.000 Losen, gewinnt. Wenn man aus diesem Lostopf ein Los zieht, dann erwartet man bei einer Wahrscheinlichkeit von 1/10.000 natürlich nicht, dass man genau das Richtige zieht. Auch bei jedem weiteren Zug dürfte die Erwartung nicht sonderlich größer werden, einen Treffer zu landen. Interessanterweise steht der Erwartung, dass man nicht das richtige Los ziehen wird, im Gegensatz zu der Tatsache, dass irgendjemand doch gewinnt. Die Lotterieindustrie baut nämlich auf der Überzeugung eines Loskäufers auf, welches da lautet *„Irgendjemand muss ja schließlich gewinnen, warum nicht ich?"*. Zugleich davon überzeugt zu sein, dass zwar keines der Lose, die man zieht, gewinnen wird, gleichwohl aber ein glücklicher Gewinner ermittelt wird, erscheint irgendwie widersprüchlich. Deshalb ist es nicht rational, an beide Aussagen zugleich zu glauben. Die Einzige Strategie, die bleibt, ist möglichst viele Lose zu kaufen, um die Wahrscheinlichkeit, nicht nur die Nieten zu ziehen, signifikant zu erhöhen. Diese Strategie taugt aber nichts, wenn der Gewinn des richtigen Loses bei 10.000 Losen bei vielleicht 5000 Euro liegt, jedes Los aber 10 Euro kostet··· Der Satz *„Irgendjemand muss ja schließlich gewinnen, warum nicht ich?"*, ist also in letzter Konsequenz ein Trugschluss.

Und nun noch ein Beispiel für den „Praktiker", der regelmäßig mit der Erwartung, endlich doch noch Millionär zu werden, Lotto (6 aus 49) spielt. Eine kleine Rechnung mit den mathematischen Mitteln der Kombinatorik zeigt, dass es genau 13.983.816 unterschiedliche Möglichkeiten gibt, 6 Ziffern aus den 49 auszuwählen. Nehmen wir mal an, 32 Losscheine mit je einem Tipp wären aufeinandergelegt genau 1 Zentimeter dick, dann ergeben 13.983.816 Losscheine einen Stapel von etwa 4,37 Kilometer Länge. Genau einer von diesen Losscheinen soll nun die richtige Kombination von 6 Zahlen, die gewinnen haben. Dann bedeutet „Losglück" im Sinne von 6 Richtigen, dass sie zufällig genau den richtigen Schein aus dem 4,37 Kilometer langen Losscheinstapel ziehen. Und wenn auch noch die Superzahl richtig sein soll, dann ist der Stapel schon 43,7 Kilometer lang··· Wie sie sehen, auch wenn Sie 10 oder 100 Tipps machen - nun ja, die Wahrscheinlichkeit auf diese Weise Millionär zu werden, ist praktisch nicht vorhanden.

16. Gourmet-Tipp: Hering mit Schlagsahne

Trugschlüsse (Paralogismen) findet man übrigens sehr häufig, z. B. in der Gastronomie („Schlagsahne ist gut, Hering ist gut. Wie gut muss erst Hering mit Schlagsahne sein!“) oder in der Gynäkologie („Im Frühjahr kehren die Störche heim. Im Frühling steigt die Geburtenzahl. Die Rückkehr der Störche befördert offensichtlich die Geburtenzahl.“). Aber auch sonst ist man nicht gegen Trugschlüsse gefeit, denn sie müssen nicht logisch widersprüchlich sein. Trugschlüsse zu erkennen, ist oftmals nicht immer einfach, besonders wenn sie begrifflich auf scheinbare Korrelationen beruhen, für die es keinen echten Wirkzusammenhang gibt. Dazu ein Beispiel aus der Wissenschaft der Klimatologie. An einem immer gleichen Ort werden seit über 100 Jahren kontinuierlich Temperaturmessungen durchgeführt, die nun statistisch ausgewertet werden. Dabei zeigt sich tendenziell eine Erhöhung der Jahresmitteltemperaturen im Laufe Jahre, die man deshalb irgendwie folgerichtig mit einer allgemeinen Klimaverschiebung zu höheren Temperaturen hin („Globale Erwärmung“) in Verbindung bringt. Nun befand sich die Messstation ursprünglich am Rande einer Stadt, deren Außengrenze sich im Laufe des Jahrhunderts durch Bebauung immer mehr nach außen verschob und irgendwann den Ort der Messstation in sich aufnahm. Nun sind Städte aufgrund ihrer Bebauung „Wärmeinseln“, d. h. der „Beton“ der Häuser heizt sich tagsüber in der Sonne besonders stark auf. Der Effekt der „Klimaerwärmung“ im Fall der Temperaturreihe dieser speziellen Messstation kann deshalb genauso durch den Wärmeinseleffekt (die „Wärmeinsel“ Stadt dehnt sich im Laufe der Zeit durch die kontinuierliche Bebauung der Randbereiche immer mehr aus) hervorgerufen sein - mit dann, wenn man nicht aufpasst, entsprechend falschen Schlussfolgerungen.

Viele Fehlschlüsse sind relativ leicht zu erkennen. Das gilt aber nicht für alle. Zusammenhänge in Natur und Gesellschaft sind oft so komplex, dass es schon aufgrund unsicheren Wissens zu Fehlschlüssen kommen kann. Reine Logik kann da nicht immer weiter helfen, wenn Informationen zur Beurteilung von Sachverhalten fehlen, unscharf sind oder objektiv nicht bestehende Korrelationen vortäuschen. Hier sei nur auf die oftmals gravierenden Unterschiede in der objektiven und subjektiven Risikobewertung im Alltag hingewiesen (Was ist objektiv gesehen risikoreicher, die Fahrt mit dem Auto zum Flugplatz oder der Flug im Flugzeug von Flugplatz zu Flugplatz?).

17. Über Knaffs, Plautze und Hunkies sowie Hemputis, die überwiegend rot sind

Logik funktioniert auch mit, ich will mal sagen, etwas ungewohnten Objekten. Oder wissen Sie vielleicht, was „grüne Hunkis", Plautze, Hemputis oder Knaffs sind? Trotzdem können Sie mit etwas logischem Nachdenken sicherlich folgende einfache Frage beantworten:

Alle Knaffs haben die gleiche Form und sind gleich groß. Alle grünen Hunkis haben ebenfalls die gleiche Form und Größe. Zwanzig Knaffs passen gerade in einen Plautz. Alle Hemputis enthalten grüne Hunkis. Ein grüner Hunki ist zehn Prozent größer als ein Knaff. Ein Hemputi ist kleiner als ein Plautz. Wenn der Inhalt aller Plautze und Hemputis vorwiegend rot ist, wie viele grüne Hunkis können maximal in einem Hemputi sein?

Logik bedeutet ja vom Wort her, „vernünftig schlussfolgern". Sie ist deshalb in Form der Aussagenlogik ein wichtiges Werkzeug der Mathematik, um beispielsweise mathematische Sätze zu beweisen, weshalb sich der Mathematik-Student auch zwangsweise damit herumplagen muss. Und sie hilft natürlich im täglichen Leben.

Um einmal ganz aktuell zu sein (Januar 2015), wenn also Sachsen zu Deutschland gehört und, wie unsere Bundeskanzlerin A. M. gesagt hat, der „Islam" zu Deutschland, und man davon ausgeht, dass Herr Tillich (der gegenwärtige Ministerpräsident von Sachsen) mit der Aussage recht hat, dass der Islam nicht zu Sachsen gehört, ja, dann gehört zweifelsfrei Sachsen nicht zu Deutschland. Und es stellt sich die Frage: Darf ein Ministerpräsident so etwas öffentlich behaupten?

18. Unscharfe Logik

Logik ist ein scharfes Schwert, wie schon die alten Griechen erkannten. Aber nicht alles im Leben erscheint eindeutig und scharf. Nehmen wir als Beispiel den eBook-

Reader, das Tablett oder das Smartphone, welches Sie vielleicht gerade zum Lesen dieser Zeilen verwenden. Sie alle besitzen eine Batterie, die sie mit der nötigen elektrischen Energie für deren Funktion versorgt. Im Gegensatz zum Ein- und Ausschalter, der den Energiefluss herstellt oder abbricht, ist die Batterie entweder leer oder in einem Zustand irgendwo zwischen „leer“ und „voll“. Solche Zustände nennt man unscharf. Sie lassen sich nicht in ein „wahr“ - „falsch“ oder „0“ - „1“ - Korsett zwängen. Um auch solche Zustände mathematisch zu beschreiben, wurde die „unscharfe Logik“, besser als „Fuzzy-Logik“ bekannt, ab etwa dem Jahr 1965 entwickelt (Den Begriff "fuzzy logic" prägte der amerikanische Elektrotechnikprofessor Lotif A. Zadeh, der an der Universität in Berkeley, Kalifornien, gelehrt hat). Später, als sich die auf der „scharfen Logik“ beruhende Digitaltechnik immer mehr etablierte, erkannte man auch schnell deren Grenzen. Das führte zur Entwicklung einer mehrwertigen Logik, die schließlich in der modernen Fuzzy-Logik mit ihrer mittlerweile unüberschaubar gewordenen Anwendungsbreite (man denke hier besonders an die Steuerungs- und Regeltechnik) aufgegangen ist.

Wenn Sie auf Ihrem Smartphone also eine Übersetzungs-App installiert haben, welche die Schriftzüge eines zuvor mit dessen Kamera geknipsten Dokuments in eine andere Sprache übersetzt, dann geht das nur mit Fuzzy-Logik. Und wenn es in ein paar Jahren serienmäßig Autos geben wird, die völlig autonom fahren (damit sie derweil flensburgpunktelos mit dem Handy telefonieren oder mit dem Smartphone im Internet surfen können), dann geht das nur mit komplexen Regelkreisen, die auf Fuzzy-Logik aufbauen.

Aber neben Aussagenlogik, der Prädikatenlogik und der Fuzzy-Logik (um nur Einige zu nennen) gibt es auch noch weitere „Logiken“ wie die für Männer nur schwer deutbare „Frauenlogik“ sowie die für Frauen nur schwer deutbare „Männerlogik“. Aber diese sind weniger ein Thema der Mathematik, sondern mehr ein Thema der sich exzessiv ausbreitenden Ratgeberliteratur···

19. Ratgeberliteratur: Frag Mutti!

Diese Art von Literatur ist vom Ursprung her ein Produkt der Aufklärung und ist gerade dabei, ihren Höhepunkt auf solchen Internetplattformen wie *„Frag Mutti“* zu erreichen. Früher hieß es oft, guter Rat sei teuer. Heute gibt es dafür kostenlose Apps. Und ich (der Autor) sage ehrlich, ich empfinde diese Entwicklung als durchaus positiv.

Ohne ein Youtube-Video hätte ich beispielsweise das Notebook, auf dem ich hier schreibe (ein HP Pavilion g7), nie aufbekommen, um den seit einiger Zeit nervtötend lauten Lüfter kostengünstig auszutauschen. Beim wieder Zusammenschrauben ist zwar eine Schraube übrig geblieben. Aber das soll ja ganz normal sein, wie mir ein Servicetechniker einmal schmunzelnd erklärt hat.

20. Schrauben und Gewinde

Dabei ist die Schraube zwar eine schon recht alte Erfindung (man erinnere sich an die Archimedische Schraube), aber als ultimatives technisches Verbindungselement erst ein Kind der technischen Revolution des ausgehenden 18. und des beginnenden 19. Jahrhunderts. Nachdem 1744 der Schraubendreher (wir ältere Semester kennen ihn noch als „Schraubenzieher“) erfunden wurde, gelang es bereits 53 Jahre später einem englischen Erfinder und Maschinenbauer auch den in diesem Zusammenhang unentbehrlichen Gewindeschneider zu erfinden, der die Herstellung der Schraube, die ja den erfolgreichen Einsatz eines Schraubendrehers erst ermöglicht sowie einen tieferen Sinn verleiht, wahrlich revolutionierte. Damit war der Siegeszug der Schraube, die sich bekanntlich für die Verbindung von Metallteilen besser eignet als der schon länger bekannte Niet, nicht mehr aufzuhalten. Heute werden übrigens fast ausschließlich Schrauben mit standardisierten metrischem Gewinde eingesetzt. Aber es gibt natürlich Ausnahmen, die selbstverständlich auf britischem Mist gewachsen sind, genauso wie die Rechtslenkervarianten diverser Automobile.

Ein Beispiel ist auch die Schraube am Kopf ihres Fotostativs (soweit Sie eines besitzen), mit der Sie gewöhnlich Ihre Digitalkamera am Stativ befestigen. Es handelt sich hier um eine Schraube mit einem ¼ Zoll-Gewinde.

21. Kampf gegen zu geringe Tiefenschärfe - Fotostacking

Gerade solch ein Stativ ist von großem Nutzen, wenn man gezwungen ist, nicht allzu lichtstarke oder sehr langbrennweitige Objektive einzusetzen wie der Autor, der als Liebhaberei der Makrofotografie frönt (siehe http://wincontact32naturwunder.blogspot.de). Hier sind Verwacklungen geradezu tödlich, wenn man beim Fotografieren auf eine hohe Bildqualität aus ist. Das liegt an dem großen Abbildungsmaßstab, der bei einem guten Makro maximal meist bei 1:1 liegt. Problematisch ist dagegen die geringe Tiefenschärfe, die es bei nahen Objekten erlaubt, nur einen sehr dünnen Streifen wirklich scharf abzubilden. Und dieser Streifen ist oftmals nicht mal 1 mm breit. Aber dem lässt sich abhelfen, in dem man auf dem Stativkopf zuerst einen Fotoschlitten und darauf erst die Kamera befestigt. Der Fotoschlitten erlaubt es, die Kamera an das zu fotografierende Objekt - z. B. den Kopf einer Schmeißfliege - heranzufahren und dann eine Serie von Aufnahmen zu machen, wobei der Schlitten immer um ca. 1/10 mm an das Objekt heranbewegt wird. Jede Aufnahme zeigt jetzt eine andere scharfe Schnittebene mit dem Objekt. Und der Rest, das Zusammenführen der Aufnahmeserie zu einem Gesamtbild besonders hoher Tiefenschärfe (die allein durch Abblenden des Objektivs niemals zu erreichen gewesen wäre), kann ganz automatisch ein Computerprogramm übernehmen. Dieses Verfahren nennt man Fotostacking. Auf diese Weise lassen sich äußerst eindrucksvolle Aufnahmen kleiner Objekten wie z. B. Insekten, anfertigen. Das Verfahren selbst ist nicht besonders schwierig. Das Problem besteht eher darin, die als Beispiel genannte „Schmeißfliege“ zu überreden, während der ca. 15 bis 20 Schritte umfassenden Annäherung - und zwar ohne sich zu bewegen - in die Kamera zu lächeln···

22. Schmeißfliegen

Das Wort „schmeißen“, welches in der Bezeichnung „Schmeißfliege“ steckt, stammt übrigens aus dem Althochdeutschen und lässt sich am besten mit „beschmieren“ oder „besudeln“ übersetzen. Früher, als die Chemie in Form von Antioxidantien noch keinen Einzug in die Butterherstellung gefunden hatte und auch der Kühlschrank noch weitgehen unbekannt war, wurde die Butter im Sommer oft ranzig. Ranzige Butter, bei der die in ihr enthaltene Fette und Lipide durch Oxidation zersetzt wurden, entwickelt bekanntlich einen ganz eigenen unverwechselbaren „Duft“, der gerade Fliegen der Familie *Calliphoridae* in besonders großen Scharen anzulocken pflegt. Wenn sie sich dann auf der übelriechenden Butter niedergelassen haben, werden sie sich zwangsläufig mit dem ranzigen Fett besudeln, also althochdeutsch „schmeißen“, weshalb man sie auch „Schmeißfliegen“ genannt hat. Da ranzige Butter seit der Zugabe von Antioxidantien sowie aufgrund der fast ausschließlichen Lagerung im Kühlschrank eher selten geworden ist, sollte man im Spätsommer zur Beobachtung von Schmeißfliegen (die Bekannteste unter ihnen ist die grüngolden glänzende „Goldfliege“ *Lucilia sericata,* die nun wahrlich jeder kennt) am besten auf den Fruchtkörper der Stinkmorchel (*Phallus impudicus*) ausweichen.

23. Gourmet-Tipp: Hexeneier

Dieser aufgrund seiner Phallusform unverwechselbare Pilz ist oft so dicht mit Schmeißfliegen und Rothalsigen Silphen (*Oiceoptoma thoracicum*, einem Aaskäfer) besetzt, dass man dessen olivfarbene übelriechende Fruchtmasse, Gleba genannt, in vielen Fällen gar nicht mehr erkennen kann. Dem erfahrenen Mykologen sagt diese Beobachtung, dass es hier nichts mehr zum Sammeln gibt. Aber vielleicht sind in der Umgebung noch ein paar „Hexeneier“ zu finden, deren Verzehr man bekanntlich in manchen Gourmet-Kreisen nicht ganz abgeneigt ist. Dazu muss man nur deren äußere, etwas lederartige Haut entfernen und vielleicht noch die darunter liegende Gallertschicht abpopeln. Der Rest lässt sich in Scheiben schneiden und wie Bratkartoffeln zubereiten. Soll übrigens echt lecker sein. Zum Schluss noch ein Tipp. Hexeneier gehen im Sammelkorb oder Sammelbeutel oft kaputt, was sie schnell unappetitlich aussehen lässt - von dem austretendem grünlichem Gallertzeug ganz zu schweigen. Hier hilft es ungemein, wenn man einen Eierkarton, am Besten in der Klappform, zur Hand hat.

24. Eierkartons und Frühstückseier

Derartige Eierkartons sind mit Füllung in jedem Supermarkt erhältlich. Sie enthalten braune oder weiße potentielle Rühr-, Spiegel-, Sol-, pochierte oder Frühstückseier aus meist ökologisch verträglicher Käfig- oder Bodenhaltung mehr oder weniger unglücklicher Hühner. Besonders am Wochenende ist das Frühstücksei beliebt, welches meist 5 Minuten in siedendem Wasser gekocht wird („kochendes Wasser“ ist falsch, weil man Wasser im Gegensatz zu einer Suppe nicht kochen kann). Dabei ist zu empfehlen, das Ei anzustechen, damit es nicht zerplatzt, sobald es mit dem heißen Wasser in Berührung kommt. Das ist andernfalls zu erwarten, da sich mit der Erhitzung die im Ei eingeschlossene Luftblase ausdehnt und durch die damit verbundene Druckerhöhung die Schale auseinandertreibt. Das ist eine direkte Konsequenz des von Amedeo Avogadro (1776-1856) im Jahre 1811 aufgestellten und nach ihm benannten Gesetzes. Es besagt, dass bei einem Gas in einem konstanten Volumen (Inneres des Hühnereis) bei Temperaturerhöhung der Gasdruck ansteigt. Übersteigt dabei die Druckkraft die Festigkeit der Eierschale, dann platzt sie auf, was man leicht an dem dann am Riss austretenden Eiklar erkennen kann, von wo aus es bei der Gerinnung im Kochwasser unappetitliche weiße Fäden zieht.

25. Nicht-Newtonsche Flüssigkeiten

Eiklar ist bekanntlich flüssig und gilt damit als eine Flüssigkeit. Aber es ist keine gewöhnliche (man sagt auch „Newtonsche") Flüssigkeit, wie Sie sicherlich selbst schon oft bemerkten, als Sie versuchten, ein kleines Stück Eierschale mit den Fingern aus einem frisch in eine Schüssel geschlagenen Hühnerei heraus zu pulen. Das ist nämlich gar nicht so einfach, weil „Eiklar" eben keine gewöhnliche Flüssigkeit wie beispielsweise Benzin oder Diesel ist (Wasser tut nur so, als ob es eine „gewöhnliche" Flüssigkeit wäre, was aber so auch nicht stimmt. Wasser ist nämlich alles andere als eine „gewöhnliche" Flüssigkeit). Das Eigelb dagegen kann man leicht vom Eiklar trennen, am besten mit Hilfe einer leeren Cola- oder Saftflasche aus Plastik. Probieren Sie es einfach mal aus···

Doch kommen wir zurück, zu „Flüssigkeiten", genauer Fluiden, die sich nicht wie „normale" Flüssigkeiten oder normale Fluide verhalten (auch feiner Sand ist ein „Fluid", wie der Blick in eine klassische Eieruhr beweist).

Nach der „reinen" Lehre, sind beispielsweise nicht-newtonische Flüssigkeiten „Flüssigkeiten", die ein auffällig nichtlineares viskoses Fließverhalten zeigen, d. h. sie ändern ihre Viskosität („Fließverhalten"), wenn sich die auf sie einwirkenden Scherkräfte verändern - etwas, was bei „gewöhnlichen" Flüssigkeiten bekanntlich nicht der Fall ist. Man kann eine solche Substanz leicht selbst herstellen, in dem man aus Maisstärke und Wasser eine nur leicht breiartige Flüssigkeit herstellt. „Dilatanz" ist dann erreicht, wenn man mit dem Löffel die Flüssigkeit nur noch ganz langsam umrühren kann. Erhöht man die „Rührgeschwindigkeit", dann wird das „Umrühren" immer schwieriger, da sich die Flüssigkeit in Bezug auf die dabei auftretenden Scherkräfte zunehmend wie ein Festkörper verhält. Man kann dann sogar beobachten, dass sich in dem Medium auf einmal Risse bilden, was natürlich für eine breiartige Masse ziemlich ungewöhnlich ist. Sie können aber auch einen gewöhnlichen Hammer hernehmen und die „Bahnseite" seines Kopfes auf den Maisstärkebrei legen. Er wird dann schnell einsinken. Wenn Sie mit ihm aber schnell auf die Flüssigkeitsoberfläche schlagen, dann ist es so, als ob sie damit auf ein Brett hauen: der Maisstärkebrei verhält sich in diesem Fall wie ein Festkörper. Die plötzliche Zunahme der Viskosität hat seine Ursache in einer Strukturänderung im Fluid, die dafür sorgt, dass die einzelnen Fluid-Partikel auf einmal stärker miteinander wechselwirken. Schon Osborne Reynolds (1842-1912) konnte im Jahre 1885 dieses Phänomen am Beispiel von feuchtem Treibsand erklären. Denn er verhält sich bekanntlich auch „nicht-newtonisch".

26. Versinken im Treibsand?

„Treibsand" ist genaugenommen eine Dispersion von feinem Sand und Wasser, wie sie in der Natur nur selten vorkommt (berüchtigt ist in diesem Zusammenhang der Rand des Namak-Sees im Iran - aber dass in dessen Treibsand Menschen auf Nimmerwiedersehen versinken, wie Einheimische gern behaupten, ist trotzdem nur ein Märchen). Man bekommt ihn höchstens einmal im Fernsehen oder im Kino zu Gesicht, wenn man sich Abenteuerfilme der frühen 1960er Jahre anschaut. Denn damals war das „Versinken" im Treibsand ein beliebtes Stilmittel zur Erhöhung der Spannung der jeweiligen Handlung (denn je mehr sich das Opfer bewegte, um sich zu befreien, desto schneller versank es im Sand - eine grauenhafte Vorstellung). Man denke hier nur an das mit sieben Oscars gekrönte Werk „Lawrence von Arabien" mit Peter O' Toole und Omar Sharif in den Hauptrollen. Dort gibt es eine sehr eindrucksvolle Szene, in der einer der Diener von T.E. Lawrence (der meisterhaft von Peter O' Toole gespielt wurde) vor den Augen seines Herrn, ohne dass der ihm helfen konnte, im Treibsand versinkt. Nur ist diese Szene nicht gerade physikalisch exakt dargestellt. Aufgrund der hohen Gesamtdichte der Wasser-Sand-Dispersion wird nämlich ein Mensch darin nicht weiter als, sagen wir, bis zum Bauch, einsinken können, da die Dichte des menschlichen Körpers immer geringer ist als die des Treibsandes. Aber ohne Hilfe von außen wird sich ein Mensch trotzdem in den meisten Fällen nicht aus dieser misslichen Lage befreien können - da er quasi im „Schlamm" stecken bleibt.

Und nun noch ein paar Worte zur Erklärung des Phänomens einer solchen dilatanten Treibsanddispersion: In Ruhe liegen in ihr die feinen Sandkörner dicht gepackt vor, wobei die Zwischenräume zwischen den Körnern vollständig mit Wasser gefüllt sind. Wird dieses Gemenge nun einer Scherbelastung ausgesetzt, so gleiten die Sandpartikel aneinander vorbei, wobei das Wasser gewissermaßen als Schmiermittel wirkt und damit die Reibung insgesamt herabsetzt. Ein Körper (z. B. unser Hammer im Beispiel des Maisstärkebreis) wird dann mit einer von der Scherrate abhängigen Geschwindigkeit einsinken. Steigt die Scherbelastung an (Hammerschlag), so wird der Abstand zwischen den Sandkörnern etwas größer und der sie verbindende Wasserfilm reißt mit dem Effekt, dass die Schmierwirkung abnimmt und der Reibungswiderstand entsprechend stark ansteigt.

Übrigens, wenn man ein Schwimmbecken mit der bereits erwähnten zähflüssigen Maisstärkedispersion füllt, dann kann man es Jesus gleichtun (z. B. Johannes 6, 16-21) und mit schnellen Schritten darüber laufen ohne zu versinken. Wenn man aber stehenbleibt, geht es einem wie dem berühmten Taucher in Arthur Schramms Zweizeiler (wir kommen darauf zurück)...

Normale Flüssigkeiten sind in ihren fluiden Eigenschaften im Vergleich zu dilatanten Flüssigkeiten auf dem ersten Blick sehr einfach strukturiert. Man kann für sie analog zu dem berühmten Newtonschen Bewegungsgesetz, nach der „Kraft = (träge) Masse mal Beschleunigung" ist, auch eine Bewegungsgleichung aufstellen, welche in der Lage ist, alle Strömungsphänomene „newtonscher Flüssigkeiten und Gase" grundsätzlich zu beschreiben. Man nennt sie nach ihren Urhebern „Navier-Stokes-Gleichung".

27. Navier-Stokes - ein Milleniums-Problem

Um Sie etwas zu erschrecken, möchte ich die Gleichungen (es handelt sich um ein System nichtlinearer partieller Differentialgleichungen) hier mal kurz aufschreiben, ohne sie aber gebührend erklären zu wollen oder auch nur zu können (dafür gibt es umfangreiche Fachliteratur). Es geht hier lediglich um die „Optik", damit Sie einmal sehen, mit was sich Mathematiker, Physiker, Meteorologen sowie Ingenieure aus dem Fachbereich der Strömungsmechanik beruflich so herumschlagen müssen:

Navier-Stokes-Gleichungen

$$\frac{\partial}{\partial t} u_i + \sum_{j=1}^{n} u_j \frac{\partial u_i}{\partial x_j} = \nu \Delta u_i - \frac{\partial p}{\partial x_i} + f_i(x,t) \qquad (x \in \mathbb{R}^n, t \geq 0)$$

$$div\, u = \sum_{i=1}^{n} \frac{\partial u_i}{\partial x_i} = 0 \qquad (x \in \mathbb{R}^n, t \geq 0)$$

Anfangsbedingungen: $u(x,0) = u^0\,(x) \qquad (x \in \mathbb{R}^n)$

Die Anwendungsfälle dieses Gleichungssystems sind enorm. Man benötigt es beispielsweise, um die Windschnittigkeit von PKW zu optimieren sowie für die Berechnung der Flügelprofile und der Auslegung der Triebwerke moderner Passagier- und Kampfflugzeuge. Astrophysiker benutzen es, um „Jets", die aus den Kernen aktiver Galaxien (Quasare) herausschießen, mathematisch zu simulieren und um auf diese Weise ihre Funktionsprinzipien immer besser zu verstehen. Für den Meteorologen, der sich mit den komplexen Strömungsvorgänge in der unteren Erdatmosphäre auseinander setzen muss, sind sie genauso unverzichtbar wie für den Ingenieur, dessen Aufgabe beispielsweise in der Entwicklung moderner Kraftwerksanlagen oder Schiffsantrieben liegt. Kurz gesagt, die Navier-Stokes-Gleichungen sind ein Gleichungssystem mit überragender praktischer Relevanz. Und hier liegt auch schon das Problem. Man weiß bis heute nicht (bis auf ein paar triviale Einzelfälle), wie man sie exakt (d. h. analytisch) lösen kann. „Numerisch" - d. h. mit Hilfe von Computern - Näherungslösungen für alle möglichen Anwendungsfälle zu finden, ist dagegen kein Problem mehr. Trotzdem wäre es von allergrößter Bedeutung zu beweisen, dass es für die Navier-Stokes-Gleichungen exakte Lösungen gibt - und zwar egal, wie die Anfangsbedingungen aussehen. Denn dann könnte man deren zeitliches Verhalten quasi determiniert erforschen und so zu neuen Einsichten in komplexe dynamische Systeme, die oft mit dem Begriff des deterministischen Chaos verbunden werden, gelangen. Man denke hier an die kurzfristige Wetter und langfristige Klimavorhersage, an die Bewegung von Planeten und Planetoiden um Sterne (Stichwort n-Körperproblem), an komplexe Lebensvorgänge oder an die Entwicklung von Börsenkursen, die sich im Detail bekanntlich kaum vorhersagen lassen. Aus diesem Grund wurde die Frage nach exakten Lösungen der Navier-Stokes-Gleichungen auch in die Liste der 7 „Milleniumsprobleme" der Mathematik aufgenommen, für deren Lösung jeweils ein Preisgeld von einer Million US-Dollar ausgelobt sind. Wer also Zeit und Muße hat und obendrein noch eine Million Dollar verdienen möchte...

Übrigens, bis heute (2016) konnte nur eines von diesen sieben Problemen gelöst werden, die sogenannte Poincaré-Vermutung. In die Überprüfung der Lösung wurden allein mehrere Jahre Arbeit hochkarätiger Spezialisten investiert, bis die Gemeinde der Mathematiker sicher war, dass der von dem extravaganten russischen Mathematiker Grigori Perelman vorgelegte (aber niemals von ihm selbst in einer mathematischen Fachzeitschrift veröffentlichte) Beweis korrekt ist. Von der Öffentlichkeit ist dabei weniger die intellektuelle Leistung des mittlerweile freiwillig arbeitslosen Mathematikers als dessen Weigerung, sowohl die Fields-Medaille (quasi der „Nobelpreis" für junge Mathematiker) als auch das Preisgeld anzunehmen, mit Aufmerksamkeit bedacht worden. Übrigens, wer einmal etwas Anspruchsvolleres als diesen Text lesen möchte, die Arbeiten von Grigori Perelman sind leicht im Internet zu finden (ArXiv)···

28. Warum Mathematik wichtig ist

Nun noch kurz ein paar Bemerkungen dazu, wie wichtig gute Kenntnisse in Mathematik sind, wenn man Naturwissenschaftler oder Ingenieur werden möchte. Schon mancher erstsemestrige Physikstudent war alles andere als angenehm überrascht, als er feststellen musste, dass die ersten beiden Jahre hauptsächlich aus Mathematik-Vorlesungen bestehen - und die Hochschulmathematik ganz anders dargeboten wird, als er es von der Schule bis dahin gewohnt war (in den ersten vier Semestern macht es genaugenommen so gut wie keinen Unterschied, ob man Mathematik oder Physik studiert). Professionell Physik zu betreiben bedeutet, dass man erst einmal die „Amtssprache" dieser höchst anspruchsvollen Wissenschaft erlernen muss, und das ist nun mal die Mathematik. Das bedeutet jedoch nicht, dass man besonders gut im „Kopfrechnen" sein muss (das können viele Verkäuferinnen, soweit sie nicht an Supermarktkassen sitzen, oftmals besser als manche gestandene Mathematik- oder Physik-Professoren), sondern es gilt ein mathematisches Verständnis auf möglichst hohem Niveau zu entwickeln, um dieses „Werkzeug" dann auch erfolgreich zur Problemlösung einsetzen zu können. Und das kann man nur durch üben, üben und nochmals üben. Deshalb sollte man sich als Student nicht wundern, dass man jede Woche neben der obligatorischen Vorlesungsnacharbeitung zig Übungszettel plus umfangreiche Praktikumsprotokolle bearbeiten muss, um einigermaßen erfolgreich über die Runden zu kommen. Viel wichtiger als Begabung sind dabei Fleiß, eine hohe Frustrationsgrenze und der Wille, an einem Problem solange zu arbeiten, bis man „seine" Lösung gefunden hat. Und wenn sie einmal falsch sein sollte, dann einfach noch mal hinsetzen und den Fehler suchen. Wenn man dagegen nur ein lustiges Studentenleben anstrebt, dann sind die MINT-Fächer dafür definitiv nicht geeignet, es sei denn, man ist sowas wie ein „Überflieger".

Wer bereits im Vorfeld den Schock etwas abmindern möchte, den der Übergang von der Gymnasialmathematik zur Hochschulmathematik für viele Studenten bereitet, dem empfehle ich im Internet nach Videos mit Mathematikvorlesungen (z. B. auf dem Tübinger Multimedia-Server TIMMS) zu suchen und sich diese einmal anzuschauen. Kann man sich damit anfreunden, dann sollte man wirklich etwas „Mathematiklastiges" studieren, denn der intellektuelle Lohn, der einen am Ende erwartet, ist nicht zu verachten. Ansonsten wird man mit hoher Wahrscheinlichkeit die ersten Semester wohl nicht überstehen...

Ach so, der Ausgangspunkt unserer tiefgreifenden Überlegungen, die uns zu den Navier-Stokes-Gleichungen geführt haben, war - wie Sie sich sicherlich erinnern - das (meist) sonntägliche Frühstücksei. Die meisten von uns lieben es „weichgekocht", d. h. der Dotter ist in diesem Fall noch weitgehend flüssig. Um es richtig zu genießen, muss man es am besten auslöffeln. Und dazu benötigt man einen Löffel, oder, noch besser und ganz standesgemäß, einen „Eierlöffel".

29. Eierlöffel aus Plastik und Perlmutt

Solche „Eierlöffel" bestehen meistens aus Plastik (aber nicht immer). Der Grund dafür ist, dass solche Löffel geschmacksneutral sind, im Gegensatz zu Silberlöffel nicht unschön anlaufen, die Eimasse daran nicht klebt und sie auch dem Ei nicht die Wärme entziehen, wie es bei gut wärmeleitenden Metalllöffel bekanntlich der Fall ist. Nun ist es aber so, dass „Plastik" ein relativ junges Produkt der chemischen Industrie ist (löffeltaugliches Galalith wurde erst um 1897 von Wilhelm Krische und Adolf Spitteler erfunden). Deshalb wurde der „Eierlöffel" in der Barockzeit zuerst aus Elfenbein und dann besonders gern aus Perlmutt hergestellt. Und da Letztere „Perlmuttlöffel" umständlich aus der Schale der Perlmuschel hergestellt werden, kann einer von ihnen auch schnell mal einen Hunderter und mehr bei Amazon oder Ebay kosten. Deshalb werden sie ja auch eher zum Verzehr von echtem Kaviar (von dem ein Löffel ungefähr in der gleichen Preislage wie die genannten Löffel zu haben ist) verwendet, anstatt zum Verzehr von schnöden, mehr oder weniger weichgekochten weißen oder braunen Bio- oder Nichtbio-Hühnereiern.

30. Muscheln und Perlmutt

Die Besonderheit dieser speziellen Löffel ist weniger ihr Verwendungszweck, sondern ihr geheimnisvoll irisierender Glanz, der gerade für Muscheln und manchen Meeresschnecken typisch ist. Selbst die Große Teichmuschel (*Anodonta cygnea*) weist ihn auf ihrer glatten Innenfläche auf. Sie ist in manchen flachen Teichen bei uns hier in der Oberlausitz (soweit sie sauberes Wasser enthalten) noch in größerer Zahl vorhanden. Ihre Schalen findet man relativ leicht, wenn man (im Sommer!) barfuß durch den Schlamm am Rande des Schilfgürtels watet und man darauf achtet, ob man auf etwas Hartes tritt. Laut der binären Logik handelt es sich dann entweder um eine Teichmuschel oder um keine Teichmuschel (bzw. Teichmuschelschale). Aber das lässt sich mit einem beherzten Griff in den Schlamm leicht überprüfen.

Aber zurück zum irisierenden Glanz der Innenseite der Muschelschale, welcher die daraus geschnitzten Eierlöffel so begehrt und teuer macht. Der Grund dafür ist das Perlmutt, ein Verbundmaterial aus feinen Schichten von Calciumcarbonat in Form von Aragonit sowie verschiedenen, dazwischen gelagerten organischen Feststoffen. Der weiche Körper der Muschel scheidet dieses Aragonit in Form von ungefähr 10 µm breiten und 0,5 µm dicken mehr oder weniger durchsichtigen Plättchen ab, die sowohl in horizontaler als auch vertikaler Richtung leicht schräg gestellte Stapel bilden, deren Zwischenräume mit organischen Substanzen (quasi als Kleber, z. B. in Form von Chitin) aufgefüllt sind. 0,5 µm sind eine Schichtdicke, die ziemlich genau der Wellenlänge sichtbaren Lichts entspricht. Da an jeder Schicht ein Teil des einfallenden weißen Lichts an dessen Oberseite und ein anderer Teil nach Durchgang durch die Schicht an dessen Unterseite reflektiert werden, entsteht ein Gangunterschied, der zur Interferenz führt. Dabei werden bestimmte Anteile des sichtbaren Spektrums ausgelöscht und andere verstärkt, wobei je nach Blickwinkel unterschiedliche Farbtöne übrig bleiben. Das ist der Grund dafür, warum Perlmutt bunt schillert - irisiert - und deshalb Perlen aus Muscheln wie der Flussperlmuschel oder der Auster, so begehrt und teuer sind.

31. Ritter Runkel und die schwarze Perle

Besonders wertvoll sind dabei schwarze Perlen, von denen seinerzeit der berühmte Ritter Runkel von Rübenstein (sein Vorname war übrigens „Heino“) im Golf von Ormuz zufällig eine fand, und zwar in einer Auster auf der Schatzkiste, die er bei einem Tauchgang zum Wrack der "Poseidon" entdeckt hatte und die, wenn man Hannes Hegen (1925-2014) glauben darf, die goldene Prunkrüstung Alexander des Großen enthalten hat.

32. Kapitän Nearchos und die Diadochen

Mit diesem Schiff soll der berühmte Seefahrer Nearchos (360 - 312 v. Chr.), ein Admiral Alexander des Großen und aus Kreta stammend, genau vor der „Insel der Verdammten“ bei Ormuz Schiffbruch erlitten haben, was natürlich völliger Quatsch ist. Richtig ist, dass nach dem frühen Tod Alexanders (323 v. Chr. in Babylon) Nearchos in den Dienst Antigonos Monophthalmos (d. h. der „Einäugige“) trat und aktiv an den sogenannten Diadochenkriegen teil nahm. Monophthalmos gilt als einer der wichtigsten Diadochen, d. h. der Generäle, die unter sich das riesige Alexanderreich aufteilten. Er begründete damit die Dynastie der Antigoniden, die bis zum Jahre 168 v. Chr. große Teile Griechenlands (Makedonien) beherrschten.

33. Perseus, der letzte Antigonide

Ihr letzter König war Perseus (213 - 168 v. Chr.), der im Jahre 179 v. Chr. auf den makedonischen Thron gelangte. Während sich sein Vorgänger mit den Römern noch gut stellte, machte er sich durch eine heimliche Aufrüstung ziemlich verdächtig. Und das konnte und wollte sich das aufstrebende Römische Reich nicht bieten lassen. Im Sinne der Politik des „reinen Tisches“ (*tabula rasa*), wurden im Jahre 168 v. Chr. Legionen nach Makedonien in Marsch gesetzt, wo sich oberhalb des Flusses Elpeus im Nordosten Griechenlands Perseus von Makedonien verschanzt hatte. Dort wurde die griechische Phalanx am 22. Juni bei Pydna von den Römern unter Leitung des römischen Konsul Lucius Aemilius Paullus vernichtend geschlagen. Dabei waren beide Armeen etwa gleichstark. Die Römer boten ~ 38.000 Mann und die Makedonier 44.000 Mann auf, von denen auf beiden Seiten jeweils ~4000 zu Pferde kämpften. Das Gemetzel konnte durch die geniale Gefechtsführung des „vorzüglichen“ Feldherrn Paullus (Theodor Mommsen) schnell entschieden werden. Man berichtet, dass die ganze Schlacht nicht mehr als anderthalb Stunden gedauert haben soll. 25.000 Makedonier waren danach tot, verwundet oder gefangen genommen worden (von den Römern fehlt mir leider die Zahl). Der Rest, inklusive Perseus, suchte ihr Heil in der Flucht.

34. Perseus und 6000 Talente Gold

Dabei wurden dem makedonischen König die 6000 Talente Gold zum Verhängnis, die er bei der Flucht angeblich mit sich führte. Wenn man weiß, dass ein Talent einem Gewicht zwischen 25 kg und 30 kg entsprach, erscheinen einen 6000 Talente ein wenig viel. Immerhin entspricht es einem kompakten Goldwürfel mit einer Seitenlänge von etwas über 2 Meter und damit gewichtsmäßig ungefähr der Hälfte der heutigen Goldreserve Großbritanniens. Aber sei es wie es sei. Perseus wurde von seinen Fluchtgefährten verraten, nach dem er einen von ihnen erschlagen hatte. So bekam er schließlich ungewollt die Gelegenheit zu einem Kurzbesuch von Rom, wo er gezwungen wurde, an dem obligatorischen Triumphzug teilzunehmen um danach genauso unfreiwillig in einen feuchten Kerker am Fuciner See umzuziehen. Dort starb er einige Jahre später. Der römische Sieg bei Pydna führte dazu, dass das makedonische Königtum abgeschafft und der bisherige Staat in vier „freie Regionen" aufgeteilt wurde, die keine Beziehungen untereinander eingehen durften und auch jeweils unter römischer Aufsicht eigene Münzen einführen mussten. Dass die Römer die angeblich 6000 Talente Gold einsackten, braucht nicht weiter erwähnt zu werden.

35. Griechische Geschichtsschreibung

Wir wissen das von dem griechischen Historiker Polybios von Megalopolis (200 -120 v. Chr.), also einem, der „viele Leben" hatte und aus einer „Großstadt" kam··· Er wurde im Zuge der Beendigung des dritten Makedonischen Krieges als Geisel nach Rom gebracht, wo er für die Erziehung der beiden Söhne des Sohnes des Konsuls Lucius Aemilius Paullus (gestorben 216 v. Chr.), Lucius Aemilius Paullus Macedonicus (229 - 160 v. Chr.), verantwortlich zeichnete. Dort entwickelte er sein Interesse für die Geschichtsschreibung, die in seinem in Altgriechisch geschriebenen 40bändigen Werk *„Historia"* gipfelte, eine Art Universalgeschichte des römischen Imperiums. Seine Methode der Darstellung historischer Ereignisse und ihre Einordnung in die jeweils bestehenden politischen Zusammenhänge zeichnet sich durch eine Nüchternheit und eine immer der Wahrheit verpflichtete Methodik aus, die Quellenkritik mit einschließt. Er gilt deshalb neben Herodot und Thukydides als der Dritte bedeutende antike Geschichtsschreiber, an dem sich die Geschichtswissenschaft in Form der pragmatischen Geschichtsschreibung noch heute orientiert und misst. Das, was man zu Polybios Zeiten „Universalgeschichte" nannte, würde man heute „Weltgeschichte" nennen.

36. Warum es gut ist, Universalgeschichte zu studieren

Warum es auch heute noch gut und nützlich ist, „Universalgeschichte" zu studieren, hat vor über 225 Jahren ein gewisser Friedrich Schiller (1759-1805) als Thema für seine Antrittsvorlesung an der Jenaer Universität gewählt. Darin stellte er sich die noch heute aktuelle Frage:

„Welche Zustände durchwanderte der Mensch, bis er von jenem Äußersten zu diesem Äußersten, vom ungeselligen Höhlenbewohner - zum geistreichen Denker, zum gebildeten Weltmann hinauf stieg?"

Und er sah es als Aufgabe einer „Universalgeschichte" an, gerade diesen Weg in Form einer durch ein teleologisches Band verfestigte Kette von Menschheitsereignissen erfahrbar zu machen. Dabei ist nicht die Aufzählung von Ereignissen in Form einer reinen Chronik das Wesentliche, sondern das Erkennen der Zusammenhänge zwischen einzelnen Ereignissen, ihre Bedingtheit, ihr gesellschaftlicher und politischer Kontext, die Beschreibung des „Zeitgeistes" - und dasjenige, was ein „philosophischer Kopf" daraus für seine eigenen Handlungen ableitet.

Diese Vorlesung hat seinerzeit - es war die Zeit Kant' s und der Aufklärung - einen wahren Begeisterungssturm unter den Studenten ausgelöst. Leider war seine Professur ohne Gehalt, so dass er sich weiterhin mittels der Dichtkunst durchs Leben schlagen musste. Ihm half dabei die große Resonanz, welches sein Drama *„Die Räuber"* nicht nur in Deutschland gefunden hatte. Während sein zweites größere Geschichtswerk über die *„Geschichte des dreißigjährigen Krieges"* eher mittelmäßig blieb (sein Erstes, welches ihm die Jenaer Professur bescherte, war die *„Geschichte des Abfalls der Vereinigten Niederlande"*), bereicherten seine Dramen, Gedichte und Balladen den Kanon deutscher Dichtkunst ungemein und nachhaltig.

37. Weimarer Klassik

In diesem Zusammenhang ist insbesondere die tiefe Freundschaft mit Johann Wolfgang von Goethe (1749-1832) zu nennen, mit dem er zusammen mit Johann Gottfried Herder (1744-1803) und Christoph Martin Wieland (1733-1813) eine Epoche begründete, die als „Weimarer Klassik“ in die Literaturgeschichte eingegangen ist. Viele seiner Dramen und Bühnenstücke sowie Gedichte und Balladen gehören seitdem zum obligatorischen Lesestoff einer jeden Schülergeneration, wobei sich die Beschäftigung mit Schillers Werken vom Auswendiglernen berühmter Balladen immer mehr zu deren Interpretation (Gedichtsdeutung - *„Was will uns der Dichter damit sagen?“*) verschoben hat.

38. Die Glocke (von Schiller)

Noch vor hundert Jahren kannten die Schüler humanistischer Gymnasien solche Mammutgedichte wie „Die Glocke“ fehlerfrei auswendig. Immerhin besteht das *„Lied von der Glocke“* aus 425 Gedichtzeilen. Heute fragt man oft vergebens, aus welchem Gedicht wohl der Satz *„Gefährlich ist's, den Leu zu wecken, verderblich ist des Tigers Zahn; jedoch der schrecklichste der Schrecken, das ist der Mensch in seinem Wahn.“* stammt. Junge Leute haben da oftmals schon bei der Deutung des Wortes „Leu“ ihre Probleme. Aber Gott sei Dank, gab es auch begnadete Dichter, denen das *„Lied von der Glocke“* selbst zu lang erschien, und die deshalb intensiv an einer kürzeren, schülerfreundlicheren Version gearbeitet haben.

39. Goethe, Schiller, Arthur Schramm sind die Besten, die wir ham

Einer von ihnen war Arthur Schramm (1895-1994), der nicht nur als begnadeter Heimatdichter einprägsamer Zwei- und Vierzeiler, sondern auch als großer Erfinder außerhalb seiner Heimat weitgehend unbekannt geblieben ist. Seine Version von Schillers „Glocke“ dürfte die kürzeste und kompakteste sein, die je erdichtet worden ist: *„Loch in Erde, Bronze rinn, Glocke fertig, bimm, bimm, bimm.“* Aber auch er konnte einen fundamentalen Kritikpunkt an Schillers Ballade nicht ausräumen. Damit eine

Glocke „bimm, bimm, bimm" machen kann, benötigt sie bekanntlich einen Klöppel. Aber davon ist weder bei Schiller noch bei Schramm etwas zu lesen.

Doch zurück zu Arthur Schramm, der aufgrund seiner Größe in seiner Annaberger Heimat (Erzgebirge) nur der „Klaane Getu" genannt wurde. Von ihm lohnt es sich, noch ein paar weitere mehr oder weniger bekannte (*„Rumpeldipumpel, weg war'n die Kumpel! Schippe drauf, Glück auf."* *„Gluck gluck - weg war er"* („Der Taucher")) oder unbekannte (*„Die Sonne scheint ins Kellerloch. Ach lass sie doch - ach lass sie doch!"*) oder damals politisch unkorrekte (*„Der Kumpel aus dem Bergloch kriecht. Hurra, der Sozialismus siecht!"*) oder auch zeitlos schöne Sprüche (*„Sommer, Sonne, Wellenpracht, Badehose, Sowjetmacht."*) der Vergessenheit zu entreißen. Und was seine Erfindungen betrifft, hat leider nur die „MIRAMM-Wäschezange" in Form der „hölzernen Grillzange" die Zeiten überdauert.

40. Ein Zeppelin zum Fliegenfang

Und natürlich muss noch unbedingt seine größte Erfindung, der Zeppelin-Fliegenfänger, erwähnt werden, der aus Pappe bestand, einem Luftschiff nachempfunden und innen mit süßlich riechenden, für Fliegen unwiderstehlich duftenden Leimstreifen ausgekleidet war. Durch kleine Öffnungen gelangten die Fliegen in das Innere des Pappzeppelins und klebten aufgrund der nun durch die Zeppelinhülle eingeschränkten Flugfreiheitsgrade schnell an den Leimstreifen fest. Das war auf jeden Fall ein Vorteil gegenüber dem klassischen Insekten-Klebestreifen, den man heute noch als Hygieneartikel erwerben kann (1909 von dem Hustenbonbonfabrikanten Theodor Keyser erfunden und zur Serienreife entwickelt) und der immer dann seine Nützlichkeit beweist, wenn man im Sommer einer Fliegenplage Herr werden und dabei auf „Chemie" verzichten möchte. Auch war man durch diese bahnbrechende Erfindung Arthur Schramms vor dem traurigen Anblick der auf dem Leimstreifen verendeten Fliegen geschützt, was bekanntlich zarten Seelen durchaus nahegehen kann…

Zu erwähnen ist auch noch, dass vor der Erfindung des Insektenklebestreifens durch Theodor Keyser meist die sogenannte „Fliegenklatsche" das Fliegenvernichtungsgerät der Wahl war. Oder aber, die Hausfrau versuchte die lästige „Fliege" einfach und hinterhältig zu vergiften, so wie es die berühmte Marie-Madeleine Marguerite d'Aubray, Marquise de Brinvilliers (1630-1676) mit ihrem Vater und zwei ihrer Brüder getan hat.

41. Fliegenpilz und Fliegentod

Dazu sollte der Sommer aber nicht zu trocken sein, denn dazu benötigt man zumindest einen Fliegenpilz (*Amanita muscaria*). Die Anwendung ist recht einfach. Man zerschnippelt den Fliegenpilz, legt die Schnipsel auf einen für die Fliegen frei zugänglichen Teller, befeuchtet die Pilzmasse etwas und verteilt reichlich Zucker darüber. Schon nach kurzer Zeit werden die Fliegen an der süßen Substanz nippeln, um dann kurze Zeit später mit den Symptomen einer akuten Fliegenpilzvergiftung von der Decke bzw. der Lampe (und wenn man Pech hat, in die Suppe) zu fallen. Für Menschen dagegen ist der Fliegenpilz, der ja als „der Giftpilz" schlechthin gilt, relativ harmlos.

Im Gegensatz zum verwandten, von der Färbung her aber leicht zu unterscheidenden Grünen Knollenblätterpilz sind vom Fliegenpilz keine tödlich verlaufenden Vergiftungen bekannt geworden. Man müsste schon mehr als ein Kilogramm frische Fliegenpilze verzehren, um ein ähnliches Schicksal zu erleiden wie die erwähnten Zweiflügler der Art *Musca domestica* (Magengrimmen gibt es aber schon bei weitaus weniger Pilzsubstanz - dank der reichlich vorhandenen Ibutensäure und dessen Zersetzungsprodukt Muscimol). Aber so gut schmecken Fliegenpilze nun auch wieder nicht. Zu Kriegszeiten, wo Lebensmittel im Allgemeinen und Speisepilze im Besonderen (hier aufgrund der hohen Sammeltätigkeit) rar waren, hat man gelegentlich auch Fliegenpilze als Nahrungsergänzungsstoffe verspeist, nach dem man sie mehrfach gekocht und das Kochwasser weggeschüttet hatte. Was nach diesem Prozedere dann am Ende übrig geblieben ist, war zwar weitgehend giftfrei, aber sicherlich auch alles andere als lecker. Aber wie sagte meine Großmutter immer *„Der Hunger treibts rein"*.

42. Kaiserlinge

Viele Leute meinen, dass der Fliegenpilz aufgrund seiner jedem Kind bekannten Form und Farbe unverwechselbar sei. Das stimmt aber nicht ganz. Denn es gibt durchaus einen ähnlichen Verwandten, und zwar einen so ausgezeichneten Speisepilz, dass er im alten Rom in erster Linie dem „Kaiser“ (der dort bekanntlich „Cäsar“ genannt wurde) und seinem Gefolge vorbehalten war. Es ist der Kaiserling (*Amanita caesarea*). Nur ist er in Mitteleuropa und speziell in Deutschland recht selten. Aber man beobachtet zunehmend, dass er sich in Folge der „allgemeinen Klimaerwärmung“ langsam auch in Süddeutschland heimisch zu fühlen beginnt. Sein Hauptverbreitungsgebiet liegt jedoch südlich der Alpen, wo er ausschließlich (ähnlich wie die Trüffel) in Laubwäldern zu finden ist.

Fungus suillus, wie der Kaiserling und manchmal auch der Steinpilz genannt wurden, war im alten Rom ein hochgeschätzter Speisepilz, den der Gourmet manchmal sogar im rohen Zustand verzehrte. Da man es damals mit der Unterscheidung zwischen „Speisepilze“ und „Giftpilze“ noch nicht so genau nahm wie heutzutage, wurde bei einem angesetzten „Pilzessen“ immer ein Brechmittel vorgehalten, um bei einem eventuellen Unwohlsein eine problemlose Magenentleerung zu ermöglichen. Galenos von Pergamon (oft kurz „Galen“ genannt, 129 - 215 n. Chr.) kannte da als berühmter Arzt eine ganze Anzahl entsprechender Mittelchen. Sie wurden gewöhnlich auch mit der Absicht eingenommen, bei einem sich hinziehenden Fressgelage wieder freien Platz im Magen zu schaffen...

43. Geld stinkt nicht

Deshalb waren entsprechende Etablissements auch mit einem speziellen Raum, dem Vomitorium, ausgestattet, wo der dem Lukullus huldigende Römer sein Brechmittel (auch „Vomitorium“ genannt) ungestört einnehmen konnte··· Der weniger betuchte Römer musste für diesen Zweck stattdessen explizit die „Latrina“ besuchen. Latrinen waren damals äußerst wichtige Einrichtungen und die dort separat aufgestellten Urinale wurden sogar zeitweise (beispielsweise unter dem Kaiser Vespasian) mit einer speziellen Steuer belegt (*Pecunia non olet!*). Der Grund dafür war, dass der Kaiser, na was schon, Geld brauchte. Und da war es für dessen Argumentation günstig, dass einige Handwerke, z. B. die Tuchfärber und Ledergerber sowie insbesondere die damaligen Wäschereien auf den sich darin ansammelnden Urin angewiesen waren, denn „Perwoll©“ oder „Ariel©“ kannten die Römer damals noch nicht.

44. Urinale und edle blaue Stoffe

Was die Stofffärberei betrifft, ist nicht der Urin selbst, sondern das sich daraus bildende Ammoniak das wesentliche Reagenz. Es wird benötigt, um beispielsweise mit Hilfe von Färberwaid (*Isatis tinctoria*) Stoffe blau zu färben.

Bei diesem speziellen Färbeverfahren, welches als Indigofärben bekannt ist, wird zuerst das in der Färberwaidpflanze enthaltene Glykosid Indikan fermentiert. Dazu formt man die zuvor zu einem Brei zermahlenen und vergorenen Waid-Pflanzen zu Waidkugeln und lässt sie anschließend in der Luft trocknen. Auf diese Weise entsteht aus dem Indikan durch Gärung das in Wasser unlösliche gelbe Indoxyl. Um es herauszulösen, muss man diese Kugeln nur noch in abgestandener Pisse einweichen (Ammoniak!) und danach mit Pottasche (Kalziumkarbonat) reduzieren. Der nun wasserlösliche Farbstoff lässt sich jetzt problemlos auf Stoffe wie Leinen übertragen, der sich zuerst leuchtend gelb und dann, unter Einwirkung des Luftsauerstoffs, tiefblau färbt - aus Indoxyl ist durch Oxidation Indigo geworden.

Da indigoblaue Stoffe zu jener Zeit in Rom (und natürlich nicht nur dort) sehr begehrt und deshalb teuer waren, ist verständlich, warum die Latrinenbetreiber, die das von ihnen gesammelte Stoffwechselprodukt weiter veräußerten, vom römischen Staat besteuert wurden. Denn die Gerber, Färber und Wäscher waren damals ziemlich aufgeschmissen, wenn ihnen dieser spezielle „Latrinenrohstoff" ausgegangen wäre...

Doch wo kommt eigentlich das Ammoniak her, welches die geklärte Pisse in jener Zeit zu einem Wirtschaftsgut höchster Güte machte? Die Antwort ist „aus dem Harnstoff" (lat. *urea*), einem Kohlensäurediamid, welches bekanntlich beim Aminosäureabbau in Lebewesen entsteht und im Gegensatz zu dem für den Organismus äußerst giftigen Ammoniak ungiftig ist. Deshalb war es noch vor hundert Jahren auch für einen Arzt eine gute und oft praktizierte Methode, „Harn" zu kosten, um zu schauen, ob ein Patient zuckerkrank ist oder nicht. Schmeckte der Harn süßlich, dann ja, schmeckte er nicht, dann nein. Lange Zeit glaubte man, dass Harnstoff ein Stoff ist, der nur in Organismen durch die ihnen innewohnende „Lebenskraft" hergestellt werden kann.

45. Friedrich Wöhler und der Harnstoff

Dann schüttete aber eines Tages Friedrich Wöhler (1800-1882) Silbercyanat und Ammoniumchlorid zusammen und erhielt wie durch ein Wunder Harnstoff. Das brachte ihm 1828 den Professorentitel und damit verbunden ein gesichertes Einkommen ein. Heute gilt dieses Jahr 1828 als Geburtsjahr der „Organischen Chemie". Mit der „*vis vitalis*" war es damit vorbei. Also nix mit „Lebenskraft".

46. Was ist "Leben"?

Die Biologen mussten sich also etwas Neues einfallen lassen, um das Phänomen „Leben" erklären zu können. Und das ist bekanntlich gar nicht so einfach. So wurden auf der zweiten Astrobiologie-Konferenz der NASA, die im Jahre 2002 stattfand, über 100 Merkmale von Lebewesen zusammengetragen, die man so in der unbelebten Natur nicht findet. Die Frage ist, welche von diesen Merkmalen mindestens zusammenkommen müssen, um mit ihrer Hilfe eine Entität überhaupt als „Leben" erkennen zu können. Denn eine Definition des „Lebens" muss einen Wasserfloh, eine Katze wie meinen Kater Humpel, einen Schimmelpilz, eine Pusteblume und natürlich auch einen Menschen mit einschließen. Wesentlich ist aber, dass sie primär für ein „minimalistisches" Lebewesen, einen primitiven Mikroorganismus, zutreffen muss. Und diese Definition soll ja schließlich auch noch jedes denkbare „Leben", nicht nur das Irdische, umfassen. Und da wird es erfahrungsgemäß schwierig.

47. Der reitende Urzwerg

Denn selbst die primitivste irdische Lebensform, die den Namen *Nanoarchaeum equitans* („reitender Urzwerg") trägt, ist bereits ein Geschöpf, welches viel komplexer ist als das erste lebende „Etwas", welches am Ende der chemischen Evolution (Abiogenese) auf der Erde erschienen ist. Und es wird sicher auch nicht so gewesen sein, dass es „piep" gemacht hat, und dann war aus etwas „Anorganischem" etwas „Lebendiges" geworden. Der Übergang muss vielmehr ein Prozess aus vielen einzelnen, nacheinander folgenden Stufen gewesen sein und es ist nicht einmal undenkbar, dass das „Leben" auf der Erde mehrfach parallel entstanden ist, aber nur eine Lebensform, und zwar die, „die wir kennen“, überlebte und sich zu dem entwickeln konnte, was unseren Planeten vor allen anderen Planeten lebenswert macht.

48. Wann ist Leben Leben?

Ein derartig mehrstufiger Prozess macht es schwierig, eine allgemeingültige Definition von Leben zu versuchen, weil man genau und begründet darlegen muss, ab welcher Stufe der Organisationsgrad eines lebenden Organismus erreicht ist - und das kann selbst die heutige Wissenschaft nicht leisten. Man erkennt das, wenn man z. B. versucht, eindeutige Kriterien für „minimalistisches Leben“ zu formulieren, etwa in der Form Merkmal A = selbsterhaltend, Merkmal B = Energiestoffwechsel, Merkmal C = Kompartimentierung durch eine halbdurchlässige Membran, Merkmal D = Fähigkeit, Komponenten (des Organismus) selbst zu erzeugen etc. pp. (wobei schon diese Merkmale betreffend keine Einigkeit unter den mit diesem Problem beschäftigten Wissenschaftlern besteht - und noch viel weniger, was deren Wichtung betrifft). Wenn dann A+B+C+D „minimalistisches Leben“ definiert, dann muss A+B+C noch „kein Leben“ und A+B+C+D+E bereits „nicht mehr minimalistisches Leben“ sein. Dabei kommt noch erschwerend hinzu, dass die Merkmale in der Merkmalsumme natürlich über alle zur Entscheidung dienenden Merkmale permutieren können··· Es ist daher vernünftig, pragmatisch an das Problem heranzugehen. Das führt zwar dazu, dass weiterhin - so wie heute - eine Vielzahl von „Definitionen“ nebeneinander bestehen wird. Aber man kann sich dadurch auf verschiedene Weise wissenschaftlich-methodisch diesem erstaunlichen Phänomen nähern, chemisch, biologisch, systemtheoretisch, philosophisch und sogar physikalisch, wie es beispielsweise der berühmte Quantentheoretiker Erwin Schrödinger (1887-1961) einmal versucht hat.

Viele „Definitionen“ von „Leben“ heben insbesondere die Notwendigkeit der Existenz molekularer Informationsspeicher hervor, die explizit den Bauplan eines lebenden Organismus enthalten und die über sehr lange Zeiträume in der Lage sind, die darin gespeicherten Informationen stabil, d. h. quasi von Generation zu Generation, weiterzugeben. Am Extremsten hat das wohl Richard Dawkins ausgedrückt, in dem er betonte, dass ein Lebewesen im Prinzip nur ein Vehikel ist, um seine Erbinformationen in Form der DNA über die Zeiten zu retten. Oder salopp ausgedrückt, *„das Huhn ist die Methode, welche die Natur ersonnen hat, um aus einem Ei wieder ein Ei zu machen···“* Andere Definitionen heben wieder die mit dem eben Genannten zusammenhängenden Reproduktionsfähigkeiten lebender Entitäten besonders hervor.

49. Das Maultier-Paradoxon

Und da wird es kompliziert: Der Esel ist danach ein Lebewesen, das Maultier dagegen nicht. Diese diskussionswürdige Erkenntnis ist Inhalt des *„Mule paradox“*, welches die Biologen eine Zeitlang beschäftigt hat. Maultiere sind nämlich - wie allgemein bekannt - grundsätzlich unfruchtbar. Aber wer würde es schon wagen, einem solchen sympathischen und genügsamen Tier das Attribut „Leben“ abzusprechen? Damit kommt man zu einem allgemeinen Problem beim Versuch, das Phänomen „Leben“ in eine allgemeingültige Definition zu pressen. Will man nämlich über das Niveau von Tautologien der Art *„Leben ist ein Attribut lebender Systeme“* hinauskommen, muss man wiederum Begriffe verwenden, die ähnlich schwer zu definieren sind wie z. B. Komplexität, Information und Ordnung mit ihrem jeweils eigenen spezifischen Kontext. Summa summarum bleibt am Ende nichts weiter als die Feststellung, dass auch gegenwärtig noch alle Versuche, „Leben“ zu definieren, im hohen Maße umstritten sind. Es ist noch nicht einmal klar, ob es so etwas wie eine eindeutige Definition überhaupt gibt, die alle Aspekte lebender Materie adäquat zu erfassen und abzubilden vermag.

50. Wann ist Musik eigentlich Musik?

Aber vielleicht ist es ähnlich wie mit dem Versuch, ein für alle Mal definieren zu wollen, was beispielsweise „Musik“ ist? Zumindest für den Autor gilt hier die zwar subjektive, aber ansonsten pragmatische Antwort - *„ich weiß es in dem Moment, wenn ich sie höre …“* Dabei ist genaugenommen die Frage, wann „Geräusche“ in Musik und „Musik“ in Geräusche umschlagen, ähnlich schwer zu beantworten, wie die Frage des Übergangs zwischen unbelebter und belebter Natur am Ende der chemischen Evolution vor ca. 3,8 Milliarden Jahren. Diese Frage ist vielleicht sogar noch schwieriger, da die Einschätzung, wann Geräusche „Musik“ sind, nur subjektiv möglich ist, während sich die zweite Frage zumindest theoretisch objektiv beantworten lässt. Ich kann mir jedenfalls vorstellen, dass manche moderne Orchesterwerke einem Menschen wie Johann Sebastian Bach (1685-1750) wie üble Geräusche vorgekommen wären. Aber daran erkennt man auch, dass Musik „Zeitgeist“ ist, also nach Johann Gottfried Herder (1744-1803) die Mentalität einer Epoche widerspiegelt. Wenn man die Welt verstehen will, kommt man deshalb nicht umhin, sie historisch zu analysieren.

51. Dummheit als Weltmacht

Denn, wie Karl Jaspers (1883-1969) es einmal gar trefflich ausgedrückt hat: „*Wer nur die Gegenwart kennt, muss verblöden*" - womit wir beim Thema der geistigen Armut und damit bei einer Weltmacht ohnegleichen angelangt sind, der Dummheit. Ihr Gegenteil ist in gewissem Sinn der Verstand. Und nichts auf der Welt ist gerechter verteilt, als der Verstand, denn jeder denkt, er hat davon genug abbekommen. Beides, Dummheit und Verstand, bilden einen dialektischen Gegensatz und beide sind allgemeine menschliche Phänomene, welche die Welt verändern können - im Guten wie im Schlechten. „*O sancta simplicitas!*" sollen die letzten Worte Jan Hus auf dem Scheiterhaufen gewesen sein, auf dem man den großen böhmischen Reformator am 6. Juli des Jahres 1415 in Konstanz verbrannte. Hätte man zu diesem Zeitpunkt schon diese politisch äußerst dumme Tat in ihren Konsequenzen überblickt, hätte man für die folgenden Jahrzehnte viel Leid verhindern können. Aber andererseits, wenn es nicht zu den Hussitenkriegen gekommen wäre, hätte es halt andere Kriege gegeben ··· Nun ja, die menschliche Dummheit···

Dummheit ist erst einmal nichts anderes als der Mangel an Urteilskraft aufgrund geringen Wissens, wobei mangelhafte Intelligenz ein Grund sein kann, aber nicht sein muss. Deshalb soll im Folgenden „Dummheit" nicht im Sinne einer krankhaften Beeinträchtigung, im Sinne von Schwachsinn oder Idiotie, verstanden werden, dessen Träger keine Schuld daran tragen. Es geht um selbstverschuldete Dummheit sowie um (meist unbewusste) Dummheit als eine weit verbreitete Lebenseinstellung. Dazu gehört auch die Beobachtung, dass bei vielen Menschen außergewöhnliche Klugheit auf einem Gebiet mit einer schauerlichen Dummheit auf einem anderen Gebiet durchaus einhergehen kann. Aber das ist der hochgradigen Spezialisierung geschuldet, denn in der Arbeitswelt ist natürlich Spezialwissen mehr gefragt als Allgemeinwissen. Die tägliche oder allgemeine Dummheit äußert sich dagegen an einem pathologischen Desinteresse an Dingen, die der kluge Mensch aus innerem Antrieb zu erfahren sucht und weshalb er z. T. beachtliche Mühen auf sich nimmt, um an ihnen intellektuell teilhaben zu können. Dies ist übrigens schon Arthur Schopenhauer (1788-1860) aufgefallen, der in seinem Aphorismenwerk „Parerga und Paralipomena" schrieb:

„*··· die meisten Menschen haben, wenn auch nicht mit deutlichem Bewusstsein, doch im Grunde ihres Herzen, als oberste Maxime und Richtschnur ihres Wandels den Vor-*

satz, mit dem kleinstmöglichen Aufwand an Gedanken auszukommen, weil ihnen das Denken eine Last und Beschwerde ist. Demgemäß denken sie nur knapp soviel, wie ihr Berufsgeschäft schlechterdings nötig macht, und dann wieder soviel, wie ihre verschiedenen Zeitvertreibe, sowohl Gespräche als Spiele, erfordern, die dann aber beide darauf eingerichtet sein müssen, einem Minimo von Gedanken bestritten werden zu können. Fehlt es jedoch, in arbeitsfreien Stunden an dergleichen, so werden sie stundenlang am Fenster liegen, die unbedeutendsten Vorgänge angaffend, eher als dass sie ein Buch zur Hand nehmen sollten, weil dies die Denkkraft in Anspruch nimmt."

Merken Sie was? Es hat sich seit Schopenhauer nichts Entscheidendes geändert. Die Bank vor dem Fenster ist bei manchen Mitmenschen nur vom Sessel vor der Glotze oder dem Stuhl vor dem Monitor der Spielkonsole abgelöst worden. Auch mit einem Smartphone kann man sich stundenlang beschäftigen, ohne dass sich darin irgendein intellektueller Nutzen ersehen lässt. Womit sich gleich die zweite große Erkenntnis niederschreiben lässt, zu der schon Erasmus von Rotterdam (1466?-1536) in seiner *„Lob der Torheit"* gelangt ist: *„Dummheit ist zeitlos"*. Und Christus sagte in seiner Bergpredigt bekanntlich (hier in Kirchenlatein zitiert): *Beati pauperes spiritu quoniam iprosum est regnum caelorum,* was sich mit etwas Chuzpe kurz und bündig mit „Dumm und glücklich" als erstrebenswerten Gemütszustand übersetzen lässt (na gut, wenn man das Zitat etwas bösartig misinterpretiert..).

Auf einen in diesem Zusammenhang Nachdenkens werten Sachverhalt hat Robert Musil (1880-1942) im Jahre 1937 hingewiesen, in dem er bemerkt, „dass, wer über die Dummheit spreche, sich natürlich anmaße, nicht von ihr betroffen zu sein - oder jedenfalls nicht in einem Maße, welches ihm das klare Urteilen über sie verunmöglicht. Denn sich selbst für klug zu halten, werde nämlich oft schon als ein Indiz für Dummheit gewertet".

Und hier noch eine scharfsinnig von Wilhelm Busch (1832-1908) in Reime gefasste Einsicht, die von großer Menschenkenntnis und Beobachtungsgabe zeugt:

Oftmals paaret im Gemüte
Dummheit sich mit Herzensgüte
während höh're Geistesgaben
meistens böse Menschen haben.

Aber ist Dummheit auch schädlich? Diese Frage ist nicht pauschal zu beantworten. Auch in den heutigen zivilisierten und sogenannten hochkultivierten Völkern dürfte ein gewisses Maß von Dummheit für das Bestehen des Individuums eher förderlich als hinderlich sein (Horst Geyer). Auch muss man den individuellen Schaden, den sie anrichtet (was aber vom Betroffenen gewöhnlich gar nicht bemerkt wird) von dem Schaden unterscheiden, die dumme Entscheidungen für andere mit sich bringen können. Unwissenheit und das Fehlen der Fähigkeit zum kritischen Denken, dessen Überwindung von Kant in den Satz gefasst wurde *„Habe Mut, dich deines eigenen Verstandes zu bedienen!"*, wird heute immer noch in der Politik schamlos ausgenutzt, um nicht dem Gemeinwohl, sondern partikuläre Interessen oder diverse Ideologien dienenden Entscheidungen durchzusetzen. Man hat manchmal den Eindruck, dass der alte Spruch *„halt du sie dumm, ich halt sie arm"*, immer noch eine Maxime parteipolitischer Einflussnahme ist.

52. Dann ziehen Sie doch nach Fukushima!

Man denke hierbei nur an die sogenannte Energiewende, über die man ein eigenes Traktat schreiben könnte. Gerade bei ihr ist für den Fachmann (damit mein ich eine Person, die weiß, wie Energieerzeugungs- und Verteilungssysteme funktionieren und was es bedeutet, dass zu jedem Augenblick genau so viel elektrische Energie bereitgestellt werden muss, wie im gleichen Augenblick „verbraucht" wird) eine große Dissonanz zwischen der technischen Wirklichkeit und der Meinung und Vorstellung der Vielzahl der Bürger zu beobachten. Und dabei ist die Verwechslung von installierter Leistung (Nennleistung) und verfügbarer Leistung gerade bei den „Erneuerbaren" nur eine der vielen „kognitive Fehlleistungen", die eine sachliche Diskussion der Energiewende eher erschweren und dazu führen, dass solche Diskussionen oftmals schnell in quasireligiöse Glaubensbekenntnisse abdriften.

Dazu nur folgende Beobachtung. Liest man Foren, wo z. B. über das (durchaus diskussionswürdige) „Für" und „Wider" der Kernenergie gestritten wird, dann lassen sich darin schnell diejenigen Diskutanten als unbedarft erkennen, die auf Einwände lediglich mit der überaus „klugen" Floskel *„na dann ziehen Sie doch nach Fukushima"* antworten, ansonsten aber nichts Belastbares zur Diskussion beitragen können. Und das sind nicht wenige. Gerade bei diesem Thema kommt man mit rationalen Argumenten in der Regel nicht weit, weil sie zu verstehen zu anstrengend ist. Da weicht man lieber auf das schwammige „Bauchgefühl" oder mit einem Angriff auf das Persönliche aus. Was hier im Kleinen zu beobachten ist, hat natürlich Auswirkungen im „Großen", wenn es z. B. um Mehrheiten geht.

53. Demokratie

Und Demokratie bedeutet ja, nur etwas anders formuliert, nichts anderes als „Kampf um Mehrheiten", denn die „Mehrheit" bestimmt letztendlich in einer Demokratie, wo es lang geht. Und wenn man außerhalb einer Mehrheit steht, z. B. als das Symbiosium „Lobbyist und Politiker", dann wird es in seinem Sinn „Meinungsbildung" betreiben bzw. von seinen Claqueuren betreiben lassen. Dafür steht ihm Presse, Hörfunk und natürlich das Fernsehen sowie das Internet zur Verfügung, wobei Letzteres, durch seine unkontrollierbare Informationsvielfalt, eher als Gefahr wahrgenommen wird. Aber diese Gefahr ist überschaubar. Wer seine Meinung und Bildung nur aus den großen Überschriften der Bild-Zeitung oder den manipulativen Fernsehnachrichten bezieht, wird kaum im Internet nach alternativen Meinungen oder alternativen Ansichten zu einem Thema forschen und sich selbst eine, zwar dann immer noch subjektive, dafür aber fundierte und nicht zu 100% fremdbestimmte Meinung bilden. Und da das offensichtlich die Mehrheit ist, und es in der Politik auf Mehrheiten ankommt, bleibt die Masse, so traurig es auch sein mag, weiterhin leicht manipulierbar. Denn, um einmal mit Andreas Tenzer zu sprechen

„Für ein Volk, das es wagt, sich seines eigenen Verstandes zu bedienen, ist die Demokratie die beste aller Staatsformen, für ein verdummtes Volk die schlechteste."

54. Demokratie und die Tücken des Wahlrechts

Aber ist die Demokratie per se überhaupt eine ideale Staatsform? Demokratie heißt von der Wortbedeutung her bekanntlich „Herrschaft des *dēmos*" - des Staatsvolkes. Und wie kann man die Herrschaft eines Staatsvolkes am besten organisieren? - in dem man mit entsprechenden Machtmitteln ausgestattete Vertreter wählt, die jeweils einen Teil dieses „Staatsvolkes" personell und programmatisch repräsentieren. Wer dabei die Mehrheit hat, bildet die Regierung - und die Mehrheit (bzw. die „Volksvertreter") ermittelt man durch freie und geheime Wahlen. So die Theorie.

Nehmen wir das Mehrheitswahlrecht in seiner reinen Form, wie es beispielsweise 1987 nach Beendigung einer grausamen Militärdiktatur in Südkorea eingeführt wurde. Zur Wahl standen damals die drei Präsidentschaftskandidaten Roh Tae Woo (Demokratische Gerechtigkeitspartei), der spätere Friedensnobelpreisträger und koreanischer Staatspräsident Kim Dae Jung sowie Kim Young Sam, die beide die „Neue Koreanische Demokratische Partei" repräsentierten - also zwei Liberale und ein erzkonservativer Militarist. Das Volk dürstete nach Freiheit, und zusammen erhielten deshalb die zwei liberalen Kandidaten fast zwei Drittel der Wählerstimmen. Der konservative Vertreter des Militärs blieb dagegen weit unter 50% - und doch holte er die Mehrheit. Ein Ergebnis, welches offensichtlich nicht Volkes Wille widerspiegelte, aber bei einem Mehrheitswahlrecht nun mal nicht auszuschließen ist. Was kam, ließ sich eigentlich leicht vorhersagen: Die unterlegene Opposition wetterte gegen diesen frechen „Wahlbetrug" und forderte Neuwahlen. Radikale Studenten reagierten, wie üblich, mit gewalttätigen Protesten, welche wiederum, wie üblich, von der Polizei mit gewohnter Härte niedergeschlagen wurden. Und all diesen Schlamassel verursachte ein Wahlrecht, welches offenbar nur scheinbar gerecht ist. Dabei war mindestens seit 1785 bekannt, dass es keinerlei Wahlverfahren geben kann, mit dem sich der Wählerwille in einer wirklich repräsentativen Form von irgendeiner Partei umsetzen lässt. Und zwar aus rein logisch-mathematischen Gründen.

55. Das Condorcet-Paradoxon

Der „Wahlforscher" spricht hier vom „Condorcet-Paradoxon", benannt nach Marie Jean Antoine Nicolas Caritat, Marquis de Condorcet (1743-1794). Er konnte nämlich schon zur Zeit der Französischen Revolution zeigen, dass das Ergebnis einer Wahl nicht unbedingt von der Stimmabgabe, sondern auch von der Art deren Auswertung abhängen kann. Deshalb sind alle Wahlverfahren (und es gibt sehr viele!) in den demokratischen und scheindemokratischen Ländern dieser Welt auch oftmals äußerst kompliziert und man versucht, die offensichtlichen Ungerechtigkeiten mit einem System von Überhangmandaten oder mit der Realisierung zweiter und dritter Wahlgänge zu verschleiern bzw. zu korrigieren.

In vielen Ländern, so auch bei uns in Deutschland, wählt man vordergründig nicht Personen, sondern Parteien mit ihren jeweils spezifischen Wahlprogrammen, deren Inhalte aber oftmals nach dem Wahltag schnell wieder der Vergessenheit anheimfallen. Auch hier kommt es zu einem Problem, welches u. U. das System *ad absurdum* führen kann. Es lässt sich am besten an einem Beispiel erläutern, wobei zur Vereinfachung von nur zwei konkurrierenden Parteien mit jeweils einem unterschiedlichen Wahlprogramm als Angebot für die Wähler ausgegangen werden soll. Diese Parteien sollen der begrifflichen Anschaulichkeit halber die CDU und die SPD sein, wobei die folgenden „Unterstellungen" bitte nur als Beispiele verstanden werden sollten.

Die Hauptwahlkampfthemen sind: 1. Haltung gegenüber Russland; 2. Energiewende und 3. Subventionspolitik gegenüber der Wirtschaft. Die CDU tritt 1. für keine Unterstützung Russlands, 2. für eine Senkung der Energiekosten und 3. für Subventionsabbau ein. Die SPD unterstützt (in diesem Beispiel!) immer genau das Gegenteil. Nach der Auswertung der Wahl konnten folgende vier Wählerdomänen identifiziert werden: Domäne A (20% Wählerstimmen) - keine Unterstützung Russlands, Erhöhung der Energiepreise, Subventionsbeibehaltung; Domäne B (20% Wählerstimmen) - Unterstützung Russlands, Senkung der Energiepreise, Subventionsbeibehaltung; Domäne C (20% Wählerstimmen) - Unterstützung Russlands, Erhöhung der Energiepreise, Subventionsabbau; Domäne D (40% Wählerstimmen) - keine Unterstützung Russlands, Senkung der Energiepreise, Subventionsabbau. Damit ergibt sich prozentual folgende Verteilung der Wählerstimmen auf die im Wahlkampf thematisierten Punkte: gegen eine Unterstützung Russlands sprechen sich 60 Prozent der Wähler, für eine Senkung der Energiepreise auch 60 Prozent und selbst für einen Subventionsabbau votieren noch 60 Prozent. Andererseits wählte die Wählergruppe A SPD, da sie die Energiekosten erhöhen und die Subventionen beibehalten will. Auch die Wählergruppe B wählte SPD, weil sie Russland unterstützen und gegen Subventionsabbau ist; Desgleichen stimmte auch Wählergruppe C für die SPD, weil sie die Erhöhung der Energiekosten und die Unterstützung Russlands OK fanden. Nur Wählergruppe D mit 40 Prozent der Stimmen wählte CDU, da sie mit allen Punkten in deren Wahlprogramm einverstanden waren. Offensichtlich gewinnt die SPD mit insgesamt 60 Prozent die Wahl, obwohl sich gegen jedes einzelne Wahlversprechen, das sie gemacht haben, 60 Prozent aller Wähler wenden! In keinem der genannten Punkte vertritt nämlich diese Partei in diesem Beispiel die Mehrheit. Kein Wunder also, dass sich die Wähler verarscht vorkommen.

Damit will ich es erst einmal belassen gemäß dem Sinnspruch *„Si tacuisses, philosophus mansisses"*. Aber auf eine Dummheit, die auch heute noch in manchen Kreisen wie eine Wissenschaft betrieben wird, muss ich nach diesem kleinen Ausflug in die Abgründe der demokratischen Staatsform doch noch eingehen: Der Astrologie.

Sternendeuter, Horoskope und naturwissenschaftliche Bildung

Einer der größten Wissenschaftler deutscher Zunge (wenn nicht der Größte überhaup!), Johannes Kepler (1571-1630), musste davon leben, ohne von ihr gänzlich überzeugt zu sein. Von ihm stammt das Zitat

„Es ist wol diese Astrologia ein närrisches Töchterlein ··· aber lieber Gott | wo wolt jhr Mutter die hochvernünftige Astronomia bleiben | wenn sie diese jhre närrische Tochter nur hette | ist doch die Welt viel närrischer | und so närrisch | daß deroselben zu jhrer selbst frommen diese alte verständige Mutter die Astronomia durch der Tochter Narrentaydung | ··· | nue eyngeschwatzt und eyngelogen werden muß | Auch sind sonsten der mathematicorum salaria so seltsam und gering, daß die Mutter gewißlich Hunger leiden müßte, wenn die Tochter nichts erwürbe."

Man findet es in seiner 1610 in Frankfurt/M. erschienen Schrift *„Tertius interveniens, das ist die Warnung an etliche Theologos, Medicos und Philosophis, sonderlich D. Philippum Feselium, daß sie bey billicher Verwerffung der Sternguckerischen Aberglauben / nicht das Kindt mit dem Badt außschütten / und hiermit ihrer Profession vnwissendt zuwiderhandlen"*, wer es einmal im Original nachlesen möchte.

Als „Astrologie" wird gemeinhin die esoterische Vorstellung bezeichnet, dass sich aus den Positionen von Himmelskörpern (insbesondere der Planeten) zur Geburt eines Menschen dessen Schicksalswege und Persönlichkeitsmerkmale vorhersagen lassen. Diese „volkstümliche" und auch heute noch sehr populäre Lehre ist in ihrer „ernsten" Form viel komplexer als man gemeinhin anzunehmen gedenkt, wenn man in Boulevardblätter Horoskope liest. Sie selbst hat eine sehr lange Geschichte und Tradition hinter sich, die bis zu den Babylonier und Assyrer zurückreicht und die erst zu Beginn der Neuzeit (zumindest in der alten Welt) von der Astronomie methodisch getrennt wurde. Die meisten Astronomen des ausgehenden Mittelalters und der beginnenden Neuzeit waren deshalb auch oft anerkannte Astrologen, denn in der damaligen akademischen Ausbildung wurde Astronomie und Astrologie fast immer zusammen gelehrt.

Die erste große Kodifizierung der Astrologie mit dem Versuch, physikalische Wirkübertragungsmechanismen auf das Schicksal der Menschen zu postulieren, stammt von Claudius Ptolemäus (um 100 bis 175). In seinem Werk *„Tetrabiblos"* (die „vier Bücher", um 150 n. Chr.) gelingt ihm eine Zusammenfassung der hellenistischen astrologischen Vorstellungen, die er mit der Vorhersage astronomischer Erscheinungen wie spezielle Planetenkonstellationen, Mondphasen, Verfinsterungen etc. verbindet. Dabei wird ihm, wie auch vielen seiner Nachfolger, die fatalistische Natur der

Astrologie durchaus klar, die in ihrer konsequenten Form *per se* jede freie Willensentscheidung verneint. Dieses Dilemma der klassischen Astrologie konnte in der Folge nur abgeschwächt, aber nie vollständig gelöst werden und stellt in der aufgeklärten Welt auch heute noch das wichtigste Gegenargument für eine astrologische Weltsicht dar (Warum unterscheiden sich die Lebenswege und Charaktere von Zwillingen, die unter den gleichen „Sternzeichen" geboren wurden, oft fundamental?).

Erste Zweifel an der erklärten Funktionsweise der Astrologie kamen in der Renaissance auf, als z. B. Giovanni Pico Della Mirandola (1463-1494) seine in seinen *„Disputationes adversus astrologiam"* beschriebenen statistischen Untersuchungen über astrologische Wettervorhersagen versus „wahres Wetter" veröffentlichte. Auch Johannes Kepler, der, wie bereits erwähnt, einen nicht unbeträchtlichen Teil seines Lebensunterhaltes mit der Erstellung von Horoskopen bestreiten musste, hatte gewisse Zweifel an der schicksalhaften Bedeutung der Sterne, ohne dass er die Astrologie jedoch gleich völlig ablehnte. Die stärksten Gegenargumente in Bezug auf die Astrologie ergeben sich nicht aus ihrer mangelnden empirischen Bestätigung, sondern aus ihrer inneren logischen Struktur und sind damit erkenntnistheoretischer Natur. Die Frage ist, ob es überhaupt logisch möglich ist, die Astrologie mit einem Inhalt zu versehen, der die von ihr behauptete Einflussnahme der Gestirne auf die menschlichen Charaktereigenschaften in eine nachvollziehbare und überprüfbare Wirkungskette überführt, auf die wiederum die von Karl Popper (1902-1994) formulierten Anforderungen an eine wissenschaftliche Theorie angewendet werden kann. Diese Frage muss vom wissenschaftlichen Standpunkt aus verneint werden. Das erkennt man bereits daran, dass die Astrologie mit Symbolen und Beziehungen zwischen diesen Symbolen arbeitet, die sich, wenn man sie genauer betrachtet, als künstliche Konventionen erweisen und wie Dogmen behandelt werden (so wie die Tierkreiszeichen). Es ist beispielsweise hochgradig unverständlich, warum gerade die Sternbilder des Tierkreises im Zusammenspiel mit den Planeten, mit Sonne und Mond, die sich gerade darin aufhalten, irgendwelche Wirkungen auf Menschen ausüben sollen und andere auffällige Objekte wie z. B. das Sternbild Orion oder der Stern Sirius, nicht. Es ist deshalb richtig, trotz der wissenschaftlichen Methodologie, der sich Astrologen beim Erstellen von Horoskopen bedienen, hier von einer Pseudowissenschaft (oder „Cargo-Kult-Wissenschaft", ich komme darauf zurück) zu sprechen. Diese Einschätzung ist schon deshalb geboten, weil die Astrologie immanent resistent gegen intersubjektive Überprüfbarkeit ist und auch jegliche Offenheit gegenüber empirische Falsifizierbarkeit vermissen lässt.

Das große Interesse an der Astrologie in der heutigen Zeit lässt sich leicht aus dem Wunsch jedes Menschen erklären, etwas über sein künftiges Schicksal zu erfahren. Die Antwort der Wissenschaft ist dagegen eher nüchtern. Komplexe Systeme, wie die menschliche Gesellschaft, in die jedes Individuum eingebunden ist, sind prinzipiell nicht prognostizierbar. Hier bietet die Astrologie eine scheinbare Lebenshilfe, was man durchaus nicht immer kritisch sehen muss. Dort wo naturwissenschaftliche Bildung unterentwickelt ist oder fehlt, was für den größten Teil der Menschheit zutrifft, wird man sich im Alltagsleben natürlich mehr von esoterischen als von naturwissenschaftlichen Gesichtspunkten leiten lassen. Und dafür ist ein Horoskop ein ideales Mittel. Dessen Beliebtheit unter den mehr schlichten Gemütern unter uns rührt u. a. davon her, dass zumindest die Horoskope, die man in diversen Boulevardblätter wöchentlich lesen kann (und die mit „echten" Horoskopen weiß Gott nichts zu tun haben!), scheinbar eine hohe Trefferquote aufweisen. Das ist auch nicht verwunderlich, denn ihre von professionellen (man lese „geldgeilen") Astrologen am Fließband produzierten Aussagen sind sehr allgemein gehalten, unterschwellig positiv besetzt und bewirken eine Art Wiedererkennungseffekt. Dem liegt die psychologisch verständliche Neigung zugrunde, vage und allgemeine und unterschwellig positiv besetzte Aussagen über sich selbst als zutreffend zu empfinden.

56. Barnum-Aussagen

Solche Aussagen werden gewöhnlich als Barnum-Aussagen bezeichnet. Sein Namensgeber, der Gründer des New Yorkers Kuriositätenkabinetts („*Barnum ' s American Museum*") Phineas Taylor Barnum (1810-1891), begann seine Karriere als Losverkäufer und Zeitungsgründer. Später widmete er sich der Schaustellerei und gründete 1842 in New York sein „American Museum" - ein Konglomerat aus Kuriositätenkammer, Tierpark, Wachsfigurenkabinett und kabarettistischem Theater. Und er hatte damit großen Erfolg. Leider brannte es am 13. Juli 1865 komplett ab. „The New York Times" berichtete ausführlich darüber und schätzte die Schadensumme auf über 1 Million Dollar - und das zu einer Zeit, wo ein Dollar noch wirklich was wert war! Kurz gesagt, der Schaden war immens und es dauerte bis zum Jahr 2000, bis das Museum unter der Agide des New Yorker Universitätsverbundes wieder neu eröffnet werden konnte. Herr Barnum. der nach dem Brand sein Glück in der Politik suchte, hat das natürlich nicht mehr miterleben dürfen. Er starb bereits 109 Jahre vor diesem denkwürdigen Ereignis. Aber ihn hätte es sicherlich gefallen. Aber zurück zum Großbrand.

57. Chang und Eng Bunker aus Siam

Mit ihm wurde eine Person, Chang Bunker und Eng Bunker (1811-1874) aus Tambon in Siam (heute ein Teil von Thailand) für kurze Zeit arbeitslos, denn sie trat dort regelmäßig auf. Aber die Arbeitslosigkeit währte nur für kurze Zeit, denn diese Person war eine echte Attraktion und hatte es gelernt, sich selbst gewinnbringend zu vermarkten. Chang und Eng waren nämlich Zwillinge, was an sich erst einmal nichts Besonderes ist. Ihr Geburtsland Siam und der Fakt, dass sie an der Seite zusammengewachsen waren, aber schon. Kurz gesagt, Chang und Eng Bunker waren siamesische Zwillinge. Sie waren wegen dieser Laune der Natur verdammt, ihr Leben im wahrsten Sinne des Wortes gemeinsam zu verbringen. Mit 17 kamen sie in die USA und traten dort in verschiedenen Shows auf, so auch in Barnum' s Kuriositätenkabinett. Trotz oder wegen ihrer Behinderung und ihrer Geschäftstüchtigkeit waren sie durchaus geachtete Persönlichkeiten. Mit 30 Jahren heirateten sie ein Schwesternpaar und ließen sich in North Carolina nieder. Aus dieser Beziehung gingen übrigens insgesamt 22 Kinder hervor··· 1870 besuchten sie Deutschland und trafen dabei auch auf den berühmten Arzt Rudolf Virchow (1821-1902), der den Vorschlag machte, beide Brüder operativ zu trennen. Da man aber damals nicht wusste, ob sie vielleicht einige Organe gemeinsam nutzten (was nicht der Fall war, wie eine Obduktion nach ihrem Tod klarstellte), nahm man davon Abstand. Heute ist das anders.

58. Trennung von siamesischen Zwillingen

Siamesische Zwillinge werden durchaus hin und wieder einmal geboren. Die Wahrscheinlichkeit dafür liegt bei ca. 1 zu 1 Million. Am häufigsten sind Brustverwachsungen wie bei Chang und Eng. Sie lassen sich oft - genauso wie Hüftverwachsungen, relativ leicht operativ auftrennen. Auch Kinder, die am Kopf zusammengewachsen sind, versucht man heute operativ zu trennen. Ein besonderes Aufsehen erregender Fall war die Operation des Zwillingspaars Ladan und Laleh Bijani aus dem Iran. Aus anatomischen Gründen hielt man lange Zeit bei ihnen eine Trennung für völlig unmöglich. Erst ein Ärzteteam aus Singapur sahen Chancen für ein Gelingen. Und so versuchte man es im Jahre 2003. Aber der Versuch ging leider völlig daneben. Aufgrund des großen Blutverlustes während des von 28 Ärzten durchgeführten Eingriffs verstarben beide Schwestern an Kreislaufversagen.

Siamesische Zwillinge gibt es auch bei Tieren. Insbesondere Nutztiere mit zwei Köpfen (die keine „echten“ siamesischen Zwillinge sind, sondern an Dizephalie leiden) tauchen öfters mal in der Presse auf, die ja für derartige „Sensationen“ sehr affin ist. Denn sie versprechen wie Katastrophenmeldungen und Klatschgeschichten eine große Aufmerksamkeit und damit eine hohe Auflage.

59. Tageszeitungen und Journale

Die erste „echte“ Tageszeitung der Welt (die auch schon diesem Inhalt frönte) erschien im Jahre 1650 in Leipzig. Die große Verbreitung des Druckhandwerks, welches auf der Erfindung Johannes Gutenbergs (1400-1468) beruhte, machte es möglich, an jedem Tag der Woche (außer Sonntag, die Kirche war damals noch dagegen) eine „Zeitung“ erscheinen zu lassen. Zuvor erschienen „Zeytungen“ (was so viel wie „Nachrichten“ bedeutet) entweder nur unregelmäßig oder höchstens einmal die Woche. Ihre Verbreitung war meist sehr lokal und auf größere Städte und Residenzen beschränkt. Das schlägt sich oft auch in ihrem Namen wider. So in der seit 1703 ununterbrochen erscheinenden „Wiener Zeitung“ und in der ältesten in Deutschland erscheinenden Zeitung, der „Hildesheimer Allgemeinen Zeitung“ (seit 1705).

Zur Zeit der Aufklärung wurden Zeitungen - und noch viel mehr die mehr themenbezogenen Zeitschriften („Journale“) - immer beliebter und ihre Lektüre entwickelte sich zu einer regelmäßigen Wochenendbeschäftigung der gebildeten Kreise. Auf diese Art wurde der aufgeklärte Bürger immer wieder neu mit Themen für gepflegte Gespräche versorgt, wie man es sehr schön in Goethes „Faust“ im Abschnitt über den „Osterspaziergang“ nachlesen kann:

„Nichts Bessers weiß ich mir an Sonn- und Feiertagen, als ein Gespräch von Krieg und Kriegsgeschrei, wenn hinten, weit, in der Türkei, die Völker aufeinander schlagen. Man steht am Fenster, trinkt sein Gläschen aus und sieht den Fluss hinab die bunten Schiffe gleiten; Dann kehrt man abends froh nach Haus, und segnet Fried ' und Friedenszeiten.“

Und auch die Einstellung, die sich in diese Zeilen ausdrückt, dürfte dem geneigten Leser nicht ganz unbekannt erscheinen.

Zeitungen und Zeitschriften verfolgten von Anfang an zwei Ziele, einmal die Leser bei der Stange zu halten und zum anderen, Informationen in Form von Anzeigen und Inseraten zu verkaufen (und, das sollte man nicht vergessen, sie stellen auch ideale Propagandaplattformen dar). Je nach beabsichtigtem Publikum entwickelte sich daraus die seriöse Informationspresse, die ihre wichtigsten Themen aus Politik und Wirtschaft generieren, und die Klatschpresse, die entweder der Unterhaltung dient oder die mehr das Informationsbedürfnis schlichter Gemüter befriedigt.

60. Boulevard und Volksverblödung

Natürlich spricht man heute von „Boulevard", was irgendwie eleganter klingt. Er umfasst mittlerweile nicht nur Druckerzeugnisse, sondern besetzt im hohen Maße auch die Sendezeiten diverser Fernsehkanäle und ergänzt damit auf vorbildliche Weise das Anliegen der „Volksverblödung" um einen besonders wirkungsvollen Aspekt, dessen Ziel es ist, aus einfachen Menschen ein der Politik genehmes, zufriedenes und möglichst nicht aufmüpfiges „Wahlvolk" zu machen. Denn, wie man als aufgeklärter Beobachter recht schnell erkennen kann, zielt der Boulevard einzig auf *„Geld, Langeweile und die Erschütterbarkeit des sozialen Friedens, vornehmlich durch Stimulation von Angst, Schadenfreude und Neid"* ab. Banalitäten und Nebensächlichkeiten, Privates, was im Allgemeinen niemanden zu interessieren hat (nur geadelt durch die Prominenz des freiwilligen oder unfreiwilligen Opfers), sowie Dümmliches, zum Fremdschämen geeignetes, bilden einen medialen Inhalt, in dem die bürgerliche Dekadenz in vielfältiger Form gedeihen kann. Und genau das sichert den Herausgebern hohe Auflagen und Fernsehsendern hohe Einschaltquoten. Wenn man es richtig bedenkt, müsste sich bereits aus diesen Kennzahlen so etwas wie eine Quote berechnen lassen, welche die geistige Gesundheit verschiedener Völker vergleichbar machen lässt.

61. „Qualitätspresse"

Von der „Klatschpresse" ist natürlich die „Qualitätspresse" zu unterscheiden, die für sich einen Informationsauftrag in Anspruch nimmt und gemeiniglich als „seriös" gilt. Viele von ihnen haben einen guten bis ausgezeichneten Ruf wie die „Washington Post", die „Frankfurter Allgemeine" oder die „Neue Züricher Zeitung", um nur drei von ihnen als Beispiel zu nennen. „Seriös“ bedeutet hier, dass zumindest prinzipiell nachprüfbare Fakten vermittelt werden, Kommentare auch als Kommentare gekennzeichnet werden, man möglichst Ideologisieren vermeidet, sich Propaganda enthält und man, was das Wichtigste ist, den Leser nicht für dumm verkauft. Gerade der Versuch, Letzteres zu tun, lässt sich gegenwärtig an vielen Beispielen - insbesondere wenn es um politische Aussagen, Unterstellungen und Behauptungen geht - leicht beweisen. Nur bei „klugen“ Leuten verfängt die dahinter liegende Strategie nicht mehr, insbesondere auch deshalb, weil es mittlerweile eine Vielzahl von alternativen Informationsquellen gibt (Internet) und sehr viele Menschen auch einer Fremdsprache mächtig sind, was das Überprüfen von kolportierten Aussagen und Behauptungen ganz wesentlich vereinfachen kann. Diese Crux, dass bei bestimmten Themengebieten öffentliche Meinung und „veröffentlichte“ Meinung kaum noch in Einklang sind, sondern sich eher divergent verhalten, hat zu dem Kampfbegriff „Lügenpresse“ geführt, dem man als politisch interessierter und informierter Mensch durchaus etwas abgewinnen kann. So gesehen hat sich zumindest in Deutschland, insbesondere im Zuge der Euro- Ukraine- und Griechenland-Krise, dem Konflikt mit dem „Islamischen Staat“ und dem damit assoziierten Flüchtlingsproblem mit ihren außen- und innenpolitischen Implikationen sowie dem abgekühlten Verhältnis zu Russland (verkürzt auf „Putin“) der Begriff der „Qualitätspresse“ schleichend zu einen Dysphemismus entwickelt. Und das in einer Zeit, in der das auf Papier gedruckte Wort sowieso an Bedeutung verliert, ist eine solche Entwicklung natürlich alles andere als günstig für die für den wirtschaftlichen Erfolg einer Zeitung / Zeitschrift ausschlaggebenden Absatzzahlen zu bewerten. Aber diese schlichte Erkenntnis scheint in einigen Redaktionsstuben erst langsam anzukommen.

62. Sapere aude! - das beste Mittel gegen Propaganda

Eine Meinung soll sich im Sinne der Aufklärung nämlich der Leser selbst bilden (*sapere aude!*) und nicht vorgefertigt zur kritiklosen Übernahme vorgesetzt bekommen, so wie die Kuh die Silage. Und diese Grundsätze guten Journalismus gehen gerade (mit einigen wenigen löblichen Ausnahmen) den Bach runter. Dazu gehören die Verschleierung von Interessenlagen, das Beschneiden oder Weglassen von Informationen, deren unkritische Übernahme (es wird, wie man an vielen Beispielen während der Ukraine-Krise beweisen kann, in manchen Redaktionen nicht einmal mehr auf

Plausibilität geprüft), die Verteufelung einzelner Personen und - bei Online-Medien besonders beliebt - das Ausschalten der Kommentarfunktionen (natürlich nur im Sinne der Qualitätssicherung). Auch kann man wieder verstärkt beobachten, wie schlagzeilenträchtige Falschmeldungen auf der ersten Seite quasi als „Wahrheit" verkauft werden, und wenn dann ein Teil des Publikum (und Leute, die es wissen müssen) die Falschmeldung als das erkennen, was sie ist, es die Redaktion nicht einmal mehr für nötig erachtet, von sich aus eine Richtigstellung zu veröffentlichen (und wenn doch, dann nur kurz und im redaktionellen Teil versteckt - denn schon Plutarch wusste: *Calumniare audacter, semper aliquid haeret*)).

Dabei dürfte auch den Journalisten klar sein, dass man politische Konflikte durchaus auch herbeischreiben kann. Wenn man ein nicht überprüftes Gerücht oder eine von interessierten Kreisen lancierte Falschmeldung als „Nachricht" verkauft, die der Empfänger der Nachricht (der Leser) quasi glauben muss, und sich daraus wiederum eine Stimmung entwickelt, die zu entsprechenden Reaktionen führt, dann kann so etwas schnell aus dem Ruder laufen. Immerhin wurden mit derartigen Gerüchten und Falschmeldungen schon Kriege angezettelt, die ohne eine entsprechende journalistisch-publizistische Vorbereitung niemals dem Volk hätten schmackhaft gemacht werden können. Ich denke, dem Leser werden dazu einige passende Beispiele aus der jüngeren Vergangenheit selbst einfallen.

63. Sich selbsterfüllende Prophezeiungen

Gerüchte oder Falschmeldungen können also, wenn sie nur oft genug kolportiert werden, sich unter Umständen zu selbst erfüllenden Prophezeiungen entwickeln. Darunter versteht man *„eine Annahme oder Voraussage, die schon aus der Tatsache heraus, dass sie gemacht wurde, das Angenommene, Erwartete, oder Vorhergesagte zur Wirklichkeit werden lässt und so die eigene Richtigkeit bestätigt"* (Paul Watzlawick, 1921-2007). Das „bekannteste" Beispiel ist die Bank mit angeblichen Zahlungsschwierigkeiten. Verbreitet sich dieses Gerücht, dann werden viele Kunden der Bank sich genötigt sehen, so schnell wie möglich ihr Geld von dort abzuheben, was dann dazu führt, dass die Bank in Zahlungsschwierigkeiten gerät etc.

64. Ödipus und das Orakel von Delphi

Das „klassische“ Beispiel ist dagegen die Geschichte von Ödipus, die auf das Wesentliche verkürzt folgendermaßen nacherzählt werden kann: Seinem Vater wurde einst in Delphi von der gerade amtierenden Pythia folgendes vorhergesagt:

„Solltest du dich je unterstehen, einen Sohn zu zeugen, so wird dieser seinen Vater erschlagen und seine Mutter heiraten“.

Und als es dann doch geschah, dass Ödipus geboren wurde, hat man ihn als Kind ausgesetzt, um ihn in der Wildnis sterben zu lassen. Er konnte also als Kind seinen leiblichen Vater und seine leibliche Mutter nie kennenlernen. Aber er wird gerettet und wächst in einer fremden Familie auf (die des Königs Polybos von Korinth, für diejenigen, die es genau wissen möchten), wo er groß und stark wird.

Als Jüngling vernahm er hinter seinem Rücken, dass er gar nicht der Sohn des Königs sei. Das ließ ihm keine Ruhe, und so machte auch er sich auf den steinigen Weg nach Delphi, dem Apollon-Heiligtum am Fuße des Parnass, um diesbezüglich das Orakel zu befragen. Es blieb aber eine befriedigende Antwort schuldig und verriet ihm nur, dass er seinen Vater töten und seine Mutter zur Frau nehmen werde. Um das zu verhindern (er vermutete seine Eltern in Korinth), verließ er seine Heimatstadt gen Daulis. Dabei geriet er an einer Weggablung in Streit mit dem Fahrer eines ihm entgegenkommenden Pferdewagens. Das Ergebnis ist seit über 2700 Jahren bekannt - der Kutscher und sein Mitfahrer wurden von Ödipus erschlagen. Nur leider war der Mitfahrer sein Vater Laios und damit der erste Teil der Prophezeiung erfüllt. Auch wie es weitergeht, hat sich überliefert, denn sonst hätte es Gustav Schwab nicht so spannend nacherzählen können.

Ödipus gelingt es, das Rätsel der Sphinx zu lösen und erhält dafür als Lohn die Königin Iokaste zur Frau. Und sie war, wie zu vermuten, zuvor die Frau Laios und damit seine Mutter. Aber auch das wusste er zu diesem Zeitpunkt natürlich noch nicht, weil sich sein Orakelglauben im Gegensatz zu den von Krösus (s. u.) offensichtlich deutlich in Grenzen hielt. Und so zeugte er mit seiner Mutter ein Zwillingspaar (nein, nicht Kastor und Pollux, sondern Eteokles und Polyneikes). Doch dann drohte Unheil in Form einer verheerenden Seuche dem Land, und das Orakel von Delphi orakelte prompt, dass sie nur dann abgewendet werden kann, wenn der Mörder von Laios gefunden wird. Und es kam, wie es kommen musste. Der blinde Seher Teiresias „sah“, das

Ödipus der Mörder war. Iokaste erhängte sich darauf hin und was mit Ödipus geschah, ist im Einzelnen nicht im Detail überliefert. Es existieren nämlich verschiedene Darstellungen über sein weiteres Leben bzw. sein Ableben und jeder kann sich seine eigene, ihm genehme Version davon aussuchen···

Das Schicksal von Ödipus wurde sowohl im Altertum (Sophokles, Aischylos, Euripides) als auch in der Neuzeit auf vielfältige Weise in Kunst und Literatur verarbeitet.

65. Jim Morrison und der Ödipus-Komplex

So wird eine Passage in Jim Morrison' s (1943-1971) berühmten Song „The End" („*This is the end, my only friend*···") mit einem Hinweis auf den Ödipus-Komplex in Verbindung gebracht. Darunter versteht man die libidinöse Bindung beispielsweise eines Knaben an die Mutter bei gleichzeitiger Eifersucht und Abneigung gegenüber dem Vater als Ausdruck der kindlichen Sexualität. Nach Sigmund Freud (1856-1939) sollen sich damit diverse Neurosen im Erwachsenenalter erklären lassen, was aber umstritten ist.

66. Am Fuße des Parnass...

In Ödipus ' Geschichte spielt das Orakel von Delphi gleich an mehreren Stellen eine Rolle. Delphi war eine von mehreren Orakelstätten im alten Griechenland, galt aber um 700 v. Chr. als deren wichtigstes spirituelle Zentrum. Aufgrund der aktuellen Eurokrise kann es heute selbst ein normal verdienender Germane relativ kostengünstig besuchen. Ihn wird aber nur eine Ruinenstätte und eine Pythia mimende Schauspielerin neben der obligaten Kassiererin am Eingang zum Heiligtum erwarten - ein fahler Abglanz jener Zeit, als Delphi das beschwerliche Ziel vieler berühmter Könige wie Laios, der König von Theben, Ödipus, dessen Sohn, der Phryger Midas und natürlich Krösus, der der letzte König der Lydier war. Über die letzten beiden möchte ich nun etwas, wie ich meine, durchaus Interessantes berichten, da deren Schicksal maßgeblich vom Spruch der Pythia beeinflusst wurde. Dazu muss man wissen, dass Delphi ein Heiligtum des Gottes Apollon war, welches einst, wie bereits erwähnt, am Fuße des mächtigen Gebirges Parnass errichtet wurde (dort lebt übrigens der Apollofalter, *Parnassius apollo*). Wie es dort zwischen dem 6. und 5. Jahrhundert v.

Chr. zuging, hat uns der berühmte Historiker Plutarch (45-125) - schon aus einer gewissen zeitlichen Distanz - überliefert. Zuerst einmal im Jahr, dann später, als man merkte, dass sich „orakeln" für die Bewohner Delphis überaus lohnt (man musste extra Schatzhäuser zum Aufbewahren der Gastgeschenke der Pilger bauen), jeden Monat, begab sich die Hohepriesterin, Pythia, genannt, in einem klassisch weißem Gewand in das Innere des Heiligtums, an dessen Wand der Spruch *„Gnothi seauton"* prangte, um sich dort auf einen höchst unbequemen dreifüßigen Stuhl zu setzen. Dort wurde sie von einem aus einer Spalte aufsteigenden berauschenden Dunst eingenebelt, bis sie in Trance die ihr von den Priestern zugerufenen Fragen beantwortete, wobei man glaubte, dass die Antworten ihr direkt von Apollon zugeflüstert wurden. Und die Antworten hatten es in sich, denn sie waren oft hochgradig interpretationsbedürftig, um nicht zu sagen, völlig unverständlich.

67. Das Pech des Krösus

Einer, der vom Wahrheitsgehalt des Delphischen Orakels zutiefst überzeugt war - nachdem er die Pythia auf eine Probe gestellt hatte -, war der König und Lebemann Krösus (590-541 v. Chr.) aus Lydien. Und das kam so. Als er die Pythia sein Lieblingsgericht erraten ließ, sprach sie folgende, in altgriechische Hexameter gegossene und hier in Deutsch wiedergegebene Worte:

„Wohl weiß ich, wieviel Sand im Meer, wie die Weite des Wassers, selbst den Stummen vernehm ‘ ich und höre des Schweigenden Worte. In dem Sinne dringt mir der Geruch der gepanzerten Kröte, wie man sie kocht zusammen mit Lammfleisch in eherner Pfanne, Erz umschließt sie von unten, wie Erz auch darübergezogen."

Und genau, Lammfleisch mit Schildkröte war das Lieblingsgericht Krösus ‘. So ist es nicht verwunderlich, als er einen Kriegszug gegen den Perserkönig Kyros II. plante, dass er sich erst einmal über dessen Ausgang bei der delphischen Pythia erkundigte. Und die Antwort war für ihn sonnenklar:

„Wenn du den Halys überschreitest, wirst du ein großes Reich zerstören."

Sein Pech war, dass er sich nicht vorstellen konnte, dass es sein eigenes Reich war, welches er mit der Überschreitung des Grenzflusses zu Kappadokien, also der damaligen Grenze zu Persien, zerstörte. Ein vermeidbares Missverständnis, würde man heute meinen. Pythias kluge Sprüche waren halt mehrdeutig…

68. Das Gold des Midas

Auch Midas, der sagenhafte König von Phrygien, soll das Orakel von Delphi oft befragt und viele Geschenke dort gelassen haben. Er wurde aber eher durch eine andere Begebenheit bekannt. Man erzählt sich, dass eines Tages ein paar Bauern einen Freund des Gottes Dionysos, der gerade seinen Rausch ausschlief, auf dem Boden liegend vorfanden und ihn zu König Midas schleppten. Er nahm ihn freundlich auf und lud ihn zu einem Saufgelage ein, bevor er ihn zu Dionysos zurück brachte. Der Gott, dankbar, dass er seinen Freund so gut bewirtet hat, gewährte Midas einen Wunsch - und er wünschte sich in seiner ganzen Einfalt und Gier, dass alles, was er zu berühren gedenkt, sich zu Gold verwandeln möge. Der Wunsch wurde ihm großzügig gewährt. Und da zeigte es sich bald, dass dieser Wunsch *in praxi* doch zu gewissen, zuvor nicht bedachten Problemen, genaugenommen sogar existenziellen Problemen, führt. Denn er konnte auf einmal weder Essen noch Trinken, da sich alles, was er berührte, sich wunschgemäß in Gold verwandelte. So ging er notgedrungen noch einmal zu Dionysos um ihn zu bitten, ihn von diesem Fluch zu erlösen. Der Rat Dionysos war, dass sich der König im Fluss Paktolos reinwaschen möge, was auch wirklich der Überlieferung nach funktionierte. Seitdem gilt dieser Fluss nahe der ägäischen Küste als goldreich. Und den Menschen, die diese Geschichte hören, gibt sie die Erkenntnis mit, „Gold (=Geld) kann man nicht essen“. Ergänzend soll aber trotzdem zumindest Erwähnung finden, dass Gold durchaus beim Essen behilflich sein kein, und zwar als Goldkrone im Gebiss…

69. Programmieren mit Delphi

Während es die Orakelstätte Delphi seit rund 2800 Jahren gibt, gibt es die Programmiersprache „Delphi“ erst seit 1995. Es handelt sich dabei um ein objektorientiertes Pascal-Derivat (die prozedurale Programmiersprache „Pascal“ - benannt nach dem Mathematiker Blaise Pascal - wurde 1971 von Niklaus Wirth an der Eidgenössischen Technischen Hochschule in Zürich entwickelt) mit einer besonders starken Datenbankanbindung, damals noch in Form der BDE (*Borland Database Engine*). Da es

Mitte der Neunziger Jahre nur ein einziges einigermaßen leistungsfähiges Datenbankmanagementsystem gab, und zwar „Oracle“, nannte man diese neue, auf Borlands Objekt-Pascal beruhende Programmierumgebung folgerichtig „Delphi“. Es gibt sie heute noch und man kann damit extrem leistungsfähige Windows-Programme schreiben. Das Kampagnenmanagementsystem „WINcontact“, welches bevorzugt im Telefonmarketing eingesetzt wird, ist beispielsweise Eines davon.

70. Blaise Pascal und seine Pascaline

Blaise Pascal (1623-1662) hat zwar nicht den Computer, dafür aber eine mechanische Rechenmaschine erfunden. Und das schon im Jahre 1642. Eine von ihnen kann übrigens im Mathematisch-Physikalischen Salon im Dresdner Zwinger besichtigt werden. Da der Bau dieser „Pascaline“ genannten mechanischen Rechenwerke sehr aufwendig war und man früher sowieso besser im Kopf rechnen konnte als heute, fand sie kaum Verbreitung. Auch das Patent, welches Blaise Pascal für diese Erfindung erhielt, hat ihn nicht reich gemacht.

71. Erfindung des Omnibus

Aber eine andere Erfindung, die ihm noch kurz vor seinem Tod im Jahre 1662 gelang, hat in einer natürlich moderneren Form bis heute überdauert: Der Droschken-Omnibus (kurz, ein Gefährt für alle), der auf einer festen Omnibuslinie in festgesetzten Zeiten verkehrte und dessen An- und Abfahrzeiten somit kalkulierbar waren (was bei der Deutschen Bahn bekanntlich nicht immer der Fall ist). Er wurde als „Wagen für 5 Groschen“ (*carrosses à cinq sols*) bezeichnet und befuhr, mit zwei Pferden bespannt, mehrere Stadtteile von Paris.

72. Warum Paris “Paris“ heißt

Nein, der Name Paris für die Stadt „Paris“ hat einen anderen Ursprung, und den kann man in dem bekannten Geschichtswerk Gaius Iulius Caesars (100 - 44 v. Chr.) *„De Bello Gallico“* - deutsch *„Der Gallische Krieg“*, jederzeit selbst nachlesen. Der große römische Feldherr und Staatsmann berichtet darin, wie der gallische König Vercingetorix zusammen mit den Kriegern des keltischen Volksstamms der Parisii gegen Caesars Legionen kämpfte. Dazu verließen sie ihre Heimatsiedlung Lutetia auf einer Insel in der Seine und wurden, wie erwartet, von den Römern geschlagen, die dann prompt deren Siedlung übernahmen, sie am Ufer erweiterten, in *„Lutetia Parisiorum“* umbenannten und zu einer für damalige Verhältnisse wirklich modernen Stadt ausbauten, welche später kurz „Paris“ genannt wurde.

Ein Römer, den es privat oder dienstlich dort hin verschlug, hatte quasi das große Los gezogen. Ein Aquädukt versorgte die Stadt mit Frischwasser, Thermen luden zu einem Bad ein und mehrere Theater sorgten für ein kulturelles Ambiente. Auch die wirtschaftlichen Verhältnisse in und um diese Ansiedlung waren für damalige Verhältnisse hervorragend. Damit war der Grundstein für eine große Zukunft dieser Stadt gelegt.

Nach dem Untergang des "Großen Römischen Reiches“ residierten hier ab 508 fränkische Könige.

73. Trojanische Wirren

Da fällt mir ein, dass manche Leute glauben, der Stadtname „Paris“ hätte etwas mit Paris, dem Sohn des trojanischen Königs Priamos, zu tun, der, wie ja jeder weiß, einen guten Geschmack bewies, als er Aphrodite als die schönste Frau unter der Sonne erwählte und, in den dadurch ursächlich ausgelösten Wirren (von denen Homer in seiner Ilias ausführlich berichtet) dem Helden Achilles einen Pfeil in die Achillesferse schoss, was dieser bekanntlich wiederum nicht überlebte. Achilles fiel auf diese Weise für die weitere Belagerung Trojas aus (was damals für die Achäer ziemlich tragisch war) und die Griechen unter Agamemnon erlangten erst dann das Kriegsglück wieder zurück, als das von Odysseus erdachte hohle Holzpferd fertig gebaut und mit einer geheimen Besatzung ausgestattet war. Was dann von Seiten Trojas passierte, kann man unter allen denkbaren (und nicht allein militärischen) Gesichtspunkten nur als saudumm bezeichnen (so wie heute das Öffnen unbekannter E-Mail-Anhänge). Der Ausgang ist bekannt.

74. Notre Dame de Paris und sein Glöckner

Im Jahre 1163 wurde der Grundstein für die Kathedrale Notre Dame de Paris gelegt und 1831 der berühmte Roman Victor Hugo' s (1802-1885) über das Zigeunermädchen Esmeralda und den Glöckner Quasimodo, welcher genau in dieser und um diese Kirche spielt, veröffentlicht. Die meisten werden dieses Werk des großen französischen Romanciers nur als Verfilmung kennen, was eigentlich schade ist. Denn der Roman entfaltet sogar in seiner deutschen Übersetzung eine unvergleichliche epische Wucht, die einem das Leben im spätmittelalterlichen Paris (1482) farbig und opulent vor Augen führt - verbunden mit einer spannenden, ineinander verwobenen Handlung unterschiedlichster Charaktere. Eigentlich sollte man beides kennen, den Roman und die wunderbare Verfilmung von 1956 mit Anthony Quinn als Quasimodo, der unvergleichlichen Gina Lollobrigida als Esmeralda und Alain Cuni als Claude Frollo.

Das Leben in einer spätmittelalterlichen Stadt, war, soweit man nicht einer besser gestellten Kaste angehörte, meist beschwerlich und kurz. Die Lebenserwartung erreichte im Durchschnitt gerade einmal 35 bis 40 Jahre und war u. a. den schlechten hygienischen Verhältnissen geschuldet, die verheerende Seuchen (wie die Pest) begünstigten und auch zu einer hohen Kindersterblichkeit führten. Also alles Faktoren, die in Verbindung mit einer für die meisten kaum erschwinglichen medizinischen Versorgung, schwerer körperlicher Arbeit, häufigen kriegerischen Auseinandersetzungen und schlechter Ernährung zu einem frühen Tod führte.

75. Der Tod im Mittelalter

Und der Tod verlor im Mittelalter und in der frühen Neuzeit seine heitere, epikureische Form und wurde zu einem Schrecken mit folgender Verdammnis, Fegefeuer und Höllenqualen, die ihrer theologischen Bedeutung beraubt, zu einer realen und jedermann vorstellbaren Tatsache wurde, der man nur durch einen entsprechenden gottgefälligen Lebenswandel entkommen konnte. Kurz gesagt, das Ziel des mittelalterlichen Lebens war ein rechtes Sterben (*bona mors*). Denn der Tod konfrontierte den Christenmenschen ganz direkt mit der Frage nach Verheißung oder Verdammnis, wobei die mittelalterliche Kirche in den Verdammnisbeschreibungen stark (man denke nur an das *„Jüngste Gericht“* von Hieronymus Bosch (1450-1516) oder Dantes

„*Commedia*“) und in den Himmelsvisionen erstaunlich schwach war. Die Schrecken wurden dabei noch genährt von den Eindrücken, welche die wie aus dem Nichts erscheinenden großen Seuchen (z. B. die Pestwellen des Spätmittelalters) in den Seelen der Menschen hinterließen, die Schrecken der Kriege oder den sehr direkten Empfindungen, wie man sie in jener Zeit relativ oft bei Ketzer- und Hexenverbrennungen gewinnen konnte. Die größte Angst des mittelalterlichen Menschen bestand deshalb darin, zu früh, noch im Zustand der Sündhaftigkeit, zu sterben (*mala mors*). Denn „*Mors peccatorum pessima*“ - der Tod der Sünder ist überaus schlimm. Deshalb bedeutete „Leben“ im Mittelalter sich ganz konkret auf den Tod vorzubereiten, denn nichts war schlimmer als ein plötzlicher Tod, ohne Absolution, letzter Ölung und kirchlichen Beistand. Tägliches Beten, das fromme Anhören der Messe, gute Taten etc. sollten den „schlimmen Tod“ verhindern. Denn es galt der Grundsatz von Augustinus „Es kann nicht übel sterben, wer gut gelebt hat“ (*Non potest male mori, qui bene vixerit*). Um das zu unterstützen, entwickelte sich seit dem 12. Jahrhundert eine Art göttlicher Fürbitte, die sich an dem „Heiligen Christophorus“ (derjenige, welcher der Legende nach das Christuskind auf seinen Schultern über den Fluss getragen hat) anlehnte. Sein Gedenktag im katholischen Kirchenjahr ist übrigens der 24. Juli. Das Ziel der Fürbitte war es, den „Tod ohne Gnadenmittel“ abzuwenden. Dazu benötigte man ein Bild des Heiligen und eine entsprechende Fürbitte-Formel.

76. Christophorusblätter

Mit dem Aufkommen des Druckgewerbes wurden in großer Zahl entsprechende Drucke (meist Holzschnitte mit dem Abbild Christophorus') hergestellt und unter dem Volk verteilt. Man nannte sie Christophorusblätter. Trotz ihrer großen Stückzahl haben sich nur wenige bis heute erhalten.

Mit dem Beginn der Reformation wurde in den gebildeten Kreisen immer mehr Kritik über den Christophorus-Wunderkult laut, wobei die Kritik von Erasmus von Rotterdam (um 1466-1536) in seiner „Lob der Torheit“ sicherlich am Lautesten zu vernehmen war. Auch für Luther war letztendlich das „Anschauen des Christophorus-Antlitzes“ nur eine spezielle Form der Götzenbildnerei.

Als es um den Neubau des Petersdoms in Rom ging und man merkte, so wie heuer in Berlin beim Flughafenbau, dass er teurer wird als vorgesehen, musste sich der Papst und seine Kardinäle überlegen (so wie heute die Landesregierung in Potsdam und der

Senat von Berlin), wo denn das viele Geld dafür herkommen soll. Nachdem die Einnahmen aus dem „Peterpfennig", eine freiwillige Spende der Gläubigen an die Kurie, nicht ausreichten, erinnerte man sich an die Urängste der spätmittelalterlichen Menschen, nämlich nach dem Tod mit hoher Wahrscheinlichkeit in der Hölle im Fegefeuer (Purgatorium) zu landen.

77. Ablassbriefe

Da ist es schön, dass das Kirchenrecht dem armen Sünder Möglichkeiten eröffnete, dem zu entgehen oder die Bußzeit in der Hölle zumindest maßgeblich zu verkürzen. Vor dem Neubau der Peterskirche reichte es dazu aus, eine Wallfahrt zu unternehmen (im schlimmsten Fall bis nach Jerusalem), oder, bei kleineren Sünden, nach der Beichte ein entsprechendes Gebet entsprechend oft zu wiederholen. Aber dann wurde der Ablass kommerzialisiert in Form der Einführung der Ablassbriefe, die jedermann ohne sonstige Voraussetzungen (Beichte, Kommunion) für sich und andere gegen „Bares" erwerben konnte. Und wer erst eine „Sünde" plante, konnte sich damit auch schon einmal prophylaktisch von einer zeitlichen Sündenstrafe freikaufen. Denn *„Wenn das Geld im Kasten klingt, die Seele in den Himmel springt."*, war damals ein geflügeltes Wort der Ablasshändler, von denen der Dominikanermönch Johann Tetzel (1460-1519) nur einer der besonders Prominenten war. Da nur ein Teil der Gelder, die der Ablasshandel einbrachte, den Weg nach Rom fand (der andere Teil landete gewöhnlich in der Schatulle des Landesbischofs sowie in der des Ablasshändlers selber), erhielten die Ablasshändler große Unterstützung von den lokalen Kirchenfürsten (hier der Hohenzollernprinz und dreifache Erzbischof Albrecht von Brandenburg). Die Ablasshändler traten dabei marktschreierisch auf, malten die Hölle in noch düsterer Farben, als es Hieronymus Bosch (1450-1516) je hätte tun können, und zogen so dem dummen Volk den letzten Kreuzer aus der Tasche. Aber beachten Sie, die Methode, die hinter dem Ablasshandel steckt, bewährt sich auch heute noch. Nur ist sie subtiler geworden. Als Stichworte möchte ich nur „Telekomaktie" (vielleicht erinnert sich noch jemand an Manne Krug, „Anwalts Liebling", und Ron Sommer?) und manche Formen des „Riesterrentenvertrags" (zu Zeiten der Null-Zinspolitik!) nennen. Es gab aber einen gelehrten Professor der Bibelauslegung, dem der exzessive Ablasshandel an seiner universitären Wirkstätte in Wittenberg ziemlich suspekt vorkam. Ihn störte dabei weniger die geistliche Intention, die sich dahinter verbarg, sondern vielmehr die Tatsache, dass auch der Ablass für bereits Verstorbene erworben werden konnte. Und so beschloss er, wie damals üblich, eine gelehrte Disputation darüber anzustoßen.

78. Martin Luther und seine 95 Thesen

1517 veröffentlichte dieser gelehrte Mönch mit Namen Dr. Martin Luther (1483-1546) seine 95 Thesen über die Heilskraft der Ablässe und löste damit eine Ereignisfolge aus, die zum noch heute andauernden neuzeitlichen Kirchenschisma führte. Das die Reformation zum Erfolg wurde und Luther nicht das Schicksal von Jan Hus ereilte, lag u. a. an einem zwar durchschnittlichen, aber sehr weisen Fürsten, nämlich an Kurfürst Friedrich III dem Weisen von Sachsen (1463-1525), dessen Untertan damals Luther war. Obwohl zutiefst katholisch, hielt er über den durch das Wormser Edikt in die Reichsacht gefallenen Professor seiner von ihm gegründeten Wittenberger Universität die schützende Hand. Und durch den von ihm veranlassten Zwangsaufenthalt Luthers auf der Wartburg bei Eisenach verdanken wir Deutschen die erste deutsche Bibelübersetzung und damit die Grundlagen unserer Schriftsprache. Niemand hat die deutsche Einheitssprache mehr geprägt, als Martin Luther. Er schaute dem Volk aufs „Maul“, rang beim Übersetzen der Heiligen Schrift um jedes Wort, erfand dabei einprägsame Redewendungen, die später direkt in die Alltagssprache eingegangen sind und setzte so die Grundlage für ein einheitliches Schriftdeutsch für eine Nation, die in eine Vielzahl von Sprachdialekten aufgespalten ist.

79. Martin Luther und die deutsche Sprache

Nur ein Beispiel. So beginnt er die Weihnachtsgeschichte nicht mit einem märchenhaften *„Es war einmal…“* sondern gehoben und formschön mit *„Es begab sich aber zu der Zeit…“*. Deshalb lohnt es sich schon der Sprache wegen, das Lukasevangelium wieder einmal zu lesen, und das gerade heute, wo Sprachschluderei nicht nur scheinbar Usus geworden ist. Wer es nicht glaubt, lese einfach einmal die E-Mails, die jeden Tag auf Arbeit so eintrudeln. Was einem hier manchmal ernsthaft - und das im Rahmen einer gewöhnlicher Geschäftskorrespondenz - vorgesetzt wird, lässt einen immer öfters am Bestehen einer Kulturnation zweifeln… Doch zurück zu Martin Luther. Zu seinen Lebzeiten sprach man im deutschen Raum ca. 20 verschiedene Sprachen oder Dialekte, die sich wiederum grob in Niederdeutsch (im Norden) und

Oberdeutsch (im Süden) zusammenfassen lassen. Das Kurfürstentum Sachsen lag dabei ziemlich genau auf der Sprachgrenze, was erklärt, das Wörter aus beiden Sprachräumen in der Lutherbibel Verwendung fanden mit dem erfreulichen Effekt, dass sich heute sogar Friesen und Bayern problemlos verständigen und verstehen können.

Kaum jemand weiß noch, dass Sprüche wie *„Der Mensch lebt nicht nur vom Brot allein“*, *„Niemand kann zwei Herren dienen“* oder *„Sein Licht unter den Scheffel stellen“* allesamt von Luther stammen. Das liegt daran, dass er sich viele Gedanken um Formulierungen gemacht hat. Die wortwörtliche Übersetzung war nicht unbedingt sein Ding. Für ihn war es vielmehr wesentlich, den Sinn zu erfassen und daraus eine Formulierung abzuleiten, die jeder versteht - und nicht stattdessen starr an Worten zu kleben. Lassen Sie sich einfach mal den Satz *„Ex abundantia cordis os loquitur“* von Google ins Deutsche übertragen und vergleichen Sie das Ergebnis mit Luthers Version *„Wes das Herz voll ist, des gehet der Mund über“* - und Sie werden ein bekanntes Sprichwort erkennen. Auch deshalb ist die Lutherbibel nicht bloß eine schnöde Übersetzung aus dem lateinischen und griechischen Original, sondern eine literarische Meisterleistung und damit ein Kulturgut an sich. Viele Worte, die ehemals einem Dialekt angehörten und nur sehr lokal gesprochen und verstanden wurden, hielten durch Luthers Bibelübersetzung Einzug in das moderne Deutsch. Ich denke dabei beispielsweise an das Wort „ruchlos“, was bekanntlich nur ein anderer Ausdruck für „rücksichtslos“ ist. Aber auch „Feuereifer“, „Machtwort“, das „Morgenland“ oder das „Lästermaul“ waren Wörter, die Luther erstmals verwendete und die heute zum gewöhnlichen Wortschatz eines jeden Deutschen gehören. Dadurch, dass sich in den folgenden Jahrhunderten die Lutherbibel sprachlich nicht mehr veränderte (sie war quasi sakrosankt) und man dialektbedingte Verständnisprobleme mit „Übersetzungshilfen“ abmilderte, stellte sie einen gewissen Standard dar, nach der letztendlich selbst Schüler in der Schule Schreiben und Lesen lernten. Auch das Gottes Wort nun in Bibeldeutsch von den Kanzeln verkündet wurde und nicht mehr in dem für das Volk unverständlichen Kirchenlatein, war ein wichtiger Schritt bei der Vereinheitlichung der Sprache. Zwar dauerte es noch einige Zeit, bis sich überall im deutschen Sprachraum die von Luther initiierte Schriftsprache auch im gesprochenen Wort in einem gemeinsamen Hochdeutsch (das selbst die Schweizer beherrschen) widerspiegelte. Aber damit war eine weitere Grundlage hin zu einem zukünftigen vereinheitlichten deutschen Nationalstaat geschaffen worden, der bekanntlich 1871 Wirklichkeit wurde. Und noch etwas dürfte vielleicht interessant sein. Auch das Schriftbild, dass Sie hier bewundern dürfen - also die nur für das Deutsche typische Großschreibung von Substantiven - hat sich wegen Luther erhalten, denn er hat sie konsequent angewendet. Eigentlich ein guter Grund, sie auch in Zukunft beizubehalten.

Zum Schluss noch ein paar wenige Worte zur Reformation.

80. Martin Luther und die Reformation

Zeitlich ist sie anzusetzen zwischen den Thesenanschlag Luthers im Jahre 1517 und der Beendigung des Dreißigjährigen Krieges mit dem Westfälischen Frieden von 1648. Sie ist ohne Zweifel die bedeutendste kirchliche (und gesellschaftliche) Erneuerungsbewegung der frühen Neuzeit, die von Deutschland ausgehend nach und nach auch die Nachbarländer - zuerst die Schweiz unter Ulrich Zwingli (1484-1531) - erfasste und Europa zu einem neuen Antlitz verhalf. Der Preis war freilich hoch. Man denke nur an den Dreißigjährigen Krieg, der ganz Mitteleuropa, und darin insbesondere die deutschen Länder, in ein nie dagewesenes Elend stürzte.

81. Prag in Böhmen

Ausgangspunkt für diesen verheerendsten Krieg aller Kriege, die unseren Kontinent je heimgesucht haben, war Prag, die Hauptstadt und der Mittelpunkt Böhmens. Über viele Jahrhunderte war diese Stadt an der Moldau selbst der Mittelpunkt Europas. Im Veitsdom auf dem Hradschin, dem Burgberg hoch über der Moldau, sind allein vier Kaiser und eine Kaiserin sowie 8 Könige und eine Königin begraben. An ihnen lässt sich ein großer Teil der Geschichte des *Sacrum Imperium Romanum*, beginnend bei den Premysliden im 14. Jahrhundert (Ottokar I. und II.), über den Luxemburger Karl IV. bis hin zu den Habsburgern Ferdinand I., Maximilian II. und Rudolf II., festmachen - mit Nachwirkungen bis heute.

In Prag wirkte Jan Hus an der dort 1348 von Karl IV. gestifteten Karls-Universität (der ältesten Universität überhaupt nördlich der Alpen!), dort fand 1419 der erste Prager Fenstersturz (Beginn der Hussitenkriege) und 1618 der zweite Prager Fenstersturz (Beginn des Dreißigjährigen Krieges) statt. Hier wirkte Johannes Kepler von 1600 bis 1612 als Hofmathematiker Kaiser Rudolf II. und hier entstand im Wesentlichen sein großes Werk „Astronomia nova“, eines der wichtigsten und bedeutendsten Bücher in der langen Geschichte der Astronomie.

82. Der Prager Sankt-Wenzels-Vertrag

Und nicht zu vergessen, hier, in Prag, wurde 1517 der Sankt-Wenzels-Vertrag geschlossen, der es adeligen Grundeigentümern erlaubte, auf ihrem Grund und Boden Bier zu brauen. Dieses Privileg führte um 1570 zur Gründung einer Brauerei im rund 50 Kilometer nordwestlich von Prag gelegenen Dorf Kruschowitz (Krušovice), die, seitdem sie 1581 von Kaiser Rudolf II. erworben wurde, als „Königliche Brauerei Kruschowitz“ firmiert. Wenn Sie also einmal durch Böhmen reisen, achten Sie auf das auffällige Logo mit dem Namenszug „Krušovice“ und der Jahreszahl 1581 beidseitig der Krone.

83. Kruschowitzer Dunkel

Dann lohnt es sich allemal, einmal anzuhalten und einen halben Liter „Kruschowitzer Dunkel“ (Krušovice Černé) zu genießen, so wie es einst Kaiser Rudolf II. auch des Öfteren getan hat. Ein Bierkenner hat es wie folgt beschrieben:

„Das Bier fließt tiefschwarz mit schönem, bräunlichen Schaum ins Glas und duftet nach kräftigen Röstmalz-Aromen, Kaffee und Rauch. Umso überraschender ist dann der Geschmack: Im Antrunk kommen zwar wie erwartet, schön ausgeprägte Röstaromen, Kaffee, einen Hauch bittere Schokolade und Getreide, doch sofort danach bleibt jegliche Schwere aus. Das Bier fließt leicht die Kehle hinab und wirkt dabei erfrischend mild. Es klingt mit einem dezenten Bitteren süffig aus und erinnert entfernt an ein Pils. Ein Blick auf den Alkoholgehalt erklärt dann diese Leichtigkeit.“

84. Braunschweiger Mumme

„Schwarze“ Biere sind übrigens eine urdeutsche Erfindung. Es lässt sich urkundlich mit einiger Unsicherheit bis zum Jahr 1390 zurückverfolgen, und zwar in Form der „Braunschweiger Mumme“. Ganz sicher und offiziell wird dieses spezielle, extrem haltbare dunkle Bier seit 1492 in Braunschweig gebraut - und man kann es auch heute noch kaufen···

Lange Zeit war die „Mumme" das Bier der Seefahrer. Sein hoher Alkohol- und Zuckergehalt machte es auch ungekühlt für lange Zeit haltbar und schützte die Seefahrer so vor dem gefürchteten Skorbut. In Niedersachsen war über Jahrhunderte hinweg dieses Getränk quasi ein Grundnahrungsmittel, und man sagte sich:

„Ein starker Sachse wird, wie alle Völker sagen - Nie schmal in Schulter seyn und schlappe Lenden tragen. - Fragt einer, welches denn die Ursach dessen sey? - Er isset Speck und Wurst und trinket Mumm ' dabey".

85. Bier mit Blume

Ein frisch gezapftes Bier ist nicht nur ein kulinarischer sondern auch ein ästhetischer Genuss, wenn es eine „Blume" (oder andernorts auch „Krone" oder „Haube" genannt) besitzt. Darunter versteht man den feinsahnigen Schaum, der sich beim Einschenken über der Flüssigkeit bildet und fast immer von weißer Farbe ist. Ihre Entstehung ist dem beim Gärungsprozess entstandenen und im Bier gelösten Kohlendioxid zu verdanken. Beim Einschenken kommt es zu einer minimalen Druckentlastung und auch zu einer leichten Erwärmung der Flüssigkeit, so dass Kohlendioxid-Gasbläschen entstehen, die aufgrund der von Archimedes schon vor einiger Zeit entdeckten Gesetzmäßigkeit nach oben steigen und dabei aufgrund des abnehmenden Drucks weiter wachsen. Dabei werden spezielle Eiweißstoffe (Proteine) mit nach oben gerissen, die beim Erreichen der Oberfläche der Flüssigkeit Schaumbläschen bilden. Kleinere können sich dabei noch zu Größeren vereinigen und der Nachschub von Unten schiebt sie zusammen mit ihren Nachbarbläschen weiter nach oben, so dass über dem Bier eine Schaumkrone - „die Blume" - entsteht. Die Wände der Bläschen sind dabei durchsichtig, aber an ihnen kann sowohl Licht gebrochen als auch reflektiert werden. Fällt Licht auf den Bierschaum wird er deshalb dieses Licht nach allen Richtungen streuen und es entsteht unabhängig von der Farbe der Biersorte ein weißer Schaum. Das Besondere dabei ist dessen Stabilität, die eine längere Zeit anhält, obwohl an der Schaumbildung keine Tenside (wie bei Geschirrspülmittel oder beim Badeschaum) beteiligt sind. Diese Eigenschaft, die gern zur Prüfung der „Schalheit" eines Bieres herangezogen wird, war über Jahrhunderte hinweg rätselhaft. Denn bei „normalen" Proteinen ist solch eine relativ lange andauernde Schaumbildung eher ungewöhnlich. Seit der Einführung des Reinheitsgebotes (welches Geschirrspülmittel im Bier explizit verbietet) mussten 496 Jahre vergehen, bis dieses Rätsel gelöst werden konnte. Und schuld daran waren, wie konnte es auch anders sein, die Gene. Und zwar ganz speziell ein Gen des Hefepilzes *Saccharomyces pastorianus* mit dem Namen CFG1, wobei „CFG" die Abkürzung für *„Carlsbergensis foaming gene"* ist. Wird dieses Gen in der Zelle des Hefepilzes exprimiert, dann entsteht an den Ribosomen, den Eiweißfabriken der Zellen, das Hüllenprotein Cfg1p, welches den Bierschaum stabilisiert. Und das scheint den Hefen in den bei Bieren der dänischen Carlsberg-Brauerei offensichtlich besonders gut zu gelingen. Carlsberg und Tuborg waren übrigens die Lieblingsbiere der Mitglieder der „Olsenbande" Egon, Kjeld und Benny. Stabile Schäume sind aber nicht nur beim Gerstensaft erwünscht.

86. Nicht immer sind Träume Schäume - Jane Everson

Einer amerikanischen Lehrerin aus Chicago mit Namen Carry Jane Everson (1843-1914) fiel um 1885 beim Waschen von ölverschmierten Säcken, die zuvor zerkleinerten Kupferkies enthalten hatten, etwas Interessantes auf. Schlämmt man nämlich eine Mischung von Erz und „Gangart" (d. h. nicht genutzte Begleitminerale des Erzes) in einer schäumenden Ölemulsion auf, dann bleiben die Erzpartikel an den Schaumblasen hängen und können so leicht abgeschöpft werden. Der Grund für diesen Effekt liegt darin, dass sich Schaumblasen leicht an hydrophobe, d. h. schwer benetzbare Oberflächen anlagern und auf der Aufschlämmung von Erz und Gangart oben schwimmen. Daraus entwickelte sich das Trennverfahren der Flotation, welches u. a. auf das Patent von Mrs. Everson zurück geht und das in abgewandelter Form noch heute in den dem Bergbau nachgeordneten Stofftrennungsschritten angewendet wird.

87. Goldgewinnung

Goldsand lässt sich auf diese Weise jedoch nicht in „Gold" und „Sand" auftrennen. Hier heißt das Zaubermittel der Wahl Quecksilber. Und da Quecksilber bekanntlich ein gefährliches Umweltgift ist, führt dieses Verfahren an verschiedenen Stellen der Welt, insbesondere am Amazonas und seiner goldreichen Nebenflüsse, zu einer Vielzahl von Umweltschäden. Am bequemsten ist bekanntlich noch die Suche nach Goldnuggets. Aber meistens findet man in seiner „Goldpfanne“ nur Goldflitter, denn sogenannte „Seifen“ (dort, wo die Nuggets nur so rumliegen) sind nicht allzu häufig. Und diese Goldflitter auszulesen, ist auch nicht gerade eine ergiebige Beschäftigung. Besser wäre es, man könnte das Gold an irgendetwas „binden“, was sich leichter vom Sand trennen lässt und von dem sich später das Gold zurück gewinnen lässt. Und solch ein Stoff ist Quecksilber. Es ist leicht handhabbar, da flüssig, es ist leicht vom „Sand“ zu trennen, da sich viele kleine Quecksilbertröpfchen aufgrund ihrer extrem großen Oberflächenspannung leicht zu großen Tropfen vereinigen lassen und es bindet, was in diesem Zusammenhang das Wichtigste ist, Gold zu Amalgam. Außerdem vergiftet es noch Mensch und Tier, was aber eher als nachteilig empfunden wird, da es oftmals die Freude an Goldfunden beim Goldsucher nachhaltig vergällen kann. Und nun braucht man nur noch (z. B. mit einer Lötlampe) das Amalgam zu erhitzen, damit das Quecksilber verdampft und das Gold übrig bleibt. Man schätzt, dass auf diese Weise im Laufe der Geschichte der Goldsucherei allein im Amazonasgebiet mehr als 2000 Tonnen dieses flüssigen Metalls in die Umwelt gelangt sind, was aufgrund von dessen extremer Giftigkeit eine Umweltkatastrophe ohne gleichen darstellt.

88. „Biogold“ und das Goldene Vlies

Dagegen ist das „Vorgängerverfahren“, welches in der Antike im Bereich des Kaukasus Anwendung fand, ökologisch völlig unbedenklich, da es nur mit Naturstoffen (alles Bio, oder was?) arbeitet. Heute würde man sicherlich in manchen Kreisen sagen, dass damit echtes und reines „Bio-Gold“ gewonnen wurde. Aber alles der Reihe nach. Es geht hier um den realen Hintergrund der Geschichte vom Fell des Chrysomeles, eines von Poseidon gezeugten Widders, dessen Körperbehaarung als „Das Goldene Vlies“ in die griechische Mythologie eingegangen ist, da es „gülden“ glänzte. Nicht ganz so golden glänzend findet man diesen Widder auch am Sternhimmel, und zwar als dasjenige Sternbild, welches das Tierkreiszeichen Aries repräsentiert.

89. Argonautensaga

Zur Zeit der Argonauten war der Widder (übrigens auf eigenem Wunsch) bereits dem Kriegsgott Ares geopfert und das abgezogene Fell (Vlies) in Kolchis im Hain des Ares aufgestellt worden. Und auf dieses Fell waren die Argonauten mit ihrem Anführer Iason von Argos ganz wild, weshalb sie mit ihrem Boot „Argo" über das Schwarze Meer schipperten, bis sie schließlich nach vielen Abenteuern die Mündung des Flusses Rioni (der damals noch Phasis hieß) im heutigen Georgien erreichten. Dort verlangten sie vom König die Herausgabe des Vlieses, doch der machte es von einer schwierigen Aufgabe abhängig, die entfernt etwas mit der Tätigkeit des „Pflügens" zu tun hatte. Iason bewältigte die Aufgabe mit Bravour, da er Tipps von Medea, der Tochter des Königs, bekommen hatte. Sie hatte sich nämlich in Iason verguckt und half ihm unter Verrat eines üblen, von ihrem Vater Äetes ausgeheckten Plans, das goldene Fell zu stehlen. Was auch gelang. Nach einer kurzweiligen Rückfahrt, von dessen Verlauf mehrere Versionen überliefert sind, landeten Iason und Medea irgendwann in Korinth, wo sie einige Zeit zusammen lebten, bis sie Iason verstieß, um die Tochter des Königs Kreon mit Namen „Glauke" zu ehelichen.

90. Medeas Rache

Aber Medea wusste sich Rat (*nomen est omen*), und ersann einen furchtbaren Racheplan, dem der genannte König, seine Tochter Glauke, aber auch ihre beiden, also Medeas leibliche Kinder, zum Opfer fielen. Seitdem ist der Mord an den eigenen Kindern untrennbar mit Medea verbunden, unvergleichlich dargestellt in der gleichnamigen Tragödie des Euripides. Aber auch Franz Grillparzer (1791-1872) hat um 1820 eine interessante Theaterfassung als Teil einer Trilogie herausgebracht. Und natürlich darf auf keinem Fall die Verfilmung durch Pier Paolo Pasolini (1922-1975) aus dem Jahre 1969 mit Maria Callas (1923-1977) in der Hauptrolle (die hier nicht zu singen brauchte) vergessen werden. Doch was ist nun der „wahre" Hintergrund des „Goldenen Vlieses"?

Um Gold aus Gebirgsflüssen zu gewinnen, genauer feine Goldfussel und Goldkörner, legte man Schaffelle in die Strömung. Zwischen dessen Haare setzte sich der schwere Goldstaub fest und konnte so konzentriert werden. Auf diese Weise wurden in der Antike auch Goldvorkommen ausgebeutet, die zwar reich an Goldstaub, aber arm an

Nuggets waren. Und Historiker glauben, dass dieses Verfahren der Hintergrund für die Sage vom goldenen Widderfell ist.

91. Gold, Gold, Gold...

Man schätzt, dass die gesamte Goldmenge, die bis heute auf der Erde gefördert worden ist, ungefähr 166.000 Tonnen beträgt. Das entspricht einem goldenen Würfel von gerade einmal 20 Meter Kantenlänge. Da bekanntlich das Volumen eines Würfels mit der dritten Potenz seiner Kantenlänge anwächst, ist trotz einer jährlichen Produktion von etwa 3000 Tonnen der Größenzuwachs dieses Würfels nur noch bescheiden. Gold kommt halt nicht sonderlich häufig vor, weshalb ja auch eine Keramikkrone für einen defekten Zahn meist kostengünstiger ist als eine Zahnkrone aus Gold.

92. Wie entsteht Gold im Kosmos?

Die wahrlich interessante Frage aber ist, wo und auf welche Weise entsteht Gold im Kosmos und wie ist es letztendlich auf die Erde gelangt? Elemente werden gewöhnlich in Sternen gekocht, was man in der Astrophysik als „Brennen“ bezeichnet - eine andere Bezeichnung für „Kernfusion“. Nur Deuterium, Lithium (das in unseren Batterien), Beryllium und Bor stammen wie der omnipräsente Wasserstoff und der größte Teil des Heliums aus den ersten Minuten des Urknalls vor ziemlich genau 13,79 Milliarden Jahren. Die Sterne der ersten Generation bestanden nur aus Wasserstoff und Helium mit etwas Lithium und Beryllium (wobei letztere beiden Elemente in ihrer Häufigkeit im Vergleich zu H und He vernachlässigbar sind). Sie hatten eine große Masse und ein kurzes Leben (nur einige Millionen Jahre) und endeten damit schnell in Form einer speziellen Supernova, die man heute als Paarinstabilitäts-Supernova bezeichnet. Solch ein explodierender Stern kann übrigens kurzzeitig so hell werden wie alle Sterne einer Milchstraße zusammen - und man wünscht sich nicht, das Ereignis aus der Nähe (<100 Lichtjahre Entfernung) zu betrachten. Der „Explosionsschutt“ derartiger Sterne sammelte sich nach und nach in der interstellaren Materie an, aus der dann wiederum weitere Sterngenerationen hervorgegangen sind. Dieser „Schutt“ enthielt alle die Elemente, die im Stern fusioniert oder durch andere Prozesse (die der Astronom entweder als s-Prozesse, weil sie *„slow“* - also langsam oder r-

Prozesse, weil sie *„rapid"*, also schnell, ablaufen) entstanden sind. Dazu muss man wissen, dass ein Stern nur bis zum Element Eisen mit der Ordnungszahl 26 aus Kernfusionsprozessen Energie saugen kann, die er benötigt, um als Stern stabil zu bleiben. Und ein Stern bleibt solange stabil, wenn in jedem Punkt in seinem Inneren die nach innen gerichtete Schwerkraft durch den Gasdruck (und bei massereichen Sternen auch den Strahlungsdruck) an genau diesem Punkt ausgeglichen wird. Ist diese Bedingung erfüllt, dann befindet sich der Stern im hydrostatischen Gleichgewicht. Ist diese Bedingung nicht erfüllt, dann wird der Stern das Energiedefizit durch Kontraktion seines Kerns auszugleichen versuchen. Dabei wird die sogenannte gravitative Bindungsenergie des Sterns angezapft, von dem ein Teil die Sternmaterie erhitzt und der andere Teil in den Kosmos abgestrahlt wird. Das Leben eines Sterns ist genaugenommen eine Geschichte der Kontraktion seines Kerns. Beginnend mit der Kontraktion einer Gas- und Staubwolke bleibt am Ende des Sternlebens nur ein kompakter Rest in Form eines Weißen Zwergsterns, eines Neutronensterns oder Schwarzen Lochs (und manchmal, in ganz seltenen Fällen, auch Garnichts) übrig.

93. Lebensgeschichte eines Sterns mit 8 Sonnenmassen

Damit ein Stern in seinem Leben überhaupt bis zur Fusion von Eisen kommt, muss er mindestens eine Ausgangsmasse von etwa 8 Sonnenmassen haben. Ohne jetzt groß in die Einzelheiten einzugehen (die aber höchstinteressant sind!), sieht das Leben eines solchen massereichen Sterns in etwa folgendermaßen aus: Nachdem er aus kosmischen Gas (99% H und He) und Staub entstanden ist und er im Zustand der Kontraktion in seinem Kernbereich die Zündtemperatur für das „Wasserstoffbrennen" erreicht hat (ca. 20 Millionen Grad), wird er die nächste Million Jahre gemächlich Wasserstoff in Helium umwandeln. Dieser Zustand kennzeichnet einen sogenannten Hauptreihenstern. Während dieser Brennphase sammelt sich das spezifisch schwerere Helium im Sternkern an, bis irgendwann der Wasserstoff im Kernbereich soweit aufgebraucht ist, dass der Energiebedarf zur Aufrechterhaltung des hydrostatischen Gleichgewichts nicht mehr durch Wasserstoffbrennen gedeckt werden kann. Und genau in diesem Moment wird der Sternkern instabil und kollabiert. Dabei wird Energie frei und die Temperatur des Kerns erhöht sich solange, bis mit ~200 Millionen Grad die Zündtemperatur für das Heliumbrennen erreicht und der Kernkollaps beendet wird.

Mit der Fusion von Helium zu Kohlenstoff und Sauerstoff (Triple-Alpha-Prozess, weil daran drei Heliumkerne beteiligt sind) kann der Stern die nächsten 10.000 Jahre gut auskommen. Die „Asche“, d. h. der entstandene Kohlenstoff und Sauerstoff, sammelt sich wiederum im Kern an. Das geht solange gut, wie es genügend Helium zum „verbrennen“ gibt. Aber auch dann ist irgendwann einmal Schluss und das Spiel mit Kernkontraktion, Erhöhung der Kerntemperatur bis die nächste Brennphase zündet, wiederholt sich. Dadurch, dass bei jeder neuen Brennphase der Energieausstoß immer geringer wird (was ein Physiker leicht erklären kann), wird die Dauer dieser primären Brennphasen auch immer kürzer. Und so folgt nach dem Heliumbrennen bei 800 Millionen Grad Kerntemperatur das Kohlenstoffbrennen (ca. 600 Jahre), dann bei 1,4 Milliarden Grad für ein Jahr das Neonbrennen, dann für 6 Monate bei einer Kerntemperatur von 2 Milliarden Grad das Sauerstoffbrennen, dann für einen Tag bei 3,5 Milliarden Grad das Siliziumbrennen (wobei Eisen entsteht) und dann macht es flupp (~1 Sekunde) und der Eisenkern kollabiert zu einem Neutronenstern mit einem Durchmesser von etwa 20 Kilometer - und die Außenhülle des Stern fliegt explosionsartig weg: Wir beobachten eine hydrodynamische Supernova. Und das ist die (wahrscheinliche) Geburtssekunde des Goldes, welches sich mit etwas Glück irgendwann einmal in den feinen Härchen des Vlieses verfängt…

94. Schwere Elemente baut man aus Neutronen

Der Kern eines stabilen Goldatoms enthält 78 Protonen und 118 Neutronen. Wenn der Eisenkern bei einer Supernova kollabiert, treten kernphysikalische Prozesse auf, die zu einem riesigen Fluss von Neutronen führen. Da Neutronen keine elektrische Ladung besitzen, können sie sich beispielsweise an vorhandene Eisenkerne anlagern, die dadurch immer schwerer werden, d. h. es entstehen immer schwerere Isotope dieses Metalls und das innerhalb kürzester Zeit. Diese Isotope sind nicht stabil, sondern radioaktiv. Das bedeutet, dass einzelne Neutronen zu Protonen und Elektronen und Anti-Elektronenneutrinos zerfallen (man sagt, das Neutron erleidet einen Beta-Minus-Zerfall), was wiederum dazu führt, dass das Isotop jeweils auf der Elementeleiter (Periodensystem) eine Stufe nach oben wandert. Erst wenn auf diese Weise ein Kern 78 Protonen und 118 Neutronen in sich vereinigt, ist ein stabiles Goldatom (wenn auch noch ohne Elektronenhülle) entstanden. Natürlich bilden sich auch andere schwere Elemente auf diese Art und Weise, so z. B. Uran mit einer Protonenzahl von 92 und selbst Plutonium mit einer Protonenzahl von 94. Plutonium ist übrigens das letzte Element im Periodensystem, welches auf der Erde noch natürlich vorkommt. Alle Elemente im Periodensystem mit einer noch größeren Ordnungszahl wurden künstlich erzeugt. Ihre Lebensdauer (Halbwertszeit) ist aufgrund ihrer Radioaktivität jedoch ziemlich begrenzt. Da es nun mal Menschen mit Goldzähnen gibt, es Leute gibt, die es sich leisten können, von goldenen Tellerchen mit goldenen Messerchen und Gäbelchen zu essen und, nicht zu vergessen, auch weil es „Kernkraftgegner“ gibt, die aus nicht immer rationalen Gründen etwas gegen die „Kernkraft“ haben (Uran), muss man zwingend davon ausgehen, dass an der Entstehung der Erde vor mehr als 4,56 Milliarden Jahren irgendwie eine Supernova beteiligt gewesen sein muss. Und allein aus dieser Tatsache lässt sich einiges über die Frühgeschichte der Sonne und der Planeten herausbekommen.

95. Eine Supernova und die Frühgeschichte des Sonnensystems

Die grundlegenden Informationen in diesem Zusammenhang sind Folgende: Die Supernova muss ursprünglich ein Stern mit mehr als 25 Sonnenmassen gewesen sein, deren Leben höchstens fünf Millionen Jahre währte. Solche massereichen Sterne bilden sich nur sehr selten. Ein aus einer interstellaren Gas- und Staubwolke entstandener Sternhaufen (die Wolke fragmentiert bei ihrem Kollaps in viele Einzelwolken, aus denen dann bei weiterer Kontraktion Protosterne entstehen) muss schon ungefähr 2000 Mitglieder haben, damit unter ihnen wenigstens ein Objekt dieses Kalibers dabei ist. Da die Entstehung der Sonne und ihrer Planeten auch nur wenige Millionen Jahre in Anspruch nahm, muss dieser Stern noch in der Bildungsphase der Protosonne in nicht allzu großer Entfernung (man schätzt ~1 Lichtjahr) seinen Kernkollaps erlitten und ein Teil seines Explosionsschutts in die Materie, aus der dann später die Planeten entstehen sollten, penetriert haben. Und da war zu unserem Glück auch etwas Gold und Uran dabei. Es kann sogar sein - und es gibt ernsthafte Gründe dafür - dass es uns ohne diese Supernova gar nicht geben würde. Denn die radioaktiven Elemente, die von ihr stammen, helfen durch ihren Zerfall mit, den Erdmantel plastisch zu halten. Aber ohne konvektiven Erdmantel keine Plattentektonik, ohne Plattentektonik keine Kontinente, ohne Kontinente keine Langzeit-Klimastabilisierung. Und ohne dem alles, keine Menschen. Und ohne Menschen? Ja, was dann wäre, wissen wir auch nicht, denn wenn jemand „nicht ist“, dann kann er auch nicht fragen, warum··· Womit wir bei dem nicht trivialen Problem angekommen sind, ob alles das, was wir mit unseren Sinnesorganen erfassen, auch so ist, wie es ist.

96. Ist die Realität real?

Es geht um die alte philosophische Frage nach der „Realität", genaugenommen um die Frage, ob es eine Welt außerhalb unseres individuellen Bewusstseins überhaupt gibt, und wenn ja, wie sich das beweisen lässt. Denn es könnte ja sein, wie es Edgar Allan Poe (1809-1849) einmal ausgedrückt hat *„All that we see or seem is but a dream within a dream···"*.

Aber auch diese Geschichte hat einen historischen Kontext: Im 18. Jahrhundert gab es bekanntlich den sogenannten "Gelehrten" als Beruf. Das waren meist mehr oder weniger wohlhabende Personen, die sich, frei von materiellen Sorgen, geistigen und wissenschaftlichen Dingen widmen konnten und damit in ihrer Gesellschaft ein gewisses Prestige aufbauten. Ich möchte hier nur kurz an Johann Burckhard Mencke aus Leipzig erinnern, der von 1674 bis 1732 lebte. Sein größter Verdienst war die Herausgabe der dreibändigen "*Scriptores rervm Germanicarvm praecipve Saxonicarvm*", die dem Geschichtsforscher noch heute wichtiges Quellenmaterial liefert. Das soll aber nicht das Thema sein. Es geht hier vielmehr um einen Satz aus seinem 1716 erschienenen Werk "*Charlataneria eruditorum*" (ja, Burckhard Mencke hat mit dem Wort "Scharlatan" den deutschen Sprachschatz nicht unwesentlich erweitert und bereichert!). Dort heißt es:

"...Daß Sie die Einzigen in der Welt sind; jedewede anderen würden nur existieren in deren eigenen Gedanken..."

Womit wir bei einem Paradox angelangt sind, welches ich nun kurz beschreiben möchte.

Also von vorn. Jeder von uns besitzt einen Computer, und Forschungsinstitute Supercomputer, deren Rechenleistung mittlerweile die 1,8 Gigaflop-Grenze überschritten hat. Und diese Rechenleistung wird (entsprechend dem Moor'schen Gesetz) in der Zukunft weiter steigen. Mit ihrer Hilfe kann man auf der Grundlage bekannter Naturgesetze und leistungsfähiger mathematischer Verfahren hochkomplexe Vorgänge simulieren, die einem experimentellen Zugang nur schwer oder gar nicht zugänglich sind. Ich denke hier an die Wettervorhersage, an die Simulation von Atombombenexplosionen oder sogar an die Simulation des "Urknalls" und der sich daraus ergebenden kosmischen Strukturbildungsprozesse. Offensichtlich können Naturerscheinungen in beliebiger Komplexität mathematisch simuliert werden, wenn die dazu benötigte Rechenleistung zur Verfügung steht (dieser Satz ist so nicht ganz richtig, da sowohl die Mathematik (Gödels Theorem) als auch die Physik (Quantenmechanik) dem prinzipielle Grenzen setzt, aber wir wollen das mal außer Acht lassen).

97. Das Gehirn in der Nährbrühe

Und nun ein weiterer Schritt. Uns Menschen macht unser Gehirn aus. Alles, was wir mit unseren Sinnesorganen wahrnehmen, gelangt in Form elektrischer Impulse in unser Gehirn und lässt darin die Welt entstehen, von deren von uns unabhängigen Existenz wir zutiefst überzeugt sind. Licht der Sonne, welches eine Rose reflektiert, gelangt durch die Linse unserer Augen auf die Netzhaut, wo ein verkehrt herum angeordnetes, verzerrtes und verkleinertes Bild dieser Rose entsteht, welches von Rezeptoren in Form von Stäbchen und Zäpfchen über komplexe biochemische Vorgänge in elektrische Signale umgewandelt wird. Diese Signale laufen in Nervenbahnen in das Gehirn, wo es das Bild der Rose entzerrt und in einen dem Bewusstsein zugänglichen Sinneseindruck umwandelt. Weitere elektrische Nervenimpulse treffen gleichzeitig von den Zellen der Nasenschleimhaut ein und wir vernehmen einen feinen Rosenduft zu spüren. Und wenn unsere Finger sich am Stachel der Rose verletzen, so registriert auch das unser Gehirn in Form wohldefinierter schwacher Nervenimpulse. Alle diese elektrischen Pulse können heute gemessen werden. Und nur diese elektrischen Impulse sind es, die in unserem Gehirn eine Welt entstehen lassen, die uns "Denken" und "Handeln" lassen und unser gesamtes Gefühlsleben bestimmen.

Und jetzt stellen wir uns vor, dass unser Gehirn in einem Laboratorium in einer delikaten Nährbrühe (die Franzosen würden wohl „Bouillon“ dazu sagen) schwimmt und alle einlaufenden Nerven an einen Supercomputer angedockt sind, welcher die "Außenwelt" simuliert und zwar so, dass jede einzelne der Millionen einlaufenden Nerven mit dieser Maschine verbunden ist und diese Maschine genau die gleichen Impulse produziert, wie es gewöhnlich die Sinnesorgane tun. Und dass diese Maschine gerade eine Rose simuliert mit ihrer typischen Form, ihrer satten roten Farbe, den wohlfeilen Duft und den Stacheln an ihrem Stängel sowie auch die Hand, die sie hält. Und dass diese Maschine dabei genau die gleichen schwachen Impulse produziert, wie sonst die Sinnesorgane. Und dass sie diese Impulse diesmal an keinen Monitor und auch an keinen Lautsprecher sendet, sondern über die angeschlossenen Nervenbahnen an ihr Retortengehirn in der delikaten Nährbrühe. Dann entsteht in diesem "Retortengehirn" die eindeutige Illusion einer Rose in ihrer satten roten Farbe, ihrem

Duft und den Stacheln an ihrem Stängel. Und wenn Sie (d. h. ihr Gehirn in der delikaten Nährbrühe) dabei noch Vogelgezwitscher hören und sie im Hintergrund blaue Berge sehen und über sich weiße Wolken an einem blauen Himmel, dann ist das auch nur eine Illusion und Folge der Simulation. Selbst wenn Sie spüren (und das scheinbar willentlich veranlasst haben), wie ihre Hand durch ihre Haare streicht, so ist das nur Simulation. Und das verstörende daran ist, es gibt für Sie (und für mich etc.) keine Möglichkeit, unsere reale Existenz und die einer Existenz als "Retortengehirn" irgendwie zu unterscheiden.

98. Gibt es eine Außenwelt?

Und die große philosophische Frage, die daran hängt (siehe Eingangszitat von Johann Burckhard Mencke), ist die: Durch was können wir sicher sein, dass so etwas wie eine "Außenwelt" wirklich existiert? Die Quintessenz dieser Überlegungen ist die, dass wir keinesfalls sicher sein können, dass eine Außenwelt existiert, dass sich unser Bewusstsein in einem Gehirn befindet und dass sich dieses Gehirn in einem Körper befindet. Es handelt sich um ein prinzipielles Problem, welches mit den Mitteln der Wissenschaft offensichtlich nicht zu lösen ist (jede wissenschaftliche Erkenntnis, die wir in uns aufnehmen, kann natürlich in dem hier beschriebenen Sinn auch "simuliert" sein).

Sie halten das alles für Unsinn? Ich auch. Aber denken Sie einmal darüber nach. Und schauen Sie sich gelegentlich wieder mal den Film "*Matrix*" an... Von diesem durchaus interessanten Film gibt es übrigens noch zwei Fortsetzungen, jedoch mit einer Tendenz zum „schlechter werden“ („*Matrix Reloaded*“ und „*Matrix Revolutions*“), in denen genauso wie im ersten Teil der Trilogie eine Menge Andeutungen zu finden sind, wenn man sich nur etwas in Philosophie und Geschichte auskennt.

99. Solipsismus

Die philosophische Idee, dass die „Welt“ nur eine vorgegaukelte Simulation ist und nur das „ich“ das einzig existierende Subjekt, nennt man Solipsismus. In einem weitergehendem Sinne bedeutet dieser Begriff (von lat. *solus* allein, *ipse* selbst), dass alles, d. h. die gesamte Welt, also das ganze "Sein", sich nur in den subjektiven Bewusstseinsinhalten eines Individuums (und zwar Ihres, lieber Leser) erschöpft. Man spricht in diesem Fall von einem „metaphysischen Solipsismus" - und nur um ihn soll es hier gehen. Ein metaphysischer Solipsist behauptet die Nichtexistenz einer Außenwelt (genauer einer Welt außerhalb seines eigenen Bewusstseins) in dem Bewusstsein, dass sich diese These nie beweisen lassen wird. Es ist nämlich durchaus die Annahme möglich, dass alle Sinneseindrücke nur Produkte dieser Sinne selbst sind, ohne dass zwingend etwas Objektives außerhalb des Bewusstseins existieren muss - siehe die Metapher vom Gehirn in der Nährlösung. Oder um noch einmal das Zitat von Edgar Allan Poe zu bemühen *„All that we see or seem is but a dream within a dream…"*.

100. Claudia Brücken und Propaganda

Das dazugehörige und relativ unbekannte Poem *„A dream within a dream"* aus dem Jahre 1849 erlangte 1984 wieder eine gewisse Aufmerksamkeit, als es rezitativ von Claudia Brücken vorgetragen und mit einer eingehenden Musik hinterlegt, auf dem Debütalbum der aus Düsseldorf stammenden Pop-Band „Propaganda" erschien. Dieses Debütalbum hat den Titel *„A Secret Wish"* erhalten und ist auch heute noch unter Kennern durchaus beliebt.

101. Dr. Mabuse

Das liegt u. a. auch an den Songs *„Duell"* und natürlich *„Dr. Mabuse"*. Hinter diesem Namen verbirgt sich ein Superverbrecher, der 1919 von dem Luxemburger Schriftsteller Norbert Jaques (1880-1954) erdacht wurde und der in einer Vielzahl von Verfilmungen Anfang der 1960er Jahre des vergangenen Jahrhunderts in Konkurrenz zu den gleichzeitig entstandenen Edgar-Wallace-Krimis eine gewisse Popularität erreichten. Die Titel sprechen für sich: *„Im Stahlnetz des Dr. Mabuse"*, *„Das Testament des Dr. Mabuse"*, *„Die unsichtbaren Krallen des Dr. Mabuse"*, *„Scotland Yard jagt Dr. Mabuse"* und auf keinem Fall zu vergessen *„Die Todesstrahlen des Dr. Mabuse"*.

Genaugenommen handelt es sich bei dieser noch in Schwarz-Weiß gedrehten Filmreihe um eine Fortsetzung bzw. Neuverfilmung zweier Filme von Fritz Lang (1890-1976) aus dem Jahre 1922 (*„Dr. Mabuse, der Spieler"* - ein zweiteiliger Stummfilm) sowie 1933 („*Das Testament des Dr. Mabuse*“, diesmal mit Ton und unter den Nazis verboten). Das Faszinosum an der Gestalt des Dr. Mabuse liegt darin begründet, dass er seinen genialen Verstand, seine Profession als Psychoanalytiker (Freud!) und seine außergewöhnlichen hypnotischen Fähigkeiten einsetzt, um eine Verbrecherorganisation zu leiten und selbst Verbrechen zu begehen, gekoppelt mit einer Vision einer besseren und gerechteren Welt. In den genannten Verfilmungen kann man das „Who is who“ der deutschen Schauspielergarde jener Zeit bewundern, von denen einer, nämlich Gert Fröbe (1913-1988), der in zwei Mabuse-Verfilmungen den Kommissar Lohmann mimen durfte, weltberühmt geworden ist. Und das mit Recht, wie ich meine. Die jüngere Generation wird ihn wahrscheinlich nur aus James Bond „*Goldfinger*“ (1964) kennen, der ab und an im Fernsehen noch gezeigt wird. Aber das war nur einer von mehr als 40 Filmen, in denen er - meist als Charakterdarsteller - mitgewirkt hat.

102. Tollkühne Männer in ihren fliegenden Kisten

So in dem englischen Film von 1965 „*Those Magnificent Men in Their Flying Machines or How I Flew from London to Paris in 25 Hours 11 Minutes*” , den man für die deutschen Filmplakate auf den etwas kürzeren und einprägsameren Titel „*Die Tollkühnen Männer in ihren fliegenden Kisten*” eingedeutscht hat. Für jemanden, der sich für die Geschichte der Luftfahrt interessiert, war das ein ähnlich amüsanter Film wie der Film „*Schussfahrt nach San Remo*“ (mit André Robert Raimbourg (1917-1970), besser bekannt als „Bourvil“) für diejenigen, die sich mehr für die Geschichte des Straßenradsports interessieren.

Die „tollkühnen Männer“ sind Piloten („*Richt'ge Männer wie wir*…“), die mit ihren aus Sperrholz und Klaviersaitendraht zusammengeschusterten Fluggeräten im Jahre 1910 ein von einer Gazette ausgerichtetes Wettfliegen über den Ärmelkanal bestreiten möchten. Und da darf natürlich eine Abordnung aus dem deutschen Kaiserreich (schließlich war unser Kaiser Wilhelm II. ein Enkel der britischen Königin Victoria!) nicht fehlen, übrigens überaus stilsicher repräsentiert durch Oberst Manfred von Holstein und seinem Adjutanten Hauptmann Rumpelstoß.

103. Gert (Karl-Gerhart) Fröbe

Ersterer unvergleichlich preußisch gespielt von Gert Fröbe. Hauptmann Rumpelstoß dagegen (gespielt von Karl-Michael Vogler), der eigentlich als Pilot der kaiserlichen Luftmaschine vorgesehen war, fiel leider krankheitsbedingt aufgrund einer akuten Diarrhoe aus, weshalb Oberst Holstein mit den markigen und unvergessenen Worten *„Es gibt nichts, was ein deutscher Offizier nicht kann!“* dessen Part übernehmen musste. Wie sich denken lässt, gelang es ihm trotz intensiven Studiums der Gebrauchsanleitung des Fluggeräts (genauer der *„Heeresdienstanweisung zur Bedienung eines Flugzeugs“*) nicht, dieses über den Ärmelkanal zu lenken···

1910 war ein Jahr, wo das motorgetriebene Flugzeug durchaus schon ein brauchbares Fluggerät war. Ein Jahr zuvor gelang dem Flugpionier Louis Blériot (1872-1936) die erstmalige Überquerung des Ärmelkanals.

104. Warum fallen tonnenschwere Flugzeuge nicht vom Himmel?

Damals wunderten sich die Menschen noch darüber, wie sich solch ein schweres Gerät wie das Flugzeug überhaupt in der Luft halten kann, wo doch alles, was einem aus der Hand fällt, unweigerlich auf den Füßen landet. Heute wundert sich niemand mehr darüber, obwohl immer noch die Wenigsten erklären können, warum das so ist. Nun gut. Das „Geheimnis“ liegt in den Tragflächen, genauer gesagt, in deren Profil und ihrem Anstellwinkel gegenüber der Luftströmung.

Ein Tragflächenprofil ist derart gestaltet, dass die Oberseite stärker gewölbt ist als die Unterseite. Wird es leicht geneigt gegen die Luftströmung gehalten, dann wird oben die Luft schneller und darunter die Luft etwas langsamer vorbeiströmen. Dadurch entsteht nach den Gesetzten der Aerodynamik „unten“ eine Druckkomponente nach oben (sie macht etwa 1/3 des Auftriebs aus) und „oben“ eine „Zugkomponente“. Beide Komponenten zeigen in die gleiche Richtung und sind deshalb in der Lage, das gesamte Flugzeug zu tragen, es sei denn, die Anströmgeschwindigkeit verringert sich so weit, dass es zu einem Strömungsabriss kommt. Wenn das der Fall ist, dann gibt es für das Flugzeug nur noch eine Flugrichtung, und zwar nach unten, immer der

Schwerkraft folgend··· Deshalb ist es für den Piloten äußerst wichtig, dass ihm in jeder Fluglage die Fluggeschwindigkeit bekannt ist. Dazu muss man sie irgendwie messen.

105. Fluggeschwindigkeitsmessung mit dem Staurohr

Und das macht man gewöhnlich mit einem Staurohr, welches von dem deutschen Physiker und Mitbegründer der Strömungsmechanik Ludwig Prandtl (1875-1953) erfunden wurde. Wenn es ausfällt, z. B. weil es in großen Höhen vereist, dann kann das einen Flugzeugabsturz provozieren. Und dafür gibt es in der Geschichte der Luftfahrt einige Beispiele. Eines der Folgenschwersten war der Absturz eines Airbusses A330-203 der Air France über dem mittleren Atlantik am 31. Mai 2009, bei der alle 228 Insassen ums Leben kamen.

Die Strömungsmechanik ist ein sehr wichtiges Teilgebiet der Physik mit einem extrem großen Anwendungspotential (siehe Stichwort „Navier-Stokes-Gleichung"). Trotzdem scheint es Phänomene zu geben, wo sie nicht zu funktionieren scheint.

106. Das Hummel-Paradoxon

Ich denke dabei an die Hummel, die nach den Gesetzen der Aerodynamik eigentlich gar nicht fliegen können dürfte, wie es Ludwig Prandtl (1875-1953) einst in seinen Vorlesungen immer wieder mit Augenzwinkern behauptet hat. Sie tut es aber trotzdem, wie man es im Sommer an jedem Kleefeld oder Wiesenrain mit eigenen staunenden Augen beobachten kann. Scherzhaft meinte der große deutsche Strömungsforscher einmal, dass es daran liegt, dass ihr die Gesetze der Strömungsmechanik völlig schnuppe sind. Das mag sicherlich stimmen. Aber es erklärt natürlich nicht ihr mehr oder weniger elegantes Flugvermögen. Aber den Hummelforschern ließ dieses Problem natürlich keine Ruhe und den Strömungsforschern erst recht nicht. Und es zeigte sich schnell, dass dieses „Hummelparadoxon" doch kein Paradoxon ist. Berechnet man nämlich für die technischen Ausgangsdaten einer Hummel (Gewicht, Flügelfläche, Schlagfrequenz) deren aerodynamisches Verhalten unter Berücksichtigung des richtigen Wertes einer Größe, die der Physiker Reynoldszahl nennt und beachtet dabei noch die beim Flug auftretenden Verwirbelungen, dann wird es schnell klar, dass eine Hummel durchaus fliegen kann. Aber das war ja längst durch Augenschein bewiesen und somit nichts Neues. Jetzt weiß man aber endlich auch, warum. Alle diese Untersuchungen stärken natürlich das Vertrauen in die Aerodynamik ungemein, und so kann man heute mit noch größerer Beruhigung in ein modernes Flugzeug steigen - der kleinen Hummel sei Dank. Und noch etwas, bevor ich es vergesse: eine Hummel erreicht immerhin eine Fluggeschwindigkeit von über 10 km/h und bei Rückenwind sogar noch etwas mehr···

107. Die Erdhummel als Nagetier

Die ersten Erdhummeln (*Bombus terrestris*) lassen sich ungefähr ab Ende März beobachten, wenn sie aus ihrem Winterschlaf erwacht sind und z. B. am Rande eines Laubwaldes die Blüten des Lerchensporns besuchen. Nur leider ist ihr Rüssel nicht gerade lang, um aus deren langen Kelch den süßen Nektar zu saugen. Aber eine Hummel mag zwar klein sein, aber dumm ist sie deswegen noch lange nicht. Sie nagt einfach ein Loch in das Ende des Blütenkelchs und kommt auf diese Weise problemlos an den süßen Saft. Schauen Sie sich einfach bei einer kleinen Frühlingswanderung einmal Lerchenspornblüten (oder auch die Blüten der Frühlings-Platterbse) etwas genauer an. Sie werden garantiert fündig werden und Blüten mit einem kleinen Loch im Kelch finden.

108. Frühlingsaspekt

Der Frühling ist eh eine gute Zeit, um einen lehrreichen Waldspaziergang zu unternehmen. Den Laubbäumen fehlen noch die Blätter und das Sonnenlicht kann problemlos den Waldboden erreichen. Es ist die Zeit der Frühlingsblüher gekommen. Für ein paar Wochen verwandelt sich der Waldboden in ein Blumenmeer und der Kenner kann Gelbe und Weiße Buschwindröschen, Leberblümchen, Bingelkraut, Haselwurz, Scharbockskraut, Goldsterne, eine Anzahl von Veilchenarten, Frühlings-Platterbsen, Schlüsselblumen, an feuchten Stellen Milzkraut und Sumpfdotterblumen sowie die eigenartige Schuppenwurz unterscheiden.

109. Wollschweber

Etwas später kommen noch große weiße Flecken mit Sternmieren hinzu, über die man oft Wollschweber wie winzige Kolibris in der Luft stehend sehen kann. Diese Insekten lohnt es sich einmal näher anzuschauen. Schon in der Luft erkennt man ihren extrem langen graden Rüssel, der fast die Länge des braunen, stark behaarten Rumpfes (ca. 8 - 12 mm) erreicht (sie können damit nicht stechen, also keine Angst). Weiterhin sind auch ihre ziemlich langen Beine (6 Stück, denn es sind ja keine Spinnen) auffällig, von denen sie vier im Flug nach hinten und zwei nach vorn strecken. Bei uns in Deutschland gibt es 34 unterschiedliche Arten, von denen der Kleine Wollschweber und der Große Wollschweber die am weitaus häufigsten sind. Sie sind in ihrem Flugverhalten so außergewöhnlich (in der Luft stehend, dann, wie im Sommer die Schwebfliegen, rasant ihren Standort wechseln···), dass man sie eigentlich kaum übersehen kann. Bevor sie diese Flugkünste ausführen können, haben diese Fliegen bereits eine interessante Entwicklung hinter sich gebracht.

Nehmen wir z. B. den Großen Wollschweber, den man ab Anfang April auch gern an blühenden Salweiden (Weidenkätzchen!) antreffen kann. Er ist auf Vorkommen bestimmter Solitärbienen und Grabwespen angewiesen, in deren Larven wiederum „seine" Larve eine Zeitlang parasitär lebt. Dazu legen die Wollschweberweibchen ihre Eier in der unmittelbaren Nähe von deren unterirdischen Bauten ab. Sobald die Wollschweberlarve schlüpft, wandert sie instinktiv in das nächste Brutnest einer solchen Wespe und beginnt dort, völlig ungefragt, erst einmal einen Teil von deren Nahrungsvorräten aufzufressen. Ab einer gewissen Größe macht sie sich dann auch noch, nun als reine Carnivore, über die Wespenlarven her. Nach mehreren Häutungen verpuppt sie sich schließlich in einer für Fliegen typischen tönnchenförmigen Puppe, überwintert und schlüpft im folgenden Frühjahr als reiner Veganer, der es nur noch auf den Nektar der Frühlingsblumen abgesehen hat.

Sie sehen also, bei einem Frühlingsspaziergang durch die Natur gibt es viel Interessantes zu entdecken. Dazu gehören auch einige farbenprächtige Schmetterlinge, die in Art einer Kältestarre die Winterzeit überstanden haben und die nun das Blütenmeer durch bunte Farbtupfer ergänzen. Zu nennen ist hier das prächtige Tagpfauenauge, der Kleine und der selten gewordene Große Fuchs, der Trauermantel sowie der C-Falter, die sich gerne mit weit aufgeklappten Flügeln in der Sonne wärmen. Im April kommt dann noch der Aurorafalter, der Schwalbenschwanz und an warmen Stellen manchmal sogar noch der Segelfalter hinzu, die allesamt im Puppenstadium den Winter überdauerten.

110. Warum heißen Schmetterlinge eigentlich “Schmetterlinge“?

Aber haben Sie schon einmal darüber nachgedacht, warum „Schmetterlinge“ eigentlich „Schmetterlinge“ heißen? Im englischen Sprachraum werden „Schmetterlinge“ bekanntlich als „*Butterflies*“ bezeichnet, was wörtlich übersetzt „Butterfliegen“ oder auch „Buttervögel“ bedeutet. Ein auf dem ersten Blick eigenartiger Name, dessen etymologische Nähe zum deutschen Wort „Schmetterling“ nicht auf dem ersten Blick erkennbar ist.

Die bunten Tagfalter, die es bei uns in den vergangenen Jahrhunderten noch in viel größerer Individuenzahl gegeben hat als heute, haben sicherlich die Menschen veranlasst, ihnen in dem jeweiligen Dialekt ihrer bilderreichen und kernigen Sprache Namen zu geben, deren Sinn im Lauf der Zeit vielfach wieder in Vergessenheit geraten ist. So findet man in den Romanen des Theodor Fontane (1819-1898) ab und an den Begriff „Kalitten“ für Schmetterlinge - ein noch im 19. Jahrhundert im Havelland weitverbreiteter Name, der sich z. B. in dem Kinderreim: „*Kalitte, Kalitte setze dir, ich gebe dir auch Wein und Bier...*“ erhalten hat (damit wollte man die Schmetterlinge beschwören, sich auf einer Blume niederzulassen). Er stellt wahrscheinlich eine Verballhornung und Verallgemeinerung des Namens „Kohlweißling“ („Kolwite“) auf „weiße“, „gelbe“ und „braune“ Tagschmetterlinge dar. Das ist aber nicht ganz sicher, denn bereits in der niederdeutschen Sprache („Plattdeutsch“) gibt es das Wort „Kielitt“ für Schmetterling.

Aber zurück zu „Schmetterling“. Im Mittelalter war der Aberglaube weit verbreitet, dass gewisse Nachtschmetterlinge in der Dunkelheit die Euter der Kühe aufsuchen, um daraus Milch zu saugen. „Molkadiebe“ ist dann ein durchaus passender Name, der sich in einigen Gegenden Deutschlands bis heute erhalten hat. Dazu kommt noch, dass damals die Vorstellung weit verbreitet war, dass sich Hexen des Nachts in graue Schmetterlinge verwandeln können, um bei den Bauern Butter, Rahm und Schmant zu stehlen. In der böhmischen Sprache bezeichnet „*smetana*“ Sahne und Rahm, im ostmitteldeutschen war dafür früher das Wort „Schmette“ oder „Schmetten“ üblich.

Daraus hat sich durch Dissimilation die Bezeichnung „Schmetterling" für die „Molkendiebe" entwickelt, den wir noch heute für diese Insektenordnung verwenden. Nach einer anderen Lesart soll „Schmette" außer Rahm auch noch „Seym", d. h. „Honig", bedeuten. Schmetterlinge wären demnach „Honiglinge", welche von Blüte zu Blüte wandern, um daraus Honigseim (Nektar) zu saugen.

111. Molkadiebschnopper, Mottakeenich und Tuud

Im Glatzer Bergland auf der anderen Seite des Adlergebirges in Schlesien sprach man im Volksmund von „Molkadiebschnopper", wenn es sich um einen Tagschmetterling handelt und von „Mottakeenich" bzw. „Tuud" bei einem großen Nachtfalter. Auch der Ursprung des Wortes „Falter" lässt sich aus dem Nebel der Vergangenheit kaum noch rekonstruieren. Es stammt wahrscheinlich von dem urtümlichen Wort „Byfaltera" ab, woraus sich Zwyfalter und schließlich der Begriff „Falter" entwickelt hat. Heute ist jedenfalls nicht mehr eruierbar, ob sich dieser Begriff auf die zwei Flügelpaare bezieht, die Tagfalter in ihrer Ruhestellung zusammenfalten können (so wie betende Hände).

In einem deutschen Schmetterlingsbuch von 1660 wird der Distelfalter (*Pyrameis cardui*) z. B. „Brauner Weyfalter" genannt. In alten Schriften findet man neben der Bezeichnung „Sommervogelin" (zur Zeit Walthers von der Vogelweide) ab und an auch den Namen „Pfeifholter" (in der *Glossaria Augiensia* des Klosters Reichenau im Bodensee (13. Jahrhundert) als „Phiffholtir" enthalten) für Schmetterling. Vielleicht lässt er sich auf das lateinische Wort für Schmetterling „Papilio", zurückführen?

Auch individuelle Schmetterlingsnamen beweisen, dass unsere Vorfahren gute Beobachter waren. Bei manchen waren die Farben ausschlaggebend (Dukatenfalter, Trauermantel, Bläuling), bei anderen wiederum ihr auffälliges Verhalten (z.B. „Bachantin" oder „Tänzer" für *Lopinga achine*). Die „Blutströpfchen" heißen so wegen ihrer blutroten Flecken auf dunklen Untergrund. Manche Schmetterlingsnamen nehmen auf auffällige Körpermerkmale Bezug, so z. B. der „Erpelschwanz" (*Clostera pigra*) oder das „Taubenschwänzchen" (*Macroglossum stellatarum*). Nachtfalter werden umgangssprachlich oft als „Motten" disqualifiziert. Über den Ursprung dieses Wortes kann ich jedoch nicht viel berichten bis auf das, dass sich daraus das Wort „Made" abgeleitet hat.

112. Die bücher- und kleiderfressende Motte

In Schriften aus dem 13. Jahrhundert wird aber bereits auf die büchererzstörende Wirkung von „Motten“ hingewiesen. Echte „Motten“ galten aber in erster Linie als Zerstörer von Textilien, die zur Aufbewahrung und nur gelegentlichen Nutzung in Kleiderschränken oder anderen geschlossenen Behältnissen gelagert wurden. Und solch ein „Kleiderbehältnis“ hat irgendwann einmal die winzig kleine Kleidermotte (*Tineola bisselliella*) als neuen Biotop erkoren (ihre Raupe lebte ursprünglich in Vogelnestern) und sich damit zum Feind der Menschen gemacht. Selbst die Assyrer vor mehr als 2800 Jahren hatten es schon mit diesem Schädling zu tun bekommen. Seitdem zieht sich durch die Geschichte der Mode auch die Geschichte der Mottenbekämpfung, die mit der Erfindung der Mottenkugel Ende des 19. Jahrhunderts einen ersten Höhepunkt erreichte.

113. Naphthalin

Das Zaubermittel hieß Naphthalin, ein weißer, aus Teer extrahierter Stoff, der nach - ja was schon - Mottenkugeln riecht. Und diesen Geruch vertragen die Mottenraupen nun gar nicht und gehen daran ein. Den Vorteil mottenraupenfraßlochfreier Garderobe musste man sich in der Vergangenheit mit mottenkugelriechender Kleidung erkaufen, weshalb man schon bald nach Alternativen Ausschau hielt. Die „Chemie“ war in dieser Beziehung sehr erfolgreich, und moderne Textilien beinhalten oftmals bereits Substanzen, die den Kleidermotten den Appetit verderben. Aus diesem Grund ist es heute auch nicht mehr üblich, Kleider und Röcke den Winter oder den Sommer über (je nach Kleidungsart) „einzumotten“. Und nur den Lepidopterologen stimmt es etwas traurig, dass dieser kleine Schmetterling langsam immer seltener wird.

114. Der Rock und das darunter...

Als „Rock“ wurde im Mittelalter gewöhnlich ein Obergewand mit Ärmeln, welches sowohl von Männlein als auch von Weiblein getragen wurde, bezeichnet. Und zwar nicht etwa, weil es „steinfarben“ war, wie ein Anglist vielleicht vermuten würde, sondern weil sich dieser Begriff von dem althochdeutschen *„roc“* (=Gespinst) oder

„ruc“ (=„spinnen“) ableitet. Vor dem Aufkommen der Hose (bei Männern) oder des Höschens (bei Frauen), war er bei der minderbemittelten Kaste des Volkes neben langen Strümpfen oftmals das einzige Kleidungsstück und reichte bei den Herren bis etwa zum Knie und bei den Frauen bis zu den Fußknöcheln. Darunter wurde gewöhnlich nichts getragen, ein Sachverhalt, der bekanntlich in früheren Zeiten bei den Schotten bei kriegerischen Auseinandersetzungen als psychologische Waffe eingesetzt wurde. Der Rock, und zwar der Damenrock, genaugenommen dasjenige, was er zu verbergen suchte, erlangte interessanterweise genau zwei Jahre nach dem Sturm auf die Bastille, dem Auslöser der Französischen Revolution, sogar eine gewisse weltpolitische Bedeutung.

115. Das Massaker auf dem Marsfeld

Ich meine damit das furchtbare Massaker auf dem „Feld der Föderation“, allgemein „Marsfeld“ (Champs de Mars) genannt, am 17. Juli 1791 in Paris. An diesem, wie die Geschichtsschreiber berichten, ausnehmend schönen Tag, war eine Massenversammlung der republikanischen Partei angesetzt, bei der das Volk aufgerufen wurde, ihre Unterschrift unter ein Memorandum zur Entthronung des gefangengesetzten Königs Ludwig XVI. zu setzen. Dazu war eine hölzerne Tribüne aufgebaut worden, wo die Petition auf dem „Altar des Vaterlandes“ zur Unterzeichnung auslag. Das war natürlich nicht im Sinne der Royalisten, weshalb sich eine gewisse angespannte Lage eingestellt hatte. Hinauf zur Tribüne führte eine breite hölzerne Treppe, welche die zur Unterschrift bereiten Bürger - und Bürgerinnen mit ihren langen Röcken (und nichts darunter) - emporsteigen musste. Und das „nichts darunter“ interessierte zwei junge Männer, die sich deshalb schon recht früh, ausgestattet mit Proviant und einem kleinen Fässchen Wein (es waren ja Franzosen), unter diese Treppe begaben und in die sie, zwecks einer besseren Sicht, zuvor ein paar Löcher gebohrt hatten. Aber die Unternehmung ging gründlich schief.

116. Da werden Weiber zu Hyänen

Ein paar Frauen entdeckten die Voyeure und begannen sie ganz arg zu verdreschen gemäß der Schiller' schen Erkenntnis, dass bei sowas *„...Weiber zu Hyänen ···“* werden. Inzwischen verbreitete sich in Blitzeseile das Gerücht, dass man unter der Treppe zwei royalistische Spione mit einem Fass voller Pulver entdeckt habe, die den „Altar des Vaterlandes" in die Luft sprengen wollten. Jetzt mischten sich auch wütende Männer in die Händel ein, aber nicht mit Füßen und Fäusten, wie es die Damen taten, sondern gleich mit einem Messer in der Hand. Nach einer Version des Geschehens stach man die beiden nieder, schnitt ihnen die Köpfe ab, steckte diese auf Stangen und trug sie triumphierend über den Platz. Nach einer anderen und glaubhafteren Version hat man sie ohne viel Federlesen einfach an der nächsten Laterne aufgehängt. Der damit verbundene Aufruhr alarmierte das royalistisch eingestellte Militär unter Marie-Joseph Motier, Marquis de La Fayette (1757-1834), welches dann auch von der aufgebrachten Menschenmenge - alle Republikaner - mit Steinen beworfen wurden. Und irgendwann löste sich der erste Schuss. Und kurze Zeit später lagen über hundert von ihnen (nach neueren Forschungen sollen es höchstens 50 gewesen sein) tot um den „Altar des Vaterlandes" herum. Der Rest ist schnell erzählt. La Fayette verlor seine Reputation unter dem Volk, Danton floh nach England, Desmoulins und Marat in den Untergrund. Viele weitere wurden in Gewahrsam genommen. Und am 21. Januar 1793 wurde schließlich Ludwig XVI. und am 16. Oktober des gleichen Jahres auch seine Frau Marie-Antionette (die mit dem Kuchen) von dem berühmten und wegen seiner Kunstfertigkeit hoch angesehenen Pariser Henker Charles-Henry Sanson mittels der von einem heute vom Namen her immer noch bekannten Arzt erfundenen Maschine enthauptet. Es ist sicherlich amüsant sich auszumalen, was passiert wäre, wenn damals die Damen bereits Unterwäsche und kürzere Röcke getragen hätten···

117. Sternstunden der Menschheit

Es gibt immer wieder auf den ersten Blick unbedeutende Ereignisse, welche die Weltgeschichte in die eine oder andere Richtung umzulenken vermögen. Eine spezielle Gruppe derartiger Ereignisse hat Stefan Zweig (1881-1942) einmal *„Sternstunden der Menschheit"* genannt. Sein gleichnamiges schmales Büchlein von 1927 bzw. (die Erweiterung) von 1943 sollte eigentlich jeder einmal gelesen haben. Ich möchte hier nur drei „Sternstunden" kurz erwähnen, die mich besonders stark beeindruckt haben: „Die Eroberung Byzanz' s" im Jahre 1453 durch Sultan Mehmed II.; „Leo Tolstois Tod" und der „Kampf um den Südpol" - die tragische Geschichte des Polarforschers Robert Falcon Scott (1868-1912).

118. ... wenn nicht bleibt der Ruhm? - Robert Falcon Scott

„Was bleibt, was bleibt nach dem Tode, wenn nicht bleibt, wenn nicht bleibt der Ruhm? - Große Tat, großes Menschentum!" heißt es in dem Song von „Stern Meißen" aus dem Jahre 1976, die sich von dieser Geschichte inspiriert fühlten (der Text, der leicht im Internet zu finden ist, stammt übrigens von Kurt Demmler).

Robert Falcon Scott war genauso wie sein Widersacher Roald Amundsen (1872-1928) kein Anfänger in Polardingen, als er am 1. November 1911 seinen Marsch ohne Wiederkehr in Richtung Südpol antrat. Er hatte zu diesem Zeitpunkt zusammen mit Edward Adrian Wilson (1872-1912) und Ernest Shackleton (1874-1922) schon einmal den Versuch unternommen, den Südpol zu erreichen. Während der sogenannten Discovery-Expedition (benannt nach dem Schiff, welches sie in die Antarktis trug) überschritt er immerhin den 82. südlichen Breitengrad, was damals ein Rekord war. Wenn einer den Südpol erreichen konnte, dann wer, wenn nicht er. Und so bereitete er sich und seine Begleiter, darunter wieder der Ornithologe Edward A. Wilson, auf eine neue Expedition vor, die als „Terra-Nova-Expedition" (auch hier war wieder das Schiff der Namensgeber) in die Geschichte der Polarforschung eingegangen ist. Sie verlief dahingehend erfolgreich, dass Scott und seine drei Gefährten (Edward A. Wilson, Henry R. Bowers und Edgar Evans) am 17. Januar 1912 ihr Ziel, den Südpol, erreichten. Aber dort war bereits knapp 5 Wochen zuvor der Norweger Roald Amundsen im Rahmen der Amundsen-Fram-Expedition (am 14. Dezember 1911) angekommen und hatte als Zeichen seines Erfolges die norwegische Fahne gehisst. Der Rückweg der Briten über das Ross-Schelfeis gestaltete sich danach desaströs und endete mit dem Tod der letzten drei Expeditionsteilnehmer um den 29. März 1912, nach dem Edgar Evans bereits zuvor an den Folgen eines Unfalls (er fiel in eine Gletscherspalte und erlitt eine Gehirnerschütterung, von der er sich unter den strapaziösen Bedingungen der Antarktis nicht mehr erholt hat) verstorben war.

Dieser Rückmarsch über 1000 Kilometer lässt sich sehr gut rekonstruieren, da Robert Scott regelmäßig Tagebuch geführt hatte, welches man später, im November 1912, zusammen mit seinen sterblichen Überresten, auffand. In der Folgezeit wurde diese Expedition als tragisches Wettrennen zwischen Scott und Amundsen verklärt und in vielerlei Art literarisch verarbeitet. *„Was bleibt nach dem Tode, wenn nicht bleibt, wenn nicht bleibt der Ruhm?"*, heißt es, wie gesagt, bei „Stern Meißen". Die in das Eis des antarktischen Rosseis-Schilds eingeschlossenen Leichen von Scott, Wilson und Bowers werden durch die Gletscherdrift wahrscheinlich um das Jahr 2270 in das Rossmeer entlassen. Ihre heutige Position ist unbekannt.

119. Der Walfänger "Terra nova"

Interessant ist auch die Geschichte des von der Scott-Expedition verwendeten, polartauglichen Seglers „Terra nova", eines ehemaligen Walfängers. Sie war insgesamt fast 60 Jahre in den Polarmeeren beider Hemisphären unterwegs, bis sie dann 1943 bei einer Kollision mit einem Eisberg vor Grönland sank (die 24-köpfige Besatzung konnte damals von der US-Küstenwache gerettet werden). Zu diesem Zeitpunkt diente sie nur noch als Versorgungsschiff für kriegswichtige Stationen auf Grönland. Aus dickwandigem Eichenholz 1884 im schottischen Dundee gebaut, wurde der Dreimaster 1903 von der britischen Admiralität gechartert, um die auf Antarktika fest sitzende „Discovery-Expedition" (an der Robert Scott, wie bereits erwähnt, auch teilnahm) heimzuholen. Danach war es gemäß seiner eigentlichen Zweckbestimmung hauptsächlich in hohen nördlichen Breiten unterwegs, bis es, nach intensiven Umbauten, für die 1911er Expedition zum Südpol auserkoren wurde.

Mit 50 Mann Besatzung, mit drei Motorschlitten (die kläglich versagten), 19 sibirischen Ponys und viel zu wenigen Schlittenhunden erreichte es schließlich im Januar 1911 Kap Evans, von wo Robert Scott 10 Monate später zu seinem Gewaltmarsch aufbrechen sollte. Das Wrack der „S.S. Terra Nova" konnte mittlerweile (2012) in 300 m Tiefe in der Labradorsee vor Grönland aufgefunden werden.

120. Echolot

Diese Zufallsentdeckung gelang beim Test eines neuen speziellen Echolots („*Multibeam Mapping Echolote*") auf dem Flaggschiff des privaten „*Schmidt Ocean Institutes*" in Palo Alto, Kalifornien. Das Echolot ist eine typische Erfindung aus Kriegszeiten. Sie geht einher mit dem Ausrufen des uneingeschränkten U-Boot-Krieges Deutschlands gegenüber Großbritannien im Jahre 1917, welche die Suche nach einem effektiven Ortungsmittel von Unterseebooten unumgänglich machte. Und so arbeitete eine größere Zahl von Ingenieuren in allen Seekrieg führenden Staaten an einer brauchbaren Lösung. In Deutschland war es der aus Mecklenburg stammende Physiker Alexander Behm (1880-1952), der bereits 1913 ein entsprechendes, die prinzipielle Funktionsweise eines Echolots vorwegnehmende Patentschrift beim Reichspatentamt einreichte. Zur wirtschaftlichen Verwertung dieser Erfindung wurde 1920 die "Behm-Echolot-Gesellschaft" in Kiel gegründet. Ihr prominentester Kunde war die Graf Zeppelin-Werft, die an einer auf Schallwellen beruhenden Höhenbestimmung über Grund großes Interesse zeigte und auch entsprechende Versuche durchführen ließ. Bis zu einer wirklich praktisch tauglichen Anwendung, mit der man nicht nur Wassertiefen, sondern auch die Position von U-Boote sehr genau orten kann, war es damals aber noch weit. In der Zeit zwischen den Weltkriegen wurden in dieser Hinsicht einige Anstrengungen unternommen, die zu verschiedenen einsetzbaren Sonargeräten führten. Der Durchbruch gelang im zweiten Weltkrieg mit der Entwicklung eines aktiven Suchsonars. Dessen Suchsignal ist an dem typischen „Ping" zu erkennen, wie es oft zur Untermalung von U-Boot-Filmen verwendet wird. Mit ihm lassen sich sowohl Ort als auch Entfernung zu einem, die Schallwellen reflektierenden Objekts bestimmen. Das erste kriegstaugliche Gerät war das britische ASDIC, mit dessen Hilfe die Alliierten in Kombination mit dem Radar ab 1943 den U-Boot-Krieg im Nordatlantik immer mehr zu ihren Gunsten kippen konnten. Auf diese Weise verloren Unterseeboote immer mehr ihre taktischen Vorteile im Tonnagekrieg, einen Fakt, den man im deutschen Kriegsministerium unter Großadmiral Dönitz lange Zeit nicht wahrhaben wollte.

U-Bootfahrer war im zweiten Weltkrieg ein fast immer tödlicher Shop. Wer mehr darüber erfahren möchte, sollte unbedingt das Buch von Lothar Günther Buchheim (1918-2007) „Das Boot" lesen (oder, alternativ, sich den gleichnamigen Film von Wolfgang Petersen anschauen, am Besten im *„directors cut"*). Es vermittelt nachvollziehbar klaustrophobisch das Gefühl zwischen lähmender Langeweile an Bord während der Anfahrt ins Einsatzgebiet und der Todesangst bei der Erwiderung eines Torpedoangriffs, den die Besatzung in der beklemmenden Enge einer Stahlröhre ausgesetzt war.

121. Klaustrophobie - Platzangst

„Klaustrophobiger" waren hier offenbar völlig fehl am Platz. Man schätzt heute, dass 3 bis 4 Prozent aller Menschen mehr oder weniger ausgeprägt unter dieser psychischen Störung leiden, die volkstümlich, aber nicht ganz exakt, als „Platzangst“ bezeichnet wird.

122. Präsidentenmord

Abraham Lincoln (1809-1865), der 16. Präsident der USA, soll auch darunter gelitten haben. Da er aber offenbar ein genügend großes Arbeitszimmer besaß, hatte dieses für Außenstehende nur selten wahrnehmbare Problem keine bekannt gewordene Auswirkungen auf seine Amtsführung, die am Abend des 14. April 1865 ein jähes Ende nahm. An diesem Abend saß er mit seiner Frau Mary Todd und einigen Freunden, darunter Henry Rathbone, in der Loge der Oper in Washington, als ihm der Schauspieler und Konföderierte John Wilkes Booth (1838-1865) eine Kugel in den Hinterkopf schoss, an der er am Folgetag verstarb. Aber auch Booth überlebte ihn nur wenige Tage, da er beim Versuch seiner Gefangennahme erschossen wurde.

123. Justizskandal um Mary Surratt

Dem folgte noch ein aus heutiger Sicht nur als „Justizskandal“ zu nennendes gerichtliches Verfahren, bei der vier an der Verschwörung beteiligte oder angeblich beteiligte Personen zum Tode verurteilt und öffentlich gehenkt wurden, darunter die mit hoher Wahrscheinlichkeit unschuldige Mary Surratt (1823-1865). Sie war übrigens die erste Frau, die in den Vereinigten Staaten auf Veranlassung von den Bundesbehörden vom Leben zum Tod befördert wurde, eine üble Tradition, die bekanntlich bis heute noch anhält.

124. Selbstmordattentäter, bomb ein bisschen später

Attentate und Attentäter hat es in der Menschheitsgeschichte schon viele gegeben und in manchen Kulturkreisen stellt noch oder gerade heute das Attentat, oft ausgeführt von einem „Selbstmordattentäter“, „die“ Terrorwaffe der Wahl dar. Wenn man die Presse verfolgt, so scheinen davon insbesondere die Religionsgemeinschaften der

Sunniten und die der Schiiten bzw. der Schiiten und die der Sunniten, von dieser Art Terror am meisten betroffen zu sein. Und das hat seinen Grund.

125. Sunniten und Schiiten

Vielleicht erinnern Sie sich. Im 7. Jahrhundert eroberten die unmittelbaren Nachfahren des Propheten Mohammed große Teile des Nahen Ostens, Nordafrikas sowie die iberische Halbinsel und so entstand das Weltreich der Omaijaden. Dessen bedeutendster Vertreter war Kalif Uthman ibn Affan, der zwischen 644 und 656 dieses Reich regierte. Er hätte sicherlich noch ein bisschen weiter geherrscht, aber er wurde, wie damals nicht unüblich, halt ermordet, in dem ihn seine ägyptischen Widersacher lynchten (um mal den modernen Ausdruck für den Vorgang zu verwenden). Und so wurde Ali, der Schwiegersohn des Propheten, auf einmal Kalif des zusammengerittenen Riesenreichs. Das fand wiederum der omaijadische Gouverneur von Syrien überhaupt nicht lustig und ließ sich selbst zum „Gegenkalifen“ ausrufen. Und so entwickelte sich eine Feindschaft, die auch mit der Ermordung Ali’ s nur vier Jahre später nicht zu Ende ging. Die Anhänger Alis betrachteten sich als rechtmäßige Erben des Propheten, während die Gefolgsleute der Omaijaden darauf beharrten, die orthodoxe Position des Islam, die Sunna, zu vertreten. Aus ihnen wurden die Sunniten, aus den Anhängern des Ali dagegen die Schiiten. Seitdem können sie sich nicht mehr leiden und schlagen sich gegenseitig tot. Wahrlich ein großartiges Kapitel in der langen Geschichte der Dummheit. Und eine besondere Form des sich „gegenseitig tot schlagen“ hat sich erst in der „Moderne“ etabliert, das Selbstmordattentat.

Die eine Zutat hat es schon immer gegeben: fanatische bildungsferne, leicht beeinflussbare, verzweifelte, ideologisch in die Irre geführte, von Dritten missbrauchte und natürlich auch für ihr Land aus patriotischen Gründen kämpfende Menschen. Wirksamer, in speziellen Westen unsichtbar am Körper getragener Sprengstoff sowie Fahrzeuge, in denen man bekanntlich besonders große Mengen davon deponieren kann, sind die Zutaten, welche erst die Neuzeit dazu geliefert hat.

Die meisten Selbstmordattentate stehen heute eindeutig in engem Zusammenhang mit dem islamischen Fundamentalismus, in der das Märtyrertum zusammen mit obskuren Paradiesverheißungen den ideologischen Unterbau bildet, welche Menschen, sogar ausgesprochen gebildete, in den Selbstmord treibt mit dem Herzenswunsch, noch viele andere mit in den Tod zu reißen. Man denke nur an die Ereignisse vom 11. September 2001 oder an das, was heute fast täglich im Irak passiert. Übergeordnetes Ziel ist es dabei fast immer, mittels Terror eine möglichst große mediale Aufmerksamkeit zu erzielen, um mittel- und langfristig politische Ziele durchzusetzen (was aber in den seltensten Fällen dauerhaft gelingt). Diesbezügliche Beispiele können jeden Tag, meist jedoch nur als kurze Notiz oder Randbemerkung (es sei denn, „Europa“ ist direkt davon betroffen), der Off- und Onlinepresse entnommen werden.

126. Tyrannenmord

Während heutige Selbstmordattentate eine Breitenwirkung, d. h. möglichst viele Tote unter den „Feinden“ oder „Ungläubigen“, erzielen möchten, war der klassische „Tyrannenmord“ nur auf eine Person fixiert - den „Tyrannen“. Diese Art von Mord, die darauf abzielt, einen ungerechten oder als ungerecht empfundenen Herrscher zu beseitigen, war aber nur selten als Selbstmordattentat konzipiert, obwohl es letztendlich fast immer darauf hinauslief. Aus der neueren Geschichte sei hier nur an das Hitlerattentat vom 20. Juli 1944 (Oberst Claus Schenk Graf von Stauffenberg) und aus der älteren Geschichte an den Mord an Gaius Iulius Caesar in den „Iden des März“ des Jahres 44 v. Chr. erinnert. Die Rechtsgelehrten haben seit der Antike ausführlich darüber debattiert, unter welchen Bedingungen ein Tyrannenmord legitim ist und wann er ein Verbrechen darstellt. Letztendlich hat sich in dieser Hinsicht, zumindest im christlichen Abendland, die Ansicht des Thomas von Aquin (1225-1274) durchgesetzt, der unter gewissen Bedingungen die gewaltsame Entfernung einer Person, welche die Staatsmacht usurpiert hat, als legal und geboten ansah. Diese Auffassung schlägt sich z. B. in Artikel 20, Absatz 4 des Deutschen Grundgesetzes nieder.

127. Die ältere und jüngereTyrannis

Der Begriff „Tyrannis“ war nicht von vornherein ein negativ belegtes Wort. Es bezeichnete im antiken Griechenland zuerst einmal nur eine spezielle Herrschaftsform über eine Polis (Stadtstaat), die sich etwas unscharf als „Alleinherrschaft“ bezeichnen lässt („ältere Tyrannis“). Der Herrscher war gewöhnlich ein im Volk einflussreicher und bekannter Mann mit einer persönlichen Anhängerschaft, die ihm per Proklamation im Einvernehmen mit dem „Stadtvolk“ (aber nicht unbedingt uneigennützig) zur Macht verhalfen. Nur die Herrschaft, die von einem „Tyrannen“ usurpiert wurde, galt bereits in der Antike als anstößig und wird, da sie etwas später als Gegensatz zum legalen „Königtum" empfunden wurde, als „jüngere Tyrannis" bezeichnet. Das war immer dann der Fall, wenn sich diese Herrschaft auf Gewalt gründete und auch diese Herrschaft nur unter Androhung oder Ausübung von Gewalt aufrechterhalten werden konnte. Solch eine „Tyrannis" ereilte oft das Schicksal, selbst mit Gewalt gestürzt zu werden - worauf i. d. R. der nächste Tyrann folgte··· Ein besonders grausamer Tyrann soll nach dem „Hyginus Mythographus", einer lateinischen Exzerptesammlung aus dem 2. Jahrhundert n. Chr., Dionysios II. von Syrakus auf Sizilien gewesen sein (396 - 337 v. Chr.).

128. Die Bürgschaft - von Schiller

Die darin nacherzählte Geschichte inspirierte Friedrich Schiller zu seiner berühmten Ballade *„Die Bürgschaft"*, deren letzten Zeilen *„Ich sey, gewährt mir die Bitte, In eurem Bunde der dritte."* wohl jeder schon einmal gehört hat.

129. Jurassic Park

Die eher negative Bedeutung von „Tyrannis" dürfte im Jahre 1905 dem Präsidenten des *American Museum of History*, Henry F. Osborne (1857-1935) bewogen haben, das Tier, von dem man in Colorado und Wyoming zuvor ein paar besonders eindrucksvolle versteinerte Knochen gefunden hatte, *„Tyrannosaurus rex"* zu nennen, was aber nichts weiter als „Königsechse" bedeutet. Der Name ist gut gewählt, denn im wirklichen Leben möchte man diesem, Gottseidank längst ausgestorbenen Tierchen, wirklich nicht begegnen. Allein schon die aus den Knochen abgeleiteten Basisdaten hatten es in sich: Länge ca. 12 m; Höhe 9 m; Gewicht zwischen 5 und 6 Tonnen; Schädellänge bis 1,5 m; Carnivore (fraß gerne Triceratops, aber wahrscheinlich auch Aas); bipede Haltung; maximale Laufgeschwindigkeit 15 bis 30 km/h; lebte vor 67 - 65 Millionen Jahren in Nordamerika und wurde rund 30 Jahre alt. In Aktion kann man ihn in diversen Hollywood-Verfilmungen besehen, wo er den *„Jurassic Park"* virtuell unsicher macht. Welche schauerlichen Töne er von sich gegeben hat, als er durch die Landschaften des Maastrichtium geschlendert ist, ist leider nicht überliefert. In dieser Beziehung ist deshalb den genannten Filmen nicht unbedingt zu trauen.

Ein besonders schönes knöchernes Exemplar einer Königsechse ist „Sue", dessen (fast) vollständiges Skelett 1990 in Süd-Dakota im Cheyenne River Sioux Indian Reservation von Sue Hendrickson aufgefunden und sorgsam ausgebuddelt wurde. Es steht mittlerweile vollständig restauriert im *Field Museum of Natural History* in Chicago und kann dort, falls es einen einmal nach Chicago verschlägt, besichtigt werden. Aber wer glaubt, dass *Tyrannosaurus rex* der größte landlebende Fleischfresser aller Zeiten gewesen ist, der täuscht sich.

130. Der große Bruder von Sue

Er war gerade einmal 12 m lang und nicht 18 m, wie der im heutigen Nordafrika „versteinert" aufgefundene *Spinosaurus*. Sein Maximalgewicht dürfte bei 9 Tonnen (*T. rex* bei 6 Tonnen) gelegen haben und sein Gebiss, welches den ca. 1,75 m langen Schädel zierte, dürfte manchem großen Fisch und vielleicht auch manchem Dinosaurier jener Zeit (frühe Oberkreide) den Garaus gemacht haben. Aber sein auffälligstes Merkmal war sein mächtiges Rückensegel, dessen Knochen aus der Fundstelle in Marokko wie Dornen aus dem Sedimentgestein ragten. Deshalb auch der Name „Dornenechse" für diesen Dinosaurier der Superlative - zumindest unter den Karnivoren. Er lebte im Gegensatz zu seinen amerikanischen Verwandten hauptsächlich im Wasser, mästete sich dort zumeist an den etwas größeren Fischen und dürfte an Land ziemlich plump ausgesehen haben. Man kann sich ihn am besten als eine etwas groß geratene Mischung zwischen Krokodil und Ente (wegen seiner Paddelfüße) vorstellen. Und als man seine versteinerten Knochen im Jahre 1975 entdeckte, war damit auch gleich noch eine andere brennende Frage der Paläontologie beantwortet, nämlich die, ob es fleischfressende Dinosaurier gab, die nicht ausschließlich an Land, sondern auch in Gewässern lebten. Und die Antwort war eindeutig „ja", in Afrika, und zwar ziemlich große···

131. Wie groß kann ein Tier werden?

Was die Frage aufwirft, wie groß kann eigentlich ein Tier, speziell ein Landbewohner, überhaupt werden? Sind da irgendwelche Grenzen gesetzt, und wenn ja, welche? Dass Tiere nicht beliebig groß werden können, ergibt sich bereits aus der Biomechanik. Darin spielen Volumen (Gewicht), Festigkeit und Architektur des Innenskeletts sowie Anforderungen an die Mobilität eine wichtige Rolle. Immerhin will man ja nicht - auch nicht als Saurier - unter seinem eigenen Gewicht zusammenbrechen. Und je größer man ist, desto größer ist natürlich auch der Appetit. Den Luxus eines riesigen Körpervolumens kann man sich bekanntlich auch nur mit dem Luxus einer üppigen Nahrungsquelle erkaufen…

Im Falle der Saurier war diese Erscheinung, in der Fachsprache „Gigantismus" genannt, aber keine ausschließliche Frage des Appetits. Der Grund lag in einer „Parallelentwicklung" zwischen „Fleischfressern" und „Pflanzenfressern", die gerne von den „Fleischfressern" gefressen wurden. Der evolutionäre Antrieb, der durch die Physiologie der Reptilien noch befördert wurde (Vermehrung durch Eier, vogelartige Lunge, hohe Stoffwechselrate bei einem hohen Nahrungsangebot), ergab sich daraus, dass die potentiellen „Häppchen" versuchten, möglichst schnell eine Größe zu erreichen, die für das Maul der Karnivoren einfach nicht mehr zu bewältigen war. Also wuchsen auch deren Maul und zwangsläufig, auch deren dazugehörige Körper mit jedem Evolutionsschritt. Auf diese Weise konnten dann noch größere Häppchen verspeist werden, was wiederum dazu führte, dass auch die „Häppchen" im gleichen Maß größer wurden. Das ging bis zum argentinischen *Puertosaurus*, der im Zeitalter der Oberkreide als harmloser Pflanzenfresser dahinvegetierte und dabei eine Länge von 40 m und die Höhe eines mehrstöckigen Hauses erreichte. An diesen ausgewachsenen Fleischberg wagte sich dann nicht mal mehr der furchterregende *Mapusaurus roseae* heran, der mit einer Länge von 12,5 m immerhin noch ein bisschen größer war als sein nordamerikanischer Verwandter, die Königsechse *T. rex*.

Gigantismus ist ein evolutionäres Konzept, welches nicht nur auf Dinosaurier beschränkt ist. Auch heute findet man noch viele Beispiele dafür. Man denke nur an die Riesenkalmare (bis 14 m Länge) oder an den Gigantismus der Riemenfische, die immerhin eine Länge von 17 m erreichen können und damit die längsten Knochenfische der Welt sind. Alle beiden Beispiele leben in größeren Meerestiefen, weshalb man sie nur selten zu Gesicht bekommt. Um sie spinnen sich viele Geschichten, die aber meist als „Seemannsgarn" abgetan wurden, obwohl hinter manchen dieser Geschichten doch ein Fünkchen Wahrheit steckt…

Gigantismus ist aber auch nicht nur ein Phänomen der Tierwelt.

132. Der Turmbau zu Babel

Auch in der Menschenwelt hat er eine besonders große Verbreitung gefunden. Das ging mit dem Turmbau zu Babel los und hört noch lange nicht mit Erdogans Palast in Ankara auf, den unser neuer Papst Franziskus (der sicherlich die Geschichte von Babel genauestens kannte) vor einiger Zeit besichtigen durfte. Und dabei sollte die Geschichte von Babel und seines Turms, den Pieter Bruegel 1563 besonders eindrucksvoll gemalt hat und der in Wirklichkeit, wie Robert Koldewey (1855-1925) feststellte, ein Zikkurat war, eine Lehre sein. Genaueres dazu findet man in der Bibel, im Alten Testament, Genesis 11, 1-9. Dort kann man im Einzelnen lesen:

„Alle Menschen hatten die gleiche Sprache und gebrauchten die gleichen Worte. Als sie von Osten aufbrachen, fanden sie eine Ebene im Land Schinar und siedelten sich dort an. Sie sagten zueinander: Auf, formen wir Lehmziegel und brennen wir sie zu Backsteinen. So dienten ihnen gebrannte Ziegel als Steine und Erdpech als Mörtel. Dann sagten sie: Auf, bauen wir uns eine Stadt und einen Turm mit einer Spitze bis zum Himmel und machen wir uns damit einen Namen, dann werden wir uns nicht über die ganze Erde zerstreuen. Da stieg der Herr herab, um sich Stadt und Turm anzusehen, die die Menschenkinder bauten. Er sprach: Seht nur, ein Volk sind sie und eine Sprache haben sie alle. Und das ist erst der Anfang ihres Tuns. Jetzt wird ihnen nichts mehr unerreichbar sein, was sie sich auch vornehmen. Auf, steigen wir hinab und verwirren wir dort ihre Sprache, sodass keiner mehr die Sprache des anderen versteht. Der Herr zerstreute sie von dort aus über die ganze Erde und sie hörten auf, an der Stadt zu bauen. Darum nannte man die Stadt Babel (Wirrsal), denn dort hat der Herr die Sprache aller Welt verwirrt, und von dort aus hat er die Menschen über die ganze Erde zerstreut."

Und das ist der tiefere Grund dafür, warum heute Fremdsprachenunterricht vonnöten ist, warum es „Google Translator" gibt, man „Leo" nicht nur als Schüler als sinnvolle Computerapplikation begreift und man mit „Babbel" so richtig Geld verdienen kann, wenn man dessen Eigner ist.

Aber zurück zum Turm und zu seinem Entdecker, Robert Koldewey. Er, Jahrgang 1855, studierte in Berlin, München und Wien Architektur, Archäologie sowie Kunstgeschichte (aber ohne Abschluss), sollte dann Beamter in Hamburg werden, was ihm nicht behagte, so dass er 1882 zu einer Expedition nach Griechenland aufbrach, wo er auf Francis H. Bacon aus Boston (1856-1940), dem späteren Ausgräber von Assos auf der Insel Lesbos und dessen Kumpel Clarke traf. Hier fand er Gefallen an archäologischen Forschungen, die er nun im Auftrag des Deutschen Archäologischen Instituts die nächsten Jahre zuerst in Griechenland (Lesbos) und auf Sizilien, dann später, 1892 bis 1894 (mit Unterbrechungen) zusammen mit Otto Puchstein (1856-1911) im Zweistromland, fortsetzte. Danach folgten ein paar tröge Jahre als Lehrer in der Baugewerbeschule in Görlitz, von wo aus er sowohl die Landeskrone als auch den Berg Oybin mit seinem Kloster und seiner Burg besuchte, bevor er wieder ins Zweistromland (nun 43 Jahre alt) zog, um im Auftrag von Kaiser Wilhelm II. Babylon auszugraben. Und das tat er dann auch. Ein Teil dessen, was dabei zum Vorschein kam, lässt sich heute im Pergamon-Museum auf der Museumsinsel in Berlin im Original bewundern. Neben der berühmten Prozessionsstraße, und den „Hängenden Gärten der Semiramis" fand er auch die Fundamente des Etemenanki, des Hauptzikkurat Babylons - überliefert als „Turm zu Babel". Seine Basis war ein Quadrat von 90 m Seitenlänge (ist heute noch auf Satellitenaufnahmen auszumachen), über dem sich ein Stufenpyramidenstumpf aus wahrscheinlich 7 Stockwerken erhob, wobei er insgesamt eine Höhe von ~90 m erreicht haben soll (also nicht ganz so hoch wie die Cheops-Pyramide).

Der genaue Baubeginn dieses Heiligtums ist nicht bekannt. Man schätzt aber aus gewissen literarischen Quellen, die sich, in Keilschrift formuliert, bis heute erhalten haben, dass er in das zweite vorchristliche Jahrtausend zu datieren ist. Der Turm selbst wurde in seiner Geschichte mehrfach zerstört (zuletzt auf Befehl von Alexander dem Großen) und dann wieder aufgebaut. Im Gedächtnis der Menschheit ist davon aber nur die Mär von dem frevelhaften, den Menschen nicht zustehenden Wunsch, einen Turm in den Himmel bauen zu wollen, geblieben mit den bereits erwähnten Folgen.

Interessant ist, dass der „Turm zu Babel" - obwohl ohne Zweifel ein gigantomanisches Bauwerk - nie Einzug in die Liste der sieben Weltwunder der Antike gefunden hat. Und der Grund dafür ist wahrscheinlich ziemlich banal. Der Perserkönig Xerxes I. ließ ihn bereits um 480 v. Chr. einreißen und Alexander gab ihn um 323 v. Chr. den Rest, nach dem man seiner ursprünglichen Order, ihn wieder instand zu setzten, nicht gefolgt war. Als man die Liste der sieben Weltwunder anlegte, war der Turm wahrscheinlich nicht mehr in einer Form existent, als dass man sich noch an seine Großartigkeit erinnern bzw. sich durch Augenschein davon überzeugen konnte. Bauwerke, so wunderbar sie auch sein mögen, haben erfahrungsgemäß die Tendenz, irgendwann einmal einzufallen (ich meine natürlich mit Ausnahme der Pyramiden von Gizeh···), wenn man nichts dagegen tut.

133. Der Entropiesatz

Das ist, physikalisch gesehen, eine direkte Konsequenz des sogenannten 2. Hauptsatzes der Thermodynamik, der in seiner Faustschen Form da lautet: *„Alles, was entsteht, ist wert, dass es zugrunde geht"*. „Wissenschaftlich" formuliert, klingt er dagegen so: *„Die Entropie eines abgeschlossenen Systems ist entweder konstant oder nimmt zu"* - weshalb der 2. Hauptsatz auch meist nur kurz „Entropiesatz" genannt wird. Um zu verstehen, was „Entropie" eigentlich ist, muss man erst einmal verstehen, was „Energie" ist.

134. Was ist Energie?

„Energie" ist ein sehr häufig verwendetes Wort, das in vielerlei Schattierungen Verwendung findet. Jemand, der vor Tatkraft nur so strotzt, hat viel Energie. Jemand, der ein bestimmtes Ziel erreichen möchte, muss viel Energie dafür aufwenden. Und wenn man sich schlapp fühlt, hilft „Red Bull", der Energiedrink. All das kann man durchaus mit dem griechischen Wort *„energeia"* in Zusammenhang bringen, was nichts weiter als „wirkende Kraft" bedeutet und auch gleich zum physikalischen Begriff der Energie überleitet.

Energie ist, volkstümlich gesagt, die Fähigkeit eines Körpers, Arbeit zu verrichten.

Nun ja, zugegeben, eine sehr schwammige Definition, wo es doch neben der „mechanischen" Energie auch chemische Energie, Wärmeenergie, Strahlungsenergie, elektrische Energie, Atomenergie etc. pp. gibt, die doch so völlig unterschiedlich erscheinen. Hieraus erkennt man schon, dass der physikalische Begriff der Energie offensichtlich ein sehr abstrakter Begriff ist. Entsprechend lange hat es gedauert, diesen Begriff überhaupt wissenschaftlich zu fassen. Heute wissen wir, dass dieser Begriff, bzw. dasjenige, was dieser Begriff beschreibt, eine Erhaltungsgröße ist, die sich aus einem grundlegenden Symmetrieprinzip unserer Welt, und zwar der zeitlichen Invarianz physikalischer Gesetze, ergibt. In einer Welt, für dessen Beschreibung es wurscht ist, auf welchen Zeitpunkt man sich bezieht (d. h. der Startzeitpunkt ist frei wählbar und beeinflusst die Naturgesetze nicht), muss es eine Größe geben (das sagt das berühmte Noether-Theorem aus), die unter allen denkbaren Umständen erhalten bleibt. Und diese Größe ist die Energie.

135. Energie lässt sich nicht erneuern

Energie kann nicht verbraucht oder zerstört, ja nicht einmal erneuert, sondern nur in jeweils „andere" Energieformen umgewandelt werden. Wenn man begrifflich exakt bleiben will, sollte man deshalb niemals von „erneuerbaren", sondern höchsten von „regenerierbaren" Energien sprechen, wenn man sich in die landläufige und zumeist traurige Energiediskussion einbringen möchte. Aber das nur am Rande. Aber was passiert dann nun eigentlich, wenn „Energie erzeugt" oder „Energie verbraucht" wird? Nun ja, letztlich wird dabei nur eine Energieform in eine andere Energieform umgewandelt. Die Gesamtenergie, die an diesen Umwandlungsprozessen beteiligt ist, ändert sich nicht. Sie bleibt erhalten. Und gerade das sagt der grundlegende Energieerhaltungssatz aus, eine Gesetzmäßigkeit, die von keinem Parlament der Welt (nicht einmal von Brüssel) aufgehoben werden kann.

Dazu ein Beispiel, das sich leicht nachvollziehen lässt. Ich meine den Ottomotor, der gewöhnlich unser Auto (wenn es nicht gerade ein Diesel- oder Elektroauto ist) antreibt.

Benzin ist ein Gemisch verschiedener Kohlenwasserstoffe, in deren molekularen Bindungen „chemische Energie" steckt. Bei der Verbrennung im Motor, was chemisch einer Oxidation entspricht, werden diese Bindungen aufgebrochen und neue, energieärmere Bindungen mit dem aus der Luft entnommenen Sauerstoff arrangiert (wobei unter anderen das allbekannte Kohlendioxid sowie bei hohen Temperaturen Stickoxide entstehen). Der Energiegehalt der Reaktionsprodukte (genauer, deren Gehalt an chemischer Energie) ist jedoch nach der Oxidation geringer als der Energiegehalt des unverbrannten Benzins. Da aber über allem der unerbittliche Energieerhaltungssatz wacht, muss die Differenz in eine andere Energieform, in diesem Fall in thermische Energie, umgewandelt werden. Diese Wärmeenergie erhitzt schlagartig das Gas im Zylinder, welches sich darin ausdehnt und dabei den Kolben bewegt (mechanische Energie oder mechanische Arbeitsleistung). Dabei wird jedoch nicht, wie man vielleicht glauben könnte, die gesamte Wärmeenergie in mechanische Energie transformiert. Ein nicht unwesentlicher Rest entschwindet mit dem Gas aus dem Zylinder in die Umwelt - und zwar durch den Auspuff (dort kann, wie jeder Formel 1 - Fan weiß, ein Teil der Energie noch in akustische Energie umgewandelt werden). Der Kolben treibt über die Kurbelwelle und das Getriebe schließlich die Räder an, die das Kraftfahrzeug fortbewegen. Da trotz Ölung überall Reibung auftritt, kommt letztendlich nur ein kleiner Teil der chemischen Energie auch wirklich bei den Rädern an, um dem Fahrzeug die gewünschte Geschwindigkeit (ausgedrückt durch dessen kinetische Energie) zu verleihen.

Wenn man jetzt die gesamte zu Beginn in den chemischen Bindungen enthaltene und bei der Verbrennung freigesetzte Energie her nimmt und sie mit der Summe der im Motor erzeugten Energieformen vergleicht, dann wird man feststellen, dass sie exakt gleich sind. Und nichts anderes sagt der Energieerhaltungssatz aus. Solch eine Umwandlungskette gilt für jeden energetischen Vorgang.

136. Es gibt keinen Energieverbrauch

So gesehen gibt es keinen Energieverbrauch. Dieser Begriff beschreibt etwas anderes, wie ich noch erläutern werde. Aber es geht noch weiter. Bei jedem Energieumwandlungsprozess gibt es, wie gesagt, Verluste, die den Anteil der „nutzbaren" Energie schmälern. Sie äußern sich meistens in Form von Wärmeenergie, die „an die Umgebung" abgegeben wird. Diese Art von Energie hat die Eigenschaft, dass sie in den meisten Fällen kaum mehr für einen nützlichen Zweck zu gebrauchen ist (gut, man könnte auf dem Motorblock ein Spiegelei braten). Bei unserem Ottomotor ist das z. B. die Wärmemenge des erhitzten Gases, welches seinen Auspuff verlässt oder den Motorblock selbst erwärmt. Deshalb macht es auch durchaus Sinn, von einem „Wert" (im Sinne von Gebrauchswert) einer Energieform zu sprechen.

137. Der Wert der Energie

Der „Wert" von Energie liegt darin, physikalische Vorgänge anzutreiben. Oder präziser ausgedrückt, Energie hält die Welt in Bewegung, in dem „wertvolle Energie" (frei, konzentriert, arbeitsfähig) in eine wertlose (gebunden, ausgelaugt, quasi verdünnt) umgewandelt wird. Dabei wird die Energie „entwertet", was man gewöhnlich als

„Energieverbrauch“ bezeichnet. So kann man elektrische Energie in einer klassischen Glühbirne sehr effektiv in kaum nutzbare Wärmeenergie und einen Bruchteil davon (~5%) in nützliche Lichtenergie umwandeln. Diese Lichtenergie könnte man wiederum benutzen, um nachts die zu dieser Zeit unnützen Photovoltaik-Paneele auf dem Hausdach zu beleuchten. Sie wären immerhin in der Lage ~20% des auftreffenden Lichts wieder in Elektroenergie zurück zu verwandeln. Einen Kreislauf, in dem man mit der damit erzeugten elektrischen Energie wiederum die Glühbirne speist, wird man auf diese Weise jedoch nicht zustande bringen. Das wäre ja dann auch ein sogenanntes „Perpetuum mobile“, und an einem solchen haben sich bekanntlich schon viele „Erfinder“ versucht, aber, wie vorherzusehen, ohne Erfolg.

Wie man sieht, ist eine Glühbirne das ideale Gerät, um Energie sehr effektiv zu entwerten. Das Verhältnis von Nutzleistung (Licht) zu dazu aufgewendeter Leistung ist das, was man bekanntlich als Wirkungsgrad bezeichnet: Eine normale Glühlampe besitzt einen Wirkungsgrad von lediglich 5%.

Physikalisch hängt die „Entwertung“ von Energie mit dem damit immer einhergehenden irreversiblen (das bedeutet unumkehrbaren) Prozessen zusammen. Von allein lässt sich eine Energieentwertung nicht mehr rückgängig machen. Man kann aber andere irreversible Prozesse durchaus dazu nutzen, um einen gegebenen, für sich irreversiblen Prozess wieder umzukehren. Und das muss ich, der Autor, jetzt (24.02.2016, 17:30 Uhr) selbst einmal erproben. Meine Tasse Kaffee ist, wie ich gerade mit Bestürzung feststellen muss, weniger wertvoll geworden, da sie abgekühlt ist, während ich meine Gedanken mühselig auf die Notebooktastatur übertrage. Um diesen Vorgang rückgängig zu machen bleibt mir nichts weiter übrig, als sie für 30 Sekunden in die Mikrowelle zu stellen, um damit wertvolle elektrische Energie zu verbraten (wieviel, ist messbar, z. B. über deren Preis in Euro). Von selbst wäre mein Kaffee jedenfalls niemals wieder heiß geworden...

138. Was ist Entropie?

Und damit kommen wir zu einem weiteren, äußerst abstrakten Begriff, den bereits erwähnten Begriff der Entropie. Salopp könnte man sagen, Entropie ist dasjenige, was verhindert, dass man aus einem Rührei wieder ein intaktes Hühnerei machen kann. Oder dass kalter Kaffee von allein wieder heiß wird. Oder, dass mein Stück Sahnetorte, welches auf den Fußboden gefallen ist, von allein wieder auf meinen

Teller springt und ich es weiter genießen kann. Und - und da fallen Ihnen sicherlich selbst noch genügend weitere Beispiele ein...

Wie ich eben erläutert habe, lässt sich die Umkehr eines von alleine ablaufendem physikalischen Vorgangs prinzipiell immer durch den nachfolgenden Ablauf eines anderen selbständig ablaufenden physikalischen Vorgangs erzwingen. Damit lässt sich jetzt der „Grad" der Entwertung von Energie quantifizieren. Derjenige der beiden genannten physikalischen Vorgänge, der den jeweils anderen quasi zurückspulen kann, ist der mit der größeren Energieentwertung. Und hier kommt nun der Begriff der Entropie ins Spiel. Etymologisch bedeutet das griechische Wort „Entropie" einfach nur „Umwandlung". Wie grade geschehen, hat sich der Wert meiner Tasse Kaffee durch Abkühlung arg verringert. Es liegt also nahe, die Entropie als Maß dieser Entwertung zu nehmen, oder, wie der Physiker es gern hat, formal die Menge der entwerteten Energie (=Entropie) als proportional zur an die Umgebung abgegebenen Wärmemenge ΔQ anzusehen, also mit ΔS als Entropiedifferenz zwischen heißen und kalten Kaffee: $\Delta S \sim \Delta E = \Delta Q$. Nun macht es offensichtlich einen Unterschied, ob mein heißer Kaffee im Winter im Garten bei Frost oder in meinen 20 ° C warmen Zimmer abkühlt (im Winter kann er sogar gefrieren, wenn man nicht aufpasst - man könnte dann mit vollem Recht von „Eiskaffee" sprechen). Im ersten Fall ist die an die Umgebung abgegebene Wärmemenge offensichtlich größer als wie im zweiten Fall (wir gehen davon aus, dass der Kaffee vollständig, also bis auf die Umgebungstemperatur, auskühlt). Oder anders ausgedrückt, auch die Umgebungstemperatur T spielt bei der Quantifizierung der Entropie eine Rolle. Formal kann man dafür $\Delta S = \Delta Q / T$ schreiben. Wie sieht nun die Gesamtentropieänderung meiner geliebten Tasse Kaffee aus? Sie besteht offensichtlich aus zwei Teilen. Einmal erniedrigt sich die Entropie des Kaffees aufgrund dessen Abkühlung auf Umgebungstemperatur um $\Delta S(Kaffee) = -\Delta Q / T(Kaffee)$ und zum anderen nimmt die Entropie der Umgebung um $\Delta S(Umgebung) = \Delta Q / T(Umgebung)$ zu. Die Gesamtentropie ist also $\Delta S(gesamt) = \Delta Q \ (1/T(Umgebung) - 1/Tn(Kaffee)) > 0$.

Hier ist nur wichtig zu konstatieren, dass die Gesamtentropie immer zunimmt, und zwar in demselben Maß, wie die Energieentwertung fortschreitet. Die Energieentwertung ist damit äquivalent mit der Erzeugung von Entropie. Und die Gesamtentropie in einem geschlossenen System kann immer nur zunehmen: $\Delta S(gesamt) \geq 0$. Dieser wahrhaft fundamentale Satz ist der Zweite Hauptsatz der Thermodynamik. Und er hat auch fundamentale Konsequenzen für die Energieerzeugung (=Erzeugung hochwertiger nutzbarer Energie) und für den Energieverbrauch (=Entwertung von

Energie unter Anstoß nützlicher physikalischer Prozesse, z. B. um einen Computer rechnen zu lassen). Das, was ich eben versucht habe, zu erläutern, ist der thermodynamische Aspekt der Entropie. Entropie ist aber wie die Energie ein sehr abstrakter Begriff, der noch weitere Ausdeutungen hat (sie sind zwar genaugenommen der thermodynamischen äquivalent, was aber auf dem ersten Blick meist nicht zu erkennen ist). Die eigentliche (mikroskopische) Begründung erhält diese spezielle Zustandsgröße in der statistischen Mechanik. Aber auch in der Informationstheorie hat die Entropie (man sagt dann „nach Shannon") eine grundlegende Bedeutung. Immer wenn sich in unserer Welt etwas verändert, ist Energieumwandlung im Spiel. Energieumwandlung bedeutet nach dem zweiten Hauptsatz aber immer auch Entropieproduktion. Sie äußert sich in einer gleichmäßigen Verteilung von Wärme oder auch von Stoffen in der Umgebung (z. B. Abfälle).

139. Der Wärmetod

Wenn alle freie Energie umgewandelt ist und alle Stoffe gleichmäßig verteilt sind, dann kommt ein (abgeschlossenes) physikalisches System endgültig zur Ruhe. Das nennt man dann dessen „Wärmetod". Entropiezunahme in einem physikalischen System ist also mit der Verringerung von dessen Ordnungsgrad verbunden, d. h., jedes in sich abgeschlossene System möchte in den Zustand größter Unordnung übergehen. Das kann man beispielsweise tagtäglich am heimischen Schreibtisch des Autors sehen: Dort drei Bücher, hier der Taschenrechner, daneben der Kugelschreiber, ein paar Schmierzettel, die Kaffeetasse, das Notebook, links ein Ordnerstapel und mitten auf der Schreibfläche Kater Humpel, den gesamten restlichen Platz einnehmend··· Ein ehemals wohlgeordneter Schreibtisch geht im Laufe der Zeit unweigerlich in einen ungeordneten Zustand über (das ist nicht nur eine Erfahrungstatsache, sondern ein Naturgesetz!). Man kann auch sagen, seine Entropie nimmt im Laufe der Zeit unweigerlich zu. Entropie hat also etwas mit der Verteilung von Dingen zu tun. Es gibt viel mehr Möglichkeiten für einen unaufgeräumten Schreibtisch (hohe Entropie) als für einen wohlgeordneten Schreibtisch (geringe Entropie). In der statistischen Mechanik wird diese Überlegung „verfeinert" und man spricht von Mikro- und von Makrozuständen. Wer sich geistig gesund fühlt, findet sehr viel dazu in Landaus Lehrbuch der Theoretischen Physik (gemäß *„Wer Landau liest und Sommerfeld, der hat ein Recht auf Krankengeld"*). Also was ist die Erkenntnis: Um einen Schreibtisch aufzuräumen, muss Energie eingesetzt werden. Der kluge Mensch weiß, dass das eine Sisyphos-Arbeit ist. Deshalb empfehle ich, möglichst einen Schreibtisch mittlerer Entropie anzustreben.

Kehren wir nun zur Energie zurück, wobei wir von der Entropiediskussion uns erst einmal nur die Sentenz „Man muss Energie einsetzen, wenn die Entropie abnehmen soll" merken wollen. Und wir wollen uns noch merken, dass die Produktion von Wärme mit einer hohen Entropieproduktion einhergeht. Und natürlich, dass die Entropie eines abgeschlossenen Systems immer nur zunehmen kann. Und das die Entropie im Gegensatz zur Energie keine Erhaltungsgröße ist. Energie bleibt also stets erhalten, sie kann sich in Form von Prozessketten immer nur in jeweils eine andere Form umwandeln, wobei die Umwandlung niemals vollständig ist, denn faktisch geht ein Teil der Energie stets in Wärmeenergie (gewissermaßen als Synonym der Entropie) über. Die „Güte" eines solchen Umwandlungsprozesses wird durch dessen Wirkungsgrad ausgedrückt. Ein Wirkungsgrad von 100% ist unmöglich.

140. Die "Messgröße" Energie

Kommen wir nun zu der Frage, wie Energie gemessen wird. Die Messgröße kennt heute jeder, sie ist in SI das Joule. Manchmal findet man in Kochsendungen noch die Kalorie (cal), die angeblich anschaulicher als das Joule sein soll: Eine Kalorie ist die Energie, die benötigt wird, um genau ein Gramm Wasser von 14,5 ° C auf 15,5 ° C bei einer Atmosphäre Druck (101,3 kPa) zu erwärmen. Ein Joule dagegen ist die Energie, die benötigt wird, um eine Masse von 0,102 kg (ein Schinkenbrot) einen Meter anzuheben. Wenn man einen Fußball mit einer Geschwindigkeit von 30 m/s (108 km/h) unelastisch gegen seine Birne bekommt (E~194 J), dann reicht diese Energie theoretisch aus, um ein Glas Wasser um ein Grad zu erwärmen. Was als Wärmemenge als recht wenig erscheint, kann im ungünstigsten Fall zu einer Einlieferung in die Notaufnahme eines Krankenhauses führen. Aber in der Regel sind wir als zahlende Bürger eine andere Energieeinheit gewohnt, die Kilowattstunde, abgekürzt kWh. Ein Joule ist bekanntlich genau eine Wattsekunde (Ws). Da eine Stunde 3600 Sekunden hat, entspricht eine Kilowattstunde genau 3600 kJ. Damit kann eine 60 Watt-Glühbirne ~17 Stunden lang betrieben werden. Mit einem Joule wären das nur 1/60 Sekunden. Die Energie des Kopfballs hätte die Glühbirne nicht mal 3 Sekunden leuchten lassen - das sind also die Energiemengen, mit der wir es im Haushalt zu tun haben.

Auf der Seite der Energieproduktion kommt man mit dem Präfix „Kilo“ dagegen nicht sehr weit. Dort beginnt die geläufige Einheit für die Leistung gewöhnlich mit „M“ für Mega oder „G“ für Giga, so dass man schon mal leicht Megawatt (MW) mit Megabyte und Gigawatt (GW) mit Gigabyte verwechseln kann, wie ein bei Youtube erhalten gebliebenes Zeitzeugnis peinlicherweise beweist. Ein großes Braunkohlenkraftwerk hat dann gleich eine elektrische Leistung von 2200 MW. Lässt man es bei dieser Leistung ein Jahr lang ununterbrochen laufen, also 86.400x365 = 31.536.000 Sekunden lang, dann produziert es eine Energie von $\sim 6{,}94 \cdot 10^{16}$ J. Damit könnte unsere Glühbirne, wenn sie nicht vorher ihren Geist aufgibt, ~37 Millionen Jahre leuchten. Um diese Energie zu erzeugen, benötigt man 20,4 Millionen Tonnen Braunkohle. Zu einem Würfel geformt wäre das ein Würfel mit einer Kantenlänge von ~280 m (also um ein vielfaches größer als der Turm zu Babel, der uns hierher geführt hat). Jede Stunde müssen demnach mehr als 2000 Tonnen davon verfeuert werden. Die gleiche Energiemenge lässt sich theoretisch auch aus einem Würfel Natururan (0,72 % U235) mit einer Kantenlänge von 1,8 m gewinnen. Und von solchen Braunkohlekraftwerken haben wir in Deutschland 8 mit einer Bruttoleistung oberhalb 1500 MW. Und dabei liefert ein Kraftwerk mit 2200 MW gerade einmal 0,5% des Primärenergieverbrauchs unseres Landes.

141. Primärenergie und Nutzenergie

Damit kommen wir zu den wichtigen Begriffen Primärenergie und Nutzenergie, die sich aufgrund der Verluste (Stichwort Entropie) in der Umwandlungskette stark voneinander unterscheiden. Unter Primärenergie versteht man die Energie, die mit den natürlich vorkommenden Energiequellen (fossile Energiequellen, Wind, Geothermie, Sonnenlicht, Kernbrennstoffe) zur primären Energieerzeugung zur Verfügung steht. Daraus entsteht die Sekundärenergie im Zuge von dessen Umwandlung (meist elektrische Energie, z. T. für Heizzwecke nutzbare Wärmeenergie), die aufgrund der Verluste bei der Energieentwertung (deutsche Braunkohlekraftwerke haben beispielsweise. im Mittel einen Wirkungsgrad von 38%) um ein Vielfaches geringer ist. Und auch diese Energie wird beim Verbrauch entwertet so dass noch weniger Nutzenergie übrigbleibt. Es ist traurig aber wahr, letztendlich löst sich die Energie in Wärme auf und bringt die Welt dem „Wärmetod“ immer ein Stückchen näher...

142. Primäre Energiequellen

Was sind nun die primärsten aller Energiequellen der Erde, die uns prinzipiell zur Nutzung zur Verfügung stehen? Davon gibt es eigentlich nur drei. Das Sonnenlicht, die Gezeiten und die Wärme, die im Erdinneren durch den Zerfall radioaktiver Isotope erzeugt wird. Letztere stammen primär von Elementen ab, mit denen die Materie, aus denen sich unser Sonnensystem vor 4,53 Milliarden Jahren gebildet hat, durchsetzt war (eine Supernova war da ja nicht ganz unschuldig dabei. Sie ermöglichte, wie wir bereits gesehen haben, erst die heutigen Kernkraftwerke mit ihren Gegnern und Befürwortern sowie Goldzähne und Goldringe).

Alle fossilen Energiequellen, Erdgas, Öl, Kohle, haben ihren Ursprung in der Biomasse, die wiederum primär aus Sonnenenergie in vielen Millionen Jahren durch den genialen Prozess der Photosynthese gebildet wurden. Windenergie und die Energie der Wasserkraft hängen auch primär von der Sonne ab, denn die Sonne hält die Zirkulation der Atmosphäre und die der Ozeane am Laufen. Nur die Energie der Gezeiten, die sich mittels Gezeitenkraftwerke anzapfen lässt, stammt von der gravitativen Wirkung von Sonne und Mond. Unsere Sonne ist ein gewöhnlicher Hauptreihenstern der Spektralklasse G2V mit den leicht zu merkenden Parametern von genau einer Sonnenmasse, einem Sonnenradius und der Leuchtkraft von einer Sonnenleuchtkraft (der helle Schulterstern des Orion, Beteigeuze, hat dagegen eine Masse von rund 20 Sonnenmassen, einen veränderlichen Radius von rund 660 Sonnenradien und eine Leuchtkraft von ca. 55.000 Sonnenleuchtkräften, was sich zugegebener Weise schon schwieriger merken lässt). Was ist nun eine Sonnenleuchtkraft? Unter der Leuchtkraft eines Sterns versteht man die gesamte Energie, die ein Stern in einer Zeiteinheit in den Kosmos abstrahlt (also eine Leistung). Bei der Sonne sind das $3{,}845 \cdot 10^{26}$ W und bei Beteigeuze 55.000-mal so viel. Davon kommen an der Position der Erde (also in einer Entfernung von ~149 Millionen Kilometern) pro Quadratmeter und Sekunde 1367 J an. Die Größe S=1367 W/m² nennt man die Solarkonstante. Auf die Querschnittsfläche der Erde entfällt demnach eine Leistung von $\sim 1{,}74 \cdot 10^{17}$ W. Vergleicht man das mit dem gegenwärtigen Energieverbrauch der Menschheit $(1{,}5 \cdot 10^{13}$ W), dann ist die die Erde treffende solare Leistung rund 12.000mal größer. Gottseidank wird diese Energie nicht auf der Erde gespeichert, sondern als reflektierte oder Wärmestrahlung wieder in den Kosmos abgestrahlt. Diesen Zustand nennt man Strahlungsgleichgewicht. Es bestimmt die über die ganze Erde gemittelte Temperatur. Unter mitteleuropäischen Verhältnissen könnte man die gesamte

Stromproduktion Deutschlands ($6{,}21 \cdot 10^{14}$ W) zumindest von den Zahlen her mittels Solarzellen, die auf einer Fläche von rund gerechnet (140x140) km^2 Größe (~2800mal der Müggelsee) flächendeckend installiert sind, erreichen - äh, natürlich bzw. selbstverständlich nur, wenn auch die Sonne scheint··· Weil wir grad beim Sonnenschein sind, wollen wir gleich dasjenige, was wir über die Entropie gelernt haben, anwenden.

143. Entropieexport und Strukturbildung

Die Erde ist nämlich ein idealer Exporteur von Entropie. Nur deshalb ist überhaupt Strukturbildung möglich und nur deshalb gibt es uns. Der Grund dafür ist das Temperaturgefälle zwischen Sonnenphotosphäre (~5800 K) und der Erdoberfläche (~260 K an der Atmosphärengrenze). Im Gleichgewichtsfall ($\sim 1{,}74 \cdot 10^{17}$ W) ist Einstrahlung gleich Ausstrahlung. Es gibt aber einen qualitativen Unterschied zwischen beiden Strahlungen. Hochenergetische Photonen von der Sonne werden durch Absorption und Reemission in niederenergetische Photonen (Wärmestrahlung) umgewandelt und in den Kosmos zurück gestrahlt. Die Entropieänderung pro Zeiteinheit ergibt sich dann zu ≈ 10^{17} W ((1/(5800 K)-1/(260 K)))=-4 $\cdot\, 10^{14}$ W/K). Es werden also pro Sekunde rund $4 \cdot 10^{14}$ „Entropieeinheiten" an den Kosmos abgegeben. Das entspricht auf die Erdoberfläche bezogen einem Entropieexport von ~ 1 W/(Km^2). Auf diese Weise ersticken wir, umgangssprachlich, nicht im Müll, sondern haben Kapazitäten zur Selbstorganisation und Strukturbildung frei. Das auf der Erde so vieles geschieht, liegt einfach nur daran, dass die Sonne so heiß und der Weltraum so kalt ist.

144. Primärenergieverbrauch

Kehren wir zurück zum Begriff des Primärenergieverbrauchs. Das ist der „Verbrauch" an Energie (z. B. durch Verbrennung, durch „alternative" Energien, durch Kernkraft und Photovoltaik etc.), der zur Erzeugung von „nützlicher" hochwertiger, i. d. R. Elektroenergie, benötigt wird. Aus Letzterer wird gewöhnlich Nutzenergie gewonnen (um beispielsweise Kaffee oder Grießbrei zu kochen), wobei gilt E(primär) > E(Elektro) > E(Nutz). In jedem Prozessschritt gibt es physikalisch bedingt Verluste und die sind umso größer, je mehr Prozessschritte bis zur Nutzung notwendig sind.

145. Güllekraftwerke

Angenommen, mittels eines Güllekraftwerks wird Biogas erzeugt. Durch Verbrennung dessen lässt sich relativ effizient Wärme zum Heizen, aber auch elektrischer Strom erzeugen. Man kann es aber auch über mehrere Prozessschritte (Stichwort Dampfreformierung) in Diesel umwandeln, um damit mit Hilfe eines Autos durch die Gegend fahren zu können. Die nutzbare Energie beträgt dann aber nur noch ein Bruchteil von dessen, welche man durch direkte Verbrennung des Biogases hätte erzielen können. Genauso, wie sich die Primärenergie nie verlustfrei in „Endenergie" umwandeln lässt, lässt sich die „Endenergie" (z. B. in Form elektrischer Energie) nur unter Verlusten in Nutzenergie umwandeln. Die Differenz zwischen Primärenergie und Endenergie liegt in Deutschland bei rund $2{,}6 \cdot 10^{12}$ kWh. Das entspricht ungefähr 80% der jährlichen elektrischen Energieproduktion aller Kernkraftwerke der Welt zusammen. Nebenbei soll noch erwähnt werden, dass man zur Produktion von Primärenergie selbstverständlich auch Energie aufwenden muss. Denn irgendwas muss die Kohlebagger und Ölpumpen ja antreiben. Und selbst wenn man mit dem Spaten nach Kohle gräbt, muss man zuvor etwas essen, um die dazu notwendige Arbeitsleistung aufbringen zu können.

Heute stillt die Menschheit den größten Teil ihres Energiehungers durch Verbrennung der in vielen Millionen Jahren in fossilen Energieträgern gespeicherten Energie aus: Öl 37%, Kohle 25%, Erdgas 23% -> 85% der Weltenergieproduktion beruhen auf fossilen Energieträgern. Der Rest wird durch Kernkraft (8%), Biomasse (4%) und den berühmten „Alternativen Energien" (3,8%) aufgebracht. Übrig bleibt noch Photovoltaik und Geothermie, deren Bedeutung jedoch global gesehen vernachlässigbar ist. Nur sind leider die fossilen Brennstoffe endlich. Für die Kernenergie durch Kernspaltung gilt das zwar auch (auch die abbauwürdigen Uranvorräte sind begrenzt), aber dem ließe sich durch eine nachhaltige Atomwirtschaft begegnen, da sich Kernbrennstoff „erbrüten" lässt. Nur gibt es dafür (noch) keine gesellschaftliche Akzeptanz. Da sich die „fossilen" Energieträger nicht regenerieren lassen und die Kernkraft zumindest in Deutschland bei einigen Leuten verpönt ist, schauen wir uns jetzt einmal den nächsten Kandidaten in der Liste an, die „Biomasse", da meist grün, die Lieblingsenergiequelle der „Grünen" - da „nachhaltig". Man kann jedes Jahr dem „Wachsen" der Biomasse quasi zusehen, wenn sich im Frühjahr und Sommer pflanzenfreie Äcker innerhalb weniger Monate wie von alleine in herrliche Raps- und Maisfelder verwandeln. Und daraus lässt sich dann prächtig der Biosprit E10 herstellen.

Der Prozess, der Raps und Mais wachsen lässt, ist die Photosynthese. Sie wurde vom „Leben“ vor mehr als 3,2 Milliarden Jahren „erfunden“ und ist in der Lage, lichtgetrieben Kohlendioxid zu fixieren und dabei pflanzliche biologische Substanzen (z. B. Kohlenhydrate wie Zucker, Stärke und Zellulose) aufzubauen. Die Reaktionskette ist im Einzelnen sehr kompliziert und ich will sie hier nicht im Detail vorstellen. Nur so viel. In einer sogenannten Lichtreaktion wird unter Ausnutzung von Sonnenlicht Wasser gespalten, dabei Sauerstoff freigesetzt und der Wasserstoff in einem speziellen Enzym, welches (nicht ganz exakt) unter dem hübschen Namen Nikotinamid-Adenin-Dinukleotid-Phosphat Biologiestudenten zumindest kurz vor der Prüfung bekannt ist, zwischengespeichert. Außerdem wird die extrem energiereiche Verbindung ATP (Adenosintriphosphat) erzeugt. In der nachfolgenden Dunkelreaktion wird Kohlendioxid aus der Atmosphäre entnommen, und mit Hilfe dieser beiden Stoffe in Kohlenhydrate umgewandelt. Wie sieht nun die Energiebilanz aus? Wieviel Primärenergie lässt sich auf diese Weise auf unseren Feldern erzeugen? Nun ja, die Bilanz ist ernüchternd. Durch Photosynthese lässt sich nur etwa 1% der einfallenden Lichtenergie überhaupt nutzen. Dazu kommt noch, dass der Mais erst Ende Mai aufgeht und die Vegetationsperiode im Oktober schon zu Ende ist. Übrigens die schönste Zeit für Wildschweine, die in den Maisfeldern vor den Blicken der Jäger verborgen wie im Schlaraffenland leben können. Von den rund 1000 kWh Sonnenenergie, die in Deutschland im Jahresdurchschnitt auf einen Quadratmeter Boden fallen, werden gerade einmal 10 kWh in Form von Biomasse gespeichert. Da fragt man sich, ob es für den Bauer nicht besser wäre, seinen Acker gleich mit Solarzellen vollzustellen. Da entfallen das Säen und das Ernten und die primäre Energieausbeute ist rund 30mal höher.

Wenn man etwas recherchiert, findet man z. B., dass sich aus einem Hektar (100x100 m^2) Mais mit modernen Biogasanlagen ~4600 m^3 Methan herstellen lassen. Methan hat einen Energiegehalt von 50 MJ pro kg. 4600 m^3 haben also einen Brennwert von ~46.000 kWh. Daraus lassen sich wiederum (aufgrund des schlechten Wirkungsgrades von ~1/3) etwa 17.000 kWh elektrische Energie gewinnen. Aus 100% Lichtenergie werden letztendlich ~0,17% elektrische Energie. Düngung, Transport (für die man auch Energie braucht, zumindest aber Biodiesel) verschlechtern das Ergebnis weiter. Jetzt kann man erahnen, warum Landwirtschaftssubventionen nötig sind...

Was Bioethanol und Biodiesel betrifft, erspare ich mir die Effektivitätsabschätzung. Die Verwendung von Biomasse zur Energiegewinnung macht offensichtlich nur Sinn, wenn sowieso anfallende Abfälle auf diese Art und Weise verwertet werden. Es kann einfach nicht sein, dass Raps, Mais und Weizen quasi verfeuert werden, um E10 herzustellen, wenn auf der Welt Menschen verhungern.

146. Energiewende und Luftschlösser

Vielleicht sehen Sie jetzt die „Energiewende" ein klein wenig anders und hören etwas genauer hin, wenn in den Medien in dieser Hinsicht riesige Erfolge verkündet werden, die sich bei näherem Hinsehen als Luftschlösser entpuppen. Besser wäre es gewesen, wenn die Apologeten der „Energiewende" Schopenhauers *„Parerga und Paralipomena"* gelesen hätten. Denn dort steht der Lehrsatz:

„In allem, was unser Wohl und Wehe betrifft, sollen wir die Phantasie im Zügel halten, also zuvörderst keine Luftschlösser bauen, weil diese zu kostspielig sind."

Oder übersetzt: Es wäre viel vernünftiger, man hätte sich zuerst mit der Problematik einer effektiven Energiespeicherung beschäftigt und dafür technische Lösungen jenseits von „Luftschlössern" entwickelt, anstatt zuerst mit dem Ausbau „alternativer Energien" zu beginnen, die volatil sind, alte Kulturlandschaften verschandeln, und sich als völlig nutzlos erweisen, wenn der Wind mal nicht weht oder es zufällig Nacht ist.

147. Warum ist der Nachthimmel schwarz?

Womit wir zu der nicht gerade trivialen Frage kommen, warum es eigentlich nachts dunkel ist - oder, anders ausgedrückt, warum uns der Nachthimmel „schwarz" und nicht sonnenhell erscheint. Sie werden sich jetzt fragen, warum sollte denn gerade der Nachthimmel hell sein? Es geht dabei um die scheinbar unausweichliche Konsequenz einer Idee, die aus der Antike stammt und einer Überlegung, die sich im Rahmen der kopernikanischen Revolution ergeben hat, nämlich um die Idee eines unendlich ausgedehnten Weltraums, angefüllt mit Sternen···

Das ein Universum mit einer „Grenze" logisch unmöglich ist, hat bereits der berühmte römische Dichter und Philosoph Titius Lucretius Carus, kurz „Lukrez" genannt (vermutlich 97-55 v. Chr.), gezeigt, in dem er sinngemäß in seinem Werk *„De Rerum Natura"* schreibt:

„Wenn der Raum endlich ist, hat er eine Grenze. Man stelle sich vor, jemand dringt bis zu diesem letzten Punkt der Welt vor und schleudert einen Pfeil gegen die Grenze. Entweder wird der Pfeil über die Grenze hinausfliegen, oder irgendetwas wird ihn aufhalten; etwas, das selbst jenseits der Grenze liegen muss. In jedem Fall befindet sich etwas jenseits der Grenze. Diese Demonstration kann beliebig oft wiederholt und so die angebliche Grenze unendlich weit zurückgeschoben werden."

Entsprechend dieser Argumentation sahen es die Astronomen seit Copernicus stillschweigend als selbstverständlich an, dass der kosmische Raum in alle seine drei Richtungen unendlich weit ausgedehnt ist. Aber mit dem „Unendlichen" hat es so seine eigene Bewandtnis, wie schon die unendlich vielen Stellen der Zahl Pi gezeigt haben. Denn wenn es in einem unendlich ausgedehnten Raum unendlich viele, in diesem Raum näherungsweise gleichverteilten Sterne gibt, dann würde jeder mögliche Sehstrahl in jeder beliebigen Richtung irgendwo auf einen Stern treffen. Es ist ähnlich wie inmitten eines ausreichend großen Wald (am besten zu sehen in einem Fichtenforst), wo auch in jede (horizontale) Richtung irgendwo ein Baumstamm zu sehen ist.

148. Olbers Paradoxon

Und genau solch eine Analogie veranlasste den Bremer Arzt und Liebhaberastronomen (der seine „Liebhaberei" aber wie ein professioneller Astronom ausübte) Wilhelm Olbers (1758-1840) im Jahre 1823 eine Schrift mit dem Titel *„Über die Durchsichtigkeit des Weltraums"* an den Herausgeber des „Astronomischen Jahrbuchs", J. E. Bode, zu schicken, der sie dann veröffentlichte (der Artikel kann im Internet bei Google Books leicht gefunden werden). Der wesentliche und der später „Olber ‘s Paradoxon" genannte Sachverhalt liest sich darin wie folgt:

„... Sind wirklich im ganzen unendlichen Raum Sonnen vorhanden, sie mögen nun in ungefähr gleichen Abständen von einander, oder in Milchstrassen-Systeme vertheilt sein, so wird ihre Menge unendlich, und da müsste der ganze Himmel eben so hell sein wie die Sonne. Denn jede Linie, die ich mir von unserem Auge gezogen denken kann, wird nothwendig auf irgend einen Fixstern treffen, und also müsste uns jeder Punkt am Himmel Fixsternlicht, also Sonnenlicht zusenden..."

Ein unendlich ausgedehntes Universum, in dem Sterne gleichmäßig verteilt sind (es kommt nicht mal auf die Sterndichte an!), müsste einen Nachthimmel mit der Helligkeit eines mittleren Sterns wie die Sonne liefern. Und das ist offensichtlich nicht der Fall.

Die Lösung dieses Paradoxons erwies sich als ausgesprochen schwierig und auch heute wird es noch zum Test diverser kosmologischer Weltmodelle herangezogen, sozusagen als KO-Kriterium. Der Grund liegt darin, dass die Schlussfolgerung, die Olbers gezogen hat, unter der Annahme eines unendlich ausgedehnten, gleichförmig mit Sternen besetzten und schon immer existierenden Universums einfach zwingend ist. Da hilft auch die Argumentation nicht weiter, dass die Sterne mit steigender Entfernung immer schwächer werden. Zwar nimmt die Helligkeit eines Sterns mit dem Quadrat der Entfernung (d.h. $1/r^2$) ab, aber die Zahl der Sterne nimmt mit r^3 zu. Man hat es dann mit „Dunkelwolken“ probiert, die aber letztendlich aus physikalischen Gründen irgendwann genauso hell wie die Sterne leuchten würden (Stichwort: Kirchhoffsches Strahlungsgesetz); man hat es mit einer bestimmten hierarchischen Verteilung der Sterne im Kosmos versucht (Weltmodelle nach Carl Charlier) und sich noch einige andere Begründungen ausgedacht, die aber alle ihre eigenen Macken hatten. Aber bereits um 1854 deutete sich eine Lösung an, und zwar in Form eines Kolloquiums-Beitrags des Mathematikers Bernhard Riemann (1826-1866) mit dem Titel *„Ueber die Hypothesen, die der Geometrie zu Grunde liegen“* - freilich noch, ohne auf das genannte Paradoxon irgendwie Bezug zu nehmen.

149. Gekrümmte Räume und das Parallelenproblem

Es gibt nämlich (mathematisch gesehen) „Räume“, die zwar endlich, aber unbegrenzt sind. Olbers und seine Zeitgenossen gingen natürlich von der einzigen „Raumart“ aus, die sie sich auch vorstellen konnten, und zwar von einem sogenannten „Euklidischen Raum“, der bekanntlich „unendlich“ und ohne Grenzen ist. Dieser „Raum“ ist u. a. dadurch gekennzeichnet, dass zwei Parallelen sich niemals, auch im „Unendlichen“ nicht, schneiden. In der Geometrie des Euklid (das ist die Geometrie, die man in ihren Grundzügen in der Schule beigebracht bekommt) wird es als fünftes Postulat oder Axiom eingeführt, weshalb man von ihm auch vom „Parallelenaxiom“ spricht. Man muss es als Axiom einführen, da es sich als Satz im Rahmen der anderen vier Axiome nicht beweisen ließ, obwohl sich seit Archimedes viele Mathematiker daran versucht hatten. Erst Carl Friedrich Gauß (1777-1855) erkannte, dass dieses „Parallelenproblem“ prinzipiell nicht lösbar ist. Heute weiß man auch, warum. Denn die Euklidische Geometrie ist nur eine ganz spezielle Geometrie unter unendlich anderen denkbaren, welche auch „gekrümmte“ Räume beschreiben und in denen das Parallelenaxiom nicht gilt.

Die Entdeckung und Erforschung derartiger „nichteuklidischer Geometrien“ ist mit so berühmten Namen wie Carl Friedrich Gauß, Janos Bolyai (1802-1860), Bernhard Riemann (1826-1866) und Nikolai Iwanowitsch Lobatschewski (1792-1856) verbunden. Auch ein gestandener Mathematiker kann sich einen gekrümmten dreidimensionalen Raum nur schwer vorstellen. Deshalb greift man zur Veranschaulichung oft auf zweidimensionale „Räume“ zurück, die man sich als Flächen vorstellen kann, die in einem dreidimensionalen Raum eingebettet sind. In solch einem Modell stellt sich das Olberssche Paradoxon folgendermaßen dar: Man stelle sich eine unendlich ausgedehnte „Ebene“ vor (im euklidischen Einbettungsraum mit den Koordinatenachsen x, y und z soll hier für diese Ebene x, y die Beziehung z=const. gelten), die gleichmäßig mit unendlich vielen Punkten (sie sollen Sterne darstellen) belegt ist. Jetzt stellen wir uns vor, das wir uns als zweidimensionales Wesen (natürlich ohne Ausdehnung in z-Richtung und ohne Verdauungstrakt!) an einem Punkt (x, y) dieser unendlich ausgedehnten Ebene befinden. Wenn man jetzt in irgendeine Blickrichtung eine Gerade zieht, dann wird diese Gerade irgendwo einmal zwangsläufig auf einen Punkt (=Stern) treffen. Und das gilt für jede denkbare Richtung auf dieser „euklidischen Ebene“. Und jetzt stellen wir uns eine Kugeloberfläche als „Ebene“ vor, die auch in einem dreidimensionalen Raum eingebettet ist. Für den zweidimensionalen Bewohner dieser Kugelfläche unterscheidet sie sich lokal erst einmal überhaupt nicht von der euklidischen Ebene. Er kann sich auch hier in jede Richtung frei bewegen. Es gibt aber durchaus wesentliche Unterschiede: 1. die Fläche ist endlich (genau $4Pi\ r^2$, wenn *r* der Kugelradius ist) und 2. die Fläche ist unbegrenzt. Wenn man sich darauf bewegt, wird man nie eine Begrenzung finden. Die Kugeloberfläche kann man deshalb als das zweidimensionale Analogon eines „Raumes“, der endlich, aber unbegrenzt ist, betrachten. Bedeckt man diese Kugeloberfläche mit einer nun endlichen Zahl von Punkten, dann wird es immer einen Sehstrahl geben, der keinen dieser Punkte schneidet. Außerdem wäre dieser „Sehstrahl“ eine geschlossene Kurve (hier ein Kreis).

Eine interessante Frage in diesem Zusammenhang ist es, wie man als „Zweidimensionaler“ (natürlich auch hier ohne Verdauungstrakt!) quasi experimentell feststellen kann, ob man auf einer Kugeloberfläche oder einer euklidischen Ebene lebt. Die einfachste Möglichkeit besteht darin, immer geradeaus zu laufen. Kommt man irgendwann wieder an seinen Ausgangspunkt zurück, ist man den Großkreis einer Kugeloberfläche entlang gelaufen. Aber wenn der Kugeldurchmesser sehr groß ist (aber nicht unendlich), dann kann dieser Versuch sehr lange dauern. Die einfachere Methode besteht darin. um sich herum einen Kreis zu ziehen (z. B. mittels einer gespannten Schnur, der den Kreisradius repräsentiert), dessen Umfang zu messen und das Verhältnis zwischen Umfang und Durchmesser auszurechnen. Kommt dabei exakt die Kreiszahl Pi heraus, dann lebt man auf einer euklidischen Ebene, wenn nicht, dann nicht. Alternativ hätte der „Zweidimensionale" auch ein Dreieck konstruieren können, um danach dessen Innenwinkelsumme genauesten zu vermessen. Ist sie exakt gleich 180°, dann weiß er, dass er auf einer euklidischen Ebene lebt, wenn nicht, dann nicht.

Genaugenommen gibt es zwei „Sorten" von gekrümmten Räumen. Die einen, bei ihnen ist die Innenwinkelsumme eines Dreiecks größer als 180°, nennt man „positiv gekrümmt". Die Kugeloberfläche ist ein zweidimensionales Beispiel dafür. Die „Räume", deren Dreiecks-Innenwinkelsumme dagegen kleiner als 180° ist, nennt man „negativ gekrümmt". Die Oberfläche eines „Sattels" ist ein Beispiel dafür, oder, ganz ideal, die einer sogenannten Pseudosphäre. Für jede dieser Art von Räumen lässt sich eine eigene Art von „Geometrie" konstruieren. Diese „Geometrien" nennt man „nichteuklidische Geometrien". Die mathematischen Methoden zu ihrer detaillierten Beschreibung wurden Mitte des 19. Jahrhunderts von Bernhard Riemann in Göttingen entwickelt, weshalb man sie manchmal (soweit es sich um positiv gekrümmte Räume handelt) auch „Riemannsche Geometrie" nennt. Auch der kosmische Raum kann durchaus „gekrümmt" sein, auch wenn es hier um Einiges schwieriger ist, sich das irgendwie vorzustellen.

150. Die Raumzeit

Nach Riemann musste die Menschheit noch ungefähr ein halbes Jahrhundert warten, bis ein Wissenschaftler eine Begründung für die Idee eines „gekrümmten" kosmischen Raumes gab. Und dieser Wissenschaftler war Albert Einstein (1879-1955). Er erkannte, dass die eigentliche Weltbühne genaugenommen sogar ein vierdimensionales Gebilde ist, welches er „Raumzeit" nannte, da ein „Punkt" in diesem Raum durch vier voneinander unabhängige Koordinaten - drei Raumkoordinaten und eine Zeitkoordinate - eindeutig bestimmt ist. Solch einen Punkt nennt man auch Ereignis.

Und der kürzeste Weg zwischen zwei Ereignissen, quasi eine „Gerade" in der Einstein' schen Geometrie der Raumzeit, ist der Weg, den ein Lichtstrahl oder ganz allgemein, ein sich kräftefrei bewegender materieller Körper (man denke an das Galileische Trägheitsprinzip) dazwischen zurücklegt. Dieser „Weg" „zeichnet" dabei die „Krümmung" der Raumzeit nach. Und die Krümmung selbst wird durch Massen und Massenströme hervorgerufen, oder wie es Albert Einstein einmal selbst ausgedrückt hat: *„Die Materie sagt der Raumzeit, wie sie sich zu krümmen hat, und die Raumzeit sagt der Materie, wie sie sich bewegen muss."* Auch das lässt sich anhand eines einfachen zweidimensionalen Modells begreifbar machen. Stellen wir uns dazu die drei Raum-Dimensionen als auf ein zweidimensionales, in einen Rahmen gespanntes Gummituch reduziert vor. Nun legen wir eine Eisenkugel in die Mitte dieses Gummituchs. Der Effekt ist eine „Einbeulung", die umso stärker ausfällt, je schwerer die Kugel ist. Wenn nun unser „Zweidimensionaler" in unterschiedlichem Abstand von der Kugel jeweils einen Kreis mit gleichbleibendem Radius konstruiert und anschließend sorgfältig das Verhältnis von Umfang zu Durchmesser bestimmt, dann wird er eine immer größer werdende Abweichung zur Kreiszahl Pi feststellen, je mehr er sich der Kugel nähert. Diese „Abweichung" kann man direkt als ein Maß für die Krümmung am Ort der Messung verwenden. Und nicht nur auf der Gummimatte ist das so. Auch die Sonne „krümmt" die Raumzeit in der gleichen Weise, was dazu führt, dass ein Lichtstrahl eines Sterns, welcher nahe an ihr vorbeiläuft, auf eine genau berechenbare Art und Weise abgelenkt wird. Und genau dieser Effekt lässt sich bei einer totalen Sonnenfinsternis beobachten, in dem man die dabei am Taghimmel sichtbar werdenden Sterne im Umkreis der verfinsterten Sonne fotografiert, um später ihre Positionen mit den Positionen der gleichen Sterne, die ein halbes Jahr später ohne Sonne am Nachthimmel fotografiert wurden, zu vergleichen. Die Abweichungen stimmen dabei völlig mit den Abweichungen überein, die sich rein rechnerisch aus der Einstein' schen Theorie ergeben. Was hier eine „lokale" Krümmung ist, ist im „Großen" eine globale Krümmung, deren Größe allein von der mittleren Massedichte im Weltall abhängt. So kann es sein, dass der gesamte kosmische Raum „flach" ist (euklidisch), oder positiv gekrümmt und damit endlich, aber unbegrenzt, oder im globalen Maßstab vielleicht sogar eine negative Krümmung aufweist. Welche dieser drei Möglichkeiten zutrifft, lässt sich nur durch entsprechende Beobachtungen klären, womit wir wieder beim Olbersschen Paradoxon angelangt sind.

151. Die Expansion des kosmischen Raumes - Galaxienflucht

Denn mit der globalen Krümmung des kosmischen Raums ist noch ein der Beobachtung zugänglicher und von der Einstein' schen Theorie vorhergesagter Effekt verbunden: Der kosmische Raum dehnt sich aus, er expandiert. Diese Erscheinung wurde 1921 erstmalig von dem russischen Mathematiker Alexander Alexandrowitsch Friedman (1888-1925) aus den Einstein' schen Gleichungen deduziert und kurze Zeit später von Edwin Hubble (1889-1953) durch Beobachtungen an weit entfernten Galaxien bestätigt. Die Schlussfolgerungen, die aus diesen Forschungen gezogen wurden, führten zur Theorie des „Urknalls", der Theorie, die, vereinfacht gesagt, besagt, dass unser Kosmos so etwas wie einen „Anfang" gehabt haben muss, wo Raum und Zeit und auch alle Materie aus einer „Singularität" (d. h. einem „Punkt" unendlich großer (Energie-) Dichte) entstanden sind. Dieses Bild, welches als erstes von dem belgischen Theologen und Physiker Georges Edouard Lemaitre (1894-1966) entworfen wurde, ist mittlerweile sehr präzise ausgearbeitet worden, krankt aber immer noch entscheidend daran, dass es noch niemanden gelungen ist, die Allgemeine Relativitätstheorie Einsteins (die eine Raumzeit-Singularität vorhersagt) mit der Quantentheorie (welche sicherlich eine Singularität verhindern kann) zu einer neuen Theorie, der Quantengravitation zu vereinigen. In unserem Zusammenhang ist nur von Interesse, dass dieser „Urknall" vor endlich langer Zeit stattgefunden hat (und zwar ziemlich genau vor 13,798 ± 0,037 Milliarden Jahren) und wegen der Endlichkeit der Lichtgeschwindigkeit für uns als Beobachter einen „Horizont" impliziert, der sich in endlicher Entfernung befindet (in ca. 46 Milliarden Lichtjahre Entfernung - größer als der aus der Lichtlaufzeit resultierenden Entfernung, da sich in den letzten ~13,8 Milliarden Jahren der Raum ja selbst ausgedehnt hat). Das bedeutet aber nicht, dass hinter diesem „Horizont" nichts wäre. Auch hier gilt frei nach Udo Lindenberg *„Hinterm Horizont geht' s weiter…"*. Der Witz ist aber, wir schauen quasi in die falsche Richtung. Aufgrund der Endlichkeit der Lichtgeschwindigkeit sehen wir nämlich immer Objekte, die in Bezug zu unserer Gegenwart in der Vergangenheit liegen. Den Mond sehen wir, wie er vor 1,28 Sekunden ausgesehen hat, die Sonne sehen wir, wie sie vor 8,32 Minuten ausgesehen hat, den Polarstern sehen wir, wie er vor etwa 430 Jahren ausgesehen hat und das Nebelfleckchen am Himmel mit Namen Andromedanebel sogar so, wie es vor 2,5 Millionen Jahren ausgesehen hat. Damit dürfte das Problem klar sein. Je weiter ein kosmisches Objekt von uns entfernt ist, desto weniger „weit“ ist es auch vom Urknall entfernt. Und irgendwann gelangt man in eine Entfernung, wo es noch keine Sterne gab, nur ein heißes Plasma, welches gerade soweit abgekühlt war, dass sich die Lichtteilchen (Photonen) von der übrigen Materie abgekoppelt haben. Das geschah rund 380 Tausend Jahre nach dem Urknall. Wenn wir also mit unseren Teleskopen in diese „Entfernung“ schauen, dann haben wir eine „Lichtwand“ vor uns, hinter der der „Urknall“ quasi verborgen ist. Also genau so etwas, wie Olbers unter anderen Prämissen vorhergesagt hat. Aber warum sieht man dann diese „Lichtwand“ nicht? Ganz einfach, weil sie für unsere Augen nicht sichtbar ist, und das liegt an der erwähnten Expansion des Raumes. Ehemals, als der Kosmos „durchsichtig“ wurde, war das Weltall noch klein und die Strahlung extrem kurzwellig. Sie entsprach der Strahlung, die ein extrem heißes Plasma von mehreren Millionen Grad ausstrahlen würde. Mit der Expansion des Raumes wurde der Abstand zwischen den Wellenbergen (d. h. die Lichtwellenlänge) immer größer (sie entspricht „klassisch“ einer Rotverschiebung, wird aber hier zu deren Abgrenzung „kosmologische Rotverschiebung“ genannt).

152. Die kosmische Hintergrundstrahlung

Heute beträgt die Wellenlänge der Strahlung, die am intensivsten ist, bereits ~0,2 cm. Sie entspricht dem Strahlungsmaximum eines sogenannten „Schwarzen Strahlers“ mit einer Temperatur um die 3 K, weshalb man diese omnipräsente kosmische Hintergrundstrahlung im deutschsprachigen Raum auch oft „3 Grad Kelvin - Strahlung“ nennt. Und da wir mit unseren Augen keine „Mikrowellen“ sehen können (ansonsten könnte man den Mikrowellenherd als Scheinwerfer verwenden), ist der Nachthimmel auch in dieser Hinsicht bis auf die Sterne ziemlich zappeduster. Selbst wenn unser Kosmos unendlich und unbegrenzt ist (d. h. seine Geometrie ist „euklidisch“), hatte er noch nicht die Zeit sich soweit auszudehnen, das wir in jede Richtung einen Stern sehen können, denn das „sichtbare Universum“ ist für uns aufgrund des Horizonts in 46 Milliarden Lichtjahre Entfernung prinzipiell begrenzt (man nennt diesen Raum „Hubble-Blase“), obwohl sich mit jeder Sekunde der Horizont ein Stück weiter entfernt und damit immer wieder neue Raumbereiche sichtbar werden. Die Auflösung des Olbersschen Paradoxon liegt in der Endlichkeit des sichtbaren Universums in der Zeit.

153. Was ist "Zeit"?

Aber was ist „die Zeit"? Einstein hat sie einmal völlig korrekt wie folgt definiert: *„Zeit ist das, was eine Uhr anzeigt."* Aber diese Definition befriedigt irgendwie nicht. Das erkannte schon Augustinus, der in seinen *Confessiones* in Bezug auf „Was ist Zeit?" freimütig feststellt *„Wenn niemand mich danach fragt, so weiß ich es; sobald ich es jedoch einem Fragenden explizieren will, weiß ich es nicht."* Also was ist „die Zeit"? Für Isaak Newton war klar, dass es so etwas wie eine „universelle" Zeit geben muss, für die er folgende Definition vorschlug:

„Die absolute, wahre und mathematische Zeit verfließt an sich und vermöge ihrer Natur gleichförmig und ohne Beziehung auf irgendeinen äußeren Gegenstand."

Mit dieser Definition konnten die Physiker und die Allgemeinheit lange leben, bis Albert Einstein auf den Plan trat (die „Allgemeinheit" kann auch heute noch ganz gut mit Newton' s Definition leben, es sei denn, sie verwendet ein GPS-System zum navigieren) und ein ganz neues, unerwartetes Zeitkonzept aus der Tatsache heraus, dass die Vakuumlichtgeschwindigkeit für jeden Beobachter unabhängig von dessen eigenen Bewegungszustand eine Konstante ist, entwickelte. Dieses neue Konzept ist Inhalt der Speziellen Relativitätstheorie von 1905. Sie beschert uns u. a. das sogenannte Zwillingsparadoxon, sie erklärt die Verlängerung der Lebensdauer von Elementarteilchen, wenn sie sich relativ zu uns sehr schnell bewegen, und auch die Formel $E=mc^2$ ist eine direkte Konsequenz dieser Theorie. Die Spezielle Relativitätstheorie zeigt uns, wie sich „Zeit" (dargestellt durch Uhren) in unserer Welt verhält, aber nicht, was Zeit „ist". Formal ist dagegen alles klar. Sie ergänzt die drei Raumdimensionen um eine weitere, vierte Dimension, welche die Definition eines Ereignisses ermöglicht, also etwas, was an einem gegebenen Raumpunkt zu einem gegebenen Zeitpunkt stattfindet. Dabei gibt es für einen Beobachter immer einen ausgezeichneten Zeitpunkt, der Ereignisse in der Vergangenheit von Ereignissen in der Zukunft trennt. Diesen ausgezeichneten Zeitpunkt nennt man Gegenwart oder „das „Jetzt". Er ist physikalisch-klassisch infinitesimal, entspricht aber psychologisch einem kleinen Zeitraum, da auch die Erfahrung der Gegenwart eine gewisse Zeit beansprucht. Diese „Zeitdimension der Empfindung" liegt bei etwa 0,1 Sekunden. Die Zeit selbst empfinden wir als Gegenwart, erinnert als Vergangenheit und erhofft als Zukunft. Diese Empfindung wird oft mit einem „Fluss der Zeit" in Verbindung gebracht, so wie es bereits Isaak Newton in seiner *„Principia mathematica"* ausgedrückt hat.

Und dieser „Fluss" hat offenbar eine Richtung, und zwar von der Vergangenheit zur Zukunft - ein Faktum, welches in der Physik als „Zeitpfeil" bezeichnet wird.

154. Bewegung und das Zenon'sche Pfeilparadoxon

Der infinitesimale Charakter des „Zeitpunktes" Gegenwart, der die Vergangenheit von der Zukunft trennt, hat bei näheren Hinschauen etwas Problematisches an sich, was als einer der Ersten Zenon von Elea (490-430 v. Chr.) in seiner ganzen Schärfe erkannt hat. Ich meine das *„Pfeilparadoxon"*. Es ist schnell erzählt: Ein Pfeil fliegt durch die Luft. Zu jedem beliebigen Zeitpunkt verharrt der Pfeil bewegungslos, d. h. der „momentane" Pfeil gleicht einer einzelnen Fotografie seiner selbst. Die „Zeit" besteht aber aus einer unendlichen Zahl von Augenblicken, und in jedem Augenblick steht der Pfeil still. Wo ist dann die Bewegung? Zenon schlussfolgerte daraus

„Das Bewegte bewegt sich weder in dem Raume, in dem es ist, noch in dem Raume, in dem es nicht ist."

Man könnte jetzt vermuten, dass die Raumzeit (d. h. Raum und Zeit) eine „körnige" Struktur hat. Aber auch das führt im Lichte des Pfeilparadoxons zu einer widersinnigen Konsequenz, und zwar zu der, dass der Pfeil zwar in jedem einzelnen Augenblick ruht, in vielen Augenblicken aber eine Bewegung ausführt. Das schließt aus, dass der Pfeil gleichsam von Punkt zu Punkt springt und zwar in der Form, dass er am Punkt A zum Zeitpunkt A verschwindet und zum Zeitpunkt B am Punkt B instantan wieder entsteht. Die Absurdität, die sich aus derartigen Überlegungen ergibt ist die, dass Raum und Zeit demnach weder eine kontinuierliche noch eine diskontinuierliche Struktur besitzen können, also etwas, was dem gesunden Menschenverstand zuwider läuft. Trotzdem,

„Bewegung gibt es nicht, so sprach der bärt 'ge Weise. Der andre schwieg, begann vor ihm zu wandeln …"

dichtete einst Alexander Puschkin (1799-1837).

Es gibt verschiedene Lösungsansätze, das Pfeilparadoxon zu lösen. Der bekannteste ist der auf Augustin Cauchy (1789-1857) zurückgehende Grenzwertbegriff, auf dem bekanntlich die moderne Infinitesimalrechnung beruht. Damit ist das Problem schnell erledigt, denn dann ist es zwar richtig, dass sich „Bewegung" nicht durch eine Reihe von Momentaufnahmen erfassen lässt. Der Grund dafür liegt darin, dass es nicht ausreicht, immer nur einen Zeitpunkt (Augenblick) isoliert zu betrachten. Wesentlich ist vielmehr der Begriff der Momentangeschwindigkeit, die sich über eine Grenzwertbetrachtung aus einer unendlichen Folge von Durchschnittsgeschwindigkeiten ergibt. Sie hat nur Sinn, wenn man die räumliche und zeitliche Nachbarschaft mit einschließt, denn ohne diese lässt sich Ruhe nicht von Bewegung unterscheiden. Die Krux dieser Argumentation liegt aber darin, dass sich der Grenzwertbegriff erst einmal auf einen speziellen mathematischen Raum, bestehend aus einem Punktekontinuum, bezieht. Wer sagt uns eigentlich, dass der physikalische Raum auch wirklich diesem abstrakten mathematischen Raum äquivalent ist? Und hier kommt die Quantenmechanik zur Erklärung des Pfeilparadoxons in Form der Heisenbergschen Ortsunschärfebeziehung ins Spiel, die besagt, dass man niemals Ort und Geschwindigkeit mit beliebiger Genauigkeit zusammen messen kann. Nämlich immer dann, wenn sich der Pfeil zu einem gegebenen Augenblick exakt am Ort A befindet, besitzt er eine sich aus dem Grenzübergang $t \to t'$ ergebende Momentangeschwindigkeit v. Je genauer nun der Ort A lokalisiert ist, desto unbestimmter ist offensichtlich v (was natürlich auch umgekehrt gilt). Im Gegensatz zur Argumentation des Eleaten, der ja behauptet, dass der Pfeil in einem gegebenen Augenblick im Ort A ruht, besagt die Quantenmechanik, dass der Pfeil im Punkt A überhaupt keine definierbare Geschwindigkeit besitzt.

155. Das "Fließen" der Zeit

Und damit wollen wir es erst einmal belassen und uns wieder der Frage „Was ist Zeit?" zuwenden, und zwar dem Aspekt des „Zeitflusses". Er beschreibt das fortgesetzte Vergehen des „Jetzt" in der Vergangenheit und das Hereinbrechen der Zukunft als einen unaufhaltsamen Prozess. Aber wie schon Kant feststellte, macht der Begriff des „Fließens" in diesem Zusammenhang nur dann Sinn, wenn man es mit der Alternative des „Nichtfließens" vergleichen könnte. Für gestandene Physiker ist deshalb Zeit in diesem Sinn eine, wenn auch hartnäckige, Illusion. Seine Formeln zeigen explizit kein „Fließen" der Zeit, sie ist dort lediglich ein Parameter analog den Ortskoordinaten, mit dem man Veränderungen beschreiben kann. Dort, wo es keine wie auch immer geartete Veränderungen gibt, wird der Zeitbegriff sinnlos, da sich unter dieser Bedingung auch keine Messvorschrift für diesen Parameter mehr definieren lässt.

156. Der thermodynamische und kosmologische Zeitpfeil

Das steht auch im Einklang mit dem sogenannten thermodynamischen Zeitpfeil. Er legt von zwei zeitlich getrennten Zuständen eines Systems genau den als mehr in der Vergangenheit liegenden fest, der die geringere Entropie von beiden aufweist. Ein physikalisches System im thermodynamischen Gleichgewicht (d. h. in dem keine Veränderungen mehr stattfinden) kennt deshalb weder Vergangenheit noch Zukunft, es ist gewissermaßen zeitlos.

Eine andere Art des Zeitpfeils kann man an der Entwicklung des überschaubaren (d. h. für uns sichtbaren) Teils des Universums festmachen. Und zwar lässt sich in diesem Fall die Zeit quasi an der durch die kosmische Expansion erreichten Größe (dem „Weltradius“) ablesen. Man spricht hier speziell vom „kosmologischen Zeitpfeil“.

Das „Zeitproblem“ hat aber auch jenseits der Physik seine jeweils eigene Bedeutung wie z. B. in der Psychologie (Warum erscheinen uns die Tage im „Alter“ kürzer als die Tage in unseren Kindertagen?), in der Metaphysik (siehe z. B. Heideggers „Sein und Zeit“) oder Biologie (Evolution) und hat auch heute noch nichts von seiner Faszination zumindest für diejenigen, die darüber nachzudenken bereit sind, verloren.

157. Thomas Mann und sein “Zauberberg“

Es sei hier nur an die Worte Hans Castorp’ s in Thomas Manns Roman *„Der Zauberberg“* erinnert, dem er folgende Gedanken „in den Kopf schrieb“:

„Was ist die Zeit? Ein Geheimnis - wesenlos und allmächtig. Eine Bedingung der Erscheinungswelt, eine Bewegung, verkoppelt und vermengt dem Dasein der Körper im Raum und ihrer Bewegung. Wäre aber keine Zeit, wenn keine Bewegung wäre? Keine Bewegung, wenn keine Zeit? Frage nur! Ist die Zeit eine Funktion des Raums? Oder umgekehrt? Oder sind beide identisch? Nur zu gefragt! Die Zeit ist tätig, sie hat verbale Beschaffenheit, sie "zeitigt". Was zeitigt sie denn? Veränderung! Jetzt ist nicht Damals, Hier nicht Dort, denn zwischen beiden liegt Bewegung. Da aber die Bewegung, an der man die Zeit mißt, kreisläufig ist, in sich selber beschlossen, so ist das eine Bewegung und Veränderung, die man fast ebensogut als Ruhe und Stillstand

bezeichnen könnte; denn das Damals wiederholt sich beständig im Jetzt, das Dort im Hier.“

Dieses Buch, nach den *„Buddenbrooks“* (Literaturnobelpreis 1929) und *„Königliche Hoheit“* der dritte große Roman von Thomas Mann (1875-1955), war einer „der“ Bestseller in der Zeit der Weimarer Republik und darüber hinaus. In der Tradition des deutschen Bildungsromans (besser, einer Parodie darauf) wird in der Enge eines Lungensanatoriums in der Schweiz ein episches Gemälde, das sich um die Person des jungen Hamburgers Hans Castorp rankt, entwickelt und, fein ziseliert, mit einer Vielzahl von jeweils eigenen Charakteren in Beziehung gesetzt. Ein als „kurz“ (3 Wochen) geplanter Besuch Castorps in Davos entwickelt sich zu einem 7-jährigen Aufenthalt, in dem die Persönlichkeit des Protagonisten geformt wird. Der „rote Faden“ des Romans erscheint zwar simpel, aber die Sprache Thomas Manns, die eingestreuten philosophischen und theologischen Streitgespräche auf zum Teil sehr hohem Niveau (und deshalb nicht immer leicht zu folgen) in Verbindung mit der intensiven Atmosphäre jener durch den 1. Weltkrieg geprägten Zeit lassen einen nicht mehr los. Wenn Sie also dieses Buch noch nicht gelesen haben, dann sollten Sie dieses hier erst einmal zur Seite legen und zum *„Zauberberg“* wechseln. Sie werden es nicht bereuen …

158. „Als wär's ein Stück von mir“

Mich hat in meiner Studentenzeit, wo ich unendlich viel gelesen habe, noch ein anderes Buch stark beeindruckt, wenn es auch nicht in dieser literarischen Liga mitspielen kann. Es handelt sich um die Autobiografie von Carl Zuckmayer (1896-1977) mit dem Titel *„Als wär ' s ein Stück von mir“*. Nur wenige werden noch diesen Theaterschriftsteller kennen, dem mit der Komödie *„Der fröhliche Weinberg“* 1925 der Durchbruch gelang. Zwei Jahre später festigte sich sein Erfolg mit dem Stück *„Schinderhannes“* und 1931 gelang ihm dann der ganz große Coup mit *„Der Hauptmann von Köpenick“*, der ihn innerhalb kürzester Zeit zu einem wohlhabenden Mann machte. Dieses Stück war wegen seiner deutlichen antimilitaristischen Haltung zur Zeit des Nationalsozialismus natürlich nicht mehr opportun, was ihn 1938 zur Flucht aus Österreich veranlasste. Alles das hat er in seiner Autobiografie detailliert beschrieben - die Verhältnisse in Wien nach dem „Anschluss“, seine fast misslungene Flucht über die Schweiz, die ihn erst nach Rotterdam und dann in die Vereinigten Staaten führte, wo er dann eine Zeitlang als Drehbuchautor in Hollywood lebte (um einmal eine bekannte Örtlichkeit zu nennen) und seine Rückkehr nach dem Krieg.

Zuckmayers Autobiografie lässt die ersten 6 Jahrzehnte des vorigen Jahrhunderts ähnlich lebendig vor Augen treten wie das Leben Hans Castorps in Davos am Vorabend des 1. Weltkrieges in Thomas Manns Roman. Schritt für Schritt trifft man auf berühmte Zeitzeugen wie Max Reinhard, Bertolt Brecht, Stefan Zweig und, und, und ··· Kein Abschnitt ist langweilig. Deshalb ein Tipp: Falls man nur wenig Zeit zum Lesen erübrigen kann, sollte man die Lektüre aufschieben und in den Urlaub verlagern. Glauben Sie mir, Zuckmayers Autobiografie ist besser als jedes Geschichtsbuch über diese ereignisreiche Zeit. Der Titel *„Als wär ’ s ein Stück von mir“* ist übrigens eine Zeile aus dem Gedicht von Ludwig Uhland *„Der gute Kamerad“*, welches er im Jahre 1809 unter dem Eindruck des Einsatzes Badischer Truppen gegen die gegen Napoleon Bonaparte revoltierenden Tiroler Freiheitskämpfer geschrieben hat. Dieses Gedicht, auch als *„Ich hatt ‘ einen Kameraden···“* bekannt, wird in der Vertonung von Friedrich Silcher auch heute noch bei Trauerfeierlichkeiten der Bundeswehr gespielt. Es war „das“ Lied zur Zeit des Ersten Weltkriegs. „Das“ Lied des Zweiten Weltkriegs war ohne Zweifel *„Lili Marleen“*, ursprünglich von Lale Andersen gesungen („An der Kaserne, vor dem großen Tor···“). Popularisiert durch den Armeesender Belgrad kam nach 1941 eine Vielzahl von Varianten in anderen Sprachen auf, denn das Lied war auch unter den Gegnern Nazideutschlands äußerst beliebt. Eine englischsprachige Fassung ist beispielsweise eng mit dem Namen von Marlene Dietrich (1901-1992) verbunden, die berühmte, in die USA ausgewanderten UFA-Schauspielerin aus der Heinrich-Mann - Verfilmung des Buches „Prof. Unrat“ - dem „Blauen Engel“. Als es schließlich mit dem Hitlerreich langsam zu Ende ging, die Rote Armee die deutsche Wehrmacht immer weiter nach Westen zurückdrängte und schließlich die Alliierten an der Normandie eine zweite Front eröffneten, kurz gesagt, sich durch den Bombenkrieg die Lage auch innerhalb Deutschlands immer unerträglicher gestaltete, wurde ein weiteres Lied zum Gassenhauer und fatalistischen Mutmacher: *„Davon geht die Welt nicht unter“* von Bruno Balz (1902-1988) und unvergleichlich gesungen von Zarah Leander (1907-1981) im Film *„Die große Liebe“*. Und als letztes Beispiel muss unbedingt noch *„Brothers in Arms“* von Mark Knopfler („Dire Straits“, ein anderes Wort für „pleite“) erwähnt werden, welches man wiederum als „das“ Lied der Jugoslawienkriege von 1991 bis 2001 bezeichnen kann.

159. Das Berufsbild des Zensors

„Lieder", aber auch Gedichte, Flugschriften und natürlich Bücher waren in der Geschichte oftmals auch Mittel der Auseinandersetzung zwischen Herrschern und Beherrschten, was im 16. Jahrhundert zu dem neuen Berufsbild des „Zensors" geführt hat und der oftmals bei der Polizeibehörde angesiedelt war. Seine Aufgabe bestand darin, für die Öffentlichkeit bestimmte Druckschriften ihrem Inhalt nach zu überprüfen, ob die darin enthaltenen Informationen oder Meinungsäußerungen den jeweils herrschenden Gesetzen konform gehen oder nicht, ob sie ethisch vertretbar sind oder nicht oder ob sie einfach „höhergestellten Personen" auf den Senkel gehen würden oder nicht. Damit sind natürlich noch lange nicht alle Gründe aufgeführt, die zu einer „Zensur" führen können. Und auch heute ist dieses Thema durchaus noch ein Thema, obwohl diese Berufsbezeichnung (und offiziell die damit verbundene Tätigkeit) zumindest in Deutschland nicht mehr geführt bzw. ausgeführt wird.

Zwar steht im entscheidenden Titel unseres Grundgesetzes „Zensur findet nicht statt", aber dafür hat politische Korrektheit und „Selbstzensur" Einzug in die Medienpraxis gehalten. Und damit kein Missverständnis entsteht, die „Zensur" ist nicht unbedingt an den Beruf des „Zensors" gebunden. Das Verbot missliebiger Schriften ist so alt, wie es „missliebige" Schriften gibt. Besonders hervorgetan hat sich hier die katholische Kirche mit ihrem *„Index Librorum Prohibitorum"*, dem „Index der verbotenen Bücher", welches 1559 zum ersten Mal öffentlich gemacht und erst 1966 wieder abgeschafft wurde. Aber darum soll es hier nicht gehen.

160. Das Geschäft des "zensierens"

Es soll eher um die „Kleingeister" gehen, die das Geschäft des „Zensierens" quasi amtlich durchführten und dabei zwangsläufig auf „große Geister" stießen, denen sie geistig nicht im Geringsten gewachsen waren. Die Beweise dafür haben sie in den Texten hinterlassen, die von ihnen mit viel Akribie und durchaus auch Phantasie verunstaltet wurden.

Fangen wir mit einem zweifellos „großen Geist" an, mit Johann Wolfgang von Goethe (1749-1832) und seiner Tragödie *„Faust I"*. Hier hatten es dem Zensor insbesondere die „jugendgefährdenden" Verse angetan. Dabei schwelgte er manchmal selbst in

Dichtkunst, wie folgende Beispiele beweisen: So heißt es bei Goethe *„Ach, kann ich nie - Ein Stündchen ruhig dir am Busen hängen, - und Brust an Brust und Seel an Seele drängen?"*. Was, eine ganze Stunde am „Busen" hängen? Nein, das geht beileibe nicht - also wurde der Vers gestrichen und flugs vom Zensor umgedichtet: *„Ach, kann ich nie - Ein Stündchen ruhig bei dir sein, - Doch ungestört wir beide nun allein, - Man hat sich doch so manches Wort zu sagen, - das keine Zeugen will!"*.

Wenn es dann auch noch um kirchliche Dinge ging, da lief der Zensor in Höchstform auf: So liest man in der bekannten Schülerszene Mephistos Ratschlag *„Doch Euch des Schreibens ja befleißt, - Als diktiert ' Euch der Heilig ' Geist!"*, was so natürlich keinesfalls stehenbleiben durfte: *„Doch Euch des Schreibens ja befleißt, - Weil dies allein studieren heißt."*

Das „Zensieren" durchaus auch eine intellektuelle Leistung darstellt, bewies ein Zensor bei der Entschärfung des Spottlieds *„Es saß ein Ratt im Kellernest"*, dessen erste Strophe vollständig lautet *„Es saß ein Ratt im Kellernest, - Lebte nur von Fett und Butter, - Hat ' sich ein Ränzlein angemäst ' t - Als wie der Doktor Luther"*. „Dr. Luther! - nein, das geht gar nicht", muss es wie ein Blitz durch das Kleinhirn des Zensors gezuckt sein. Aber nach einigen Stunden Kopfzerbrechen hatte er die Lösung: *„Es saß ein Ratt im Kellernest, - Lebte nur von Fett und Butter, - Hat ' sich ein Ränzlein angemäst ' t - Wie der gelehrteste Chinese."* Heute würde in manchen Weltgegenden auch die Zeile *„Uns ist ganz kannibalisch wohl - Als wie fünfhundert Säuen!"* (aus dem „Flohlied") mit hoher Wahrscheinlichkeit als bedenklich eingestuft und das dazugehörige literarische Werk zumindest als „harām" qualifiziert, unter Umständen vielleicht sogar gleich in Gänze verboten werden, obwohl bereits eine vor ~200 Jahren zensierte Version existiert, an der man an der kompromittierten Stelle *„Tralleralla, - Tralleralla!"* lesen kann. Aber da das ja auch irgendwie von einer Art Lebensfreude kündigt, dürfte selbst das noch einer Fatwa wert sein···

Ein Zensor war normalerweise eine achtungsgebietende Amtsperson, und die hatte sich, wie jede andere Amtsperson auch, an Anweisungen zu halten. Meist waren sie aber so allgemein formuliert, dass der Zensor einen großen Spielraum in deren Auslegung hatte. Der deutsche Literaturwissenschaftler Heinrich Hubert Houben (1875-1935) zitiert z. B. einen Erlass der österreichischen und erzkatholischen Kaiserin Maria Theresia (1717-1780), welcher detaillierte Direktiven über die Behandlung protestantischer und antikatholischer Schriften sowie deren Verfasser enthält. Er schreibt dazu:

„Die Verfasser protestantischer und antikatholischer Schriften erwartet Verbannung und Kerker. Schon der Besitz lutherischer, ketzerischer, überhaupt unkatholischer Schriften war aufs strengste verpönt; sie standen außerhalb allen Eigentumrechtes, jeder Geistliche durfte sie konfiszieren, wo er sie fand, jeder Privatmann war bei Strafe verpflichtet, anzugeben, wo immer er sie gesehen hatte. Wer ein Buch kaufte, musste es innerhalb von vier Wochen seinem Pfarrer zur Prüfung vorlegen, sonst erhielt er 3 Gulden Strafe, die sich im Wiederholungsfall empfindlich steigerte. Ein Drittel der Strafgelder fiel dem Denunzianten zu; daher stand die niederträchtigste Spionage in voller Blüte. Hausdurchsuchungen waren an der Tagesordnung. Die Koffer der Reisenden wurden auf den Zollämtern durchsucht, alle bedenklichen Bücher weggenommen, verbotene verbrannt. Verkleidete Beamte der geistlichen Bücherpolizei besuchten als harmlose Kunden die Buchläden, schlichen sich in das Vertrauen der Händler und drangen in sie, ihnen verbotene Bücher zu verschaffen; ließen die Buchhändler sich überreden, so entdeckten sich die Spitzel als Polizisten, beschlagnahmten die Werke und nahmen die Verkäufer in Strafe."

Wie man sieht, hatte man sowohl als Autor, als Buchhändler und sogar als Leser schlechte Karten, wenn man gegen die Zensurbehörde opponierte. Die „Zensur" ist deshalb bis heute ein probates Mittel der Ausübung von Herrschaft. Andererseits war dasjenige, was gerade in früheren Zeiten „zensiert" wurde, aus heutiger Sicht eher peinlich. Die schönsten Beispiele stammen dabei aus der „Theaterzensur". So machte ein Zensor in dem bekannten Stück „Kabale und Liebe" (von Friedrich Schiller) den Hofmarschall von Kalb zum „Oberkleiderwart", da ja in der Auffassung der Zeit ein „Marschall" niemals ein Intrigant sein kann. Schiller hatte eh Zeit seines Lebens mit Zensoren zu kämpfen, denen sein Werk nicht „politisch korrekt" genug war, um es unverhunzt der Allgemeinheit vorlegen zu können. Nehmen wir nur „Die Jungfrau von Orleans". Hier hatte es die Heldin des Stücks, Agnes Sorel, den Zensoren angetan, denn Schiller führte sie als Mätresse des französischen Königs Karl VII. ein (was sie natürlich auch war). Aber das dürfte nach Meinung der Zensurbehörde nicht sein, so dass sie in der zensierten Version dieses Dramas als rechtmäßige Gemahlin des Königs zu erscheinen hatte. Und so ließen sich noch viele Beispiele finden.

161. Die Praxis der Zensur

Aber die Praxis der Zensur, die zu einem nicht unwesentlichen Teil auf die Zuarbeit von Spitzeln und Denunzianten angewiesen war, mussten sich selbst mit „Gasthäusern“ herumschlagen, wenn deren Reklametafeln nicht den Zensurrichtlinien zu entsprechen vermochten. So erging es beispielsweise dem 1816 in Paris eröffneten Gasthaus „Boeuf à la mode“, von dem berichtet wird, dass es am Tag seiner Eröffnung mit einem Schild versehen war, auf dem man werbewirksam einen mit einem Schal und einem Strohhut aufgeputzten Ochsen sehen konnte. Was folgte, war eine Anzeige eines Polizeispitzels, der einen ganzen Rattenschwanz an Folgetätigkeiten, Untersuchungen, Rücksprachen (bis hin zum Polizeiminister!) und sogar eine geheime Inaugenscheinnahme des betreffenden Schildes zur Folge hatte. Denn die Anzeige des Spitzels hatte es in sich:

„Der auf dem Schild dargestellte Ochse ist bekanntlich das Symbol des Gemästetseins. Der Schal, der ihn ziert, ist von roter Farbe, der Schmuck auf dem Hut besteht aus weißen Federn und blauen Bändern. Von seinem Hals hängt ein Band samt einer Verzierung ähnlich dem Orden vom „Goldenen Vlies“, der von Fürsten getragen wird. Der Hut soll offensichtlich die Krone darstellen und ist im Begriff, herunterzurutschen. Diese Anspielungen dienen zweifellos als Beweis dafür, dass jenes Aushängeschild nichts anderes ist als eine niederträchtige Karikatur von der Person Ihrer Majestät.“

- hier Ludwig XVIII. Für die Zensurbehörde spricht in diesem Fall, dass sie nach der geheimen Inspektion (man vermutet in Verbindung mit einem Besuch des Gasthofs) von einer weiteren Verfolgung der Angelegenheit Abstand genommen hat. Das Restaurant, in Versailles gelegen (an der Rue de la Paroisse), existiert übrigens heute noch und besitzt einen ausgezeichneten Ruf.

162. „Zensur findet nicht statt“ – die “Politische Korrektheit“

Eng mit der „staatlichen“ Zensur ist die sie heute ablösende „Politische Korrektheit“ verwandt, die - zwar nicht kodifiziert - zur Selbstzensur anregt, in dem sie z. B. versucht, bestimmte, entweder zu Recht oder zu Unrecht disqualifizierte Wörter aus dem Wortschatz zu verbannen. Das ursprüngliche Ziel war es, der verbalen Diskriminierung von Minderheiten durch Einführung einer neutralen Sprache entgegenzuwirken - ein durchaus löbliches Unterfangen, wenn es nicht zu einer ideologischen Waffe „entartet“ (wieder so ein politisch inkorrektes Wort!) wäre. So ist es sicherlich richtig und damit nicht verkehrt, in offiziellen Schriften „Zigeuner“ mit dem korrekten

Begriff „Sinti und Roma“ zu bezeichnen. Wenn aber ein „Zigeunerschnitzel“ (hinter dem sich ja eine konkrete Vorstellung verbirgt und sicherlich nicht ein „Schnitzel aus dem Fleisch eines Zigeuners“) ab sofort „politisch korrekt“ nur noch „Balkanschnitzel“ (oder, wie nun seit 2013 hochoffiziell in Hannover, „Paprikaschnitzel“) genannt werden darf, dann wird es nur noch lächerlich. Dabei soll nicht verhehlt werden, dass das Streben nach politischer Korrektheit durchaus Phantasie und Kreativität fördert und sich auf diese Weise - insbesondere für Germanisten - völlig neue Tätigkeitsfelder erschließen lassen. Und da gibt es wahrhaft große Herausforderungen. Nehmen wir z. B. die „Klofrau“ - wir kennen sie alle, die wir ab und an die von ihr überwachten, betreuten und in hygienisch einwandfreien Zustand gehaltenen Örtlichkeiten aus rein biologischen Gründen besuchen müssen. Uns würde nie der Gedanke kommen, dass dieser Begriff den Beruf oder die ihn ausübende Person irgendwie diskriminiert. Andererseits ist es aber durchaus wahr, dass unter einigen Mitmenschen (meist beruflich „höhergestellten“, die meinen, dass ihre „Tätigkeit“ irgendwie „wertvoller“ sei, da besser bezahlt) dieser Begriff zur Abqualifizierung von Tätigkeiten geringeren sozialen Prestiges verwendet wird. Und um dieser Minderheitenmeinung Paroli zu bieten, haben Leute, die sonst nichts Vernünftiges den Tag über zu tun haben, einmal den Begriff der „Toilettenpflegerin“ und, natürlich, des „Toilettenpflegers“ (zusammengefasst mit „Gender Gap“ „Toilettenpfleger_innen“) erdacht, um zumindest erst einmal eine Geschlechtergleichberechtigung zu erreichen - das hehre Ziel des Wissenschaftszweiges „feministischer Sprachforschung“. Aber hier steckt leider immer noch das üble Wort „Toilette“ drin. Doch auch hier wussten die Fachleute der deutschen Sprache schnell Abhilfe: „Toilettenpfleger_innen“ sind nämlich ganz neutral in Wahrheit *facility manager*, die im „McClean“ eines städtischen Hauptbahnhofes oder abseits einer Hotel-Lobby ihrer nützlichen Tätigkeit nachgehen. Da ist es kein Wunder, das normale Menschen eine „politisch korrekte“ Sprache immer mehr mit einer lächerlichen Euphemisierung sowie einer dogmatischen, intoleranten Politik assoziieren.

Das ganze Elend ging mit dem Wort „Neger“ los, der uns ältere Semester alle noch als Quengelware beim Bäcker in Form des „Negerkusses“ in Erinnerung ist (politisch korrekt ist hier die Bezeichnung „Schokokuss“). In Grimm’s Wörterbuch lesen wir dazu *„NEGER, m. der schwarze, der mohr, aus franz. négre (lat. niger)“*. Es handelt sich um eine seit Beginn des 18. Jahrhunderts akzeptierte Bezeichnung für Menschen aus Afrika, deren Haut nun mal (aus heute leicht nachvollziehbaren Gründen) „schwarz“ ist. Im Aufkommen diverser Rassentheorien, die angebliche Unterschiede zwischen „minder bemittelten“ niederen Rassen (alle, die keine weiße Hautfarbe hatten) und einer „höher bemittelten“ Herrenrasse thematisierten, um z. B. koloniale Ausbeutung oder die Sklavenhaltung in den amerikanischen Südstaaten zu begründen, entwickelte sich von der Semantik her das Wort „Neger“ (oder, in den USA „Nigger“) immer mehr zu einem rassistisch motivierten Schimpfwort. Dem versuchten progressive Kräfte gegen Ende des 20. Jahrhunderts durch eine neue Begrifflichkeit entgegen zu treten: aus „Neger“ wurden „Schwarze“. Aber irgendwann war auch die Bezeichnung „Schwarze“ negativ konnotiert, so dass man nun das Wort „Farbige“ ins Spiel brachte. Nur halten sich nun mal dunkelhäutige Menschen nicht für „bunt“ wie Aras, weshalb als neuer „Vorschlag“ „Afro-Amerikaner“ in das Wörterbuch der *politically correctness* Einzug hielt. Aber leider war der typische „Afrikaner“ kein „Afro-Amerikaner“, was den Bedeutungsumfang dieses Begriffes doch zu stark einengte.

163. Die Euphemismus-Tretmühle

Und hier offenbart sich schon das Dilemma einer politisch korrekten Sprache. Wenn Wörter mit negativer Konnotation durch „neue“ ersetzt werden, dann werden diese „neuen Wörter“ im Laufe der Zeit selbst auch eine negative Konnotation annehmen, solange sich das soziale Umfeld bzw. die sozialen Verhältnisse um den Begriff herum nicht ändern. Sie müssen dann wiederum durch einen noch „neueren Begriff“ ersetzt werden ··· *ad infinitum* (könnte man spaßeshalber sagen - „Ausländer“ - „Menschen mit Migrationshintergrund“ - „Menschen mit Zuwanderungsgeschichte“ - ···, oder, ein anderes Beispiel: „Rabauken“ - „schwer erziehbare Kinder“ - „verhaltensgestörte Kinder“ - „verhaltensauffällige Kinder“ - „verhaltensoriginelle Kinder“ - ···). Der erfahrene Sprachkundler spricht hier von einer „Euphemismus-Tretmühle“, die, ist sie erst einmal losgetreten, so leicht nicht wieder anzuhalten ist. Niemand, aber auch niemand (auch die Betroffenen nicht) würde sich über Wörter wie „Neger“ oder „Zigeunerschnitzel“ aufregen oder sich diskriminiert fühlen, wenn die gesellschaftliche Wirklichkeit keinen Platz für Rassismus, Sexismus oder anderen Arten von Diskriminierung hätte. Denn mit Euphemismus (also dem „Schönreden“ von Problemen) leistet man keinen echten Beitrag zu deren Lösung.

164. Biologisch gesehen gibt es keine Menschenrassen

Wenn es z. B. in der Gesellschaft unisono wäre, dass es in Wirklichkeit keine „Menschenrassen“ gibt und die Hautfarbe nur eine den ökologischen Gegebenheiten angepasste phänotypische Ausprägung bestimmter Gene ist (die moderne Genetik kann beweisen, dass genotypisch ein „schwarzes“ und ein „weißes“ Individuum unter Umständen miteinander näher verwandt sein können als zwei x-beliebige „weiße“ oder zwei x-beliebige „schwarze“ Individuen), dann wäre halt „Roter“, „Weißer“, „Gelber“ oder „Schwarzer“ (Neger) nur eine neutrale Begrifflichkeit für diesen Fakt und man könnte sich die andauernde Umdeutung von Begriffen ersparen. Besser wäre es, man würde sich bemühen, die gesellschaftlichen Verhältnisse entsprechend zu ändern (z. B. durch Investitionen in Bildung und Erziehung). Denn *political correctness* ist bei näherer Betrachtung nichts anderes als eine Verschleierung der Wirklichkeit, um sie besser aussehen zu lassen als sie ist und um Scheinprobleme zu schaffen, über die sich dann unter Ausklammerung der wirklich wichtigen gesellschaftlichen Probleme trefflich streiten lässt. Sie lässt sich aber auf Dauer nicht aufrechterhalten, denn es gilt immer noch der alte Satz von Abraham Lincoln:

„Man kann alle Leute einige Zeit und einige Leute alle Zeit, aber nicht alle Leute alle Zeit zum Narren halten.“

Dabei bedeutet die Redewendung „zum Narren halten“ von der ursprünglichen Bedeutung her eigentlich nur „jemanden als Hofnarren“, d. h. als „Spaßmacher“ zu halten, der sich gegenüber seinem „Halter“ gewisse Freiheiten parodierender Art erlauben darf, die anderen schnell zum Verhängnis werden können.

165. Narren und Spaßmacher

Dabei waren im Mittelalter derartige Spaßmacher eigentlich nur weltlichen Fürsten vorbehalten, denn nicht weniger als Karl der Große (747-814) hat bereits 789 n. Chr. dem Klerus verboten, derartige Personen neben bestimmten Tieren, die bei der Jagd behilflich sind (Hunde und Falken), zu beschäftigen, um es einmal modern auszudrücken. Der „Narr“ durfte (und musste) sich zwar als dumm und tollpatschig darstellen, um seiner Profession gerecht zu werden. Er musste aber auch klug genug sein, dabei nicht zu übertreiben. Sehr schön hat das der bereits erwähnte Edgar Allan Poe (ja, man muss immer einmal wieder auf diesen begnadeten Schriftsteller von Schauergeschichten zurückkommen) in seiner Geschichte *„Hopp-Frosch"* beschrieben, wo die Klugheit und der Mut eines solchen „Narren" dem herrschsüchtigen und grausamen König zum Verhängnis wird.

War ein Narr nicht als „Hofnarr" beim Hof angestellt, sondern musste auf Jahrmärkten als Gaukler mit Witzereißen und listigen Späßen sein Brot verdienen, dann spricht man seit dem ausgehenden Mittelalter von einem Schalk. Und schon Gott wusste (im Prolog zu Faust I) *„Von allen Geistern, die verneinen, ist mir der Schalk am wenigsten zur Last"*.

166. Till Eulenspiegel

Einer von diesen Spaßmachern hat es mit seinem Namen sogar in den Titel eines spaßigen DDR-Magazin gebracht, das heute noch existiert: Dyl Ulenspegel (Till Eulenspiegel, 1300-1350).

Zu DDR-Zeiten war der *„Eulenspiegel"* nicht immer leicht zu bekommen (man sprach von sogenannter „Bückware"). Nach der Wende wurde zwar das Papier und die Druckqualität besser, aber nicht unbedingt der Inhalt. Zu DDR-Zeiten wurde er besonders gerne wegen der „Funzel" gekauft. Heute, im Zeitalter der allgemeinen Verfügbarkeit von Playboy und Internet erübrigt sich das aus naheliegenden Gründen. Doch zurück zu Till Eulenspiegel. Ob er wirklich jemals existiert hat, ist immer noch umstritten, aber sehr wahrscheinlich. Denn über ihn existiert ein sehr altes Buch (Erstausgabe!) sowohl im Britischen Museum aus dem Jahre 1515 als auch ein Exemplar in der Bibliothek zu Gotha von 1519. Betitelt ist es mit *„Ein kurtzweilig lesen von Dyl Vlenspiegel geboren vß dem land zů Brunßwick. Wie er sein leben volbracht hatt .xcvi. seiner geschichten."* Daraus stammen die berühmten Eulenspiegel-Geschichten, die noch heute nicht nur Kinder zum Lachen (und hoffentlich auch zum Nachdenken) bringen. Man glaubt, dass der Autor dieser außergewöhnlich frühen Form humoristischer Literatur der damalige Amtsvogt zu Braunschweig, Hermann Bote (1467-1520) gewesen sein könnte. Aber sicher ist das nicht. Wenn aber ja, dann landete er damit, ohne es zu wissen, eine der größten literarischen Erfolge eines Niedersachsen überhaupt - mit Nachwirkungen bis heute. Allein im 16. Jahrhundert erschienen allein in Deutschland mehr als 30 Ausgaben dieser offensichtlich schon damals sehr beliebten Schalkgeschichten. Selbst Hans Sachs (1494-1576) hat in seinen berühmten Fastnachtspielen auf sie zurückgegriffen. Bleibt noch der ulkige Name zu klären. Die urtümlichste Deutung möchte man gar nicht niederschreiben. Auf Niederdeutsch bedeutet nämlich - gemäß Grimm' schen Wörterbuch - *ule* so viel wie „reinigen" und der *spegel* = Spiegel ist in der Jägersprache der helle Bereich um den Anus des Rehwildes. *Ule* bedeutet aber auch „Eule" und der *spegel* ist ein „Spiegel", in dem man sich, wenn man hineinschaut, widerspiegelt. Und so wird Till Eulenspiegel ja auch gewöhnlich dargestellt - mit zweizipfeliger, mit Schellen behängter Narrenkappe und einer Eule auf der Schulter und einem Spiegel in der Hand. Die Eule ist dabei das Symbol der Weisheit (Minerva) und den Spruch „jemand einen Spiegel vorhalten" dürfte auch jeden bekannt sein. Was aber weniger bekannt ist, mit dem „Spiegel" hängen auch einige große Rätsel der Wissenschaft zusammen.

167. Ist Spiegelmilch giftig?

Ich meine damit nicht die Antwort auf die blöde Frage „Im Spiegel ist rechts und links vertauscht. Warum nicht oben und unten?", sondern die ernstgemeinte Frage, ob z. B. „Spiegelmilch" bekömmlich ist oder nicht. Damit meine ich die Milch, die „hinter" dem Spiegel zu sehen ist, sobald ich ein Glas Milch vor den Spiegel stelle. Natürlich vorausgesetzt, das Glas Milch hinter dem Spiegel wäre genauso real wie das Glas Milch davor. In diesem Fall wäre ich jedoch vorsichtig, daran zu nippen. Im günstigsten Fall wäre sie völlig ohne Nährwert und im ungünstigen Fall unbekömmlich und vielleicht sogar giftig. Warum ist das so? Um diese Frage zu beantworten, muss man bis zu den molekularen Bestandteilen dieses Naturprodukts vorstoßen. Ich meine dabei die Moleküle der in der Milch enthaltenen Proteine und Kohlenhydrate. Sie werden nämlich „organisch" - hier im Euter einer Kuh - durch biochemische Vorgänge erzeugt und kommen im Fall der Proteine nur in einer linkssymmetrischen und im Fall der Kohlenhydrate nur in einer rechtssymmetrischen Form vor.

168. Das Chiralitätsproblem

Warum das so ist (und nicht umgekehrt), nennt man das „Chiralitätsproblem". Dabei ist „Chiralität" nur ein anderer Ausdruck von „Händigkeit". So wie es eine rechte und eine linke Hand gibt oder Schrauben mit Rechts- oder Linksgewinde, so gibt es bei vielen organischen Stoffen analog dazu sowohl rechtshändige als auch linkshändige Varianten von den ansonsten chemisch identischen Molekülen. Solche speziellen, zueinander spiegelsymmetrischen Moleküle werden in der Chemie als Enantiomere bezeichnet. Bei normalen chemischen Reaktionen außerhalb von Lebewesen entstehen beide Formen zumeist in einem Verhältnis von 1:1. Eine derartige Mischung bezeichnet man als Racemat oder racemisches Gemisch. Dass Leben, wie wir es kennen, nur mit einer Molekülsorte bestimmter Händigkeit etwas anfangen kann, ist völlig einleuchtend, wenn man sich vor Augen führt, wie beispielsweise in lebenden Zellen Proteine produziert werden. Gerade bei den Proteinen, die als Katalysatoren (Enzyme) von biochemischen Reaktionen essentiell sind, kommt es entscheidend auf die Struktur (hier oft „Faltung" des aus Aminosäuren bestehenden Kettenmoleküls bezeichnet) an. Hier ist Passgenauigkeit gefragt, und diese hängt bekanntlich eng von der Symmetrie zwischen „Schloss" und „Schlüssel" ab. Eine Welt, in der alle Lebewesen aus rechtshändigen Aminosäuren und linkshändigen Kohlenhydrate aufgebaut sind, anstatt aus linkshändigen Aminosäuren und rechtshändigen Kohlehydraten, würde biochemisch identisch funktionieren. Und so stellt sich die Frage, ob die enantiomere Selektion der proteinogenen Aminosäuren vor oder erst nach der Entstehung des Lebens erfolgt ist. Die Antwort darauf steht noch aus. Mit „gespiegelten" Aminosäuren, wie sie in den Proteinen der Spiegelmilch enthalten sind, kann jedenfalls „unsere" Biochemie nichts anfangen. Vielleicht ist deshalb Spiegelmilch weder nahrhaft noch giftig und die Vorsicht, daran zu nippen, eher unbegründet. Wer weiß …

169. Das Ozma-Problem

Doch bleiben wir noch ein wenig bei den beiden Richtungen „rechts" und „links". Als Verkehrsteilnehmer und auch sonst im täglichen Leben ist es grundsätzlich wichtig, diese beiden Richtungen als Betrachter genauestens zu unterscheiden - was ja im nüchternen Zustand erfahrungsgemäß auch kein Problem darstellt. Zum Problem wird es erst, wenn man jemand anderen erklären soll, wo rechts und wo links ist - und zwar, wenn der „Andere" ein „Außerirdischer" ist, mit dem man nur per Funkkontakt kommunizieren kann und der auch so weit weg ist, dass man keine gemeinsamen Sternmuster am Himmel identifizieren kann. Versuchen Sie es einmal! Sie werden schnell merken, dass das ungefähr genauso schwierig ist, wie einem Blinden ohne Bezugnahme auf Beispiele (die er eh nicht sehen kann) den Unterschied zwischen „Rot“ und „Grün“ zu erklären. Dieses Problem hat sogar einen Namen erhalten - es wird Ozma-Problem genannt, nach der Prinzessin, die in Lyman Baum’ s Buch *„Wonderful Wizard of Oz“* das „Land von Oz“ regiert. „Ozma“ ist aber auch das 1960 von Francis Drake begonnene Unternehmen, mit Hilfe des großen Radioteleskops von Green Bank den Himmel nach Radiosendungen intelligenter Wesen abzusuchen. Und auch diese Benennung ist für den Kenner dieses berühmten Kinderbuches einsichtig, denn in ihm taucht die Figur *„Long eared hearer“* auf, ein Wesen, das hunderte Kilometer weit lauschen kann. Man könnte nun den „Außerirdischen“ die gängige Erklärung, wie man sie gewöhnlich auch Kindern gibt, mitteilen, die da lautet „Links ist da, wo der Daumen rechts ist“. Aber wie man durch leichtes Nachdenken selbst herausfinden kann, hilft das nicht wirklich weiter. Denn die Aufgabe, die dahinter steckt, besteht ja darin - quasi in einem absoluten Sinn - zu erklären, was unter „Rechts“ und was unter „Links“ zu verstehen ist - und man kann dabei durchaus davon ausgehen, dass die „Außerirdischen“ diese „Richtungen“ kennen und auch benannt haben. Nur ist das „rechts“ oder „links“, was sie vielleicht „osiotun“ nennen? Bis 1956 hatte niemand eine Idee, wie sich dieses Problem lösen lässt. Da entdeckte man im Bereich der Elementarteilchenphysik eine Merkwürdigkeit, die etwas mit Raumspiegelungen zu tun hat. Tsung-Dao Lee und Chen Ning Yang (Nobelpreis 1957) äußerten damals in einer vielbeachteten Arbeit die Vermutung, dass unter gewissen Umständen eine Größe, die man Parität nennt und für die es einen Erhaltungssatz gibt, verletzt werden kann. Oder anders ausgedrückt: Es gibt offenbar physikalische Gesetze, die in einer spiegelverkehrten Welt anders ablaufen als in unserer gewohnten Welt. Aber kann das wirklich sein? Die chinesischstämmige Physikerin Chien-Shiung Wu (1912-1997) dachte sich dazu ein Experiment aus (das „Wu-Experiment) und konnte damit zeigen, dass dem genauso ist.

Jetzt ist es relativ einfach, dem „Außerirdischen“ zu erklären, was wir unter „Rechts“ und „Links“ verstehen. Wir schicken ihnen einfach per Funk eine Bauanleitung des Wu-Experiments hin, mit dem sie das Experiment nachvollziehen und damit herausbekommen können. wo die Richtung, die wir „Rechts“ nennen, bei ihnen ist. Damit ist quasi dieses wichtige Problem der Kommunikationstheorie gelöst. Aber ist das wirklich so? Nimmt man nämlich an, dass ein Spiegel nicht nur Richtungen, sondern auch das, was die Physiker „Ladungen“ nennen (von denen es nicht nur die elektrische Ladung gibt), spiegelt, dann sollte aus der negativen elektrischen Ladung eines Elektrons „hinter dem Spiegel“ die positive Ladung eines Positrons werden. Und dann stellt sich das Wu-Experiment nämlich gleich ganz anders dar. Man muss nämlich jetzt - um die Sache, wo rechts und links bei den Außerirdischen ist, ein für alle Mal zu klären - erst einmal herausbekommen (und zwar ohne hinzufliegen), ob die „Außerirdischen“ aus „normaler“ oder vielleicht aus „Antimaterie“ bestehen. Und somit besteht das Dilemma, welches das Ozma-Problem ausmacht, weiterhin fort.

170. Buridan's Esel

Mit Symmetrien hat auch ein anderes Dilemma (Zwickmühle) zu tun, bei dem es bei einem lieben und genügsamen Tier, und zwar einem Esel, um nichts Geringeres als um Leben oder Tod geht. Johannes Buridan (er lebte ungefähr zwischen 1300 und 1358 im Norden des heutigen Frankreichs) fragte sich nämlich einst, *„Wäre der Wille, vor zwei vollständig identische Alternativen gestellt, in der Lage, eine Alternative der anderen vorzuziehen?“* Und um diese Frage etwas zu veranschaulichen, hat man dann die Mär von „Buridan' s Esel erdacht, der vor ein Dilemma gestellt wurde, in dem er genau in die Mitte zwischen zwei leckeren Heuhaufen platziert sich nicht entscheiden konnte, welchen er wohl zuerst fressen solle. Und so verhungerte er (war halt ein dummer Esel).

171. Dilemma und Trilemma

Von einem Trilemma wiederum spricht man, wenn drei Alternativen existieren, von denen auch jede für sich inakzeptabel ist. So ist dann eine Entscheidung zwischen Pest und Cholera ein Dilemma und eine Entscheidung zwischen Pest und Cholera sowie auch noch den Pocken ein Trilemma. Letzteres führt uns zu Hans Albers zurück, der bekanntlich in dem Film von 1943 „Münchhausen“ mimte, oder besser, auf Hans Albert, den Hauptvertreter der philosophischen Strömung des kritischen Realismus. Sein wichtigster Lehrsatz lautet *„Alle Sicherheiten in der Erkenntnis sind selbstfabriziert und damit für die Erfassung der Wirklichkeit wertlos.“* Vordergründig geht es dabei um die Frage nach Letztbegründungen.

172. Letzte Wahrheiten

Dabei handelt es sich um „letzte Wahrheiten“, die sich nicht weiter begründen lassen und damit das Ende von Argumentationsketten darstellen. *„Ich denke, also bin ich“*

ist solch eine, auf die sich bekanntlich die Philosophie Renè Descartes (1596-1650) gründet. Untersucht man solche Argumentationsketten genauer, so wie es Hans Albert getan hat, dann findet man drei Varianten, um eine gegebene Aussage zu begründen. Die erste Variante begründet die Aussage mit einer anderen - und diese wiederum mit einer anderen - und diese wiederum mit einer anderen - ohne je an ein Ende zu gelangen (unendlicher Regress). Die zweite Variante wird am besten durch das bekannte Volkslied *„Wenn der Topp aber nun ʻn Loch hat, lieber Heinrich …"*, deren Strophen (bis auf die Letzte!) einen nichtauflösbaren Argumentationszirkel ergeben, zum Ausdruck gebracht. Bleibt noch die dritte Variante. Sie besteht in einem willkürlichen Abbruch des Begründungsverfahrens - und das wird in dem genannten Lied durch die letzte Strophe erreicht, welcher die kognitiven Fähigkeiten der angesprochenen „fragenden" „Liese" bekanntlich in Zweifel zieht. Diese drei Varianten von Argumentationsketten sind unter dem Begriff des „Münchhausen-Trilemmas" jeden Erkenntnistheoretiker bekannt. Es stellt zwar a priori kein größeres Problem dar, begründet aber die Volksweisheit „jeder und alles ist fehlbar" genauso wie die Erkenntnis „dass es keine absolute Gewissheit" geben kann, selbst wenn es so etwas wie eine „absolute Wahrheit" geben sollte. Man erinnere sich in dieser Hinsicht an das „Gehirn in der Nährbrühe", dem eine simulierte Welt als reale Welt vorgegaukelt wird, ohne dass es in der Lage wäre, dies zu erkennen.

173. Kosmologischer Gottesbeweis

In die Kategorie „unendlicher Regress" gehört auch der von Theologen oft und gerne vorgebrachte „Kosmologische Gottesbeweis", den es in vielerlei Varianten gibt. Die Argumentationskette lässt sich in etwa wie folgt zusammenfassen: 1. Alles, was existiert, hat eine Ursache. 2. Eine unendliche Folge von Ursachen im Sinne eines unendlichen Regresses (also die Ursache der Ursache der Ursache …) ist nicht denkbar. 3. Es muss also eine erste Ursache geben, die selbst keine Ursache hat. 4. Diese erste Ursache ist Gott.

Analysiert man diese 4 Punkte aber einmal unter logischen Gesichtspunkten etwas genauer, dann erkennt man schnell ihre Schwachstellen. Das beginnt damit, dass sich (1) und (2) widersprechen. Das, was in (1) behauptet wird, wird bereits in (2) wieder in Frage gestellt. Und mit zwei sich widersprechenden Prämissen lässt sich bekanntlich so gut wie alles beweisen. Außerdem, wer sagt denn, dass alles überhaupt eine Ursache haben muss? Das ist nämlich in diesem Zusammenhang erst einmal eine

Behauptung, die zu prüfen ist. Und schließlich widerspricht die Schlussfolgerung (3) eindeutig der Prämisse (1), denn damit fordert (2) etwas, was in (1) explizit ausgeschlossen wird. Und noch eine letzte Bemerkung dazu sei erlaubt. Warum soll diese Beweiskette gerade die Existenz „Gottes" beweisen - und nicht die des, sagen wir mal, „Teufels"?

174. Alles über den Teufel

Über diese offenbar fiktive Person mit großem Einfluss auf die Menschheit ist im Laufe der Jahrhunderte durch die Arbeit sehr vieler, heute meist vergessener Gelehrter, sehr viel bekannt geworden. Nehmen wir nur den christlichen Kulturkreis. Hier hat man durch intensive Forschungsarbeit herausgefunden, dass er a) ein gefallener Engel ist, der einst gegen Gott rebellierte; b) der gestürzte Sohn der Morgenröte („Luzifer" - der Lichtbringer) ist; c) als „Zeuger" der Nephilim in Erscheinung trat (Henochbuch); d) abgrundtief böse ist und die Menschen zur Sünde verleitet; e) seine Gestalt beliebig ändern kann, im Original aber nicht sonderlich attraktiv sein soll; f) von einem intensiven Körpergeruch geplagt wird, der irgendwie stark an den Geruch von brennendem Schwefel erinnern soll; g) über „Fliegen" herrscht („Mephistopheles") und Chef der Hölle ist; h) eine Gehbehinderung aufweist (spezieller Klumpfuß); i) zwar mächtig, aber nicht so allmächtig ist wie der „Allmächtige" selbst; j) im Himmel ab und an nicht ungern gesehen wird (Prolog zu Faust I); k) sich gerne mit Hexen paart (als Incubus); l) drei goldene Haare und eine Großmutter hat (Gebrüder Grimm) und manchmal als zwar verschlagener, aber durchaus nicht unangenehmer Zeitgenosse mit hoher Bildung auftritt (Goethes „Faust") und dabei selbst die Stasi in Erklärungsnot bringen kann (beispielsweise, als er noch kurz vor der Wende anlässlich eines Besuchs von Ostberlin (und dabei getarnt als Prof. Jochanaan Leuchtentrager von der Hebräischen Universität Jerusalem) dem dortigen Prof. Siegfried Beifuß vom „Institut für wissenschaftlichen Atheismus" den Hals umdrehte, um ihn danach schnurstracks in die Hölle zu verfrachteten (die es ja nach Meinung des Herrn Professors Beifuß ja gar nicht geben dürfte) - ein sehr lebendig gehaltener Augenzeugenbericht über die erste Flugphase dorthin (über die „Mauer") kann übrigens Stefan Heyms Roman „Ahasver", der ansonsten vom „ewigen Juden" handelt, entnommen werden).

Noch einiges mehr hat die „Höllenforschung" (deren Kritik nach Meinung eines bekannten evangelischen Bischofs ja gerade eine Stärke der modernen Theologie ist) herausgefunden, deren Ernsthaftigkeit aber seit Beginn der Aufklärung (Kant) leider immer mehr in Zweifel gezogen wird.

175. Höllentopografie, Dämonologie und Folterkunde

Immerhin hat sich im Laufe der Geschichte eine ganze Anzahl von Koryphäen äußerst akribisch mit diesem heute nur noch wenig beackerten Wissenschaftszweig auseinandergesetzt, wobei sich völlig neue Forschungsgebiete auftaten wie z. B. die Höllentopografie (beschäftigt sich mit dem physischen Ort der Hölle und dessen vielfältiger Innenausstattung), die Dämonologie (ihr Gegenstand ist die Katalogisierung, die Beschreibung des Aussehens sowie die Beschreibung der einzelnen Aufgabengebiete des unendlich reichhaltigen Fachpersonals der Hölle) sowie die Folterkunde (beschäftigt sich äußerst phantasievoll mit den Körper- und Seelenstrafen (*Poena positiva* und *Poena privativa*), welche die Sünder in der Hölle zu erwarten haben). Aber auch wichtige philosophische Fragen sind in diesem Zusammenhang auf vielen Foliantenseiten entsprechend umfangreicher wissenschaftlicher Werke mit großer Spitzfindigkeit abgehandelt worden, so wie z. B. die eng mit der „ewigen Höllenstrafe" im Zusammenhang stehende wichtige Frage, wie lange denn eigentlich solch eine „Ewigkeit" dauert.

Einer der bedeutendsten Höllentopographen war ohne Zweifel der Mailänder Universitätsprofessor Antonio Rusca, dessen 1621 erschienenes Werk *„De inferno et datu daemonum ante mundi exitum*…" welches der geneigte, Latein verstehende Leser, bei Google Books in einer digitalen Ausgabe studieren kann. Er widerlegt darin im Sinne einer wissenschaftlichen Quellenkritik eine große Anzahl unrichtiger Behauptungen seiner Fachgenossen, um dann mit bestechender Logik den Nachweis zu führen, dass die Hölle weder am Nord- noch am Südpol, weder auf dem Mond noch auf der Sonne und auch auf keinem Kometen zu suchen sei, sondern dort, wo man sie eh schon immer vermutet hat - im Schoß der Erde. Der Beweis dafür ist offenkundig - die Lüftungskamine der Hölle sind nämlich nichts anderes als die Vulkane!

Mehr mit der Inneneinrichtung der Hölle befasst sich dagegen das Werk *„Grausame Beschreibung und Vorstellung der Hölle und der höllischen Qual - oder des andern und ewigen Todes - in teutscher Sprache nachdenklich und also vor die Augen gelegt*

- daß einem gottlosen Menschen gleichsam die höllischen Funken an noch in dieser Welt ins Gewissen stieben - und Rükk-Gedanken zur Ewigkeit erwekken können" von Justus Georg Schottelius (1612-1676), der es immerhin bis zum Braunschweig-Lüneburgischen Hof- und Kammerrat und „Prinzenerzieher" am Wolfenbütteler Hof gebracht hat. Sein literarisches Erbe ist enorm und das genannte Werk darin thematisch eher ein Ausreißer. Aber es hat es in sich. Schon das Eingangs-Kupfer lässt einen das Blut in den Adern gefrieren (man google das digitale Faksimile im Internet!). Damit diese furchterregende Illustration keinesfalls falsch gedeutet wird, beginnt der Autor dieser gelehrten Abhandlung mit deren genauen Erläuterung, deren Inhalt hier ausnahmsweise als „Kostprobe" wiedergegeben werden soll:

„Als der Prophet Esajas V.v.14. sagt: Die Hölle hat die Seele weit aufgesperret / und den Rachen aufgethan ohn alle masse / daß hinunter fahren beide die Herzlichen und Pöbel / beide die Reichen und Frölichen: Solches deutet der KupfferTitul an: Auch der in der Hölle ewig herrschender Anderer Tod sitzet oben auff / und hält die Höllen-Schlange / den nicht-sterbenden Gewissens-Wurm / unzertrennlich bey sich. Was in dem Grunde und Boden / in denen grossen brennenden Schwefel-Pfulen der Hölle für ewigwehrende Marter / Angst / und Betrübniß verhanden / solches steht geschrieben auff denen unten heraußstehenden drei grossen BakkenZähnen / als die brennende Marterqual / die drukkende Angstqwal / und die beissende Reuquaal: welche die drei andere oben heraußragende grosse HöllenZähne gleichfals zustimmen / und durch den grausamen Zusammenbiß und Zuschluß des erschrecklichen HöllenRachen andeuten / wie es unaußsprechliche Qwaalwesen sein und bleiben müsse / unendlich / unvergleichlich / unabwendlich: O weh / und ewig weh! wegen dieser Unendlichkeit / Unvergleichlichkeit / Unabwendlichkeit: Darin zugleich die allergrausamste bitterste Verzweiffelung mit eingeschlossen bleibet. In den HöllenRachen kann man zwar hinnein schauen / und die in feuriger Angst und Qwaal winselnde Menschen erblikken / aber wie man nicht kann das Ende / also kann man auch keine Enderung ersehen / und wird alles mit der allergrausamsten Ewigkeit um und eingeschlossen."

Nach dieser doch Mut machenden Einleitung geht es dann ins Eingemachte. Man erfährt, welche Strafen den Verdammten dort erwarten: Hunger und Durst sowie Gestank und Dunkelheit, nur erleuchtet durch Pechflammen 1000 Jahre lang (quasi zum Eingewöhnen). Danach erfolgt ein Rösten in Schwefelflammen für bis zu 20.000 Jahre. Wenn man dann noch nicht gar ist, wird man die nächsten 100.000 Jahre mit glühenden Eisen gezwickt usw. usf. Und wenn man schließlich das ganze Programm hinter sich gebracht hat, geht es wieder von vorne los - denn die Höllenstrafen dauern ewiglich.

Eine bei weitem noch detailliertere Beschreibung der Höllenqualen findet man bei dem Dominikanermönch Battista Manni. In seinem 1677 in Italienisch erschienenen Werk *„La Prigione Eterna Dell ‘Inferno“* (bei Google Books einsehbar) untermalt er seine detaillierten Beschreibungen der Höllenqualen auch noch mit entsprechenden Illustrationen, die selbst heute noch zartbesaitete Seelen (soweit sie keine hartgesottene Fans entsprechender Comics sind) zum Erschauern bringen können. Von ihm stammt übrigens die Erkenntnis, dass selbst der reine und unverfälschte Anblick des Teufels bereits eine unerträgliche Strafe sei. Er bestätigt damit den Wahrheitsgehalt der Höllenvisionen der Katharina von Siena (1347-1380), einer außergewöhnlichen Frau, die in einer ihrer vielen Visionen auch mal einen Blick in die Hölle werfen durfte und dabei ganz grässliche Dämonen zu Gesicht bekam. Sie meinte danach *„dass sie lieber bis zum jüngsten Gericht barfuß auf mit glühenden Kohlen bedeckten Straßen spazieren gehen würde, als sich nochmals deren Anblick aussetzen zu müssen“*. Da sie heiliggesprochen wurde, dürfte ihr der Wunsch, diese Dämonen nicht noch einmal begegnen zu müssen, in Erfüllung gegangen sein.

Was die detaillierten Höllenbeschreibungen der beginnenden Neuzeit betrifft, fällt auf, dass in ihnen der Teufel selbst meist nur eine untergeordnete Rolle spielt, obwohl er dort Seelenfänger, Verwaltungschef und Aufsichtsperson in Personalunion ist. Aber des Rätsels Lösung findet sich in Faust I, wo er freimütig bekennt

„Da dank ich Euch; denn mit den Toten - Hab ich mich niemals gern befangen. - Am meisten lieb ich mir die vollen, frischen Wangen. - Für einen Leichnam bin ich nicht zu Haus; - Mir geht es wie der Katze mit der Maus.“

Ich denke, man könnte sich gut und stilvoll mit ihm bei einem Gläschen Wein über Gott und die Welt unterhalten. Denn an seiner hohen Bildung und Gelehrsamkeit zweifelte selbst noch zu Beginn des 18. Jahrhunderts niemand. So konnte man im Jahr 1715 an der altehrwürdigen Rostocker Universität immerhin mit der Beantwortung der Frage, ob der Teufel wohl die notwendigen Fähigkeiten für ein erfolgreiches Theologiestudium mitbringe, zum Doktor der Theologie promovieren (die Antwort war übrigens „ja“).

Oft tritt der Teufel bekanntlich in Tiergestalt auf, z. B. als unterwürfiger Hund (quasi als des Pudels Kern) oder als schwarzer schnurrender Kater.

176. Schwarze Katze - weißer Fleck

Das führte dazu, dass heute so gut wie alle schwarzen Katzen einen mehr oder weniger großen weißen Halsfleck besitzen. Achten Sie einmal darauf! Und der Grund dafür ist eigentlich traurig und hat etwas mit menschlicher Dummheit und Darwinismus zu tun. Wenn man nämlich nach und nach die Träger eines phänotypischen Merkmals ausrottet (hier kohleschwarze Katzen), dann wird sich dieses phänotypische Merkmal auch nicht mehr in der Population halten können. Und im Mittelalter und in der beginnenden Neuzeit hielt man (vollkommen) schwarze Katzen für Gespielinnen von Hexen und des Teufels, und manchmal sogar für Satan selbst - und hat sie, soweit man ihrer habhaft werden konnte, umgebracht.

Es ist überliefert, dass man sie in Weidenkörbe gesperrt und sogar mit oder ohne Hexe auf dem Scheiterhaufen verbrannt hat. Lediglich schwarze Katzen, die nicht völlig schwarz waren, weil sie nämlich einen weißen Kehlfleck oder weiße Pfoten besaßen, entgingen diesem Schicksal. Man sprach in diesem Fall von weißem „Engelshaar" - und nur solche Katzen blieben unbehelligt und konnten sich letztendlich fortpflanzen (man nennt das eine in Bezug auf das entsprechende phänotypische Merkmal positive Auslese). Deshalb besitzt heute fast jede schwarze Katze zumindest rudimentär einen solchen hellen Fleck (und manchmal auch weiße Pfoten).

177. Ungelöste Probleme der Katzenforschung

Während die Höllenforschung zumindest im Abendland schon seit einiger Zeit einen gewissen Abschluss gefunden hat und kaum noch weiterverfolgt wird, kann man das von der „Katzenforschung", deren wichtigster, aber nicht alleiniger Gegenstand die Hauskatze, gemeinhin „Stubentiger" genannt, ist, nicht behaupten. Hier wartet noch viel Forschungsarbeit auf den Katzenforscher. Wenn ich dabei beispielsweise nur an meinen Kater Humpel denke, fallen mir gleich ein paar wichtige Forschungsthemen ein, auf die man zumindest einen Doktoranden ansetzen sollte. Als Erstes würde mich brennend interessieren, warum sich Katzen immer auf die Zeitung legen, die man gerade zu lesen gedenkt (oder auf die doch recht unbequeme Computertastatur just in dem Moment, wenn man am Computer oder Notebook arbeiten möchte). Oder warum manche Katzen alle paar Wochen ihren Lieblingsschlafplatz in der Wohnung wechseln. Auch die Frage einer Freundin von mir, warum Katzen, wenn sie sich schon einmal erbrechen müssen (keine Angst, dass ist bei Katzen ziemlich normal), das immer auf dem teuren Teppich tun und nur selten auf dem Parkett oder dem Steinfußboden. Das ist für den Katzenfreund eine Fragestellung von höchster praktischer Bedeutung, denn er ist es ja, der das Erbrochene wieder entfernen muss···

178. Tote Katzen schnurren nicht

Das eigentliche Rätsel der Hauskatze besteht aber in ihre Fähigkeit zu „schnurren" - und trotz mittlerweile fast 200 jähriger Forschungstätigkeit zu diesem Thema gibt es immer noch keine wirklich befriedigende Antwort auf die Frage, wie sie das zustande bringt. Gerade diese niederfrequente Lautäußerung ist es ja, welche Katzen neben ihrer manchmal zugegebenermaßen ziemlich aufdringlichen Art (besonders wenn es ums Streicheln, Kraulen oder ums Futter geht) so sympathisch machen. Auf jeden Fall scheint diese Lautäußerung irgendwo in der Halsregion zu entstehen. Soweit sind sich die Forscher einig. So war es auch ziemlich folgerichtig, dass man zuerst einmal unter Nutzung diverser Schneidinstrumente genau an dieser Stelle mit wissenschaftlicher Neugierde einmal näher nachgeschaut hat. Das einzig wirklich sichere Ergebnis derartiger feinanatomischer Untersuchungen war jedoch nur die Erkenntnis, dass tote Katzen im Gegensatz zu Lebendigen nicht schnurren.

Um 1960 kam es zu einem ersten bescheidenen Durchbruch in diesem wichtigen Forschungsgebiet und zwar Dank eines Hundes, der einer armen Katze die Gurgel durchgebissen hatte, wobei deren Kehlkopf stark in Mitleidenschaft gezogen wurde. Die betroffene Katze lebte noch einige Wochen, da ein erfahrener Tierarzt ihre Atmung mittels eines Schlauches sichergestellt hatte. Sie war aber nicht mehr in der Lage, zu miauen. Am Schnurren hinderte sie dieser Schlauch aber keineswegs, wodurch empirisch bewiesen war, dass der Kehlkopf nicht an dieser speziellen Lautäußerung beteiligt sein kann. Was folgte, waren eine Anzahl unappetitlicher Versuche an lebendigen Katzen, über die ein wahrer Katzenliebhaber eigentlich nichts Genaueres wissen möchte, weshalb ich hier auch auf deren Beschreibung bewusst verzichte. Aber auch sie führten zu keiner genauen Lokalisierung des Schnurrapparats. Aber zumindest konnten als Zielrichtung für zukünftige Forschungen einige Hypothesen aufgestellt werden wie z. B. die „Zungenbein-Hypothese" und die „Hypothese der falschen Stimmbänder".

Dass man der Erforschung dieses Phänomens, zu dem im Tierreich nur Arten aus der Familie *Felidae* fähig sind, durchaus als grundlegend für die biologischen Wissenschaften ansah, zeigt die im Jahre 2006 stattgefundene *„12th International Conference on Low Frequency and Vibration and ist Control"*, wo in einem unter Katzenforschern vielbeachteten Beitrag eine neue interessante These, zwar weniger um den „Ort" als vielmehr um den „Zweck" des Schnurrens, vorgetragen wurde. Die Sache ist aber reichlich kompliziert und auch für einen Laien nicht unbedingt einsichtig, weshalb sie hier auch nicht näher erörtert werden kann. Wer es trotzdem genauer wissen möchte, der sei auf das Studium der entsprechenden Fachaufsätze verwiesen.

179. Die "Sieben Leben" der Katze

Nur so viel, es hat etwas mit den sagenhaften Selbstheilungskräften von Katzen (d. h. deren „sieben Leben") zu tun. Dabei führt uns der „Ausdruck" „sieben Leben" wieder in die Zeit des späten Mittelalters und der beginnenden Neuzeit zurück, wo die deutschen Lande von einem nur schwer erklärbaren Hexenwahn überrollt wurden. Damals erschlug und verbrannte man nicht nur schwarze Katzen, sondern warf sie auch manchmal von Kirchtürmen. Aufgrund dessen, dass die Katzen einen speziellen Reflex entwickelt haben, der sie in der Luft bei einem Sturz immer so drehen lässt, dass sie schließlich auf den Pfoten landen (sogenannter Stellreflex), überleben sie einen solchen Sturz aus großer Höhe oftmals zwar meist etwas benommen, aber ansonsten unbeschädigt oder nur leicht verletzt. Ein Mensch oder auch ein anderes Tier (soweit es sich nicht um einen Vogel handelt) würde sich dabei alle Knochen brechen und schon deswegen einen Sturz von einem Kirchturm kaum überleben. Die Menschen jener Zeit konnten sich diesen Effekt nicht erklären und nahmen deshalb an, dass der Teufel den Katzen sieben Leben gewährt.

180. Pisaner können nicht mal grade Türme bauen

Fallversuche gänzlich anderer Art, aber ungefähr zur gleichen Zeit, hat ein gewisser Galileo Galilei (1564-1641) am schiefen Turm zu Pisa ausgeführt. Denn schon zu seiner Zeit (um 1590) stand dieser Turm, dessen Grundstein im Jahre 1173 gelegt wurde, schief in der Gegend rum. Dabei war es sicherlich nicht die Absicht der Baumeister gewesen, einen „schiefen" Turm zu errichten (*„Die Pisaner können nicht mal ge-*

rade Türme bauen" - hieß es spöttisch im damals mit Pisa verfeindeten Genua). Dass es trotzdem dazu gekommen ist, lag an einer Vernachlässigung der genauen Untersuchung des Bauuntergrundes. Denn das „Schiefwerden" eines Turms - und einen schiefen Turm gibt es nicht nur in Pisa - geschah meist erst nach Fertigstellung des Baues und dann auch meist nur ganz allmählich. Der Turm zu Pisa (genauer der als freistehender Glockenturm für den Dom geplante) ist da eher eine Ausnahme, denn er begann sich bereits in der ersten Bauphase zu neigen, was einen ca. 100jährigen Baustopp verursachte. Erst dann fand sich wieder ein Baumeister, der den Mut aufbrachte, die Bauruine fertigzustellen - und dafür ist ihm die auf die Einnahmen aus dem Tourismusgeschäft angewiesene Stadt Pisa noch heute dankbar.

181. Friesland - das Land der schiefen Türme

Dabei gibt es noch um Einiges schiefere Türme auf der Welt, selbst in Deutschland. Die Abweichung des Pisaer Glockenturms von der Senkrechten beträgt gegenwärtig 3,97° und wird sich nach der erfolgreichen Fundamentsanierung hoffentlich auch nicht mehr ändern. Um Einiges „schiefer" (6,74°) ist dagegen der Kirchturm der Midlumer Kirche im westlichen Ostfriesland, die aus dem 14. Jahrhundert stammen soll. Sie ist als Backsteinbau sicherlich nicht so grazil wie der Turm zu Pisa, aber seit 2010 ist es nun offiziell: Der Glockenturm in diesem, im Gegensatz zu Pisa kaum jemanden bekannten Ort, ist der schiefste unter allen schiefen Glockentürmen der Welt. Wer es nicht glaubt, kann das im Guinness-Buch gern selbst nachlesen oder, noch besser, selbst einmal nach Midlum reisen. Ostfriesland weist übrigens eine besonders hohe Dichte an schiefen Bauwerken in Deutschland auf. Zu nennen sind hier insbesondere der schiefe Turm von Suurhusen (5,19° Neigung) sowie der freistehende Glockenturm der Kirche „Johannes des Täufers" in Engerhafe. Der Grund dafür ist am meistenteils schwammigen Baugrund in Küstennähe zu suchen.

Während es keinen einzigen Fall gibt, wo man in früheren Zeiten einen Turm bereits als „schief" konzipiert hat, ist man heute entsprechend weiter. Das schiefste aller schiefen Gebäude der Welt ist dabei übrigens mit einer Neigung von ~18° der Capital Gate Tower in Abu Dhabi···

182. Der Turm zu Hanoi

Der „kniffeligste“ Turm der Welt - und zwar nicht in architektonischer Hinsicht (in dieser Hinsicht ist er eher als „schlicht“ zu bezeichnen) - sondern in mathematischer, ist der Turm zu Hanoi. Er besteht gewöhnlich aus n Holzscheiben mit abnehmendem Radius, die jeweils ein zentrales Loch besitzen, mit dem sie der Größe nach (von „groß“ auf „klein“) auf einen Mittelpfosten gesteckt werden sollen. Daneben befinden sich (in der hier vorgestellten Form) noch zwei weitere Pfosten, die im Ausgangszustand aber noch leer sind, d. h. auf ihnen stecken noch keine Scheiben. Die Aufgabe besteht nun darin, unter Beachtung von zwei einfachen Regeln („Man darf immer nur eine Scheibe umlegen“ und „Man darf eine größere Scheibe niemals auf eine kleinere legen“) den Turm auf dem ersten Pfosten abzubauen um ihn in gleicher Form auf dem mittleren Pfosten wieder aufzubauen. Der dritte Pfosten dient dabei nur als Zwischenlager. Mit drei Scheiben ist das Problem schnell erledigt. Man benötigt hier für den kürzesten Lösungsweg genau 7 Schritte. Wie es geht, darauf kommen Sie sicher selbst.

Interessant wird es, wenn man die Anzahl n der Scheiben erhöht. Für n=4 benötigt man dann mindestens 15 Schritte, für n=5 31Schritte, für n=6 63 Schritte und für n=7 bereits 127 Schritte. Schaut man sich die Zahlenreihe 7, 15, 31, 63 und 127 einmal genauer an, dann erkennt man schnell, dass man es hier mit einer Bildungsvorschrift der Form $(2^n - 1)$ zu tun hat.

In der ursprünglichen Version der Geschichte heißt es, dass es einen solchen Turm im großen Tempel von Varanasi (im indischen Bundesstaat Uttar Pradesh, galt lange Zeit unter den Hindus als Mittelpunkt der Welt) gegeben hat, der aus 64 goldenen Scheiben aufgetürmt war. Wie man nun leicht ausrechnen kann, benötigt man in diesem Fall mindestens 18446744073709551615 Züge, um ihn regelgerecht vom ersten Pfosten auf den dritten Pfosten zu verfrachten. Mal rein theoretisch, was meinen Sie, wären die Mönche heute, wenn sie seit Anbeginn der Zeit (vor 13,79 Milliarden Jahren) mit dem Umbau begonnen und jede Sekunde eine Scheibe in genau der optimalen Weise umgesetzt hätten, fertig geworden oder hätten sie immer noch damit zu tun?

183. Mersenne-Zahlen und Primzahlen

Dass der Turm von Hanoi nicht nur eine mathematische Spielerei ist, sondern sich in ihm große Geheimnisse der Zahlentheorie verbergen, zeigt die Zahlenreihe ($2^n - 1$ mit n größer/gleich 0). Sie liefert nämlich ganz spezielle Zahlen, die man nach dem Mathematiker Marin Mersenne (1588-1648) als „Mersenne-Zahlen" bezeichnet. Aber was macht diese Zahlen für den Zahlentheoretiker so interessant? Der Grund liegt in der Entdeckung, die wiederum auf den genannten französischen Mönch zurückgeht, dass es nämlich unter den Mersenne-Zahlen besonders häufig Primzahlen gibt. Das sind bekanntlich natürliche Zahlen, die sich nur durch 1 und durch sich selbst ohne Rest teilen lassen. Man weiß seit der Antike („Sieb des Eratosthenes"), dass es davon unendlich viele unter den unendlich vielen natürlichen Zahlen gibt. Man weiß außerdem, dass sich jede natürliche Zahl in Primfaktoren zerlegen lässt (Fundamentalsatz der Algebra) und dass das für große Zahlen ein äußerst schwieriges Geschäft ist (Primfaktorenzerlegung). Man weiß dagegen bis heute nicht, ob sich jede natürliche Zahl größer 2 als Summe zweier Primzahlen schreiben lässt (Goldbachsche Vermutung) und auch der Zusammenhang der Riemannschen Zetafunktion mit der sogenannten „Primzahlfunktion" (sie gibt die Anzahl der Primzahlen an, die kleiner als eine beliebige Zahl n sind) ist immer noch nicht bewiesen (Riemannsche Vermutung).

Zuerst vermutete Mersenne, dass alle Zahlen der Form ($2^n - 1$) Primzahlen sind, was er aber durch probieren schnell wiederlegen konnte. Denn mit n=4 erhält man 15, und das ist offensichtlich keine Primzahl. Außerdem entdeckte er, dass ($2^n - 1$) auf keinem Fall eine Primzahl sein kann, wenn n selbst keine Primzahl ist. Die Vermutung zu überprüfen, dass eine Mersenne-Zahl immer dann eine Primzahl ist, wenn n auch eine Primzahl ist, erforderte schon ziemlich viel Rechnerei, bis er erkannte, dass ($2^{11} - 1$)=2047 ist und sich diese Zahl in die beiden Faktoren 23 und 89 zerlegen lässt. Damit war ein Gegenbeispiel gefunden worden und die Vermutung damit passé. Mittlerweile kennt man 48 derartige Primzahlen, deren Größte ($2^{57885161} - 1$) ist. Ich verzichte hier aus gutem Grund, sie vollständig aufzuschreiben$\cdots$

Die Mathematiker glauben (der Beweis steht noch aus), dass auch die Anzahl der Mersenne-Primzahlen genauso groß ist wie die Anzahl aller Primzahlen zusammen, nämlich unendlich. Es macht also durchaus Sinn, auch Zahlen mit n>57885161 zu überprüfen, ob sie vielleicht prim sind.

184. Citizen science

Und dafür gibt es ein *citizen science* - Projekt im Internet, an dem jeder, der einen Computer besitzt, teilnehmen kann. Sie finden es inklusive einer Anleitung und vielen anderen Dingen zu dieser Art von Primzahlen unter www.mersenne.org. Gelingt es Ihnen damit, eine neue Mersenne-Primzahl zu finden, dann ist ihnen ewiger Ruhm unter den Mathematik-Interessierten sicher. Wenn Sie es aber nicht so mit Zahlen am Hut haben, gibt es mittlerweile eine große Auswahl von weiteren Projekten wissenschaftlicher Art, wo Ihre Mitarbeit gefragt ist. Wenn Sie sich gut mit der heimischen Vogelwelt auskennen, dann können Sie ihre Beobachtungen bei www.ornitho.de eintragen. Sollten Sie dagegen jemand sein, dem es „Mücken" angetan haben, dann sind Sie im Projekt www.mueckenatlas.de genau richtig. Auch im Bereich der Astronomie gibt es viele Möglichkeiten für den Laien, wissenschaftlich tätig zu werden. Am Bekanntesten ist dabei das Projekt SETI@home, das vordergründig ins Leben gerufen wurde, um die immense Datenflut, die Radioteleskope weltweit täglich produzieren, nach verdächtigen Signalen hin zu durchforsten. Normalerweise wären dafür die Rechenkapazitäten von Superrechnern erforderlich, die aber für solche, genaugenommen nicht sonderlich erfolgversprechende Projekte, natürlich nicht zur Verfügung stehen. Es gibt aber Rechnerkapazitäten riesigen Ausmaßes, die quasi die meiste Zeit brachliegen. Ich meine die vielen Hundert Millionen Personalcomputer, die mittlerweile überall in Büros und heimischen Arbeitszimmern herumstehen. Durch das Internet ist es möglich geworden, deren Fähigkeiten zu bündeln um damit Probleme anzugehen, die ansonsten kaum lösbar wären. Das Zauberwort heißt „verteiltes Rechnen". Die Aufgabe der Mathematiker (und Physiker) ist es dabei, Algorithmen zu entwickeln oder auszuwählen, die so gestaltet sind, dass sich die Problemstellung in viele diskrete „Häppchen" zerlegen lässt, die dann jeweils einem Computer im Internet zur Bearbeitung übergeben werden. Ist er damit fertig, schickt er das Ergebnis an die Zentrale zurück und holt sich das nächste Stück Arbeit. Eigentlich genial. Ein Problem, an dem ein Computer sonst ein Jahr arbeiten würde, ist unter Einbeziehung von 365 Computern an einem Tag erledigt.

Das sich an der Bearbeitung von Aufgabenstellungen, die aufgrund der zu verarbeitenden Datenmengen (z. B. aus der Hochenergiephysik oder Genetik) sonst nur Supercomputern vorbehalten sind, heute quasi jeder daran Interessierte beteiligen kann, verdankt man dem Internet. Es ist mittlerweile so in den Alltag verwachsen, dass niemand mehr so recht weiß, wie alles einmal angefangen hat und auf welche Weise es überhaupt funktioniert.

185. Computernetze

Nun ja, ein Computernetz begann irgendwann einmal mit zwei Computern, die über ein (Telefon-) Kabel miteinander verbunden, untereinander kommunizieren konnten. Und der Eine von den beiden Computern stand in der University of California in Los Angeles und der Andere in der Stanford University in San Francisco. Und das denkwürdige Datum, an dem diese beiden Computer zum ersten Mal Daten austauschten, war der 21. November 1961. Kurze Zeit später wurden noch weitere Computer in Salt Lake City und Santa Barbara eingebunden und da die ganze Geschichte vom Pentagon im Rahmen der *Advanced Research Projects Agency* (ARPA) finanziert wurde, nannte man diese Urform des zukünftigen Internets ARPAnet. Da dieses Computernetzwerk zuerst hauptsächlich unter der Agide des Militärs stand, wuchs es nur langsam. So waren Anfang der 1980er Jahre des vorigen Jahrhunderts erst ein paar Hundert, über die USA verstreute Rechner online, bei denen es sich meistens um sogenannte „Großrechner" gehandelt hat. Auch begannen sich immer mehr zivile Forschungseinrichtungen und Hochschulen für diese Technologie zu interessieren, erlaubt sie doch einen schnellen und unkomplizierten Datenaustausch. Und dann begann Anfang der 1980er Jahre mit dem IBM-PC das Zeitalter der kostengünstigen Personalcomputer und mit Ethernet (1983) hielt ein Verbindungsprotokoll Einzug, die deren einfache Vernetzung zu lokalen Computernetzwerken ermöglichten. Gegen Ende dieses Jahrzehnts gab es dann bereits schon mehr als 28.000 lokale Netzwerke, die über das ARPAnet miteinander verbunden waren. Das war auch der Zeitpunkt, wo sich das Militär langsam aus den Netzaktivitäten zurück zog und das nun „Internet" genannte Netzwerk eine weitgehend zivile Einrichtung wurde. Der weitere Erfolg dieses Netzwerk mit seiner weltverändernden Attitüde hat mit der Art und Weise, wie die Computer miteinander kommunizieren, zu tun.

186. Wie funktioniert das Internet? - TCP/IP

Diese Art und Weise ist völlig unabhängig von den untereinander vernetzten Computern, den Kommunikationswegen und nationalen Besonderheiten und wird durch ein sogenanntes „Protokoll" festgelegt, an dass sich alle Netzteilnehmer halten. Dieses Protokoll ist das *Transmission Control Protocol / Internet Protocoll*, kurz TCP/IP. Und auf diesem Protokoll basiert auch das *Hypertext Transfer Protocol* (HTTP), auf dem wiederum quasi die „Nutzeroberfläche" des Internets, das World Wide Web (WWW), beruht.

Wie kann man sich nun den Datenaustausch im WWW vorstellen? Bedingung ist erst einmal, dass jeder Netzteilnehmer (Computer) eindeutig identifizierbar sein muss, d. h. er benötigt eine Identifikationsnummer, die im gesamten Netzwerk nur einmal vorhanden sein darf. Diese Identifikationsnummer ist die IP-Adresse. Ihr genauer Aufbau soll hier nicht weiter interessieren, nur so viel, dass sie beim Datenverkehr sowohl als Absenderadresse als auch als Empfängeradresse für die über das Netz transportierten Datenpakete dient. Dabei bedeutet Datenpakete per IP zu senden im Prinzip nichts anderes, als ob man z. B. ein Buch in einzelne Seiten zerlegt und man einzelne oder auch einen „Packen" von Seiten in einen Briefumschlag steckt, auf dem jeweils der Absender als auch der Empfänger in Form von deren IP-Adresse vermerkt ist. Auch wenn manche dieser Briefe per Luftpost und andere wiederum mit dem Schiff oder per Auto verschickt werden, so kommen doch alle früher oder später beim Empfänger an. Hier lässt sich das Buch wieder vollständig zusammensetzen, wobei es egal ist, ob Seite 1 oder etwa die Seiten 12-24 zuerst eingetroffen sind.

Auch für die „Briefkuverts" gibt es im Internet unterschiedliche Protokolle und zwar je nach dem, was sie transportieren. Enthält der „Briefumschlag" z. B. Daten einer E-Mail, dann ist das dazugehörige Protokoll SMTP (*Simple Mail Transfer Protocol*). Enthält es dagegen Daten, die beim Empfänger eine Webseite aufblenden, dann wird dafür das HTTP-Protokoll verwendet. Verschickt man dagegen einzelne Dateien, z. B. pdf' s oder Excel-Dateien, dann wird dafür zumeist das FTP-Protokoll verwendet (*File Transfer Protocol*). Natürlich gibt es noch viel mehr „Protokolle", als die wenigen hier aufgezählten. Denn solange die „Briefkuverts" (Datenpakete) Empfänger- und Absenderadressen im Standardformat enthalten, ist deren technische Ausgestaltung völlig offen. Und den Geräten, die den Datenstrom transportieren (sogenannte Router), interessieren letztendlich nur die Adressangaben und nicht die Inhalte der Datenpakete. So gesehen stellt das Internet lediglich eine Art Dienstleistungsunternehmen dar, welches Daten von einem Computer zu einem anderen Computer transportiert und zwar unabhängig vom Gerätetyp (Großrechner, PC, Smartphone…), vom Standort des Computers und von der Art der Daten, die transportiert werden. Das ist eigentlich schon alles. Und die „Wunder" die auf diese Weise möglich werden, sieht man, sobald man seinen PC, sein Notebook oder sein Smartphone einschaltet und „online“ geht...

187. Eine hinreichend fortgeschrittene Technologie...

Das Internet im Allgemeinen und das World Wide Web im Besonderen kann man im Sinn von Arthur C. Clarke (1917-2008) sicherlich als eine „hinreichend fortgeschrittene Technologie“ betrachten, die von Magie nicht mehr zu unterscheiden ist. Arthur C. Clarke war im „Westen“ derjenige, der der Science-Fiction - Literatur zum Durchbruch verholfen hat. Man denke nur an den großen Roman *„Odyssey im Weltraum“* von 1968, der auch verfilmt wurde.

188. Solaris

Im „Osten“ war sein Pendant ohne Zweifel Stanislaw Lem (1921-2006), der ein genauso genialer Utopist war wie auch Clarke. Sein berühmtestes Werk ist *„Solaris“* aus dem Jahre 1961, das vielen Kennern in der Verfilmung von Andrei Arsenjewitsch Tarkowski (1932-1986) ein Begriff ist. Dass es sich hier um ein außergewöhnliches Werk handeln muss, erkennt man an den mittlerweile drei Verfilmungen und einem halben Dutzend Bühnenstücken, die Teile des Werkes adaptieren. Und natürlich daran, dass es in der DDR 1962 keine Druckerlaubnis erhalten hat. Erst 1983 erschien es dann doch noch im Verlag „Volk und Welt“, nachdem bis dahin schon zwei sowjetische Filmfassungen vorlagen. Dabei gilt die Fassung, die unter Widerständen der große sowjetische Regisseur Andrei Arsenjewitsch Tarkowski 1972 abgeliefert hat, als ein Highlight der Filmgeschichte. Es ist nicht unbedingt ein Film, der es nur auf Unterhaltung abgesehen hat. Seine Bedeutung liegt darin, dass er die Parabel über Tod, Liebe und Auferstehung (die in Lem’ s Roman nur ein Nebenzweig darstellt) in stiller, aber überaus beeindruckender Weise umgesetzt hat. Aber auch die US-Verfilmung von Steven Soderbergh mit George Clooney in der Hauptrolle ist eine durchaus gelungene Umsetzung des komplexen Stoffes. Stanislaw Lem war übrigens mit beiden Verfilmungen nicht zufrieden, da sie doch zu sehr von der Romanvorlage abwichen.

189. Für Freunde des sowjetischen Films

Zu sowjetischen Zeiten ist in der damaligen Sowjetunion eine große Zahl von Filmen entstanden, die durchaus das Prädikat „Meisterwerk" verdienen. Ich meine damit nicht nur die vielen Märchenfilme, die die Kindheit vieler DDR-Bürger geprägt und die auch heute noch nicht ihren ganz eigenen Charme verloren haben. Hier soll nur *„Abenteuer im Zauberwald"* von 1964 als Beispiel unter Vielen erwähnt werden. Und wer russische Befindlichkeiten verstehen will, der sollte sich unter anderem wieder einmal den Märchenfilm von Alexander Ptuschko (1900-1973) von 1956 *„Ilja Muromez"* anschauen. Ich meine in diesem Zusammenhang Filme, die auf eine subtile Art und Weise Gesellschaftskritik üben und es schwer hatten, durch die damalige Zensur zu kommen. Sie wurden meist nur auf diversen Festivals gezeigt und waren so gut wie nicht im DDR-Fernsehen zu sehen.

Aber auch die russische Geschichte barg immer wieder Themen, denen sich sowjetische Regisseure wie Sergei Fjodorowitsch Bondartschuk (1920-1994, *„Krieg und Frieden"*, *„Waterloo"*), Sergei Michailowitsch Eisenstein (1898-1948, *„Iwan der Schreckliche"*, *„Alexander Newski"*), Andrei Arsenjewitsch Tarkowski (*„Andrej Rubljow"*, *„The Mirror"*, *„Nostalghia"*, *„Stalker"*) und Elem Germanowitsch Klimow (1933-2003, *„Agonia"*) widmeten. Dabei will ich die heroischen Kriegsfilme, die mit massivem materiellem Aufwand den „Großen Vaterländischen Krieg" glorifizierten, gar nicht im Einzelnen nennen. Ich meine eher stille Filme, wie *„Abschied von Matjora"* (Elem Germanowitsch Klimow, Larissa Schepitko (1938-1979) aus dem Jahre 1983, *„Dersu Usala"* (Akira Kurosawa (1910-1998)) aus dem Jahre 1975 und *„Briefe eines Toten Mannes"* von Konstantin Lopuschanski aus dem Jahre 1986. Er ist quasi die sowjetische Antwort auf den Hollywood-Film *„The Day After - der Tag danach"* (1983) mit Jason Roberts (1922-2000) in der Hauptrolle.

Der Film *„Briefe eines Toten Mannes"* ist dabei noch weitaus verstörender als *„The Day After"*. Ich habe den Film 1986 anlässlich des „Festivals des sowjetischen Films" in Leipzig gesehen, wo ich einen Freund besuchte, der auch die durchaus begehrten Karten besorgt hatte. Was sich dabei eingebrannt hat, war weniger der Inhalt des Filmes, sondern dessen Schluss. Normalerweise beginnen schon mit dem Abspann die ersten Gäste den Kinosaal zu verlassen. Hier mitnichten. Erst als das Licht anging, standen die ersten Gäste auf - und zwar ohne auch nur ein Wort zu sagen. Stumm leerte sich der Kinosaal··· Es war der reinste Wahnsinn. Ob der Film auch heute noch derartige Emotionen hervorrufen würde, wage ich indes zu bezweifeln. Ein versehentlicher Atomkrieg (oder ein herbeigeschriebener) ist heute kein Thema mehr in der Bevölkerung. Themen sind hier eher „Castor-Transporte“ sowie „genmanipulierte Lebensmittel“, um nur die beiden echten „Highlights“ neben dem noch viel schrecklicheren CO_2 zu nennen. Dabei gilt genauso auch heute noch der Satz „Wir sind noch nicht davongekommen“. Die Doomsday Clock steht im Jahre 2015 bei 3 Minuten vor Zwölf. Diesen Stand hatte sie das letzte Mal im Jahre 1984 zur Zeit des Höhepunktes des atomaren Wettrüstens. Aber niemand scheint das irgendwie zu interessieren. Man denkt, dass der Fortschritt in den Informationstechnologien das zufällige Auslösen eines Atomkrieges irgendwie unwahrscheinlicher machen wird. Aber das ist ein Irrtum. Indem Entscheidungsketten immer mehr automatisiert werden, nehmen im gleichen Maße auch die menschlichen Einflussmöglichkeiten ab.

190. Wir sind noch nicht davongekommen

Das Lehrbuchbeispiel ist mit dem Namen Stanislaw Jewgrafowitsch Petrow verbunden, von dem die Welt erst im Jahre 1998 etwas erfahren hat. Es könnte sein, dass wir ihn unser aller Leben verdanken.

1983 war das Jahr, als ein sowjetischer Abfangjäger die koreanische Passagiermaschine abschoss, die aus immer noch nicht vollständig geklärten Gründen in den sowjetischen Luftraum eingedrungen war. Alle 269 Insassen der Boeing 747 kamen dabei ums Leben. Damals hatte in den USA Ronald Reagan (1911-2004) und in der Sowjetunion der bereits schwer kranke Juri Wladimirowitsch Andropow (1914-1984) das Sagen. Die politische Stimmung zwischen den Supermächten war aufgeheizt wie schon lange nicht mehr. Zu genau dieser Zeit, am 26. September 1983 (also 26 Tage nach dem Abschuss der Korean Air 007 über Sachalin) schrillten im Kommandostand von Serpuchow-15, der Computerzentrale des satellitengestützten Raketenwarnsystems „Oko“, die Sirenen. An diesem Tag war Oberst Petrow der diensthabende Offizier. Der riesige Bildschirm zeigte den Start einer Interkontinentalrakete auf einer amerikanischen Militärbasis an, registriert vom militärischen Spionagesatelliten Kosmos 1382. In rund 25 Minuten wird sie irgendeine Stadt in der Sowjetunion erreichen. Was jetzt streng nach Vorschrift zu tun ist, war jeden der im Komplex diensthabenden Militärs bekannt. Der Countdown zur Apokalypse begann zu ticken. Aber Oberst Petrow war ein Quereinsteiger, von der Ausbildung her Ingenieur, und er fragte sich, wie wahrscheinlich denn ein Erstschlag mit nur einer Rakete ist, wenn dem ein massiver Gegenschlag entgegensteht. Und er kam zu dem Schluss, dass es sich um einen Fehlalarm handeln muss. Davon ließ er sich auch nicht abbringen, als der Satellit kurz hintereinander noch eine zweite, dritte, vierte und fünfte abgefeuerte Rakete meldete. Nach Meinung amerikanischer Militäranalysten war die Welt niemals wieder so nahe an ihrer atomaren Selbstauslöschung wie in jener Nacht vom 25. zum 26. September 1983. Zwar hätte der diensthabende Oberst nicht die letzte Entscheidungsgewalt gehabt (die oblag dem schwerkranken Andropow), aber er konnte immerhin an entscheidender Stelle eine fatale Ereigniskette, die u. U. unbeabsichtigt zu einem nuklearen Schlagabtausch hätte führen können, noch rechtzeitig unterbrechen. Dass er damit entgegen den Dienstvorschriften recht getan hat, zeigte der folgende Morgen. Denn „Oko“ hatte Reflexionen der aufgehenden Sonne an Wolken in der Nähe der Malmstrom Air Force Base in Montana, wo auch US-amerikanische Interkontinentalraketen stationiert waren, als Raketenstarts fehlinterpretiert. Die Frage, die uns alle angeht, die aber von der Mehrheit der Bevölkerung ignoriert wird, ist die Frage, ob solch eine Situation, die unbeabsichtigt in einen Nuklearkrieg ausarten kann, heute auch möglich wäre. Und diese Frage ist ganz eindeutig mit „ja“ zu beantworten. Solange Kernwaffen mit einer Overkill-Kapazität auf der Welt existieren, bleibt die Gefahr, dass sie auch einmal eingesetzt werden - ob beabsichtigt oder unbeabsichtigt - latent bestehen. Darüber sollte man sich keiner Illusion hingeben.

191. Selbstgemachte Katastrophen

Mit dem 21. Jahrhundert kündigen sich unruhige Zeiten an. Globale Finanzkrisen erschüttern den sozialen Zusammenhalt ganzer Staaten, das Bevölkerungswachstum geht mit einer zunehmenden Ressourcenverknappung einher, die Kräfteverhältnisse zwischen den wirtschaftlich entscheidenden Staaten verschieben sich, Feindbilder, die man überwunden glaubte, werden neu gepflegt und auch anachronistische religiöse Konflikte, bei denen tiefstes Mittelalter auf Moderne trifft, sind kaum mehr beherrschbar. Dazu kommt noch die ständig fortschreitende Vernetzung aller Lebensbereiche mit den Mitteln der Informationstechnologien, die nicht nur offensichtliche Vorteile bringen, sondern auch neue Eingangstore für Terror und Zerstörung mit kaum vorhersagbaren Folgen öffnen.

Genauso beunruhigend ist, dass sich durch bloße technische Missgeschicke Katastrophen anbahnen können, die eine Eigendynamik entwickeln und sich letztendlich kaum mehr beherrschen lassen. Man denke nur an die versehentliche Freisetzung eines als biologische Waffe konzipierten letalen Krankheitserregers oder an einen Softwarefehler, der vielleicht eine chemische Fabrik a la Bhopal in die Luft fliegen lässt. Und hier lassen sich noch viele Beispiele finden.

Ein Begriff, der in diesem Zusammenhang immer wieder zu hören ist, ist der Begriff der „Sicherheitslücke“. Manche Softwarefirmen kommen gar nicht mehr hinterher, derartige „Sicherheitslücken“ zu schließen, wie sie von ambitionierten Hackern gefunden werden. Solange sie nur den heimischen PC betreffen, sind sie vielleicht noch verschmerzbar. Wenn sie aber Einfallstore in wichtige, lebenserhaltene Systeme wie die der Energiewirtschaft oder in militärische Systeme ermöglichen, dann reicht ein einziger Irrer mit der Einstellung von Leuten aus, die heute mit Computerviren die Welt verseuchen, um Katastrophenszenarien wahr werden zu lassen, von denen man eigentlich nichts Näheres wissen möchte. Von allen globalen Katastrophen, die uns heimsuchen können (Meteoriteneinschläge, Supervulkanausbrüche), sind die selbstfabrizierten die bei weitem Wahrscheinlichsten.

192. Gestörte Risikowahrnehmung

Und hier zeigt sich ein interessantes Phänomen, welches die Risikowahrnehmung betrifft. Risiken werden nämlich immer inhärent subjektiv empfunden. Objektiv lässt sich dagegen ein Risiko beispielsweise durch eine Eintrittswahrscheinlichkeit und Schadensbilanz quantifizieren. So kann es sein, dass man als Individuum ein objektiv unwahrscheinliches Ereignis (Flugzeugabsturz) als ein größeres Risiko wahrnimmt als der bedeutend wahrscheinlichere Fall, Opfer eines Verkehrsunfalls zu werden. Diese Diskrepanz zwischen Risikowahrnehmung und objektivem, genau quantifizierbaren Risiko ist mittlerweile auch ein probates Mittel politischer Einflussnahme geworden. Ein schönes neues neudeutsches Wort, an dem auch die Brüder Grimm sicherlich ihre Freude gehabt hätten und dass diesen Sachverhalt wie die Faust aufs Auge beschreibt, ist „German Angst“. Der größte Feind des Deutschen scheint z. Z. neben dem „Gen“ das „Atom“ zu sein. Grüne Indoktrinationen haben hier fern jeder Objektivität ganze Arbeit geleistet. Das ist immer dann verhängnisvoll, wenn reine Ideologie auf Defizite im Bildungssystem stößt.

193. Pisa lässt grüßen

Pisa lässt grüßen, denn wer nichts weiß, muss alles glauben, auch die Ängste, die Medien im Gleichklang mit nach meinen Beobachtungen nicht nur grünen Politikern tagtäglich verbreiten. Die Kluft zwischen den Erkenntnissen der Fachleute auf dem Gebiet der Kernenergie und des Strahlungsschutzes (erwachsen aus jahrzehntelanger Forschungsarbeit) auf der einen Seite und „Volkes Meinung" auf der anderen, ist, durch die Politik geschürt, mittlerweile so groß geworden, dass zwischen beiden Parteien kein vernünftiger Austausch von Argumenten mehr möglich erscheint, die über ein zünftiges „dann ziehen sie doch nach Fukushima!" hinausgehen. Solche „Trotzantworten" sind übrigens typisch für Leute, deren Halbwissen kein vernünftiges Argumentieren wegen fehlender intellektueller Masse mehr zulässt. Man findet sie übrigens häufig in den Kommentarspalten entsprechender Online-Artikel und Blogs.

Der tiefere Grund für die besonders große Risikowahrnehmung in Bezug auf radioaktive Strahlung ist übrigens leicht nachvollziehbar. Radioaktive Strahlung sieht man nicht, schmeckt man nicht - man kann sie höchsten „hören", wenn man einen Geigerzähler zur Hand hat. Viele Menschen würden sich nicht nur wundern, sondern es vielleicht sogar mit der Angst zu tun bekommen, wenn man sie mit solch einem Gerät in der Hand einmal durch ihre Wohnung spazieren lassen würde. „Krebsangst frisst Seele auf", war vor kurzem im „Spiegel" zu lesen. Da ist wirklich etwas dran. Hauptprobleme in gesundheitlicher Hinsicht sind nach Angaben der WHO sowohl in Tschernobyl als auch in Fukushima psychische Probleme, die genau mit dieser Krebsangst zu tun haben. Dagegen lässt sich auch mit Aufklärung nicht viel ausrichten. Es ist ohne weiteres nachzuvollziehen, dass Menschen, die ihre Heimat verloren und ihre Lebenswelt eingebüßt haben, an Stresssymptomen, Depressionen und anderen psychischen Problem leiden. Diese Leiden zu behandeln, wird für die japanischen Ärzte eine weitaus größere Herausforderung werden, als die quasi nicht vorhandenen Strahlenkranken.

194. Tschernobyl, Fukushima und ihre Atomkrafttoten

Die Einschätzung über die objektiven gesundheitlichen Folgen in Bezug auf das Reaktorunglück in Fukushima (es ist immer wieder erstaunlich zu konstatieren, wie manche Politiker und Medienvertreter auf eine diffizile Art und Weise und mit bemerkenswerter Chuzpe suggerieren, dass die ~18.500 als tot oder vermisst gemeldeten Opfer des vom Tohoku-Erdbebens verursachten Tsunamis etwas mit dem Reaktorunglück von Fukushima zu tun haben) und noch mehr von dem von Tschernobyl laufen völlig auseinander, je nachdem, ob man sich auf offizielle Zahlen von der WHO und der UNO veranlasster Studien, auf die Angaben der Kernenergie negativ eingestellter nichtstaatlicher Gruppierungen (Green Peace, Ärzte für den Frieden) oder selbsternannter Atom-Kritiker beruft. Genau in dieser Reihenfolge ist ein exponentielles Anwachsen der Opferzahlen zu beobachten. Leider kann man als unvoreingenommener Beobachter selbst nicht einschätzen, welche Zahlen der Realität am nächsten kommen. Was sich aber herausschält, ist die Erkenntnis, dass die durch eine besonders hohe Strahlenexposition verursachte akute Strahlenkrankheit erstaunlich wenige Todesopfer gefordert hat (Tschernobyl nach offiziellen Zahlen ungefähr 50, Fukushima keine), während sich die Krebsrate bei bestimmten Krebsarten bei der radioaktiv exponierten Bevölkerung im Fall von Tschernobyl statistisch gut nachweisbar mit der Zeit anwächst (das betrifft insbesondere Schilddrüsenkrebs bei Kindern). Im Fall von Fukushima erwartet man zwar das Gleiche. Aufgrund der radiologisch begründbaren nur wenig gestiegenen Erkrankungswahrscheinlichkeit dort wird aber hier erst die Zukunft zeigen, ob sich die dadurch bedingte objektive Zunahme an Krebserkrankungen überhaupt statistisch signifikant nachweisen lässt. Auch hier laufen objektiv nachweisbares Risiko und „gefühltes" Risiko weit auseinander.

Nicht uninteressant war es, die mediale Bearbeitung und „Aufarbeitung" der Reaktorkatastrophe von Fukushima mit dem Hintergrund eines Physikstudiums über einen längeren Zeitraum in der Qualitätspresse zu verfolgen. Kurz gesagt, es war erschreckend und amüsant zugleich - wenn der Anlass nicht so traurig gewesen wäre. Ich möchte das hier nur an einem Artikel von „Welt online" festmachen mit dem für jeden Fischstäbchenesser besorgniserregenden Schlagzeile „7400-fache Dosis Cäsium in Fisch aus Fukushima" (16. März 2013).

195. Der tote Fisch aus Fukushima

Anlass war folgende Pressemeldung, die hier einmal im Original zitiert werden soll:

"*Tokyo Electric Power Co. said Friday it detected a record 740.000 becquerels per kilogram of radioactive cesium in a fish caught in waters near the crippled Fukushima Daiichi Nuclear Power Station*"

Ohne Frage - für jemand, den die Maßeinheit „Bequerel" nicht geläufig ist (und das werden die meisten Leser des genannten Artikels gewesen sein), wird eine Zahl von 740.000 in Bezug auf Radioaktivität mit hoher Wahrscheinlichkeit irgendwie bedrohlich vorkommen. Der Hinweis, dass diese Zahl der 7400 fachen Dosis „Cäsium" entspricht (was auch immer das heißen mag), soll offensichtlich unterstreichen, wie gefährlich es ist, dort in der Nähe von Fukushima leben zu müssen. Jemand, der mit der Maßeinheit Becquerel (Bq) nichts anzufangen weiß und der deshalb auch keine Vergleichswerte im Hinterkopf hat, wird über diese Schlagzeile verständlicherweise erschüttert sein und vielleicht sogar jeden "Kernkraftbeführworter" einen „Urlaub in Fukushima" wünschen - man lese dazu nur die Kommentarbereiche zu derartigen Artikeln...

Was hat es also mit dieser Meldung (ich beziehe mich dabei immer auf die Fassung von Welt Online) auf sich? Als erstes muss man sich im Geiste die betont unglückliche Formulierung des Autors etwas zurechtrücken und den Fakt wie folgt beschreiben: *„In der Nähe des KKW ´s von Fukushima (wo eh das Angeln nicht erlaubt ist), so berichtet der Kraftwerksbetreiber (!), wurde ein Fisch gefangen, bei dem eine Aktivität von 740000 Bq/kg ausgeht, die auf (radioaktives) Cäsium zurückzuführen ist.“* Das mitgelieferte Bild im Artikel soll wahrscheinlich einen solchen Fisch zeigen. Meiner Meinung nach kann es sich dabei aber nur um eine Goldforelle (*Oncorhynchus aguabonita*) handeln - woraus gleich die Frage folgt, wie diese wohl aus den Flüssen Kaliforniens in das Hafenbecken von Fukushima Daiichi gelangt sein mag. Aber wahrscheinlich wollten die Redakteure nur ein passendes Bild zu ihrer Meldung hinzufügen··· Schaut man dagegen in den Originalquellen nach, dann wird es sich wohl bei dem ominösen Fisch um ein Exemplar aus der Familie der Grünlinge (also groppenartige, bodenbewohnende Fische, die um Japan sehr häufig sind) handeln. Diese nehmen mit dem Bodenschlamm sehr viel radioaktives Cäsium-137 auf und akkumulieren es eine Zeitlang in ihrem Muskelfleisch. Alle extrem stark kontaminierte Fische aus der Gegend waren offensichtlich Grünlinge, wobei der ursprüngliche Rekord bei ca. 510.000 Bq/kg lag. Diese Fische lebten alle in der Nähe eines Wasserabflusses des KKW' s in das dortige Hafenbecken.

740000 Bq bedeutet erst einmal nur, dass pro Sekunde 740.000 Beta-Zerfälle des Cäsium-Isotops Cs-137 stattfinden. Diese Zahl sagt für sich genommen erst einmal gar nichts aus. Man muss sie auf etwas beziehen - hier auf ein Kilo „Fisch". Dann lässt sich nämlich leicht ausrechnen, wieviel Cs-137 sich in diesem einem Kilogramm „Fisch" befinden. Dazu muss man lediglich die spezifische Aktivität von einem Gramm Cäsium-137 kennen, was uns sofort „Wolfram Alpha" verrät: 3.214 TBq/g. Ein Kilo von dem genannten Fisch enthält also 230 ng (Nanogramm) Cäsium-137. Die Frage, die sich nun stellt, ist Folgende: ist das noch gesund oder wird man daran unweigerlich sterben? Eine Aussage darüber lässt sich nur machen, wenn man die Strahlendosis berechnet, die man bei Inkorporation von 1 kg dieses Fisches (z. B. zerlegt in eine Vielzahl von Sushi-Röllchen, wobei ich nicht weiß, ob „Grünlinge" dafür überhaupt geeignet sind) zusätzlich zur natürlichen Radioaktivität ausgesetzt wird. Unter „Dosis" versteht man in diesem Zusammenhang die Energie, welche beim Zerfall von Cäsium-137 in Form von ionisierender Beta-Strahlung (Elektronen) an ihr Umgebungsvolumen abgegeben wird. Sie wird in Joule pro Kilogramm gemessen. Die Maßeinheit dafür ist das Gray (Gy).

Was aber viel mehr interessiert, ist die biologische Wirkung der Strahlung, ausgedrückt durch die sogenannte Äquivalentdosis, Sie wird in Sievert (Sv) angegeben. Um sie zu bestimmen, bedient man sich eines Umrechnungsfaktors, der als Dosiskonversionsfaktor bezeichnet wird und für Cäsium-137 $1.3 \cdot 10^{-8}$ Sv/Bq beträgt. Damit läßt sich nun die Dosis des mit 740.000 Bq strahlenden Fisches ermittel: Dosis=Dosiskonversionsfaktor*Aktivität*Masse des Fisches. Das bedeutet, wenn das Kilo Fisch vollständig von mir verspeist wird, ich eine zusätzliche Dosis von 9.62 mSv erhalte. Um diesen Wert richtig interpretieren zu können, sind Vergleichswerte notwendig. Und dazu muss man wissen, dass die durchschnittliche (natürliche+künstliche) Strahlenbelastung der Bevölkerung in Deutschland pro Person und Jahr bei ~4.1 mSv liegt. Der Fisch erhöht demnach mein Jahrespensum ungefähr um das Doppelte. Man sollte also nicht allzu oft - am besten jedoch gar nicht - einen so stark kontaminierten Fisch verzehren. Ursächlich daran sterben wird man davon aber sicherlich nicht, es sei denn, man erstickt an einer seiner Gräten (soll alles schon vorgekommen sein. zumindest dem Hörensagen nach. Mir ist jedenfalls kein dokumentierter Fall bekannt - deshalb nehmen Sie meine Aussage bitte polemisch).

Interessant in diesem Zusammenhang ist, dass die (spezifischen) Aktivitätsgrenzwerte (also die Becquerel-Werte pro kg Lebensmittel) von Staat zu Staat völlig unterschiedlich festgelegt werden. In Deutschland gelten als Belastungsgrenze für Erwachsene 600 Bq/kg, in Japan wurde sie nach der Tsunami-Katastrophe mit Kraftwerksunfall zur Beruhigung der Bevölkerung auf 100 Bq/kg herabgesetzt. Das erklärt die obige Schlagzeile. In den USA (und ich glaube auch in Norwegen?) rechnet man mit 1200 Bq/kg. Die Frage ist nun, was ist ein vernünftiger Grenzwert? Ich denke, der europäische Grenzwert von 500 Bq/kg ist ein Wert, mit dem man gut leben kann. Ein kleinerer Grenzwert, so wie der „Angstgrenzwert" in Japan, erscheint auf dem ersten Blick natürlich als besser. Aber man muss bedenken, dass selbst eine Gesundheitsgefährdung bei einer Aktivität von 1000 Bq/kg in keinster Weise bewiesen ist. Radonheilbäder (z. B. in Bad Kreuznach) werben sogar mit einer Aktivität von 300.000 Bq pro m^3 Atemluft für Inhalationskuren. Macht man den Grenzwert zu klein, dann kann es dazu führen, dass bestimmte Lebensmittel - in Fukushima schwach belastete Fische - einfach weggeschmissen werden, obwohl sie genossen die Jahresdosis des Verbrauchers nur marginal erhöhen (siehe Science, Bd. 338, S. 480, 2012).

In diesem Zusammenhang muss noch auf den weithin unbekannten Fakt hingewiesen werden, dass ein großer Teil der natürlichen Strahlungsbelastung eines Menschen (so um die 10.000 Bq) von ihm selbst ausgeht und zwar in erster Linie von radioaktiven Kalium-40 in seinen Knochen. Das bedeutet also - und ist sicherlich auch eine Schlagzeile der obigen Art wert - dass ein gut gefülltes Fußballstadion immerhin mit ca. 400 Millionen Bq strahlt...

196. Erdstrahlen und Erdstrahlennachweis

Die pathologische „Angst vor Strahlen" ist übrigens schon älter und reicht in Zeiten zurück, wo es den Begriff der Radioaktivität noch gar nicht gab (der Begriff wurde 1898 von Marie und Pierre Curie geprägt). Sie taucht zum ersten Mal im 19. Jahrhundert auf, als es gelang, sogenannte „Erdstrahlen" systematisch mit einem speziellen Messgerät, quasi einer besonders empfindlichen „Antenne" für Erdstrahlen - der Wünschelrute - nachzuweisen. Heute wissen wir, dass es sich dabei um eine nichtexistente, für die Gesundheit jedoch hoch problematische Strahlung handelt, die von geologischen Verwerfungen, von Wasser- und Erzadern im Boden und von speziellen „Erdstrahlennetzen" ausgeht. Geradezu gefährlich ist es, wenn sich der Schlafplatz einer Person genau über solch einer Erdstrahlenquelle befindet. Dauerndes Unwohlsein, eine zerrüttete Psyche, Herz- und Kreislaufbeschwerden usw. sind die unausweichlichen Folgen, vor denen man sich selbst mit einem entsprechenden Schutzamulett (kann man zuhauf im Internet erwerben) nur bedingt schützen kann. Aber zum Glück gibt es genügend Fachleute aus der Esoterik-Branche, die entweder mit ihrer Expertise helfen können, die Stellen im Haus zu finden, wo die Wirkung der Erdstrahlen am geringsten ist oder, noch besser, die einen gleich entsprechende Abschirmgeräte verkaufen und an den kritischen Stellen installieren. Dabei handelt es sich zumeist um sehr teure, technisch durchaus ausgereifte (z. T. mit LED-Intensitätsanzeige!), ansonsten aber völlig funktionslose Blech- oder Plastikkästchen, in deren Inneren sich gewöhnlich neben etwas Draht eine Spule und ein Kondensator befinden. Diese fungieren als „Empfänger" der Erdstrahlen, saugen sie quasi auf und leiten sie dann über einen Schutzkontakt, nun unschädlich gemacht, wieder in das Erdreich zurück. Bereits ab 129 € kann man solch ein Kästchen erstehen, welches man für weitaus weniger als 10 € bei eindeutig identischer Wirkung selber basteln kann...

197. Der Ökostromfilter

In diesem Zusammenhang sei auch gleich noch der Ökostromfilter erwähnt, der, in die Steckdose gesteckt, in der Lage ist, schmutzigen Atom- und Kohlestrom vollständig zu blockieren, um nur ökologisch unbedenklichen Strom zum Verbraucher (beispielsweise einer Tischlampe) durchzulassen. Leider hat sich diese Erfindung nicht durchsetzen können. Das lag an der Konkurrenz der Energieversorger, die 100% Ökostrom anbieten (hier ist der Filter offensichtlich nutzlos) bzw. an den (Öko-) Stromschwankungen, die zu einem starken Flackern z. B. der genannten Tischlampe - und manchmal sogar zu deren völligen Erlöschen - geführt haben sollen. Das war dann auch für den echten Öko-Freak zu viel des Guten. Denn mit Zappelstrom kann auch er nichts anfangen.

Es ist ein irgendwie doch recht erstaunliches Phänomen, dass es in einer Gesellschaft, die sich selbst oft stolz als „Wissensgesellschaft" tituliert, möglich ist, erfolgreich Geschäftsmodelle zu etablieren, die auf dem etablierten Blödsinn ansonsten ganz normaler Bürger beruht.

198. Dekadenzindikator Esoterik

Man denke nur an die Esoterik-Branche. Was es da nicht alles gibt. Da gibt es Pendel. mit denen man Austesten kann, welche Nahrungsmittel oder Kosmetika, oder welche Waschmittel für einen verträglich sind oder nicht. Da werden „Pendelkurse" angeboten, wo man den richtigen Umgang mit diesen High-Tech-Geräten erlernen kann. Alternativ sind für den genannten Zweck auch „Einhandruten" (als Derivate der klassischen Wünschelrute) erhältlich. Sie haben den Vorteil, dass sie Deutsch verstehen. So muss man sie nur sorgfältig ausbalanciert über seinen Suppenteller halten und dann laut und deutlich fragen „Ist das genießbar?" (Es dürfen nach der Gebrauchsanweisung nur Fragen gestellt werden, die eine ja- oder nein-Antwort zulassen!). Wackelt dann die Rute „richtig", steht dem Essgenuss nichts mehr entgegen. Andernfalls muss mit Erbrechen gerechnet werden···

199. Wasserbelebung nach Grander

Und natürlich darf im Zusammenhang mit esoterischem Hokus Pokus auf keinen Fall das weite Gebiet der „Wasserbelebung" unerwähnt bleiben. Das ist ein spezielles, von Gott persönlich an einen Herrn Johann Grander (1930-2012) offenbartes Verfahren, um aus gewöhnlichem Wasser „Grander-Wasser" mit speziellen Eigenschaften zu machen. So soll „belebtes Wasser" Bakterien abtöten, den Körper nach dessen Einnahme „Entgiften", wenn man „belebtes Wasser" bespricht, so sollen die „Wortschwingungen" die Lebenskraft des Wassers entsprechend der Wortbedeutung beeinflussen und selbst ein Tropfen davon in die Waschmaschine hilft Waschmittel sparen, denn es setzt die Oberflächenspannung von gewöhnlichem Wasser auch ohne Hinzuziehung von Tensiden herab.

Natürlich hat man in sogenannten Doppelblind-Versuchen die Unterschiede zwischen gewöhnlichem und belebtem „Grander-Wasser" mit wissenschaftlichen Methoden versucht zu objektivieren. Aber leider nur mit bescheidenem Erfolg. Der einzige Unterschied, der zwischen beiden „Wassersorten" überhaupt feststellbar war, war der Preis pro Liter. Immerhin machte die Schweizer Firma Grander im Jahre 2010 mit diesem „Wasser" einen Jahresumsatz von fast 13 Millionen Euro. Eine wahrlich schöne Kennzahl für die geistige Gesundheit der Esoterik-Anhänger, die für so etwas Geld übrig haben. Irrationalität hat eben Konjunktur - und seinen Preis.

Die Jünger der Esoterik suchen in ganz normalen Steinen die ungeahnten Energien der Mutter Natur und versuchen sie durch Meditation auf sich überspringen zu lassen. Mit Wünschelruten aus dem Fachhandeln fest in der Hand stolpern sie durch die Gegend und versuchen Wasseradern, die böse Erdstrahlen aussenden, ausfindig zu machen und manch einer aus dieser Zunft versucht ernsthaft mit den hyperintelligenten Piloten sogenannter „unidentifizierter Flugobjekte" Kontakt aufzunehmen. In Foren und Selbsthilfegruppen wird sich dann ausführlich darüber ausgetauscht, die neuesten „Edelsteinwässer" probiert, mit Tarot-Karten die Zukunft herbeiorakelt, mit längst Verstorbenen intensiv geplauscht und Verschwörungstheorien entwickelt, die von Halbbildung nur so strotzen. Und man fragt sich als staunender Beobachter, können das noch ganz normale Leute sein? Und die Antwort ist schlicht „ja".

200. Blödsinnigkeit ist keine Krankheit

Blödsinnigkeit ist kein pathologischer geistiger Defekt, der sich irgendwie mittels Psychopharmaka behandeln lässt. Es ist einfach Blödsinnigkeit und ein Ausdruck dafür, dass es den Leuten zu gut geht. Spätrömische Dekadenz trifft es vielleicht am besten. Und man sollte die Leute am Besten in Ruhe lassen, soweit ihr Handeln nicht gesundheits- und lebensbedrohend ist. Denn Esoterik ist ein völlig humorloses (und äußerst gewinnträchtiges) Geschäft. Das musste auch ein Esoteriker erfahren, der ein entschiedener Impfgegner ist.

201. Die Impfgegnerpleite

Im Internet hatte er ein Preisgeld von 100.000 € ausgelobt für denjenigen, der die Existenz und Größe von Masern-Viren anhand wissenschaftlicher Studien belegen könnte. Ein junger Arzt sah darin leicht verdientes Geld. Die entsprechenden Fachartikel waren im Internet leicht zu finden und so stellte er ohne große Mühe eine entsprechende „Beweismappe" zusammen. Der esoterische „Impfgegner" (erstaunlicherweise selbst ein Biologe) hatte (wie zu erwarten) nur eine Antwort parat: *„Er glaube diesen Arbeiten nicht - und zahle deshalb auch das ausgelobte Preisgeld nicht."* Nun, der Arzt zog vor Gericht. Die Kriterien des Preisausschreibens seien formal und inhaltlich erfüllt worden, begründete die Kammer am Landgericht Ravensburg ihr Urteil. Aufgrund der Ausführungen eines Sachverständigen gibt es nämlich keinerlei Zweifel an der Existenz von Maserviren und darin, dass dem Kläger der geforderte Nachweis gelungen sei. Der Impfgegner hat daher die 100.000 Euro an den Arzt zu zahlen - ein klassisches Eigentor. Anstatt den Verlust sportlich zu nehmen, will der Esoteriker nun ganz humorlos vor die nächste Instanz ziehen, um seiner Blödsinnigkeit noch die Krone aufsetzen zu lassen.

Neben dem Unterhaltungswert hat dieses Urteil aber noch eine weitere Bedeutung. Unter dem Deckmantel esoterischen Geheimwissens versuchen Impfgegner schon seit einiger Zeit immer mehr Einfluss auf die öffentliche Meinung zu erlangen, in dem sie bar jeden Beweises behaupten, Impfungen gegen Infektionskrankheiten wie Masern, Röteln oder Mumps hätten keinerlei nachweisbare Schutzwirkungen bzw. die Impfungen würde noch Jahrzehnte danach zu Spätfolgen wie Asthma, Diabetes, Krebs (!), HIV und Multiple Sklerose führen - für jeden Menschen, der eine umfassende Bildung genossen hat, dem das kritische Denken nicht abhandengekommen ist und der in der Lage ist, sich selbst zu informieren - eine groteske Argumentation. Das ein fehlender Impfschutz bei Kindern fatale Folgen haben kann, zeigt die im Frühjahr 2015 ausgebrochene Masernepidemie in Berlin.

Die Frage nach dem Für und Wider von Impfungen ist weltweit in unzähligen wissenschaftlichen Studien in aller Breite erörtert worden mit dem eindeutigen Ergebnis für eine Impfempfehlung. Aus verfassungsrechtlichen Gründen wurde in Deutschland 1983 die ehemals vorhandene Impfpflicht für bestimmte Krankheiten (hier Pocken) abgeschafft. Stattdessen werden nur noch Impfempfehlungen ausgegeben, an die man sich halten kann oder auch nicht. Ob das insgesamt eine gute Idee war, darüber streiten sich noch Fachleute und Rechtsgelehrte, nach dem seit 2005 wieder einige Masernausbrüche in Deutschland stattgefunden haben, bei denen sich die zu diesem Zeitpunkt nur noch teilweise vorhandene Immunisierung unter Kindern und Jugendlichen als ernsthaftes Problem erwiesen hat.

Nicht dass ein Missverständnis entsteht. Sogenannte „Impfgegner" sind nur in einigen Fällen bei den reinen Esoterikern zu verorten. Ihre Intentionen sind meistens durchgehend ehrenwert. Das Problem liegt wiederum eher an einer verzerrten Risikowahrnehmung, was, wie so oft, etwas mit Gefahrenaufklärung und Bildungsstand zu tun hat. Unsere heutige hohe Lebenserwartung in den Industriestaaten hat zu einem guten Prozentsatz auch etwas mit der Einführung der Schutzimpfung gegen gefährliche, zur epidemischen Ausbreitung neigender Infektionskrankheiten zu tun. Mit ihrer Hilfe konnten beispielsweise die Pocken (hier bestand Impfpflicht seit 1873 im Deutschen Reich, aufgehoben 1983) vollständig und Krankheiten wie Diphtherie,

Mumps, Masern und Poliomyelitis (um nur einige zu nennen) in einem hohen Maße ausgerottet werden. Die in der Bevölkerung zunehmende Impfmüdigkeit könnte diese positive Entwicklung aber durchaus wieder zum Stillstand bringen, wie das Beispiel mit den Masern zeigt.

Doch zurück zur Esoterik und ihren Jüngern. Sobald sie sich einen wissenschaftlichen Anstrich gibt, kann diese ansonsten harmlose Blödsinnigkeit schnell zu einem Spiel zwischen Leben und Tod ausarten - ich meine hier bestimmte „alternative" Heilmethoden, deren Nichtwirksamkeit sich jedem noch halbwegs bei Verstand gebliebenen Mitbürger eigentlich sofort erschließen sollte.

202. Miracle Mineral Supplements

Nehmen wir z. B. das neue, aus Amerika zu uns herübergeschwappte „Wundermittel" MMS. „MMS" ist dabei die Abkürzung für *„Miracle Mineral Supplements"* - und dahinter verbirgt sich chemisch nichts anderes als eine stark ätzende 28%-Natriumchlorit - Lösung (Achtung: Nicht mit Natriumchlorid, d. h. gewöhnlichem Kochsalz, verwechseln!). Natriumchlorit wird gewöhnlich als Bleich- und als Desinfektionsmittel und medizinisch manchmal zur äußeren Wundbehandlung eingesetzt. „Entdeckt" hat dieses Wundermittel ein gewisser Jim Humble, ein ehemaliger Scientology-Aktivist und selbsternannter „Bischof" der „Genesis II Church of Health and Healing", der damit nach eigener Aussage im südamerikanischen Dschungel Dutzende Eingeborene von Malaria geheilt haben will. Das Geheimnis seines Wundermittels liegt dabei, wie er wahrscheinlich durch andauerndes Beten oder Meditieren festgestellt hat, an dem „stabilisierenden Sauerstoff", der nur noch - z. B. mit Zitronensäure - aktiviert werden muss. Das dabei entstehende Chlordioxid ist dann die eigentliche Reagenz, die gegen Malaria, Demenz, Tuberkulose, Autismus, Aids, Borreliose, Krebs, ADHS, Warzen, Grippe, Impotenz, Furunkel, Hepatitis etc. pp. wirkt. Da ist es verständlich, dass der Vortrag des Mr. Humble auf dem Kongress „Spirit of Health 2014" in Hannover zu wahren Begeisterungsstürmen unter den dort versammelten Jüngern alternativer „Medizin" geführt hat. Gibt es doch nun ein Mittel quasi für alle denkbaren Gebrechen. Und auf der Homepage des „Heilers" aus Amerika kann man dann hochwissenschaftlich lesen

„MMS ist ein zu schwaches Oxidationsmittel, um gesunde Zellen im Körper oxidieren zu können. Es kann daher auch die nützlichen Bakterien im Körper nicht schädigen,

dafür sind sie zu stark. Es kann nur schwächere Dinge im Körper oxidieren und das sind die Pathogene, die aus schwächeren Konstruktionen bestehen."

Nun dann, auf zur nächsten Esoterik-Apotheke, wo man 100 ml Bleichmittel + 100 ml 50% Zitronensäure (zum Aktivieren!) für gerade mal schlappe 20 € erstehen kann (100 ml Natriumchlorit-Lösung kosten im Chemie-Fachhandel ca. 40 Cent). Und das Geschäft scheint gut zu laufen und auch das Risiko, mit dem Gesetz in Konflikt zu geraten, scheint für die Damen und Herren beherrschbar zu sein. Die deutschen Gesundheitsbehörden stehen „MMS" eher hilflos gegenüber. Zwar versucht man hier und da einen Online-Shop zu schließen, aber, da es an einem koordinierten Vorgehen mangelt, sind die dabei erzielten Erfolge eher bescheiden. Dabei ist MMS in mehreren Ländern Europas verboten, in Kanada und den USA raten die Gesundheitsbehörden ebenfalls von der Verwendung ab. Seit dem 26. Februar 2015 ist der Vertrieb von MMS in Deutschland illegal, da es von der Bundesanstalt für Arzneimittel und Medizinprodukte als zulassungspflichtig eingestuft wurde. Zulassungspflichtige Arzneimittel dürfen bekanntlich nur in Verkehr gebracht werden, wenn zuvor in einem Zulassungsverfahren Wirksamkeit, Unbedenklichkeit und Qualität belegt worden sind. Und das ist bei MMS eindeutig nicht der Fall.

203. Quacksalberei

MMS ist moderne Quacksalberei. Ursprünglich bezeichnete der Begriff „Quacksalber" eine Berufsgruppe, die im Mittelalter und frühen Neuzeit auf Jahrmärkten im Stile eines Marktschreiers verschiedenste Salben, Tinkturen und Wundermittel anboten und die damit Ärzten Konkurrenz machten. Später nannte man dann alle Personen, die bar jeder Ausbildung und amtlicher Zulassung vorgaben, Krankheiten zu behandeln, Quacksalber (niederländisch *kwakzalver* - „prahlerischer Salbenverkäufer"). Bereits Sebastian Brant, der zwischen 1457 und 1521 in Straßburg lebte und der durch sein Werk *„Das Narrenschiff"* unsterblich geworden ist, wusste Folgendes vom „Quacksalber" zu berichten:

„Des Quacksalbers Praktik sei so gut, - daß sie allen Siechtum heilen tut ··· - Solch Narr kann dich in ' n Abgrund stürzen, - eh du ' s gemerkt, dein Leben kürzen!".

Oder etwas moderner ausgedrückt: Das Primäre für den Arzt ist das Wohlergehen seines Patienten. Das Primäre für den Quacksalber ist dagegen ein möglichst üppiges

Honorar, weshalb eine wichtige Quacksalber-Regel da auch lautet *„Verlange dein Geld, solange sich der Kranke unter seinen Schmerzen windet!"*. Eine eventuelle Verbesserung des Gesundheitszustandes des Patienten kann daher für dessen Geldbeutel sogar eher kontraproduktiv sein.

Heute gibt es neben dem meist ausreichenden gesunden Menschenverstand einige einfache Kriterien, um Pseudomedizin bzw. Quacksalberei sicher zu diagnostizieren.

204. Diagnostik wirkungsloser alternativer Heilmittel

Wenn es beispielsweise um „alternative Heilmittel" geht, dann verraten sich völlig wirkungslose Mittel ziemlich sicher durch einige der folgenden Punkte: a) durch einen expliziten Hinweis auf ihre exotische Herkunft („Himalaya", „Regenwald"). b) durch die Behauptung, dass sie sich „tausendfach bewährt" haben - ohne dass es dafür klinische Beweise gibt. c) dass sie Heilung bringen, wenn die „Schulmedizin" versagt (gilt besonders für alternative Krebsmittel). d) dass sie universell gegen eine Vielzahl von Krankheiten helfen, die selbst ursächlich nichts miteinander zu tun haben (wie bei MMS). e) dass sie an bestimmte Personen oder Organisationen gebunden sind, welche die Therapie mit diesen „Mittelchen" entwickelt haben (z. B. „Granderwasser"). f) dass mit Fallgeschichten geworben wird, in denen "geheilte" Patienten - Menschen wie du und ich - blumenreich schildern, wie das Produkt bei ihnen angeblich die erstaunlichsten Erfolge erzielt hat.

205. Konjunktur der Pseudowissenschaften

Es ist auf den ersten Blick erstaunlich, wie viele Menschen sich von Esoterik und Pseudowissenschaft angezogen fühlen. Dabei ist das bei näherer Betrachtung erst einmal nur eine Art von Gegenreaktion auf die Entfremdungsprozesse in der sogenannten Wissensgesellschaft. Darunter versteht man bekanntlich (nach Robert E. Lane) eine Gesellschaftsformation, in der bewusst individuelles und kollektives Wissen und deren Erwerb und Organisation die Grundlage des sozialen und ökonomischen Zusammenlebens bilden. Sie bringt Produkte hervor, die „von Magie nicht mehr zu unterscheiden sind" (Arthur C. Clarke), führt aber auch vermehrt zu einer

Geisteshaltung, die sich für das „wie“ des Funktionierens auch gar nicht mehr interessiert. Sie polarisiert die Gesellschaft in Produzenten von Wissen und in reine Konsumenten von deren Produkten. Die damit einhergehende Kommerzialisierung, Politisierung und Medialisierung von Wissen führt dabei zu Problemherden, deren Nichtbewältigung in letzter Konsequenz zu einer Destabilisierung gesellschaftlicher Strukturen führen kann. Man denke hier nur an die „Energiewende“, die von der deutschen Politik weniger als technisches Problem, sondern primär als ein rein monitäres und administratives Problem begriffen und organisiert wird. Mit den fatalen Folgen, dass sich Naturgesetze nun mal nicht mit Parlamentsbeschlüssen - wie groß die Mehrheiten dafür auch sein mögen - aushebeln lassen. Die Folgen kann man jetzt schon landauf landab sowie im eigenen Geldbeutel beobachten. Das alles geht einher mit einer diffizilen Form von Wissenschafts- und Bildungsignoranz, die medial besonders im Unterschichtenfernsehen der privaten TV-Anbieter gepflegt wird. Es gilt ja in manchen Kreisen mittlerweile als Schick, von Tuten und Blasen keine Ahnung zu haben. Man könnte dies als eine Art ungefährlichen Ignoranzkult auffassen, wenn sich dahinter nicht eine langfristige Gefahr für die Wissensgesellschaft verbergen würde. Und diese langfristige Gefahr besteht in dem vermehrten Aufkommen von „Parawissen“, d. h. von „Wissen“, dem es im wissenschaftlichen Sinn an einer Begründung mangelt. Es wird dann gefährlich, wenn es dazu führt, dass z. B. einem an Krebs leidenden Kind die Schulmedizin von Seiten der Eltern verwehrt und stattdessen Hilfe in einer Art „Bach-Blütentherapie“ gesucht wird. Spätestens an diesem Punkt wird aus einer harmlosen Blödsinnigkeit dann schnell tödlicher Ernst.

206. Placebo-Effekt und spirituelle Heilmethoden

Gerade in Deutschland ist interessanterweise eine starke Tendenz hin zu spirituellen Heilmethoden, die, wenn sie funktionieren, höchstens einem Placebo-Effekt zugeschrieben werden können, zu vermelden. Dabei versteht man unter einem Placebo gewöhnlich ein „Medikament“, welches zumeist nur aus Kartoffelstärke oder Zucker plus Geschmacks- und Farbzusätzen besteht und ansonsten absolut keine therapiewirksame chemische Substanzen enthält. Trotzdem schlägt es bei bestimmten Beschwerden bei ~1/3 der Patienten an, soweit ihnen nicht bewusst ist, dass sie ein Placebo schlucken. Diese Beobachtung ist Inhalt des Placebo-Effektes, dessen Wirkmechanismen jedoch immer noch nicht vollständig aufgeklärt werden konnten. Man weiß im Prinzip nur, dass hier psychosomatische Zusammenhänge eine wichtige Rolle spielen.

207. Warum kleben Kleber?

Es gibt übrigens eine große Zahl von Dingen, von denen man gar nicht glauben mag, dass es auf sie, was ihre Funktionsweise betrifft, noch keine befriedigende Antwort gibt. Nehmen wir nur z. B. die Frage, warum Klebeband (bzw. „Klebstoff" ganz allgemein) eigentlich „klebt". Die physikalisch- chemischen Schlüsselbegriffe sind hier Adhäsion und Kohäsion, die jeder zu ihrem Teil ihren Beitrag zum Klebevorgang leisten. Unter Kohäsion versteht man dabei die Bindungskräfte zwischen den Atomen und Molekülen eines Stoffes, die zu einem inneren Zusammenhalt beispielsweise einer Flüssigkeit aber auch eines Festkörpers führen. Bei Flüssigkeiten macht sie sich beispielsweise in Form der Oberflächenspannung bemerkbar und bestimmt auch deren Zähigkeit und Rheologie (d. h. Fließverhalten). Adhäsion dagegen ist eine Kraft, die zwischen zwei kondensierten Phasen wirkt und zu deren mechanischem Zusammenhalt führt. Experimentell und ingenieurtechnisch sind beide Phänomene gut untersucht und haben als Grundprinzipien der „Klebstoffe" eine große praktische Bedeutung. Dem steht aber diametral ein Defizit am theoretischen Verständnis der mikrophysikalischen Funktionsweise des Klebevorgangs selbst entgegen, das abseits von Versuchen die theoretische Vorhersage der Klebewirkung an vorgegebenen Oberflächen und Materialien fast unmöglich macht. So ist es nicht erstaunlich, dass eine ganze Anzahl von Adhäsionstheorien existiert, die aber keine Einheit bilden und jede für sich nur Teilaspekte dieses erstaunlichen Phänomens zu beschreiben vermag. Allen ist gemeinsam, dass für den Klebevorgang sogenannte Nebenvalenzkräfte, genauer Van der Waals-Kräfte (die an und für sich im Vergleich zu chemischen Bindungskräften äußerst schwach sind), verantwortlich gemacht werden. Dazu müssen sich die zu verbindenden Teile auf möglichst weniger als 1 µm nähern. Das gelingt gewöhnlich nur bei sehr ebenen (glatten) Oberflächen, was sich übrigens sehr schön an einer zerbrochenen Diaglasscheibe beobachten lässt. Drückt man deren Bruchflächen wieder gegeneinander, dann wird man keine Haftung feststellen können, denn dafür ist sie zu rau. Legt man dagegen zwei saubere Glasscheiben genau übereinander, dann wird man - wenn sie wirklich eben sind - eine Haftung feststellen, die manchmal so stark sein kann, dass es Mühe macht, die beiden Glasscheiben wieder zu trennen. Der Klebstoff nimmt jetzt hier eine Zwischenstellung zwischen zwei zu verbindenden Oberflächen ein. Da er gewöhnlich flüssig ist, kann er in die Unebenheiten eindringen und sich im Vorgang der Aushärtung mit ihnen verhaken. Die Adhäsionskräfte binden die Oberfläche an den Klebstoff und die Kohäsionskräfte des Klebstoffs halten ihn selbst beieinander. Bei „idealen" Klebstoffen sind deshalb die Adhäsions- und die Kohäsionskräfte ungefähr gleich groß. Weiterhin muss der Klebstoff zu den Stoffen, die zusammengeklebt werden sollen, passen. Denn es gibt (auch wenn die Werbung etwas anderes behauptet) keine Alleskleber. Der Klebstoff muss immer für den jeweiligen Werkstoff geeignet sein.

208. Wunderkleber Gecko-Füße

Einer der Interessantesten und lange Zeit rätselhaftesten „Klebstoffe" ist gar kein Klebstoff - es ist der Fuß einer kleinen Echse, des Geckos. Diese munteren Tierchen können bekanntlich problemlos eine senkrecht stehende glatte Glasscheibe hinaufrennen und sich sogar an der Zimmerdecke halten und so quasi der Schwerkraft trotzen. Auch dieses erstaunliche Phänomen hat etwas mit den schwachen Van der Waals-Kräften zu tun, die im Einzelnen zwar schwach sind, im Kollektiv aber durchaus eine beachtliche Adhäsionskraft entwickeln können. Wie elektronenmikroskopische Untersuchungen gezeigt haben, beruht die Fähigkeit, selbst auf poliertem Glas Halt zu finden, auf der Präsenz von Millionen von feinen Härchen auf den Zehen der Geckos. Jede Haarspitze spaltet sich dabei wiederum in tausend noch kleinere Enden, die so genannten Spatulae, auf. Sie bilden kleine Polster, die an den Berührungsflächen über Van der Waals-Kräfte mit dem Untergrund in Kontakt treten. Aufgrund schier ihrer Menge pro Flächeneinheit entsteht dabei eine enorme Haftkraft. Diese Untersuchungen sollen in naher Zukunft die Entwicklung eines „Trockenklebebands" ermöglichen, für das es sicherlich unzählige Anwendungsmöglichkeiten gibt. Es ließe sich sowohl unter Wasser als auch im Vakuum des Weltalls einsetzen und besäße wahrscheinlich genauso wie die Geckofüße eine Art Selbstreinigungseffekt.

So schön die Erklärung der Haftkraft von Geckofüßen und Tesafilm mittels Van der Waals-Kräften auch ist, bei näherer Betrachtung ergeben sich insbesondere beim normalen Klebestreifen gewisse Widersprüche, die sich einer theoretischen Erklärung widersetzen. Das fängt mit der Beobachtung an, dass man beim Ablösen eines Klebestreifens zuerst einen kräftigen Ruck ansetzen muss, bis es sich dann mit einem gleichmäßigen Zug relativ leicht abziehen lässt. Vergleicht man die dabei gemessenen Haftkräfte mit den aus der molekularen Theorie der Adhäsion folgenden Molekularkräften, dann erkennt man recht schnell, dass sie viel zu gering sind, um das Klebeverhalten zu erklären. Es muss also zumindest ein weiterer Effekt existieren, der u. a. das Haften von Post-It-Zetteln am Computermonitor bewirkt. Nach der Kavitationstheorie könnte eine Erklärung darin liegen, dass sich im Klebstoff zahlreiche mikroskopisch kleine Bläschen verbergen, die wie Saugnäpfe wirken und so einen zusätzlichen Widerstand gegen das Abziehen eines Klebestreifens aufbringen. Am Anfang („Ruckphase") würden dann die Bläschen wegen des entstehenden Unterdrucks einen größeren Widerstand gegen das Abreißen aufbieten als später, wenn sie sich beim Abziehen vereinigen, sich vergrößern und dann platzen. Dann muss nur noch die reine Adhäsion überwunden werden. Wenn diese Theorie stimmt, dann sollte sich ein Klebstreifen bei geringem Luftdruck deutlich leichter von seiner Unterlage abziehen lassen. Trotz Recherche im Internet ist mir jedoch eine Beschreibung eines entsprechenden Versuches noch nicht untergekommen.

209. Vogelleim und Vogelmord

Ein sehr übler Klebstoff, den man früher aus Mistelbeeren gekocht hat, ist der sogenannte Vogelleim. Auf dünne Äste gestrichen, diente er in Form von „Leimruten" dem Fang von Kleinvögeln, die dann entweder als Käfigvögel verkauft oder gerupft und nebeneinander auf Schaschlikspieße gesteckt, gebraten wurden. Die Fangmethode geht übrigens auf die Römer zurück und ist heute selbstverständlich wie überhaupt der Singvogelfang zu kulinarischen Zwecken (mit entsprechenden nationalen Ausnahmen) in der EU verboten (als Letztes erließ Italien im Jahre 2014 ein entsprechendes Jagdverbot). Nur hält man sich in einigen traditionellen Vogelfanggebieten wie auf Malta, Zypern, Südspanien, Südfrankreich, Süditalien und den Adria-Anrainern nicht daran. Dort werden heute während der Vogelzugzeiten immer noch Hunderttausende Rotkehlchen, Finken, Stare, Drosseln, Grasmücken und Kiebitze (um nur einige Arten zu nennen) mit Rosshaarschlingen und Schlagfallen, aufgestellten Netzen, mit Schrotflinten und sogar noch mit Leimruten gefangen (Katalonien), um sie am Ende zu verspeisen oder an Tierhändler zu verkaufen. Man schätzt, dass in Europa pro Jahr ungefähr 120 Millionen Vögel legal und nochmals 100 Millionen illegal getötet werden. Trotz der mittlerweile empfindlichen Geldstrafen scheint sich dieser alljährliche Vogelmord kaum eindämmen zu lassen. So entwickelt sich in jedem Frühjahr und jedem Herbst in den Mittelmeerländern ein wahrer Kleinkrieg zwischen (zumeist angereisten) Vogelliebhabern und den illegalen Vogelfängern, bei denen die eine Seite versucht, die illegalen Fallen zu finden und unschädlich zu machen und die andere Seite sogar manchmal auf die Vogelfreunde schießt - oder, häufiger, die Reifen von deren Fahrzeugen zersticht oder deren Windschutzscheiben einschlägt.

210. Windkraftanlagen und Fledermäuse

Was in Südeuropa die Wilderer sind, sind in Deutschland die Windkraftanlagen (WKA ' s), denen jährlich unzählige Vögel (insbesondere Greifvögel wie der Rote Milan) und Fledermäuse zum Opfer fallen.

Erinnern Sie sich noch an die Diskussion um den Bau der Waldschlösschenbrücke in Dresden, deren Bau dem Elbtal den UNESCO-Kulturerbetitel gekostet hat? Im Jahre 2007 wurde der Baubeginn vom Dresdner Verwaltungsgericht gestoppt, weil im Bereich der Baustelle die „Kleine Hufeisennase" - eine streng geschützte Fledermausart - vorkommen soll. Fledermäuse, die in der Nähe von Windkraftanlagen leben, genießen dagegen nur selten einmal eine höchstrichterliche Aufmerksamkeit. Dabei „Schreddern" die Öko-Windmühlen nach konservativen Schätzungen ca. 250.000 Fledermäuse im Jahr (es können aber auch über 400.000 sein, wie das *„Journal of Wildlife Research"* vor kurzem feststellte). Damit eine Fledermaus zu Tode kommt, muss sie nicht einmal von einem der riesigen Flügel getroffen werden. Es reicht bereits, wenn sie nur in deren Nähe kommt. In diesem Fall zerreißen ihre inneren Organe bereits durch die großen Luftdruckänderungen, die dabei auftreten - Experten sprechen von einem Barotrauma. Fledermäuse, die nur ein „mildes Barotrauma" erlitten haben, sterben jedoch vermutlich nicht sofort, sondern könnten noch einige Minuten oder sogar Stunden weiterfliegen. Ihre Reste werden natürlich bei einem Absuchen eines Windparkareals nicht gefunden. Offensichtlich gibt es in den Augen der Öko-Ideologen zwei Sorten von Fledermäusen. Lebt die eine Sorte in der Scheune eines Bauern, dann darf er deren Dach nicht abdichten, weil dann die Fledermaus ihren Tagesschlafplatz nicht mehr findet. Lebt die Fledermaus dagegen in einem Landschafts- oder Naturschutzgebiet, in welchem man oder in unmittelbarer Nähe wegen des günstigen „Wind-Erntefaktors" nun doch WKA' s errichtet, dann stirbt sie aufgrund ihrer eigenen Schuld (warum fliegt sie auch in die Rotoren) oder aufgrund eines „höheren Zwecks", nämlich der Klimarettung, wie man allerorts in den Gazetten lesen kann. Denn wie sagte schon ein bekannter „Grüner" aus Tübingen: *„Ohne Klima keine Fledermäuse und Vögel⋯!"* Vielleicht wird der Eine oder Andere sagen, die paar Fledermäuse und Vögel sind doch zu verschmerzen, wo doch angeblich im Straßenverkehr weitaus mehr umkommen. Was aber sicherlich auf Dauer nicht zu verschmerzen ist, ist die mit der „Energiewende" einhergehende Landschaftsverschandelung durch technische Ungetüme, die nicht mal in der Lage sind, trotz ihrer riesigen Anzahl etwas Vernünftiges zur notwendigen energetischen Grundlast beizutragen.

211. Zappelstrom aus Windkraft

Dazu nur ein Beispiel. das zu denken geben sollte: Im Jahre 2014 betrug die tatsächliche Einspeiseleistung aller WKA ‘s, integriert über das ganze Jahr, satte 14,8% der installierten Nenn-Leistung. Wenn das ein Erfolg der Windenergiebranche sein soll, dann gute Nacht!

An einem Tag des Jahres (einverstanden, es war ziemlich windstill) erreichte die eingespeiste Leistung sogar nur sage und schreibe 24,0 MW, das sind stolze 0,06% der zu diesem Zeitpunkt installierten 39.612 MW. Am Tag der maximalen Einspeiseleistung (da war es ziemlich stürmisch in Deutschland) strömten dagegen 74,9% der installierten Nennleistung in das Stromnetz. Das Problem, mit dem die Netzbetreiber zu kämpfen haben, besteht nun darin, dass zu jedem Zeitpunkt genauso viel elektrische Energie eingespeist werden muss, wie im gleichen Augenblick die Verbraucher abnehmen. Andernfalls fällt oder steigt die Spannung im Netz, was im Extremfall zu einem Zusammenbruch des Stromnetzes („Blackout“) führen kann. Die Quintessenz von dem Ganzen ist, dass hinter jedem MW „Windkraft“ und jedem MW „Solarkraft“ ein klassisches thermisches Kraftwerk auf Kohle-, Gas- oder Uran-Basis stehen muss, um deren Volatilität auszugleichen. Um sich alternative Energien leisten zu können, muss man sich auch eine entsprechend dimensionierte Backup-Kapazität leisten können. Denn nachts ist es dunkel und manchmal weht auch kein Wind. Und, um es gleich klar zu stellen, vernünftige Speichertechnologien, die das Problem der volatilen Energiequellen lösen könnten, gibt es über das Niveau von Hirngespinsten hinausgehend, immer noch nicht, ganz egal, was man Ihnen erzählt.

Manchmal ist es für das Problemverständnis hilfreich, wenn man komplizierte Sachverhalte auf ein für jedermann verständliches Maß hinunterbricht.

212. Wie das EEG funktioniert...

Was die Probleme mit Wind- und Solarkraft betrifft, habe ich folgendes Analogon im Netz gefunden, dem ich voll beipflichten kann:

„Man stelle sich vor, eine Consulting Agentur rät einem international erfolgreichen Unternehmen, eine „Beschäftigungswende" durchzuführen. Das Konzept sieht vor, die Stammbelegschaft sukzessive durch sogenannte Fair-Arbeiter zu ersetzen. Den Fair-Arbeitern wird nämlich nachgesagt, dass sie sozial vorteilhaft sind. Per Einstellungserleichterungsgesetz (EEG) wird festgelegt, dass die Fair-Arbeiter - einmal eingestellt - stets den vollen Lohn bekommen, egal, ob sie arbeiten oder nicht. Allerdings ist ihre Arbeitsmoral von Wankelmut und Faulheit geprägt. Mal kommen sie fast pünktlich und „klotzen richtig ran", mal kommen sie tagelang gar nicht. Es muss also stets ein Kollege aus der Stammbelegschaft auf Abruf bereit stehen, um die Fehlzeiten des gut bezahlten Drückebergers zu ersetzen. Zehn Jahre später feiert die Unternehmensleitung zusammen mit den Consultants und der Gewerkschaft der Fair-Arbeiter, dass 2014 so viele Fair-Arbeiter wie nie zuvor unter Vertrag genommen wurden - wobei die beschriebenen Konditionen auf 20 Jahre fixiert sind. Die unabhängige Analyse eines Arbeitsmarktforschers ergibt nun, dass die Fair-Arbeiter über das Rekordjahr hinweg 14,8 Prozent der tariflichen Arbeitszeit im Dienst waren. Die „Lastesel der Beschäftigungswende" arbeiteten also deutlich weniger als eine Ein-Tage-Woche. Wenn dieses Unternehmen Deutschland heißt, so heißen die Fair-Arbeiter Ökostromanlagen, die Consulting Agentur AGORA und die Gewerkschaft Bundesverband Windenergie - wobei sich die Gründer der Consulting-Agentur mittlerweile in der Geschäftsführung des Unternehmens eine einflussreiche Position gesichert haben."

Während den meisten Leuten egal ist, ob an Windkraftanlagen Vögel und Fledermäuse zu Tode kommen, sieht es schon ganz anders aus, wenn die eigene Gesundheit - z. B. durch Infraschall - bedroht ist.

213. WKA's, verrücktgewordene Nerze und Infraschall

Bei Infraschall handelt es sich bekanntlich um Töne, die so tief sind (d. h. ihre Frequenz liegt unter 100 Hz), dass man sie normalerweise nicht wahrnehmen kann. Nur wenn ihr Pegel (also quasi die Lautstärke) sehr hoch ist, kann man die Luftdruckschwankungen spüren und manchmal auch hören. Die offizielle Lesart ist, dass Infraschall für den Menschen erst dann schädlich ist, wenn er ihn auch hören kann. Mit dieser Begründung werden Beschwerden von Betroffenen meist vom Tisch gewischt und die betreffenden Personen gewöhnlich als Hypochonder verunglimpft. Dass die Leute im Einzugsgebiet großer Windkraftanlagen sich ihre permanenten Kopfschmerzen, Schlafstörungen und Depressionen wahrscheinlich doch nicht nur einbilden, zeigt neben einer Anzahl klinischer Studien auch ein Vorkommnis in Dänemark, welches größere Aufmerksamkeit unter der Bevölkerung hervorgerufen hat. Dort hatten die Windkraftbetreiber ihre Anlagen unweit einer Nerzfarm errichtet. Als sie zum Probebetrieb aktiviert wurden, begannen die Tiere wie wild zu schreien und sich gegenseitig zu beißen. Als die zuständige Tierärztin am nächsten Morgen die Polizei anrief, um die neuen Windkraftanlagen hinter der Nerzfarm abschalten zu lassen, lag schon ein halbes Dutzend Tiere tot in ihren Käfigen. Mehr als 100 Nerze hatten sich gegenseitig so tiefe Wunden zugefügt, dass sie getötet werden mussten. Ziemlich schnell wurde klar, dass die Schwingungen der WKA' s, deren Frequenz sich unterhalb von 20 Hz bewegt und deshalb für das menschliche Ohr nicht wahrnehmbar sind, die Tiere quasi verrückt gemacht haben. Da es auch Videos von den Amoklaufenden Pelztieren gibt, erlangte dieses Phänomen auch über Dänemark hinaus große Aufmerksamkeit. Das Schicksal des jütländischen Nerzzüchters machte nicht nur im Netz große Schlagzeilen, nein, es beschäftigte sogar das Parlament in Kopenhagen. Und seitdem hat die Energiewende ein neues Problem. Man kann den Leuten nun nicht mehr glaubhaft erzählen, dass Infraschall lediglich eine harmlose Begleiterscheinung der Verspargelung der Landschaft ist. Wenn sich auch einige Leute mittlerweile an die neue Landschaftsästhetik gewöhnt haben, wenn es jedoch um ihre und ihrer Kinder Gesundheit geht, verstehen sie keinen Spaß mehr. Und so nimmt auch allein schon aus diesem Grund die Akzeptanz der Windkraft langsam, aber stetig ab.

Mit Schallwellen hat aber auch ein anderes, manchmal sogar furchterregendes Phänomen, zu tun.

214. Gewitter

Ich meine Gewitter, wie sie besonders häufig in unseren Breiten in den Sommermonaten auftreten. Eine besondere Form ist dabei das Frontgewitter, welches sich meinem Grundstück in der Oberlausitz, meist gegen Abend und dabei immer von Westen her nähert. Das ist jeweils ein guter Grund, gemütlich im Gartenstuhl und bei einer Flasche Bier, dessen Annäherung mit Interesse zu verfolgen. Es beginnt mit einer über den Tag aufgebauten Schwüle und - wenn es bereits dämmert - im Westen mit mehr oder weniger intensivem Wetterleuchten. Es handelt sich dabei um den Widerschein von Blitzen hinter dem Horizont bzw. von Blitzen, die man aufgrund der tiefhängenden Wolken nicht sehen kann. Irgendwann ist dann auch schon das erste Rollen von Donner zu hören. Je mehr sich die Front meinem Beobachtungsplatz nähert, um so öfters sieht man Blitze zwischen den Wolken und den Wolken und dem Erdboden zucken. Es dauert dann noch eine Weile, bis der dazugehörige Donner zu hören ist. Noch nicht knallartig, sondern, aufgrund der vielen Brechungen und Reflektionen am Boden noch dumpf und rollend.

Mittlerweile haben sich nun auch der Zenit und der östliche Himmel mit tiefdunklen Wolken zugezogen. Und dann passiert es auf einmal: Die eben noch vorhandene Windstille wird innerhalb von Minuten durch einen immer stürmischer werdenden Fallwind unterbrochen. Die Fichten beginnen sich im Wind zu biegen und auch die Äste der mächtigen Buche über mir schwanken immer bedrohlicher. Wenn zur Zeit des Gewitters gerade das Getreide blüht, erheben sich milchige Pollenwolken über die Felder. Dazwischen zucken Blitze und beim Zählen von drei bis sechs bis der Donner grollt bemerkt man, dass die Gewitterfront nur noch eins bis zwei Kilometer entfernt ist. Mit dem aufwallenden Wind treffen einen auch schon die ersten großen Regentropfen und zeigen an, dass es Zeit wird, das Feld zu räumen. So wie der Wind sich zu einem kurzen Sturm entwickelt hat, so verschwindet er genauso schnell wieder, sobald kräftig der Regen einsetzt. Die Luftdruckgrenze ist weiter gewandert und die Umgebungstemperaturen haben sich merklich abgekühlt. Jetzt folgt für eine knappe halbe Stunde ein Starkregen (manchmal zusammen mit Hagelschlag), der durch schnell aufeinander folgende Blitze erhellt wird, denen sofort der laute Donner folgt. Danach ist der Spuk vorbei und es regnet meist nur noch ein kleines Weilchen so vor sich hin bis es schließlich aufklart (oder sich Schauerwetter einstellt). Die Gewitterfront ist weitergezogen und zwischen den ersten Wolkenlücken zeigen sich nun in der außergewöhnlich klaren Luft funkelnde Sterne.

215. Heinz Erhardt und der Gewittersturm

Wer sich einmal der ganzen Dramatik eines solchen Gewitters auf lyrische Weise nähern möchte, dem sei unbedingt das Gedicht *„Das Gewitter“* von Heinz Erhardt (1909-1979) anempfohlen - und zwar nicht in seiner schriftlichen Form, sondern in der dramatischen Interpretation von Heinz Erhardt selbst (bei Youtube zu finden).

Dessen eindrucksvolle Schilderung eines Gewittersturms verlangt geradezu nach einer Erklärung, die ich nun versuchen möchte.

Frontgewitter entstehen immer dann, wenn zwei unterschiedlich temperierte Luftmassen an einer „Frontlinie" aufeinandertreffen. Im Häufigsten trifft dabei eine Kaltfront auf warme Luft, aber auch der umgekehrte Vorgang ist möglich. Kalte Luft ist bekanntlich dichter und schwerer, weshalb sie sich an der „Frontlinie" unter die warme Luft schiebt und diese damit zum Aufsteigen zwingt. Die Meteorologen sprechen in diesem Fall von einer Anakaltfront. In Folge setzt aufgrund der labilen Temperaturschichtung der unteren Atmosphäre eine intensive, konvektive Wolkenbildung ein und es kommt zu Niederschlag hinter der Kaltfront. Durch die am Boden einfließende Kaltluft wird die wasserdampfgesättigte Warmluft angehoben, wobei der Wasserdampf unter Abgabe von latenter Wärme (die Schwüle am Boden vor der sich nähernden Front nimmt zu) auskondensiert und sich rasch aufsteigende Wolken (die in diesem Fall Gewittertürme sind) bilden. Dabei ist natürlich zu erwähnen, dass nicht jede Kaltfront auch mit Gewittern assoziiert ist. Die Kaltfront muss dazu in ein gewitterträchtiges Gebiet einfließen, d. h. sie stellt genaugenommen nur den Auslöser zur Bildung einer Gewitterfront dar. Zwischen den durch die Front getrennten Gebieten entstehen außerdem durch die z. T. sehr großen Luftdruckunterschiede aufgrund der Druckgradientenkraft intensive Winde, die den unmittelbaren Durchgang der Gewitterfront ankündigen.

216. Blitz und Donner

Das wichtigste Kennzeichen eines Gewitters ist bekanntlich Donner und Blitz. Beide gehören zusammen, wobei für einen Beobachter immer der Donnerschlag zeitlich dem Blitzschlag folgt. Ja, man kann sogar die Zeitdifferenz zwischen Blitz und dazugehörigen Donner zur Abschätzung von dessen Entfernung ausnutzen. Grund dafür ist die Schallgeschwindigkeit in Luft, die ~340 m/s beträgt. Folgt also einem Blitz der Donner nach 10 Sekunden, dann war der Blitz ~3,4 km vom Beobachter entfernt. Bei den Blitzen handelt es um elektrische Entladungen zwischen Wolken oder einer Wolke und der Erdoberfläche, wobei zuvor eine Ladungstrennung zwischen den genannten Objekten stattgefunden haben muss. Dabei spielt der Dipolcharakter des Wassermoleküls eine wichtige Rolle. Wenn die warme, mit Wasserdampf gesättigte Luft an der Gewitterfront aufsteigt, dann trennen sich im Inneren der Wolke die Ladungen durch Reibung und beim Zerstäuben der Wassertröpfchen. In großen Höhen gefrieren die Wassertröpfchen zu Eiskristallen, die sich in den vertikalen, nach oben gerichteten Winden positiv aufladen, während die Wassertropfen eine negative Ladung tragen. Auf diese Weise entsteht im kalten oberen Teil der Wolke ein Gebiet mit positiver Ladung, während nahe dem Boden die negative Ladung überwiegt. Zwischen beiden bildet sich entsprechend der Potentialdifferenz ein elektrisches Feld aus, welches solange anwächst, bis die Spannung mehrere hundert Millionen Volt erreicht. Ab einer kritischen Spannung, die bei ungefähr 170.000 V/m liegt, kündigt sich ein gigantischer Kurzschluss an, der sich schließlich in Form eines Blitzes entlädt. Dabei kann die Stromstärke bis zu 100.000 A erreichen und die Luft im Blitzkanal innerhalb von Sekundenbruchteilen auf bis zu 30.000 ° C erhitzen, was mehr als das 5-fache der Temperatur der Sonnenoberfläche (Photosphäre) ist. Dieser Schlauch heißer Luft expandiert schlagartig und es bildet sich eine entsprechende Schallwelle aus, die man dann als Donnerschlag wahrnimmt.

Was man als Naturfreund und Wanderer schon aus eigennützigen Gründen auf jeden Fall vermeiden sollte, ist sich von einem Blitz erschlagen zu lassen. Die wichtigste Regel ist dabei, erhöhte Standorte sowie einzeln stehende Bäume zu meiden. Im sichersten ist es, wenn man sich in ein Auto setzt und von dort aus das Naturschauspiel beobachtet (Faraday' scher Käfig). Ansonsten - wenn man auf freiem Feld von einem Gewittersturm überrascht wird - ist es wiederum am besten, sich flach auf den Boden zu legen oder sich zumindest hinzukauern. Mit durchnässter Kleidung zu Hause anzukommen ist allemal besser, als mit einem Trauma, einem zünftigen Tinnitus oder großflächigen Hautverbrennungen im Krankenhaus aufzuwachen (oder gar nicht mehr). Im Schnitt erwartet man im Jahr in Deutschland nur noch 3 bis 4 Todesfälle durch Blitzschlag, Das war vor einem Jahrhundert noch um einiges mehr (~300), als noch viele Menschen im Sommer auf den Feldern arbeiten mussten. So gesehen ist heute ein Tod durch Blitzschlag quasi ein vernachlässigbares Risiko, aber immer noch größer, als bei einem „Atomunfall“ ums Leben zu kommen. Häufiger ist es da schon, dass ein Blitzschlag zu einem Gebäudebrand führt.

217. Der Blitzableiter

Aber dafür hat einer der Gründerväter der Vereinigten Staaten von Amerika, Benjamin Franklin (1706-1790) auch den Blitzableiter erfunden. Der erste Blitzableiter in Deutschland wurde übrigens bereits im Jahre 1769 auf der Hamburger Hauptkirche St. Jacobi installiert. Seitdem wurden dann nach und nach die meisten Kirchen (und später auch Wohnhäuser und Scheunen) mit Blitzableitern ausgestattet mit dem Effekt, dass die gewitterbedingten Kirchenbrände signifikant zurückgingen.

Weniger bekannt als Benjamin Franklin ist in diesem Zusammenhang der Böhme Prokop Diwisch (1698-1765), der um das Jahr 1754 auch einen Blitzableiter erfunden hatte. Nur leider waren die Bauern in Südmähren, wo er in einem Prämonstratenser-Kloster wirkte, nicht von dieser Erfindung angetan, denn sie führten eine große Trockenheit mit entsprechenden Ernteausfällen auf dessen Einsatz auf einem Pfarrhaus in der Nähe von Znojmo (Znaim) zurück. Heute können wir mit an Gewissheit grenzender Sicherheit sagen, dass eine „Trockenheit“ nichts mit der Präsenz von Blitzableitern zu tun hat.

218. Was ist ein Kugelblitz?

Aber trotzdem gibt es im Zusammenhang mit Blitzableitern eine Fragestellung, die noch auf eine Antwort wartet: Hilft er auch gegen Kugelblitze? Man weiß es nicht, ja, man weiß noch nicht mal mit entsprechender Sicherheit, was ein „Kugelblitz“ eigentlich ist und wie er entsteht. Es gibt zwar mittlerweile einige Theorien, über die sich ernsthaft diskutieren lässt. Sie sind andererseits aber wiederum so komplex, dass sie jeweils nur von einer Minderheit von Fachleuten als Erklärung akzeptiert werden.

Was also ist ein „Kugelblitz“? Auf jeden Fall ist es ein seltenes Phänomen, welches meistens, aber nicht immer, mit einem Gewitter in Zusammenhang gebracht wird. Die Beobachter sprechen am Häufigsten von einer leuchtenden Kugel, deren Durchmesser irgendwo zwischen einem Dezimeter und einem Meter liegt und die sich relativ langsam durch den Raum bewegt und dabei manchmal plötzlich die Richtung ändert. Mittlerweile liegen von diesem Phänomen auch Fotos vor, so dass an ihrer Echtheit nicht mehr zu zweifeln ist. Von Schäden, die sie verursachen, ist jedoch, mit Ausnahmen, nur wenig bekannt. Eine dieser Ausnahmen betrifft die St. Pankratius-Kirche in Widecombe-in-the-Moor in der Grafschaft Devonshire in England. Dort drang am 21. Oktober 1638 während eines heftigen Gewitters ein Kugelblitz in die mit 300 Gläubigen gut besuchte Kirche ein, wobei vier von ihnen zu Tode kamen und etwa 60 verletzt wurden. Dabei muss auch die Inneneinrichtung stark gelitten haben, wie zeitgenössische Quellen berichten. Andere meinen dagegen, es war kein Kugelblitz, sondern der Leibhaftige selbst, der in der Kirche einen Gottesdienst besucht hat …

Die meisten Erklärungen über die Entstehung und die Physik von Kugelblitzen gehen davon aus, dass man es hier mit einer Art „Plasmakugel“ zu tun hat. Das widerspricht aber der Physik (Archimedisches Prinzip), denn eine aufgeheizte Gasblase sollte sowohl recht schnell aufsteigen als auch ziemlich schnell wieder verlöschen. Es konnten aber Kugelblitze zweifelsfrei beobachtet werden, die bis zu einer halben Minute sichtbar waren. Unter allen Theorien, die sich mit Kugelblitzen auseinandersetzen, erscheint die im Jahre 2002 veröffentlichte Theorie von John Abrahamson und James Dinniss noch am wahrscheinlichsten, insbesondere auch deshalb, da sie auch experimentell gestützt wird. Danach entstehen Kugelblitze immer dann, wenn ein gewöhnlicher Blitz in stark siliziumhaltigen Boden („Sand“) einschlägt. Dabei wird das Siliziumoxid auf seine metallische Form reduziert und dabei verdampft. Das entstehende Siliziumgas wird anschließend in der Luft wieder oxidiert, wodurch die beobachtete Leuchterscheinung entsteht. Außerdem sollen noch diverse und im Einzelnen äußerst komplexe Vorgänge den Oxidationsvorgang in einem kugelförmigen Bereich via Selbstorganisation stabil halten, so dass die Erscheinung einige Dutzend Sekunden anhalten kann. Forscher aus Brasilien haben kurze Zeit später diese Theorie einer experimentellen Prüfung unterzogen, indem sie Siliziumwafer, wie sie in der Halbleiterfertigung anfallen, unter Einwirkung eines elektrischen Stroms von 140 A verdampften und anschließend den Dampf mit einem Funken entzündeten. Dabei konnten sie eine Leuchterscheinungen von der Größe eines Tischtennisballes sowie Farbabstufungen von orange-weiß bis blau-weiß beobachten, wie sie auch von Augenzeugen von „echten“ Kugelblitzen berichtet werden. Die „Kugeln“ existierten dabei bis zu 8 Sekunden und waren in der Lage, sowohl zu schweben als auch Löcher in einen Laborkittel zu brennen. Zumindest die Hypothese, dass es sich bei den Kugelblitzen um „UFO’ s“ Außerirdischer handelt, wie heute noch einige Esoteriker behaupten, dürfte damit passé sein. Trotzdem kann man die genannte Theorie noch nicht als der Weisheit letzten Schluss ansehen. Dazu sind die Berichte über Kugelblitze und ihre außergewöhnlichen Eigenschaften zu unterschiedlich und nur einige Aspekte des Phänomens lassen sich überhaupt einigermaßen plausibel theoretisch erklären.

219. Sprites, Blue Jets und Elfen

Hier gibt es also noch viel Forschungsarbeit. Das gilt auch für ein anderes Gewitterphänomen, den seit den 1960er Jahren bekannten Sprites (d. h. „Kobolde“). Es handelt sich dabei um eine meist rote Leuchterscheinung, die von der Oberkante eines

Gewitterturms ausgeht und von dort quasi in die Hochatmosphäre schießt. Effektiv lassen sie sich nur von einer Erdumlaufbahn oder hochfliegenden Flugzeugen aus beobachten, weshalb sie auch so lange unentdeckt geblieben sind. Auch hier gibt es verschiedene Theorien, die versuchen, dieses und ähnliche Phänomene (wie die sogenannten „Blue Jets“ und die „Elfen“) zu erklären. Man vermutet z. B., dass sich bei einem besonders intensiven Gewitter über der Wolkendecke ein entsprechend intensives Spannungsfeld aufbaut, welches sich aufgrund der Übersättigung an Elektronen, getriggert durch einfallende kosmische Gammastrahlung, in der Ionosphäre selbst entlädt. Dabei versteht man unter der Ionosphäre den Teil einer planetaren Atmosphäre, in der ständig oder temporär in großer Anzahl freie Ladungsträger wie Ionen und Elektronen vorhanden sind.

220. Ionosphäre und Kurzwellenrundfunk

Die Ionisation der Luftmoleküle erfolgt dabei durch die kurzwellige solare Strahlung (UV- und Röntgenbereich sowie Teilchenstrahlung) sowie durch die kosmische Strahlung. Da der solare Anteil in Bezug auf die Ionisation am Größten ist, zeigt der Ionisationsgrad in den unteren und mittleren Schichten der Ionosphäre der Erde (d. h. im Höhenbereich zwischen ~70 km und ~200 km) einen typischen Tagesgang: Am Tag überwiegt durch die Sonneneinstrahlung die Ionisation, in der Nacht dagegen die Rekombination. Dieses „Rekombinationsleuchten“ führt zu einer leichten Erhellung des Nachthimmels und begrenzt damit beispielsweise die maximale Belichtungszeit von Himmelsaufnahmen der Astronomen. Was die Ionosphäre aber eigentlich erst interessant macht, ist, dass sie z. B. für Radiowellen im Kurzwellenband (Frequenz zwischen 3 MHz und 30 MHz) quasi wie ein Spiegel wirkt. Und das lässt sich für einen planetenumspannenden Rundfunkempfang nutzen, d. h. mit einem billigen Kurzwellenempfänger kann man die Rundfunkprogramme von weit über 100 Ländern empfangen. Dazu muss man wissen, dass man bei einem Radiosender in Bezug auf die Ausbreitung zwei Sorten von Radiowellen unterscheidet: Einmal die Bodenwellen, deren Ausbreitung durch den Horizont begrenzt und zum anderen die Raumwellen, die an der Ionosphäre reflektiert werden und damit auch Orte „hinter dem Horizont“ erreichen können. Außerdem reflektieren auch die Wasserflächen der Meere und das Grundwasser an Land diese Art von Wellen, so dass man mit Kurzwellen durch Hin- und Her-Reflektion quasi jeden Punkt der Erdoberfläche erreichen kann. Deshalb spricht man bei Kurzwellenempfängern oft auch gern von „Weltempfängern“.

Das auch nachts problemlos Kurzwellenempfang möglich ist, obwohl dann die Ionisationsquelle Sonnenstrahlung wegfällt, liegt an der sogenannten F-Region zwischen 250 km und 400 km Höhe, die auch nachts noch eine genügend hohe Konzentration an freien Elektronen aufweist.

221. Meteorscatter

Aber es gibt auch noch eine andere interessante Ionisationsquelle in der Hochatmosphäre der Erde, die insbesondere von Amateurfunkern ausgenutzt wird. Ich meine die kurzlebigen Spuren ionisierter Luft, die in die Erdatmosphäre eindringende Meteore (Sternschnuppen) hinterlassen. Auch sie reflektieren kurzwellige Radiostrahlung (hier insbesondere Ultrakurzwellen im Frequenzbereich zwischen 30 MHz und 300 MHz) sehr gut, was im Funkverfahren des Meteorscatter zur Erzielung großer Reichweiten ausgenutzt wird. Damit lassen sich für einige Sekunden bis zu ein, zwei Minuten, Distanzen von bis zu 2500 km überbrücken. Für den heutigen Funkverkehr hat dieses 1929 von einem Japaner (Hantaro Nagaoka) erfundene Verfahren selbstverständlich keine Bedeutung mehr. Die Reflektion von Ultrakurzwellen wird heute vielmehr an einigen Stellen der Erde zur Tag- und Nachbeobachtung von Meteorströmen benutzt.

222. Laurentiustränen - oder die Erfindung des Grillens

Dabei versteht man unter einem Meteorstrom gewisse Häufungen von „Sternschnuppen", deren Bahnverlängerung am Himmel sich an einem gewissen Punkt treffen, den man Radianten nennt. Nach dem Sternbild, in dem diese Radianten liegen, werden diese die Erdbahn kreuzenden Partikelströme meistens auch benannt.

Dass auffällige Häufungen im Auftreten von Sternschnuppen sich an bestimmten Tagen jährlich wiederholen, ist schon lange bekannt. So gibt es z. B. für das Jahr 36 n. Chr. Aufzeichnungen chinesischer „Astronomen" von einem Sternschnuppenfall, den man heute eindeutig den Perseiden (ihr Radiant liegt im Sternbild Perseus) zuordnen kann. Genau 222 Jahre später (also im Jahre 258) trat ein weiteres Ereignis ein, das mittelbar (aber nicht kausal) etwas mit den Perseiden zu tun hat. Und zwar kam in den Augusttagen jenes Jahres der Heilige Laurentius zu Tode. Seitdem - so sagt man - weint der Himmel „Laurentiustränen“. Und das nicht ohne Grund, denn dem heiligen Laurentius hatte der damalige römische Kaiser mit dem hübschen Namen „Valerian“ übel mitgespielt, und zwar - wie sollte es auch anders sein - wegen einer Geldangelegenheit. Der Papst Sixtus II. (195-262) vertraute aus irgendwelchen Gründen seinem Erzdiakon Laurentius (der zu diesem Zeitpunkt noch nicht „heilig“ war) den Kirchenschatz an und Valerian (195-262) brauchte auch gerade Geld, was nicht nur Kaiser so an sich haben. Als der Kaiser davon erfuhr, forderte er Laurentius auf, den Schatz gefälligst rauszurücken. Der aber verteilte ihn an die Armen, was ihm zwar letztlich große Sympathien bei der Nachwelt einbrachte, den Kaiser aber so erzürnte, dass er ihn auf einem großen Eisenrost lebendig grillen ließ (wie wir heute sagen würden). Daher kommt also der Name „Laurentiustränen“ für die Meteore des Perseidenstroms - und man hat etwas Interessantes zu erzählen, sobald eine Sternschnuppe über den Himmel huscht... Natürlich darf man sich dabei auch etwas wünschen, und wenn man sich für den nächsten Tag „Schönes Wetter“ wünscht, geht dieser Wunsch auch meistens in Erfüllung.

223. Sternschnuppen, Boliden und Meteorite

Die meisten Meteore, die wir des Nachts als Sternschnuppe wahrnehmen, sind nur wenige Millimeter große Gesteinspartikel, die in der Luft vollständig verglühen. Ab „Kirschgröße“ werden sie dabei aber so hell, dass man von Boliden oder Feuerkugeln zu sprechen beginnt. Sie sind recht selten, aber dafür äußerst eindrucksvoll. Die größeren unter ihnen zerbersten bzw. fragmentieren oft bei ihrem Flug durch die Atmosphäre und von den besonders großen, d. h. wenn deren ursprüngliche Masse einige Kilogramm übersteigt (hängt stark vom Typ des Meteoroiden sowie dessen Eintrittsgeschwindigkeit und Winkel ab), können sogar Bruchstücke die Erdoberfläche erreichen. Man spricht in diesem Fall von Meteoriten und von den Leuten, die sie suchen und ggf. auflesen, von Meteoritensammlern.

Berichte darüber, dass irgendwo auf der Welt irgendjemand mal von einem Meteoriten getroffen wurde, sind sehr selten und meistens auch nicht belegbar. Bis auf eine Ausnahme, und die heißt Elizabeth Hodges. Die damals (der Vorfall ereignete sich am 30. November 1954 in Alabama) 31-jährige wurde dabei von einem apfelsinengroßen Meteoriten, der mit großem Knall ihr Hausdach durchschlug, ganz empfindlich an der Hüfte getroffen. Alle anderen Berichte von Meteoriteneinschlägen in bewohnten

Gebieten verursachten entweder Sachschäden, indirekte „Leibesschäden" (Meteorit von Krasnodar) oder führten zu einer Wertsteigerung eines eher für die Schrottpresse vorgesehenen Autos, so geschehen am 9. Oktober 1992, als ein nördlich von New York parkender Chevy Malibu (Baujahr 1980) von einem Meteoriten getroffen wurde, der dessen Kofferraum mit einem unübersehbaren Loch verzierte. Seitdem wurde er nicht mehr zur Personenbeförderung, sondern nur noch als „Schauobjekt" verwendet, was ihn vor der erwähnten Schrottpresse bewahrte. Vor einem Meteoriteneinschlag in sein Auto braucht man übrigens keine Angst zu haben, soweit man bei solch einem Ereignis nicht gerade im Auto sitzt. Für die Schäden kommt hier vollumfänglich die Vollkaskoversicherung auf. Bei einem Gebäude ist das etwas anderes. Nur wenn es dabei zu einem Brand kommt, was durchaus passieren kann, hilft die Wohngebäudeversicherung, soweit sie Brandschäden mit einbezieht, weiter. Ansonsten wird man u. U. (wegen „höherer Gewalt") wohl selbst für den Schaden aufkommen müssen. Aber es hindert Sie ja niemand daran, bei einem Versicherungsvertreter ihres Vertrauens eine Meteoritenschadenszusatzversicherung abzuschließen.

224. Meteoritenimpakte

Es gibt aber auch denkbare Meteoriteneinschläge, wo selbst Versicherungen nicht mehr helfen können - ich meine solche, die größere Landstriche verheeren (wie der Impakt, welcher das Nördlinger Ries in der schwäbischen Alb formte) oder sogar zu Massenaussterben von Tieren und Pflanzen (wie die der niedlichen Dinosaurier vor 65 Millionen Jahren) führen können. Solche Ereignisse sind gottseidank ziemlich selten und in der kurzen Geschichte der Menschheit noch nicht aufgetreten. Eine Ausnahme bildet zwar das Tunguska-Ereignis von 1908. Aber da war nur eine äußerst dünnbesiedelte Gegend in der russischen Taiga betroffen. Hätte das Niedergangsgebiet des Boliden damals dagegen irgendwo in der Mitte Europas gelegen, dann wären die Konsequenzen durchaus und im wahrsten Sinne des Wortes katastrophal gewesen.

Größere Meteoriteneinschläge hängen auch heute noch wie ein Damokles-Schwert über der Erde, obwohl die Wahrscheinlichkeit für katastrophale Ereignisse auf mittlere Frist nicht allzu groß ist. Seit einigen Jahrzehnten hat man auch begonnen, die Population der erdbahnkreuzenden Planetoiden, soweit sie größer als 1 km sind, beobachtungstechnisch möglichst vollständig zu erfassen und die gefährlicheren unter ihnen wie z. B. 99942 Apophis (er hat einen Durchmesser von ungefähr 300 m) besonders genau unter die Lupe zu nehmen. Dieser im Jahre 2004 entdeckte Himmelskörper verursachte einige Aufregung nicht nur unter den Astronomen, denn bei der genauen Berechnung seiner Bahn ergab sich eine kleine Wahrscheinlichkeit, dass er bei einer seiner nächsten Annäherungen u. U. mit der Erde kollidieren könnte. Und das wäre nicht gerade schön, denn solch ein Körper würde eine Energie von ~800 Megatonnen TNT freisetzen, was ungefähr dem 16-fachen der Sprengkraft der stärksten, je auf der Erde gezündeten Wasserstoffbombe entspricht. Solch ein Himmelskörper würde zwar die Menschheit nicht ausrotten. Die Schäden wären aber immens, und zwar unabhängig davon, ob er auf Land oder in einen der Ozeane fällt. Im letzteren Fall müsste mit Tsunamis mit einer anlandenden Wellenhöhe von bis zu 100 m gerechnet werden. Aber im Vergleich zum „Saurierkiller", der vor 65 Millionen Jahren in den Golf von Mexiko eingeschlagen ist (Chicxulub), erscheint Apophis jedoch noch als relativ harmlos. Selbst der Einschlag, der vor etwa 15 Millionen Jahren das Becken des Nördlinger Ries formte, geht auf einen 5mal so großen Himmelskörper zurück.

225. Der Saurierkiller von Yucatan

Da war der Chicxulub-Einschlag, der immerhin einen Krater von ca. 180 km Durchmesser im Bereich des heutigen Golfes von Mexiko zurückließ, von einem ganz anderen Kaliber. Er wurde von einem Asteroiden von 10 bis 15 km Durchmesser erzeugt, der an einem schönen Tag vor 65 Millionen Jahren mit einer Geschwindigkeit von durchaus einigen Dutzend Kilometern pro Sekunde ungebremst auf der Erde einschlug und aufgrund der damit einhergehenden klimatischen Änderungen über relativ kurze Zeit alle Landlebewesen auf der Erde bis hinunter zur Größe einer gutgenährten Katze ausrottete (der Ehrlichkeit halber soll aber nicht unerwähnt bleiben, dass es zur gleichen Zeit zu einem extrem starken Trapp-Vulkanismus im heutigen Indien kam (Stichwort „Dekkan-Trapp") und es somit auch heute noch nicht völlig klar ist, wer von beiden Ereignissen - oder vielleicht beide zusammen, Meteoritenimpakt und Umweltverschmutzung durch Vulkanismus, die armen Viecher letztendlich ausgerottet hat). Von den Reptilien haben im Wesentlichen nur ein paar Krokodile und Schildkröten überlebt sowie einige kleine befiederte Dinos, deren Nachfahren als Hausspatzen, Amseln, Grünfinken, Türkentauben, Eichelhäher, Elstern und Saatkrähen heute mein Grundstück bevölkern. Kleine gefiederte Dinos wurden damit quasi zu den Urahnen unserer heutigen bunten Vogelwelt.

Die einzigen Nutznießer dieser Katastrophe waren im Nachhinein betrachtet die damals vor 65 Millionen Jahren noch vollkommen unscheinbaren Säugetiere, die in jener Zeit gerade einmal die Größe einer Ratte erreichten. Und das war unser aller Glück. Der berühmte Paläontologe Stephen J. Gould (1941-2002) hat dieses „Glück" einmal wie folgt beschrieben - und dem ist eigentlich nichts hinzuzufügen:

„Hätte nicht der Himmelskörper ihre (der Dinosaurier) blühende Vielfalt zunichte gemacht, wären sie vielleicht heute noch am Leben (Warum nicht? Es war ihnen 100 Millionen Jahre lang gut gegangen, und in der Erdgeschichte sind seitdem erst wieder 65 Millionen Jahre hinzugekommen). Gäbe es die Dinosaurier noch, wären die Säugetiere mit ziemlicher Sicherheit klein und unbedeutend (wie während der hundertmillionenjährigen Herrschaft der Dinosaurier). Und wenn Säugetiere klein, in ihren Möglichkeiten beschränkt und nicht mit Bewusstsein ausgestattet sind, entstehen daraus sicher keine Menschen, die ihre Gleichgültigkeit zum Ausdruck bringen können. Oder die ihre Söhne Peter nennen. Oder die über Himmel und Erde staunen. Oder die über das Wesen der Wissenschaft und die richtige Beziehung zwischen Tatsachen und Theorie nachgrübeln. Sie wären zu dumm, es zu versuchen; zu sehr damit beschäftigt, sich die nächste Mahlzeit zu verschaffen und sich vor dem bösen Velociraptor zu verstecken."

226. Massenextinktionen

Übrigens, wir befinden uns heute auch wieder in einer Phase des Massenaussterbens von Tieren und Pflanzen. Nur dass hier der Grund kein Meteoriteneinschlag ist, sondern der Mensch, dessen Entstehung ironischerweise wiederum erst ein Meteoriteneinschlag ermöglichte (vielleicht im Zusammenspiel mit dem damaligen Vulkanismus im Osten des heutigen Indiens, was die folgende These eher bestätigen würde). Die meisten Massenextinktionen (Faunenschnitte) der Erdgeschichte sind nämlich selbstgemacht und haben keine kosmischen Ursachen. Sie hängen vielmehr mit einer ansteigenden vulkanischen Tätigkeit und den damit verbundenen Klimaänderungen zusammen. Auch das Leben selbst kann durchaus dazu beitragen, dass evolutionäre Errungenschaften wieder zunichte gemacht werden, so wie es vielleicht nach neueren Forschungen an der Grenze zwischen den Zeitaltern Perm und Trias vor 251 Millionen Jahren geschehen ist. Für derartige Massenextinktionen gibt es einige Beispiele in der Erdgeschichte.

227. Die Sauerstoffkatastrophe

Eines der Folgenreichsten war dabei ohne Zweifel die sogenannte „Sauerstoffkatastrophe“, welche den Tod der meisten vor ~2,4 Milliarden Jahren lebenden anaeroben Mikroorganismen (was anderes gab es damals auch noch nicht) bedeutete. Die Ursache dafür war das Aufkommen der Photosynthese, bei der ja bekanntlich Sauerstoff produziert wird. Sauerstoff ist aber ein äußerst reaktives Gas, welche die damaligen Lebewesen genauso gut vertrugen wie wir heute Lebenden z. B. Blausäure. D. h. eine gewisse Sauerstoffkonzentration war für diese frühen Lebensformen absolut tödlich. Nur ganz wenigen unter ihnen gelang eine entsprechende Anpassung, die biochemisch gesehen äußerst aufwendig war. Andererseits ergab sich aus der Verfügbarkeit von freiem Sauerstoff eine neue und effektivere Methode des Zellstoffwechsels, die man als „Atmung“ bezeichnet. Sie war wiederum Voraussetzung dafür, dass aus primitiven prokaryontischen Zellen hochkomplexe eukaryontische Zellen, und aus diesen dann wiederum in der Folge mehrzellige Lebewesen entstanden. Auch hier hat eine wahre Katastrophe neue evolutionäre Fortschritte ermöglicht, nämlich die Entstehung mehrzelliger Tiere und Pflanzen.

228. Supervulkane

Wie man erst seit wenigen Jahrzehnten weiß, gibt es neben katastrophalen Meteoriteneinschlägen noch ein weiteres Phänomen, welches den Fortbestand unserer Zivilisation ernsthaft gefährden kann. Und diese Art von Katastrophe ist um Einiges wahrscheinlicher als ein Meteoriteneinschlag a la Chicxulub. Ich meine den Ausbruch eines sogenannten Supervulkans. Der relativ neue Begriff des „Supervulkans“ hielt Einzug in die geologischen Wissenschaften, als nach einer eingehenden Analyse des Ausbruchs des Tambora im Jahre 1815 auf Sumbawa in Indonesien und des Toba auf Sumatra vor ca. 74.000 Jahren klar wurde, dass man diesem Phänomen mit der gängigen Definition eines „Vulkans“ nicht mehr gerecht werden kann. Ihr Kennzeichen ist nämlich eine riesige stationäre Magmakammer über einem sogenannten Mantelplume oder hot spot, also einer Region, wo im Erdmantel heißes Material aufsteigt und sich unter der Erdkruste aufgrund der Druckentlastung verflüssigt. Bricht diese Magmakammer in Form eines Supervulkanausbruchs durch die Erdoberfläche, dann entleert sie sich ziemlich schnell und es bleibt eine sogenannte Caldera (ein Einsturzkrater) und kein klassischer Vulkanbau zurück. Diese Caldera ist sehr groß und füllt sich schnell mit Material, so dass sie auf der Erdoberfläche kaum auffällt. Ein kleinerer Supervulkan döst beispielsweise bei Neapel so vor sich hin (ich meine die Phlegräische Felder). Wenn er aber einmal ausbricht (und das wird er), dann ist alles zu spät. Er kann dabei um Einiges stärker werden als z. B. der Ausbruch des Krakataus im Jahre 1883. Und dabei gibt es noch bedeutend stärkere und damit auch gefährlichere Supervulkane auf der Erde. Übersteigt deren Fördermenge an Magma und Tephra die 1000 km^3 - Marke, dann kann sich ein entsprechender Ausbruch sehr schnell zu einer globalen Katastrophe entwickeln. Heute kennen die Geologen insgesamt 6 Stück davon auf der Erde, es können aber durchaus noch mehr sein, denn man kann sie im ruhenden Zustand nur schwer erkennen.

229. Yellowstone

Das bekannteste Beispiel eines unberechenbaren Supervulkans stellt der hot spot unter dem Yellowstone-Nationalpark im US-Bundesstaat Wyoming dar. Seine Magmakammer, die in den letzten Jahren genau vermessen wurde, hat ein Volumen von ca. 24.000 km^3 bei einer Ausdehnung von ungefähr 60x40x10 km (Länge, Breite, Höhe). Das Beunruhigende ist, dass nach Meinung der Geologen ein Ausbruch bereits überfällig ist. Da die amerikanische Platte aufgrund der Kontinentaldrift langsam über den hot spot des für die Magmakammer verantwortlichen Mantelplumes hinweg gleitet, kann man anhand der wie an einer Schnur aufgereihten Calderen früherer Ausbrüche ungefähr deren Periodizität abschätzen. Danach ist der Yellowstone-Supervulkan innerhalb der letzten 17 Millionen Jahre 9mal ausgebrochen, zuletzt vor 640.000 Jahren. Anhand der letzten Caldera-Bildungen schätzt man, dass etwa alle 600.000-900.000 Jahre ein Ausbruch mit fast vollständiger Entleerung der Magmakammer erfolgt.

230. Der genetische Flaschenhals der Menschheit

Die Auswirkungen, die solch ein Ausbruch auf die Umwelt hat, sind im Detail kaum abzuschätzen - auf jeden Fall aber so katastrophal, dass es in der Geschichte der Menschheit mit Ausnahme des Toba-Ausbruchs vor 74.000 Jahren (bei dem, wie die Genetiker anhand des „genetischen Flaschenhalses“ festgestellt haben, bis auf wenige 1000 Individuen alle damals lebenden Menschen umgekommen sind) keine vergleichbare Naturkatastrophe gegeben hat. Sie werden sich jetzt vielleicht fragen, wie man zu so einer Erkenntnis kommen kann. Dazu muss man wissen, dass in einem Lebewesen ein Gen (welches bekanntlich die Aminosäuresequenz und damit die Primärstruktur eines Proteins codiert) in verschiedenen Ausprägungen, die man als Allele bezeichnet, vorkommen kann. So gibt es z. B. ein Allel, welches in phänotypischer Ausprägung zu blauen und ein anderes Allel, welches zu braunen Augen führt. Sehen tun beide Augenarten gleichgut, so dass es für ein Individuum i. d. R. egal ist, welche Augenfarbe es besitzt. Existiert eine genügend große Population, so werden durch geschlechtliche Fortpflanzung die Allele in der Population verteilt und auch ihre Zahl nimmt durch Mutationen immer mehr zu. Ihre relative Häufigkeit in einer Population wird dabei durch den Begriff der Allelfrequenz beschrieben. Vom genetischen Standpunkt aus betrachtet, ist die Darwin' sche Evolution nichts anderes als die stetige Veränderung der Allelfrequenz in einer Population durch natürliche Selektion oder durch Gendrift. Wenn jetzt z. B. auf einer Insel so etwas wie eine Gründerpopulation aus wenigen Individuen einer Art entsteht, dann repräsentieren diese „Gründer“ und ihre unmittelbaren Nachfahren nur einen kleinen Teil der Allele, die in der Gesamtpopulation vorhanden sind. Man spricht hier von einer genetischen Verarmung, die sich konkret messen lässt. Da die Individuen auf unserer Beispielinsel sich nur noch untereinander paaren und damit kein effektiver Genaustausch mit der Restpopulation der Art mehr stattfindet, werden sich beide Populationen - Gründer-Population und Restpopulation - nach und nach auseinander entwickeln, was letztendlich zu neuen Arten führt (der Fachbegriff ist hier allopatrische Speziation). Die Population auf der Insel ist dabei im Vergleich zur Restpopulation genetisch deutlich verarmt und man sagt, dass sie durch einen genetischen Flaschenhals gegangen ist. Mit den modernen Methoden der Populationsgenetik lässt sich dieser Flaschenhals genau quantifizieren (wie groß war ungefähr die Gründerpopulation) und auch die zeitliche Lage des „Flaschenhalses“ berechnen (wann bildete sich die Gründerpopulation auf der Insel). So etwas geschieht natürlich auch ohne „Insel“, und zwar dann, wenn z. B. durch eine Naturkatastrophe der größte Teil (vielleicht 99%) einer Population und damit die in ihr konservierten Allele vernichtet werden. Die wenigen Individuen, die übrig geblieben sind, repräsentieren in ihrem Genpool dann auch nur noch wenige der ehemals in der Population vorhandenen Allele eines Gens. Auch hier entsteht ein quantifizierbarer genetischer Flaschenhals.

Als man schon vor einiger Zeit die sogenannte Mitochondrien-DNA des Menschen untersuchte, stellt man überraschend fest, dass es hier kaum Unterschiede zwischen Menschen, die an den verschiedensten Orten der Erde leben, gibt. Die Menschheit ist nämlich genetisch außergewöhnlich homogen, was auf einen genetischen Flaschenhals hinweist (der Begriff der „Rasse“ für phänotypisch unterschiedlich ausgeprägter Menschen ist sowieso vom biologisch-genetischen Standpunkt nicht aufrecht zu erhalten), der vor ca. 70.000 Jahren entstanden sein muss. Und dieser Zeitpunkt fällt innerhalb der Fehlergrenzen ziemlich genau mit dem Toba-Ausbruch vor ~73.900 Jahren zusammen. Einige Anthropologen halten das nicht für einen Zufall. Es kann also durchaus sein, dass dieser Supervulkanausbruch, von dem heute nur noch die riesige Caldera, welche auf Sumatra den Toba-See beherbergt, kündet, damals einen Großteil der modernen Menschen in Afrika und Asien ausgerottet hat. Auch hier hatte der Mensch offenbar Glück auf seinem Weg zum heute. Aber wie gesagt.

231. Wir sind noch nicht davongekommen

Wir sind noch nicht davongekommen. Mindestens 6 Supervulkane der höchsten Klasse 8 warten auf ihren Ausbruch. Und der ist um ein Vielfaches wahrscheinlicher als ein Einschlag von einem Himmelskörper mit mehr als einem Kilometer Durchmesser. Versicherungen haben sogar ausgerechnet, dass die Wahrscheinlichkeit bei einem Supervulkanausbruch umzukommen mehrfach größer ist, als mit einem Verkehrsflugzeug abzustürzen.

232. Der Mini-Supervulkan in der Eifel

Wer glaubt, dass wir hier in Deutschland was Vulkane betrifft, auf der sicheren Seite sind, irrt sich gewaltig. Und dazu muss nicht mal ein Supervulkan irgendwo auf der Welt ausbrechen. Wir haben nämlich in Deutschland unseren eigenen Kleinen. Und zwar in der Eifel. Er ist das letzte Mal vor ~12.930 Jahren ausgebrochen und erreichte dabei eine „Sprengkraft“, welche den des Vesuv im Jahre 79 n. Chr. (sogenannte Plinianische Eruption) auf das bis zu 5fache überstieg. Der „Knall“ muss dabei in halb Europa zu hören gewesen sein und dürfte so manchen Menschen der Jungsteinzeit (Jungpaläolithikum) aufgeschreckt haben. Und das „Loch“, was bei diesem Ausbruch übrig geblieben ist, bildet heute den Laacher See. Er ist leicht oval, im Mittel 3,3 km im Durchmesser und etwas über 50 m tief. Obwohl der Laacher See als Maar bezeichnet wird, ist er vom geologischen Standpunkt kein echtes Maar, sondern stellt die Einsturzcaldera über der bei dem genannten Ausbruch vollständig entleerten

Magmakammer dar. Dass der letzte Ausbruch es wirklich in sich hatte, kann man noch heute entlang des Vulkanlehrpfades selbst erleben. Die geologischen Zeugnisse aus jener Zeit erzählen von einem wahrlich apokalyptischen Ereignis, welches sich interessanterweise jederzeit wiederholen kann, denn der Eifel-Vulkanismus befindet sich nur in einer Ruhephase. Denn tief unter der Erde befindet sich ein hot spot und an dessen Spitze eine Magmakammer. Dort sammelt sich unter hohem Druck ein gasreiches phonolithisches Magma. Wenn es - wie vor ~13.000 Jahren geschehen - durch Spalten und Klüfte im Gestein nach oben steigt, dann gerät es unter Druckentlastung, und die Gase werden explosionsartig freigesetzt, was in diesem speziellen Fall durch die Berührung mit Wasser noch um ein Vielfaches verstärkt wird. So etwas nennt man eine phreatomagmatische Eruption, in der pyroklastische Glutwolken (wie beim Ausbruch des Mt. Pelé im Jahre 1902) entstehen, die große Landstriche verheeren können.

Wie muss man sich nun solch einen Ausbruch in der Eifel vorstellen? Ein Ausbruch erfolgt sehr plötzlich, d. h. es gibt wahrscheinlich nur wenige sichtbare Indizien dafür, dass eine Eruption unmittelbar bevorsteht. Das kann eine verstärkte Mofettenaktivität sein oder - wie es der Geologe Ullrich C. Schreiber sehr schön in seinem Vulcano-Thriller „Die Flucht der Ameisen“ beschreibt - dass diese Krabbeltiere beginnen in großen Scharen abzuhauen bevor es richtig zur Sache geht (es nutzt aber nichts)··· Vor ~12.930 Jahren jedenfalls begann es plötzlich im Erdinneren zu rumoren, weil das aufsteigende Magma auf Wasser stieß, dieses sofort verdampfte und die bereits vorhandenen Risse und Klüfte im Gestein aufsprengte, so dass die dünnflüssige gasreiche Lava immer weiter nach oben steigen konnte. Dieser Aufstieg entlud sich dann plötzlich in einer phreatomagmatischen Explosion, die einen Krater in den Boden riss und aus dem zu Pulver zermahlenes Gestein in Form einer riesigen heißen Aschewolke mit hoher Geschwindigkeit bis in über 30 Kilometer Höhe geschleudert wurde. Diese Phase nennt man plinianische Hauptphase, weil sie zum ersten Mal von Plinius dem Jüngeren (61/62 - 113/115) bei seiner Flucht vor dem katastrophalen Ausbruch des Vesuvs im Jahre 79 n. Chr. beobachtet und beschrieben wurde (Stichwort Pompeji, Herculaneum). Ihr Kennzeichen ist eine schnell entstehende pilzförmige Eruptionssäule, die bis in die Stratosphäre ragt und dann unter ihrem eigenen Gewicht kollabiert. Dabei entstehen sogenannte pyroklastische Ströme aus einer heißen (bis 800 ° C) und dichten Emulsion aus vulkanischem Staub, Bimsstein und Gas, welches man im französischen treffend *nuée ardente* (Glutlawine) nennt. Sie verbrennen und ersticken alles Leben auf ihrer Zugbahn und hinterlassen schließlich mächtige Schichten aus verfestigtem vulkanischem Material (sogenannte Ignimbrite). Da sie eine

Fließgeschwindigkeit von bis zu 700 km/h erreichen, kann man vor ihnen auch nicht davonlaufen. Im Fall des Laacher Sees erreichen die genannten Ablagerungen immerhin eine Schichtdicke von bis zu 60 Meter Mächtigkeit und der vom Wind verwehte Staub konnte noch in Schweden und in Norditalien nachgewiesen werden. Man schätzt, dass dieser Ausbruch ca. 16 km^3 Lockermaterial (sogenannte Tephren) gefördert hat. Damit spielt er sogar eine Liga oberhalb des bekannten Ausbruchs des Mt. St. Helens im Jahre 1980 und sogar des Pinatubo im Jahre 1991. Also harmlos ist solch ein Eifel-Vulkan wirklich nicht. Übrigens, nach ca. einer Woche war der ganze Spuk vorbei und was von der Eifel übrigblieb, war nichts weiter als verbrannte Erde, dass sich zu Ende der nächsten 12.000 Jahre zu einem Touristenmagnet entwickeln sollte. Es lohnt sich einmal hinzufahren, wenn sich die Angst vor einem Ausbruch in Grenzen hält. Denn eine Vielzahl von Vulkanologen hält es übrigens für sehr wahrscheinlich, dass der Laacher-See-Vulkan irgendwann in den nächsten 1000 Jahren wieder einmal ausbrechen wird. Und das kann theoretisch schon nächste Woche passieren. Und damit man sich das Szenario auch schon mal im Vorfeld etwas genauer vorstellen kann, wurde 2009 ein Zweiteiler mit dem bescheidenen Titel „Vulkan" unter der Regie von Uwe Jansen gedreht. Er kommt zwar nicht an den amerikanischen Thriller „Supervolcano" von 2005 heran, der einen Ausbruch des Supervulkans unter dem Yellowstone-Nationalpark thematisiert, ist aber ansonsten durchaus - was zumindest die geologische Faktenlage betrifft - realistisch angelegt.

233. Louis-Auguste Cyparis und der Montagne Pelée

Im Zusammenhang mit „Glutwolken" fällt mir noch ein Name ein, Louis-Auguste Cyparis (1875-1929), der unter den Künstlernamen Ludger Sylbaris mit einem Barnum' schen Wanderzirkus einst durch die Vereinigten Staaten reiste. Taylor Barnum (1810-1891) haben wir ja bereits im Zusammenhang mit „Barnum' s American Museum" und den Siamesischen Zwillingen kennengelernt. Die Aufgabe des Herrn Cyparis bestand dabei nur darin, auf der Bühne in einem Nachbau einer Gefängniszelle zu sitzen und möglichst dramatisch dem Publikum einen Teil seiner Lebensgeschichte zu schildern. Und die begann auf der Antilleninsel Martinique in der Stadt Saint-Pierre, wo er sich wieder einmal in der Nacht vom 7. Mai auf den 8. Mai 1902 an einer Kneipenschlägerei beteiligte, bei dem es sogar einen Toten gegeben haben soll. Jedenfalls hat man ihn festgehalten und im „Maison d'Arrêt" in eine halberdige Arrestzelle gesteckt, die nur ein kleines vergittertes Fenster nach außen hatte. Und das war sein Glück. Denn nur wenige Stunden später waren alle über 40.000 Einwohner von Saint-Pierre tot und nur er, ein Schuhmacher mit Namen Léon Compère-Léandre sowie ein geistesgegenwärtiges Mädchen, das sich an der Küste in eine Grotte retten konnte, überlebten das tödliche Ereignis. Denn am 8. Mai 1902, dem Himmelfahrtstag, kurz vor 8 Uhr in der Frühe, brach der nicht weit entfernte Vulkan Montagne Pelée aus und eine über 700 ° C heiße Glutwolke raste mit einer Geschwindigkeit von bis zu 800 km/h seine Hänge hinab und tötete bis auf die drei alle Einwohner der Stadt. Selbst in seiner Gefängniszelle traten durch das kleine Fenster glühend heiße Dämpfe ein und verbrannten Teile seiner Haut. Sie hinterließen große Narben an Armen, Beinen und Rücken, die ihn bei seiner späteren, wenn auch kurzen Zirkuskarriere jedoch noch zum Vorteil gereichen sollten. Leider - oder zum Glück - hielt auch die Zellentür dem Glutstrom stand, so dass Cyparis sich selbst nicht befreien und somit erst drei Tage später entdeckt und gerettet werden konnte. Und da es auch keine überlebenden Zeugen mehr für die Kneipenschlägerei gab, bei der er seinen Saufkumpan (der ihm angeblich Geld schuldete) mit einer Machete erschlagen haben soll, wurde er schließlich vom Gouverneur begnadigt. Er wanderte in die USA aus, wo ihn Taylor Barnum schon erwartete, um ihn in seiner damals sehr gut besuchten Freakshow zu zeigen. Dort begann dann ein neues Leben für den hünenhaften, aber durch vernarbte Brandwunden entstellten Farbigen aus Martinique. Er stellte als „The Most Marvellous Man on Earth“ neben dem „Cardiff Giant“ George Auger, Rob Roy, dem „Albino und Schlangenmensch“ und Charles Tripp, „dem Mann ohne Arme“ eine der Attraktionen von Barnum’ s Wanderzirkus dar. Er war übrigens der erste Farbige, dem auf diese Weise zumindest kurzzeitig eine einträgliche Zirkuskarriere gelang, die aber bereits am 5. Juni 1903 abrupt endete. An diesem Tag stach er sturzbesoffen einen Zirkuswächter nieder, was ihm einen weiteren, nun aber dauerhafteren Gefängnisaufenthalt eingebracht hat. Nach seiner Begnadigung soll er sich schließlich nach Panama begeben haben, um dort mit vielen anderen den Panamakanal auszuschachten.

234. Fiebermücken und Bau des Panamakanals

Dabei wurde er sicherlich auch von Malaria- und Gelbfiebermücken gestochen. Damals wusste man aber schon, dass Gelbfieber und Malaria von bestimmten Mücken übertragen werden. Der amerikanische Arzt William Crawford Gorgas (1854-1920) entwickelte daraufhin eine Strategie, die innerhalb von nur 18 Monaten die in Panama grassierende Gelbfieber- und Malariaepedemie soweit (und nachhaltig) eindämmte, dass der Kanal gebaut werden konnte und sich die Todesfälle an diesen Krankheiten auch durch bessere hygienische Bedingungen in den Krankenstationen in Grenzen hielten.

Der erste Versuch, einen Kanal durch die Landenge zu graben, welcher 1881 begonnen wurde, endete bekanntlich in einem Fiasko, welches nicht nur in der Pleite der damaligen Kanalbaugesellschaft bestand. Auch über 22.000 Arbeiter starben innerhalb von nur 8 Jahren an den genannten Krankheiten. Irgendwann nahm dann die Zahl der Grabkreuze ein Ausmaß an, so dass es kaum noch gelang, neue Arbeitskräfte zu rekrutieren.

235. Leichenkonservierung

Deshalb wurden die Leichen in Essig eingelegt und in Fässern nach Europa verschifft, um sie dort zu begraben. Essig wurde übrigens schon in der Antike als Konservierungsmittel verwendet. Man vermutet, dass es beim „Sauerwerden“ von Wein oder Bier entdeckt wurde. Auf jeden Fall muss Essig bereits um 6000 v. Chr. bekannt gewesen sein, worauf entsprechende archäologische Befunde aus dem Zweistromland hinweisen. Ziemlich schnell entdeckte man, dass sich damit insbesondere mehr oder weniger gegarte Feldfrüchte über längere Zeit haltbar machen ließen, was man bekanntlich als „Einlegen“ bezeichnet. Eine ganze Region in Deutschland lebt noch heute davon (Spreewald). Später mutierte Essig zu einem häufig verwendeten Würzmittel und in Rom, mit Wasser verdünnt, zu einer Erfrischungslimonade - ein Getränk, welches man Posca nannte. Auch der Leichnam Alexander des Großen (356-323 v. Chr.) wurde „eingelegt“, als er im Sommer des Jahres 323 v. Chr. in Babylon verstarb. Nur nicht in Essig, sondern in Honig. So konnte sein Leichnam ohne zu verderben bis nach Alexandria transportiert werden, wo dieser große König dann an einer auch heute noch unbekannten Stelle schließlich begraben wurde.

Das Einlegen eines Leichnams in Honig stellt übrigens eine frühe Form der „Einbalsamierung“ dar, die in der Antike durchaus hier und da Anwendung fand. Der Fachausdruck dafür ist Mellifikation. Heute wird meines Wissens nirgends mehr Honig in dieser zweckmissbräuchlichen Art verwendet. Dazu schmeckt er zu gut und auch die dafür erforderliche Menge dürfte wahrscheinlich den meisten viel zu teuer sein. Das „Einfrieren“ mit flüssigem Stickstoff, wie es z. B. in den USA von reicher Klientel ab und an in Anspruch genommen wird, ist heute die Methode der Wahl. Die Methode, der sich ungefragt auf Stalins Geheiß Wladimir Iljitsch Uljanow (besser unter seinem Pseudonym „Lenin“ bekannt) und später Stalin selbst (weniger unter seinem richtigen Namen Iosseb Bessarionis dse Dschughaschwili bekannt) unterziehen musste, hat sich dagegen aus heutiger Sicht nicht bewährt. Sie erfordert eine dauerhafte Betreuung der Leiche, um sie vor dem naturgesetzlich vorgesehenen Zerfall zu bewahren. Heute muss z. B. eine private Stiftung jährlich 1,5 Millionen $ aufwenden, um Lenin in seinem Mausoleum auf dem Roten Platz in Moskau weiterhin einigermaßen frisch aussehen zu lassen (alle drei Jahre muss er sogar seine Garderobe wechseln!). Eigentlich wird es Zeit, auch ihn, genauso wie bereits bei Stalin geschehen, ordentlich und so wie es sich gehört, zu begraben.

236. Das Mausoleum des Maussolos II.

Der Begriff Mausoleum als Zentrum eines Totenkultes a la Lenin geht auf eine weniger bekannte Persönlichkeit als Wladimir Iljitsch zurück. Und zwar auf den Kleinkönig Maussolos II., der in der Hafenstadt Halikarnassos (Bodrum in der heutigen Türkei) ab dem Jahre 377 v. Chr. 24 Jahre residierte. Weil er Angst hatte, wie so viele unbedeutende Herrscher auch, schnell in Vergessenheit zu geraten, ließ er sich ein Totenhaus, ein Maussoleion, bauen. Es wurde zwar erst drei Jahre nach seinem Tod fertig. Aber es sollte als eines der „Sieben Weltwunder“ dann doch noch über die Zeiten hinweg seinen Zweck erfüllen. Wie es einmal aussah, hat uns u. a. der römische Geschichtsschreiber Plinius der Ältere überliefert, der seinerzeit den Vesuvausbruch vom Jahre 79 mit angesehen, ihn aber nicht überlebt hat, was wir wiederum von Plinius dem Jüngeren wissen. Das Mausoleum selbst bzw. am Ende dessen Reste, konnte man so bis zum Jahre 1523 besichtigen (d. h. über 1873 Jahre hinweg). Aber gerade in diesem Jahr brauchten die dort ansässigen Ritter des Johanniterordens Baumaterial für eine neue Festung und da war die Ruine des Mausoleums gerade ein überaus günstiger Steinbruchersatz. Seitdem ist nur noch eines der „Sieben Weltwunder“ übrig, welches man noch heute vor Ort besichtigen kann. Und das wird so schnell nicht verschwinden, obwohl erst kürzlich ein paar hirnamputierte Kämpfer des „Islamischen Staates“ mit dessen Abbruch gedroht haben.

Ob nun Lenin ‘s Mausoleum auch so lange durchhalten wird wie das des Mausollos von Halikarnassos, wage ich mal zu bezweifeln. Erstens ist es dafür architektonisch viel zu schlicht, um auch nur annähernd als neuzeitliches Weltwunder durchgehen zu können. Und auch Lenin selbst gerät immer mehr in Vergessenheit, seitdem seine obskuren Lehren nicht mehr Bestandteil mancher staatlicher schulischer und universitärer Ausbildung sind und darüber hinaus auch noch das von ihm mit etablierte Gesellschaftssystem weltweit so grandios gescheitert ist. Und dabei gab es mal eine kurze und schon weitgehend vergessene Episode in der Menschheitsgeschichte, wo der „Marxismus-Leninismus" als „Wissenschaft" galt (so wie heute der „Genderismus"). In Wirklichkeit handelte es sich dabei aber um eine politische Ideologie, auf dessen Grundlage zuerst in der ehemaligen Sowjetunion und dann, nach dem zweiten Weltkrieg, in einigen Ländern Osteuropas (sowie noch verschiedenen anderen Ländern wie z. B. Kuba) ein Gesellschaftssystem mit diktatorischem Anstrich etabliert wurde. Es konnte sich einige Jahrzehnte halten, bis es dann überwiegend aus ökonomischen Gründen einfach scheitern musste. Das die entsprechenden Umwälzungen weitgehend friedlich verlaufen sind, erscheint selbst aus heutiger Sicht immer noch bemerkenswert.

237. Das "Genie" der Karpaten

Nur einer der kommunistischen „Führer", der sich selbst „Genie der Karpaten" nannte, aber ansonsten nur ein kleiner farbloser Beamter war, überlebte die friedlichen Revolutionen am Ende der 1980er Jahre nicht - der „Große Conducator" Rumäniens - Nicolae Ceausescu (1918 bis 1989). Kurz zuvor wurde er von seinen Höflingen noch als „Titan der Titanen", als „süßester Kuss der Heimaterde", als „glorreiche Eiche aus Scornicesti" und als „Licht, dass selbst die Sonne blendet" umschleimt. Am Ende stand er mit seiner Frau Elena, der „liebenden Mutter der Nation" und „Größten Wissenschaftlerin Rumäniens" vor dem Erschießungskommando und konnte es gar nicht fassen, dass jetzt er, der zuvor noch auf sein eigenes Volk hat schießen lassen, nun selbst - nach einem standrechtlichen Schnellverfahren - erschossen wird.

Die Ironie der Geschichte liegt dabei darin, dass Ceausescu selbst noch unmittelbar davor das Dokument unterzeichnete, mit dem der nationale Ausnahmezustand ausgerufen wurde - und er auf diese Weise erst die rechtliche Grundlage für ein militärisches Schnellgericht schaffte, von dem er dann auch prompt angeklagt wurde. *„Nicule, man ermordet uns? In unserem Rumänien?"* waren die letzten Worte Elenas an ihren Mann. „Unser Rumänien" - es hatte jahrzehntelang gestimmt, aber nun war es vorbei. Und nur die wenigsten in Rumänien werden sich an diesen unappetitlichen

„Führer“ an seinem Todestag, dem ersten Weihnachtsfeiertag des Jahres 1989, erinnern wollen.

238. Dracula

Im Volksmund wird Ceausescu übrigens nicht ohne Grund „Draculescu“ genannt, wobei in dem Namen Bram Strokers berühmte Romanfigur „Dracula“ enthalten ist. Und daran hat der kommunistische Diktator Rumäniens sogar selbst einen nicht unerheblichen Anteil, sah er sich doch in der Folge Vlad Tepes (Vlad II. Draculea, 1431-1477), den er zu einem Nationalhelden stilisieren ließ. Und dieser Vlad Tepes, der in Wirklichkeit Vlad Basarab hieß, war wiederum die geschichtliche Vorlage für Bram Strokers Roman *„Dracula“*. Dazu muss man folgendes über diesen wohl berühmtesten Wojewoden der Walachei wissen: „Tepes“ heißt „der Pfähler“ und „Draculea“ „Sohn des Drachen“. Den ersten Namen hat er erhalten, weil es seine Angewohnheit war, die in sein Land eingefallenen Osmanen - soweit sie ihm lebendig in die Hände fielen - zu „pfählen“. Diese spezielle Hinrichtungsart, die schon aus der Zeit des Hammurabi (um 1760 v. Chr.) bekannt ist, sollte die Kampfmoral des osmanischen Heeres untergraben und ihren weiteren Vormarsch in die christlichen Länder nördlich der Karpaten stoppen. So wird berichtet, dass Mehmet II. (1432-1481, der Eroberer Konstantinopels), im Jahre 1462 nach der erfolglosen Belagerung von Targoviste (Tergowisch) entlang einer Reihe von 20.000 gepfählten Türken abziehen musste.

Was das Umbringen seiner Feinde betraf, so entwickelte in dieser Beziehung „Vlad, der Pfähler“ eine besondere Leidenschaft. Am liebsten speiste er unter den Gepfählten, von Leichengeruch umweht und manchmal mit einen noch Lebenden small talk betreibend (der Todeskampf konnte bis zu 2 Tage dauern!). So legt ihm z. B. der rumänische Autor Marin Sorescu (1936-1996) in seinem Drama „Der dritte Pfahl“ Ceausescu-Zitate in den Mund, was erst relativ spät (nach dem Tod Sorescu' s) den Zensoren auffiel. Im Jahre 1477 wurde Vlad II. Draculea schließlich selbst getötet - wahrscheinlich bei Kampfhandlungen in der Nähe von Bukarest. Jedenfalls hat man ihm den Kopf abgeschlagen und, in Honig eingelegt, zum Sultan nach Konstantinopel gebracht, wo er eine Hauptattraktion bei der Siegesfeier werden sollte.

Aufgrund seiner Grausamkeit, aber auch deswegen, dass er gegen den Expansionsdrang des osmanischen Reiches in Richtung Zentraleuropa entscheidend Widerstand geleistet hat, wurde er schnell im Volk verklärt und später - da er angeblich zu Lebzeiten ab und an das Blut seiner Feinde getrunken haben soll - als ein „Vampir" angesehen. Der „Vampirglaube" selbst kam aber erst ca. 2 Jahrhunderte nach Vlad Tepes Tod ‘ auf und hielt sich auf dem Balkan bis in das 20. Jahrhundert hinein, bis er dann langsam allgemeiner Bestandteil der Popkultur wurde.

239. Tanz der Vampire

Einen sehr guten Einstieg in das Genre des Vampirismus bietet übrigens der Film von Roman Polanski *„Tanz der Vampire"* von 1967, den es anzusehen durchaus wieder einmal lohnt. Insbesondere die darin geäußerten Expertisen des berühmten Vampirforschers der Universität Königsberg, Prof. Abronsius, haben nichts an Aktualität verloren. Außerdem kann man in diesem Film die in einem Holzzuber badende Sharon Tate bewundern, die zwei Jahre nach Abschluss des Dreh ‘s bekanntlich von der „Manson Family" grausam ermordet wurde.

Der aufgeklärte Mensch weiß natürlich, dass es keine untoten „Vampire" gegeben hat noch jemals geben wird.

240. Vampirfledermäuse

Der gebildete Mensch weiß dagegen aber auch, dass es durchaus echte „Vampire" gibt, die sich gänzlich unvegetarisch lediglich von Blut ernähren - nämlich die amerikanischen Vampirfledermäuse (*Desmodontinae*). Sie sind bei den Farmern nicht gern gesehen, da sie sich des Nachts auf Weidetiere niederlassen und ihnen kleine Wunden zufügen, aus denen Blut fließt, welches sie dann wiederum aufschlecken bzw. einsaugen. Ein Antigerinnungsmittel in ihrem Speichel verhindert, dass das Blut schnell gerinnt und ein „Narkosemittel", dass das Tier (meist ein Rind) davon möglichst nichts bemerkt.

Von den drei bekannten Vampirfledermausarten fällt nur ab und an der „Gemeine Vampir" auch mal einen Menschen an. Aber dass er ihn dabei gänzlich aussaugt, wie man es den untoten Vampiren a la Dracula nachsagt, ist natürlich eine Mär. Pro Mahlzeit nimmt eine derartige Fledermaus lediglich um die 20 Milliliter Blut auf (entspricht ungefähr dem Inhalt eines kleinen Hühnereis), welches es dann anschließend erst mal in Ruhe verdauen muss. Der Blutverlust, den Mensch und Nutztier durch Fledermausbesuche erleiden, ist deshalb relativ unbedenklich.

241. Die Tollwut

Was nicht unbedenklich ist, ist die unerfreuliche Tatsache, dass Vampirfledermäuse ideale Überträger der fast immer tödlich verlaufenden Tollwut sind. Man schätzt, dass pro Jahr deswegen weit über 50.000 Rinder und um die 20 Menschen allein in Brasilien an dieser äußerst gefährlichen Virusinfektion sterben. In Deutschland scheint diese Krankheit (soweit es nicht um die spezielle Fledermaus-Tollwut handelt) seit 2008 ausgestorben zu sein, was wiederum zu den eher erfreulichen Nachrichten gehört. Denn gegen die Tollwut gibt es bis heute keine Heilmittel die helfen, sobald die Krankheit einmal ausgebrochen ist. Man kann sich aber durch eine vorbeugende Impfung dagegen schützen.

242. Homöopathie

Oder aber durch homöopathische Mittelchen, wie schon vor über 170 Jahren der berühmte Homöopath Constantin Hering (1800-1880) herausgefunden haben will und wie die Werbung von diversen „Naturheilkundlern“ großmundig verspricht. Auf seine „Heringsche Regel“ berufen sie sich noch heute (neben dem sogenannten „Ähnlichkeitsgesetz“), um ihrer Lehre so etwas wie einen wissenschaftlichen Anstrich zu verleihen.

Aus der Beobachtung heraus, dass tollwütige Katzen oder Hunde (aber auch Menschen) mit zunehmendem Krankheitsverlauf eine Angst vor Wasser entwickeln, kam C. Hering 1833 auf die Idee, Hundespeichel (der ja auch flüssig ist) entsprechend zu verdünnen, um daraus eine „Tollwut-Nosode“ zu machen, die nicht nur in der Tierheilkunde, sondern auch in der „Naturheilkunde“ eingesetzt werden kann. Denn wie jedes homöopathische Arzneimittel wirkt es universell gegen alle möglichen Gebrechen, so gegen Tollwut, Epilepsie, Hydrophobie(!), Kopfschmerzen, Arthritis ··· Harnwegsinfektionen, allgemeine Phobien, bei Frauen Scheidenkrämpfe sowie, man höre und staune, sogar gegen Zorn- und Wutausbrüche à la Klaus Kinsky etc. pp.

Auch hier kommt es natürlich in erster Linie auf die Verdünnung an. Denn je weniger Wirkstoff das Mittelchen enthält (Hundespucke), desto größer die Wirkung und desto teurer das Präparat.

243. Potenzieren

Diese Wirkungssteigerung erzielt der erfahrene Homöopath bekanntlich durch den Akt des „Potenzierens". Darunter versteht man den Vorgang, eine „Ursubstanz" auf eine bestimmte Art und Weise entweder mit destilliertem Wasser, Milchzucker oder Ethylalkohol immer weiter zu verdünnen, bis der gewünschte Verdünnungsgrad erreicht ist. Eine gängige Maßeinheit dafür ist die D-Potenz (Dezimalpotenz). Sie sagt aus, dass bei jedem Arbeitsschritt immer auf 1/10 verdünnt wird. Die Potenz D21 entspricht dann (d. h. nach 21 entsprechenden Verdünnungsschritten) bereits einer Verdünnung von 1 zu einer Trilliarde - eine übrigens durchaus übliche Verdünnung „homöopathisch" wirksamer Substanzen.

244. Homöopathischer Potenzierversuch

Aber was bedeutet das eigentlich? Um das Herauszufinden, empfehle ich folgenden kleinen unkomplizierten Versuch, vielleicht begleitet mit ein paar elementaren Rechnungen mit einem Taschenrechner. Denn nach der reinen Lehre soll sich ja die Wirkung einer homöopathischen Substanz erhöhen, je mehr man sie verdünnt. Als Einheit verwenden wir hier sogenannte C-Potenzen, wo bei das „C" für „Centesimalpotenzen" steht, denn in diesem Fall wird bei einem Schritt genau auf 1/100 verdünnt. Die Zutaten sind etwas Prima Sprit (oder ein hochprozentiger Schnaps wie beispielsweise der berüchtigte 80%ige Stroh-Rum) sowie 1,2 Liter Leitungswasser (wenn Sie das Leitungswasser zuvor noch in gesundes und vitales Bergquellwasser umwandeln möchten, dann empfehle ich Ihnen den VitaJuwel-Edelsteinstab für schlappe 49,90 € zum umrühren und gleichzeitigem „Vitalisieren" des Wassers à la Grander). Als Equipment benötigen wir außerdem noch 12 normale Trinkgläser (wir wollen uns nur bis zu einer C12-Potenzierung des Alkohols vorwagen), die alle jeweils mit 1/10 Liter Wasser gefüllt werden. Des Weiteren wird noch eine Pipette benötigt, die es erlaubt, jeweils 1 Milliliter (=1/1000 Liter) Flüssigkeit aufzunehmen.

Und nun kann der Versuch beginnen. Man fülle die Pipette als Erstes mit 1 Milliliter Schnaps und übertrage deren Inhalt in das erste Wasserglas, welches man anschließend nicht umrühren, sondern auf eine bestimmte Art und Weise schütteln sollte (man erinnere sich, nach Johann Grander hat Wasser ein „Gedächtnis", das sich durch artgerechtes Schütteln auffrischen lässt). Danach entnimmt man mit der genannten Pipette eine Probe von wiederum 1 Milliliter aus dem ersten Wasserglas und entleere sie in das zweite Wasserglas (schütteln nicht vergessen!). Dann entnimmt man eine Probe aus dem zweiten Wasserglas und entleert es in das Dritte. Diesen Vorgang müssen sie nun solange wiederholen, bis sie im 12. Wasserglas endlich die gewünschte C12-Potenzierung des Schnapses erreicht haben. Und dann zum Wohl! Aber Vorsicht, denn laut der homöopathischen Lehre sollte sich jetzt ein viel stärkeres „beschwipst sein" einstellen als beim Genuss der gleichen Menge „Ursubstanz". Probieren Sie es einfach aus, denn Empirie siegt doch gewöhnlich über Theorie.

Doch was bedeuten diese Verdünnungsstufen nun ganz konkret, quasi „naturwissenschaftlich" nachgefragt. Hier hilft der Taschenrechner weiter. Und damit ergeben sich folgende, durch Vergleiche etwas anschaulicher gemachte Ergebnisse: C1-Potenzierung - eine Flasche Schnaps verdünnt mit dem Inhalt einer Badewanne; C2-Potenzierung - eine Flasche Schnaps verdünnt mit dem Inhalt eines Tankwagens voller Wasser; C3-Potenzierung - eine Flasche Schnaps verdünnt mit dem Wasserinhalt eines Schwimmbeckens; C4-Potenzierung - eine Flasche Schnaps, verdünnt mit dem Inhalt eines mit Wasser beladenen Großtankers; C5-Potenzierung - eine Flasche Schnaps gekippt in den Erie-See; ⋯ ; C9-Potenzierung - eine Flasche Schnaps in den Ozean gekippt; ⋯ C12-Potenzierung - eine Flasche Schnaps verdünnt in Wasser mit dem Volumen des Planeten Jupiter. Ob man davon wirklich noch besoffen wird? Immerhin ist die Chance, eine ziemlich große Menge Ethylalkoholmoleküle aus der „Ursubstanz" im letzten Wasserglas zu finden, noch durchaus gegeben. Aber bei C12 macht natürlich kein echter Homöopath halt. Erst ab C24 kann man wirklich sicher sein, dass das Wasserglas nicht mal mehr ein Ethylalkoholmolekül aus der ersten Pipette enthält. Aber C75 sollte es schon sein - eine Flasche Schnaps verdünnt in Wasser mit dem Volumen unseres überschaubaren Universums! Gebräuchliche C-Potenzen in der Homöopathie sind übrigens C6, C12, C30, C200 und C1000. Bei manchen Gebrechen ist es aber durchaus angesagt, noch höhere Potenzen eines geeigneten homöopathischen Mittels zu verschreiben. Hier werden häufig die C10.000 und die C100.000 verwendet. Man sagt, solche hohe Potenzen arbeiten auf einer besonders tiefen geistigen Ebene. Und dem kann man nach dem eben gesagten eigentlich nur beipflichten.

245. Wirkung ohne Wirkstoffe

Jetzt versteht man auch, warum homöopathische Mittel nicht unter die Arzneimittelgesetze sondern nur unter die Lebensmittelgesetze fallen. Denn etwas, was keine oder so gut wie keine Wirkstoffe enthält, kann nach allen menschlichen Erfahrungen auch nicht gegen oder auf irgendetwas „wirken“. Aber es ist natürlich jedem unbenommen, an eine derartige „Wirkung“ zu glauben (was aber bei Haustieren offenbar so nicht funktionieren kann, obwohl Tierärzte gern einmal ein paar „Globuli“ für Hund und Katze für teures Geld verkaufen). Wenn Sie also bei einem Urlaub in südliche Gefilde (insbesondere Balkan und Türkei sowie außerhalb Europas beispielsweise Marokko) zufällig von einem Hund gebissen werden, sollten sie eher eine schnelle Impfung gegen Tollwut in Erwägung ziehen als stattdessen „Tollwut-Nosode“ zu schlucken. Wenn sie im letzteren Fall überleben sollten, können sie sicher sein, dass es nur daran gelegen hat, dass der „Hund“ gar nicht tollwütig war. Denn man ist bei einer erfolgreichen Infektion gewöhnlich, beginnend mit dem ersten Auftreten der Tollwut-Symptome, innerhalb von 7 Tagen mit so gut wie 100 prozentiger Sicherheit tot.

Interessant in diesem Zusammenhang ist, dass es neben dem hoch infektiösen Rabiesvirus, dem Verursacher der Tollwut, noch eine nicht pathogene Form von ihm gibt. Auch sie kann sich entlang der Nervenbahnen bis in das Gehirn hangeln, nur dass sie dort keine tödlich verlaufende Gehirnhautentzündung hervorruft. Das nutzen übrigens einige Gehirnforscher aus, um damit die neuronale Verschaltung bestimmter Gehirnabschnitte aufzuklären. Und gerade hier gibt es noch sehr viel zu erforschen.

246. Inselbegabungen - Savants

Zwar weiß man mittlerweile schon recht gut, wie dieses, „Gehirn“ genannte, ca. 1,3 kg schwere Stück Materie funktioniert. Es besteht aus rund 100 Milliarden Neuronen, die über rund 100 Billionen Verbindungen miteinander vernetzt sind. Dazwischen tummeln sich noch in großer Zahl sogenannte Gliazellen, welche quasi die Energieversorgung der Neuronen sicherstellen. Die Verschaltung der Neuronen ist dabei nicht beliebig. Wenn es aber dabei zu Fehlbildungen kommt, dann ergeben sich daraus gewisse kognitive Behinderungen, aber manchmal (und oft damit verbunden), auch wahrlich erstaunliche Inselbegabungen.

Beginnen wir mit dem Gedächtnis. Können Sie sich vorstellen, ca. 12.000 Bücher normalen Umfangs jederzeit und quasi wortwörtlich aus dem Gedächtnis (bei einer Fehlerquote von etwa 1%) wiedergeben zu können?

247. Kim Peek - der "Rain man"

Kim Peek (1951-2009) konnte es. Sein Manko bestand lediglich darin, dass er den Sinn von deren Inhalt nicht zu erfassen in der Lage war. Kim Peek war ein allein kaum lebensfähiger Zeitgenosse, aber einer mit einem phänomenalen Gedächtnis. Er konnte Inhalte wortwörtlich wiedergeben, sekundenschnell zu beliebigen Jahrestagen die dazugehörigen Begebenheiten berichten und beherrschte darüber hinaus auch noch die Kunst des Kalenderrechnens in Perfektion (was für ein Wochentag war der 13. Juli 1746?). Eine seiner Lieblingsbeschäftigungen war übrigens das Auswendiglernen von PLZ-Listen und Telefonbüchern. Er benötigte dazu für eine Seite nur wenige Sekunden··· Wir normale Menschen wären froh, wenn wir nur einen Bruchteil des Gedächtnisses von Kim Peek zur Verfügung hätten. Aber wäre das wirklich so toll? Hat die Natur nicht vielleicht einen guten Grund dafür gehabt, unsere Gedächtnisleistung quasi auf Sparflamme zu fahren?

248. Fotografisches Gedächtnis

Nehmen wir z. B. den russischen Gedächtniskünstler Solomon Schereschewski (1886-1958) oder die noch heute lebende Amerikanerin Jill Price. Die 1965 geborene Frau kann sich, beginnend mit dem Datum 5.2.1980, alle (und wirklich alle!) seitdem von ihr beigewohnten Ereignisse lückenlos und mit allen Details ins Gedächtnis zurückrufen. Es ist so, als ob Sie jemand fragt, was Sie am 23.04.1996 gegen 21.15 Uhr im Fernsehen gesehen haben - und Sie antworten nachweislich richtig *„Da habe ich mir gerade mit meinem Hund Bobby den Film „Rain man" angeschaut und ich erinnere mich, dass Charlie Babbitt, dargestellt von Dustin Hoffmann, im Casino von Las Vegas zusammen mit seinen Bruder Charly, der von Tom Cruise gespielt wurde, beim Black Jack saß. Auf dem Tisch links neben dem Fernseher stand übrigens meine blaupunktierte Blumenvase mit zwei gelben Narzissen und einer roten Tulpe ···"*. Interessant an diesem Fall ist, dass sich diese Inselbegabung ganz allmählich entwickelt hat und die Frau (im Gegensatz zu Solomon Schereschewski, der nicht einmal lesen konnte) ansonsten keine kognitiven Anomalien zeigt - sie arbeitet ganz normal als Geschäftsführerin einer privaten Bildungseinrichtung. Bis auf ihr phänomenales fotografisches Gedächtnis ist sie in Bezug auf andere geistigen Fähigkeiten so normal wie Du und ich. Und das wiederum ist bei Savants (so nennt man Menschen mit einer außergewöhnlichen Inselbegabung) eher ungewöhnlich.

Die Frage, die sich hier der Wissenschaft stellt, ist die, was bei solchen außergewöhnlichen Menschen im Gehirn passiert und warum diese Fähigkeiten für „normale" Menschen nicht erreichbar sind. Das hat übrigens zu dem Mythos geführt, wir normalen Menschen würden nur 10% der potentiellen Leistungsfähigkeit unseres Gehirns ausnutzen, was aber mittlerweile widerlegt ist. Genaugenommen ist eine solche Behauptung ziemlich sinnlos, da noch nicht mal bekannt ist, auf was sich diese 10% beziehen sollen.

Inselbegabungen äußern sich am häufigsten in außergewöhnlichen Gedächtnis- und Rechenleistungen sowie in künstlerisch relevanten Begabungen, wie ein fotografisches Gedächtnis oder ein absolutes Gehör. Die meisten dieser Begabungen sind angeboren und gehen mit z. T. erheblichen Defiziten auf anderen Gebieten einher. So sind Savants häufig Autisten. Es gibt aber auch Fälle, wo sie plötzlich - z. B. nach einem Sportunfall - in Erscheinung traten. Der Amerikaner Orlando Serrel ist dafür der Prototyp, der als 10jähriger ungünstig von einem Baseball am Kopf getroffen wurde und seitdem ein „Kalendergedächtnis" wie Jill Price besitzt. Gegenwärtig leben etwa 100 Menschen auf der Erde, die man als Savants bezeichnen kann. Sie sind also wahrlich dünn gesät. In der Wissenschaft haben es Savants in den allermeisten Fällen nicht weit gebracht (höchstens als Studienobjekte).

249. Genies

Dort sind eher „normale" Hochbegabte - und ihre Steigerung, Genies, gefragt (das Wort leitet sich von *ingenium* ab, welches auch im „Ingenieur" steckt). Die Einordnung in die Kategorie „Genie" ist und war schon immer äußerst subjektiv, da hier nicht die reinen intellektuellen Fähigkeiten, sondern vielmehr die Schöpferkraft, die Fähigkeit, etwas Neues zu entdecken oder - technisch oder künstlerisch - zu erschaffen, die wesentliche Rolle spielt. Heute hat man gelegentlich versucht, den Begriff „Genie" an einem relativ objektiven Maß, dem Intelligenzquotienten, festzumachen. So sind nach dieser Lesart alle Leute, deren IQ beispielsweise 130 übersteigt, „Genies". So ist es auch nicht verwunderlich, dass es geniale Verbrecher, geniale Heerführer, geniale Schauspieler, geniale Schriftsteller und ganz selten ab und an sogar geniale Staatsmänner gibt. Aber ein hoher IQ allein ist alles andere als ein „Genie-Indikator" - er kann höchstens hilfreich auf dem Weg zu wahrer Genialität sein. So gibt es z. B. in New York das elitäre Hunter-College, in das nur Kinder aufgenommen werden, die bei einem standardisierten Intelligenztest wenigstens 130 Punkte erzielen. So gut wie alle Absolventen erreichten in ihrem Leben zwar fast immer äußerst einträgliche Positionen, aber keiner von ihnen fiel durch eine so außergewöhnliche Lebensleistung auf, dass er das Prädikat „Genie" verdienen würde. Es muss also noch andere Charaktereigenschaften geben, die einen Begabten oder Talentierten zu einem „Genie" mutieren lassen. Und das sind u. a. eine „göttliche Neugier" (Albert Einstein), ein tiefes Interesse am Gegenstand, eine eiserne Ausdauer beim Verfolgen seiner Ziele (Johannes Kepler), „üben, üben, nochmals üben" (Wolfgang Amadeus Mozart) und das Glück, seinen Interessen abseits von Alltagssorgen auch nachgehen zu können. Genial zu sein bedeutet aber oft auch, sich gegen herrschende Ansichten in der Gesellschaft zu stellen und entsprechende Konsequenzen tragen zu müssen.

Über den Geniestatus einiger bedeutender Menschen besteht mittlerweile gesellschaftlicher Konsens. Ich meine damit Menschen wie Leonardo da Vinci und Michelangelo Buonarotti, die ganz wesentlich unser Bild von der italienischen Renaissance geprägt haben. Unter den Naturwissenschaftlern fallen mir spontan Johannes Kepler, Isaak Newton, Gottfried Wilhelm Leibniz, Charles Darwin und Albert Einstein ein. Unter den Künstler dürften Johann Sebastian Bach, Joseph Haydn und natürlich Ludwig van Beethoven unbestrittene Genies gewesen sein. Unter den Philosophen ist in dieser Hinsicht neben Plato und Aristoteles insbesondere Ludwig Wittgenstein mein persönlicher Favorit. Und auch unter den Mathematikern kann man eine außergewöhnliche Genie-Dichte beobachten, wie die Namen Joseph-Louis Lagrange, Leonhard Euler, Carl Friedrich Gauß, David Hilbert und in gegenwärtiger Zeit Gregory Perelman (ein wahrhaft außergewöhnliches Exemplar dieser Gattung!) beweisen. Alle hatten sie sicherlich irgendwie Talent, ob auf künstlerischem oder mathematischem Gebiet. Ihre „Genialität" haben sie sich aber selbst hart erarbeiten müssen. Mit Talent allein bringt man es nicht mal im Sport sehr weit. Und selbst Talent ist erst einmal nur eine in den Genen angelegte Potentialität, die man durch Fleiß und Ausdauer sowie durch eine wohlwollende Förderung durch Eltern und Lehrer erst einmal ans Tageslicht befördern muss.

250. Defizite im Bildungssystem

Leider ist das heutige (deutsche) Bildungssystem dieser Aufgabe nicht mehr gewachsen, da es in den letzten Jahrzehnten von der Politik immer mehr auf Durchschnittlichkeit ausgerichtet wurde. In solch einem Bildungssystem haben es einseitig begabte Schüler schwer, da sie angehalten werden, in den Fächern, die ihnen nicht liegen, besonders viel Zeit und Mühe zu stecken um zumindest den Durchschnitt zu erreichen, anstatt sie in den Fächern zu fördern, die ihnen besonders liegen, um dort perfekt zu werden. Gerade die Entindividualisierung der Schule, wo es kennziffern-gemäß um Klassen- und Schuldurchschnitte geht und in der jeder „mitgenommen" werden muss, lässt die Freiräume für Phantasie, originelles Denken - also das, was einen Freak ausmacht - immer mehr schrumpfen. Dabei ist gerade individuelle Förderung besonderer Talente vonnöten, um auch in Zukunft genügend Menschen zu haben, die den kulturellen und wissenschaftlich-technischen Fortschritt vorantreiben.

Ein weiteres Problem der heutigen Zeit scheint mir zu sein, dass Bildung immer mehr mit „Zensuren" gleichgesetzt wird. So gibt es die interessante Beobachtung, dass sich in den Jahren von 2006 bis 2012 die Zahl der 1,0 - Abiturienten (Zensurendurchschnitt!) in der Bundeshauptstadt Berlin vervierfacht hat. Dem steht entgegen, dass sich die Hochschulen immer mehr über das Fehlen vieler Grundfertigkeiten - beginnend schon bei einem vernünftigen schriftlichen Ausdruck inkl. fehlerfreiem Schreiben - beklagen und sie in dieser Hinsicht mittlerweile Spezialkurse für einen Teil ihrer Studierenden anbieten müssen, um diese Defizite möglichst schnell auszugleichen. Eine genauere Analyse dieses Sachverhalts hat ergeben, dass zu dieser Notenverschiebung zu einem immer besseren Durchschnitt nicht die wachsende Intelligenz der Schüler und die besonderen pädagogischen Fähigkeiten der Lehrer beigetragen hat, sondern in erster Linie die von den Kultusministerien schleichend betriebene Absenkung im Niveau des Lehrstoffs. Und das hat offensichtlich Methode, denn die politischen Vorgaben nach „sozialer Gerechtigkeit" bedingt vordergründig, dass das Abitur quasi immer einfacher wird, denn es soll ja kein Privileg von Besserlernenden und Besserwissenden mehr sein, denn schließlich sollen es alle Schüler bekommen.

251. Abitur oder Matura

Die Idee, für den Zugang zu einer höheren Schule eine einheitliche Zugangsvoraussetzung zu schaffen, die von den Hochschulen zu akzeptieren ist, stammt übrigens aus Preußen. So wurde das Abitur als höchster preußischer Schulabschluss als sogenanntes „Abiturregiment" bereits im Jahre 1788 gegen nicht unerhebliche Widerstände aus Adel und Kirche eingeführt. Seine spätere humanistische Ausprägung geht auf Wilhelm von Humboldt (1767-1835) und Johann Wilhelm Süvern (1775-1829) zurück, die dem Abitur eine geisteswissenschaftlich-sprachliche und mathematisch-naturwissenschaftliche Ausrichtung gaben. Ab 1834 wurde in Preußen eine bestandene Abiturprüfung Pflicht, um an einer Universität studieren zu dürfen. Frauen konnten übrigens erst ab 1896 ihr Abitur ablegen. Einzelne Promotionen von Frauen (die freilich allesamt Ausnahmen waren) gab es an einigen deutschen Hochschulen (insbesondere Göttingen) schon im 19. Jahrhundert. Ein reguläres Studium mit einem entsprechenden Abschluss wurde aber erst zu Beginn des 20. Jahrhunderts nach und nach möglich. Insbesondere in der Medizin begannen Frauen nach und nach Fuß zu fassen, während sie in den mathematisch-naturwissenschaftlichen Fächern noch eher die Ausnahme blieben.

Eine dieser Ausnahmen war Emmy Noether (1882-1935), die ab 1903 in Erlangen Mathematik studiert und anschließend - als zweite Frau überhaupt in Deutschland - auch in diesem Fach promovierte. Ihr erster, noch von David Hilbert (1862-1943) und Felix Klein (1849-1925) unterstützter Habilitationsversuch an der Göttinger Universität scheiterte zwar noch an der konservativen Gesetzgebung des Kaiserreichs, was sie aber nicht daran hinderte, in Hilberts ‘ Namen Vorlesungen zu halten. Erst nach dem ersten Weltkrieg konnte sie sich schließlich 1919 habilitieren und damit eine zumindest nichtbeamtete Professur erlangen. Ihr mathematisches Spezialgebiet war die sogenannte Invariantentheorie und die moderne (abstrakte) Algebra.

252. Das Noether-Theorem

Den Physikern ist sie insbesondere durch das Noether-Theorem bekannt, welches ein grundlegendes Theorem mit weitreichenden Anwendungen in der Theoretischen Physik darstellt. Bei ihm lohnt es sich ein wenig zu verweilen, ohne es hier jedoch auch nur ansatzweise umfänglich würdigen zu können.

Ein Schlüsselbegriff in diesem Theorem ist der Begriff der Invariante. Darunter versteht man eine Größe, die sich auch dann nicht ändert, wenn sich eine damit assoziierte mathematische Struktur oder sich ein durch eine solche mathematische Struktur beschriebenes physikalisches System ändert. Die Energie ist solch ein Beispiel. Nehmen wir ein reibungsfreies Pendel. Der Pendelkörper schwingt in einem Schwerefeld hin und her, wobei er bei der Aufwärtsbewegung an potentieller Energie gewinnt, die kinetische Energie jedoch im gleichen Maße abnimmt. Bei der Abwärtsbewegung dreht es sich um. Der Pendelkörper wird immer schneller, bis seine Geschwindigkeit und damit seine kinetische Energie am tiefsten Punkt maximal werden. Die Summe aus beiden Energiearten bleibt jedoch während des gesamten Pendelvorgangs immer erhalten. Man sagt auch, dass für die Invariante „Energie" ein Erhaltungssatz gilt. Und warum das so ist, hat Emmy Noether herausbekommen. Dazu untersuchte sie Symmetrien in einem mehr abstrakteren Sinne und entdeckte dabei, angewendet auf physikalische Systeme, dass es zu jeder kontinuierlichen Symmetrie immer eine dazugehörige Erhaltungsgröße gibt. „Kontinuierlich" heißt hier u. a., dass sich die Naturgesetze nicht ändern, wenn ich meinen Versuchsaufbau von irgendeinem Ort A im Universum zu einem beliebigen Ort B verfrachte. Diese Symmetrie, die aufgrund der Homogenität des Raumes besteht, impliziert nach dem Noether-Theorem z. B. den Impulserhaltungssatz. Sind obendrein noch die Naturgesetze unabhängig von der Raumrichtung, dann führt das zur Drehimpulserhaltung. Er gilt deshalb nur in sogenannten isotropen Räumen. Angenommen, die Naturgesetze würden von der Zeit abhängen. Dann brauchte man heute vielleicht weniger Energie, um einen Liter kaltes Wasser zum Sieden zu bringen als noch gestern oder vorgestern. Ein fähiger Ingenieur könnte dann auf die Idee kommen, aus diesem Unterschied Kapital zu schlagen, in dem er quasi Energie aus dem Nichts kreiert. So etwas wurde aber noch niemals festgestellt. Selbst wenn man viele Hundert Millionen Lichtjahre entfernte Galaxien beobachtet, deren Licht aufgrund der Endlichkeit der Lichtgeschwindigkeit auch vor vielen Hundert Millionen Jahre emittiert wurde, findet man, dass dort zu jener Zeit die gleichen Naturgesetze herrschten wie auch heute bei uns. Physikalisch ist das ein Zeichen für die Homogenität der Zeit (kein Zeitpunkt ist gegenüber einem anderen ausgezeichnet) und aus dem Noether-Theorem folgt daraus der berühmte, von Robert Mayer (1814-1878) im Jahre 1842 erstmals formulierte Energieerhaltungssatz. Die Erhaltungssätze der klassischen Mechanik ergeben sich damit zwingend aus fundamentalen Eigenschaften des physikalischen Raumes sowie der Zeit. Und diese Erkenntnis haben wir Emmy Noether zu verdanken.

Noch viel mehr als in der klassischen Mechanik spielen Symmetrien in der modernen Elementarteilchenphysik, eine Domäne der Quantenphysik, eine Rolle. Ja man kann sogar sagen, dass sich die Theorie überhaupt erst auf der Grundlage spezifischer Symmetrien formulieren lässt, die wiederum die bei Elementarteilchenwechselwirkungen beobachteten Erhaltungsgrößen (Quantenzahlen, verschiedene Ladungen, Parität (Spiegelungsinvarianz), Spin) deduzieren. Besonders interessant wird es, wenn unter gewissen Bedingungen bestimmte Symmetrien nicht mehr gelten, d. h. sie „gebrochen" sind. Das ist beispielsweise der Fall, wenn das „Spiegelbild" eines physikalischen Vorgangs nirgendwo in der Natur realisiert ist. Und genau eine solche Verletzung der Spiegelsymmetrie wurde 1956 von Tsung-Dao Lee und Chen Ning Yang entdeckt. Vielleicht erinnern Sie sich, ich habe darüber bereits im Zusammenhang mit dem Ozma-Problem berichtet (wie erkläre ich einem Außerirdischen per Funk, wo rechts und wo links ist).

253. Symmetrie und Schönheit

Landläufig wird der Begriff „Symmetrie" kaum mit Physik, dafür aber eher mit „Schönheit" in Zusammenhang gebracht. Etwas, ein Ding, ein Lebewesen oder ein Muster, welches eine Symmetrie aufweist, erscheint als angenehm und ausbalanciert, kurz als schön. Das Faible für symmetrische Dinge ist dabei vollkommen unabhängig von irgendeinem Kulturkreis (höchstens die Ausprägung), denn überall findet man die Bevorzugung von symmetrischen Mustern, ob bei der Verzierung von Alltagsgegenständen oder bei der Errichtung von Bauten und Tempeln. Die Gleichsetzung von Symmetrie und Schönheit scheint demnach weniger dem Verstand oder einer erlernten kulturellen Tradition zu entspringen, als vielmehr vom Gefühl bestimmt zu werden. Das Gegenteil von Symmetrie ist Asymmetrie. Und auch sie hat ihre ganz eigenen Reize.

254. Der Goldene Schnitt

So kann man eine Strecke nur auf eine Weise symmetrisch teilen, aber auf unendlich viele Male so, dass der rechte Teil mit dem linken nicht in Deckung gebracht werden kann. Aber eine Teilung sticht bei diesen unzähligen asymmetrischen Teilungen hervor, weil sie uns irgendwie einzigartig erscheint. Dazu muss man die Strecke so in zwei Teile teilen, dass der kleinere Teil sich zum größeren genauso verhält wie der größere Teil zum Ganzen. Diese spezielle Teilung wird als Proportio divina bezeichnet. Seit dem 18. Jahrhundert hat sich dafür der Begriff des „Goldenen Schnittes" durchgesetzt. Man findet ihn an Bauwerken, auf Gemälden und auf vielfältige Weise in der lebenden Natur realisiert. Untersucht man ihn genauer, dann erkennt man, dass er durch eine irrationale Zahl

$$(1+\sqrt{5})/2 \sim 1.6180339887498948482045868343656...$$

dargestellt werden kann. Sie ist keine transzendente Zahl wie Pi, sondern eine algebraische Zahl, da sie sich mit Zirkel und Lineal auf der Zahlengerade konstruieren lässt. Und sie ist auch zugleich die „irrationalste" Zahl, die es gibt, denn sie lässt sich mit dem einfachsten denkbaren Kettenbruch berechnen (er enthält als Ziffern nur Einsen).

Das was der Mensch unbewusst seit Jahrtausenden in seine Kunst- und Bauwerke einfließen lässt, hat die lebende Natur in vielfältiger Weise vorgemacht. Nehmen wir z. B. unseren Arm. Die Länge der Hand und die Länge des Unterarms entsprechen in ihrer Teilung dem Goldenen Schnitt. Nehmen wir ein Efeu-Blatt. Hier verhält sich die längste Blattader zur Kürzesten wie der längere Abschnitt zum kürzeren des Goldenen Schnitts. Und so kann man unzählige Beispiele finden, bei denen irgendwie der Goldene Schnitt in Erscheinung tritt: Anordnung von Blättern an einer Pflanze, Zapfen von Nadelgehölzen, Muschel- und Schneckenschalen, Proportionen bei Tieren usw. Selbst in der Astronomie, genauer in der Himmelsmechanik, spielt der Goldene Schnitt eine gewisse Rolle. Wie Sie vielleicht wissen, befindet sich zwischen der Marsbahn und der Jupiterbahn eine Zone, in der sich besonders viele kleine Planeten (Planetoiden) aufhalten. Diesen Bereich nennt man deshalb auch Planetoidengürtel. Ihre Bahnen lassen sich über längere Zeiträume nicht genau vorhersagen, da sie von den anderen Planeten des Sonnensystems - insbesondere von dem massereichen Jupiter - „gestört" werden. Das führt dazu, dass die Verteilung der Planetoidenbahnen in dieser Zone nicht gleichmäßig ist, sondern sich bei bestimmten Sonnenabständen häufen oder auch auffällige Lücken bilden, in denen man so gut wie keine Planetoiden findet.

255. Kirkwood-Lücken und KAM-Theorem

Diese „Lücken“ werden übrigens nach dem amerikanischen Mathematiker und Astronomen Daniel Kirkwood (1814-1895) „Kirkwood-Lücken“ genannt. Berechnet man nun das Verhältnis aus Umlaufszeit eines Planetoiden und Umlaufszeit des Störkörpers(hier der Planet Jupiter), dann stellt man fest, dass sich die Positionen der Lücken mit jeweils den Verhältnissen zweier kleiner ganzen Zahlen wie z. B. 2:1, 3:1, 5:2 ··· zusammenfallen. Man spricht in diesem Fall von Bahnresonanzen oder Kommensurabilitäten. Bei einer 3:1 -Resonanz bewegt sich beispielsweise ein Planetoid genau 3mal um die Sonne wenn sich Jupiter einmal um die Sonne bewegt. In diesem Fall nähern sich beide Himmelskörper stets am gleichen Ort ihrer Umlaufbahn und ziehen sich dort gravitativ am stärksten an. Das ist so, als ob man auf einer Schaukel immer dann, wenn sie ihren höchsten Punkt erreicht, wieder Schwung holt. Auf diese Weise schaukeln sich die von Jupiter verursachten Störungen systematisch auf - eine Resonanz eben. Der Planetoid wird also im Laufe der Zeit seine Bahnparameter ändern, bis er eine neue, nichtresonante Bahn einnimmt oder nahe an einem größeren Planeten vorbeizieht und dabei u. U. aus dem Sonnensystem geschleudert wird. In der Tendenz werden also auf diese Weise die Resonanzlücken geleert. Damit sind die radialen Positionen der Planetoidenbahnen am stabilsten, in denen das genannte Umlaufsverhältnis ein Verhältnis von einer irrationalen Zahl zu einer ganzen Zahl ist, also z. B. $\sqrt{2}$: 1 oder Pi:2.

Eine genaue Analyse dieses Sachverhalts wurde im letzten Jahrhundert von den Mathematikern Andrei N. Kolmogorow (1903-1987), Vladimir I. Arnold (1937-2010) und Jürgen Moser (1928-1999) durchgeführt. Nach ihren Ergebnissen, die im sogenannten KAM-Theorem niedergelegt sind, sind die stabilsten Bahnen im Planetoidengürtel genau diejenigen, bei denen das Resonanzverhältnis genau dem des Goldenen Schnitts entspricht, also ~1,618:1 beträgt.

256. Der Goldene Schnitt in der Fotografie und der Malerei

Auch das in besseren Digitalkameras im Live-View-Modus einblendbare 3x3-Raster hat mittelbar etwas mit dem Goldenen Schnitt zu tun. Es wird hier angenähert durch

1/3 zu 2/3 (deshalb nennt man das auch „die Drittel-Regel“) und hilft Objekte auf dem Foto so zu positionieren, das sie einen möglichst harmonischen Anblick beim Betrachter erzeugen. So ist es immer günstig, das Objekt, welches das Foto dominieren soll (z. B. ein Gesicht oder eine Blume) in einen der zwei Schnittpunkte der oberen Linie zu positionieren. Bei Landschaftsaufnahmen sollte dagegen die untere Linie mit dem (mathematischen) Horizont oder mit der oberen Kante des Wasserspiegels eines Sees zusammenfallen. Bekannt ist auch die Regel: Zwei Drittel Land, ein Drittel Himmel. Ich denke, damit dürfte das Prinzip klar sein. Diese Regel ist genaugenommen nur eine Adaption der gleichen Regel, wie sie schon seit Jahrhunderten in der Malerei angewendet wird. Viele berühmte Maler wie Raffael und Tizian haben sich zwar eingehend mit dem Goldenen Schnitt auseinandergesetzt, nahmen aber oftmals aus künstlerischen Gründen Abweichungen von den Idealproportionen in Kauf.

257. Albrecht Dürer

Eine größere Abhandlung, in der u. a. auch die Proportio divina eingehend behandelt wird, stammt von Albrecht Dürer (1471-1528). Hier ist insbesondere seine postum erschienene Schrift von 1528 zu nennen, die den Titel *„Vier Bücher von menschlicher Proportion“* trägt und als Dürers ‘ Proportionalitätslehre bekannt ist.

Albrecht Dürer, sicherlich einer der berühmtesten Söhne Nürnbergs, wurde am 21. Mai 1471 geboren. Mit 16 Jahren wurde er Azubi bei dem Maler Michael Wohlgemut und begab sich ab 1490 auf die obligatorische Wanderschaft, bei der er u. a. Basel, Straßburg und Venedig besuchte. Im Jahre 1495 ließ er sich dann als selbständiger Meister in seiner Heimatstadt nieder und wurde dort als Zeichner, Maler und Kupferstecher der wohl vielseitigste deutsche Künstler seiner Zeit. Das 1498 veröffentlichte Holzschnittwerk der Apokalypse trägt schon seinen ganz persönlichen Stil. Ungefähr zu der gleichen Zeit entstand im Auftrag des Kurfürsten Friedrich des Weisen von Sachsen (dem Protegé Luthers), der Dreikönigsaltar der Schlosskirche zu Wittenberg. Im Jahre 1506 unternahm Dürer seine zweite Studienreise nach Italien, die ihn in Venedig mit Gentile Bellini sowie dem jungen Tizian zusammenführte. Dort entstand auch das Bild *„Rosenkranzfest“*, welches sich heute in der Nationalgalerie in Prag befindet. Ab 1511 entstanden eine Vielzahl von Kupferstichen, Handzeichnungen und Holzstichen, von denen *„Ritter, Tod und Teufel“*, *„Melancholie“* und der *„Heilige Hieronymus im Gehäuse“* sowie die *„Große“* und die *„Kleine Passion“* die wohl bekanntesten sind. Hier offenbarte sich nicht nur die Meisterschaft Dürers, sondern auch seine Kunst, Bildinhalte quasi zu komponieren. Nehmen wir nur den Kupferstich *„Melancholie"*. Hier sieht man einen Engel in Gestalt einer stattlichen Frau inmitten des Instrumentariums irdischen Handwerks und Forschens mit niedergeschlagener Miene sitzen. Ein Stundenglas an der Wand sowie eine Glocke mahnen an die Vergänglichkeit alles Irdischen. Ein magisches Zahlenquadrat mag darüber hinaus auf die geheimen Beziehungen hinweisen, die im unendlichen Kosmos ihre Geltung haben und sich doch dem menschlichen Geist entziehen. Bewacht wird sie von einem müden Hund unterhalb eines abgestumpften Parallelepipeds als Symbol der Treue. Es scheint, dass eine endgültige Interpretation dieses Kupferstichs in den Maßen 24x18,8 cm mit seinem geheimnisvollen Inhalt kaum möglich ist - denn jede Zeit hat ihre eigene und Albrecht Dürer selbst kann man nicht mehr fragen.

Die letzte Periode seines Schaffens begann mit dem Jahre 1520. Es führte ihn zusammen mit seiner Frau nach Antwerpen, wo er dem Einzug Karls V. beiwohnte. Hier porträtierte er u. a. den Maler Bernard van Orley (auch „Raffael der Niederlande" genannt, 1491-1542), wobei dieses einprägsame Porträt, welches schon manche Briefmarke zierte, heute in der Gemäldegalerie „Alte Meister" in Dresden besichtigt werden kann. In diesem Zusammenhang ist es interessant zu wissen, dass es lange Zeit unter den Fachleuten eine Meinungsverschiedenheit um den Urheber eines Gemäldes gegeben hat, vom dem man lange völlig uneins war, ob es von Dürer oder von van Orley stammte.

258. Das Turiner Grabtuch

Bei diesem Gemälde handelt es sich um eine Kopie des Grabtuchs von Turin, welches man heute fast sicher Bernard van Orley als Urheber zuordnet, der es im Jahre 1516 gemalt haben soll. Viel interessanter - und natürlich mysteriöser - ist natürlich das Original selbst, welches seit 1578 in Turin in der Basilika San Giovanni aufbewahrt wird. Es handelt sich dabei um ein 4,36 Meter langes und 1,10 Meter breites Leinentuch, auf dem - kaum sichtbar - die Negativabbildung eines offensichtlich gekreuzigten Menschen abgebildet ist. Die einen halten dieses Tuch für das Tuch, in welches Jesu Christus nach der Kreuzabnahme zur Bestattung eingewickelt wurde und andere für ein Artefakt aus dem späten Mittelalter. Um es kurz zu machen, die Sache ist noch nicht entschieden. Für beide Interpretationen führen Fachleute Gründe, Beweise und Plausibilitäten an, wobei aber eine Tendenz in Richtung „Artefakt" zu beobachten ist.

Die erste Interpretation ist sehr theologisch geprägt, die zweite stützt sich mehr auf objektive wissenschaftliche Untersuchungen des Grabtuchs. Die katholische Kirche, die es ansonsten mit Echtheitszertifikaten von Reliquien nicht sonderlich genau nimmt, nimmt in diesem besonderen Fall jedoch eine gewisse indifferente Haltung ein, in dem sie dem Grabtuch die von vielen Gläubigen geforderte Einstufung als Reliquie verweigert, aber die Anbetung als Ikone zulässt. Ganz unabhängig davon birgt dieses Stück Leinen immer noch eines der großen wissenschaftlichen Rätsel der Menschheit.

259. Sindonologie

Um es zu lösen, wurde eigens eine neue, interdisziplinäre Wissenschaftsdisziplin begründet, die Sindonologie (altgriechisch *sindon* - das Leichentuch). Aber was macht nun das eigentliche Geheimnis des Turiner Grabtuchs aus? Normal betrachtet ist nämlich kaum etwas darauf zu erkennen. man erahnt höchstens die Umrisse eines Menschen, die umso deutlicher erscheinen, je weiter man vom Tuch zurücktritt. Aber die große Überraschung, die das Tuch von einem Kultobjekt zu einem wissenschaftlichen Forschungsobjekt machte, datiert auf das Jahr 1898, als der Fotograf Secondo Pia die ersten Aufnahmen davon machte. Und seine Fotoplatten zeigten - ein Positiv! Auf einmal waren das Antlitz und der Körper eines geschundenen Mannes, der alle Merkmale einer Kreuzigung trug, deutlich zu erkennen. Damit hatte niemand gerechnet. Darauf folgte ab 1900 eine Anzahl von Untersuchungen, die im Jahre 1978 in einer Probeentnahme zur Altersbestimmung mittels der Radio-Carbon-Methode gipfelte. Das Ergebnis war für die Anhänger der These, dass es sich beim Turiner Grabtuch um das „echte Grabtuch" Jesu Christi handelt, erschütternd. Danach muss das Leinen irgendwann zwischen 1260 n. Chr. und 1390 n. Chr. gewebt worden sein. Heute ist man sich da nicht mehr ganz so sicher, ob nicht doch mögliche Verunreinigungen die Datierung beeinflusst haben könnten. Da weitere Probeentnahmen vom Eigentümer der *Sacra Sindone* nicht erlaubt werden, ist es fraglich, ob sich in naher oder fernerer Zukunft das Datierungsproblem abschließend wird klären lassen.

Die Deutung der Entstehungsweise des Bildes erschwerte sich noch mehr, als man bei der genauen Prüfung der fotografischen Aufnahmen mittels moderner Bildanalysemethoden feststellte, dass in ihnen eine 3D-Information des Dargestellten enthalten ist. Das nährte ungemein die Zweifel darüber, dass es sich bei dem Grabtuchabbild um ein von einem (dann aber wahrlich genialen!) Künstler gemaltes Bild handelt.

Außerdem müsste dieser Künstler zumindest eine Ahnung davon gehabt haben, was eine Negativabbildung ist. Aber das kann man einem Menschen, der im späten Mittelalter bzw. der aufkommenden Renaissance gelebt hat, wohl kaum zugestehen. So sind auch heute noch alle Deutungsversuche darüber, wie das Bild auf das Leinen gelangt ist, hoch spekulativ. Was aber ohne Frage besonders erstaunlich ist, ist, dass man auf dem Positiv unweigerlich das Gesicht Jesus ‘, so wie es in seiner Physiognomie seit Jahrhunderten in der Kirchenmalerei und Ikonographie wiedergegeben wird, zu erkennen glaubt. Natürlich weiß kein Mensch, wie Jesus von Nazareth einmal ausgesehen hat. Es existieren darüber weder in den Evangelien noch in den Apokryphen zum neuen Testament irgendwelche Angaben darüber. Aber auffällig ist, dass diese spezielle Physiognomie offensichtlich erst im 14. Jahrhundert n. Chr. auftauchte und man geneigt ist, sie mit dem 1357 nachweislich zum ersten Mal öffentlich in Lirey bei Troyes präsentiertem Leichentuch in Verbindung zu bringen.

Die letzte öffentliche Ausstellung des Grabtuches in Turin fand 2015 statt. Jetzt muss man bis frühestens 2025 warten, um die im Jahre 1997 beinahe einem Brand zum Opfer gefallene originale Textilie mit eigenen Augen besichtigen zu können. Aber bis dahin ist noch einige Zeit und man kann gespannt sein, was die Sindonologen noch an Neuem herausfinden werden.

Dreh- und Angelpunkt der wissenschaftlichen Erforschung des Turiner Grabtuchs war und ist dessen genaue Datierung. Hierbei ergeben sich einige Ansätze, mit denen man einmal die Plausibilität angenommener Datierungen (Todesjahr Christi) überprüfen kann und sich zum anderen „absolut“ die Herstellung des Tuches zeitlich eingrenzen lässt.

260. Radiokarbondatierung

Zu den Letzteren gehört die sogenannte Radiokarbondatierung, wie sie heute in der archäologischen- und Geschichtsforschung wegen ihrer recht hohen Zuverlässigkeit und Zeitauflösung fast schon standardmäßig angewendet wird. Ihr Prinzip ist nicht schwer zu verstehen. Die Schlüsselbegriffe sind Isotope, radioaktiver Zerfall und Halbwertszeit.

Als Erstes muss man wissen, dass das Element Kohlenstoff - eine Grundlage jeglichen Lebens - in der Natur in drei Isotopen vorkommt, die sich durch die Anzahl ihrer

Neutronen unterscheiden und bei denen eines, C14, mit einer Halbwertszeit von 5730 Jahren instabil ist. „14“ bedeutet hier die Massezahl, also die Summe aus der Protonenzahl (bei Kohlenstoff immer 6) und der Neutronenzahl eines Atomkerns. Die Isotope C12 und C13 sind dagegen stabil, wobei uns hier nur das Isotop C12 zu interessieren braucht. Dadurch, dass das Isotop C14 in der oberen Atmosphäre der Erde infolge der kosmischen Strahlung immer wieder neu gebildet wird, hat sich zwischen Neubildung und Zerfall gewissermaßen ein Gleichgewicht eingestellt, so dass die Konzentration an diesem Isotop in der Erdatmosphäre im Wesentlichen über längere Zeiträume konstant bleibt. Diese Konzentration liegt dabei ungefähr bei einem C14-Atom auf rund eine Billion C12-Atome. Diese Atome liegen dabei in erster Linie gebunden in CO_2-Molekülen vor, die ja bekanntlich ein Ausgangsstoff für die Photosynthese der grünen Pflanzen darstellt. Solange also eine Pflanze wächst und gedeiht, nimmt sie sowohl C12 als auch C14 in einem der Isotopenzusammensetzung der Luft identischen Verhältnis auf, fixiert den darin enthaltenen Kohlenstoff und verwendet ihn zum Aufbau eigener Substanzen wie z. B. verschiedener Kohlenhydrate. Dasselbe C12/C14-Verhältnis wird sich auch bei Tieren einstellen, die Pflanzen fressen (z. B. Antilopen) und Tieren, die Tiere fressen (z. B. Löwen). Kontinuierlicher Futternachschub hält auch bei ihnen zu ihren Lebzeiten das C12/C14-Verhältnis konstant. Das ändert sich, wenn eine Pflanze oder ein Tier stirbt. Dann beginnt die radioaktive Uhr zu klicken, denn die C14-Atome zerfallen langsam und das C12/C14-Verhältnis verändert sich proportional zu der seitdem verstrichenen Zeit. Indem man also das Verhältnis zwischen C14 und C12 in einer Probe misst, lässt sich das Alter bestimmen - je weniger C14, desto älter ist die Probe.

Die einfachste Methode, das Kohlenstoff-Isotopenverhältnis zu bestimmen, ist es, einen Geigerzähler daran zu halten und die Radioaktivität der Probe zu messen. Dazu sind aber größere Mengen entsprechenden organischen Materials notwendig. Deshalb spielt diese Methode meist nur noch in physikalischen Praktika in naturwissenschaftlichen Studiengängen eine Rolle. Moderne Verfahren (von denen es Einige gibt) beruhen hauptsächlich auf Massenspektrometrie, wie z. B. die AMS-Methode (AMS steht hier für *Accelerator Mass Spectrometry*). Dabei werden einzelne Atome einer in den gasförmigen Zustand überführten Probe ionisiert und durch elektrische und magnetische Felder beschleunigt und dabei in ihre Isotope (die ja eine unterschiedliche Masse besitzen) getrennt und deren Anteile bestimmt. Dazu reichen gewöhnlich winzige Mengen des zu analysierenden Kohlenstoffs aus, um das wichtige C12/C14-Verhältnis und damit letztendlich das Alter der Probe zu ermitteln. Im Falle des Turiner Grabtuchs gewann man aus einem 7 cm x 10 cm großen Stoffstreifen insgesamt

12 Proben und aus allen, in verschiedenen Forschungsinstituten durchgeführten Datierungen, ein Herkunftsalter (als die Leinpflanzen für das Tuch geerntet wurden) von 691 ± 31 Jahre berechnet. Die Reichweite, dieser von Williard Frank Libby (1908-1980, Nobelpreis 1960) entwickelten Methode, liegt maximal bei ~10 C14-Halbwertszeiten und reicht damit gerade einmal bis in das mittlere Pleistozän. Für die Datierung von Saurierknochen ist die Radiokarbonmethode nicht geeignet.

261. Dendrochronologie

Auch nicht ganz so weit in die Vergangenheit, aber immerhin bis ~10.000 v Chr., kommt man mit den speziellen Methoden der Dendrochronologie. In ihrem Namen steckt das griechische Wort „*dendron*“, was so viel wie „Baum“ bedeutet - und mit ihr lassen sich Holzbauten, aber auch Schiffe, deren Holzplanken und Kielhölzer noch gut erhalten sind, z. T. bis auf das Fälljahr der entsprechenden Stämme datieren. Man nutzt dazu die sogenannten Jahresringe aus, die jeder schon einmal gesehen hat, der einen glatt durchsägten Baumstamm gesehen hat. Ein Baum setzt in den gemäßigten Gefilden jedes Jahr einen mehr oder weniger breiten Ring an, dessen Stärke die jeweiligen Wachstumsbedingungen widerspiegelt. Da für alle Bäume einer Art in einem bestimmten Gebiet die Lebensbedingungen ungefähr gleich sind, besitzen alle diese Bäume in der entsprechenden Region etwa die gleiche charakteristische Abfolge von schmalen und breiten Jahresringen. In dem man Stammscheiben von Bäumen, deren Lebensdauer sich überlappt, nebeneinander legt, kann man die Jahresringe dieser Bäume quasi synchronisieren. Die Idee und erste praktische Umsetzung dieser Methode geht auf einen Astronomen mit Namen Andrew Ellicott Douglass (1867-1962) zurück, der damit nicht archäologisch wertvolle Artefakte, sondern die Sonnenaktivität in der Vergangenheit erforschen wollte. Denn Jahresringe zeigen synchron die gleiche elfjährige Periode wie die Sonne ihre Sonnenflecke. Seine Methode wurde später von den Archäologen usurpiert und zu einem probaten Mittel der Datierung ausgebaut. Heute können sie auf eine lückenlose Reihe von Jahresringen, welche in verschiedenen Jahresringtabellen erfasst sind, zurückgreifen, die - wie im Fall des Hohenheimer Ringkalenders - mittlerweile mehr als 12.000 Jahre in die Vergangenheit reichen. Findet man also irgendwo in der Lausitz wieder einmal die Reste einer alten slawischen Wallanlage, dann versucht man möglichst einen im sumpfigen Boden noch einigermaßen erhaltenen Baumstamm der einstigen Befestigungsanlage auszugraben. Sind über seinen Querschnitt dann noch die Jahresringe zu identifizieren, dann haben die Archäologen einen Hauptgewinn gezogen.

Denn durch Vergleiche mit einem geeigneten „Ringkalender“ lässt sich nun der Zeitpunkt bis auf das Jahr genau ermitteln, an dem der zum Pfahl bestimmte Baum gefällt wurde. Übrigens, unser Pflaumenbaum, den mein Bruder ungefragt abgesägt hat, ist 67 Jahre alt geworden. Ich weiß das. Ich habe seine Ringe gezählt…

262. Regionale Klimageschichte

Die Idee, mittels Jahresringen die Sonnenaktivität - oder noch genauer, die Klimageschichte einer Region - über, sagen wir mal, die letzten 1000 Jahre zu rekonstruieren, hat gerade heute, wo eine „menschengemachte Klimakatastrophe“ von Politikern aller Couleur mehr herbeigeredet und in deren Gleichklang von diversen Gazetten mehr herbeigeschrieben wird, eine grundlegende Bedeutung. Denn der „antropogene Klimawandel“ (im Gegensatz zum „natürlichen Klimawandel“, der erwiesen und keine mehr oder weniger begründete Hypothese ist) ist zum Politikum und zur Begründung der Verschandelung alter Kulturlandschaften im Herzen Europas geworden.

263. Milankovic-Zyklen

So gesehen ist es vielleicht nützlich, etwas über den natürlichen Wandel von Eiszeiten und Zwischeneiszeiten, im Fachjargon von „Glazialen“ und „Interglazialen“, zu ergründen. Denn hier spielen erst einmal „astronomische“ Zyklen eine Rolle, an denen auch der Mensch nichts ändern kann, selbst wenn ein Parteivorstand einen entsprechenden Beschluss auf einem mehr oder weniger grünen Parteitag durchsetzen sollte. Das „globale“ Klima der Erde wird in erster Linie durch den Energieeintrag der Sonnenstrahlung in die Atmosphäre bestimmt. Sie stellt die Primärenergiequelle dar, aus der sich die atmosphärische Dynamik speist, die wir tagtäglich als „Wetter“ erleben. Deshalb können bereits geringe Änderungen der Solarkonstanten (das ist die Energie, die uns pro Quadratmeter und Sekunde von der Sonne an der Atmosphärenobergrenze erreicht) im Promillebereich durchaus zu gravierende Veränderungen im Klimasystem führen. Sehr gut erforscht ist in dieser Beziehung das Paläoklima der letzten Millionen Jahre, wo die Erde mehrere mehr oder weniger stark ausgeprägte Vereisungszyklen, die durch Warmzeiten (Interglaziale) getrennt waren, durchgemacht hat. Die Fragestellungen, die sich in Bezug auf die Ursachen dieser Zyklen ergeben, bildeten das sogenannte „Eiszeitenproblem", über das zu Beginn des 20. Jahrhunderts intensiv geforscht wurde. Zu nennen sind in diesem Zusammenhang beispielsweise die Untersuchung des grönländischen Inlandeisschildes durch Alfred Wegener (1880-1930) sowie die Rekonstruktion des Klimas ab dem ausgehenden Pliozän (vor ca. 2 Millionen Jahren) durch Wladimir Köppen (1846-1940). Eine Erklärung für diese Klimazyklen und für die beobachteten Zyklenlängen wurde in den dreißiger Jahren des vergangenen Jahrhunderts von dem serbischen Wissenschaftler Milutin Milankovic (1879-1958) vorgeschlagen. Seine Theorie, die seitdem als Milankovic-Theorie bezeichnet wird, ist heute weitgehend anerkannt. Sie sieht die Ursachen für zyklische Klimaänderungen in der Veränderung der Erdbahn um die Sonne, die mit einer Veränderung der Solarkonstante verbunden ist.

Wie aus der Himmelsmechanik bekannt ist, stellen die ungestörte Bahnform (Ellipse) und die Lage der Bahnebene (gegeben durch den Vektor des Bahndrehimpulses) jeweils Invarianten der Bewegung in einem 1/r-Potential dar. Das bedeutet, dass die Bahnparameter a (große Halbachse), e (numerische Exzentrizität) und i (Bahnneigung zur Ekliptik, nach Definition 0° für die Erdbahn) stabile Größen sind - vorausgesetzt, es kommt zu keinen gravitativen Störungen durch andere Planeten. Das ist im Sonnensystem aber gerade nicht der Fall. Insbesondere die großen Planeten des äußeren Sonnensystems haben einen durchaus starken Einfluss auf die Erdbahn, der sich zwar kurzfristig quantifizieren, aber langfristig nicht vorhersagen lässt (Stichwort: Deterministisches Chaos). Mit den Mitteln der Störungstheorie können diese Änderungen in den Bahnparametern jedoch durchaus mit genügender Genauigkeit untersucht werden, um beispielsweise eine Korrelation zwischen den Änderungen der Erdbahn und bestimmten Klimaparametern (wie z. B. der mittleren Jahrestemperatur) herzustellen. Diesbezügliche Rechnungen wurden zuerst von Milutin Milankovic durchgeführt und veröffentlicht.

Es gibt im Wesentlichen drei Größen, die in diesem Zusammenhang relevant sind: die Exzentrizität der Erdbahn e, die Neigung der Erdachse in Bezug auf die Ekliptik i und die Lunisolarpräzession. Die Exzentrizität der Erdbahn (also den Grad der Abweichung der Bahnellipse von einem idealen Kreis mit dem Radius 1 AU) kann aufgrund der nichtzentralen gravitativen Störungen der anderen Planeten im Bereich zwischen e=0,00 und e=0,06 schwanken. Die Änderungen sind dabei nichtharmonisch, d. h. sie stellen die Überlagerung verschiedener „Frequenzen" dar, die in einem Bereich zwischen 90.000 und 105.000 Jahren liegen und zwar mit einem deutlichen Schwerpunkt bei ca. 93.000 Jahren. Dazu kommt noch eine weitere Periode mit einer Periodendauer von ca. 400.000 Jahren. Große Exzentrizitäten bewirken einen geringeren Perihelabstand und einem größeren Aphelabstand, was zu einer starken jahreszeitlichen Schwankung der Energieeinstrahlung führt. Die Änderung in der Exzentrizität selbst (also die Veränderung der Bahnform von einem (fast) idealen Kreis zu einer Ellipse und wieder zurück), führt zu einer Schwankung der Solarkonstanten um etwa 1 Promille (ca. 0,7 W/m^2), was einer Schwankung der Gleichgewichtstemperatur der Erde um einige Grad entspricht. Gegenwärtig beträgt die Solarkonstante im Aphel 1325 W/m^2 und im Perihel 1420 W/m^2. Eine Änderung der Bahnform bewirkt also einmal eine Veränderung des Temperaturkontrastes über ein Jahr hinweg als auch eine zyklische Veränderung der mittleren Jahrestemperaturen im Zyklus der Exzentrizitätsschwankungen mit einer Periode von ungefähr 100.000 bzw. 400.000 Jahren. Fällt in einer Epoche erhöhter Bahnexzentrizität der Winter auf der nördlichen Hemisphäre mit der Zeit des Periheldurchgangs zusammen (was gegenwärtig der Fall ist), dann ist aufgrund des Zweiten Keplerschen Gesetzes die Jahreszeit „Winter“ kürzer als im umgekehrten Fall (Winter auf der Nordhemisphäre, Erde im Aphel). Deshalb sind heute auch die nördlichen Winter kürzer (gegenwärtig 7 Tage) und wärmer als die südlichen. Zu Zeiten geringer Bahnexzentrizität verschwinden dagegen die Unterschiede in den Längen der Jahreszeiten.

Eine zweite Größe, die sich ändern kann, ist die Neigung der Erdachse gegenüber der Erdbahnebene. Diese Größe, die als „Schiefe der Ekliptik (Epsilon)" bezeichnet wird und gegenwärtig bei $23{,}5^\circ$ liegt, kann im Bereich zwischen $21{,}9^\circ$ und $24{,}2^\circ$ schwanken. Die Periode dieser Nutationsbewegung liegt bei ca. 41.000 Jahren. Ursache dafür ist die gravitative Wechselwirkung der Sonne und des Mondes mit der asymmetrischen Masseverteilung der Erde. Die Nutation beeinflusst in erster Linie den Jahresgang der in den obersten Atmosphärenschichten eintretenden Sonnenstrahlung. In hohen geographischen Breiten kann das im Jahresmittel immerhin bis zu 16 W/m^2 ausmachen. Obwohl die Schiefe der Ekliptik keinen Einfluss auf den gesamten Energieeintrag über ein Jahr hat, so erhöht sich doch der breitenabhängige Temperaturkontrast (Differenz zwischen maximaler und minimaler Temperatur) auf beiden Hemisphären in dem Maße, wie sich die Achsenneigung erhöht (man erinnere sich, bei einem Epsilon-Wert nahe 0° gäbe es keine Jahreszeiten). Dieser Vorgang hat u. a. Auswirkungen auf die Ausbildung und das Abschmelzen polarer Eisschilde. So werden in einer Periode mit geringem Temperaturkontrast die Polareisschilde in der Tendenz abgebaut um in Zeiten hohen Temperaturkontrastes wieder anzuwachsen. Man erwartet deshalb eine Korrelation zwischen der Eisbedeckung der Pole und dem Epsilon - Wert der Erdachse. Die Auswirkung der Lunisolarpräzession auf das Erdklima steht im Zusammenhang mit der Änderung der Exzentrizität der Erdbahn.

Sie bestimmt die Jahreszeit, in der sich die Erde in Sonnennähe, d. h. im Perihel, aufhält. Wie bereits erwähnt, durchläuft heute die Erde den sonnennächsten Punkt ihrer Bahn, wenn auf der Nordhalbkugel gerade Winter ist. Vor 11.000 Jahren war es genau umgekehrt. Zu dieser Zeit war der Winter auf der Nordhalbkugel deutlich länger als heute. Die Präzessionsperiode ist bezüglich des Wechsels der Jahreszeiten aufgrund der Apsidendrehung der Erdbahn mit etwa 21.000 Jahren etwas kürzer als das Platonische Jahr von 25.700 Jahren. Sie hat keinen Einfluss auf den Netto-Energieeintrag der Erde durch die Sonne, kann aber die Stärke des Jahresgangs der Temperatur verändern.

Die astronomischen Zyklen für die Bahnexzentrizität (ca. 100.000 und 400.000 Jahre), der Erdachsenneigung (ca. 41.000 Jahre) und der Apsidendrehung (ca. 21.000 Jahre) sind demnach „verantwortlich" für die Gesamtmenge der Strahlung, welche die Erde von der Sonne erhält sowie deren räumlicher und saisonaler Verteilung. Dabei können bereits relativ geringe Veränderungen im Energieeintrag Prozesse in der Atmosphäre anstoßen, die zu einem relativ starken Umbau des Klimasystems führen können. Zwar lassen sich nach neueren Forschungen die Eiszeiten im ausgehenden Neozän nicht allein mit den Milankovic-Zyklen erklären. Sie sind aber sehr stark mit ihnen korreliert. Das bedeutet, dass astronomische Ursachen im Zusammenspiel mit komplexen Rückkopplungsmechanismen das globale Erdklima stark beeinflussen können.

Die genauen Auswirkungen einer Variabilität der Solarkonstanten auf das Klimasystem der Erde sind immer noch unzureichend erforscht, obwohl die Sonnenenergie die primäre Energiequelle für alle atmosphärischen Prozesse darstellt. Das betrifft insbesondere die Mikrovariabilität der solaren Leuchtkraft über verschiedene solare Aktivitätszyklen (von denen der 22-jährige nur Einer ist) hinweg.

Neuere Untersuchungen, etwas abseits der politisch ambitionierten Klimaforschung, scheinen aber doch darauf hinzuweisen, dass die Vereinfachung einer konstanten Sonnenleuchtkraft (ausgedrückt durch die Solarkonstate im Abstand 1 AU von der Sonne) unzulässig ist. Die mögliche Variationsbreite von S kann danach durchaus Klimawirkungen verursachen, die in der gleichen Größenordnung liegen wie die postulierten anthropogenen Einflüsse.

Milankovich-Zyklen spielen auch für die Klimaentwicklung bzw. für die Klimageschichte des Planeten Mars eine große Rolle. Da bei diesem Planeten die stabilisierende Wirkung eines großen Mondes auf die Achsenneigung fehlt, sind die klimatischen Auswirkungen im Vergleich zur Erde sogar noch viel extremer.

264. Marsmenschen

Das wusste man natürlich Mitte des 19. Jahrhunderts noch nicht und stellte sich den Mars als ein wahres Paradies für dessen Bewohner, den „Marsmenschen“ (die man sich damals noch nicht als „klein und grün“ vorgestellt hat), vor. Unter der konsequenten Anwendung des Ähnlichkeitsprinzips konnte so ein Redakteur einer Gazette aus dem Jahre 1859 („Die Fackel - Literaturblatt zur Förderung geistiger Freiheit“) wie selbstverständlich folgende Beschreibung über die „Marsbewohner“ seinen staunenden Lesern abliefern:

„Wie schon erinnert, mag es auf Mars im Durchschnitt ebenso warm sein, als auf der Erde. Da aber das Sommerhalbjahr beinahe so lange währt, als auf der Erde ein ganzes Jahr, so muss im Sommer die Hitze, im Winter die Kälte weit höher steigen als bei uns. Man wird von manchen Fruchtarten in jedem Sommer zwei oder drei Ernten halten. Edle Weine und Südfrüchte kommen in dem langen Sommer zu einer Reife, ihre Weine bekommen ein Feuer, einen würzigen Geruch und Wohlgeschmack, von dem wir uns keinen Begriff machen können. (···)

Da jeder Körper zehnmal leichter ist als auf der Erde, so muss es den Marsbewohnern sehr leicht werden, sich selbst und große Körpermassen von einem Orte zum anderen zu bewegen. Vielleicht bedürfen sie dazu nicht einmal der Chausseen, ihre Hauptheerstraße ist die Luft. Ihre Luftballone tragen 10mal mehr als die unsrigen, sie bedürfen, um sie zu füllen, nicht eine so feine, kostspielige Luftart wie wir. Wie wir in der ersten Sekunde durch 15, so fallen sie nur durch 6 Fuß; ein Sturz aus beträchtlicher Höhe bringt daher Wenigen Gefahr. Die Kunst in der Luft zu schiffen, lag ihnen näher, ward, früher erfunden, eifriger und mit lohnenderem Erfolg ausgebildet. Handel und Wandel sind in der schönsten Blüthe; man ist lebhaft beschäftigt, die Produkte der verschiedenen warmen und kalten Länder gegeneinander auszutauschen. Fahrten in fremde Marstheile, Reise um den ganzen Mars, welche 5mal kleiner ist als die unsrige, sind etwas sehr Gewöhnliches. Es kennt jeder Marsbewohner alle Städte und Merkwürdigkeiten seines Planeten aus eigener Anschauung. Dagegen besitzt man vielleicht auf dem Mars, weil die mündliche Mitteilung so leicht ist, weil alle Geschäfte durch persönliche Zusammenkünfte abgemacht werden können, weder der Schreibe- noch der Buchmacherkunst. (···)

Da Mars 5mal kleiner ist als die Erde, so sind muthmaßlich auch seine Menschen 5mal kleiner, Zwerge nach unsern Begriffen, aber wohlgebildete, wohl gar mit Flügeln versehene, um sich ohne weiteres in die Luft erheben zu können".

Ein knappes halbes Jahrhundert später glaubten einige Astronomen große Bewässerungsanlagen auf diesem schon von der Farbe her als überwiegend trocken erscheinenden Planeten entdeckt zu haben, die ominösen „Marskanäle". So ist es sicherlich nicht verwunderlich, dass sich zu Beginn des zwanzigsten Jahrhunderts ein Großteil des Bildungsbürgertums Europas und Nordamerikas weitgehend darüber einig war, dass es auf dem Mars eine hochentwickelte Zivilisation gibt, die mit akuter Wasserknappheit zu kämpfen hat und deshalb riesige Kanäle bauen mussten, um das Schmelzwasser der Pole in die warmen Äquatorregionen zu leiten. In manchen Kreisen debattierte man ernsthaft die Frage, wie man mit ihnen Verbindung aufnehmen und mit ihnen kommunizieren könnte. Die Vorschläge - oftmals von durchaus seriösen Wissenschaftlern vorgetragen - erscheinen uns heute nur noch als mehr oder weniger kurios. So gab es ernsthaft den Vorschlag, dass man in Sibirien große Kahlschläge in Form von Buchstaben und Wörtern anlegen sollte, die von den „Marsastronomen" mit ihren Fernrohren zu erkennen wären.

265. Krieg der Welten

Deshalb ist es auch nicht weiter verwunderlich, dass ein spezielles Medienereignis (wie man heute sagen würde) am Halloween-Tag des Jahres 1938 einen nicht geplanten Verlauf nahm (auch wenn man die Dramatik in Folge später stark übertrieb). An diesem Tag wurde das Hörspiel *„Invasion vom Mars"* nach Herbert George Wells (1866-1946) Roman *„Krieg der Welten"* über den amerikanischen Rundfunksender CBS ausgestrahlt. Es wurde von dem berühmten Schauspieler und Regisseur Orson Welles (1915-1985, *„Citizen Kane"*) derart realistisch arrangiert, dass in den Oststaaten eine Massenpanik unter den Zuhörern ausbrach. Was war geschehen? Alle Leute, die sich gerade die Comedy-Sendung *„The Chase and Sanborn Hour"* anhörten, wurden von einer Unterbrechung mit einer wichtigen Durchsage überrascht. Zuerst meldet ein Astronom riesige Gasexplosionen auf dem Mars, dann etwas später ein Radiosprecher, dass bei Grovers Mill bei New Jersey ein riesiges flammendes Objekt niedergegangen sei. Dann folgt wieder Musik bis sich ein Reporter vor Ort meldet: *„Großer Gott - etwas kriecht aus dem Schatten wie eine graue Schlange. Das sieht wie Tentakel aus. Der Körper ist groß wie ein Bär und glänzt wie nasses Leder. Aber das*

Gesicht - es - es ist unbeschreiblich!" Daraufhin begannen die Telefone in den meisten Polizeistationen der amerikanischen Ostküste zu klingeln und besorgte Mitbürger wollten von den genauso überraschten Beamten wissen, was denn nun Sache sei und wie man sich verhalten soll. Vereinzelt soll es in einigen Orten sogar zu Panikattacken gekommen sein, was aber nur für wenige Fälle verbürgt ist. Denn kaum jemand wusste, dass es sich um gut geplante Einstreuungen in das laufende Programm handelte - nur diejenigen, die ganz am Anfang den kurzen Hinweis darauf bewusst erfasst hatten…

Das eigentlich raffinierte war jedoch, das Orson Welles die fiktiven Nachrichteneinblendungen just dann in das CBS-Programm platzierte, als beim Konkurrenzsender NBC in eine Werbepause geschaltet wurde. Alle die jetzt unter Umgehung dieser Werbepause quasi zu CBS „zappten" (wie wir heute sagen würden), fanden sich auf einmal in einem gänzlich anderen Film wieder, in dem viele nicht ohne Weiteres Wahrheit von Fiktion unterscheiden konnten. Und das Hörspiel traf auf durchaus fruchtbaren Boden, denn es lag Krieg in der Luft. Presse und Radio bereiteten die Bevölkerung schon seit Monaten mit entsprechend beunruhigenden Meldungen aus Fernost (Japan und China) und Europa (Deutschland) darauf vor. Da hielt es natürlich eine ganze Anzahl von Bürgern durchaus für möglich, dass Aliens vom Mars mit Lichtblitzen und Giftgasangriffen Amerika heimsuchen und man sich und seine Familie irgendwie in Sicherheit bringen muss.

Was sich Georges Wells in seiner Phantasie ausgemalt hat, kann man sich heute im Kino oder auf dem Fernseher bzw. Computermonitor anschauen, denn Hollywood hat natürlich dieses Stück „Weltliteratur" gleich mehrfach verfilmt. Dabei soll hier nur die durch die Vielzahl von Spezialeffekten überzeugende Fassung von 2005, die unter der Regie von Steve Spielberg entstand und in der Gegenwart spielt, erwähnt werden.

Dass es auf dem Mars keine „Marsmenschen" geben kann, war den Astronomen in den 1930er Jahren durchaus klar, denn man wusste mittlerweile, dass der Mars nur eine dünne, nicht atembare Atmosphäre hat, die hauptsächlich aus Kohlendioxid besteht und es dort auch ziemlich kalt ist. Aber die Existenz von mikrobiellem Leben hält man aber auch heute noch für durchaus möglich (eben (14.03.2016) ist die Mission „Exomars" gestartet worden, die gezielt nach Spuren von „Leben" auf dem Mars suchen soll).

266. Leben auf dem Mars?

Als man in den 1970er Jahren endlich technologisch soweit war, Landesonden auf dem roten Planeten abzusetzen (Viking 1 und Viking 2), bestand eine ihrer Aufgaben darin, auf der Marsoberfläche nach etwaigen Lebensspuren zu fahnden. Dazu wurden ein paar äußerst raffinierte Experimente durchgeführt, deren Ergebnisse sich jedoch nur schwer interpretieren ließen. Seitdem sind nun schon wieder 40 Jahre vergangen und unser Wissen über dem Mars ist seitdem quasi explodiert. Aber Hinweise auf „Leben" konnten immer noch nicht gefunden werden. Dabei gab es im Jahre 1996 kurzzeitig einen Hauch von Hoffnung, diesbezüglich doch fündig geworden zu sein. Der damalige US-Präsident Bill Clinton ließ es sich nicht nehmen, die Welt in einer speziellen Pressekonferenz darüber in Kenntnis zu setzen, dass die NASA bei der Analyse eines in der Antarktis gefundenen Meteoriten, der eindeutig vom Mars stammt, mikroskopische kleine Strukturen gefunden hat, die versteinerten bakterienartigen Lebensformen täuschend ähneln. Kurz gesagt, diese Interpretation konnte in der Folge nicht aufrecht erhalten werden, obwohl die länglichen Gebilde, die man auf einer elektronenmikroskopischen Aufnahme einer Bruchfläche deutlich erkennen kann, wirklich wie zu klein geratene mineralisierte Bakterienzellen aussehen. Mittlerweile glauben die Wissenschaftler jedoch, diese Strukturen rein anorganisch erklären zu können.

Eine große Schwierigkeit bei derartigen Untersuchungen liegt immer in einer möglichen Kontamination einer Probe mit irdischen Bakterien.

267. Erde - Planet der Bakterien

Denn unsere Erde ist biologisch gesehen, ein Planet der Bakterien. Die erste Lebensform, die vor über 3,6 Milliarden Jahre auf der Erde entstand, war ein primitives Bakterium. Und auch das letzte Lebewesen, welches in ferner Zukunft die Epoche des Lebens auf der Erde beenden wird (weil die Sonne immer größer und heißer wird), wird nur noch ein Bakterium sein. Archaeen und Bakterien sind die Lebewesen auf der Erde, die sich am besten an extreme Lebensräume anpassen können. Einige von ihnen hätten sogar auf dem heutigen Mars eine gute Chance, über viele Generationen zu überleben.

Wenn man näher über die Rolle der Bakterien auf dem Planeten Erde nachdenkt, umso mehr muss man zu dem Schluss kommen, dass nach allen vernünftigen Kriterien die Bakterien (genauer Prokaryonten) die vorherrschende Lebensform sind. Das betrifft auf jeden Fall die Anzahl ihrer Individuen als auch die in ihr konzentrierte Biomasse, die mindestens so groß ist, wie die Biomasse aller „Nichtbakterien", also aller Tiere und Pflanzen zusammen, die gegenwärtig auf der Erde leben. Und auch der Mensch wäre ohne Bakterien nicht lebensfähig (und auch um einiges leichter). Hier sind vielleicht ein paar kaum zu glaubende Zahlen interessant. Ein menschlicher Körper besteht aus etwa 10 Billionen Körperzellen - und rund 100 Billionen Bakterienzellen. Letztere sind zwar viel kleiner als eine typische Körperzelle, aber immerhin bringen sie in der Summe bei einem Erwachsenen noch 2 bis 3 kg Masse auf die Waage. Die meisten Bakterien siedeln dabei im Magen-Darm-Trakt und sind für unser Leben essentiell. Aber auch unsere Haut und selbst die Zähne, wie jeder weiß, sind dicht mit Bakterien besiedelt. Insbesondere wäre ohne bakterielle Hilfe eine effektive Verdauung unserer Nahrung völlig unmöglich. Das bekannte Darmbakterium Escherichia coli ist dabei nur eines davon.

Genforscher haben weiterhin festgestellt, dass die den Menschen besiedelnden Mikroben mehr als drei Millionen Gene einbringen, die das Erbgut des Menschen um lebenswichtige Funktionen ergänzen. Alle diese Mikroorganismen - wahrscheinlich mehrere Tausend Arten (schwierig zu sagen, weil der Artbegriff aufgrund der Möglichkeit eines horizontalen Gentransfers bei Prokaryonten, zu denen Archaeen und Bakterien gehören, aufgeweicht und damit im Gegensatz zu Eukaryonten nicht eindeutig ist) - bilden das Mikrobiom des Menschen. Solch ein Mikrobiom unterscheidet sich dabei durchaus von Mensch zu Mensch. Aber auch jedes Lebensalter hat seine eigene Bakterienbesiedlung. Wissenschaftler sind heute sogar in der Lage, Mikrobiome nach gewissen Kriterien zu gruppieren, so dass man auf diese Weise sogenannte Enterotypen definieren kann. Unterschiedliche Menschen können dann unterschiedliche Enterotypen von Mikrobiomen besitzen, die sich sogar bewusst wechseln lassen, in dem man beispielsweise seine Ernährung von überwiegend Steaks auf überwiegend Spinat und Salat umstellt.

268. Todbringende Bakterien

Leider gibt es unter den vielen Bakterien auch einige wenige, die nach unserem Leben trachten. Dazu gehören (da in der Vergangenheit sehr prominent) das Bakterium

Yersinia pestis, der von Flöhen übertragene Pesterreger, das Bakterium *Corynebacterium diphtheriae*, das noch vor über 150 Jahre die unheilbare, kindertötende Diphterie verursachte, und als letztes Beispiel der Milzbranderreger *Bacillus anthracis*, der eine unrühmliche Karriere als Biowaffe durchgemacht hat. Das trotzdem diese Krankheitserreger zu einem großen Teil ihren Schrecken verloren haben, verdanken wir der Arbeit vieler Mikrobiologen und forschenden Ärzten, von denen stellvertretend insbesondere Robert Koch (1843-1910), Emil Adolf von Behring (1854-1917) und Alexander Fleming (1881-1955) zu nennen sind.

269. Penicilline

Letzterer fand mehr durch Zufall „die" Waffe gegen bakterielle Infektionen aller Art und hat damit mittelbar unzähligen Menschen das Leben gerettet. Ich meine damit die Entdeckung der Stoffgruppe der Penicilline. Ihre eigentliche Bedeutung liegt darin, dass sie bei Bakterien nach deren Zellteilung das Wachstum der Zellwände behindern, wodurch die Bakterien infolge ihrer Volumenzunahme irgendwann platzen. Mit der industriellen Produktion dieser Wirkstoffe, die aus bestimmten Schimmelpilzen gewonnen werden, hatten die Mediziner ein äußerst wirksames Mittel in die Hand bekommen, das vielen bakteriellen Infektionskrankheiten den Schrecken genommen hat. Doch leider beginnt dieses Schwert stumpf zu werden. Genauso wie bei vielen anderen antibiotisch wirksamen Substanzen gibt es mittlerweile immer mehr krankmachende Bakterienstämme, die speziell gegen Penicilline (z. B. Penicillin G) oder ganz allgemein gegen alle möglichen Antibiotika resistent geworden sind. Manchmal hilft da zwar noch ein Mittel, wenn ein anderes nicht mehr hilft.

270. Multiresistente Keime

Zeigt dagegen überhaupt kein Antibiotikum mehr Wirkung, dann spricht man von einem multiresistenten Bakterienstamm. Und diese sind, man muss es ehrlich sagen, quasi hausgemacht.

Die Entwicklung einer solchen Resistenz ergibt sich aus den Mechanismen der Darwin ' schen Evolution und lässt sich im Rahmen der Evolutionsbiologie leicht erklären. Sie lehrt uns, dass Organismen, die sich am besten den äußeren Bedingungen anpassen können, auch am überlebenstüchtigsten sind und sich deshalb auch am stärksten vermehren. Wenn man also antibakteriell wirksame Substanzen zu oft oder nicht streng nach Vorschrift einsetzt (z. B. in der Tierhaltung), wird es immer ein paar Bakterienmutationen geben, die deren Wirkung überleben. Sie bilden mit diesem Vorteil eine Teilpopulation, in der diese Resistenz vererbt wird und die langsam alle anderen Teilpopulationen, die dieses Merkmal nicht aufweisen, verdrängen. Und genau das wird in Zukunft ein überaus ernstes Problem werden. Schon heute sterben allein in Deutschland jährlich um die 30.000 bis 40.000 Menschen an multiresistenten „Krankenhauskeimen" - und die Zahl wird steigen, wenn es nicht gelingt, neue Stoffgruppen mit antibakterieller Wirkung zu entwickeln. Forschungen laufen in dieser Hinsicht - durchaus mit Erfolgen - auf Hochtouren. So arbeiten gegenwärtig weltweit rund sieben große und mehr als 20 kleine und mittlere Unternehmen an neuen Antibiotika (insbesondere Breitbandantibiotika) sowie anderen antibakteriell wirksamen Medikamenten. Aber ob es nachhaltig gelingen wird, das Rennen zwischen Hase (wir) und Igel (den multiresistenten Keimen) zu gewinnen, ist immer noch fraglich. Hier helfen genaugenommen nur ein äußerst verantwortungsvoller Umgang mit den vorhandenen Antibiotika sowie eine ergebnisorientierte Forschung weiter. Aber gerade Forschung im Pharmaziebereich ist äußerst aufwendig und extrem teuer. Das führt dazu, dass es auch heute noch für eine Vielzahl sehr seltener Krankheiten keine Arzneimittel gibt - einfach, weil sich damit kein Geld verdienen lässt.

271. Orphan drugs und Ebola

Aber das ändert sich langsam durch entsprechende Gesetzgebungsmaßnahmen, die Pharmaunternehmen, aber auch durch Steuergelder finanzierte Forschungseinrichtungen anregen bzw. sanft zwingen, nach derartigen, sogenannten *„orphan drugs"*, Ausschau zu halten.

Ein instruktives Beispiel ist in diesem Fall die Entwicklung eines Impfstoffs gegen ein gewöhnlich nur selten in Afrika auftretendes hämorrhagisches Fieber - ich meine Ebola, welches nach einem Fluss in Kongo benannt ist. Wer an dieser Virusinfektion erkrankt (hier helfen primär keine Antibiotika - höchstens gegen Infekte, die sich in Folge des Krankheitsverlaufs einschleichen), leidet an extrem hohem Fieber, starkem Flüssigkeitsverlust, inneren Blutungen bis hin zu Organversagen, was die Todesrate davon infizierter Personen auf bis zu 90% ansteigen lässt. Als Viruserkrankung ist sie dabei noch hoch ansteckend, was ihre Behandlung weiter erschwert. Andererseits kam es in der Vergangenheit nur zu relativ kleinen lokalen Ausbrüchen in Afrika, bei denen nur einige Dutzend bis hin zu einigen Hundert, meist arme Menschen, betroffen waren - also genaugenommen keine Klientel, um Pharmariesen zu animieren, viel Geld in die Entwicklung eines wirksamen Ebola-Impfstoffs zu stecken. Das änderte sich aber schnell mit dem explosionsartigen Ausbruch der Seuche im Jahre 2014 in einigen Staaten Westafrikas und damit der Gefahr, dass sie auch in Europa oder Nordamerika eingeschleppt werden könnte. Zwar haben mittlerweile eine Vielzahl anderer Ereignisse Ebola aus den Schlagzeilen verdrängt, aber dafür ging es dann doch ziemlich schnell, einen zumindest experimentellen Impfstoff dagegen zu entwickeln. Und das war im Fall von Filoviren nicht ganz einfach und die Forscher mussten dabei tief in ihre molekularbiologische und biochemische Trickkiste greifen. Ziel eines Impfstoffes gegen Filoviren ist es, im menschlichen Körper die Produktion von sogenannten Antikörpern dagegen zu veranlassen. Das Grundprinzip ist von den Pocken her bekannt, einer Krankheit, die durch Impfung mittlerweile ausgerottet werden konnte. Es lautet „Täuschung“: Man täusche dem Immunsystem eine spezifische Virusinfektion vor und veranlasse es, entsprechende Antikörper zu bilden. Im Fall des Ebola-Virus spritzt man Menschen Viren, deren Erbgut man so verändert hat, dass sie lediglich aussehen wie ein echtes Ebola-Virus, aber nicht dessen Wirkung entfalten. Als Vehikel hat sich hier der Erreger des Schimpansen-Schnupfens als geeignet erwiesen (er wird von menschlichen Immunzellen nicht bekämpft), dessen Virushülle mit den Methoden der modernen Molekulargenetik mit speziellen Proteinen ausgestattet sind, die auch die Ebola-Viren in ihren Hüllen tragen. Die Antikörper, die sich in Reaktion auf dieses Virus im Menschen bilden, sind dann genauso wirksam bezüglich echter Ebola-Viren. Erste klinische Versuche sind, wie man lesen konnte, äußerst zufriedenstellend verlaufen und so hofft man, noch im Jahre 2015 einen wirksamen Ebola-Impfstoff herausgeben zu können. Trotzdem darf man nicht aus dem Augen verlieren, dass Ebola mit seinen ungefähr 22.000 Toten (2014 bis April 2015) im Vergleich mit den armutsassoziierten Krankheiten Malaria, Tuberkulose und Aids mit ihren weltweit mehr als 6 Millionen Toten doch relativ geringe Fallzahlen aufweist. Nur über Letztere, wahrscheinlich da sie in den hochentwickelten Industrienationen kaum mehr ein Problem darstellen, wird nicht oder nur selten berichtet. Dabei sind sie die eigentlichen „Killer“ (neben Bürgerkriegen etc.) der afrikanischen Bevölkerung.

Infektionskrankheiten können übrigens immense politische Auswirkungen haben. Das konnte man in den vor kurzem von Ebola heimgesuchten Ländern Guinea, Liberia und Sierra Leone in jeweils unterschiedlicher Art und Weise beobachten, je nachdem, wie leistungsfähig das jeweilige Gesundheitswesen war.

In der Vergangenheit hat im Abendland insbesondere eine Krankheit die politische Landschaft entscheidend geändert, die Pest. Im Gegensatz zu den Pocken gibt es sie heute noch, ist aber in Ländern mit einem ausgebauten Gesundheitssystem und höheren hygienischen Standards eigentlich kein großes Problem mehr.

272. Pestpandemien

Das war insbesondere im Mittelalter und frühen Neuzeit in Europa ganz anders, als wahre „Pestwellen" durch die Länder schwappten und besonders in den Städten große Teile der Bevölkerung ausrotteten. Noch heute findet man in den Katakomben vieler Städte (z. B. Wien, Paris) Ossarien mit den Überresten zehntausender Pestopfer. Da man damals den Zusammenhang mit Rattenplagen (besonders in den Städten - Konstantinopel galt z. B. lange Zeit als Königreich der Ratten) nicht erkannte, wurde der „Schwarze Tod" zumeist als Strafe Gottes angesehen und hingenommen. Das änderte sich erst im 15. und 16. Jahrhundert, als immer mehr Ärzte erkannten, dass es sich hier um eine von Ratten übertragene „ansteckende" Krankheit handelt, vor der man sich nicht nur durch Flucht aufs Land schützen kann. Jedem, der sich für diese Materie interessiert, sind die „Pestmasken" mit ihren vogelschnabelähnlichen Verlängerungen ein Begriff, die mit duftenden Kräutern gefüllt waren, um den Geruch der Pestilenz zumindest etwas abzuschwächen. Auch wurde das durchaus erfolgreiche Verfahren der Quarantäne entwickelt, um zumindest lokale Pestausbrüche einzudämmen. So beschloss im Jahre 1377 der Rat der Stadt Ragusa (das heutige Dubrovnik), dass alle Personen und Waren, die aus Orten kommen, in der die Pest wütet, einen Monat lang auf einer kleinen Insel vor der Stadt zu internieren sind. Ähnliches wird auch von Venedig und seiner „Pestinsel" berichtet.

273. Isaak Newton und seine axiomatische Mechanik

Andernfalls, wenn man es sich leisten konnte, floh man aus der Stadt aufs Land, wie es im Jahre 1665 Isaak Newton (1643-1727) getan hat, als England von der „Großen

Pest“ heimgesucht wurde. Zu Hause bei seinen Eltern hatte er als kurz vor seinem Abschluss stehender Student des wegen der Pest zeitweise geschlossenen Trinity College (Cambridge) die Muse, über Mathematik, Physik (insbesondere Optik) und Philosophie nachzudenken und damit die Grundlage zu seinem Ruhm als einer der bedeutendsten Wissenschaftler der Neuzeit zu schaffen. In einem gewissen Sinn kann man Newton als den Begründer der mathematischen Physik bezeichnen, so wie man Galileo Galilei (1564-1642) als Begründer der Experimentalphysik bezeichnen kann. Beide liebten Experimente und beide erkannten, dass die Mathematik die eigentliche Sprache der Physik ist. So ist es nicht verwunderlich, das Newton in seinem wissenschaftlichen Hauptwerk *„Philosophiae Naturalis Principia Mathematica“*, erschienen im Jahre 1687, davon reichlich, wenn auch für uns heute auf durchaus gewöhnungsbedürftige Art, Gebrauch macht. Der berühmte Astrophysiker Subrahmanyan Chandrasekhar (1910-1995) hat sie in seinem Buch *„Newton ´s Principia for the common reader“* für uns Physiker, die wir zwar die Differential- und Integralrechnung beherrschen (auch von Newton erfunden!), aber nicht mehr gewohnt sind, in Proportionen zu denken, auf seine unnachahmliche Art erklärt.

Newton nutzte zum Aufbau seiner „Mechanik“ eine Methode, die auf den griechischen Mathematiker Euklid zurückgeht (Stichwort „Euklidische Geometrie“, dessen Parallelenaxiom wir ja bereits kurz angeschnitten haben). Er setzte, genauso wie Euklid, an den Anfang ein paar als wahr anerkannte und voneinander unabhängige Prinzipien. Sie beinhalten eine mathematische Gleichungen für die Bewegung eines Körpers (Bewegungsgleichung), das Galileische Trägheitsprinzip sowie noch eine Annahme über die Kraft, die den Einfluss zweier Körper aufeinander beschreibt (*actio=reactio*), und schon konnte er mit den nötigen mathematischen Kenntnissen exakt folgern, wie die Bewegung eines Körpers je nach dessen Startbedingungen aussehen muss. Diese Art der mathematischen Naturbeschreibung, die von einem sorgfältig ausgewählten und durch Experimente gestützten Satz von Grundannahmen ausgeht, nennt man Axiomatik. Dabei muss man aber berücksichtigen, dass genauso wie in der Mathematik Axiome in der Physik niemals formal beweisbar, dafür aber (im Gegensatz zur Mathematik) durch Beobachtungen und Experimente verifizierbar oder falsifizierbar sind. So ist es übrigens Newton ergangen, als Albert Einstein zu Beginn des 20. Jahrhunderts zeigen konnte, dass seine Axiome bei Geschwindigkeiten, die sich der Lichtgeschwindigkeit nähern, nicht mehr gültig sind. Für alle „Alltagsbewegungen“ ist das Newtonsche Theoriegebäude jedoch völlig ausreichend, wie allein die unendlich vielen Anwendungsfälle der „Technischen Mechanik“ zeigen.

Aber kommen wir zurück zur Rolle der Mathematik in der Physik. Wie in der Mathematik kann man auch in der Physik ausgehend von einem in sich widerspruchsfreien Axiomensystem durch richtige Anwendung mathematischer Regeln neue und in diesem Axiomensystem wahre Aussagen produzieren. So gelang es Newton nach Einführung des Gravitationsgesetzes schnell einmal die drei Keplerschen Gesetze abzuleiten. Ein guter Student benötigt dafür heute vielleicht gerade einmal eine DIN A4 - Seite, während Johannes Kepler noch Jahre intensivster Rechen- und Denkarbeit aufbringen musste, bis er sie aus den Beobachtungsdaten Tycho Brahes ableiten und schließlich aufschreiben konnte. Die Gewinnung neuer Aussagen aus bereits bewiesenen ist bekanntlich eine große Stärke der mathematischen Methode, gelingt es doch damit innerhalb einer Theorie neue Dinge vorherzusagen. Im Unterschied zur reinen Mathematik, wo bewiesene abgeleitete Aussagen („Sätze") inhärent wahr sind, muss das in der Physik nicht unbedingt der Fall sein. Deshalb gilt hier die Regel, dass theoretische Vorhersagen experimentell immer zu überprüfen sind.

274. Das Higgs-Boson

Ein prominentes Beispiel ist hier das 1964 rein theoretisch postulierte Higgs-Boson, welches aus dem Standardmodell der Elementarteilchen folgt. In seinem Fall mussten rund 50 Jahre vergehen, bis die experimentellen Grundlagen in Form eines riesigen Teilchenbeschleunigers (LHC, *Large Hadron Collider*) und der entsprechenden Detektortechnik (ATLAS) zur Verfügung standen, um diese theoretische Vorhersage experimentell überprüfen zu können. Und das Ergebnis war nicht nur zur Freude Peter Higgs ‘ positiv...

275. Realität und Vorstellung

Die Mathematik ist demnach nicht nur die Sprache, in der man die Grundgesetze der Physik formuliert sowie andere Gesetze daraus ableitet. Sie ist auch die Sprache, in der man zu neuen Hypothesen und Einsichten über die Natur gelangt, die zumindest prinzipiell der experimentellen Überprüfung zugänglich sind.

Und auf einen weiteren Aspekt der mathematischen Naturbeschreibung muss hingewiesen werden. Gewöhnlich beschreiben wir die Welt mit Begriffen, die in uns so etwas wie „Bilder“ assoziieren. Diese „Bilder“ entstammen unserer Erfahrung aus einer „mittleren“ Welt, deren typische Skalen sich in Millimeter bis Kilometer messen lassen. Diese „Bilder“ verwenden wir aber auch, wenn wir z. B. gedanklich in die Mikrowelt vorstoßen, in dem wir uns Atome, aber auch Elementarteilchen, als kleine Kugeln vorstellen. Gewöhnlich hält ein Nichtphysiker dieses „Bild“ sogar als reale, adäquate Vorstellung von Mikroobjekten. Das ist aber nicht der Fall, wie uns die Quantenmechanik lehrt. Mit Vorstellungen aus der Welt der mittleren Skalen kommt man hier nicht weit, wenn es um Superposition, Verschränkung oder Welle-Teilchen-Dualismus geht. Hier benötigt man völlig neue Strukturen und Begrifflichkeiten, die weitab unseres normalen Vorstellungsvermögens liegen. Sie entstammen wiederum der abstrakten Mathematik (man denke an die Abstraktion des Hilbert-Raumes oder der Wellenfunktion) und sie helfen uns, dass wir uns auch in der Welt der Quanten in völliger logischer Klarheit bewegen können. Die Mathematik erweist sich in diesem Zusammenhang als die tauglichste Sprache im Bereich des für den Menschen Unvorstellbaren.

Doch nun noch einmal zurück zu den „Axiomen“, die als Grundlage für eine mathematische Theorie (hier der Geometrie der Ebene) vor etwa 2300 Jahren der berühmte griechische Mathematiker Euklid eingeführt hat. Seine „Elemente“ gelten auch heute noch als eine mustergültige mathematische Theorie, an der besonders erstaunt, wie sich mit wenigen Grundannahmen ein hervorragend funktionierendes mathematisches Modell entwickeln lässt, welches mit großer Exaktheit die Geometrie unsere Welt beschreibt. Das Wesen der axiomatischen Methode lässt sich vielleicht am besten erkennen, wenn man „Axiome“ mit „Spielregeln“ übersetzt. Das Schachspiel ist dann ein Spiel, welches auf ein für alle Mal festgelegten Spielregeln beruht, die weder in Frage gestellt werden, noch deren Ursprung weiter hinterfragt wird. Vielmehr werden von den Spielern gewaltige Anstrengungen unternommen um zu ergründen, ob man unter exakter Einhaltung dieser Regeln in einer speziellen Spielsituation das Spiel gewinnen kann. Also im Prinzip die gleiche Methode, die ein Mathematiker oder theoretische Physiker anwendet, der am Ende wissen möchte, ob sich mit dem verwendeten Axiomensystem (oder der physikalischen Theorie) ein gerade interessierendes Problem lösen lässt oder nicht.

276. Das (gescheiterte) Hilbert-Programm

Die Idee übrigens, dass jede mathematische Theorie auf Axiomen beruhen sollte, geht auf David Hilbert (1862-1943) zurück. Er war der Meinung, dass sich jeder mathematischen Aussage, die innerhalb eines widerspruchsfreien Axiomensystems formuliert werden kann, das Prädikat „wahr" oder „falsch" zuordnen lässt. Aber so ist es interessanterweise nicht, wie der geniale Logiker Kurt Gödel (1906-1978) im Jahre 1931 bewiesen hat (Sie erinnern sich, *„Gödels Theorem, Sumpf, Pferd und Schopf* ··· "). Er wies nämlich in seinen berühmten Unvollständigkeitssätzen nach, dass man in einer axiomatisch aufgebauten Theorie immer Aussagen finden kann, deren Wahrheitswert innerhalb des Systems nicht feststellbar ist. Auch gibt es - beispielsweise in der Arithmetik - mathematische Sätze, die zwar wahr sind, deren Wahrheitswert sich aber innerhalb des Axiomensystems prinzipiell nicht beweisen lässt. Mittlerweile konnten übrigens Mathematiker schon einige Aussagen finden, die sich in den entsprechenden Axiomensystemen nicht beweisen lassen.

Wer sich die Mühe machen möchte, die Gödelschen Sätze und ihre Implikationen zu verstehen, dem sei das Kultbuch von Douglas R. Hofstädter *„Gödel, Escher, Bach - ein Endloses Geflochtenes Band"* ans Herz gelegt. Darin lernt man u. a., dass die geniale Entdeckung Kurt Gödels nicht nur in der Mathematik von Bedeutung, sondern von allgemeiner Natur ist. Kernpunkte sind dabei Aussagen, die so etwas wie eine Selbstbezüglichkeit aufweisen und deshalb zu semantischen Paradoxien der Art „Alles, was ich sage, ist Lüge", führen.

277. Maurits Cornelis Escher

Der nicht immer einfache, aber wahrlich durchkomponierte Text wird dabei durch die Grafiken des niederländischen Grafikers Maurits Cornelis Escher (1898-1972) aufgelockert, auf die auch im Text immer wieder eingegangen wird. Auch sie sind hochgradig paradox, denn sie stellen entweder Unmöglichkeiten (man denke an die Grafiken *„Treppauf, Treppab"* und *„Wasserfall"*) oder erstaunliche Flächenparkettierungen (z. B. *„Metamorphosis I"* oder *„Day and Night"*, sogenannte Escherkacheln) dar. Bemerkenswert ist auch Eschers Versuch, die "Unendlichkeit" bildhaft darzustellen. Er fand, ausgehend von seinen Parkettierungen, zwei Lösungen dafür. Die eine besteht darin, von der Ebene zu einer randlosen Fläche überzugehen und die andere in der Verwendung nichteuklidischer Geometrien, wie sie z. B. von dem russischen Mathematiker Nikolai Iwanowitsch Lobatschewski (1792-1856) entwickelt wurden. Auf diese Weise sind übrigens seine berühmten Schlangen- und Fischmotive entstanden. Escher ist weiterhin auch ein gutes Beispiel dafür, wie sich Mathematik und Kunst gegenseitig befruchten können. Denn selbst Formeln, die einem normalen Betrachter trocken und nichtssagend vorkommen, können bei einem Kenner der Materie durchaus einen eigenen ästhetischen Reiz entwickeln.

278. Die Eulersche Identität

Das Paradebeispiel dafür ist die von Leonhard Euler 1748 entdeckte Beziehung

$$0 = 1+e^{i\pi}$$

Sie verknüpft zwei transzendente Zahlen, nämlich die Eulersche Zahl e (die Basis der natürlichen Logarithmen) mit der Zahl Pi, dem Verhältnis von Kreisumfang zu dessen Durchmesser mit der Wurzel aus (-1) (= der imaginären Einheit i) zu einem Wert -1. Und das ist wirklich so, wie sich leicht beweisen lässt. Trotzdem ist es irgendwie erstaunlich und geheimnisvoll, wie zwei Zahlen, die sich nicht mal als Brüche darstellen lassen und bei der die eine für „exponentielles Wachstum“ und die andere mit allem, was mit Kreisen zu tun hat, zuständig ist, zusammen mit der „unmöglichen Zahl“ (Wurzel aus (-1)) genau -1 ergibt (der Mathematiker nennt das „Eulersche Identität“).

279. Exponentielles Wachstum und der Club of Rome

Apropos „exponentielles Wachstum“. Erinnern Sie sich noch an den Club of Rome? Dieser 1968 gegründete und ziemlich elitäre Verein wurde 1972 bekannt, als er die Studie *„Grenzen des Wachstuns“* veröffentlichte. Darin versuchten die Autoren zu zeigen, dass ein ungebremstes Wachstum der Bevölkerung, der Industrialisierung und des ökologischen Raubbaus irgendwann an seine natürlichen Grenzen (Ressourcenmangel) stoßen und sich zu einer globalen humanitären Katastrophe entwickeln muss. Die Begründung erfolgte dabei sehr einsichtig mit der Dynamik exponentieller Wachstumsprozesse. Die zeitlichen Vorhersagen jedoch, die in dieser ersten Studie gemacht wurden, erwiesen sich allesamt als falsch, während die angewandte Methodik - Simulation zukünftiger Entwicklungen auf der Grundlage der Systemtheorie - im Laufe der folgenden Jahrzehnte immer mehr verfeinert wurde. Der letzte Bericht stammt übrigens aus dem Jahre 2012 und trägt den Titel *„2052: A Global Forecast for the Next Forty Years"*. Ihn kann man durchaus sowohl inhaltlich als auch methodisch als seriös betrachten und als politische Handlungsanweisung für die nächste Zukunft in Betracht ziehen. Natürlich krankt auch er an dem Problem, welches der Überlieferung nach keiner so passend und prägend wie Karl Valentin (1882-1948) formuliert hat:

„Prognosen sind schwierig, besonders wenn sie die Zukunft betreffen"

(dieser Ausspruch wird manchmal auch Niels Bohr zugeschrieben). Aber kommen wir zum Kernpunkt zurück, dem exponentiellen Wachstum. Was es eigentlich bedeutet, können sich die meisten kaum vorstellen. Ansonsten würden sie sich an solchem Quatsch wie Kettenbriefe und anderen Schneeballsystemen kaum beteiligen.

280. Schach und Reis

Dazu folgende einsichtige Legende mit überraschendem Ergebnis: Der Erfinder des Schachspiels konnte mit seinem Spiel seinen König derartig begeistern, dass dieser ihm einen Wunsch gewährte. Und dessen Wunsch klang anfänglich ziemlich harmlos. Der Erfinder des Schachspiels wünschte sich also eine Menge Reiskörner, wobei sich deren Anzahl aus einer einfachen Regel ergibt - und zwar wie folgt: Ein Korn solle auf das erste Feld, zwei auf das zweite, vier auf das dritte, usw. gelegt werden (d.h. auf einem Feld immer doppelt so viele Reiskörner wie auf dem vorangehenden) bis alle 64 Spielfelder abgearbeitet sind. Dem König kam dieser Wunsch ziemlich bescheiden vor, so dass er ihm ohne viel nachzudenken versprach, der Bitte nachzukommen. Als nun der Hofmathematiker begann, die Menge der Reiskörner auszurechnen, wurde die Monstrosität des "bescheidenen" Wunsches schnell klar. Also rechnen wir: $1+2+4+8+16+32+...+2^{64}$ = 18446744073709551615. Das sind rund $1.8 \cdot 10^{19}$ Reiskörner. Wenn also ein Reiskorn 0,03 Gramm wiegt, dann wiegen $1.8 \cdot 10^{19}$ Reiskörner $5.5 \cdot 10^{11}$ Tonnen, also 550 Milliarden Tonnen. Das entspricht rund 1150 weltweiten Reisernten (Stand 2014). Würde man, grob gerechnet, alle diese Reiskörner gleichmäßig auf die Fläche Deutschlands verteilen, dann ergäbe sich eine Schichtdicke von etwa einem viertel Meter. Und dabei haben wir es hier nur mit einer einfachen geometrischen Reihe zu tun. In die Kategorie „exponentielles Wachstums“ fällt u. a. auch die Bakterienvermehrung (ein Bakterium teilt sich alle halbe Stunde), die Bevölkerungsexplosion (siehe Thomas Robert Maltus (1766-1834) „*The Principle of Population*“) und die Rohstoffgewinnung (man denke nur an eine unregulierte Ausbeutung von Ölvorkommen).

281. Begrenztes Wachstum

Alle diese „Wachstumsarten“ haben die Eigenschaft, dass sie begrenzt sind, da sie Ressourcen verbrauchen - und die hier zu betrachtenden Ressourcen sind nun einmal alle endlich. So begrenzen die natürlichen Ressourcen der Erde - wie der Club of Rome richtig feststellt - die maximale Zahl an Menschen, denen bei einem gewissen Wohlstand eine Ernährung gesichert werden kann. Diese Zahl dürfte irgendwo bei 8 Milliarden liegen - ein Wert, der bis zum Jahr 2030 erreicht sein wird. Aus ökologischen Gründen ist aber selbst dieser Wert zu hoch. Unsere Erde ist eigentlich nur für 500 Millionen bis 1 Milliarde Menschen gemacht. Jede Zahl, die größer ist, führt mittel- und langfristig zu Problemen, wobei keiner weiß, ob, und wenn ja, wie sie sich bewältigen lassen.

282. Der ökologische Fußabdruck

Diese Erkenntnis folgt aus Untersuchungen, welche die sogenannten „Planetaren Grenzen“ in Bezug auf neun ausgewählte Parameter aufzeigen - und, methodisch ähnlich, in dem man, wiederum auf eine Auswahl von Parametern bezogen, die „Fläche“, die ein Erdenbürger in Hektar für seinen Lebenserhalt benötigt, berechnet und als dessen „Ökologischen Fußabdruck“ ausweist. Aber alle diese Untersuchungen haben nur einen akademischen Wert, wenn sie nicht zu politisch umsetzbaren Maßnahmen führen. Und hier ist nach allen Erfahrungen Skepsis angesagt. Das „Raumschiff Erde“ hat viele Kapitäne, jedoch keinen Steuermann und die Besatzung platzt aus allen Nähten. In den meisten Kabinen herrscht bittere Armut und in einigen regieren Mord und Totschlag. Dass es uns trotzdem so komfortabel vorkommt, ist nur der Tatsache geschuldet, das wir nicht im Slum einer Großstadt der Dritten Welt leben - wie ein Großteil der Menschen auf der Erde. Aber der Geschützdonner nähert sich, wie man feststellen kann, wenn man mit Aufmerksamkeit die täglichen

Nachrichten verfolgt. Das Gebot der Stunde ist es, wenn man sich die Zahlen des Bevölkerungswachstums außerhalb der Industriestaaten ansieht, die Bevölkerungsexplosion human zu verlangsamen. Die Korrelationen, die einen Lösungsweg aus diesem Dilemma bieten, sind schon lange bekannt: Mehr Bildung, bessere Ausbildung und Chancengleichheit auch für Frauen, eine gezielte Familienplanung unter Zurverfügungstellung der dazu notwendigen Hilfsmittel, eine vernünftige Gesundheitsvorsorge und etwas mehr Komfort und Sicherheit im Leben lässt (wie die Industrienationen überdeutlich zeigen) die Geburtenrate purzeln. Aber das ist alles leichter gesagt als getan. Und die Bedingungen, solch ein Programm durchzusetzen, scheinen sich auch eher zu verschlechtern, wenn man die vielen Konfliktregionen der Erde mit in Betracht zieht. Aber mit etwas Glück und Verstand folgt uns, die wir noch im Paradies leben, nur das Fegefeuer und nicht die Hölle auf dem Weg zu den Sternen. Denn die Natur wird einen Weg finden, das Problem einer Übervölkerung zu lösen.

Die mathematische Formel, an die sich die Natur in dieser Beziehung halten wird und welche die Entwicklung einer Population von Lebewesen bei begrenzten Ressourcen mit der Zeit beschreibt, ist übrigens seit 1845 bekannt.

283. Die Logistische Gleichung

Sie wurde bei einer Analyse der Maltusschen Theorie des Bevölkerungswachstums durch den Mathematiker Pierre François Verhulst (1804-1849) entdeckt. Diese „Verhulst-Gleichung“ ist im deutschsprachigen Raum mehr unter dem Namen „Logistische Gleichung“ bekannt. In der zweiten Hälfte des 20. Jahrhundert wurde sie detailliert untersucht, da sie eng mit dynamischen Systemen, welche zu chaotischen Zuständen neigen, in Beziehung steht. Wie sie funktioniert, soll folgendes Beispiel zeigen. Es geht hier um die Nonne. Nein, nicht die im Kloster, sondern um den Schmetterling *Lymantria monacha*, dessen Raupen in früheren Zeiten innerhalb kürzester Zeit ganze Nadelwälder (die Ressource, von der sie zehren) kahlgefressen haben. Heute bringt man diesen Schmetterling aus der Familie der Spinner mit Gift um, wenn es nach Meinung der Forstleute notwendig sein sollte. Deshalb ist er nicht mehr so oft zu sehen wie früher.

Der Lebenszyklus dieses Nachtfalters sieht wie folgt aus: Die weiblichen Falter legen im Spätsommer ihre Eier ab, aus der dann im Frühjahr die Raupen schlüpfen. Sie machen sich dann sofort über Fichten- und Kiefernadeln her, bis sie rund 1000 Fichten- oder 300 Kiefernadeln verputzt haben. Dann sind sie ausgewachsen und suchen sich ein lauschiges Plätzchen, wo sie sich einen Kokon spinnen und darin verpuppen. Zwei, drei Wochen später schlüpfen daraus nach vollzogener Metamorphose die Nonnenfalter. Sie paaren sich, legen Eier auf die Stämme von Nadelbäumen und sterben ab. Aber mit den Eiern, die überwintern, beginnt das jährliche Spiel von neuem. Nun kann man sich vorstellen, dass sich eine Ausgangspopulation dieses Insekts jedes Jahr verdoppelt - so wie die Reiskörner auf dem Schachbrett. Andernfalls gibt es aber auch Prozesse, die diesem Populationswachstum entgegenwirken, wie Fressfeinde, Witterung, Parasiten oder die endliche Zahl von Nadeln in einem Nadelwald. Mathematisch lässt sich solch ein Szenario am besten über Populationsverhältnisse, das heißt, durch den Quotienten aus der Populationsgröße X(n+1) im Jahr n+1 zur Populationsgröße X(n) im Jahr n beschreiben, wobei noch eine Normierung derart durchgeführt wird, dass die jeweils größtmögliche Population gleich 1 (oder gleich 100%) gesetzt wird. Einfaches exponentielles Wachstum lässt sich dann formal mittels der Rekursionsformel X(n+1)=K X(n) beschreiben, wobei K eine zu wählende Konstante ist und die sich als „Geburtenrate" interpretieren lässt. Die Idee von Verhulst war es nun, diese einfache Beziehung um einen weiteren Faktor auf der rechten Seite zu ergänzen, welche die dem Wachstum entgegenstehenden Prozesse formalisiert: X(n+1)=K X(n) (1-X(n)). Und ihre Wirkung ist leicht zu erkennen. Für einen sehr kleinen Wert von X(n) liegt (1-X(n)) nahe bei 1, so dass die Gleichung sich nicht allzu sehr von der ursprünglichen Wachstumsgleichung unterscheidet. Wenn X(n) jedoch sehr groß wird, dann marschiert der Faktor (1-X(n)) gegen Null und sorgt dafür, dass im Grenzfall die rechte Seite verschwindet. Offensichtlich arbeiten beide Terme gegeneinander. Der erste Term versucht, die Population immer mehr zu vergrößern während der zweite Term dieses ungezügelte Wachstum unterdrückt. Man hat es hier offensichtlich mit einer nichtlinearen Rückkopplung zu tun, und gerade das macht die Verhulst-Gleichung allein für sich schon äußerst interessant. Man kann nun leicht mit einem Computer untersuchen, wie sich eine Ausgangspopulation im Laufe der Jahre bei unterschiedlichen Geburtenraten K entwickelt. Liegt z. B. die Geburtenrate unterhalb von 1 (wie bei uns in Deutschland, 1 bedeutet hier einfache Reproduktionsrate), dann wird die entsprechende Population über kurz oder lang aussterben. Bei einer Geburtenrate von K=1,5 führen beide Richtungen, egal ob man mit einer Population von 100% oder mit einer kleinen Population von 1% der möglichen 100% beginnt, zu einem stabilen Grenzwert, der bei ~66% liegt. Hier stabilisiert sich die Populationsentwicklung und ändert sich in den folgenden Jahren nicht mehr. Erhöht man den K-Wert weiter, z. B. auf 2,5, dann beobachtet man ein gewisses „Schwingungsverhalten, aber letztendlich wird auch hier nach einer gewissen Zeit der stabile

Wert von ~66% erreicht. Richtig interessant wird es erst wieder, sobald K=3 gewählt wird. Ab diesem Wert wird der Stabilitätspunkt von 66% Populationsgröße instabil und spaltet sich mit wachsenden K zunehmend in zwei Zweige auf, wobei der eine oberhalb der 66% und der andere in gleicher Weise unterhalb der 66% angeordnet ist. Diese Aufspaltung wird im Fachjargon als Bifurkation bezeichnet. Sie lässt sich in unserem Beispiel mit den Nonnen-Falter auch leicht erklären: Im ersten Jahr legen die Weibchen der Nonnenfalter so viele Eier, so dass im Sommer des Folgejahres, nachdem sich die Raupen dumm und dämlich gefressen haben und dabei der Wald zunehmend lichter geworden ist, aus ihren Puppen besonders viele Falter schlüpfen. Diese legen in der Summe noch mehr Eier und im Folgejahr gibt es dann entsprechend viele Nonnenraupen. Aber die Raupen haben nach der Halbzeit ihres Lebens nichts mehr zu fressen, da ihr Futter, die Fichten- und Kiefernnadeln, bereits alle von ihnen vertilgt sind - die Population bricht wegen Übervölkerung aufgrund der damit verbundenen Hungersnot zusammen und nur wenige überlebende Raupen können sich letztendlich zu Schmetterlingen entwickeln. Im Folgejahr wird es dann nur wenige Nonnenfalter geben und das Spiel beginnt von neuem. Die Population schwankt offensichtlich zwischen Jahren mit einer Massenvermehrung und Jahren, wo der Falter relativ selten ist, hin und her. Erhöht man in der Verhulst-Formel die Geburtenrate auf ~3,449, dann werden die beiden zuvor stabilen Werte wiederum instabil und erzeugen eine Population, die alle 4 Jahre zu einer außergewöhnlichen Massenvermehrung neigt. Und genau solch einen Zyklus kann man bei natürlichen Nonnen-Kalamitäten auch wirklich beobachten. Lässt man K weiter anwachsen, dann finden bei bestimmten Werten weitere Bifurkationen statt bis es dann irgendwann so viele sind, dass die Schmetterlingspopulation völlig unvorhersagbar von Jahr zu Jahr ihre Größe ändert (ab K=3,57). Solch ein Zustand wird gewöhnlich als „Chaos“ bezeichnet - und die mathematische Theorie, die sich mit derartigem beschäftigt, „Chaostheorie“. Wer sich den Weg in das „Chaos“ einmal als Grafik anschauen möchte, sollte im Internet einmal nach dem „Feigenbaumdiagramm“ googeln.

Apropos „googeln“.

284. Große Zahlen - googol und gogolplex

Haben Sie gewusst, dass sich der Begriff „Google“ von dem Wort „googol“, einer speziellen Wortschöpfung für eine Zahl mit 100 Nullen (d. h. 10^{100}), ableitet? Damit lassen sich übrigens leicht weitere Potenzen bilden, z. B. $10^{10^{100}}$ - das Gogolplex, oder $10^{10^{10^{100}}}$ das Gogolplexplex.

An dieser Stelle möchte ich mal eine Vermutung wagen, die ich selbstverständlich nicht beweisen kann: Unter den ersten Googolplexplexplexplexplex-Stellen der Zahl Pi werden sich in codierter Form, wie am Anfang dieses Buches beschrieben, einige wesentliche Absätze dieses Buches finden. Es hat aber keinen Zweck, danach zu fanden. Denn es gibt keinen einzigen Computer auf der Welt, der in der Lage wäre, irgendeine Zahl, die im Gogolplex-Bereich liegt, überhaupt Ziffer für Ziffer abzuspeichern. Und noch etwas, im überschaubaren Kosmos gibt es lediglich etwa 10^{80} Protonen, d. h. eine Anzahl, die winzig klein ist gegenüber einem Gogol oder erst recht einem Gogolplex···

285. Das überschaubare Universum

Doch was bedeutet „überschaubares Universum"? Gibt es Teile des Universums, die von uns nicht „überschaubar" sind? Und hier wird es kompliziert, da der kosmische Raum sich über drei räumliche und eine zeitliche Dimension erstreckt. Die „Raumzeit" kann nämlich „gekrümmt" sein ähnlich wie eine zweidimensionale Fläche „gekrümmt" sein kann. Ich will das hier nicht noch einmal näher ausführen. Nur so viel: Wie Albert Einstein 1915 in seiner Allgemeinen Relativitätstheorie zeigen konnte, sind die „geradesten" Linien, die zwei „Ereignisse" (gegeben durch drei Raumkoordinaten und einen Zeitpunkt) miteinander verbinden können, „Geodäten", entlang der man sich kräftefrei bewegen kann. Lichtstrahlen folgen im Vakuum z. B. einem solchen Weg. So ist ein statischer Raum denkbar, der ähnlich gekrümmt ist wie die Oberfläche einer Kugel. In solch einem Raum positiver Krümmung würde nach endlicher Zeit ein geradeaus ausgesandter Lichtstrahl nach einer „Umrundung" an seinen Ausgangspunkt (quasi rücklings!) zurückkehren. Solch ein Raum wäre endlich (wie die endliche Oberfläche einer Kugel), aber ohne Grenzen (wie die Oberfläche einer Kugel). Es gibt aber auch Räume mit negativer Krümmung. Sie sind der Oberfläche einer Pseudosphäre analog (ein Ausschnitt sieht so etwa aus wie eine Sattelfläche) und genauso wie der flache „euklidische Raum" unserer Erfahrung unendlich ausgedehnt.

Doch was „krümmt“ nun diesen kosmischen Raum (genauer die Raumzeit)? Es ist die im Raum verteilte Energie in Form von Masse (Sterne, Galaxien) und Impuls. Die Frage nach der Geometrie des kosmischen Raumes ist deshalb im Wesentlichen eine Frage nach der Menge und Verteilung der Galaxien, die in ihm enthalten sind und muss deshalb durch Beobachtungen bestimmt werden.

Der kosmische Raum hat aber noch eine unerwartete Eigenschaft, er expandiert nämlich. Man erkennt das daran, dass sich alle Galaxien von uns entfernen, und zwar umso schneller, je weiter sie von uns entfernt sind. Das ist ähnlich wie mit gleichmäßig verteilten Rosinen im Hefeteig eines Rosinenkuchens, der langsam „aufgeht“. Oder als zweidimensionales Analogon: Man male auf einem Luftballon gleichmäßig Punkte, welche Galaxien darstellen sollen. Bläst man ihn nun auf und stellt man sich als „Beobachter“ auf einem dieser Punkte vor, dann kann man auch hier beobachten, wie sich alle anderen entfernen - und zwar umso schneller, je weiter sie vom Punkt des Beobachters entfernt sind. Dieser Effekt, wieder auf den Kosmos übertragen, wird durch eine einfache Gesetzmäßigkeit beschrieben, die man das „Hubble-Gesetz“ nennt und welches eine Verbindung der Fluchtgeschwindigkeit der Galaxien (die man anhand der Rotverschiebung ihrer Spektrallinien messen kann) und ihrer Entfernung herstellt.

286. Urknall und Hubble-Blase

Er impliziert, dass in der Vergangenheit einmal alle Entfernungen zwischen den Galaxien geringer waren als heute und dass man diese „Expansion“ - rückwärts betrachtet - bis zu einem singulären Punkt zurückverfolgen kann, den man gewöhnlich als „Urknall“ oder Big Bang bezeichnet. Mittlerweile weiß man sogar, dass dieser „Big Bang“ vor ziemlich genau 13,798 Milliarden Jahren stattgefunden hat. Und genau dieser Umstand begrenzt für uns den Kosmos auf einen quasi endlichen Bereich, der durch einen Horizont begrenzt wird und der sich mit der Zeit immer weiter weg von uns verschiebt. Der Grund liegt in der Endlichkeit der Lichtgeschwindigkeit, was bedeutet, dass ein Lichtstrahl in 13,798 Milliarden Jahren auch nur eine Strecke von 13,798 Milliarden Lichtjahren durchlaufen kann. Aber in Wirklichkeit ist der „Horizont“ aufgrund der Expansion des Weltalls noch um einiges größer (es hat sich ja während der Lichtlaufzeit weiter ausgedehnt). Man schätzt den Durchmesser dieses als „Hubble-Blase“ bezeichneten für uns zumindest prinzipiell überschaubaren Raumbereichs auf ca. 93 Milliarden Lichtjahre. Das ist das für uns „sichtbare Universum". Und da es keinen „Mittelpunkt" des Weltalls gibt, hat jede Galaxie ihre eigene Hubble-Blase. Auf diese Weise kann das Weltall wirklich unendlich groß sein und es ist eine gute Arbeitshypothese anzunehmen, dass es darin auch überall ähnlich aussieht (bei gleichem Weltalter sind ja auch alle Galaxien zeitlich gesehen gleichweit vom Urknall entfernt) - und zwar auch außerhalb unserer eigenen Hubble-Blase. In unserem zwar „endlichen", aber unbegrenzten Luftballonmodell bedeutet das, dass seine Oberfläche relativ gleichmäßig mit „Galaxienpunkten" belegt ist und es um jede Galaxie herum eine kreisförmige „Lichtfront" gibt, welche den jeweiligen Horizont angibt und die sich mit Lichtgeschwindigkeit immer weiter in den kosmischen Raum hineinarbeitet und auf diese Weise immer mehr Galaxienpunkte in ihren Gesichtskreis geraten. Bläst man jetzt den Luftballon auf, dann lässt sich damit die kosmische Expansion simulieren und man erkennt, dass die Entfernung zum Horizont schneller anwächst als sich rein aus der Endlichkeit der Lichtgeschwindigkeit ergibt. Für die weitere Argumentation ist es hier aber nur wichtig zu verstehen, dass es hinter dem Horizont weiter geht - vielleicht sogar bis ins Unendliche.

287. Das Multiversum der Doppelgänger

Und das führt zu einigen interessanten Konsequenzen, die darin begründet liegen, dass jeder Teil des Raumes (z. B. der Inhalt unserer Hubble-Blase) selbst endlich und jede endliche Zahl bekanntlich klein gegenüber „Unendlich" ist. Physikalisch gesprochen, lässt sich weiterhin jedes endliche Volumen durch die Anzahl der darin realisierbaren Quantenzustände beschreiben. Diese Zahl ist riesengroß, da man dabei auch alle möglichen Kombinationen berücksichtigen muss. Aber sie ist endlich und damit immer noch winzig klein gegenüber Unendlich. Um das etwas anschaulicher zu machen, stellen Sie sich ein riesiges Schachbrett vor, welches aus lückenlos aneinandergereihten 8x8 -Spielfeldern besteht. Auf jedem dieser Spielfelder sind 0 bis 32 Spielfiguren völlig zufällig (quasi ausgewürfelt) angeordnet. Nun können Sie sich die Frage stellen, wie weit muss man sich maximal von einem zufällig ausgewählten 64-Felder-Spielfeld wegbewegen, bis ich zu 100% sicher wieder ein 64-Felder-Spielfeld mit der identischen Figurenanordnung finde (Übungsaufgabe). Und was für das Schachbrett mit seinen Figuren gilt, gilt auch für die Quantenzustände in einem Volumen von der Größe der Hubble-Blase, welches „unser" Universum darstellt. Also wo findet man im unendlichen (oder genügend großen, sollte es endlich sein) Kosmos wieder einen Raumbereich von der Größe einer Hubble-Blase, dessen Quantenzustand mit dem unsrigen ununterscheidbar ist? Eine entsprechende Überschlagsrechnung verrät es uns: etwas mehr als ein Gogolplex Meter (~$10^{10^{120}}$ Meter). Und was bedeutet das? Es bedeutet, dass in dieser Entfernung eine Welt zu erwarten ist, die sich in nichts von unserer unterscheidet. Dort sitzt ein Alter Ego von Ihnen, der mit Ihnen, lieber Leser vollkommen identisch ist, mit der gleichen Lebensgeschichte und den gleichen Erinnerungen, und liest diese Zeilen aus einem diesem Buch völlig identischem Buch. Verrückt, nicht wahr? Und in einem unendlich großen Universum mit den genannten Eigenschaften gibt es wieder unendlich viele Doppelgänger von uns allen - und nicht nur völlig identische, sondern auch in allen denkbaren Abweichungen.

Die Wiederholung unserer Hubble-Blase ist natürlich eine Maximalforderung. Einen „Doppelgänger" sollte man schon um einiges näher finden. So sollte sich ein Raumbereich mit einem Radius von 100 Lichtjahren in identischer Ausführung bereits in ca. $10^{10^{92}}$ Meter finden lassen. Und da ein Mensch noch um einiges kleiner ist, kann man einen perfekten Doppelgänger von ihm bereits in schlappen $10^{10^{28}}$ Meter Entfernung erwarten. Aber das ist immer noch weit hinter dem Horizont⋯

Das Universum besteht nach diesen Überlegungen aus unendlich vielen „Hubble-Blasen", die sich überschneiden und in ihrer Gesamtheit ein unendliches (oder sehr großes, wenn endliches) Multiversum bilden. Der Physiker Max Tegmark, der sich mit diesem Gegenstand ausführlich auseinandergesetzt hat, spricht in diesem Fall von einem Multiversum der Ebene 1.

288. Urknalltheorien

Denn die Wissenschaft hat in dieser Beziehung noch einiges mehr zu bieten. So ist es weiterhin ein Rätsel, wie es überhaupt zu so etwas wie einen „Urknall" kommen konnte. Eine wichtige Entdeckung war in diesem Zusammenhang, dass es kurz nach dem ominösen Zeitpunkt Null (so ungefähr zwischen 10^{-35} und 10^{-30} Sekunden nach dem eigentlichen Urknall) zu einem enormen „Aufblähen" des Raumes gekommen ist, den man „Inflation" nennt. Sie beantwortet die Frage, warum das Universum so groß, so gleichförmig und so flach ist. Eine rapide Raumdehnung vermag nämlich diese und andere, ansonsten rätselhafte Eigenschaften auf einen Streich zu erklären. Da sie auch durch beobachtbare Implikationen gestützt wird, ist die kosmische Inflationsphase mittlerweile ein fester Bestandteil einer jeden Urknalltheorie. Man erkauft sich das aber - wenn man weiter denkt - durch andere Absonderlichkeiten. So wird beispielsweise in der Theorie der „ewigen chaotischen Inflation" die Existenz und fortwährende Bildung neuer, parallel nebeneinander existierender Universen der Ebene 1 postuliert. In jedem dieser Universen - manche bestehen ewig, viele andere kollabieren sofort wieder - gelten andere Werte für die grundlegenden Naturkonstanten und nur in denen, wo sie zufällig Werte annehmen, die die Entstehung lebender Materie erlaubt, gibt es auch Beobachter. Und auch hier gibt es dann Universen (diesmal „Universen" die Multiversen der Ebene 2 bilden), die unserem ähneln oder weitgehend gleichen und in denen es auch wiederum Doppelgänger von uns gibt. Und diese Universen, welche die Theorie vorhersagt, sind aus dem inneren unseres Universums heraus prinzipiell nicht einmal mehr nachweisbar. Noch verrückter, nicht wahr? Immer dort, wo empirische Daten fehlen oder nur schwer zu beschaffen sind oder man noch nicht einmal weiß, nach was man forschen soll, gedeihen verrückte Ideen und Theorien. Die Frage ist nur - und Niels Bohr stellte sie einst im Zusammenhang mit der Quantentheorie - ob die Idee oder Theorie wirklich auch verrückt genug ist, um wahr zu sein. Letztendlich entscheidet aber die Beobachtung oder das Experiment, ob eine Naturbeschreibung richtig oder falsch ist und nicht die Meinung eines Wissenschaftlers...

289. Theorie und Empirie

Denn wie der berühmte Wissenschaftsphilosoph Karl Popper (1902-1994) festgestellt hat, können Theorien über irgendeinen Gegenstand niemals in letzter Konsequenz als „wahr" angesehen werden - ihre „Wahrheit" ergibt sich aus einer noch nicht gelungenen Falsifikation. Oder anders ausgedrückt: naturwissenschaftliche Theorien können niemals in letzter Konsequenz bewiesen, aber jederzeit durch die Empirie widerlegt werden. Das Experiment und die Beobachtung sind dafür die Instanzen, an der sich eine Theorie messen lassen muss. So ist es völlig legitim, dass man Theorien erfinden darf. Man muss sie dann aber auch an der Wirklichkeit messen. Gibt es dabei nur eine Diskrepanz, muss man entweder ihre Gültigkeit entsprechend einschränken (wie die klassische Mechanik auf Geschwindigkeiten, die klein gegenüber der Lichtgeschwindigkeit sind), sie entsprechend erweitern (Spezielle Relativitätstheorie) oder aber man kann sie gleich in die Tonne kloppen (wie die einst sehr populäre Phlogiston-Theorie).

An dieser Stelle ist es vielleicht interessant, auf eine Theorie hinzuweisen, die in dem 1960 erschienenen, von Eric M. Rogers verfassten Buch *„Physik für den forschenden Geist“* (*Physics for the Inquiring Mind*, leicht im „Web“ zu finden) das Licht der Welt erblickte.

290. Die Dämonentheorie der Reibung

Sie hat den Anspruch, ein sehr schwieriges Phänomen, welches aber für die Technik von grundlegender Bedeutung ist, abschließend zu behandeln - die Reibung. Diese Theorie lässt sich am besten in Form eines Dialogs eines Anhängers der Theorie (A) und eines Skeptikers (S) vorstellen. Es ist die „Demon theory of friction“. Beginnen wir also:

S: Ich glaube nicht an Dämonen.

A: *Ich schon.*

S: Ich kann mir jedenfalls nicht vorstellen, wie Dämonen Reibung erzeugen.

A: *Sie stellen sich gegen die Dinge und bringen sie zum Stillstand.*

S: Ich kann auch auf der rauesten Tischfläche bei bestem Willen keine Dämonen erkennen.

A: *Sie sind zu klein und außerdem völlig durchsichtig.*

S: Auf rauen Flächen ist die Reibung stärker.

A: *Dort gibt es ja auch mehr Dämonen.*

S: Wenn ich aber Öl dazugebe, verringert sich die Reibung.

A: *Öl verjagt ja auch die Dämonen.*

S: Wenn ich nun aber den Tisch poliere, dann wird die Reibung geringer und ein Ball rollt weiter.

A: *Sie putzen ja damit auch die Dämonen weg. Es stemmen sich dann weniger gegen den Ball und der Ball kommt erst nach einer größeren Strecke zum halt.*

S: Aber eine schwerere Kugel erzeugt mehr Reibung und es knirscht beim Rollen.

A: *Es stemmen sich halt mehr Dämonen dagegen und ihre Knochen zerbersten, was deutlich zu hören ist.*

S: Wenn ich einen Ziegel auf den Tisch lege und ihn mit wachsender Kraft gegen die Reibung zu schieben versuche, dann wird er sich bis zu einer Grenze nicht bewegen, da die Reibung jeweils die von mir ausgeübte Kraft aufhebt.

A: *Natürlich stemmen sich die Dämonen gerade so stark dagegen, dass sich der Ziegel trotz der von ihnen aufgewendeten Kraft nicht bewegt. Allerdings sind ihre Kräfte nicht unbegrenzt und ab einem Punkt kollabieren sie.*

S: Wenn ich aber stark genug anschiebe und den Ziegel in Bewegung setze, tritt Reibung auf, der den Ziegel in seiner Bewegung bremst.

A: *Ist logisch, denn wenn die Dämonen kollabiert sind, dann werden sie von dem Ziegel zermahlen. Es sind ihre zermalmten Knochen, die sich der gleitenden Bewegung des Ziegels entgegensetzen.*

S: Ich kann sie aber nicht spüren.

A: *Reiben Sie mit ihrem Finger auf dem Tisch.*

S: Reibung folgt aber gewissen Gesetzen. So ist experimentell erwiesen, dass die Reibung den gleitenden Ziegel mit einer geschwindigkeitsabhängigen Kraft bremst.

A: *Selbstverständlich wird immer die gleiche Anzahl von Dämonen zermahlen, ganz gleich, wie rasch man über sie hinwegfährt.*

S: Wenn ich mit einem Ziegel immer wieder über den Tisch fahre, dann ist die Reibung jedes Mal die gleiche. Die Dämonen wären doch schon beim ersten Mal zermahlen worden.

A: *Bedenken Sie, Dämonen vermehren sich unglaublich rasch.*

S: Und dann gibt es doch auch noch andere Reibungsgesetze. Die Bremsung ist z. B. proportional zum Druck, mit dem beide Oberflächen aneinandergepresst werden.

A: *Dämonen leben in den Poren der Oberfläche. Ein höherer Druck fordert eine größere Anzahl von ihnen heraus. Sie stemmen sich dann dagegen und werden zermahlen. Dämonen funktionieren genau wie die Kräfte, die Sie bei ihren Experimenten gefunden haben.*

Nach diesem Schema (haben Sie es durchschaut?) kann man selbstverständlich noch viele andere „Theorien" zur Erklärung spezieller Phänomene erfinden. Sie sind künstlich, bieten dabei so gut wie keinen Bezug zu weiteren damit im Zusammenhang stehenden physikalischen Prozessen und sie lassen sich auch nur bedingt mathematisch fassen. Kurz gesagt, solch eine Theorie ist überflüssig, aber keinesfalls nutzlos - denn sie ist zumindest unterhaltsam, weshalb ich sie hier auch vorgestellt habe··· Trotzdem möchte ich abschließend die Aufmerksamkeit auf die „Darbietungsform" der Dämonentheorie der Reibung lenken.

291. Quaestio disputata

Dabei handelt es sich um eine als „Quaestio" benannte Methode der Disputation, die im Mittelalter von den Scholastikern genutzt wurde, um solche auch heute noch nicht völlig gegenstandslos gewordenen Fragen wie *„Was ist größer: die Freude des Wolfes, wenn er das Lamm erblickt, oder die Angst, von der das Lamm angesichts des Wolfes befallen wird"* oder die praktisch wichtigere *„Ist es gesund, sich einmal monatlich zu betrinken"* einer Klärung zuzuführen. Derartige Fragen nennt man auch „scholastische Fragen". Sie wurden an den frühen europäischen Universitäten mit großem Ernst und Eifer in Rede und Gegenrede unter strenger Beachtung logischer Gesetze diskutiert - und oft auch so in Briefen, Abhandlungen und Dissertationen festgehalten. So entstand die Literaturgattung der Quaestio, der sich selbst Galileo Galilei in seinem *„Dialogo sopra i due massimi sistemi"* (Dialog über die beiden hauptsächlichen Weltsysteme, 1632) noch bediente.

Wann die Methode der Quaestio genau entstanden ist, lässt sich mit Sicherheit nicht sagen. Sie hat sich seit dem 6. Jahrhundert (A. M. S. Boethius, ungefähr 480-526 n. Chr.) ganz allmählich entwickelt bis sie schließlich kanonisiert fester Bestandteil der universitären Ausbildung wurde. Die früheste namentliche Erwähnung findet sich übrigens in den Statuten der Pariser Universität, die aus dem Jahre 1215 stammen. Sie wurde im Anschluss an eine Vorlesung (*lectio*) als Disputation zwischen Lehrer und Student bzw. zwischen zwei Studenten (d. h. als Widersprechender und Antwortender, oben „S" und „A") in erster Linie zur Festigung des Lehrstoffs und zur Schulung des logischen Denkens als *quaestio disputata* abgehalten. Auch die mündliche Prüfung zur Erlangung eines akademischen Grades erfolgte in Form eines zumeist öffentlichen wissenschaftlichen Streitgesprächs. Noch Martin Luther wollte übrigens mit seinen 95 Thesen solch ein öffentliches Streitgespräch quasi erzwingen, was bekanntlich wegen der Brisanz des Themas nicht so richtig gelang, aber schließlich zur Reformation führte. Doch zurück zur „Quaestio". Ihr Hauptgegenstand waren die „Heiligen Schriften", also die Schriften der Bibel, der Kirchenväter und der antiken Philosophen. Daraus wurden die jeweiligen Fragestellungen abgeleitet, die dann einer Disputation zugeführt wurden. Im Falle der Quaestio bestand sie immer aus drei Teilen, an denen neben dem Hochschullehrer jeweils ein Opponens und ein Respondens beteiligt waren. Die Aufgabe des Einen bestand darin eine Aussage zu formulieren, die dann im Wechselgespräch zwischen These und Gegenthese einem Fazit zugeführt wurde. Heute kommt wohl eine klassische Podiumsdiskussion, bei der Leute mit Verstand und höflich miteinander diskutieren, dieser Methodik noch am nächsten. Ein Nachteil aus heutiger Sicht war lediglich, dass bei dieser durchaus wissenschaftlichen Methode die Voraussetzung - z. B. das Zitat eines Kirchenvaters oder eine Zeile aus der Bibel - niemals in Zweifel gezogen wurde, was dann zu den aus heutiger Sicht (zumindest für Nicht-Theologen) absonderlichsten Schlussfolgerungen geführt hat.

Questiones waren aber natürlich nicht nur der Theologischen Fakultät vorbehalten. Besonders schöne „Blüten" (d. h. „Fragestellungen" bzw. sogar Dissertationsthemen) haben sich aus der Medizinischen Fakultät erhalten. Sie trugen dazu bei, dass dieses Wissensgebiet eher einen Rückschritt nahm, als dass dort fortschrittlichere Ideen, die z. B. die eines Galenos von Pergamon (um 130-215 n. Chr.) übertrafen, entwickelt wurden. Hier eine kleine Auswahl von Themen, mit denen sich die damaligen akademischen Ärzte beschäftigten und in Folge den Spott der Humanisten auf sich zogen: *„Hat Gott den menschlichen Schädel als Sitz des Gehirns oder eher als Fenster für die Augen geschaffen?"* - *„Gleicht der Embryo mehr der Mutter oder eher mehr dem Vater?"* - *„Verursachen Ausschweifungen Glatzköpfigkeit?"* - *„Ist es der Gesundheit förderlich, wenn man nur von Wasser und von Brot lebt?"* - *„Ist das Weib ein unvollkommeneres Geschöpf als der Mann?"* etc. pp. Diese Themen (bis auf das erstere) wurden übrigens - was schriftlich belegt ist - allesamt mit der nötigen Ernsthaftigkeit im 14. und 15. Jahrhundert an der Pariser Universität abgehandelt.

292. Das scholastische Problem der Allmächtigkeit

Es gab aber durchaus in der Scholastik Themen, die auch heute noch von Interesse sind. Nehmen wir einmal die in theologischen Kreisen nicht ganz unwichtige Frage, ob der „Allmächtige" auch wirklich allmächtig ist. Dieses Problem lässt sich auf eine einfache und jedermann verständliche Frage herunterbrechen und die da - ganz in scholastischer Tradition - wie folgt lautet:

„Kann Gott als ein allmächtiges Wesen einen so schweren Stein erschaffen, dass er ihn selbst nicht hochheben kann?".

Versucht man rein logisch diese Frage auf seine Antwortalternativen abzuklopfen, bemerkt man sehr schnell, dass es sich hierbei um ein Paradoxon handelt. Kann er nämlich einen solchen Stein erschaffen, ist er nicht allmächtig (er kann ihn ja nicht hochheben). Wenn Gott jedoch einen solchen Stein nicht erschaffen kann, so kann er gemäß der Fragestellung auch nicht allmächtig sein. Man kann es drehen und wenden wie man will, ohne scholastische Gedankenakrobatik lässt sich das Paradoxon nicht auflösen - und Gott kann demnach bereits aus logischen Gründen keinesfalls allmächtig sein. Der Begriff „Allmächtiger" kann man deshalb durchaus als Anmaßung betrachten. Aber Spaß beiseite. Das Paradoxon lässt sich durchaus vermeiden, wenn man es etwas umformuliert. Man muss nur ein konkretes Gewicht des Steins vorgeben (so groß es auch sein mag). In diesem Fall gilt nämlich die Aussage: Ja, er kann einen mit diesem Gewicht erschaffen und ja, er kann den Stein mit genau diesem Gewicht heben. Und natürlich würde heute niemand mehr auf solch eine Fragestellung kommen, denn ein Gewicht ist bekanntlich eine schwerefeldbedingte Kraft die nur Sinn macht, wenn eine Masse unter die Wirkung eines Schwerefeldes gerät. Man ist heute geneigt, Scholastiker aufgrund ihrer teilweisen bizarren Fragestellungen zu belächeln. Aber damit wird man ihnen und ihrer Zeit nicht gerecht. Die scholastische Methode geht ursprünglich auf Aristoteles zurück und bedeutet, dass man versucht, wissenschaftliche bzw. theologische Fragestellungen dadurch zu lösen, indem man rein theoretisch und nur der Logik verpflichtet Argumentationsketten aufbaut, die sich entweder auf eine Aussage der antiken Koryphäen (oder Kirchenlehrer) logisch stringent zurückführen lassen oder bei der man zeigen kann, dass dies durch begriffliche Unklarheiten nicht möglich ist. Man denke dabei an die kolportierte Geschichte, nach der einst Galileo Galilei seinen universitären Kollegen sowie hohen Kirchenvertretern in seinem selbstgebauten Fernrohr die von ihm kurz zuvor entdeckten Jupitermonde zeigen wollte und sich die meisten unter ihnen mit dem Hinweis darauf weigerten, durchs Fernrohr zu schauen, weil darüber bei Aristoteles nichts zu lesen sei. Das mag uns heute befremdlich erscheinen. Aber in der Scholastik galt Empirie nicht viel.

293. Einheit von Lehre und Forschung

Was sich aber im Schatten dieser Methode entwickelt hat und heute noch fortlebt, ist die Einheit von Forschung und Lehre, die Vorlesung als probate Methode der Wissensvermittlung, die Prüfung und Disputation als Voraussetzung für die Erlangung akademischer Grade sowie - nicht zu unterschätzen - die akademische sowie die Lehrfreiheit (ach so, Bachelor und Master habe ich noch vergessen). Was dagegen überwunden wurde, ist u. a. der unbedingte Autoritätenglaube, die Verachtung der Empirie und - was mit das Wichtigste ist - höhere Schulen sind keine reinen, und zwar im wahrsten Sinne des Wortes, (christliche) Männervereine mehr.

294. Die Vagantenliteratur

Im mittelalterlichen Universitätsmilieu tummelten sich natürlich nicht nur wissbegierige Jünglinge, sondern auch jede Menge ruheloser Zeitgenossen, die sich in den städtischen Spelunken viel wohler fühlten als in den Colleges der Professoren. Meist waren es abgebrochene Studenten, Angehörige der niederen Geistlichkeit, die keine Herde gefunden hatten, sowie eine Vielzahl dichtender und musizierender Vagabunden. Von ihren literarischen und musikalischen Ergüssen hat sich Einiges bis in die Gegenwart erhalten. Man spricht in diesem Fall von einer sogenannten Vagantenliteratur. Das bekannteste (aber nicht älteste) davon ist heute vielen bekannt, nach dem dieser Schatz künstlerisch von Carl Orff (1895-1982) gehoben und bekannt gemacht wurde.

295. Carmina Burana

Ich meine die Liedersammlung „Carmina Burana“, die im Jahre 1803 in der Bibliothek des Klosters Benediktbeuern in Bayern aufgefunden wurde. Diese Sammlung von Liederhandschriften enthält Texte von fast ausschließlich anonymen Literaten, die im Zeitraum zwischen dem ausgehenden 11. Jahrhundert und dem 13. Jahrhundert gelebt haben und den Vaganten zuzuordnen sind. Sie enthält eine Vielzahl deftiger Spott- und Liebeslieder, eine Anzahl Kneipengesänge, aber auch zwei längere, als Theaterstücke konzipierte Texte gehören dazu. Dabei ist die Sprache teilweise so deftig, dass einige Lieder wohl heute auf dem Index jugendgefährdender Schriften gelandet wären - würde die Jugend Latein oder Mittelhochdeutsch verstehen. Andernfalls wäre die Carmina Burana heute nur einigen interessierten Literaturwissenschaftler bekannt, hätte sich ihrer nicht der Komponist Carl Orff (1895-1982) angenommen. Er nahm sich eine Auswahl der Lieder vor, ordnete sie thematisch in drei Kategorien und vertonte sie völlig neu, denn wie die Lieder einst geklungen haben, war weder ihm noch irgendeinem anderen bekannt. Und damit gelang ihm mit der Erstaufführung im Jahre 1937 auch gleich der große Wurf. Das Eingangslied *„Fortuna Imperatrix Mundi“* (Fortuna, Herrscherin der Welt) ist ein Ohrwurm, den heute wirklich jeder kennt, auch wenn er ihn vielleicht der Carmina Burana nicht direkt zuordnen kann. „O Fortuna“ ist jedenfalls vielfältig adaptiert worden, darunter auch von Gruppen der Musikrichtung Rock und Pop (Linkin Park), Gothic Metal (Therion, Nota Profana) und Middle Ages (Gregorian). Unvergessen ist auch der Flashmob im Wiener Westbahnhof am 23. April 2012, den es sich bei Youtube auf jeden Fall anzusehen lohnt (man achte auf die Gesichter der Passanten).

296. Codex Manesse

Neben der Liederhandschrift aus Benediktbeuern besitzt Deutschland eine noch berühmtere Liederhandschrift, die unter dem Namen *„Codex Manesse“* bekannt und im Original nur selten einmal (wie die Turiner Sindone) zu sehen ist. Ihr Versicherungswert beträgt 50 Millionen Euro. Sie wird in der Universitätsbibliothek Heidelberg aufbewahrt, kann aber jederzeit als Faksimile im Internet eingesehen werden und führt uns in die Zeit der Minnesänger zurück. Ihre herausragende Bedeutung liegt in ihrem Umfang, der großen Zahl der vorgestellten „Sänger“ (beginnend mit Kaiser Heinrich VI.), den wunderbaren, den einzelnen „Sängern“ jeweils vorangestellten Miniaturen und ihrem hervorragenden Erhaltungszustand, denn immerhin ist die Handschrift, die in Mittelhochdeutsch verfasst ist, mittlerweile fast schon 700 Jahre alt. Ihr wahrscheinlichster Entstehungszeitraum liegt zwischen 1300 und 1340, also in einer Zeit, wo sich die Hohezeit des Minnesangs bereits ihrem Ende zuneigte. Die Schrift ist streng nach der gesellschaftlichen Stellung der Personen, deren Texte die Liederhandschrift bilden, geordnet. Sie beginnt mit dem Staufer-Kaiser Heinrich VI. (1165-1197), gefolgt von Königen (beginnend mit dem „letzten“ Staufer Konradin (1252-1268)), Herzogen, Markgrafen, Grafen, Freiherrn, Vertretern des Dienstadels bis zu den „Meistern“ - für den Kenner quasi ein Who is Who des 13. Jahrhunderts der deutschen Lande. Darunter auch durchaus bekannte Namen wie König Wenzel von Böhmen (1271-1305), Heinrich von Mohrungen (gestorben um 1220), Walther von der Vogelweide (1170-1230), Wolfram von Eschenbach (*„Parzival“*, um 1160-1220), Hartmann von der Aue (*„Der arme Heinrich“*, gestorben um 1220), Gottfried von Straßburg (gestorben1250) und natürlich der „Tannhäuser“ (gestorben um 1265), um nur ein paar wenige zu nennen. Ihre Dichtungen bilden die literarische Basis, die sich einmal zur deutschen Nationalliteratur entwickeln wird.

Was den Inbegriff des Minnesangs betrifft (Liebeslyrik zwischen Ritter und einer hochgestellten und oftmals auch verheirateten Dame), so ist Walther von der Vogelweide deren Inbegriff geworden. Obwohl wir über ihn selbst kaum etwas wissen, haben doch seine lyrischen Liebeslieder und Sangsprüche (darunter durchaus politische) auch Dank des *„Codex Manesse“* die Zeiten überdauert. Zwei von ihnen haben einen größeren Bekanntheitsgrad erreicht und werden auch heute oft auf Mittelaltermärkten dargeboten. Ich meine *„Unter der Linde“* und das *„Palästinalied“*, welches die Rezeption eines Kreuzzugs zum Inhalt hat und besonders durch die deutsche Band „In Extremo“ (die sich dem „Mittelalter-Rock“ verschrieben hat) bekanntgeworden ist.

Walther schrieb seine Lyrik der Zeit gemäß in Mittelhochdeutsch, der Sprache der Menschen (genauer die Literatursprache) in Deutschland zur Zeit der Staufer-Kaiser. Aus ihr hat sich über das Frühneuhochdeutsche und Neuhochdeutsche schließlich nach der Zusammenführung der Nord- und Süddeutschen Dialekte durch Martin Luther unser heutiges modernes Hochdeutsch entwickelt. Trotz eines Zeitunterschieds von rund 700 Jahren sind die Verse immer noch gut verständlich, was zeigt, dass Sprachen und Dialekte doch recht konservative Systeme sind. Also lassen Sie den Originaltext von „Under der linden“ einfach auf sich wirken, wenn auch manche Worte nicht gleich ihren Sinn preisgeben:

Under der linden an der heide,
dâ unser zweier bette was,
dâ mugt ir vinden
schône beide gebrochen bluomen unde gras.
vor dem walde in einem tal -
tandaradei!
schöne sanc die nachtigal.

Ich kam gegangen zuo der ouwe,
dô was mîn friedel komen ê.
da wart ich enpfangen hêre frouwe,
daz ich bin sælic iemer mê.
kuster mich? wol tûsenstunt!
tandaradei!
seht, wie rôt mir ist der munt.

Dô het er gemachet also riche
von bluomen eine bettestat.
des wird noch gelachet innecliche,
kumt iemen an daz selbe pfat.
bî den rôsen er wol mac -
tandaradei!
merken, wâ mirz houbet lac.

Daz er bî mir læge, wessez iemen,
- nu enwelle got - sô schamt ich mich.
wes er mit mir pflæge, niemer niemen
bevinde daz wan er unt ich
und ein kleinez vogellîn!
tandaradei!
daz mag wol getriuwe sîn.

Das Original findet man in der digitalisierten Ausgabe des *„Codex Manesse“* (Internet) auf Blatt 130 in der zweiten Spalte und eine Vielzahl gesungener Fassungen (auch in Hochdeutsch) auf Youtube (ich empfehle die Interpretation von „Qntal“).

Was den eigentlichen Minnedienst betraf, gibt es eine bessere Quelle als Walther, und zwar das fast vollständig erhaltene Werk *„Vrowen dienst"* des Herrn Ulrich von Lichtenstein (um 1200 bis 1275), welches starke autobiografische Züge aufweist und uns einen Ritter nahebringt, der in nichts dem bekannten Helden der Mancha in der Sierra Morena, den Miguel de Cervantes Saavedra so trefflich beschrieben hat, nachsteht. Auch von ihm Erdichtetes kann man im *„Codex Manesse"* nachlesen.

Die Rezeption der dichterischen Werke des deutschen Hochmittelalters erfolgte im Detail erst im Zeitalter der Romantik. Es wurde nach Quellen gesucht (wie es z. B. die Brüder Grimm taten, die Entdecker des *„Codex Manesse"* 1815 in der Königlichen Bibliothek zu Paris), Übersetzungen und Nacherzählungen angefertigt und veröffentlicht (z. B. Ludwig Tieck(1773-1853)) sowie die Zeit ihrer Entstehung und die Personen beleuchtet (z. B. Ludwig Uhland (1787-1862)).

297. Das Nibelungenlied

Eine weitere Dichtung, das *„Nibelungenlied"* („Siegfried, der Drachentöter"), welches in drei Handschriften überliefert ist und deren Entstehung sich in das 13. Jahrhundert datieren lässt, erlangte im 19. Jahrhundert sogar quasi den Status eines Nationalepos der Deutschen. Leider gehört es heutzutage - wie viele andere „Klassiker" auch - nicht mehr in allen Fällen zur obligatorischen Schulbildung. Das erklärt, warum ein nicht unerheblicher Teil der heutigen Schülergeneration mit diesem frühen deutschen Epos (man datiert die Handlung in das 10. bis 11. Jahrhundert) nichts anfangen kann. Das ist schade, denn etwas aufgearbeitet sind die darin erzählten Geschichten sicherlich nicht weniger spannend als diejenigen eines „Harry Potter" oder „Herr der Ringe". Aber vielleicht machen den Geschichts- und Literaturinteressierten die Eingangsworte, die hier wieder in Mittelhochdeutsch zitiert werden sollen, neugierig, mehr über dieses Epos und über dessen Zeit zu erfahren:

Uns ist in alten mæren
wunders vil geseit
von helden lobebæren,
von grôzer arebeit,
von freuden, hôchgezîten,
von weinen und von klagen,
von küener recken strîten

muget ir nû wunder hœren sagen.

Im Nibelungenlied werden verschiedene Sagenkreise zusammengeführt. Das Ganze zerfällt dabei in zwei große Teile, deren erster bis zur Ermordung Siegfrieds durch Hagen von Tronje und deren zweiter von Kriemhilds Heirat mit Etzel (der von der Geschichtswissenschaft mit dem Hunnenkönig Attila aus der Zeit der Völkerwanderung identifiziert wird) bis zur Erfüllung ihrer furchtbaren Rache reicht. Von den Verfilmungen möchte ich hier nur diejenige von 1924 erwähnen, die unter der Regie von Fritz Lang (1890-1976) entstand und ohne Zweifel mit zu den Klassikern der Filmgeschichte gehört. Fritz Lang haben wir bereits als Regisseur von *„Dr. Mabuse, der Spieler"*, kennengelernt. Seine Filme aus den 20er Jahren bewegten sich genau in der Zeit des Übergangs vom Stummfilm zum Tonfilm, wobei die beiden Nibelungenfilme *„Siegfried"* und *„Kriemhild ' s Rache"* noch als Stummfilme, jedoch mit eingeblendeten Texttafeln, konzipiert waren. Die Ausstattung der Filme war überwältigend, die Charaktere fein gezeichnet (auch von der Kleidung her), das Stimmungsgemälde mittelalterlich-düster - und viele, für die damalige Zeit atemberaubende Spezialeffekte (beispielsweise Siegrieds Kampf mit dem Drachen) sowie die Nähe zum literarischen Original (das damals natürlich die meisten Filmbesucher kannten) machten das Werk zu einem großen Kinoerfolg. Wer will, kann sich übrigens beide Teile auf Youtube ansehen. Ob man nun als deutschsprachiger Bildungsbürger in der heutigen Zeit unbedingt das *„Nibelungenlied"* gelesen haben muss, sei dahingestellt. Aber es gibt durchaus so etwas wie einen Kanon von nationaler und Weltliteratur, die einen unabdingbaren Kern von Bildung vermitteln und die man zu Lesen nicht nur in Erwägung ziehen sollte. Hierbei kann es sogar ganz gut sein, dass man als Schüler quasi gezwungen wird, sich zumindest einmal im Leben mit einigen der darin aufgeführten Werke auseinandersetzen zu müssen.

298. Humboldt'sches Bildungsideal

In diesem Zusammenhang sei auf das sogenannte „Humboldt'sche Bildungsideal" hingewiesen, welches nach Ende der Befreiungskriege in Preußen die „höhere Bildung" maßgeblich geprägt hat und bis heute - nicht nur in Deutschland, sondern in besonders reiner Form in den amerikanischen Eliteuniversitäten - in der Einheit von Forschung und Lehre weiterlebt (obwohl sie im „Bologna-Prozess arg konterkariert wird). An der Stelle ist es vielleicht interessant noch einmal an dasjenige zu erinnern, was Wilhelm von Humboldt (1767-1835) unter „Bildung" versteht:

„Es gibt schlechterdings gewisse Kenntnisse, die allgemein sein müssen, und noch mehr eine gewisse Bildung der Gesinnungen und des Charakters, die keinem fehlen darf. Jeder ist offenbar nur dann ein guter Handwerker, Kaufmann, Soldat und Geschäftsmann, wenn er an sich und ohne Hinsicht auf seinen besonderen Beruf ein guter, anständiger, seinem Stande nach aufgeklärter Mensch und Bürger ist. Gibt ihm der Schulunterricht, was hierzu erforderlich ist, so erwirbt er die besondere Fähigkeit seines Berufs nachher sehr leicht und behält immer die Freiheit, wie im Leben so oft geschieht, von einem zum andern überzugehen".

Und was das wichtigste ist, nach Wilhelm von Humboldt soll jedem Menschen die Chance gegeben werden, einen Grundstock an Bildung zu erwerben, welches er dann nach Talent und Fähigkeiten stufenweise (und wenn er es sich nicht leisten kann, gefördert durch Stipendien) erweitern kann bis hin zur „höheren" universitären Bildung. So schreibt er:

„Das höchste Ideal des Zusammenexistierens menschlicher Wesen wäre mir dasjenige, in dem jedes nur aus sich selbst und um seiner selbst willen sich entwickelte."

Bildung bedeutet in diesem Sinn nicht nur Teilhabe am Wissen der Welt und dessen Reflektion für sich als Individuum. Es bedeutet auch Orientierung, die Entwicklung eines historischen Bewusstseins, die Fähigkeit und der innere Wunsch, sich selbst zu bilden (der „Gebildete" ist ein Leser), sie ist darüber hinaus ein Quell der Selbsterkenntnis und ermöglicht Selbstbestimmtheit und sollte auch mit moralischer und ethischer Integrität einhergehen.

Denjenigen Teil der „humboldtschen Bildung", welche die „Geisteswissenschaften" betrifft, hat der Literaturwissenschaftler Dietrich Schwanitz (1940-2004) in seinem viel beachteten und teilweise auch zu recht kritisierten Buch *„Bildung. Alles was man wissen muss"* sehr schön und unterhaltsam zusammengestellt (gibt es auch als Hörbuch!). Es kann deshalb durchaus als Wegweiser zu einer umfassenden Bildung empfohlen werden. Was aber fehlt, ist eine Zusammenstellung der mindestens genauso wichtigen mathematisch-naturwissenschaftlichen Bildungsinhalte. Diese wurden dann etwas später u. a. von dem Wissenschaftshistoriker Ernst Peter Fischer mit dem Buch *„Die andere Bildung"* nachgereicht. Heute, wo das Wort und die Forderung nach „mehr Bildung" so etwas wie ein geflügeltes Wort von Politikern aller Couleur geworden ist, beobachtet man bei aufmerksamer Betrachtung eher eine schleichende Abkehr vom humboldtschen Bildungsideal, welches Deutschland für fast zwei Jahrhunderte (mit Unterbrechungen) eine führende Position in Kultur und Wissenschaft eingebracht hat. Das beginnt damit, dass dem zeitlichen Vorrang der allgemeinen Bildung gegenüber einer beruflichen Bildung immer weniger Gewicht beigemessen wird. Natürlich muss weiterhin diskutiert werden - auch in Hinblick auf die technischen Möglichkeiten, die einem gegenwärtig zur Verfügung stehen - welche Inhalte zur allgemeinen Bildung zu zählen sind. Dass das heute wie zu Humboldts' Zeiten nicht mehr allein Philosophie, Philologie und Geschichte sein können, versteht sich quasi von selbst. Aber das sollte kein Grund sein, diese Fächer zu vernachlässigen. Die immer mehr zu beobachtende Ökonomisierung der Bildungsinhalte nach dem Motto, nur das Wissen ist nützlich, welches dem Arbeitsmarkt nutzt, kann bei genauer Betrachtung zu einer fatalen Fehlentwicklung führen. Sie äußert sich in einem Verkommen von Universitäten in reine Lehranstalten, in einer staatlichen Einflussnahme in Bildungsinhalte (man denke an das Abwürgen von Studiengängen in Bezug auf die KKW-Technik), in einer mehr und mehr staatlichen Untergrabung der universitären Selbstverwaltung durch drehen am Geldhahn sowie an der Berechnung von „Bildungsrenditen", die letztendlich ein Ausdruck dafür sind, dass es anscheinend nur noch um den ökonomischen Nutzen von Bildungsabschlüssen geht. Aber das ist alles leicht gesagt. Ein Problem ist der politische Anspruch, möglichst jeden zur Hochschulreife zu führen, was gegenwärtig den hohen Schulen kaum zu bewältigende Studentenzahlen beschert und die individuelle Förderung von Talenten eher erschwert. Aber dieses Problem wird sich in den nächsten Jahrzehnten aufgrund der Demografie von selbst erledigen. Es wäre also eine gute Zeit, sich wieder an Wilhelm Humboldt zu erinnern und die letztendlich fatale und politisch gewollte Tendenz zu einer Niveauabflachung von Bildungsinhalten sowie die Schonhaltung im Bildungsbetrieb aufzugeben, aber auch - und das empfinde ich als besonders wichtig - die nichtakademischen Bildungsabschlüsse in ihrer gesellschaftlichen Akzeptanz zu stärken.

299. Wissensgesellschaft

Es wird immer wieder kolportiert, dass wir alle heute in einer „Wissensgesellschaft" leben, aber vergessen, das Wissen und Bildung genaugenommen zwei verschiedene Paar Schuhe sind. Die Inhalte beider Begriffe widersprechen sich selbstverständlich nicht, aber grundsätzlich ist Wissen auch ohne Bildung möglich (der Rückkehrschluss gilt dagegen nicht - Bildung setzt „Wissen" voraus). Dank der technologischen Hilfsmittel, z. B. festgemacht am Internet und dem mittlerweile überall omnipräsenten Smartphone, kann man heutzutage auf "Wissen" jederzeit zugreifen, ohne es selbst intellektuell erarbeitet, hinterfragt und durchdacht zu haben. Zurzeit ist bekanntlich die Google-Brille aktuell, über die sich bei Bedarf Wissensinhalte aus dem unermesslichen Fundus des Internets „aufblenden“ lassen - und es gibt bereits erste Überlegungen, die Funktionsweise dieser Brille auf eine Kontaktlinse auszulagern. Ohne entsprechende Augenkontrolle wäre das dann beispielsweise der Tod von Quizsendungen wie „Wer wird Millionär“ und auch die Prüfungskultur des Bildungswesens wäre mit solch einer „Kontaktlinse“ gefährdet. Mit derartigen technischen Hilfsmitteln kann dann auch ein „Ungebildeter“ zum „Wissenden“ werden. Er ist dann eher vergleichbar mit Kim Peek, der zwar aufgrund seiner Inselbegabung eine ganze Bibliothek auswendig daher sagen, deren Inhalte und Zusammenhänge jedoch nicht oder kaum verstehen konnte. Aber wie alles im Leben gibt es auch noch eine andere Sichtweise, denn genau solch ein externer Wissensspeicher kann einem Gebildeten, der gelernt hat, seinen Verstand zu gebrauchen, ein überaus nützliches Werkzeug sein. Er unterscheidet sich jedoch von den „ungebildeten Gelehrten“ (wie ihn der Philosoph Peter Bieri einmal genannt hat) dadurch, dass er die Informationen kritisch werten, sie in größere Zusammenhänge einordnen und daraus Motivationen für weitere „Forschungen“ ableiten kann mit dem Ziel, dieses Wissen letztendlich in Besitz zu nehmen.

300. Internet

Deshalb ist es wirklich wichtig, dass man lernt, das Internet „kritisch“ zu nutzen, denn es ermöglicht mittlerweile einen schnelleren und unkomplizierteren Zugriff auf gesammeltes „Wissen“ als es „klassische“ Bibliotheken vermögen. Was ich besonders schätze, das Internet bringt einen mit archive.org, Google Scholar, Google Books, der Deutschen Digitalen Bibliothek und der Europeana (um nur ein paar der „Perlen“ zu nennen) quasi ganze Bibliotheken direkt an seinen Computerarbeitsplatz. Mich interessieren dabei insbesondere digitalisierte ältere Bücher, z. B. über Heimatgeschichte, die man nun Dank der Digitalisierung ganzer Bibliotheken ohne die Wohnung oder den Arbeitsplatz zu verlassen, recherchieren, einsehen und sich oft auch herunterladen (und natürlich, was das Wichtigste ist, auch „lesen“!) kann.

301. Menschen und Bücher

Das Verhältnis der Menschen zu Büchern war schon immer etwas ambivalent. So gibt es Menschen, die seit ihrer Schulzeit (außer vielleicht der Bibel oder einem Kochbuch) nie wieder ein Buch angefasst haben. Anderen Menschen reicht es aus, immer wieder nur in einem Buch zu lesen (wie dem Koran), weil sie meinen, dort steht alles drin, was man wissen muss. Und für wieder andere stehen Bücher mit im Mittelpunkt ihres Lebens. Soziologisch kann man sie in ihrem Verhältnis zu Büchern in drei Kategorien einteilen: in bibliophile, in bibliophage und in bibliomane Bücherfreunde. Wer mit diesen lateinischen Adjektiven nichts so recht anzufangen weiß, hier nochmal die Übersetzung: der „Bibliophile" liebt Bücher (was nicht unbedingt bedeutet, dass er sie auch liest), der „Bibliophage" verschlingt Bücher regelrecht, er ist ein Bücherwurm, und der „Bibliomane" ist versessen nach Büchern, die er oft in so großen Mengen in seiner Privatbibliothek anhäuft, dass er Hunderte Leben bräuchte, um sie alle zu lesen. In manchen Fällen kann es sogar schwierig sein, jemanden auf diese Weise zu kategorisieren, denn die Grenzen zwischen Bücherfreunden, „Bücherwürmern" und Büchernarren sind bekanntlich unscharf.

Nehmen wir den Bücherwurm, also jemanden, der ein pures Vergnügen darin findet, Bücher zu lesen. Fausts' Famulus mit Namen „Wagner" war sicherlich einer von ihnen, denn Goethe hat ihn sagen lassen:

Man sieht sich leicht an Wald und Feldern satt,
Des Vogels Fittig werd' ich nie beneiden.
Wie anders tragen uns die Geistesfreuden,
Von Buch zu Buch, von Blatt zu Blatt!
Da werden Winternächte hold und schön,
Ein selig Leben wärmet alle Glieder,
Und ach! entrollst du gar ein würdig Pergamen;
So steigt der ganze Himmel zu dir nieder.

Eine mehr skurrile Form eines „Bücherwurms" hat der bekannte Münchner Maler Carl Spitzweg (1808-1885) auf mehreren seiner Gemälde hinterlassen. Sie zeigen eine kauzige, etwas entrückt wirkende Person auf einer Trittleiter inmitten einer Bibliothek, dabei stur in einem nahe vor die Nase gehaltenen Buch lesend, während die andere Hand ein weiteres Buch hält und ein Drittes, unter dem linken Arm geklemmt, herauszurutschen droht. Charles Nodier, ein Vertreter der französischen Romantik, hat einen anderen, eher pathologischen Fall in seiner Novelle *„Le Bibliomane"* beschrieben, in der sein Held Theodore bei Frauen nur noch auf deren beschuhten Füße zu schauen vermochte - und zwar nicht etwa in der Art eines krankhaften Schuhfetischisten, sondern mit dem Gedanken *„Schade um dieses ausgezeichnete Leder. Was für einen schönen Bucheinband hätte man daraus machen können!"*. Viele „Bücherwürmer", von denen sich Überlieferungen erhalten haben, lebten sehr bescheiden, um ihrem Zwang zu lesen, frönen zu können. Viele Bibliomane dagegen gehörten eher den reicheren Bevölkerungsschichten an, die wiederum ihr ganzes Geld in den Aufbau ihrer Bibliothek steckten und die immer auf der Suche nach neuen, möglichst bibliophilen Kostbarkeiten waren.

302. Bibliomane Mörder

Auch hier haben sich einige skurrile Geschichten aus der Vergangenheit überliefert, so z. B. von dem Magister Johann Georg Tinius, der 1764 in Staakow in der Niederlausitz geboren wurde. Ihn machte seine exzessive Büchersammelsucht zu einem Mörder, was ihm nach einem viel beachteten Indizienprozess viele Jahre Zuchthaus einbrachte. Ich kann hier natürlich diesen speziellen Justizfall nicht in seiner Gänze würdigen. Wen es interessiert - Internet sei Dank - kann den entsprechenden Bericht in der *„Zeitschrift für die Criminal-Rechts-Pflege in den Preußischen Staaten mit Ausschluss der Rheinprovinzen"*, Jahrgang 1830 (29. Heft), unter Google Books einsehen. Das dort ausführlich beschriebene Tötungsdelikt an der „Wittwe Kunhardt" war eines der ersten größeren Indizienfälle, die mit einer Verurteilung des Täters, eines immerhin hochangesehenen Pfarrers und manischen Buchliebhabers, endete. Der mutmaßliche Grund war, der Magister brauchte Geld, um weitere Bücher zu erwerben... Er versuchte dabei etwas ähnliches, was wir heute in der kriminalistischen Fachsprache „Enkeltrick" nennen. So besuchte er am 8. Februar 1812 mit dem Vorwand, einen Brief zu überbringen, die offensichtlich vermögende Witwe Kunhardt. Im Brief erbat ein der Witwe Unbekannter 1000 Taler, die sie dem Briefüberbringer aushändigen möge. Dazu kam es aber offensichtlich nicht. Am Ende lag die am Kopf schwerverletzte 75jährige Dame bewusstlos und blutüberströmt in ihrem Lehnstuhl, wo sie dann ihre Haushälterin fand. Sie kam noch einmal kurz zu Bewusstsein, so dass sie noch ein paar vage Angaben machen konnte bis sie schließlich an den ihr zugefügten Verletzungen verstarb.

Die Kriminalbehörde von Leipzig (wo die Tat stattfand) ermittelte ziemlich schnell den Pfarrer und Herrn Magister Tinius als möglichen Täter und nahm ihn ohne viel Aufheben zu machen in Haft. Bei der Untersuchung des Falls geriet noch ein weiterer Mordfall, und zwar derjenige an dem Leipziger Kaufmann Schmidt eine Woche zuvor (18. Januar 1812), in das Rampenlicht der Ermittler. Da der Magister hartnäckig die Taten leugnete (er hat sie übrigens zeitlebens nie zugegeben), entwickelte sich ein extrem langwieriger Indizienprozess, der genau in die Zeit der Zweiteilung Sachsens fiel, was zu vielfältigen bürokratischen Schwierigkeiten und Verzögerungen Anlass gab. 1820 wurde Tinius schließlich in erster Instanz und 1823 in zweiter Instanz gemäß der Indizienlage im Mordfall „Witwe Kunhardt" für schuldig gesprochen. Der Mord am Kaufmann Schmidt konnte ihm jedoch nicht rechtssicher bewiesen werden. Und so steckte man ihn für die nächsten zwölf Jahre ins Zuchthaus (die Untersuchungshaft wurde nicht angerechnet), wo er dank seines phänomenalen Gedächtnisses und weitab seiner bereits verscherbelten Bibliothek noch ein bombastisches Werk über die *„Offenbarung des Johannes"* verfasste. Mit einundsiebzig Jahren kam er schließlich frei und starb als 82jähriger im Jahre 1846 nicht ohne noch zwei weitere Werke theologischen Inhalts zu hinterlassen.

Die Geschichte kennt noch einige weitere „Buchfreunde", die auch zu Mördern wurden. So der katalanische Mönch Don Vincente, der durch das kurze Erstlingswerk des damals (1837) 16jährigen Gustave Flaubert (1821-1880) mit dem Titel *„Bibliomania"* einen gewissen Bekanntheitsgrad erreichte. Auch seine Geschichte soll nur kurz angerissen werden. Don Vincente, den es, nachdem sein Kloster geplündert worden war, nach Barcelona verschlug, eröffnete dort eine Buchhandlung. Dabei interessierte ihn der Inhalt der Bücher so gut wie gar nicht, nur ihr bibliophiler Wert hatte für ihn Bedeutung. Je seltener ein Buch war, desto größer war auch sein Wunsch, seiner habhaft zu werden. Und in dieser Hinsicht war er alles andere als zimperlich. Als es 1836 im Barcelona zu einer Serie grausamer Morde kam, ahnte noch niemand, dass ein besessener Buchhändler den Dolch in der Hand geführt hat. Da es sich ausschließlich um angesehene und gebildete Opfer handelte, nahm man zuerst an, dass es sich um Auftragsmorde der ihrer Macht beraubten geheimen Inquisition handelt. Und so begann man Personen, die als mögliche Mitglieder dieser Geheimorganisation infrage kamen, genauer zu inspizieren. Einer davon war Don Vincente. Bei einer unerwarteten Durchsuchung seines Buchladens fand man prompt das Buch – ein besonders wertvolles Unikat – das nachweislich dem Buchhändler Patxot gehörte, der einige Zeit zuvor samt seinen Büchern in seinem Haus verbrannt war. Weitere Nachforschungen und Verhöre konnten schließlich Don Vincente des zehnfachen Mordes überführen, was er schließlich unter der Last der Beweise auch zugab. Damit war das „Ungeheuer von Barcelona" enttarnt und konnte vor Gericht gestellt werden. Als Begründung für seine Schandtaten fielen dabei die Worte

„Die Menschen sind sterblich. Sie werden ohnehin, die einen früher, die anderen später, vor den Herrn gerufen. Die guten Bücher aber sind unsterblich, sie muss man behüten."

Don Vincente hauchte kurz nach der Verurteilung sein Leben an der Garrotte aus.

303. Das Pitaval

Solche und ähnliche Geschichten, also Kriminalfälle, die irgendwelche Besonderheiten aufweisen, wurden bereits im 18. Jahrhundert gesammelt und für interessierte Leser aufbereitet, denn die eigentliche Kriminalliteratur („Detektivgeschichten") gab es damals noch nicht. Sie ist erst ein Kind des 19. und des beginnenden 20. Jahrhunderts. Diese besondere Literarturgattung wird nach ihrem Begründer François Gayot de Pitaval (1673–1743) „Pitavalliteratur" genannt. In Deutschland gilt als ihr Begründer der Jurist Paul Johann Anselm von Feuerbach (1775-1833), der Anfang des 19. Jahrhunderts eine Sammlung mit dem Titel *„Merkwürdige Rechtsfälle"* herausbrachte. Wer Interesse hat, kann sie in digitalisierter Form leicht im Internet finden. Er war übrigens der Vater des „Feuerbachs", den einst Karl Marx mit seinen Thesen (Sie wissen schon, *„Die Philosophen haben die Welt nur verschieden interpretiert; es kömmt drauf an, sie zu verändern."*) beehrte. Bekanntgeworden sind weiterhin insbesondere das *„Prager Pitaval"* von Egon Erwin Kisch (dem „rasenden Reporter") und als ehemaligen DDR-Bürger sind mir natürlich auch die Pitavalgeschichten von Friedrich Karl Kaul (1906-1981) ein Begriff. Heute hat dieses Changre der Film in Form von Fernsehdokumentationen weitgehend usurpiert. Man denke z. B. in die Serien *„Die großen Kriminalfälle"* oder *„Kriminalfälle, die die Schweiz bewegten"*. Aber zurück zu Büchern. Denn Bücher können die Welt verändern...

304. Bücher können die Welt verändern

Eines dieser Bücher stammt von dem Ermländer Nicolaus Copernicus (1473-1543), dessen Buch *„De revolutionibus orbium coelestium"* ich in einer Erstausgabe schon einmal in den Händen halten durfte. Es ist im Besitz des Altbestandes der Zittauer Christian-Weise-Bibliothek. Man muss eher sagen, „wieder im Besitz", denn es wurde zu DDR-Zeiten (1988) auf immer noch nicht vollständig aufgeklärte Art und Weise gestohlen, und zwar nicht von einem Nachfolger Don Vincentes, sondern von der Stasi im Auftrag der sogenannten „Kommerziellen Koordinierung", einer Abteilung des Ministeriums für Außenhandel der DDR mit dem Ziel, über den westlichen Kunstmarkt Devisen für den maroden Staat zu beschaffen. Das Werk von Copernicus war übrigens nicht das einzige Buch, welches auf diese Weise abhandengekommen ist. Zu erwähnen ist auch noch das überaus wertvolle Exemplar einer Handschrift des *„Ostfriesischen Landrechts des Grafen Edzard I."* (um 1518), welches später (1992) wieder auftauchte und von der Bibliothek in Emden erworben wurde (nach einem Rechtsstreit, der in einem Vergleich endete, gehört das Exemplar heute zu jeweils 50% der Christian Weise-Bibliothek Zittau und der Johannes-A.-Lasco-Bibliothek Emden). Zum Glück für die Christian Weise-Bibliothek konnte schließlich auch das Buch von Copernicus über diplomatische Bemühungen der Bundesrepublik Deutschland beim Versuch von dessen Veräußerung (2008 brachte eine ähnliche Ausgabe in New-York einen Versteigerungserlös von 2,2 Millionen Dollar) wiedererlangt werden.

Doch was macht dieses Buch über seinen bibliophilen Wert hinaus für die ganze Welt so wertvoll? Es liegt an dessen Inhalt und dessen Wirkung, für die Immanuel Kant (1724-1804), der große Philosoph aus Königsberg, einmal den Begriff der "Kopernikanischen Revolution" prägen sollte. Die Positionen der Himmelskörper, wie sie aus den teilweise nach dem kopernikanischen System gerechneten „Prutenischen Tafeln" folgten, waren ohne Zweifel etwas besser als die Vorhersagen gemäß der 300 Jahre älteren *„Alfonsinischen Tafeln"*, die auf dem geozentrischen Weltbild Claudius Ptolemäus beruhten. Das lag aber nicht daran, dass das zugrundeliegende Rechenmodell besser war. Vielmehr die Ausgangsdaten waren aktueller und z.T. auch etwas genauer. Das eigentlich Revolutionäre sollte sich jedoch erst einige Jahrzehnte nach Copernicus' Tod richtig offenbaren, nämlich der Gedanke, dass die Erde nicht der Mittelpunkt der Welt ist und dass man unter dieser Annahme zu einem Weltbild gelangen kann, welches nicht nur die Phänomene, sondern auch deren physikalische Ursachen zu erfassen vermag.

305. Kopernikanische Revolution als Paradigmenwechsel

Der große Wissenschaftstheoretiker Thomas S. Kuhn (1922-1996) spricht nicht ohne Grund von einem Paradigmenwechsel, der entscheidend für die Entwicklung der Naturwissenschaft ab dem ausgehenden 17. Jahrhundert werden sollte. Die eigentliche Arbeit machte freilich erst Johannes Kepler, der auf die ausgezeichneten Beobachtungsdaten eines Tycho Brahe zurückgreifen konnte und erkannte, dass sich die meisten Probleme des heliozentrischen Systems durch die Einführung elliptischer Bahnen und durch die Annahme, dass diese Bahnen mit ungleichförmiger Geschwindigkeit von den Planeten durchlaufen werden, vermeiden ließen. Um so etwas leisten zu können, musste man sich erst einmal gedanklich vom „offensichtlichen" Geozentrismus lösen, was Tycho Brahe (1546-1601) noch nicht, Galileo Galilei und Johannes Kepler aber entgegen dem Zeitgeist und mit viel innerem und äußerem Kampf gelungen ist. Oder, wie es einmal der berühmte Romancier Victor Hugo (1802-1885) ausgedrückt hat,

„Nichts ist mächtiger als eine Idee, deren Zeit gekommen ist".

Danach ging es Schlag auf Schlag. Immer mehr Gelehrte griffen zum Fernrohr, um den Himmel zu beobachten. 1675 wurde unter König Charles II. das Greenwicher Observatorium gegründet und John Flamsteed (1646-1719) sein erster *„Astronomer Royal"*. 1686 legte Isaak Newton (1643-1727) der Royal Society sein Werk *„Philosophiae Naturalis Principia Mathematica"* vor, in dem er in Anlehnung an die Geometrie Euklids, wie wir bereits wissen, streng axiomatisch eine mathematische Theorie entwickelt, die später als die „Klassische Mechanik" bezeichnet werden wird. Er entdeckt aus der Analyse des dritten Keplerschen Gesetzes das Gesetz der allgemeinen Gravitation und schuf somit die Grundlage für eine physikalische Begründung des heliozentrischen Systems. Und gerade einmal 100 Jahre später war quasi die „Himmelsmechanik" vollendet und man konnte mit fast beliebiger Genauigkeit die Positionen von Sonne, Mond und Planeten aus wenigen Anfangsbeobachtungen, und, wie man meinte, „für alle Zeiten", vorausberechnen.

Die Etablierung einer neuen Weltsicht, die nicht nur auf die Astronomie beschränkt war, im Zeitalter der Renaissance und der beginnenden Neuzeit, stellte eine grundlegende Zäsur in der Geschichte des Abendlandes dar. Kunst und Wissenschaft begannen sich zu entfalten. Die Wiederentdeckung und Rezeption antiker Werke, ihre Verbreitung und Lehre in den artistischen Fakultäten der aufblühenden Universitäten brachte ein gelehrtes und wissbegieriges Bürgertum hervor. Geographische Entdeckungen, das Aufblühen des Seehandels und eine Neuinterpretation des Christentums taten ihr Übriges. Der Humanismus wurde zu der wesentlichsten Geistesbewegung jener Zeit und die Eliten versuchten aus dem durch Scholastik und Vulgärtheologie geprägtem geistigem Klima des Spätmittelalters zu entfliehen. Mitten in dieser Zeit erschien nun das Werk eines Ermländer Domherrn über die „Umschwünge der Himmelskreise", welches unter den Fachgelehrten jener Zeit schnell Aufmerksamkeit erregte. Was die Veröffentlichung eines in erster Linie nur für Eingeweihte verständlichen „Fachbuches" gesellschaftlich bewirkte, hat Friedrich Engels (1820-1895) in seiner „Dialektik der Natur" sehr prägnant formuliert:

„Der revolutionäre Akt, wodurch die Naturforschung ihre Unabhängigkeit erklärte und die Bullenverbrennung Luthers gleichsam wiederholte, war die Herausgabe des unsterblichen Werkes, womit Copernicus, schüchtern zwar, und sozusagen erst auf dem Totenbett, der kirchlichen Autorität in natürlichen Dingen den Fehdehandschuh hinwarf. Von da an datiert die Emanzipation der Naturforschung von der Theologie."

Grund dafür war, dass letztendlich die Entscheidung zwischen Geozentrismus und Heliozentrismus einer Entscheidung zwischen religiös-idealistischem Weltbild und naturwissenschaftlichem Weltbild gleichkam. Das wurde von der damaligen Amtskirche zu Beginn des 17. Jahrhunderts auch in seiner ganzen Klarheit erkannt und führte zur öffentlichen Verbrennung Giordano Brunos' (1548-1600), zur Verurteilung Galileo Galileis' vor dem Inquisitionsgericht (1632) und im Jahre 1616 (!) zum Eintrag des *„De Revolutionibus ..."* in die Liste verbotener Bücher (*Index Librorum Prohibitorum*), wo es bis zum Jahre 1758 verblieb. Und es führte, wie wir wissen, zu einer Entwicklung, an deren Ende die heutige moderne Wissenschaft mit all ihren Errungenschaften steht. Deshalb sprechen wir auch mit Kant zu Recht von einer „Kopernikanischen Revolution".

306. Industrielle Revolution - Digitale Revolution

Von der „Kopernikanischen Revolution" war es dann noch ein weiter Weg zur „Digitalen Revolution", an deren Ergebnissen und technischen Errungenschaften wir uns heute erfreuen dürfen. Sie lässt sich im Gegensatz zur „Kopernikanischen Revolution" nicht an einer Person festmachen, sondern nur an einer Vielzahl von Einzelentwicklungen und ist in ihrer Bedeutung ungefähr mit der industriellen Revolution – beginnend am Ende des 18. Jahrhunderts – vergleichbar, wo die Dampfmaschine in vielen Bereichen der Industrie die Muskelkraft ersetzte. Was damals die Dampfmaschine war, ist heute der Computer und dazwischen liegen ungefähr 200 Jahre technische Innovation und Schöpferkraft, fußend auf den wissenschaftlichen Erkenntnissen des 19. und 20. Jahrhunderts. Hier ist insbesondere die von Max Planck begründete Quantentheorie und ihre Anwendungen in der Festkörperphysik / Festkörperelektronik zu nennen, die uns Laser, Mikroschaltkreise, Computer, die flachen Displays unserer Fernseher, PC's, Tabletts und Smartphones sowie „Roboter" in allen Formen und Größen bescherten. Niemand wundert sich mehr darüber, dass es so etwas gibt. Und keiner – wenn er die Materie nicht gerade studiert hat - kann einem plausibel erklären, wie das alles funktioniert. Es wird dann zwar schnell mit Begriffen herumgeworfen wie Mikroprozessor, Grafikchip und Taktfrequenz, aber was sie eigentlich „machen", wie sie hergestellt werden und was bestimmte Fachbegriffe oder Akronyme wie LCD oder TFT eigentlich bedeuten, entzieht sich größtenteils der allgemeinen Erkenntnis. Das ist sicherlich auch nicht weiter schlimm, solange es Leute gibt, die es einfach wissen wollen und die sich deshalb der Mühe unterziehen, das nicht ganz einfache Metier zu erlernen. Denn sie sind es schließlich, denen es obliegt, dass die Entwicklung nicht zum Stillstand kommt und wir „Nutzer" uns jedes Jahr an einem neuen Smartphone mit noch geileren Funktionsmerkmalen und Apps erfreuen können.

Verweilen wir ein bisschen bei den Displays jenseits der Elektronenstrahlröhre und ihrer Funktionsweise.

307. LCD - Flüssigkristallanzeigen

Ihre Urform, den meisten von digitalen Armbanduhren her bekannt, ist die LCD-Anzeige, wobei das Akronym „LCD" für *„liquid crystal display"*, also Flüssigkristallanzeige, steht. Aber kann es denn so etwas wie „flüssige Kristalle" überhaupt geben? Kristalle sind doch der Inbegriff symmetrischer Festkörper, deren Farben- und Formenvielfalt man in mineralogischen Sammlungen bewundern kann. Sie begegnen uns als wunderschön geformte Quarze, als monokline Gipskristalle oder, ganz profan, als Salz- und Zuckerkörnchen. Und mancher nennt sogar einen schön geschliffenen Diamantkristall sein Eigen. Aber können Kristalle wirklich flüssig sein? Sie verlieren ja dann ihr wichtigstes Wesensmerkmal, ihre „kristalline" Form. Aber das ist hier nicht das Ausschlaggebende. In unserem Zusammenhang geht es um eine andere Eigenschaft von Kristallen, die man in der Fachsprache als „Anisotropie" bezeichnet. Darunter versteht man die Richtungsabhängigkeit von physikalischen Eigenschaften eines Kristalls. Das betrifft u. a. ihre elastischen Eigenschaften, Kennzahlen, die mit elektromagnetischen Ausbreitungsvorgängen im Zusammenhang stehen wie beispielsweise die Dielektrizitätskonstante, die magnetische Permeabilität oder der damit in Zusammenhang stehende Brechungsindex für elektromagnetische Wellen. Am Bekanntesten ist hier wohl der doppelbrechende Kalkspatkristall (Calcit). So beobachtet man hier in Richtung seiner Kristallachsen unterschiedliche Brechungsindizes, die teilweise auch noch vom Einfallswinkel des Lichts abhängen. Wenn man also einen Lichtstrahl durch einen doppelbrechenden Kristall schickt, dann wird er in zwei Teilstrahlen aufgespalten, die man sinnigerweise als den „ordentlichen" (er hält sich an das Snelliussche Brechungsgesetz) und den „außerordentlichen" Strahl bezeichnet. Sie sind jeweils unterschiedlich polarisiert, wie man leicht mit einem zweiten Kalkspatkristall feststellen kann, den man wie ein Polarisationsfilter gebraucht.

308. Flüssigkristalle

Und genau um solche Eigenschaften geht es hier, denn es gibt durchaus auch Flüssigkeiten, die anisotrope Eigenschaften aufweisen und die genau deshalb als „Flüssigkristalle" bezeichnet werden. 1888 wurde von dem aus Prag stammenden Österreicher Friedrich Reinitzer (1857-1927) der erste „Flüssigkristall" in Form des Ester-Derivats der Fettsäure Cholesterin entdeckt (Cholesterylbenzoat). In umfangreichen Untersuchungen ermittelte er die außergewöhnlichen Eigenschaften dieser Substanz (er erkannte z. B. auch deren doppelbrechenden Eigenschaften), ohne sich jedoch recht einen Reim darauf machen zu können. Später konnten von anderen Chemikern noch weitere „anisotrope doppelbrechende Flüssigkeiten" gefunden werden. Die Ergebnisse dieser frühen Forschungen schlugen sich schließlich in der 1904 erschienenen Monographie „Flüssigkristalle" von Otto Lehmann (1855-1922) nieder, der in Nachfolge von Heinrich Hertz (1857-1894) in Karlsruhe seine Wirkungsstätte fand. Seine bahnbrechenden und im Nachhinein gesehen, durchaus nobelpreiswürdigen Ergebnisse fanden erst einmal wenig Resonanz, bis man sich Ende der 1960er Jahre wieder damit auseinandersetzte – und zwar mehr aus einem technischen Hintergrund.

309. Die Schadt-Helfrich-Zelle

Als Ergebnis dieser Forschungen meldeten der Schweizer Physiker Martin Schadt und der aus München stammende deutsche Physiker Wolfgang Helfrich ein Patent an, welches die Grundlage für alle folgenden flüssigkristallbasierten Displaytechnologien werden sollte. Es wurde jedoch wegen fehlender „Erfindungshöhe" vom Münchner Patentamt abgelehnt. Den Beamten erschien wahrscheinlich die Funktionsweise des Prototypen zu primitiv. In anderen Ländern, darunter in der Schweiz, erkannte man jedoch das Potential, welches sich hinter dieser Erfindung verbirgt.

Erinnern Sie sich an die aus Segmenten zusammengesetzten Anzeigeelemente einer LCD-Armbanduhr oder eines Taschenrechners? Jedes Segment stellt vom Prinzip her eine sogenannte Schadt-Helfrich-Zelle dar, die aus zwei Glasplatten besteht, zwischen denen sich eine nur einige 10 µm dicke Flüssigkristallschicht befindet. Auf den sich gegenüberliegenden Glasflächen sind transparente leitfähige Schichten aus Indium-Zinn-Oxid aufgedampft, welche beliebig strukturierbare Segmente darstellen, aus denen sich später die jeweils gewünschten Zeichen (z. B. Buchstaben oder Zahlen) zusammensetzen lassen. Ihre Oberfläche ist außerdem so präpariert, dass die die Flüssigkeit bildenden Moleküle in ihrer Längsachse nach einer Achse dieser Glasplatte ausgerichtet sind. Sind beide Glasplatten zuerst gleich ausgerichtet und dreht man dann die obere Glasplatte um 90°, dann entsteht zwischen der unteren Glasplatte ein entsprechend verdrehter Stapel von Molekülen analog einer sogenannten Reuschschen Glimmersäule. Ein Strahl polarisierten Lichts, dessen Polarisationsebene parallel oder senkrecht zur Orientierung der Eintrittsglasplatte liegt, wird dann beim Durchgang durch den Flüssigkristall eine Drehung um 90° erfahren. Der Lichtstrahl tritt also in einem anderen Polarisationszustand durch die obere Glasplatte wieder aus. Jetzt stellen wir uns vor, dass sich auf der unteren Platte und der oberen Platte jeweils Polarisationsfilter, die auch jeweils um 90° gegeneinander gedreht sind, befinden. In dem beschriebenen Fall kann das Licht die Anordnung ohne wesentliche Absorption durchdringen, d. h. sie ist transparent. Legt man jetzt an die aufgedampften Elektroden eine Spannung an, dann werden sich die Moleküle des Flüssigkristalls langsam mit steigender Spannung entlang des elektrischen Feldes ausrichten, was ihre wendeltreppenartige Anordnung zerstört und die Schwingungsrichtung des durchgehenden Lichts wird durch sie immer weniger beeinflusst und trifft schließlich auf den Polarisationsfilter, der es ab einem bestimmten Spannungswert (z. B. 5 V) dann vollständig abblockt. In diesem Moment werden die entsprechend geschalteten

Segmente als dunkle Flächen – wie bei der Digitalarmbanduhr oder dem Taschenrechnerdisplay – sichtbar. Der Aufbau eines solchen Displays kann man sich deshalb als Sandwich aus folgenden (von unten nach oben) Schichten vorstellen: Reflektierende Schicht – Polarisationsfilter – Glasplatte – Gegenelektrode in Form der anzuzeigenden Segmente – Flüssigkristall, eingebettet in einen entsprechenden Abstandshalter - Elektrode in Form der anzuzeigenden Segmente mit Kontakten – Glasplatte – um 90° zum unteren Polarisationsfilter gedrehter Polarisationsfilter. An diesem Grundprinzip hat sich auch bei den Displays unserer Flachbildschirme nicht viel geändert, nur dass man heute in der Lage ist mit den Fertigungsmethoden der modernen Mikroelektronik großflächige Displays, die quasi aus „Pixeln“ solcher Zellen aufgebaut sind (schauen Sie sich mal mit einer Lupe ihren Flachbildschirm oder Smartphonedisplay an), herzustellen. „Farbfilter“ für Rot, Grün und Blau ergänzen dabei das Sandwich, so dass man aus solch einem Triplett aus Subpixeln jeweils ein Pixel formen kann, mit dem sich jede beliebige Farbe nach dem RGB-Modell erzeugen lässt. Die reflektierende Schicht muss hier übrigens durch eine Hintergrundbeleuchtung ersetzt werden. Eine App übrigens, welche die Spannung aus allen Pixeln eines Smartphone-Displays nimmt, simuliert deshalb eine Taschenlampe...

310. Lippmann’sche Farbfotografie

Übrigens, die Idee – zwei Glasplatten, die untere an der Rückseite spiegelnd, und was dazwischen – hatte rund 100 Jahre zuvor schon jemand. Es war der Franzose Gabriel Lippmann (1845-1921), der für diese Idee 1908 den Nobelpreis für Physik (und ganz zu Recht, wie ich meine – selbst wenn das Verfahren, das ich in Folge kurz beschreiben möchte, längst vergessen ist) erhalten hat (und noch etwas möchte ich hier unbedingt erwähnen, Lippmann war der Doktorvater von Marie Curie (1867-1934) an der Sorbonne, der Entdeckerin des Radiums, die zu den ganz wenigen Menschen gehört, die zweimal mit dem Nobelpreis geehrt wurden). Es handelt sich bei diesem Verfahren um eine spezielle Form der Farbfotografie, welches die Interferenzeigenschaften des Lichts ausnutzt und nicht nur Frequenz und Amplitude wie bei der gewöhnlichen analogen und digitalen Farbfotografie. Die Idee bestand darin, einfallende und reflektierte Wellen zur Interferenz zu bringen und zwar in der Form, dass sich in dem Spalt zwischen der Deckplatte und der hinteren Glasplatte (dessen Rückseite durch eine Quecksilberschicht spiegelnd gemacht wurde) stehende Lichtwellen ausbilden. An ihren Wellenknoten herrscht Dunkelheit und an ihren Wellenbäuchen "Licht". Dabei folgen Wellenbauch auf Wellenbauch bzw. Wellenknoten auf Wellenknoten im Abstand von jeweils einer halben Wellenlänge. Füllt man jetzt den Spalt mit einer fotografischen Emulsion, wie sie auch in der Schwarzweißfotografie Verwendung findet, dann werden an den Stellen, an denen sich „Wellenbäuche" befinden, die Silberhalogenidkristalle bevorzugt zu metallischem Silber reduziert. Nach der Entwicklung einer solchen „Lippmann-Platte" erhält man so etwas wie ein extrem komplexes Beugungsgitter. Hält man es gegen eine diffuse weiße Lichtquelle (Sonnenlicht, reflektiert an einer weißen Fläche), dann sieht man eine farbliche Negativaufnahme des entsprechend zuvor aufgenommenen Motivs. Verspiegelt man dagegen die Fotoplatte wieder von hinten mit Quecksilber, dann sieht man ein ausgesprochen hochwertiges Farbbild des Motivs. Da dieses Verfahren aber auch einige entscheidende Nachteile hat (ich möchte hier nur die geringe Empfindlichkeit der aus physikalischen Gründen extrem feinkörnigen Emulsionen nennen – man möchte ja auf Landschaftsaufnahmen auch etwas blauen Himmel sehen), hat es keine weite Verbreitung gefunden.

Die Entwicklung orthochromatisch und panchromatisch sensibilisierter Emulsionen sowie die Erfindung des Dreischichten-Farbfilms durch Agfa in Deutschland und Kodak in Amerika (etwa ab 1935) machten die Farbfotografie massentauglich und ließ für das Lippmann-Verfahren keinen Platz mehr. Heute gehören „Lippmann-Platten" zu den wertvollsten Exponaten von Museen, die Fotografien sammeln. So besitzt das Musée de l'Élysée in Lausanne den fotografischen Nachlass Lippmanns' in Form von 130 Farbfotografien. Man kann sie im Original leider nicht als Besucher des Museums bewundern, denn sie liegen hinter dicken Mauern und damit sicher in dessen Tresorraum verborgen.

Die Fotografie gehört sicherlich zu den wahrhaft großen Erfindungen der Menschheit. Ohne sie wüsste ich beispielsweise nicht, wie meine Urgroßeltern ausgesehen haben, als sie sich um 1900 in einem „Fotografieratelier" in Görlitz ablichten ließen.

311. Auch technische Geräte können aussterben

Heute ist quasi jeder ein Fotograf, seitdem der ursprünglicher Träger der Fotografie, zuerst die Fotoplatte, dann der Film, durch digitale Bildsensoren abgelöst worden ist und solch ein Bildsensor mittlerweile in jedem Handy steckt. Und kaum mehr jemand weiß (wenn er es in seiner Jugend nicht einmal selbst gemacht hat, aber dazu muss man wiederum schon wieder etwas älter sein...), wie man Filme entwickelt und daraus Papierbilder, ob nun in Schwarzweiß oder in Farbe sei dahingestellt, erzeugt. Das lehrt, dass nicht nur Tiere und Pflanzen selten werden, ja aussterben können, sondern auch weitverbreitete technische Geräte. Dazu gehört sicherlich auch die analoge Fotografie. Oder wer kann heute noch etwas mit einer 8 oder 5 ¼ oder auch 3 ½ Zoll Diskette anfangen? Ich hab davon noch eine ganze Anzahl archiviert mit Programmen, die ich damals, in den 1980er Jahren beispielsweise in Turbo-Pascal geschrieben habe. Nur ich habe keine Geräte mehr, mit der ich ihren Inhalt lesen könnte. Auch die Schallplatte ist (natürlich bis auf ihre „Liebhaber“) ein solches Auslaufmodell. Auch hier kann man beobachten, dass viele Menschen aus nostalgischen Gründen noch Teile ihrer Plattensammlung besitzen, das Abspielgerät, der Plattenspieler, aber längst den Weg allen Irdischen gegangen ist. Und auch die Schallplatte (auch eine geniale Erfindung!), die ich mir seinerzeit in Westberlin auf dem Kurfürstendamm für mein „Begrüßungsgeld“ gekauft habe, existiert noch heute bei mir in einen meiner Schränke (wen‘s interessiert - Mike Oldfield, *„Incantations“*) – aber anhören tu ich es mir auf Youtube, wenn mir danach ist. Und so finden sich schnell noch weitere „Produkte“, die es heute nicht mehr so ohne weiteres zu kaufen gibt – wie die schnöde Schreibmaschine, die im Vor-PC-Zeitalter (ja, das gab es wirklich!) in keinem Büro fehlen durfte. Für sie erfand man sogar eine „Löschfunktion“. Sie hieß „Tipp-Ex“ und machte das, was heute die „Entf“ bzw. Backspace-Taste für einen Buchstaben auch macht…

312. Die Ahnenreihe des Automobils

Interessanterweise kann man an einzelnen Produkten mit etwas Phantasie so etwas wie evolutionäre Entwicklungslinien erkennen, die sich durchaus an die von Charles Darwin (1809-1882) und Alfred Russell Wallace (1823-1913) entdeckten Gesetzmäßigkeiten halten. Nehmen wir z B. das Automobil. Heute gibt es dieses Fahrzeug in vielen „Arten“ (Autotypen), die sich in verschiedene Gattungen, Familien (z. B. PKW's, LKW's, Busse, …, Panzer) etc. einteilen lassen. Einige von ihnen sind bereits lange ausgestorben (wie das Phänomobil) und man kann sie nur noch, ähnlich der Skelette diverser Saurier, in Museen bewundern (Tipp: Verkehrsmuseum in Dresden). Andere entwickeln sich weiter, in dem die Ingenieure deren Form leicht ändern, den Cw-Wert verbessern (Luftwiderstand) oder den Motor optimieren etc. Das, was in der Natur der Kampf ums Dasein ist, ist in der Automobilbranche der Kunde mit seinen Vorstellungen, Ansprüchen und seinem Geldbeutel – und natürlich auch die Konkurrenz. Und Autotypen, die gravierende Mängel aufweisen – in dem z. B. regelmäßig die Bremsen versagen – sind zum Aussterben verurteilt, wenn sich die Mängel nicht grundsätzlich beseitigen lassen.

Jede durchgehende Entwicklungslinie beginnt bekanntlich mit einer Urform, von der sich alle anderen Entwicklungslinien, die durch Aufspaltungen entstehen („Speziation“), ableiten lassen. Diese beim Automobil zu bestimmen, ist schwierig. Man könnte hier z. B. vom „Schlitten“ ausgehen, aus dem sich der „Wagen“ mit Rädern abgeleitet hat und deren primäre Antriebsquelle die Muskelkraft von Mensch und Tier war. Auch hier gibt es offensichtlich wie in der Biologie das Problem des *„Last Universal Common Ancestor“* (LUCA). Nehmen wir einfach als primäres Merkmal die Antriebstechnik. Dann ergibt sich vielleicht folgende Reihe: Muskelkraft von Mensch und Tier, Wind, Dampfmaschine, Verbrennungsmotor, Propellerantrieb, Düsenantrieb, Elektromotor...

Wind als Antriebsquelle nach Vorbild der Segelschiffe für Radwagen ist seit dem Beginn des 17. Jahrhundert überliefert. Die erste Dampf-Zugmaschine, die rund 5 km/h erreichte, wurde 1769 gebaut und zwar von dem Franzosen Nicholas Cugnot (1725-1804). Zwischenzeitlich gab es auch eine kurze Entwicklungslinie, bei der der Antrieb durch ein Uhrwerk realisiert wurde, die aber gleich mit Erscheinen ausgestorben ist.

Einen deutlichen Entwicklungsschub bekam das Automobil mit der Erfindung des Verbrennungsmotors und dessen Einsatz als Ersatz des Pferdes bei einer Kutsche. So beschäftigte sich der deutsche Erfinder Louis Tuchscherer (1847-1922) ab ca. 1880 mit der Entwicklung einer leichten Kutsche, für deren Antrieb ein einfacher Zweitaktmotor, welcher mit Petroleum betrieben wurde, herhalten sollte. Der Maschinenbauunternehmer Carl Benz (1844-1929) erfuhr davon und ließ sich von Tuchscherer die „Kutsche ohne Pferde“ detailliert erläutern. Daraus entwickelte er dann ein eigenes Konzept, welches er „Tricycle“ nannte, da es auf drei Rädern fuhr und mit einem von ihm selbst konstruierten verdichtungslosen Zweitaktmotor angetrieben wurde. Die Patentanmeldung für diesen „Benz-Patent-Motorwagen Nr. 1“ leitete das eigentliche Zeitalter des Automobils ein. Tuchscherer ist darin (wie ich meine, zu Unrecht) nur noch eine Randnotiz. Seine Brauchbarkeit als Fortbewegungsmittel konnte jedoch erst ein Jahr später Gottlieb Daimler (1834-1900) nachweisen, der mit seiner Motorkutsche durchaus schon kürzere Strecken überwinden konnte. Da seine „Kutsche“ wie jede andere Kutsche auch, vier Räder besaß, gilt sie heute als „Urform des Automobils“ genauso wie der von ihm zusammen mit Wilhelm Maybach (1846-1929) kurz zuvor entwickelte „Reitwagen“ als Urform des Motorrads gilt. Auch beinhaltete sie bereits neben dem Motor noch einige andere, bahnbrechende Innovationen – z. B. die Vorderradlenkung in Form der Achsschenkellenkung. Damit war das Eis gebrochen und auch andere Erfinder und Ingenieure begannen sich mit dem lukrativen Geschäft des Automobilbaus zu beschäftigen. 1892 meldete Rudolf Diesel (1858-1913) seinen heute nach ihm benannten Motor an. Und selbst Elektromotoren hielten Einzug in den Fahrzeugbau und um das Jahr 1900 erreichte dieser Antrieb, der von Batterien gespeist wurde, einen durchaus beträchtlichen Marktanteil. Und so entstand als Kompromiss aus verschiedenen Anforderungen so etwas wie ein „Grundmodell“, von dem ausgehend die Diversifikation des Automobils in „Funktionsreihen“ begann: Fahrzeuge für den privaten Personentransport mit der Zielvorgabe einer immer größeren Geschwindigkeit bei wachsendem Fahrkomfort, Fahrzeuge zum Transport einer Vielzahl von Personen (Busse), Lastkraftwagen zum Gütertransport und spezielle Militärfahrzeuge (Tanks). Und jede dieser „Funktionsreihen“ spaltete sich wieder in Entwicklungslinien auf, die durch Innovationen weitergeführt wurden oder sich als Sackgassen erwiesen und damit quasi „ausstarben“.

Wenn wir also einen heutigen Mittelklassewagen betrachten, dann vereinigt er in sich die Innovationen einer langen Ahnenreihe, die sich problemlos bis zur Pferdekutsche zurückverfolgen lässt. Und noch eine Beobachtung ist interessant, weil sie so auch in der belebten Welt vorkommt. Unter ähnlichen Umweltbedingungen führt die natürliche Optimierung durch Mutation und Auslese zu ähnlichen Designlösungen, wie die Formen von Haien, Ichthyosauriern, Pinguinen und Delphinen beweisen. Auch die genannten Mittelklassewagen ähneln sich heute immer mehr in ihrer Form und Ausstattung und man muss schon manchmal gezielt nach dem Herstellerlogo Ausschau halten, um sie auseinanderhalten zu können. Die Ähnlichkeiten zwischen der Evolution technischer Dinge und der Evolution des Lebens sind jedoch nur vordergründig – dazu sind die Unterschiede doch viel zu groß. Die Baupläne der Automobile werden als Zeichnungen und Dokumente in Archiven oder auf Datenträgern wie Festplatten etc. (und temporär in den Hirnen von Ingenieuren) aufbewahrt. Der „Bauplan“ eines Lebewesens ist in jedem Grundbaustein des Lebens, in einer Zelle, in Form der Gene enthalten. So wie man durch die Auswertung archivierter Dokumente und Baupläne die Entwicklung eines Automobils nachvollziehen kann, so kann man durch die Analyse der Gene auch etwas über die Entwicklungsgeschichte eines Lebewesens erfahren.

313. Die mitochondriale Eva

So z. B. dass sich ausnahmslos alle heute lebenden Menschen in einem bestimmten Sinn auf eine einzige „Urmutter" – die mitochondriale Eva genannt wird – zurückführen lassen. Wie das denn, werden sie sich nun fragen? Dazu muss man wissen, dass es in einer menschlichen Zelle zwei Arten von Erbsubstanz gibt, die einmal im Zellkern in zwei Sätzen (je einer von Mutter und Vater) lokalisierte humane DNA und zum anderen die in einem einzigen ringförmigen Chondriom lokalisierte mitochondriale DNA, die sich in den „Kraftwerken" der Zellen, den Mitochondrien, befindet. Und auf die kommt es im Folgenden an, denn sie wird nur in der weiblichen Linie des Stammbaums vererbt (maternale Vererbung). Genauso wie jede andere „Erbsubstanz" ist sie zufälligen Änderungen ausgesetzt, d. h. es treten Mutationen auf, wobei die Mutationsrate im Fall der mitochondrialen DNA sehr konstant ist. Deshalb lässt sie sich besonders gut als „genetische Uhr" verwenden.

Angenommen, es tritt in einem möglichst für die Phänotypausprägung uninteressanten Teil der DNA eine Mutation auf, dann wird sie im Fall der Mitochondrien-DNA auf alle weiblichen Nachkommen übertragen, wodurch sie sich dann von Generation zu Generation in der Gesamtpopulation anreichert. Über den „Anreicherungsgrad" lässt sich dann mittels eines Verfahrens, welches man Koaleszenzanalyse nennt, der ungefähre Zeitpunkt in der Vergangenheit bestimmen, wo dieses spezielle Allel das Licht der Welt erblickte. Man kann aber auch rein rechnerisch eine DNA-Sequenz herleiten, auf der die gesamte Variationsbreite der heute lebenden Menschen beruht. Die Trägerin genau dieser DNA-Sequenz wird als „Mitochondriale Eva" bezeichnet und sie lebte vor ungefähr 175.000 ± 50.000 Jahren in Afrika. Natürlich war das damals nicht die einzige Frau. Aber die Entwicklungslinien aller ihrer anderen Zeitgenossinnen sind auf ihrem Weg in die Zukunft irgendwann erloschen. So gesehen stammen wir alle von dieser einzigen Frau ab. Wenn man jetzt noch das Phänomen der Populationstrennung hinzunimmt, dann kann man mittels der Koaleszenzanalyse ungefähr bestimmen, wann die ersten Menschen den Kontinent Afrika verlassen haben (vor 52.000 ± 28.000 Jahren) und wann die Diversifikation des Homo sapiens über die ganze Welt (d. h. vor etwa 38.500 Jahren - entspricht ~2000 Generationen) ihren Anfang nahm.

314. Besiedlung Amerikas

Vor ~15.000 Jahren begann dann die Besiedlung des zuvor menschenleeren Kontinents Amerika durch Asiaten über die durch die Eiszeit trockengelegte Beringstraße. Diese Landbrücke wird von den Geographen als „Beringia“ bezeichnet und stellte damals eine von Großsäugern (Mammuts, Moschusochsen, Rentiere etc.) besiedelte tundraähnliche Graslandschaft dar. Wahrscheinlich folgten die Menschen diesen Herden und gelangten so von Sibirien aus nach Alaska, von wo sie dann in südlicher Richtung weitermarschierten. Ihre Zahl dürfte nicht allzu groß gewesen sein, denn es gibt nur wenige archäologische Artefakte, die eindeutig von diesen, als Paläoindianer bezeichneten Menschen stammen. Eine der wenigen Fundplätze befindet sich in Texas am Buttermilk Creek. Dort fand man eine größere Anzahl von Steinwerkzeugen aus Feuerstein, deren Fundumstände auf ein Alter im Bereich zwischen 14.000 und 15.000 Jahre schließen lassen.

Erst einmal in Amerika angekommen, besiedelten sie schnell sowohl den Nord- als auch den Südkontinent. Denn ein ähnlich alter Fundort (datiert nach der Radiokarbonmethode auf ein Alter von ca. 12.000 bis 14.000 Jahren) befindet sich in Chile, am Monte Verde, und wurde 1977 entdeckt. Es handelt sich dabei um einen Wohnplatz in Form einer zeltähnlichen Struktur, die einer kleinen Gruppe von Jägern und Sammlern als Aufenthaltsort diente. Nochmals rund 2000 Jahr jünger ist schließlich ein Fundplatz auf Feuerland, wo man um 1930 herum in einer Höhle Abfälle in Form von Tierknochen. pflanzlichen Resten und Steinwerkzeugen von einst dort lebenden Menschen ausgegraben hat.

In den folgenden Jahrtausenden entstanden aus diesen ersten Einwanderern zumindest in Mittel- und Südamerika großartige Kulturen (jedenfalls gemessen an ihren architektonischen und künstlerischen Hinterlassenschaften), deren Überreste den heute dort lokalisierten Staaten beachtliche Einnahmen aus dem Tourismusgeschäft garantieren. Ich meine hier insbesondere die Azteken, die Maya, die Olmeken und die Inkas. Was die Azteken und die Inkas betrifft, so standen beide Kulturen in ihrer größten Blüte, als eine zweite Einwanderungswelle nach Amerika einsetzte - ursächlich bedingt durch die Reisepläne eines aus Genua stammenden Seefahrers mit Namen Christoph Kolumbus (1451-1506), der im Auftrag der spanischen Krone in „verkehrter“ Richtung die begehrten Gewürzinseln Südasiens erreichen wollte. Was er damals noch nicht wusste, war, dass ihm auf dem Weg dahin ein ganzer Kontinent den Weg versperren würde. Er selbst hat nie erfahren, dass er einen neuen Kontinent entdeckt hat und glaubte deshalb „Indien“ vorgelagerte Inseln entdeckt zu haben. Und dieser Irrtum lebt noch heute im Begriff der „Westindischen Inseln“ fort, obwohl in der Nähe der Kleinen und Großen Antillen sowie der Inselgruppe der Bahamas nun wirklich weit und breit nichts von „Indien“ zu bemerken ist.

315. Amerigo Vespucci

Erst Amerigo Vespucci (1451-1512) schnallte, dass er es hier mit einem neuen Kontinent zu tun hat - Amerika halt, benannt nach seinem Vornamen... Die Entdeckung der ersten, Amerika vorgelagerten Inseln im Jahre 1492 setze eine Entwicklung in Gang, die einige seefahrende Staaten Europas in nie dagewesenen Reichtum und die amerikanischen Hochkulturen der Azteken (Mexiko) und der Inka (Peru) innerhalb von nur wenigen Jahrzehnten in den absoluten Niedergang stürzten.

316. Cortés und Pizarro

Dieser Niedergang wird i. d. R. mit zwei Namen verbunden, mit Hernán Cortés (1485-1547), was die Eroberung Mexikos betrifft, und Francisco Pizarro González (1476-1541), dem Eroberer des Inkareiches. Über die Ereignisse, die zu diesem erstaunlichen und überaus schnellen Niedergang der Azteken und Inkas geführt haben, hat der amerikanische Historiker William Hickling Prescott (1796-1859) zwei bemerkenswerte Bücher geschrieben, die es sowohl stilistisch als auch von der Spannung her mit jeden besseren Abenteuerroman aufnehmen können. Es sind *„Die Geschichte der Eroberung von Mexiko“* und die *„Geschichte der Eroberung von Peru“*, die es bei Interesse auch heute noch zu lesen lohnt (z. B. als kostenloses EBook bei Google Books). Dazu ist es interessant zu wissen, dass Prescott auf einem Auge ganz und auf dem anderen aufgrund seiner intensiven Studien so gut wie blind war. Trotzdem brachte er es mit übermenschlicher Kraft mittels eines „Noctographen“ genannten Schreibrahmens fertig, geschichtliche Werke mit Nachwirkung zu schreiben - wie die beiden genannten. Wenn vielleicht auch nicht mehr alle Details der historischen Forschung entsprechen, so vermitteln sie doch überaus anschaulich die Geschehnisse, die es quasi einer Handvoll zu allen entschlossenen Abenteurern erlaubten, angetrieben von ihrer Gier nach Gold, zwei Weltreiche nachhaltig zu zerstören.

317. Aguirre, der Zorn Gottes

Ein Prototyp solcher Abenteurer (und ein besonders Unangenehmer dazu) war sicherlich der Baske Lope de Aguirre (1511-1561), der im Zuge Pizzaros nach Peru gelangte und von dort aus versuchte, das im noch völlig unbekannten Amazonasgebiet vermutete „Goldland" (Eldorado) zu suchen. Seine Amazonasexpedition, die 1559 in Lima ihren Anfang nahm und ihn zusammen mit rund 300 spanischen Konquistadoren und entsprechenden indianischen Hilfskräften bis an den Mittellauf des Amazonas und von dort zu dessen Mündung in den Südatlantik führte, wurde das Vorbild für einen bemerkenswerten Film von Werner Herzog, der die Stimmung und Dramatik einer solchen Expedition sehr gut wiederzugeben vermochte. Ich meine *„Aguirre, der Zorn Gottes"* mit dem unvergessenen Klaus Kinsky (1926-1991) in der Hauptrolle. Er hält sich dabei zwar nur wenig an die historisch überlieferten Fakten, zeigt aber andererseits sehr deutlich, wie der Menschenschlag ausgesehen haben mag, der sich solchen existenzbedrohenden Abenteuern unter der Befehlsgewalt eines charismatischen, aber - wie hier - auch manisch-irren Führers ausgesetzt hat. Klaus Kinsky war in dieser Beziehung ohne Zweifel die Idealbesetzung. Man ist fast geneigt zu sagen, er konnte sich hier quasi selbst spielen.

Neben dem gefahrvollen Abstieg von den Höhen der Anden bis hinunter in das schwüle, vor Feuchtigkeit dampfende Amazonastiefland (an Originalschauplätzen gedreht!) und der Floßfahrt auf dem tobenden Oberlauf des Urwaldflusses dürfte der namensgebende Monolog Aguirres (Klaus Kinsky) im Gedächtnis geblieben sein: *„Ich bin der Zorn Gottes. Die Erde, über die ich gehe, sieht mich und bebt. Wer aber mir und dem Fluss folgt, wird unerhörten Reichtum erlangen."* Ja, die Antriebsfeder der Konquistadoren war nichts anderes als die Gier nach Reichtum, die Gier nach Gold. Und dabei spielte ein mythisches Land, angesiedelt in Südamerika, eine wichtige Rolle: Eldorado. Dort sollte es Gold im Überfluss geben. Es „entstand" um das Jahr 1541 quasi als Gerücht und entwickelte dann ein bemerkenswertes Eigenleben bis es schließlich um 1800 durch Alexander von Humboldt (1769-1859) endgültig in das Reich der Fabeln zurückverwiesen wurde. Das Land gibt es nicht, es gab es nicht, aber der Name ist geblieben, ob nun als geflügeltes Wort, als Orts- oder Kneipenname, als Automarke oder auch als Filmtitel (man denke nur an John Wayne), sei dahingestellt. Der „echte" Aguirre konnte sich – natürlich ohne überhaupt ein Anzeichen für dieses „Goldland" gefunden zu haben – bis zur Mündung des Amazonas durchschlagen und über den Umweg der Besetzung der Isla de Margarita (Kleine Antillen), wo er sich eine Zeitlang als Alleinherrscher aufspielte, in das heutige Venezuela fliehen. Bei seinem Versuch jedoch, zu Fuß mit seinen übrig gebliebenen Getreuen wieder nach Peru zu gelangen, wurde er von königstreuen Truppen gestellt und nach der Gefangennahme von seinen eigenen Anhängern erschossen – wahrscheinlich mit einer Arkebuse („Hakenbüchse").

318. Hakenbüchsen

Das war die von den Konquistadoren ausschließlich benutzte Feuerwaffe, mit der rund 20 mm große Kugeln verschossen werden konnten. Dieses „Gerät", verursachte mehr wegen des Knalls, den es bei einem Schuss verursachte, Angst und Schrecken, als durch dessen Treffsicherheit. Deshalb war es bei Kriegshandlungen meist nur sinnvoll, wenn eine ganze Batterie zugleich feuerte. Danach mussten die Schützen häufig sofort in den Nahkampf übergehen, da kaum Zeit zum Nachladen (es waren mit Schwarzpulver betriebene Vorderlader) blieb. Der Name „Hakenbüchse" kommt übrigens daher, weil das teilweise über 2 Meter lange Schussgerät ursprünglich einen am Rohr angebrachten „Haken" besaß, mit dem man die Büchse „einhaken" konnte (z. B. an einer Mauer, wenn der Schuss beispielsweise von einer Burgmauer herunter erfolgte), um den teilweise enormen Rückstoß abzufedern.

319. Schwarzpulver

Der erste systematische militärische Einsatz von Schwarzpulver als „Schießpulver" bei einer offenen Feldschlacht fand übrigens während des sogenannten Hundertjährigen Krieges (zwischen 1337 und 1453) statt. Verschossen wurden dabei verschiedene Arten von Kanonenkugeln (oft aus Stein oder Metall) mittels „Feuertöpfen", wie man die ersten Kanonen nannte. Ihr Vorteil war, dass sie die Reichweite von Langbögen (der gefürchtetsten Kriegswaffe jener Zeit) um einiges übertraf. Zur gleichen Zeit kamen auch schon die sogenannten „Donnerbüchsen" auf, die aber nur schwer zu handhaben und extrem zielungenau waren. Aber immerhin konnte man damit auf eine Entfernung von ca. 100 m die Rüstung eines Ritters durchschlagen. Als Treibmittel bzw. Explosivstoff kam dabei eine spezielle Mischung aus Kalisalpeter (genauer Kaliumnitrat), Holzkohle und Schwefel zum Einsatz. Später wurde kolportiert, dass diese „Erfindung" von einem Mönch aus Freiburg mit Namen Bertold Schwarz (man sagt, um 1359) stammen soll, was aber nicht belegt ist und auch zeitlich mit dessen erstmaliger Verwendung nicht zusammen passt. Sicher ist dagegen, das Roger Bacon (1218-1292), ein gelehrter englischer Franziskanermönch, die Rezeptur bereits kannte, denn er beschrieb im Jahre 1266 die Herstellung von „Schwarzpulver“ in seinem Werk *„Opus maius“*. Wo er das Rezept wiederum her hat, entzieht sich jedoch bis heute der Kenntnis der Geschichtswissenschaften. Schwarzpulver jedenfalls gab es bereits im 11. Jahrhundert in China. Wie man sich leicht denken kann, nahm ab dem 14. Jahrhundert der Bedarf an Schwarzpulver massiv zu. Dessen Herstellung wurde damit zu einem lukrativen (aber auch gefährlichen) Geschäft.

320. Pulvermühlen

Sie oblag sogenannten „Pulvermühlen“, die damals an geeigneten Orten wie Pilze aus dem Boden schossen. Ihre Aufgabe bestand darin, die „Zutaten“ Salpeter, Schwefel und Holzkohle entsprechend fein zu zermahlen und im richtigen Verhältnis zu mischen. Das Ergebnis (das Schwarz- oder Schießpulver) wurde schließlich in Fässer und Säcke gefüllt und über Zwischenhändler verkauft.

Fast alle Pulvermühlen waren übrigens Wassermühlen, die außerhalb von Ortschaften in Waldtälern angelegt wurden. Man erkennt sie u. a. an einem oft hufeisenförmigen Schutzwall um die Mühle, der angrenzende Wirtschafts- und Wohngebäude bei eventuell auftretenden „Explosionen“ schützte - und damit musste man alle Jahrzehnte einmal rechnen. Wenn eine solche Mühle „zersprang“, dann war das verständlicherweise sehr auffällig und wurde deshalb oft in Chroniken vermerkt. Heute erinnern bis auf einige Ausnahmen nur noch Orts- und Wegbezeichnungen an ihre ehemaligen Standorte.

Interessant ist vielleicht noch zu erwähnen, dass für besonders hochwertiges Schwarzpulver ausschließlich Holzkohle aus dem Holz des Faulbaums (*Frangula alnus*) verwendet wurde, da sie einen sehr geringen Ascheanteil aufweist. Für diesen „Baum“, der eher ein Strauch ist, hat sich deshalb in manchen Gegenden auch der Name „Pulverholz“ erhalten. Im Zusammenhang mit dem Schießpulver hat sich im Deutschen auch eine Anzahl von Redewendungen ergeben, die man auch heute noch emsig gebraucht. Wenn man sich beispielsweise in eine gefährliche Lage begibt, dann „sitzt“ man quasi auf einem Pulverfass. Wenn man bei einem Radrennen als Radfahrer immer nur hinter seinem Vordermann hinterherschlaucht, ohne selbst Führungsarbeit zu übernehmen, da macht man nichts anderes, als „sein Pulver trocken zu halten“. Und wer kein Pulver riechen konnte, der war schlicht feige. Möchte man dagegen „durch die Blume“ jemanden als dumm und einfältig charakterisieren, dann reicht es meistens aus, ihm zu unterstellen, „dass er das Pulver nicht erfunden hat“. Hinter diesen jedermann bekannten Redewendungen ist der Sinnzusammenhang mit dem Schießpulver noch leicht erkennbar. Es gibt aber auch Redewendungen, die jedermann bekannt sind und die jedermann gebraucht, ohne dass man weiß, woher sie eigentlich stammen oder aus welchem Sinnzusammenhang sie abzuleiten sind. Nehmen wir mal das unter manchen Arbeitnehmern gern gebrauchte Wort vom „blaumachen“. Was es bedeutet, weiß jeder: heute mal der Arbeit fernbleiben... Und wenn das ein „Montag“ ist, spricht man vom „blauen Montag“. Die wahrscheinlichste Deutung bezieht sich auf den arbeitsfreien Montag vor dem Faschingsdienstag, an dem nach der mittelalterlichen Kleiderordnung auch farbige Gewänder - insbesondere in Indigoblau - getragen werden durften, die sonst nur Sonntagen vorbehalten waren. So wurde der Fastenmontag zu einem „blauen Montag“ und die sich daraus ergebende Redewendung eine Bezeichnung für einen arbeitsfreien Tag. Aber auch andere Deutungen sind im Umlauf.

321. In der Tinte sitzen

Oder nehmen wir noch ein anderes Sprichwort, dessen Sinn sich uns sofort erschließt, dessen Herkunft aber kaum jemandem bekannt sein dürfte: „In der Tinte sitzen“. Die Redewendung taucht zum ersten Mal in den Predigten eines gewissen Johann Geiler von Kaysersberg (1445-1510) aus Schaffhausen auf, dessen Intention und Broterwerb im Halten von derben Predigten bestand, die er aufzeichnen und drucken ließ. Er gilt auch als ein geistiger Wegbereiter des Hexenwahns in Deutschland, was nicht zu seinen ansonsten vom Humanismus geprägten Ansichten zu passen scheint. In seinen Predigten, die das *„Narrenschiff“* von Sebastian Brant (1457-1521) betreffen, findet sich dann die Zeile *„Du bist voller sünd, du steckst mitten in der tincten“*. Daraus wurde dann der Spruch, der den Jammer ausdrückt, der einen befällt, sobald die Probleme über den Kopf zu wachsen drohen. Hier spielt wahrscheinlich die Eigenschaft einer guten Tinte, fest zu haften und nur schwer abwaschbar zu sein, eine Rolle.

Seitdem der Mensch nicht mehr mit einem keilförmigen Griffel auf Tonplatten schreibt, verwendet er „gefärbtes Wasser“ (denn das bedeutet *„tincta aqua“*), um seine Gedanken auf papierähnlichen Materialien wie Papyrus oder Pergament niederzuschreiben. Aus dem lateinischen Wort *„tincta"* entstand dann das althochdeutsche *„tincte"* (das noch in Tinktur weiterlebt), bis irgendjemand schließlich das „c" vergaß - und das Wort „Tinte" war geboren. Im Laufe der Jahrhunderte entwickelte man eine Vielzahl verschiedener Tinten, aber die wichtigste und schließlich am häufigsten verwendete basierte auf den runden Kugeln, die im Spätsommer manche Eichenblätter zieren. Es handelt sich bei ihnen um die Gallen der Eichengallwespe (*Cynips quercusfolii*). Man hat sie früher in großen Mengen gesammelt um daraus einen Sud herzustellen, der zu einem beträchtlichen Teil aus Gallussäure besteht und den man mit Eisen(II)-Sulfat und etwas Gummi arabicum vermengte. Dabei entstand eine dunkle Flüssigkeit, mit der sich mit Schreibfedern (z. B. angespitzten Federkielen) sehr gut schreiben ließ. Beim Trocknen der Tinte entsteht dann durch Oxidation aus dem zweiwertigen Eisen tiefdunkles dreiwertiges Eisen, welches zusammen mit der Gallussäure eine tiefschwarze Komplexverbindung ergibt. Schriftstücke, die mit einer derartigen Eisengallustinte geschrieben werden, zeigen einen besonders schönen Kontrast zum weißen Papier. Aber natürlich waren in den Schreiberstuben der mittelalterlichen Klöster oder in den königlich-kaiserlichen Kanzleien auch andersfarbige Tinten in Gebrauch. So gab es rote Tinten, die aus dem Sekret von Purpurschnecken gewonnen wurden. Mönche wiederum entwickelten teure Gold- und Silbertinten, mit denen neben Illustrationen meist nur die Anfangsbuchstaben neuer Absätze künstlerisch gestaltet wurden.

322. Codex Argenteus

Eine Ausnahme ist hier der *„Codex Argenteus"*, eine Abschrift der sogenannten, in gotischer Sprache geschriebenen Wulfila-Bibel aus dem 6. Jahrhundert. Hier fanden ausschließlich Silber- und Goldtinten Verwendung. Diese Tinten waren natürlich sehr teuer. Noch teurer sind heute bestimmte Markentinten für Tintenstrahldrucker, deren Literpreise teilweise jenseits von Gut und Böse liegen - aber, zur Beruhigung, an den Preis von einem Liter Skorpionsgift (~24 Millionen €) noch lange nicht heranreichen. Hinter diesen Preisen (insbesondere für die farbigen Druckertinten) stehen nicht unbedingt die Herstellungs- und Entwicklungskosten, sondern auch eine clevere Geschäftsidee: Man mache den Tintenstrahldrucker möglichst billig (als Kaufanreiz), und kassiere später an den Verbrauchsmaterialien (Tintenpatronen, Spezialpapiere) ab. Aber diese Geschäftsidee funktioniert nur noch teilweise (es gab mal eine Zeitlang Tintenspritzer, die waren nur unwesentlich teurer als ihr Satz Tintenpatronen), seitdem der Handel mit Nachfüllsets und Billigtinten floriert.

323. Druckköpfe von Tintenstrahldrucker

Will man jedoch qualitativ hochwertige Ausdrucke von Fotografien erhalten, dann sollte man doch lieber auf die Originaltinten des Druckerherstellers zurückgreifen, da sie meist in Kombination mit dem Druckkopf entwickelt werden. Solch ein Druckkopf mit seinen nur wenige 10 µm großen Düsen, aus denen programmgesteuert die winzigen Tintentröpfchen auf das Papier gespritzt werden, ist reinste Hochtechnologie. Mittlerweile existieren mehrere Funktionstypen von Druckköpfen, von denen der von der Firma Epson entwickelte Piezo-Druckkopf in seiner Funktionsweise besonders instruktiv ist. Er nutzt einen speziellen festkörperphysikalischen Effekt aus, der 1880 von Jaques und Pierre Curie an Turmalin-Kristallen entdeckt und von ihnen „piezoelektrischer Effekt" genannt wurde. Es ist eine Eigenschaft aller ferroelektrischer Kristalle (sie besitzen eine sehr große Dielektrizitätszahl), die sich in Richtung einer ihrer polaren Kristallachsen elektrisch aufladen, sobald sie unter Zug- oder Druckbelastung geraten. Insbesondere bestimmte Keramiken können durch Anwendung dieses Effektes durch Anlegen einer Wechselspannung mit deren Frequenz expandiert und kontrahiert werden. Und genau das wird bei einem Piezo-Druckkopf (genauer einer Düse in solch einem Druckkopf) ausgenutzt.

Eine Düse aus piezoelektrischer Keramik, an dem ein Spannungsimpuls angelegt wird, verringert ihr Volumen, wobei mit hoher Geschwindigkeit ein Tintentröpfchen die Düse verlässt (typische Geschwindigkeit 10 m/s). Der folgende Spannungsimpuls vergrößert das Volumen, in welches dann aus dem Tank durch Kapillarwirkung Tinte nachfließen kann. Auf diese Weise lässt sich quasi ein Trommelfeuer aus Tintentröpfchen erzeugen, wobei sich „Feuerfrequenzen" von bis zu 150.000 Tröpfchen pro Sekunde und Düse erreichen lassen. Durch Variation der Impulsamplitude kann darüber hinaus auch noch die Größe der Tintenspritzer gesteuert werden. Seitdem man aber Druckköpfe analog zu elektronischen Schaltkreisen mittels spezieller Ätzverfahren in riesiger Stückzahl zu Cent-Preisen herstellen kann (bei ihnen wird die Tinte in einem winzigen Hohlraum schlagartig erhitzt, wodurch sie sich ausdehnt und aus der Düse spritzt), sind sie mittlerweile zum Bestandteil der Tintenpatronen selbst und damit zu Wegwerfartikeln geworden. Piezodruckköpfe sind derweil nur noch hochwertigen Tintenstrahldruckern (die mittlerweile auch die stiftbasierten Plotter in den

Ingenieur- und Konstruktionsbüros abgelöst haben) vorbehalten, wo es auf eine besonders exakte Ausrichtung des Druckkopfes ankommt.

324. Geldscheine drucken

Haben Sie übrigens schon gewusst, dass moderne Tintenspritzer ganz passabel (von der Farbqualität, nicht den Sicherheitsmerkmalen) Geldscheine drucken können wenn sie denn könnten? Mittlerweile haben entsprechende Drucker und Kopierer – damit der Druckerbesitzer erst gar nicht auf diese naheliegende Idee kommt und sich strafbar macht, entsprechende Erkennungssoftware integriert, die entweder das Ausdrucken komplett oder zumindest teilweise verhindern. Das gilt übrigens auch für eine gewisse Zahl von Bildbearbeitungsprogrammen (z. B. Photoshop), die sich beispielsweise weigern, Euro- oder Dollarscheine zu bearbeiten... In dieser Hinsicht hat es der altehrwürdige Beruf des Geldfälschers trotz moderner Technik immer noch schwer – wenn er lediglich Heimarbeiter und nicht Betreiber einer entsprechend gut ausgestatteten Druckerei ist. Aber auch auf diesem Gebiet des kriminellen Broterwerbs gab es früher – und gibt es auch heute noch wahre, ja, man ist fast geneigt zu sagen, begnadete Künstler. Ein solcher Künstler flog beispielsweise wegen einer Unachtsamkeit (oder Dummheit, je nachdem, wie man es sehen möchte) im Jahre 2006 in Köln auf, wie damals eine ganze Anzahl von Gazetten zu berichten wussten. Es begann mit einem Baggerfahrer auf einem Müllplatz. Als er nun so für sich hinbaggerte wie an jedem anderen Arbeitstag auch, zog auf einmal seine Baggerschaufel ein paar Säcke aus dem Müll (es waren am Ende sieben), aus denen es in großer Zahl zerschnippselte Dollar-Banknoten rieselte! Dass sich für diese Säcke und deren Fundumstände sofort die Kriminalpolizei zu interessieren begann, braucht nicht weiter betont zu werden. Insbesondere deren Spezialisten für Falschgeld, Unterabteilung Dollarblüten, waren sofort von der hohen grafischen Qualität der Fundstücke (obwohl sie offenbar als Fehldrucke entsorgt werden sollten) begeistert. Einer von diesen Spezialisten äußerte sogar gegenüber einem Journalisten die Meinung, dass man die Fälschungen von den Originalen nur anhand des verwendeten Druckpapiers sicher unterscheiden könne. Und es stimmte. Der Fälscher war ein Meister seines Fachs, als Lithograph und Grafiker angesehen („Andy Warhol aus Köln") und hat es mit diesen Fähigkeiten sogar zu einem Eintrag in der Wikipedia gebracht. Von der örtlichen Sparkasse besorgte er sich eines Tages eine 100 $ Banknote, die er einscannte (damals ging das noch problemlos) und deren Seriennummer er anschließend mit einem Grafikprogramm veränderte. Auf der Grundlage der entstandenen

Bilddatei erstellte er schließlich nach vielen Versuchen hochwertige Druckplatten für seine private Offsetdruckmaschine. Aber da hatten die Ermittlungsbehörden bereits ein Auge auf ihn geworfen, denn er hatte zusammen mit den Test- und Fehldrucken auch gleich Schriftstücke mit Name und Anschrift in den bereits erwähnten Müllsäcken entsorgt. So konnte man ihn sogleich observieren und ihm in Ruhe eine Falle stellen, in dem man ihm elegant eine Kaufinteressentin für die Dollarblüten unterjubelte. Der Rest ist schnell erzählt. Er wurde just in dem Moment, als er falsche Dollar für echte Euros verkaufen wollte, verhaftet, seine Fälscherwerkstatt durchsucht und aufgelöst und nach dem Gerichtsverfahren erwartete ihn eine mehrjährige Haft - denn wenn es ums Geld geht, kennt die Obrigkeit bekanntlich keine Gnade. Und das war schon immer so. Falschmünzerei gibt es, seitdem es Geld gibt. Wurde man Falschmünzern habhaft, drohte ihnen bis in die frühe Neuzeit hinein fast immer die Todesstrafe. Mit dem Aufkommen der Banknoten entwickelte sich deren Fälschung fast zu einer Schattenwirtschaft. So schätzt man, dass um das Jahr 1861 herum in den Vereinigten Staaten ungefähr die Hälfte des im Umlauf befindlichen Papiergeldes Fälschungen waren. Nach Beendigung des Bürgerkrieges unternahm deshalb der Staat große Anstrengungen, um die Hoheit über das Geld nicht zu verlieren. Ein spezieller Geheimdienst machte die Fälscherwerkstätten ausfindig und führte die Geldfälscher der in dieser Beziehung nicht gerade zimperlichen Justiz zu. Gegen Ende des 19. Jahrhunderts war dann dieses „fiskalische“ Problem erst einmal weitgehend gelöst.

325. Echte Blüten

Dass das Überschwemmen eines Landes mit Falschgeld durchaus zu ernsthaften wirtschaftlichen Problemen führen kann, zeigt der Fall des Portugiesen Artur Virgílio Alves dos Reis (1898-1955). Seine geniale Idee war es, Falschgeld mit den gleichen legalen Druckplatten von einer legalen Gelddruckerei drucken zu lassen, mit der auch die offiziellen „echten“ Geldscheine gedruckt worden sind. Das Problem, was dabei zu lösen war, lässt sich stark verkürzt wie folgt beschreiben: Er musste unter großer Geheimhaltung, ausgestattet mit einer plausiblen Geschichte und einer größeren Zahl zwar gefälschter, aber notariell beglaubigter Verträge das Druckhaus für Banknoten („Waterlow and Sons“ in London) überzeugen, die gewünschte Anzahl von Banknoten (in diesem Fall Escudo-Scheine mit dem Konterfei von Vasco da Gama) für seinen fiktiven Auftraggeber zu drucken – und zwar mit den gleichen Druckplatten, mit dem das Druckhaus zuvor einen Auftrag der Bank von Portugal ausgeführt hatte.

Die Sache war so raffiniert eingefädelt, dass die Aktion völlig geheim und vollkommen glatt über die Runden gegangen ist. Der einzige Nachteil war (und was ihm schließlich zum Verhängnis wurde), dass die Geldscheine die gleichen Seriennummern hatten wie die bereits in Portugal im Umlauf befindliche legale Charge. Nach der Auslieferung der 200.000 500 Escudo-Banknoten gelang es dos Reis eine beträchtliche Anzahl davon in Portugal in Umlauf zu bringen, was natürlich irgendwann aufgefallen ist. Denn die Zahl der Fälschungen erreichte fast die Zahl der legalen Banknoten mit dem gleichen Nominalwert. Stichproben ergaben aber, dass alle Scheine offensichtlich echt waren. Die wunderbare Geldvermehrung ließ sich einfach nicht erklären – und man beschloss in einer übereilten Aktion alle 500 Escudo-Scheine aus dem Verkehr zu ziehen. Das führte aber zu großem Unmut unter der Bevölkerung, weshalb diese Aktion ganz schnell wieder abgeblasen wurde. Mittlerweile stellte aber der Falschgeldexperte Luís Alberto Campos e Sa fest, dass offensichtlich einige der Seriennummern doppelt vorhanden waren. Und so gab es Order an die Banken, dass sie alle entsprechenden Banknoten, die sich in deren Besitz befanden, nach der Seriennummer zu sortieren haben. Auf diese Weise wurde das Ausmaß langsam sichtbar – und dieses führte dann schnell auf die Spur von Artur Virgílio Alves dos Reis, der dann noch, bevor er sich ins Ausland absetzen konnte, verhaftet wurde. Ihn traf dann zwar nicht das Los mittelalterlicher Falschmünzer – sie wurden oft in siedendes Öl geworfen. Aber 20 Jahre Gefängnis waren dann doch noch für ihn drin (15 Jahre saß er davon wirklich ab). Nach seiner Entlassung aus dem Gefängnis ließ er sich, nach dem er Angebote einiger großer Banken abgeschlagen hatte, als Kaffeepflanzer in Angola nieder und wurde ein gläubiger Protestant. Artur Virgilio Alves dos Reis starb dort 1955 völlig verarmt. Seine „Banknotenblase" brachte im Jahre 1925 Portugal als Staat in eine große Bedrängnis. Dieses Ereignis war sicherlich auch maßgeblich mit dafür verantwortlich, dass sich im Jahre 1932 aus der Militärdiktatur (seit 1926) ein faschistischer Staat unter António de Oliveira Salazar (1889-1970) entwickelt hat, der erst 1974 durch die „Nelkenrevolution" hinweggefegt wurde.

Apropos „Nelken".

326. Die Tulpenblase

Nicht mit „Nelken", sondern mit „Tulpen" hatte eine andere Bankenkrise zu tun, die als Platzen einer ersten wirklich großen Finanz- und Spekulationsblase in die Bankengeschichte eingegangen ist. Sie betraf auch nicht Portugal, sondern die Niederlande, und zwar in den Jahren 1637 / 1638. Und so kam es dazu: Die Niederlande gelten noch heute als das Land der Tulpen. Wenn man im Frühling durch das flache Land reist (insbesondere die Gegend um Keukenhof ist hier zu nennen), fallen einen überall die farbenprächtigen Tulpenfelder auf. Sie zeugen von einer besonderen Vorliebe der Holländer für diese ursprünglich aus der Türkei (Osmanisches Reich) und Iran (Persien) stammenden Zierblume, die es mittlerweile – durch den Fleiß holländischer Gärtner – in unüberschaubar vielen Farb- und Mustervarianten ihrer Blüten gibt.

Nachdem sie Mitte des 16. Jahrhunderts nach Mitteleuropa gelangte, dort die ersten Schlossgärten (z. B. in Wien) zierten und man deren Zwiebeln leicht an Interessierte verteilen bzw. verkaufen konnte, wurde sie schnell zu einer begehrten Handelsware. Viele Gärtner, besonders in den Niederlanden, begannen verschiedene Tulpen-Varianten untereinander zu kreuzen um auf diese Weise neue, zuvor noch nie gesehene Farb- und Mustervarianten zu züchten. Irgendwann begannen Blumenliebhaber immer mehr Geld für Tulpenzwiebeln auszugeben. Es entstand eine Schwärmerei, die sich darin äußerte, dass wohlhabende Bürger eigene Tulpengärten anlegten, sich zu Vereinen und Tauschgemeinschaften zusammenschlossen und sich daraus ein reger Handel mit Tulpenzwiebeln entwickelte, die umso höhere Preise erzielten, je raffinierter die Form der Blüten, ihre Farbe und ihre Farbmuster waren. Tulpenzwiebeln mauserten sich in manchen Kreisen zuerst zu Sammelobjekten, dann immer mehr zu einer neuen Art von Wertanlage, die sich durch Züchtung weiter leicht vergrößern ließ. Der Tulpenhandel wurde Anfang des 17. Jahrhunderts in den Niederlanden zu einem schnell wachsenden Wirtschaftsfaktor. Die ersten farbigen Versteigerungskataloge wurden gedruckt (die sogenannten „Tulpenbücher"), manche Kriminelle finanzierten sich durch den Diebstahl von Tulpenzwiebeln (was wiederum dem Sicherheitsgewerbe Auftrieb gab), und – etwa ab 1634 – entdeckten schließlich Spekulanten die Tulpenzwiebel als ideales Spekulationsobjekt. Nun begannen auf einmal Finanzjongleure Tulpenzwiebeln aufzukaufen – nicht etwa, um ihre eigenen Gärten im Frühjahr mit farbenprächtigen Tulpen zu schmücken, sondern um sie bei Versteigerungen mit Gewinn weiterverkaufen zu können. Bereits 1623 erzielten einzelne Zwiebeln besonders seltener Tulpen bis zu 1000 Gulden. Das entsprach etwa dem sechsfachen Jahresverdienst eines einfachen Handwerkers zu jener Zeit.

Mit den Preisen entwickelte sich die Tulpe vom Liebhaberobjekt zum Statussymbol. mit dem sich in gewissen Kreisen wunderbar angeben ließ (so wie heute mit einem Porsche). Eine Zwiebel der gleichen Sorte Tulpen, die 1623 noch 1000 Gulden kostete („Semper Aurora"), kostete im Jahr 1629 bereits 5000 Gulden. Und die Preise stiegen weiter. Immer mehr wohlhabende Leute steckten ihr Geld in Tulpenzwiebeln, die sie bei den damals häufigen Auktionen ersteigerten. Bald gab es Tulpen-Derivate, es wurden Anteilscheine auf Tulpenzwiebeln ausgegeben, kreative "Wertpapiere" auf Tulpenbasis wurden erfunden und wenn man genügend Gulden hatte (für drei Tulpenzwiebeln einer besonders seltenen Farbvariante konnte man in Amsterdam ein ganzes Haus kaufen), konnte man auch handelbare Bezugsrechte erwerben. Man erfreute sich nicht mehr an einer aufgeblühten Tulpe, sondern presste sie (natürlich ohne Zwiebel), um dem Käufer zu zeigen, was er im Folgejahr von seinem Kauf zu erwarten hatte. Das war wiederum die Basis für Termingeschäfte, bei denen man bereits mit Zwiebeln handeln konnte, die noch in der Erde steckten. Neben den Sortenbezeichnern steckten Schilder mit den Schuldscheinen der zukünftigen Eigner der Zwiebeln im Boden der Tulpenbeete. Das konnte natürlich nicht lange gut gehen. Irgendwann fanden sie nämlich keine Käufer mehr, die entsprechend viel Geld aufbringen konnten – die „Tulpenblase“ platzte. Und genau das geschah im Jahr 1637. Die Auktionserlöse blieben immer mehr unter dem festgelegten Einstiegswert bis dann schließlich keine der angebotenen Tulpenzwiebeln mehr den Betrag erzielte, zu der sie einst erworben wurden. Der Preisverfall erfolgte so rasant, dass viele davon Betroffene von einem Tag zum anderen ihr ganzes Vermögen verloren – und wenn sie zuvor die Tulpenzwiebel auf Pump gekauft hatten, waren sie auf einmal in der Schuldenfalle gefangen. Dieser Crash begann die ganze Wirtschaft der Niederlande zu gefährden, so dass sich die Regierung zu der Verfügung veranlasst sah zu sagen, dass Tulpen nicht mehr als Spekulationsobjekte, sondern nur noch als normale Waren zu betrachten sind, die in bar bezahlt werden müssen.

Die Entstehung der Preisblase, die mit dieser „Tulpomania“ verbunden war, wurde wahrscheinlich durch eine inflationäre Geldpolitik begünstigt. Denn in Holland trafen sich die Geldströme von Gold und Silber aus ihrem ausgedehnten Kolonialreich, um hier umgemünzt zu werden. Diese wachsende Geldmenge, die sich besonders in den Händen reicher Kaufleute ("Pfeffersäcke") konzentrierte, suchte einfach nach Anlegemöglichkeiten. Und hier traf es zufällig die Tulpe, die sich in Form, Farbe und Zeichnung von allen anderen damals zu Zierzwecken gezogenen Blumen unterschied. Der unvermeidliche Crash hatte durchaus einschneidende Auswirkungen auf die Volkswirtschaft der damaligen Niederlande (es wird von vielen Konkursen in den Jahren 1637/38 berichtet). Es kam auch vermehrt zu Selbstmorden. Jemand, der zuvor noch „stinkreich“ war, sah sich in der Gosse wieder, wie es ein bekannter Börsenspekulant einmal formuliert hat. Aber der Crash hielt sich wahrscheinlich trotzdem in Grenzen, da er durch die Wirtschaftskraft in den Kolonien weitgehend aufgefangen werden konnte. Aber als Lehrbuchbeispiel für einen Börsencrash, bei dem eine Spekulationsblase platzt, kann er heute immer noch dienen. Man braucht nur die "Tulpe" durch "Immobilie" oder "Dotcom" zu ersetzen, und man ist in der Gegenwart angekommen.

Holland ist auch heute noch das „Tulpenland" schlechthin, obwohl es mittlerweile von ausländischen Tulpenproduzenten, die insbesondere aus Afrika stammen, stark unter Druck gesetzt wird. So kam es im Jahre 2002 zu einem empfindlichen Preisverfall, bei der in den Niederlanden einige Tulpenproduzenten Pleite gegangen sind. Ohne Zweifel sind die holländischen Gärtner bis heute „die" Tulpenzüchter an sich geblieben. Jedes Jahr kommen zu den rund 1200 Sorten, die regelmäßig angebaut werden, neue hinzu.

327. Tulpenmosaikvirus

Schon immer besonders begehrt sind mehrfarbige Sorten, deren Blütenblätter unterschiedlich farblich „geflammt" sind (sogenannte „Rembrandt-Tulpen"). Als sie zum ersten Mal in Holland auftraten, haben sie nicht unwesentlich zur Entstehung der Tulpomanie beigetragen. Denn sie entstanden „plötzlich" und nicht gezielt durch Züchtung. Tulpenzwiebeln, die zuerst nur einfarbige Tulpen geliefert hatten, zeigten auf einmal Farbwechsel bis hin zu den genannten „geflammten" Farbmustern. Was man damals noch nicht wissen konnte – die Tulpen litten an einer Virusinfektion, so ähnlich wie auch der Mensch hin und wieder an einer Grippeinfektion leidet (und was man ihm gewöhnlich auch unschwer ansehen kann). Dieses Virus, das den „wertvollen" Farb- und Musterwechsel bewirkt, ist das Tulpen-Mosaikvirus. Es gehört zur großen Gruppe der Potyviren - langgestreckte Proteinhüllen, die eine RNA umschließen und die von Blattläusen von Pflanze zu Pflanze übertragen werden. Einmal in eine Pflanzenzelle eingedrungen, programmieren sie wie alle Viren deren Proteinsyntheseapparat um mit dem Ziel, möglichst viele Kopien von sich selbst zu erzeugen. Bei vielen Pflanzen ergeben sich dabei mosaikartige Schadbilder auf deren Blättern, weshalb man auch von Mosaikviren spricht (ein häufig untersuchtes Virus ist hier beispielsweise das Tabakmosaikvirus). Bei Tulpen ergeben sich dagegen Farbwechsel der Blütenblätter bis hin zu den flammenartigen Einfärbungen, die seinerzeit die Tulpenzwiebeln so wertvoll machten. Andererseits schwächt solch eine Vireninfektion natürlich auch nachhaltig die davon betroffene Pflanze, so dass manche wertvolle Sorte wie, z. B. die legendäre „Semper Augustus", mittlerweile ausgestorben ist. Zur

Zeit der Tulpomanie wurde für eine „Semper Augustus“ - Zwiebel immerhin bis zu 10.000 Gulden, d. h. der Gegenwert eines kleinen Hauses, bezahlt. Heute kann man „geflammte“ Tulpen für wenig Geld bereits im Baumarkt erstehen. Hier handelt es sich jedoch um echte Züchtungen und nicht mehr um schwerkranke Pflanzen...

328. Giftpflanzen

Aber nicht nur Pflanzen können „schwerkrank“ werden, sondern Mensch und Tier auch von bestimmten Pflanzen, die man deshalb schlicht „Giftpflanzen“ nennt. So ist es nicht unbedingt empfehlenswert, quasi als Schalottenersatz, Tulpen- oder (noch gefährlicher) Maiglöckchenzwiebeln zu verzehren. Gerade das Maiglöckchen gilt aufgrund seines Gehalts an einer Vielzahl von Glykosiden als besonders giftig. Hier empfiehlt es sich nicht einmal, das Vasenwasser zu trinken. Auf jeden Fall sollte man Kinder davon abhalten, die im Sommer schönen roten Beeren der Maiglöckchen zu verzehren.

Gifte spielen in der Geschichte der Menschheit schon immer eine herausragende Rolle, wenn es darum ging, Nebenbuhler, „Feinde“, missliebige Zeitgenossen oder auch Herrscher aller Colour in das Jenseits zu schicken. Die Angst vor Giftattentaten erschuf den nicht ganz ungefährlichen Berufsstand des „Vorkosters“ und Leute, deren Passion es war, andere mittels Gift umzubringen, wurden als „Giftmischer“ bezeichnet.

329. Giftmischer und Giftmorde

Insbesondere einige weibliche Persönlichkeiten hatten sich dieser Leidenschaft verschrieben, wie z. B. die berühmte Marquise de Brinvilliers (1630-1676). Nur hatten Giftmischer schon immer einen schlechten Stand, wenn die Obrigkeit ihrer habhaft wurde. Und so ist es sicherlich nicht verwunderlich, dass auch die genannte Marquise keinen natürlichen Tod erlitt. Sie wurde unter den Augen einer großen Menschenmenge am 17. Juli 1676 in Paris enthauptet, nachdem man sie zuvor einer höchst unangenehmen Wasserfolter unterzogen hatte.

Ein Höhepunkt der „Giftmischerei“ wurde während der Renaissance in Italien, in den Stadtstaaten Florenz, Venedig und Genua, erreicht. Mit „giftanzeigenden“ Wundermitteln konnte man dort zu jener Zeit schnell Reibach ohne Ende machen: Amulette mit Edelsteinen, „Schlangenzähnen", stark riechenden Ölen sollten genauso vor Vergiftungen schützen wie Kandelaber aus Adlerfüßen, deren Flammen bei der Anwesenheit von Giften angeblich verlöschen. Zur Hochzeit der Medici in Florenz soll es sogar staatlich konzessionierte „Vergifter" gegeben haben (wenn man alten Schriften glauben darf), bei denen z. B. ein Doge per Katalog und Preisliste Giftmorde quasi bestellen konnte. Und die Preise waren durchaus differenziert und für einen reichen Mann geradezu erschwinglich. So kostete die Abmurksung eines Papstes ungefähr 100 Dukaten, was im Nachhinein betrachtet geradezu ein Schnäppchen war. Teurer waren dagegen Giftmorde, die mit größeren Dienstreisen verbunden waren. So musste man damals für die Vergiftung eines Sultans schon mindestens 500 Dukaten investieren.

Schaut man sich die Lebensläufe mehr oder weniger bekannter Renaissance-Fürsten und zu jener Zeit lebender kirchlicher Würdenträger an, so findet man nicht wenige, deren Leben durch ein Gift beendet wurde. Besonders berüchtigt ist hier das Haus der Borgia, über die vor kurzem eine opulente deutsch-französische Fernsehserie Aufklärung gegeben hat. Einer der übelsten Gestalten aus jener Familie war ohne Zweifel Rodrigo Borgia (1431-1503), der 1492 als Papst „Alexander VI." das Konklave verließ. Seine echten und mutmaßlichen „Feinde" soll er in größerer Zahl mit dem berüchtigten „Borgia-Gift" zur Seite geräumt haben. „Gift" galt damals nicht nur im Vatikan als probates Mittel der Personalpolitik. Heute weiß man, das „Cantarella" (das „Borgia-Gift") ein besonders wirksames Arsen-haltiges geruch- und geschmackloses Pulver war, dessen Wirkung am Ende Alexander VI. selbst und auch sein Sohn Cesare (1476-1507) erfahren durften. Beide saßen am 5. August 1503 zusammen mit dem Kardinal Adriano Castellesi da Corneto (1460-1521) im Garten des Kardinals und ließen sich ihr Abendessen munden. Kurz danach wurde dem Kardinal speiübel und er bekam Fieber und Schüttelfrost. Am nächsten Morgen zeigten auch Vater und Sohn Borgia die gleichen Symptome. Die Meldung, dass der Papst vergiftet wurde, machte in Rom schnell die Runde. Aber wider Erwarten trat bei beiden in den Folgetagen eine leichte Erholung ein, die aber im Fall Papst Alexander VI. nicht anhielt und er in der Nacht vom 17. August 1503 zum 18. August 1503 schließlich verstarb. Zeitgenössische Quellen berichten, dass der Leichnam des Papstes sich schwarz verfärbte, unnatürlich aufquoll und übelriechende Flüssigkeiten abgab. Kurz gesagt, das Volk schloss daraus, dass der verhasste Borgia verdientermaßen vom Teufel geholt worden ist. Was sich jedoch bis heute nicht endgültig klären ließ, ist die Frage, wie es überhaupt zu dieser offensichtlichen Arsenvergiftung gekommen ist. Eine durchaus plausible These geht davon aus, dass der Kardinal seiner eigenen Ermordung zuvorkommen wollte und er eine eigene, aber nicht tödliche Vergiftung in Kauf genommen hat, nur um Alexander VI. dorthin zu schicken, wo er seiner Meinung nach hingehörte. Denn er war außerordentlich reich und die Borgias hatten sicherlich schon ein Auge auf sein Vermögen geworfen. Es kann aber auch sein, dass die beiden Borgias den Kardinal vergiften wollten, ihnen aber durch ein Versehen (oder mit Absicht?) selbst von einem der eingeweihten Diener das Gift verabreicht wurde. Wie dem auch sei. Cesare und der Kardinal überlebten die Giftattacke, Rodrigo Borgia nicht.

Arsenik (eine Arsenverbindung), volkstümlich als „Rattengift" bekannt, war viele Jahrhunderte das Mittel der Wahl, wollte man jemanden unauffällig beseitigen. Durch entsprechende Dosierung ließ sich ein mehr oder weniger langer „Krankheitsverlauf" bewerkstelligen, was das Entdeckungsrisiko für den Täter deutlich verringerte. So gibt es einige Beispiele in der Geschichte, wo treusorgende Ehefrauen ihren ihnen überdrüssig gewordenen Ehemann mit kleinen Arsenikgaben nach und nach vergifteten, derweil sie ihn scheinbar und für jedermann sichtbar, aufopferungsvoll bis zum bitteren Ende pflegten (die Symptome entsprachen im hohen Maße dem der Cholera). Die Namen einiger dieser Damen haben sich bis heute erhalten, von denen beispielgebend für eigene Nachforschungen nur folgende erwähnt werden sollen: Florence Maybrick (1862-1941), Marie Lafarge (1816-1852) und Charlotte Ursinus (1760-1836).

330. Die Marsh-Probe

Ein Mord konnte normaler Weise solchen Giftmörderinnen nur selten nachgewiesen werden, und zwar, bis schließlich ein gewisser James Marsh (1790-1846), Chemiker von Beruf, die Bühne als Gerichtssachverständiger betrat. Er entwickelte nämlich eine Methode, mit der sich noch geringste Mengen von Arsen deutlich und gerichtsfest nachweisen lassen. Sie führte dazu, dass im angehenden 19. Jahrhundert das Arsenik als Gift der Wahl (Arsenik, das Oxid des Arsens, war damals quasi in jedem Haushalt, z. B. als „Fliegenstein" für den systematischen Fliegenmord oder als Mäuse- und Rattengift, in Pulverform vorhanden) ziemlich schnell aus dem Arsenal der Giftmischer, in dem es zuvor einen besonders exponierten Platz eingenommen hatte, verschwand. Und das hängt mit einem damals 80jährigen Haustyrannen via *„Via Mala"* mit Namen Georges Bodle, einem Farmer aus Plumstaed in England, zusammen, der auf auffällige Art und Weise im Jahre 1832 im Kreise seiner darüber durchaus erfreuten Familie unter Qualen verschied. Die Nachbarn und die Behörden vermuteten ziemlich schnell einen Giftmord hinter dem Tod des herrschsüchtigen älteren Herrn, den sie einem Sohn des Verstorbenen, dem „jüngeren" John Bodle, zur Last legten. Als es dann zu dem unausweichlichen Schwurgerichtsverfahren kam, gelang es dem als Sachverständigen hinzugeladenen James Marsh nicht, die Geschworenen anhand seiner und für ihn offensichtlichen Beweise von der Schuld des Angeklagten zu überzeugen, so dass dieser von der Jury zu seiner Freude freigesprochen wurde (ein Jahrzehnt später gestand er dann doch noch den von der Familie gemeinschaftlich durchgeführten Giftmord mit dem als *„poudre de succession"* bekannten Pulver). Dieser Freispruch wurmte Marsh so sehr, dass er über ein neues Nachweisverfahren auf der Grundlage des von Carl Wilhelm Scheele (1742-1786) entdeckten Arsenwasserstoffs nachzudenken begann. Und so erfand er schnell mal die „Marshsche Probe", die in Folge allen mit Arsenik arbeitenden Giftmischern und Giftmischerinnen das Fürchten vor der Justiz lehren sollte (um es einmal gendergerecht auszudrücken). Das Equipment, das er dazu benutzte, war erstaunlich einfach. Er brauchte eigentlich nur einen Glaskolben, von dem ein Glasrohr abgeht und welches in einer Düse endet. Der Glaskolben enthält neben dem Probenmaterial (z. B. ein Stück vom Magen oder Mageninhalts des Opfers) etwas arsenfreie Salzsäure. Gibt man etwas Zink dazu, dann entsteht, quasi in *statu nascendi*, atomarer Wasserstoff, der sich sofort mit dem Arsen zu Arsenwasserstoff verbindet. Der restliche Wasserstoff verbindet sich zu normalen Wasserstoffmolekülen. Dieses Gemisch tritt nun aus der Düse aus und kann dort entzündet werden. Hält man nun eine weiße Porzellanschale über die Flamme, dann bleibt sie entweder weiß (das Opfer ist nicht mit Arsen vergiftet worden) oder es verfärbt sich durch das abgeschiedene metallische Arsen schwarz (Arsenspiegel, der oder die Angeklagte hat nun ein Problem). Auf diese Weise lassen sich noch allergeringste Mengen von diesem Giftstoff nachweisen.

331. Giftpflanzen aus dem Garten und von Feld und Flur

Doch zurück zu den Pflanzengiften. Man glaubt es kaum, aber Feld und Flur und noch mehr unsere Ziergärten beherbergen Gifte, gegenüber denen Arsenik als ziemlich harmlos erscheinen mag (Achtung: Polemik!). Dazu ein paar „Kostproben". Möglichst nicht kosten sollte man die auffälligen dunklen Beeren der Tollkirsche (*Atropa belladonna*). Im lateinischen Gattungsnamen, der dem Botaniker verrät, dass es sich um ein Nachtschattengewächs wie die Tomate oder Kartoffel handelt, steckt der Name der griechischen Schicksalsgöttin Atropos, deren Aufgabe es ist, den Lebensfaden durchzuschneiden. Sie bekommt Arbeit, wenn man als Erwachsener rund 10 oder als Kind drei bis vier dieser schwarzen Beeren verspeist. Sie enthalten nämlich ein hochwirksames Gemisch aus verschiedenen, in entsprechender Menge absolut tödlich wirkenden Alkaloiden. Darunter versteht man stickstoffhaltige Pflanzenbasen, von denen das Morphin vielleicht das Bekannteste ist. Aber auch Atropin ist solch ein hochwirksames Alkaloid, welches eingenommen, die Pupillen weit öffnet, was, wie man früher meinte, die Schönheit der Frauen steigerte („Belladonna" – schöne Frau). Es ist heute Bestandteil mancher Augentropfen, wird aber auch in der Kardiologie verwendet.

Im Mai blüht in Parkanlagen und in vielen Gärten der Goldregen (*Laburnum anagyroides*). Der Name passt sehr gut zu diesem Strauch aus der Familie der Schmetterlingsblütengewächse. Dass er tödlich giftig ist, wissen jedoch nur wenige. Bereits 10 Blüten oder 15 bis 20 Samen, die man später in den überall am Strauch hängenden Schoten findet, reichen aus, um einen Erwachsenen umzubringen. Auch hier ist ein bestimmtes Alkaloid (Cytisin) für die toxische Wirkung verantwortlich. Dort, wo regelmäßig Kinder spielen, sollte man auf jeden Fall auf diesen Zierstrauch verzichten.

Manche Giftpflanzen sind bereits an ihrem Namen als Giftpflanzen erkennbar. Ich denke da z. B. an die Giftbeere (*Nicandra physaloides*), an den Giftlattich (*Lactuca virosa*), an die hübsche Giftprimel (*Primula obconica*) und an den Gifthahnenfuß (*Ranunculus bulbosus*). Nur nutzt einen diese Kenntnis nicht viel, wenn man die Pflanzen nicht kennt, die sich hinter diesen Namen verbergen.

332. Rizin

Eine weitere Giftpflanze, die man relativ häufig wegen ihres exotischen Aussehens in Kleingartenanlagen findet, ist der Wunderbaum (*Ricinus communis*). Aus seinen hübsch marmorierten Samen, die man als „Castorbohnen" bezeichnet, stellt man ein Öl her, welches gern als Lampenöl sowie als Abführmittel Verwendung findet. In neuerer Zeit werden daraus auch diverse Schmiermittel hergestellt, die in der Technik vielfältige Verwendung finden. Die Bohnen selbst enthalten neben dem Öl aber auch ein Glycoprotein (Lektin), welches hochtoxisch ist und im Pressrückstand verbleibt. Es ist das Rizin. Bereits 1 Milligramm (!) dieses speziellen Proteins reicht aus, um einen Menschen zu töten. Das entspricht dem Verzehr von etwa 8 der genannten Castorbohnen, wobei die Stärke der Giftwirkung durch ein gründliches Kauen erhöht werden kann. Die extreme Giftwirkung von Rizin hat bereits zur Zeit des ersten Weltkrieges Waffenentwickler auf den Plan gerufen, diesen Stoff als „Kampfstoff“ einzusetzen. Diese Entwicklungen sind aber Gottseidank aus vielerlei Gründen im Sande verlaufen. Aber dann entdeckten diverse Geheimdienste dieses Gift als probates Mordmittel.

333. Das Regenschirmattentat

Eine gewisse Aufmerksamkeit hat in dieser Beziehung das sogenannte „Regenschirmattentat“ auf den bulgarischen Literaten und Dissidenten Georgi Markow (1929-1978) hervorgerufen, welches vom kommunistischen bulgarischen Geheimdienst eingefädelt worden ist. Der Name rührt daher, das als Mordwaffe ein präparierter Regenschirm Verwendung fand. Dessen Spitze war so präpariert, dass sie wie eine Injektionsnadel wirkte, mit dessen Hilfe man beim Opfer – bei einem „zufällig“ inszenierten Zusammenstoß in der Menge – eine kleine durchbohrte Metallkugel injizieren konnte. Und diese Metallkugel von ~1,5 mm Durchmesser enthielt rund 40 Mikrogramm reines Rizin, welches in der Wunde freigesetzt wurde und den Dissidenten innerhalb von 3 Tagen tötete. Nur leider (aus der Sicht des bulgarischen Geheimdienstes!) wurde diese Kugel bei der Obduktion entdeckt und entsprechende Ermittlungen konnten schließlich das Attentat und die Hintergründe aufklären, ohne dass man jedoch des eigentlichen Attentäters habhaft werden konnte (es gibt aber eine Vermutung, wer diese Person ist). Gift und Kapsel soll übrigens der KGB geliefert haben.

Neuerdings scheint sich auch der eine oder andere Ableger der islamischen Terrororganisation Al-Quaida für die vom Wunderbaum stammenden Castorbohnen zu interessieren. Der amerikanische Geheimdienst wollte nämlich im Jahre 2011 festgestellt haben, dass einige Mitglieder dieser Terrorbande verstärkt Castorbohnen aufkauften. Es ist nur noch nicht so richtig klar, ob die bärtigen Herren daraus Rizinusöl pressen wollten, weil sie, vielleicht noch vom Ramadan gezeichnet (wegen dem Gelage nach Sonnenuntergang), ein günstiges Abführmittel benötigten, oder ob nicht doch die Pressrückstände das eigentliche Objekt der Begierde waren. Immerhin kann man ja damit sehr effektiv „Ungläubige“ töten.

Rizin ist übrigens auch ein sehr gut wirksames Insektizid. Deshalb wird man im Garten an den Blättern des Wunderbaums auch kaum Fraßspuren finden, die von Raupen oder anderen Insektenlarven stammen. Und auch in dem natürlichen Verbreitungsgebiet dieser speziellen Wolfsmilchart, Nordafrika und der Nahe Osten, kann man das gleiche Phänomen beobachten.

334. Jona und der Rizinuswurm

Dem steht im Widerspruch, dass man in der Bibel, im Alten Testament, genauer im Buch Jona V 4,6-10, folgendes über den „Wunderbaum" lesen kann:

"*Da ließ Gott, der Herr, einen Rizinusstrauch über Jona emporwachsen, der seinem Kopf Schatten geben und seinen Ärger vertreiben sollte. Jona freute sich sehr über den Rizinusstrauch. Als aber am nächsten Tag die Morgenröte heraufzog, schickte Gott einen Wurm, der den Rizinusstrauch annagte, sodass er verdorrte. Und als die Sonne aufging, schickte Gott einen heißen Ostwind. Die Sonne stach Jona auf den Kopf, sodass er fast ohnmächtig wurde. Da wünschte er sich den Tod und sagte: Es ist besser für mich zu sterben als zu leben. Gott aber fragte Jona: Ist es recht von dir, wegen des Rizinusstrauches zornig zu sein? Er antwortete: Ja, es ist recht, dass ich zornig bin und mir den Tod wünsche. Darauf sagte der Herr: Dir ist es leid um den Rizinusstrauch, für den du nicht gearbeitet und den du nicht großgezogen hast. Über Nacht war er da, über Nacht ist er eingegangen.*"

Nach der Bibel scheint es also einen „Wurm" zu geben, für den der Rizinusstrauch trotz des in den Blättern enthaltenen Rizins durchaus eine leckere Nahrungsquelle ist und der ihn außerdem so schnell wegputzt, das Jonas einst auf ihn als Schattenspender verzichten musste. Dieser „Wurm" ist, wie wir heute wissen, die Raupe eines endemischen Nachtschmetterlings, der mit unserem „Braunen Bären" (*Arctia caja*) verwandt ist. Er trägt den wissenschaftlichen Namen *Olepa schleini* und es gibt ihn nur in einem eng umgrenzten Gebiet an der Küste Israels. Das eigentlich erstaunliche ist aber, dass er als „Großschmetterling" erst im Jahre 2005 überhaupt entdeckt wurde! Zwischen den Ereignissen, die im Jona-Buch beschrieben sind und der Entdeckung des Bärenspinners liegen hier ~2800 Jahre. Die große theologische Erkenntnis, die hinter dieser für alle Lepidopterologen (Schmetterlingskundler) überraschenden Entdeckung steht, ist: „Die Bibel hat doch recht!" – zumindest aber in Hinsicht auf „Würmer", die an Wunderbäumen nagen. Europa und Vorderasien ist in schmetterlingskundlicher Sicht ein ansonsten überaus gut durchforschtes Sammelgebiet. Hier hat man höchstens (im Gegensatz zu den tropischen Gebieten unserer Welt) noch die Chance, hier und da eine neue Art aus der artenreichen Gruppe der Kleinschmetterlinge zu entdecken. Das Problem ist nur – wie erkennt man eine neue, vorher noch niemals beschriebene Art? Das ist nämlich gar nicht so einfach. Es reicht dazu nicht aus, dass man irgendein frisch gefangenes und präpariertes Tierchen im Bestimmungsbuch nicht finden kann.

335. Taxonomie und Taxonomen

Moderne Taxonomen müssen (sie sind u. a. verantwortlich für die Beschreibung und Benennung neuer Arten) dazu die zu bearbeitenden Organismen sehr gut kennen, auf umfangreiche Vergleichssammlungen zurückgreifen können und auch unbeschränkten Zugang zu alter und neuer Literatur ihres jeweiligen Fachgebietes haben. Kurz gesagt, der Beruf des Taxonomen ist im akademischen Umfeld angesiedelt und konzentriert sich deshalb in naturkundlichen Museen und im Umfeld universitärer Sammlungen. Leider ist es so, dass sich die Biologie im letzten halben Jahrhundert stark gewandelt und im Zuge dessen der Taxonom seine öffentliche Reputation gegenüber den Genetikern und Molekularbiologen stark eingebüßt hat. Das Problem ist, dass es heute für viele Tier- und Pflanzengruppen so gut wie keine Spezialisten mehr gibt, die sie eindeutig bestimmen können. Das betrifft besonders Organismen, deren Vielfalt eh kaum wahrgenommen wird (wie z. B. unter den Insekten die *Aphidae*, die „Blattflöhe"). Schmetterlinge und Käfer machen hier eine Ausnahme, da es hier sehr viele Laienforscher gibt, die in ihrer Expertise einem akademisch ausgebildeten Taxonomen kaum nachstehen.

Schmetterlinge und Käfer zu sammeln war einst sehr populär. Insbesondere im 19. und beginnenden 20. Jahrhundert konnte man diesem Schlag von Menschen oft in Wald und Flur begegnen („mit Botanisiertrommel und Schmetterlingsnetz"). Ihre in großer Mühe zusammengetragenen Sammlungen bilden heute die Bestände unserer musealen Schätze.

336. Berühmte Insektenforscher

Es gab eine ganze Anzahl berühmter Persönlichkeiten, die selbst umfangreiche Käfer- und Schmetterlingssammlungen zusammengetragen und auf diesen Gebieten wissenschaftlich gearbeitet haben. Beginnen wir mit einem begnadeten Schauspieler, der zu seinen Lebzeiten überaus bekannt und berühmt war: Ferdinand Ochsenheimer (1767-1822). Sein mehrbändiges Werk *„Die Schmetterlinge Europas"*, das er teilweise zusammen mit seinem Schauspielkollegen Georg Friedrich Treitschke verfasste, kann im Internet leicht in digitalisierter Form eingesehen werden und zeugt noch heute von dem außergewöhnlichen Fleiß und den außergewöhnlichen Kenntnissen dieses Lepidopterologen der ersten Stunde, der im Wiener Hoftheater ein gefeierter Charakterdarsteller war. Friedrich Schiller, der ihn 1801 als Talbot (dem Feldherrn der Engländer) in seinem Bühnenstück „Die Jungfrau von Orleans" erleben durfte, war jedenfalls von ihm begeistert.

Ein Kolepterologe (also ein Käferforscher) war der Schriftsteller und Philosoph Ernst Jünger (1895-1998). Den Literaturfreunden ist er vor allem durch seine Kriegstagebücher aus dem 1. Weltkrieg bekannt, die unter dem Titel *„In Stahlgewittern"* im Jahre 1920 erschienen sind und großes Interesse hervorgerufen haben. Die Entomologen dagegen schätzen besonders seine Arbeiten auf dem Gebiet der Käferkunde (Kolepterologie). Ihm zu Ehren wurde z. B. ein Schwarzkäfer, der im arabischen Raum beheimatet ist, mit dem Namen *Leptonychoides juengeri* versehen. Über sein aufregendes Leben kann man sich am besten im Ernst-Jünger-Haus in Wilflingen informieren. Dort befindet sich auch seine umfangreiche Käfer- und Zikadensammlung, die er im Laufe seines langen Lebens zusammengetragen hat. Seit 1986 wird in Baden-Württemberg in einem Turnus von 3 Jahren der renommierte Ernst-Jünger-Preis für Entomologie verliehen, der auf seine Weise an den berühmten, aber auch umstrittenen Schriftsteller, Philosophen und Liebhaber-Entomologen erinnert.

Ein anderer, zumindest unter den deutschen Schmetterlingssammlern bekannter Entomologe war Arno Bergmann (1882-1960), dessen Sammelgebiet den Thüringer Wald und den Kyffhäuser umfasste. Ihn interessierten besonders die Lebensgemeinschaften, das Wechselspiel zwischen der Pflanzenwelt und den dort lebenden Schmetterlingen, also das, was später im Begriff der Ökologie subsummiert wurde. Auch er hat ein großes Werk, *„Die Großschmetterlinge Mitteldeutschlands"* hinterlassen. Fortleben wird er jedoch in einem anderen Begriff, in der „Bergmann-Serie". Darunter versteht man eine fundamentale Serie von Spektrallinien von Alkalimetallen, die im infraroten Spektralbereich liegen und beispielsweise für die Astrophysik von Bedeutung sind. Arno Bergmann war nämlich abseits von seinem Hobby als Schmetterlingssammler promovierter Physiker und später Gymnasiallehrer.

Ansonsten fallen mir noch folgende Insektenkundler ein, die meist ihr Hobby neben ihrem Beruf professionell ausgeübt haben: Arnold Spuler (1869-1937), Universitätsprofessor (Medizin) und Politiker der „Deutschnationalen Volkspartei; Lionel Walter Rothschild, 2. Baron Rothschild (1868-1937), Banker aus der Rothschild-Dynastie; der Autor des Kinsey-Reports, Alfred Charles Kinsey (1894-1956), Spezialist für Gallwespen.

337. Lolita

Und dann ist natürlich noch der berühmte Autor des seinerzeit äußerst skandalträchtigen Romans *„Lolita“* (1955) zu nennen: Vladimir Nabokov (1899-1977). Der in Sankt Petersburg geborene und später in die USA ausgewanderte Schriftsteller gilt unter den Literaten als einer der einflussreichsten Erzähler des 20. Jahrhunderts und unter den Entomologen als einer der besten Kenner der amerikanischen Bläulinge, einer besonders artenreichen Familie von Tagschmetterlingen. Scherzhaft streiten sich noch heute einige Leute darüber, ob es in seinem Fall nicht besser gewesen wäre, er hätte ein paar Romane weniger geschrieben und dafür mehr über Bläulinge publiziert. Oder aber, ob er nicht lieber doch ein paar Romane mehr auf dem Niveau von *„Lolita“* oder *„Ada“* hätte verfassen sollen, als viel Zeit beim Untersuchen von Bläulingen und ihrer männlichen Geschlechtsorganen zu verbringen. Aber eins kann man auf jedem Fall konstatieren: wohlhabend ist Nabokow nur durch seine Schriftstellerei, und das auch erst in seinen späteren Jahren, geworden. Und dass er ein Schmetterlingsspezialist par excellence war, dürfte kaum einem Leser seiner Romane oder dem Publikum seiner Romanverfilmungen bekannt sein.

Der erste, von dem berühmten Regisseur Stanley Kubrick (1928-1999) nach seiner Übersiedlung nach England gedrehte Film war übrigens *„Lolita“*, an dessen Drehbuch Vladimir Nabokov selbst mitgearbeitet hat. Die Aufgabe erwies sich dabei schwieriger, als man dachte, denn das literarische Werk war damals als „Pornographie“ verschrien (ein nicht unwesentlicher Faktor für dessen Popularität!) und man musste verdammt aufpassen, dass der Film am Ende nicht auf dem Index landet und mit einem Aufführverbot belegt wird. Aber diese Aufgabe wurde mit Bravour gelöst, was man u. a. daran erkennen kann, dass das Drehbuch im Jahre 1963 immerhin für den Oskar nominiert war. Was die Verfilmung betrifft (es geht darin wie im Roman um eine parthenophile Liebesbeziehung zwischen einem minderjährigen Mädchen und einem ca. 40-jährigen Mann), so ergab sich bei der Uraufführung ein gewisses Kuriosum, welches zu erwähnen sich durchaus lohnt. An der Seite von James Mason (1909-1984) als Humbert spielte die damals 15-jährige Sue Lyon die nymphomanische „Lolita". Aufgrund der sehr restriktiv gehandhabten Altersfreigabe von Filmen durfte sie jedoch nicht bei der Uraufführung in den USA dabei sein - sie war einfach zu jung für einen derartigen „obszönen" Streifen, deren eine Hauptrolle sie verkörperte...

338. Nixon und der Mann im Mond

Mit dem Namen des genialen Regisseurs Stanley Kubrick ist auch ein ganz spezieller Streifen verbunden, der aber erst einige Jahre nach dessen Tod entstand und exemplarisch zeigt, wie man mit den Mitteln eines (scheinbaren) Dokumentarfilms Verschwörungstheorien in die Welt setzen kann, die dann von vielen Menschen geglaubt werden. Ich meine die Mockumentary *„Darkside of the Moon"* – in Deutschland eher unter dem Titel *„Nixon und der Mann im Mond"* bekannt.

Als „Mockumentary" bezeichnet man übrigens einen fiktiven Dokumentarfilm, dessen Inhalt nur bedingt etwas mit der Realität zu tun hat, sie aber überzeugend vorgaukelt. Um was geht es in diesem Streifen und warum kommt er so glaubhaft daher? Der Inhalt bezieht sich auf die erste Landung von Menschen auf dem Mond im Rahmen des Apollo-Projekts (es lohnt sich ihn auf Youtube anzuschauen) und steht in etwa in der Tradition des amerikanischen Science-Fiction-Films *„Unternehmen Capricorn"* (1978), in dem der Öffentlichkeit eine Marslandung vorgegaukelt wird. Angeblich ist danach die erste Mondlandung, bei der am 20. Juli 1969 Neil Armstrong und Edwin Aldrin die Mondoberfläche betraten, unter absoluter Geheimhaltung im Auftrag der amerikanischen Regierung von Kubrick hollywoodmäßig gefakt worden, um bei einem eventuellen Scheitern statt der Originalfernsehaufnahmen vom Mond den Zuschauern a la „Unternehmen Capricorn" quasi eine „Studiofassung" vorsetzen zu können. Die scheinbare Authentizität dieser Mockumentary speist sich in einer plausibel klingenden Geschichte, aus den Interviews mit bekannten und in der NASA und der US-Administration hochgestellten Persönlichkeiten (Edwin Aldrin, Henry Kissinger, Alexander Haig, Donald Rumsfeld und Lawrence Eagleburger – um nur

Einige zu nennen, die zumindest den älteren Semestern noch ein Begriff sein sollten) und an einer psychologisch geschickt aneinandergereihten Abfolge von Fiktion und Realität. Wenn am Ende die Sache nicht aufgelöst worden wäre, hätte dieser Film durchaus das Potential gehabt, für einige Verschwörungstheorien herhalten zu können. Der aufmerksame Zuschauer konnte aber schon während der vermeintlichen „Dokumentation“ stutzig werden, wenn er sich zuvor Stanley Kubricks Film *„Dr. Seltsam oder: Wie ich lernte, die Bombe zu lieben“* angesehen hätte. Denn in der Mockumentary wird ein gewisser Dimitri Muffley erwähnt, der in dem genannten Film von Peter Sellers repräsentiert wird – und zwar als US-Präsident. Selbst der Name Jack Torrance erscheint in der Mockumentary – zur Erinnerung, Jack Nicholson spielte ihn in *„Shining“*, einer virtuos von Stanley Kubrick in Szene gesetzten Studie über die Wechselbeziehungen zwischen Wirklichkeit und Schein, zwischen Realität und Illusion.

339. Propaganda in den Medien und wie man sie erkennt

Das eigentlich „wertvolle“ an *„Darkside of the Moon“* ist jedoch, dass sie einige diffizile Methoden der Desinformation aufdeckt, wie sie tagtäglich in diversen Nachrichtensendungen, Diskussionsrunden und Reportagen Verwendung finden, in denen bestimmte „Wahrheiten“ bewusst oder unbewusst propagiert werden sollen. Gerade in Krisenzeiten kann der aufmerksame Beobachter sehr schön beobachten, wie beispielsweise in den Massenmedien der Informationsauftrag immer mehr durch eine von wem auch immer gesteuerte Propaganda ersetzt wird. Es geht immer darum, eine (bestimmte) Meinung in der Mehrheit der Bevölkerung zu etablieren. Diese Art „Programm“ kann man genaugenommen bereits aus dem Namen heraus lesen, denn *„propagare“* bedeutet nichts weiter als „ausbreiten“, „weiterverbreiten“. Und das gelingt meistens recht gut, denn kaum jemand beherrscht oder gebraucht die einfachen Gegenmittel gegen dieses Gift, obwohl sie schon vielfach von den verschiedensten Autoren, beginnend mit Siddhartha Gautamas (gest. um 544 v. Chr.), verraten worden sind:

„Glaube nichts, weil ein Weiser es gesagt hat - Glaube nichts, weil alle es glauben - Glaube nichts, weil es geschrieben steht - Glaube nichts, weil es als heilig gilt - Glaube

nichts, weil ein anderer es glaubt - Glaube nur das, was Du selbst als wahr erkannt hast."

Dabei ist an irgendetwas „nicht" zu glauben, noch die einfachere Übung. Etwas selbst als „wahr" zu erkennen, ist dagegen eine wahrhaft größere Herausforderung, denn sie erfordert ein gewisses Maß an Wissen, an gesundem Menschenverstand, an Zeit, um unterschiedliche Informationsquellen ausschöpfen zu können (und natürlich Zugriff zu diesen Informationsquellen) und die Fähigkeit zur Analyse, um z. B. die Plausibilität, das *cui bono* eines „Medienprodukts" erkennen zu können. Dazu müssen einem aber die wichtigsten Methoden der Propaganda bewusst sein. So fällt z. B. bei diversen Fernsehdiskussionsrunden auf, dass a) offensichtlich im Publikum oft sogenannte Claqueure sitzen, die bei bestimmten Diskussionsteilnehmern besonders oft klatschen und so den Rest animieren, es ihnen gleichzutun. Das signalisiert dem Zuschauer, dass dessen Meinungsäußerung besonders wichtig, richtig und maßgeblich ist; dass b) die Diskussionsrunde völlig unausgewogen ist. So hat man z. B. dem berühmten Evolutionsbiologen Richard Dawkins bei der Fernsehdiskussion über sein bekanntes religionskritisches Buch „Der Gotteswahn" zwei hochkarätige Vertreter der Amtskirchen und einen bekannten katholischen Laien gegenübergestellt, die ihn immer dann verbal vollmüllten, als er seine Argumente schlüssig vorzutragen begann. Die gleiche Methode findet man wieder, wenn man beispielsweise zu einer Diskussionsrunde über den Ukraine-Konflikt nur einen Vertreter einlädt, der die russische Position vertritt und der außerdem noch schlecht Deutsch spricht; dass c) ein Vertreter einer „nichtgenehmen Meinung" entweder kaum zu Wort kommt, weil er entweder höflicher ist als die gewöhnlich Sprechblasen absondernden wortgewaltigen „Politiker" - und sie aussprechen lässt, oder dass er – gewöhnlich wenn es interessant wird – vom Moderator mehr oder weniger elegant abgewürgt wird. Auch die Wandlung einer politischen Talkrunde zu einer Art Tribunal, welches offensichtlich nur dazu dient, die eingeladene Person „unmöglich" zu machen (z. B. mit meist verkürzten und deshalb kompromittierenden „Einspielungen"), konnte schon mehrfach beobachtet werden; dass d) immer die gleichen Leute eingeladen werden, welche nicht unbedingt durch exklusive Kenntnisse und Einsichten auffallen, sondern die Talkrunde in erster Linie zur eigenen Profilierung nutzen. Das kann natürlich auch nach hinten losgehen, wenn sie doch einmal auf ihnen intellektuell überlegene oder kenntnisreichere Personen treffen. Aber dass so etwas nur selten vorkommt, dafür sorgt schon die Auswahl durch die Programmredaktion. Alle diese Punkte, die man regelmäßig beobachten kann, führen letztendlich dazu, dass solche Talkrunden, zumindest von den gebildeteren Bürgern, nicht mehr angesehen werden.

Ähnliches kann man mittlerweile bei fast allen meinungsbildenden Presseorganen beobachten – ob sie nun noch in gedruckter Form erscheinen oder hauptsächlich online – sei dahin gestellt. Das beginnt mit dem Thema nicht immer gerecht werdenden oder sogar verfälschenden Schlagzeilen. Wenn man dann den dazugehörigen Artikel liest, stellt man immer öfters eine Inkompatibilität zwischen redaktionellen Text und der Überschrift fest: die Überschrift oder Schlagzeile stellt eine Tatsachenbehauptung dar – der redaktionelle Teil ist dagegen vollständig in der Möglichkeitsform geschrieben. Gerade die massive Verwendung von Konjunktiven sollte immer stutzig machen. Das zeugt nämlich davon, dass der Journalist selbst nur von Hörensagen berichtet. Es kann aber auch eine Absicht dahinter stecken, weil man vielleicht hofft, dass der Leser die Konjunktive ignoriert und die beschriebene Sache für bare Münze nimmt. Wenn man so etwas feststellt, sollte man immer (zumindest wenn Interesse am Thema besteht) andere Quellen (insbesondere auch ausländische) mit zu Rate ziehen. Ein Ziel sollte dabei sein, die „Urquelle" für die Nachricht zu finden. Denn hier wird man schnell zum nächsten Übel geführt, denn der moderne Journalismus scheint in Teilen nur noch ein Sekundärquellenjournalismus zu sein – wie man mit Google leicht selbst feststellen kann. Viele Nachrichten, die inhaltlich ähnlich z. B. von der europäischen oder griechischen Finanzkrise oder (noch instruktiver) der „Flüchtlingskrise" oder dem Ukrainekonflikt handeln (um nur mal einige wenige exemplarische und aktuelle Themen zu nennen), gehen oft auf eine bestimmte Meldung einer der vielen Presseagenturen zurück und werden immer weniger von Journalisten geschrieben, die selbst vor Ort arbeiten und recherchieren.

Ein weiteres Übel, welches der aufmerksame Leser immer wieder beim Medienkonsum feststellen muss, ist die Vermischung zwischen Nachricht und Meinung (Kommentar). Als aufgeklärter Bürger möchte man aber primär informiert werden. Interpretieren will man schon selber - *sapere aude*. Wenn einem dagegen die Meinungen anderer interessiert, dann liest man deren Kommentare, die dann aber auch als solche explizit zu kennzeichnen sind. Denn man möchte als aufgeklärter Bürger gewöhnlich nicht mit einer bereits durch die Mühle der Meinung gedrehten Information konfrontiert werden. Das wirkt belehrend und damit zutiefst propagandistisch. Aber es gibt noch weitere typische Merkmale, die eine propagandistische Zielstellung verraten. Das ist das Weglassen von Informationen, das ist das „Zitieren" aus dem Zusammenhang, das ist das negativ konnotierte personifizieren („Putin ist an allem schuld!"), das ist die „Feindbildtechnik", das ist die Methode, die Opponenten nicht oder nur verkürzt und verzerrt zu Wort kommen zu lassen, das ist das Ignorieren von Offensichtlichkeiten, das ist die Verwendung von Euphemismen bei der einen Gruppe und der Verwendung von Dysphemismen für die anderen, das ist die exzessive Verwendung der sogenannten „Nazikeule“ und deren Weiterentwicklung, der „Neonazikeule“, als ultimatives Totschlagargument, wenn die anderweitigen Argumente auszugehen drohen etc. pp. Bei Online-Medien kommt neuerdings das Sperren der Kommentarfunktion hinzu (mit einigen löblichen Ausnahmen, bei denen die Online-Redakteure entdeckt haben, dass eine totale Sperrung in summa kontraproduktiv ist), wenn propagandistisch angehauchte und kontroverse Themen behandelt werden. Dabei ist es intellektuell befriedigender und aufgrund der Möglichkeit der Hyperlinks zu ergänzenden Informationsquellen oftmals auch weitaus informativer, die Kommentare zu einem Medieninhalt zu lesen als nur den Medieninhalt allein zu konsumieren... Ohne Zweifel ist es nicht einfach, in einer multimedialen Welt Nachricht, Meinung und Propaganda sicher auseinander zu halten. Wenn man sich aber die wenigen, bereits von Buddha Gautama formulierten Lehrsätze zu Eigen macht, dann wird man auch lernen, Realität und Propaganda auseinander zu halten und sich ein kritisches Denkvermögen bewahren.

340. Verschwörungstheorien

Doch kommen wir noch einmal zurück zur Mockumentary „Nixon und der Mann im Mond“, welche sehr schön zeigt, wie man unter der Ausnutzung von Defiziten im kritischen Denken leicht Unwahrheiten und Verschwörungstheorien etablieren kann. Gerade im angehenden 21. Jahrhundert werden in gewissen Kreisen öffentlichkeitswirksam die amerikanischen Mondlandungen infrage gestellt – und zwar mit Scheinargumenten, die weniger naturwissenschaftlich geschulte Personen als durchaus plausibel erscheinen mögen. Verbreitet wurde diese Verschwörungstheorie, die vom amerikanischen Autor Bill Kaysing (1922-2005) quasi begründet wurde, in Form einer Fernsehdokumentation, die zuerst in den USA und dann in einer synchronisierten, aber unkommentierten Form auch im deutschen Fernsehen zu sehen war (Spiegel TV, „Sind wir wirklich auf dem Mond gelandet?“ - Youtube). Diese „Dokumentationen“ hatten etwas virales, so dass sich die NASA gezwungen sah, „Gegenbeweise“ zu veröffentlichen. Und gerade das wiederum verstärkte unter den Verschwörungstheoretikern den Verdacht, dass es bei den bemannten Mondlandungen nicht ganz koscher zugegangen ist. Interessanterweise wurde dabei dem wichtigsten und plausibelsten Argument keine Beachtung zuteil, nämlich dass Anfang der 1970er Jahre „Kalter Krieg“ zwischen dem „Westen“ und dem „Ostblock“ herrschte, der natürlich bis in die Raumfahrt durchschlug.

Angenommen, Armstrong und Aldrin wären nicht mit ihrem Lander „Eagle“ auf dem Mond gelandet und die Fernsehaufnahmen wären a la „Unternehmen Capricorn“ gefakt worden, dann wäre das leicht von den auch der Funk- und Fernsehtechnik befähigten „Sowjets“ erkannt worden. Und solch eine Gelegenheit, dem „Klassenfeind“ eins auszuwischen, hätten sie sich sicherlich nicht entgehen lassen. Heute sind diese Argumente alle gegenstandslos geworden. Denn mittlerweile ist der Erdmond von Sonden wie dem Lunar Reconnaissance Orbiter soweit mit extrem hoher Auflösung (bis unter 50 cm/Pixel) fotografisch erfasst worden, dass man im Bereich der Landeplätze der Apollo-Missionen deutlich die Spuren der Astronauten und das zurückgelassene Equipment erkennen und mit deren Vor-Ort-Aufnahmen vergleichen kann. Wer es nicht glaubt – die Fotos sind alle im Internet zu finden. Aber andererseits, der „Gemeine Verschwörungstheoretiker“ hält natürlich auch diese Beweise selbstverständlich für Fakes... Das ist aber wiederum auch nicht unbedingt verwunderlich. Denn Fotografien haben heute, im digitalen Zeitalter, längst den Nimbus der Authentizität verloren, seitdem es Programme wie Photoshop etc. sowie Freaks gibt, die sie bravourös beherrschen.

341. Bildfälscher und Bildretusche

Aber mittlerweile gibt es wiederum Programme, die ganz automatisch Bildmanipulationen aller Art erkennen und damit Bildfälscher entlarven können. Auch auf diesem Gebiet haben es die Fälscher also zunehmend schwerer. Daneben besteht immer die Gefahr, dass eine Bildmanipulation auch einmal nach hinten losgehen kann. So existieren zwei offizielle Fotos des ehemaligen Siemens-Konzernchefs K.K. im Internet. Die ansonsten offenbar identischen Fotos zeigen ihn in der 2004-Version mit einer teuren Rolex-Uhr am Arm. Als dann Siemens ein Jahr später begann, die Festnetzsparte „Communications“ auszudünnen (1350 Stellen sollten abgebaut werden), erschien dieses Bild des Siemens-Chefs nicht mehr opportun und man ließ die Luxusuhr einfach wegretuschieren. Als dann der Schwindel aufflog und die von Siemens nachgereichten Begründungen eher lächerlich wirkten, zeigte es sich, dass der Imageschaden um einiges größer war, als es die Aktion wert gewesen ist.

Schon zur Zeit der analogen Fotografie war es insbesondere für die Herrschenden ein probates Mittel, Fotos in ihrem Sinn zu verändern. So existierten beispielsweise zwei Fotos von Benito Mussolini (1883-1945), die den italienischen Diktator hoch zu Ross zeigen – einmal mit einem Diener, der die Zügel hält und einmal ohne den „Zügelhalter". Das Letztere und offenbar retuschierte war dann das „offiziell" verbreitete Foto.

Legendär sind auch die Bildfälschungen, die im Auftrag von Stalin angefertigt wurden. Das bekannteste zeigt ihn zusammen mit Lenin sowie einer Anzahl anderer „Revolutionäre", wobei das Foto am 5. Mai 1920 vor dem Moskauer Bolschoi-Theater anlässlich der Verabschiedung einiger zehntausend Rotarmisten in den polnisch-russischen Krieg aufgenommen worden ist. Später, als die Widersacher Stalins, Lew Borissowitsch Kamenew (1883, hingerichtet 1936) und Leo Trozki (1879, 1940 von einem gedungenen Mörder mit einem Eispickel im mexikanischen Exil erschlagen), in Ungnade gefallen waren, wurde nur noch die Seite des Fotos für Veröffentlichungen genutzt, auf der sie nicht zu sehen sind. Als man dann 1933 auf Anordnung Stalins das Foto in ein pompöses Gemälde umarbeiten ließ, wurden Kamenow und Trotzki einfach weggelassen und die Originalvorlage verschwand endgültig in der Versenkung. Heutzutage kommt eventuell erschwerend hinzu, dass es nicht mehr ausreicht, allein Fotos zu manipulieren. Auch Videoclips wollen z. B. von unerwünschten Personen befreit (Nordkorea) oder um kompromittierende Gesten ergänzt werden.

342. Der Stinkefinger oder kann man eine Radarfalle beleidigen?

Aber auch das ist mittlerweile kein größeres Problem mehr, wie die „Stinkefinger"-Affäre um den griechischen Finanzminister Janis Varoufakis gezeigt hat. Diese als obszön geltende Geste war übrigens schon im alten Rom als *digitus impudicus* in Gebrauch. Damals wusste man aber noch nicht, dass man damit selbst eine Radarfalle „beleidigen" kann. Das haben erst deutsche Richter im Jahr 2000 festgestellt...

343. Noah und die Sintflut

Erwähnenswert ist in diesem Zusammenhang, dass am gleichen Tag, als das genannte Urteil in Bayern gesprochen wurde (23. Februar 2000), es in Mozambik aufgrund starker anhaltender Niederschläge zu großen Überschwemmungen kam. Sie forderten um die 700 Tote und warf das ohnehin nicht sehr reiche Land wirtschaftlich stark zurück.

Als größte Überschwemmung der Menschheit gilt unter eingeweihten Kreisen übrigens immer noch die sogenannte „Sintflut", über die ausführlich die Bibel (Altes Testament) berichtet und die mittlerweile auch von Hollywood aufwändig verfilmt wurde („*Noah*" mit Russell Crowe als „Noah", 2014). Diese Verfilmung gilt als sehr realistisch – was die biblische Vorlage betrifft. Nur das Noah, als er die Arche baute, 600 Jahre alt war, und Russell Crowe, der ihn mimte, gerade mal 50, schmälert etwas die angestrebte Authentizität. Dabei ist kaum jemandem bekannt, dass es von der Noah-Saga eine noch weitaus ältere Version gibt, in der Noah nicht „Noah", sondern den für einen Hollywood-Streifen weniger gut geeigneten Namen „Utnapischtim" trägt.

344. Gilgamesch und Atrahasis-Epos

Sie ist Bestandteil des Gilgamesch-Epos, welches wiederum Teile eines noch älteren Textes, des Atraḫasis-Epos, enthält. Letzteres gehört mit einem Alter von mehr als 3800 Jahren mit zu den ältesten literarischen Zeugnissen der Menschheit. Es wurde etwa zur gleichen Zeit (oder etwas früher) aufgeschrieben, als König Hammurabi (1792-1750 v. Chr.) seine Gesetzestexte in Keilschrift in eine Dioritsäule meißeln ließ. In seiner Gesamtheit ist das Atrahasis-Epos (Atrahasis = „Der besonders Weise") ein sumerischer Schöpfungsmythos, in dem die Sintflut-Geschichte nur einen Teil einnimmt. Im ersten Teil wird beschrieben, wie die Götter die Menschen gemacht haben und im (unvollständigen) zweiten Teil, wie der Gott Enlil sie wieder loswerden wollte. Etwas volkstümlich ausgedrückt, gingen dem Gott Enlil die Menschen irgendwann aufgrund des Lärms, den sie verursachten, gehörig auf den Wecker (er wollte wieder mal richtig ausschlafen). Deshalb schickte er zuerst eine Seuche über die Menschen. Aber Atrahasis erfuhr davon, beratschlagte sich mit seinem Gott Enki, und errichtete eine neue Kultstätte, was die sumerischen Götter schließlich wieder besänftigte. Aber das ging nicht lange gut, nur so um die 1200 Jahre. Dann befahl Enlil zuerst dem Wettergott Adad und als auch er nicht erfolgreich war, der Fruchtbarkeitsgöttin Nisaba, die Menschen durch eine durch Trockenheit verursachte Hungersnot auszurotten. Aber Enki verriet auch diese Maßnahmen seinem Priester Atrahasis, der wiederum den Menschen den Rat gab, nur noch Adad und Nisaba zu opfern, was diese auch prompt besänftigte. Als Enlil merkte, dass auch diese Anschläge nicht den gewünschten Erfolg gebracht haben, beschloss er das Menschengeschlecht in einer großen Flut zu ersäufen. Aber auch hier gab Enki seinem Hohepriester einen Rat, der sich auf der entsprechenden Keilschrifttafel überliefert hat:

Atra-Hasis tat seinen Mund auf und redete seinen Herrn an: "Sag' mir die Bedeutung des Traumes damit ich sehe, wo er hinführt!" - Enki tat seinen Mund auf und redete seinen Diener an: "Du sagst: Was soll ich suchen? Gib acht auf die Botschaft, die ich dir sagen will! - Wand, höre mir zu! Schilfwand, achte auf alle meine Worte! Zerstöre dein Haus, baue ein Boot! Gib deinen Besitz auf! Rette dein Leben! - Das Boot, das du baust, soll gleich groß sein (nach allen drei Richtungen). - Überdache es wie der Apsu, (die Wasserflut unter der Erde) so dass die Sonne nicht hineinscheinen kann. Es soll oben und unten ein Deck haben. Das Takelwerk soll stark, das Pech dick sein und dem Boot Festigkeit geben. Ich will hier auf dich niedergehen lassen. - eine Menge von Vögeln, eine Fülle von Fischen. Er öffnete die Wasseruhr und füllte sie. Er kündigte ihm den Beginn der Flut für die siebte Nacht an"...

Auf der dritten und letzten, aber leider nur unvollständig erhaltenen Tafel, wird dann von der eigentlichen Sintflut und der Errettung Atrahasis und seiner Frau berichtet:

„Die Flut brach los. - Ihre Gewalt kam über die Menschen wie ein Schlachtgetümmel. Einer konnte den anderen nicht sehen. Niemand war mehr erkennbar in dem Verderben. - Die Flut brüllte wie ein Stier. Wie ein wiehernder Wildesel heulte der Wind. Die Finsternis war schwarz, keine Sonne zu sehen."

Aber da zeigte sich aus Göttersicht ein großer Nachteil der Aktion, denn es gab keine Menschen mehr, die ihnen opferten. Und so waren bis auf Enlil am Ende alle froh, dass es Atrahasis mit seinem Boot geschafft hat, der Flut zu entgehen.

Nach der berühmten sumerischen Königsliste (die auch einen Bezug zur Sintflut enthält) erscheint darin Atrahasis unter dem Namen Ziusudra als Retter der Menschheit vor der Sintflut. Die gleiche Story taucht dann in einer nur leicht abgewandelten Form als Seitenstrang im sogenannten Gilgamesch-Epos auf. Dort kann man auf der elften Tafel lesen:

„Rohrhaus, Rohrhaus! Wand, Wand! - Rohrhaus, höre, Wand, begreife! - Mann von Schuruppak, Sohn Ubara-Tutus! - Reiß ab das Haus, erbau ein Schiff, - Laß fahren Reichtum, dem Leben jag nach! - Besitz gib auf, dafür erhalt das Leben! - Heb hinein allerlei beseelten Samen ins Schiff! - Das Schiff, welches du erbauen sollst . Dessen Maße sollen abgemessen sein, - Gleichgemessen seien ihm Breite und Länge; - Du sollst es wie das Apsû bedachen."

Der Empfänger dieser Botschaft ist hier aber nicht Atrahasis/Ziusudra, sondern Utnapischtim. Sicherlich würde nicht nur ein modernes Plagiatsenthüllungsprogramm zwischen den beiden Texten eine gewisse Ähnlichkeit feststellen. Und dann kommen noch einige Passagen, die sich im Atrahasis –Epos nicht erhalten haben, die aber eine sehr lebendige Beschreibung der Vorbereitungsarbeiten auf die kommende Flut, die Flut selbst und schließlich die glückliche Rettung Utnapischtims und seiner Reisebegleiter geben. Eine Schlüsselzeile ist hier

„Wie nun der siebente Tag herbeikam, Ließ ich eine Taube hinaus; Die Taube machte sich fort und kam wieder: Kein Ruheplatz fiel ihr ins Auge, da kehrte sie um. Eine Schwalbe ließ ich hinaus; Die Schwalbe machte sich fort und kam wieder: Kein Ruheplatz fiel ihr ins Auge, da kehrte sie um. Einen Raben ließ ich hinaus; Auch der Rabe machte sich fort; da er sah, wie das Wasser sich verlief, Fraß er, scharrte, hob den Schwanz und kehrte nicht um."

Als sich damals, vor mittlerweile über 140 Jahren, der Keilschriftexperte George Smith (1840-1876) im Britischen Museum über die kurz zuvor bei Ausgrabungen in Ninive im Palast des Assurbanipal (zwischen 669 und 627 v.Chr. König der Assyrer) gefundenen Tontafeln beugte und von der Sintflut las, musste es den bibelfesten Altertumswissenschaftler durch Mark und Bein gegangen sein. Denn 1. im Buch Mose, Kapitel 8, heißt es:

„Darnach ließ er eine Taube von sich ausfliegen, auf daß er erführe, ob das Gewässer gefallen wäre auf Erden. Da aber die Taube nicht fand, da ihr Fuß ruhen konnte, kam sie wieder zu ihm in den Kasten; denn das Gewässer war noch auf dem ganzen Erdboden. Da tat er die Hand heraus und nahm sie zu sich in den Kasten. Da harrte er noch weitere sieben Tage und ließ abermals eine Taube fliegen aus dem Kasten. Die kam zu ihm zur Abendzeit, und siehe, ein Ölblatt hatte sie abgebrochen und trug's in ihrem Munde. Da merkte Noah, daß das Gewässer gefallen wäre auf Erden. Aber er harrte noch weiter sieben Tage und ließ eine Taube ausfliegen; die kam nicht wieder zu ihm."

Es war das erste Mal, dass man einer Bibelgeschichte eine noch ältere Fassung zuordnen konnte – und das war in der Mitte des 19. Jahrhunderts eine wahre Sensation. Was uns heute interessiert ist die Frage, ob sich diese Sintflutgeschichten auf ein geologisch und historisch greifbares, sich im kollektiven Gedächtnis der Menschheit erhalten gebliebenes Flutereignis zurückführen lassen und wenn ja, wo und wann es stattgefunden hat. Um es kurz zu machen, in dieser Frage sind die Wissenschaftler über den Stand von Hypothesen noch nicht herausgekommen. Wenn man von den überlieferten Texten ausgeht, dann könnte die Sintflut im mesopotamischen Raum vielleicht so um 2500 v.Chr. stattgefunden haben – als ein großes und eindrucksvolles, sicher aber lokal begrenztes Ereignis. Geologische Befunde auf extreme Überschwemmungen im Bereich des Nahen Ostens, die in etwa mit diesen Zeitpunkt korrelieren, konnten jedoch nicht nachgewiesen werden. Das bedeutet natürlich noch lange nicht, dass die Sintflut eine rein fiktive Story ist. Sie resultiert sicher auf Menschheitserfahrungen, die aber in der Überlieferung maßlos überhöht und zu einer globalen Katastrophe verklärt wurden. Die Erklärungsmodelle für die biblische Sintflut reichen mittlerweile von Vulkanausbrüchen über Meteoriteneinschläge und Tsunamis bis zu Klimaveränderungen, ohne dass man sich bis heute auf ein Ereignis einigen konnte. Quellenkonform kämen aber nur witterungsbedingte „Fluten" infrage. Denn die Sintflut wird in der Bibel bekanntlich als globale, weltumfassende Überschwemmung beschrieben, die nach einem 40 Tage dauernden Regen 150 Tage ansteigt und weitere 150 Tage wieder absinkt. Zehn Monate lang soll das gesamte Land überflutet gewesen sein, wobei die Flut selbst die höchsten Bergspitzen verschlang. Gerettet wurde damals nur die Besatzung der Arche, die schließlich am Berg Ararat in der heutigen Türkei strandete.

345. Die Ararat-Anomalie

Im Jahre 1949 konnten Aufklärungsflugzeuge der US Air Force eine Struktur an der Flanke des ehemaligen Vulkans fotografieren, die später als *„Ararat Anomaly"* bekannt werden sollte (1995), als einige Leute darauf die Umrisse der Arche Noah zu erkennen glaubten. Mit fast absoluter Sicherheit handelt es sich dabei um eine geologische Formation, was aber auf entsprechende „Verschwörungstheorien" natürlich keinen größeren Einfluss hat.

346. Dammbruch am Bosporus

In letzter Zeit wird die „Sintflut" auch mit einem Ereignis in Zusammenhang gebracht, welches ungefähr 5500 v.Chr. stattgefunden haben soll – der „Dammbruch" am Bosporus, bei dem sich innerhalb kürzester Zeit riesige Wassermengen in das damals nur halb gefüllte Becken des Schwarzen Meeres ergossen. Mit dem Ende der Würm-

(bzw. Weichsel-) Eiszeit kam es durch das Abschmelzen des Inlandeises zu einem merklichen Meeresspiegelanstiegs, der natürlich auch das Mittelmeer erfasste. Dabei wurde irgendwann die Landenge, die das Marmarameer vom Schwarzen Meer trennte, überflutet und weggerissen, so dass sich plötzlich riesige Wassermassen in das über 100 m tiefer liegende Schwarzmeerbecken ergossen. Zu dieser Zeit waren die Randbereiche des Schwarzen Meeres durchaus schon verhältnismäßig dicht besiedelt, wie entsprechende archäologische Artefakte beweisen. Die Menschen mussten sich also schnell aus dem Staub machen, um den rapide vonstattengehenden Anstieg des Pegels des Schwarzen Meeres zu entkommen. Vielleicht, so meinen einige Autoren, hat gerade diese existentielle Erfahrung, die von Generation zu Generation weitergegeben wurde, zum Aufkommen der Sintflut-Saga geführt. Während der sogenannten känozoischen Eiszeiten hat es übrigens weltweit eine ganze Anzahl von plötzlichen Flutereignissen gegeben, denen aber sicherlich nur wenige Menschen (damals gab es davon auch noch nicht sonderlich viele) zum Opfer gefallen sind.

347. Great Spokane Flood

Einige der größten fanden im nördlichen Amerika im Bereich der Columbia River Plateaus (Bundesstaaten Washington und Oregon) vor 13.000 bis 15.000 Jahren statt, wodurch die sogenannten „*channeled scablands*“ entstanden. Die Vielzahl der Täler, die sich tief in den harten Basalt des Columbia Plateaus eingeschnitten haben, unterscheiden sich von anderen durch Wasser oder Eis ausgeräumten Täler durch ihre rechteckigen Querschnitte, was bereits in den 1920er Jahren zu einer hitzigen Debatte unter den Geologen bezüglich ihrer Entstehung geführt hat. Im Bereich von Aufsandungen haben sich darüber hinaus Rippelmarken erhalten, die in ihrer Größe und Ausprägung einzigartig sind. Die heute trockenliegenden Böden der Kanäle besitzen streckenweise Vertiefungen, die sich am einfachsten als Kolke interpretieren lassen. Dazu kommen noch ganze Kaskaden von ehemaligen Katarakten, stromlinienförmige „Inseln“ sowie große, über lange Strecken transportierte und dann liegengebliebene Gesteinsblöcke. Der Geologe J. Harlen Bretz (1882-1981) war der Erste, der sich auf diese Geländemerkmale einen Reim machte und damit eine wissenschaftliche Debatte vom Zaun brach. Heute, nach über 90 Jahren Feldforschung in dieser Region, werden seine Ideen allgemein anerkannt und die Entstehung der *scablands* stellt sich in vereinfachter Form wie folgt dar: Am Ende der letzten Eiszeit staute ein zurückweichender Gletscher den glazialen Clark Fork River und es entstand ein riesiger Gletschersee („Lake Missoula“) mit einer Gesamtfläche von etwa 7700 km^2, einer Tiefe von etwa 600 m und einem Wasserinhalt, der ungefähr dem des heutigen Michigan-Sees entspricht. Seine Küstenlinie kann man noch heute, quasi in versteinerter Form, an den Hängen der Sentinel Mountains bei Missoula (Montana) erkennen. Als der Eisdamm schließlich brach, ergossen sich vor ca. 15.000 Jahren innerhalb weniger Tage bis maximal 2 Wochen die Wassermassen des Gletschersees katastrophenartig in das Gebiet des Columbia River-Plateaus südwestlich von Spokane, wobei Ausflussraten von mehreren km^3 pro Sekunde sowie Ausflussgeschwindigkeiten von bis zu 100 km/h erreicht wurden. Eine derartige Flut wiederholte sich über zwei Jahrtausende hinweg etwa 40-mal mit entsprechenden Zwischenräumen, in denen sich der Lake Missoula wieder auffüllte. Diese Serie von Flutereignissen wird unter dem Namen „Great Spokane Flood“ zusammengefasst. Die erste und größte Flutwelle hat dabei fast vollständig die Lößbedeckung der miozänen Columbia River-Basalte entfernt, bevor sie begann, sich tief in den harten Untergrund einzuarbeiten. Die ursprüngliche Lößbedeckung ist vollständig intakt nur noch auf einigen der stromlinienförmigen „Inseln“ erhalten geblieben, die also offensichtlich nicht überflutet wurden. Die Talbildung selbst erfolgte dabei hauptsächlich durch die enorme Erosionskraft zurücklaufender Katarakte, wie man es noch heute (wenn auch um vieles langsamer) bei den Niagarafällen beobachten kann. Insgesamt wurden in den *scablands* über 200 km^3 Gestein abgetragen und verfrachtet. Wie bereits erwähnt, wiederholten sich derartige Überflutungen mehrfach, da sich der Eisdamm durch Gletschervorstöße immer wieder neu aufbaute. Am Unterlauf der Strömungen kann man heute noch die riesigen Geröllhalden und Kiesbänke besichtigen, die von der Kraft des fließenden Wassers künden.

Solche katastrophenartigen Entleerungen von Gletscherseen, wenn auch in viel geringerem Ausmaß, kamen während der Eiszeiten auch an anderen Orten vor. Als Beispiel soll hier nur das Gebiet um den Porcupine River im nördlichen Alaska genannt werden. Aber auch im Gebiet des Aral-Sees und des Kaspischen Meeres hat man Landschaftsformen entdeckt, die auf ausgedehnte Flutereignisse am Ende der letzten Eiszeit hinweisen.

348. Jökulhlaups

Dass Gletscherseen, wenn sie plötzlich ihre Wassermassen talwärts freigeben, innerhalb kürzester Zeit ganze Täler ausräumen können, lässt sich sehr gut an den sogenannten Jökulhlaups („Gletscherlauf“) studieren. Unter diesem isländischen Wort versteht man die schlagartige Entleerung von Seen, die sich beispielsweise aufgrund einer vulkanisch bedingten Erwärmung eines Eisschildes oder Gletschers unter der Eisschicht gebildet haben. In der Geologie wird dieser Begriff aber auch ganz allgemein für alle mit Gletschern im Zusammenhang stehenden Flutereignissen verwendet. Ein Fallbeispiel ist der große Gletscherlauf von 1996 im Bereich des Skeidararjökull im südlichen Island. Ausgangspunkt war der Vulkan Vatnajökull, der fast vollständig unter einer Eiskappe verborgen ist. Als dieser Vulkan 1996 wieder einmal ausbrach, begannen die umgebenden Gletscherseen durch das Schmelzwasser schnell anzusteigen, wodurch ihre Eisbarrieren brachen und riesige Wassermengen ins Tal abflossen. Dabei konnte man im Bereich des südlich vorgelagerten Sanders Skeidararsandur, quasi im Kleinen, die Entstehung von *scabland*-ähnlichen Strukturen live beobachten. Die Wassermassen hatten dabei bis zu 10 Meter große Eisblöcke mitgerissen und eine massive Stahlbrücke zerstört. Hier traten zwei Naturgewalten, Feuer und Eis in Wechselwirkung, um zusammen zerstörerische, existenzbedrohende Fluten zu erzeugen, die auch Eingang in nordische Weltuntergangsmythen gefunden haben.

349. Weltuntergangsszenarien

In diesem Zusammenhang fällt mir das bekannte Gedicht von Robert Frost (1874-1963) ein, welches gern zitiert wird, wenn es um Weltuntergangsszenarien geht. Es heißt *„Feuer und Eis“* und wurde 1920 in *„Harper's Magazine“* veröffentlicht. Seine Aussage und Zauber entfaltet sich dabei am Besten im englischsprachigen Original:

Some say the world will end in fire,
Some say in ice.
From what I've tasted of desire
I hold with those who favor fire.
But if it had to perish twice,
I think I know enough of hate
To say that for destruction ice
Is also great
And would suffice.

Es soll hier keine Interpretation versucht, sondern nur die Frage nach dem „Ende der Welt“ thematisiert werden. Einige Religionsgemeinschaften meinen, dass das Ende

„nah“ sei – und ich möchte ihnen in einem gewissen Sinne sogar Recht geben, denn wir leben in der letzten Phase der Erde als belebter Planet. Um das zu verstehen – und was auch zugleich die Rolle der Menschheit in der Erdgeschichte stark relativiert – muss man sich einmal die wichtigsten Ereignisse der Geschichte unseres Universums und der Erdgeschichte bis heute und die, welche noch kommen werden, etwas näher anschauen. Und zwar „anschauen“ im Sinne von sich zeitlich vorstellbar machen. Denn mit Zeiträumen von Millionen und Milliarden Jahren kann unser Denkapparat vorstellungsmäßig nur wenig anfangen, wenn uns entsprechende Jahreszahlen auch flüssig über die Lippen gehen.

350. Das kosmische Jahr

Ein Jahr dagegen mit seinen 12 Monaten liegt genau in unserem Vorstellungshorizont, so dass es sinnvoll ist, die Geschichte unseres Universums, welches vor 13,79 Milliarden Jahren mit dem Urknall begann, auf die Länge eines Jahres herunter zu brechen. Der 1. Januar, 0 Uhr, ist auf dieser neuen Zeitskala der Augenblick des Urknalls und der 31. Dezember, 24 Uhr, das „Jetzt“.

Im Augenblick des Urknalls entstand nach unserer heutigen Anschauung Raum, Zeit und Materie. Er lässt sich zeitlich in mehrere Phasen einteilen (Planck-Ära, GUT-Ära, Quark- und Hadronen-Ära, Ära der primordialen Elementesynthese (Entstehung von Wasserstoff und Helium), Strahlungs-Ära). In unserem Modell endet die Strahlungs-Ära ~11,4 Sekunden nach dem Urknall - hier wird das Universum zum ersten Mal durchsichtig (entspricht rund 300.000 Jahre nach dem ominösen Zeitpunkt Null). Die dabei entkoppelten Photonen bilden heute das homogene und isotrope Strahlungsfeld der kosmischen Hintergrundstrahlung.

Bis sich schließlich unsere Milchstraße gebildet hat, vergehen über 3 Monate. Man kann dafür den 15. März ansetzen. Am 31. August schließlich entstand unsere Sonne und mit ihr die Erde aus einer kollabierenden interstellaren Gas- und Staubwolke. Die ältesten Gesteine der Erde, wie man sie in den präkambrischen Schilden findet (wie z. B. die Acasta-Gneise), bildeten sich um den 16. September herum. Wenige Tage später, am 21. September, erschienen die ersten primitiven Lebensformen in Form von einfachen Prokaryoten auf der Erde. Von ihnen zeugen Biomineralisationen, die man als Stromatolithe bezeichnet. Bis aus ihnen die ersten komplexen Zellen mit Zellkern und anderen Zellorganellen entstanden sind, vergehen weitere anderthalb Monate auf unserer Zeitskala. Hier ist der Stichtag der 9. November.

Die ersten beständigen mehrzelligen Organismen beginnen ab dem 5. Dezember die irdischen Meere zu besiedeln. Am 14. Dezember setzte schließlich das Ereignis ein, welches als „kambrische Explosion" bezeichnet wird, weil hier innerhalb eines Tages quasi alle heutigen Tierstämme und eine Anzahl weiterer, am Ende des Tages bereits wieder ausgestorbener Tierstämme, entstanden sind. Wäre damals durch einen dummen Zufall *Pikaia*, der Urahne aller Wirbeltiere, ausgestorben, gäbe es heute weder Hering, Spatz noch Mensch.

Zehn Tage vor Weinachten begann quasi die große Radiation des tierischen Lebens. Es spielte sich immer noch in den Meeren ab. Erst ab dem 20. Dezember begannen erste Tiere und Pflanzen langsam die Uferbereich der Landmassen zu erobern. Der 22. Dezember war dann der Tag der Amphibien und am 23. Dezember begann die Ära der Reptilien, welche am 30. Dezember, genau um 6 Uhr 24 Minuten, abrupt zu Ende ging. Sie hätten sicherlich noch ohne Probleme bis zu Sylvester durchgehalten, wäre nicht ein großer Meteorit in den Golf von Mexiko (Chicxulub-Impakt) eingeschlagen, in dessen Folge quasi alle Tiere bis zur Größe einer Katze ausgestorben sind. Hier begann dann die große Stunde der bereits am 26. Dezember entstandenen Säugetiere, deren kleine, den Impakt überlebenden Spezies nun einen von ihren Fressfeinden quasi leergefegten Planeten vorfanden.

Nach einer kurzen Verschnaufpause begann die Ära der Säugetiere und am frühen Morgen des 31. Dezembers, des Sylvestertags, genaugenommen um 6 Uhr und 5 Minuten, erschien der erste „Affe" auf der Welt. Bis zum ersten Hominiden, zu deren Gruppe wir uns ja zählen dürfen, mussten weitere 8 Stunden vergehen. Und erst um 22 Uhr 24 Minuten entdeckte eine besonders intelligente Art unter ihnen, dass man Steine auch sehr gut als Werkzeuge verwenden und noch eine Stunde später (23 Uhr 44 Minuten), dass sich Feuer sehr gut zum Wärmen und zur Zubereitung leckerer Speisen eignet.

Gegen 23 Uhr 55 Minuten wurde es dann ziemlich kalt auf der Nordhalbkugel (die Eiszeiten begannen). Als es dann wieder wärmer wurde, begann im Menschen, denn so hieß der sich das Feuer untertan gemachte Hominide, der erste Funke der Kultur zu leuchten, in dem er Höhlen - wie z. B. in Frankreich zu besichtigen - mit bunten Bildern ausmalte oder Figuren aus dem Elfenbein der zuvor erjagten Mammute schnitzte. Dann dauerte es nur noch 2 Minuten und 47 Sekunden, und er konnte sich auch schriftlich ausdrücken (31. Dezember, 23:59:47 Uhr). In den folgenden Sekunden entstanden und vergingen große Weltreiche bis schließlich zwei Sekunden vor Mitternacht Christoph Kolumbus sich zu seinem Trip in eine neue Welt und in eine neue Zeit - in die Neuzeit, aufmachte.

Die Reformation, die Zeit der Hexenverfolgungen, die Entdeckung der Mondkrater durch Galileo Galilei und die Mondlandungen sowie die Erfindung des Internets und des iPhones liegen schließlich alle in der letzten Sekunde unseres Jahres. Dabei muss gesagt werden, dass der *Homo sapiens* in der letzten zehntel Sekunde des Jahres besonders rührig war, denn er erfand die Dampfmaschine, das Automobil, nutzte die Elektrizität, entwickelte den Computer und das Smartphone, er begann mit der ungehinderten Ausplünderung der Ressourcen der Erde, entwickelte im „Atomzeitalter" alle Instrumente, die notwendig sind, um sich selbst auszurotten, führte unzählige Kriege und schob ein Massenaussterben von Tieren und Pflanzen ungeahnten Ausmaßes an, welches den katastrophalen Massenextinktionen der Erdgeschichte in nichts nachsteht. Das alles verbunden mit einer Massenvermehrung, die man in Bezug zur Tierwelt und als Förster wohl als Kalamität bezeichnen würde. Und noch etwas, er verließ als erstes Lebewesen die schützende Erde und ließ seine Forschungssonden bis zum Rande des Sonnensystems fliegen...

351. Das nächste kosmische Jahr – was wird es bringen?

Man kann sich nun ernsthaft fragen, wie viele Sekunden, Minuten, Stunden oder Tage wohl den Menschen auf der Erde noch vergönnt sein werden, wenn wir in die Zukunft blicken. 1 Sekunde? - das entspricht ungefähr 435 Jahre oder vielleicht 10 Sekunden?, was bei der heutigen Ressourcenverschwendung schon als sehr anspruchsvolles Ziel erscheinen mag. Schaffen wir es bis 1 Uhr morgens des neuen Jahres (was ~1,5 Millionen Jahre entspricht und von dem die Mehrzahl der Atommüllendlagerungsgegner ausgehen), dann ist es sicherlich schon ein großes Wunder. Vieles, was das Fortbestehen der Menschheit betrifft, hängt dann davon ab, ob zuerst eine Kolonisation des Sonnensystems und dann der Milchstraße gelingt. Da man nicht weiß, was die Zukunft bringen wird (bis dahin brechen noch einige Supervulkane auf der Erde aus), lässt sich darüber nur spekulieren.

Das die Menschheit den 2. Januar erleben wird, ist dagegen schon äußerst unwahrscheinlich. Außerdem nimmt bekanntlich die Leuchtkraft der Sonne langsam zu, so dass bis zum 14. Januar nicht nur der Mensch, sondern wahrscheinlich auch alle anderen höheren Lebewesen von der Erdoberfläche verschwunden sein werden. Am 24. Januar wird schließlich auch die letzte Pflanze verdorrt und das letzte Insekt umgekommen sein und bereits Anfang März gibt es keine Ozeane mehr und die Erde hat sich vollständig zu einem Wüstenplaneten gewandelt. Mitte Juli beginnt schließlich die Sonne sich zu einem Roten Riesenstern aufzublähen, um bereits zwei Wochen später, nach ein paar intensiven „thermischen Blitzen", als erdgroßer Weißer Zwerg zu enden. Dieser hat freilich nun alle Zeit der Welt, um langsam auszukühlen und dabei immer mehr zu verblassen... Ob dann die Erde als Planet noch existiert, ist zwar wahrscheinlich, aber nicht sicher.

Die Erkenntnis, die aus dieser nun anschaulich erfahrbar gemachten „Welt-Geschichte" folgt, ist banal und wird vielleicht für den Einen oder Anderen unbefriedigend sein: Das irdische Leben ist nur eine flüchtige, temporäre Randerscheinung in den unendlichen Weiten des Kosmos. Es beginnt mit Bakterien, es endet mit Bakterien und auch Bakterien dominieren es in den wenigen Monaten dazwischen (Bakterien sind ohne Zweifel von der Robustheit, von der Individuenzahl und von der Biomasse her (~1,5 bis 3 kg eines Menschen sind allein „Bakterien") die dominierende irdische Lebensform!).

352. Der Mensch – eine kosmische Eintagsfliege

Im kosmischen Kalender kann der Mensch genaugenommen nur den Status einer „Eintagsfliege" beanspruchen, nämlich zu Sylvester geboren und im Laufe des Neujahrs wieder ausgestorben zu sein. So gesehen haben die Menschen durchaus Recht, die meinen, das „Ende ist nah". Aber auch das ist natürlich nur relativ zu betrachten, denn im kosmischen Kalender ist ein Menschenleben - wenn es hoch kommt - gerade einmal ~zwei zehntel Sekunden lang und in diesem Maßstab ist es noch weithin bis ein Uhr morgens des 1. Januars... Aber eins dürfte trotzdem klar sein. Den Thron, den sich der Mensch als „Ebenbild Gottes", als „Nabel der Welt", als „Bezwinger der Natur" selbst errichtet hat, ist *„is cracking at the seams"* (King Crimson). Nur weiß das der überwiegende Teil der Menschheit noch nicht bzw. will es nicht wahrhaben oder hat es nicht zur Kenntnis genommen. Weltuntergangsszenarien beschäftigen die Menschen seitdem ihnen ihre endliche Existenz auf der Erde bewusst ist.

353. Endzeitszenarien

Viele Religionen enthalten nicht nur einen Schöpfungsmythos, sondern bieten auch gewisse Endzeitszenarien an, wie z. B. das „Jüngste Gericht“ oder das „samvattakappa“ der buddhistischen Lehre des zyklischen „Kalpa“. Uns interessieren aber mehr die naturwissenschaftlich begründbaren „Weltuntergangsszenarien“, und zwar insbesondere „die“, die potentiell zu einer Auslöschung der Menschheit in ihrer zivilisatorischen Dimension führen können. Und da sind einige denkbar: Kriege mit Kern- und biologischen Waffen, globale Seuchen (Pandemien), soziale Auswirkungen einer Überbevölkerung (Ideologisierung, Kampf um knapper werdende Ressourcen), Zusammenbruch der Biodiversität mit Wirkung auf die Nahrungsmittelproduktion (Nebeneffekt von Ressourcenausplünderung, global wirkende Naturkatastrophen wie z. B. der Ausbruch eines Supervulkans, ein nicht beherrschbarer Klimawandel, ein Asteroideneinschlag entsprechender Größe, Auswirkungen eines kosmischen Gammastrahlenausbruchs bzw. einer nicht zu weit entfernten Supernova), Übernahme der Erde durch eine von der Menschheit selbst geschaffenen künstliche Intelligenz (davor warnt zumindest Stephen Hawking), Destabilisierung technischer Systeme durch Cyberkriege etc. pp.

Die meisten Szenarien, welche die Menschheit bedrohen, sind von ihr selbstgemacht. Die Wahrscheinlichkeit für globale existenzbedrohliche Szenarien, ausgelöst durch vom Menschen nicht beeinflussbare Naturkatastrophen, sind dagegen selbst in einer mittleren Zeitschiene von einigen hundert bis tausend Jahren nur als gering anzusehen, wobei der Ausbruch eines Supervulkans mit globalen klimatischen Auswirkungen dabei immer noch am wahrscheinlichsten ist (man denke an den Yellowstone-Supervulkan, dessen Ausbruch nach Meinung der Vulkanologen bereits überfällig ist).

Seit der Entwicklung der Atom- und Wasserstoffbombe und ihre zuerst unbegrenzte, dann durch Verträge begrenzte Anhäufung durch die „Supermächte“ sowie der sich daraus ergebenden, zumindest teilweise stabilisierenden Strategie der „gesicherten gegenseitigen Zerstörung“ (MAD=„verrückt“ =*mutually assured destruction*) besitzt die Menschheit das Potential der Selbstausrottung (eher nicht als Spezies, sondern mehr im Sinne des Zusammenbruchs aller zivilisatorischer und technologischer Strukturen infolge eines Schlagabtauschs). Obwohl alle Verantwortlichen betonen, dass die Arsenale gegenüber einem nichtautorisierten Einsatz sicher geschützt sind, bedeutet dieses „sicher geschützt“ eben nicht 100% sicher. Die Gefahr geht eher davon aus, dass auch die militärischen Nuklearkapazitäten immer mehr in die weltumspannenden Informationssysteme eingebunden werden - und so nimmt die Wahrscheinlichkeit zu, dass auf einmal entsprechend befähigte Einzelpersonen (Cyberterroristen) in der Lage sind, sich Zugang zu entsprechend sensiblen Bereichen zu verschaffen. Unterhalb eines derartigen *worst case* gibt es mittlerweile genügend Beispiele, wo Hacker in angeblich „sichere“ Informationssysteme von Banken, Behörden und der Industrie eingedrungen sind (von Privatpersonen ganz zu schweigen), um dort mehr oder weniger auffällig Datenklau, Datenmanipulierung bis hin zur aktiven Steuerung technischer Anlagen zu betreiben. Hochentwickelte Technologien bieten nämlich gänzlich neue Möglichkeiten in Bezug auf Terror und Zerstörung mit weitreichenden und z. T. kaum beherrschbaren Folgen. Einzelpersonen mit den Fähigkeiten und der Mentalität, Computerviren zu programmieren, Dissidentengruppen, fanatische Terroristen aber auch Geheimdienste nicht wohlgesonnener Staaten können theoretisch schon heute und ohne selbst vor Ort zu sein, lebenswichtige Infrastrukturen ganzer Städte und Landstriche wie beispielsweise das Stromnetz oder die Wasserversorgung, lahmlegen oder zumindest beeinträchtigen, wenn sie deren Sicherheitssysteme überwinden. Kurz gesagt, mit dem Eintritt der Menschheit in das wissenschaftlich-technische Zeitalter haben sich neue Gefahrenpotentiale ergeben, die für entwickelte Gesellschaften durchaus existenzbedrohend werden können. Das betrifft nicht nur die Militärtechnik. Auch die Genetik, die Robotik und die Nanotechnologien lassen sich destruktiv (z. B. durch Entwicklung lebensgefährlicher Viren mittels genetischen Designs) einsetzen.

354. Das gray goo - Szenario

Was die Nanotechnologie betrifft, sei hier nur auf das gray goo - Szenario hingewiesen. Es geht hier um die theoretische Möglichkeit sich selbstreplizierender Nanomaschinen (im Sinne der von Neumann-Sonden, nur viel, viel, ... viel kleiner). Ihnen liegt die Idee zugrunde, dass sie sich aus den Kohlenwasserstoffen aufbauen, die im Erdöl enthalten sind. Sie sind so „programmiert“, dass sie Kopien ihrer selbst herstellen können, solange „Material“ dafür zur Verfügung steht, was zu einem begrenzten exponentiellen Wachstum ihrer Zahl führt. Ein Anwendungsfall wäre, auf diese Weise die „Ölpest“ zu bekämpfen, die bei Tankerhavarien oder bei Unfällen mit Ölförderanlagen bzw. bei Pipelinebrüchen entsteht. Es gibt jedenfalls keine naturwissenschaftlichen Gründe, die gegen solche Nanomaschinen sprechen und es gibt durchaus eine gewisse Wahrscheinlichkeit, dass sie vielleicht einmal in fernerer Zukunft realisiert werden könnten. Angenommen, bei der Realisierung führt ein Softwarefehler dazu, dass nicht nur Kohlenwasserstoffe aus dem Erdöl, sondern ganz allgemein organische Stoffe für ihre Reproduktion verwendbar sind (das Problem der Energiequelle lassen wir einmal außen vor). Dann würde die Freisetzung dieser Nanomaschinen aufgrund ihrer exponentiellen Vermehrungsrate (man denke an die Reiskörner und das Schachbrett) innerhalb kurzer Zeit alles organische Material von der Erde tilgen und es blieb nur eine „Graue Schmiere" übrig. Nun ja, die beste Möglichkeit, solch ein Szenario von vornherein auszuschließen, wäre es, eine solche Art von Nanomaschinen gar nicht erst zu entwickeln. Aber ob sich alle, die so etwas könnten, sich auch daran halten werden?

355. Designer-Viren

Diese Frage ist von noch größerer Brisanz, wenn man anstatt Nanomaschinen Designerviren ins Kalkül nimmt. Und hier gibt es bereits Beispiele, wo es Biowissenschaftlern gelungen ist, eigene Viren mit den Methoden der Biotechnologie zu entwickeln. So wurde im Jahr 2002 bekannt, dass US-amerikanische Wissenschaftler über öffentlich zugängliche Informationen und mittels eines über den Versandhandel erworbenen Equipments künstliche Polioviren - und zwar ohne Verwendung einer Wirtszelle - hergestellt haben. Sie benötigten dazu zwei Jahre Arbeit - und ihr Ergebnis war am Ende von einem natürlich vorkommenden Kinderlähmungs-Virus nicht zu unterscheiden. Diese Demonstration (die deshalb von ihren Fachkollegen sehr kontrovers diskutiert wurde) öffnet quasi alle Türen, dass auch andere kleine RNA-Viren mit vielleicht für den Menschen tödlichen Eigenschaften im Labor kreiert werden könnten. Denn das grundlegende Wissen dafür liefert ein besseres Hochschulstudium, die Blaupausen für geeignete Gensequenzen das Internet und die Zutaten und das Equipment der Versandhandel. Als Resümee schrieb die amerikanische Akademie der Wissenschaften in das Memorandum *„Making the Nation Safer - The Role of Science and Technology in Countering Terrorism"* folgende Sätze:

„Schon einige Wenige mit Fachkenntnissen und Zugang zu einem Laboratorium wären fähig, ohne größere Kosten und Mühen eine Fülle von tödlichen biologischen Waffen herzustellen, die für die Bevölkerung der USA zu einer ernsten Gefahr werden könnten. Sie könnten solche biologischen Kampfstoffe außerdem mit Geräten herstellen, die im Handel erhältlich sind - Geräten, die ebenso dazu dienen, Chemikalien, Medikamente, Nahrungsmittel oder Bier zu produzieren, und die daher nicht auffallen."

356. Schöne neue Welt

Solche Szenarien lassen sich natürlich weiterspinnen. Je komplexer eine Gesellschaft organisiert ist, je abhängiger sie von Technologien ist, desto anfälliger wird sie auch für Anschläge, die von einzelnen Individuen oder Gruppen von Individuen angezettelt werden. Und das sollte ernsthaft zu denken geben.

357. „Intelligenz“ als begrenzender Faktor technischer Zivilisationen

Eine „gefährliche“ Frage in diesem Zusammenhang ist, ob die spezifischen menschlichen Fähigkeiten, die man in dem Begriff „Intelligenz“ zusammenfasst, vielleicht sogar in einem ganz allgemeinen Sinn ein begrenzender Faktor für technologische Zivilisationen sind, wie gelegentlich schon hier und da mehr oder weniger begründet vermutet wurde... So gesehen kann es spannend werden, ob die Menschheit die erste Sekunde des neuen kosmischen Jahres übersteht.

358. Das Ende der Welt ist nah – Propheten und Scharlatane

Wenn es nach Propheten, Religionsgelehrten und einer Vielzahl von Scharlatanen geht, ist die Welt schon zigfach untergegangen - selbst zu unseren Lebzeiten. Alle haben sie das Merkmal, dass sie ein bestimmtes, meist irgendwie hervorgehobenes Datum nennen, und wenn es erreicht wird, dann letztendlich doch nichts passiert. So war es auch am 21. Dezember 2012, als der Maya-Kalender (angeblich) endete. Da an diesem Tag nichts Gravierendes passierte, waren auch die After-Doomsday-Partys, wie sie in vielen Städten organisiert wurden, gut besucht.

359. Nostradamus

Als eine besondere Koryphäe in Bezug auf Prophezeiungen - Weltuntergänge mit eingeschlossen - gilt Nostradamus, der als Michel de Nostredame von 1503 bis 1566 lebte und dessen Passion es war, prophetische Gedichte (meist Vierzeiler) zu verfassen und zu veröffentlichen. Seine Almanache machten ihn dabei schon zu Lebzeiten berühmt, nach dem einige darin enthaltene Prophezeiungen mit realen Ereignissen verknüpft worden sind, die zu der Zeit, als er die Vierzeiler schrieb, noch nicht stattgefunden hatten. Das besondere an diesen Vierzeilern ist, dass sie sehr metaphorisch formuliert sind in einer Schriftsprache (Altfranzösisch), die man sowohl von der Rechtschreibung als auch von der Grammatik her nur als „kühn" bezeichnen kann, und interessanterweise kaum konkrete Zeitangaben enthalten. So ergibt sich immer eine gewisse Unschärfe, wenn Nostradamus-Experten z. B. mittels Buchstaben abzählen etc. (es gibt da die kuriosesten Methoden) vermeintlich das Datum eines zukünftigen Ereignisses exakt vorhersagen. So soll übrigens in acht Tagen (ich schreibe diese Zeilen am 20.5.2015) Kalifornien von einem Erdbeben der Stärke 9,8 erschüttert werden. Es kann aber auch erst am 13. Juni passieren - der Leser wird es wissen. Aber eine Frage bleibt. Woher kannte Nostradamus damals die seismische Richterskala? Aber auch hier haben die Nostradamus-Experten eine Antwort: Er war ja immerhin ein Prophet und konnte weit (bis in das Jahr 5352 n. Chr.) in die Zukunft sehen. Übrigens, Nostradamus sagt auch vorher, dass im Jahre 2015 sämtliche sprachlichen Barrieren auf der Welt fallen werden und sich dann jeder mit jeden wird unterhalten können - selbst mit Tieren. Das wird mich und meinen Kater Humpel ganz besonders freuen und die EU kann es sich dann zukünftig sparen, sämtliche von ihr ausgeschwitzten Gesetze, Erlasse etc. in zig Sprachen zu übersetzen. Das wäre doch mal was. Und nun können Sie sich selbst einmal an einer Nostradamus-Deutung versuchen. Nehmen wir dazu die deutsche Übersetzung von Quatrains - Century II, Vers 46 (wenn Sie das Original im Netz mal suchen und nachschlagen wollen), eines besonders klaren Verses:

„Nach einer großen Katastrophe für die Menschheit wird eine noch größere kommen. Es wird regnen Blut, Milch, Hunger, Eisen und Pestilenz. Am Himmel wird ein Feuer sein, mit einem Schweif und Funken."

Ich glaube, die Deutung ist völlig eindeutig, Im Jahre 2012, 67 Jahre nach der Katastrophe des „Großen Krieges", wird ein Asteroid oder ein Komet auf der Erde einschlagen und damit den Weltuntergang auslösen. Sie sind selbst nicht sofort darauf gekommen? Trösten Sie sich. Das liegt nur daran, dass Sie kein wahrer Nostradamus-Experte sind... Aber nichts desto trotz können Sie an diesem Beispiel lernen, dass sich auch wahre „Experten“ der Nostradamus-Exegese ab und an mal irren können. Wobei im Fall von Nostradamus „ab und an“ sicherlich arg untertrieben ist. Oder haben Sie im Jahre 2012 irgendetwas von einem „Weltuntergang“ bemerkt? Ich jedenfalls nicht. Auch anhand der Nostradamus-Prophezeiungen lässt sich nämlich sehr gut nachweisen, dass sich Ereignisse, die bereits eingetreten sind, viel leichter irgendeinem von Nostradamus' Versen zuordnen lassen als solche, die noch in der Zukunft liegen (und die, wenn es sich nicht gerade um Banalitäten handelt, mit hoher Wahrscheinlichkeit auch nie eintreten werden). Nun ja, es scheint jedenfalls eine ganze Menge von Leuten zu geben, die an den Schwachsinn glauben, den die Nostradamus-Jünger heute aus dessen Schriften zu lesen meinen – und es scheint sich für diese „Experten“ auch durchaus zu lohnen, denn Amazon listet allein ca. 1300 Bücher zum Stichwort „Nostradamus“ in deutscher Sprache. Auf jeden Fall dürfte Max Dessoir (1867-1947) Recht haben, wenn er in seinem Buch *„Vom Jenseits der Seele“* (1920) schreibt *„Das (eigentliche) Wunder bei Nostradamus ist nicht sein Text, sondern die Auslegekunst seiner Erklärer.“*

360. Exegese und Hermeneutik

Dabei ist gegen die Methode der Exegese bzw. Hermeneutik nichts einzuwenden. Sie findet durchaus breite Anwendung und ganze Fachbereiche, die insbesondere der Theologie oder Jurisprudenz zugeordnet sind, leben davon. Mit Hilfe der Exegese versucht man beispielsweise herauszubekommen, was uns ein Text in seinem Kontext eigentlich „sagen will“. Die Hermeneutik dagegen beschäftigt sich im philosophischen Sinn mit dem Akt des „Verstehens“ eines Textes und im methodischen Sinn mit dem Erklären und Auslegen von Texten. Beide „Methoden“ wurden ursprünglich dazu entwickelt, die in heiligen Texten enthaltenen Aussagen verständlich, z. B. im allegorischen Sinn, zu machen.

361. Die Offenbarung des Johannes

Nehmen wir z. B. die Bibel und darin das letzte Buch des Neuen Testaments, die Apokalypse (besser bekannt als die *„Offenbarung des Johannes“*). Macht man sich die

Mühe und liest als nicht sonderlich kirchlich Angehauchter den Text, dann fragt man sich unweigerlich, was will uns der Autor (augenscheinlich ein christlicher Prophet) damit eigentlich sagen? Offensichtlich ist der Text hochgradig erklärungsbedürftig. Seine mystische Sprache, sein Kontext, der nur im Kontext der Zeit, wo er geschrieben wurde, überhaupt verständlich zu sein scheint, widerstrebt einer sofort einleuchtenden Interpretation. Und hier beginnt die Arbeit der Exegeten, der Bibelausleger. Je nach ihrer Herangehensweise deuten sie die Apokalypse als „Gegenwartskritik" im Sinne der „Gegenwart" zur Zeit des römischen Kaisers Domitian (51-96), der ein grausamer Christenverfolger war. Andere wiederum sehen darin eine Zukunftsvision, die in der Endzeit, im „Jüngsten Gericht", enden wird. Die vom Propheten „gesehenen" Katastrophen kündigen sie an und steigern sich bis zum Endgericht, dem dann das Reich Gottes folgt. Diese Interpretation ist sehr beliebt bei den Zeugen Jehovas und wird auch gern einmal künstlerisch verarbeitet, wie z. B. in dem US-amerikanischen Endzeitfilm *„Das Siebte Zeichen"* von 1988 (wobei man sich über den künstlerischen Wert des Streifens durchaus streiten kann). Eine weitere Interpretation liest die „Offenbarung" mehr als Heilsdrama, als den Kampf gegen die Unheilsmacht des absolut Bösen, welches im Sieg Gottes und der Errichtung seines ewigen Reiches gipfelt. Historisch gesehen lässt sich diese Interpretation als Gesellschaftskritik an den Zuständen des römischen Kaiserreichs auffassen, vor dessen zerstörerischem Einfluss Johannes die kleinasiatischen Gemeinden, die noch stark hellenistisch geprägt waren, warnen bzw. bewahren wollte.

Aus der *„Offenbarung des Johannes"* haben es auch aufgrund der Bibelübersetzung Luthers ein paar Redewendungen bis in die Alltagssprache geschafft. So das „Buch mit sieben Siegeln", und „Das Alpha und das Omega" (bzw. „das A und O") aus dem Zitat

„Ich bin das Alpha und Omega, der Erste und der Letzte, der Anfang und das Ende".

Dieses „Omega" hat sogar - als Endpunkt der Geschichte - Einzug in die wissenschaftliche Terminologie gehalten, als „Omegapunkt".

362. Die Omegapunkt-Theorie

Als erstes als Zielpunkt aller evolutionären Entwicklungen an sich (z. B. im Sinne des Theologen und Philosophen Pierre Teilhard de Chardin (1881-1955)) und zum anderen als möglicher Endpunkt einer kosmologischen Entwicklung des gesamten Universums.

Die „Omegapunkttheorie“ gibt sich als physikalische Theorie aus, die auf der Allgemeinen Relativitätstheorie Einsteins beruht und einen sogenannten „Big Crunch“ am Ende der Entwicklung unseres Universums vorhersagt. Dessen Eintreten hängt entscheidend von der mittleren Dichte der gravitativ wirksamen Energie (=Masse) des Kosmos ab. Übersteigt sie einen kritischen Wert, dann kommt die kosmische Expansion irgendwann zum Stehen und der „Kosmos“ geht in eine Kollapsphase über, die wiederum nach einer endlichen Zeit in einem „Big Crunch“ endet. Und genau hier wird von dem amerikanischen Physiker Frank J. Tipler der „Omegapunkt“ angesiedelt. Nur leider zeigen alle Beobachtungen, dass es (wahrscheinlich) nie zu einem „Big Crunch“ kommen wird, denn das Expansionsverhalten unseres Kosmos zielt auf eine „ewige“ Expansion hin - die Expansionsrate nimmt nämlich nicht ab, sie ist auch nicht konstant, sondern nimmt stetig zu. Für diese Entdeckung haben die Astronomen Saul Perlmutter, Brain P. Schmidt und Adam Riess 2011 den Nobelpreis für Physik erhalten.

Was enthält nun die „Omegapunkt-Theorie“, welche Frank J. Tipler 1994 in seinem vielbeachteten und durch seinen Titel *„Die Physik der Unsterblichkeit – Moderne Kosmologie, Gott und die Auferstehung der Toten“* auch schnell zu einem Bestseller gewordenen semipopulären Buch entwickelt hat? Tipler konstruiert darin ein Szenario, mit dem er letztendlich, quasi mit dem Anspruch einer naturwissenschaftlichen Grundlage, die „Wiederauferstehung“ eines jeden von uns – und zwar als „Simulation“ in einem kosmischen Computer – vorhersagt mit der Aussicht auf ein „ewiges Leben“, so wie es die christliche Religion ja auch verheißt. Viele Teile des Buches, soweit sie nicht mit theologischem Vokabular durchmischt sind und sich auf rein wissenschaftliche Teilaspekte wie z. B. Poincarès Theorem der Wiederkehr oder den „Wärmetod“ des Weltalls beziehen, sind durchaus auch für einen Physiker aufschlussreich und regen zum Nachdenken über den Gegenstand an (Hinweis: es ist keine leichte Kost!). Das Gesamtgebäude jedoch, welches der Autor darauf aufbaut, erscheint dann doch ziemlich krude und kann vom wissenschaftlichen Standpunkt aus nicht einmal ansatzweise ernst genommen werden. Die Ausgangsintention scheint eher so gewesen zu sein, dass eine Art „Glaubensinhalt“ vorgegeben wurde (das „Reich Gottes“ nach dem „Jüngsten Gericht“ gemäß der Apokalypse) und der Autor sich scheinbar ernsthaft gefragt hat (obwohl man das bei so einer fachlichen Koryphäe wie Frank J. Tipler eigentlich kaum glauben mag), wie die Natur (Kosmos) beschaffen sein muss und was der Mensch tun muss, damit dieser „Glaubensinhalt“

„am Ende der Zeit“ erfahrbar „wahr“ wird. Die Vermengung zwischen naturwissenschaftlicher Argumentation und eschatologischer Vorgaben, wie sie sich beispielsweise in monotheistischen Religionen wiederfinden, machen jedenfalls die Lektüre nicht einfacher.

2008 hat er übrigens nachgelegt: *„Die Physik des Christentums: Ein naturwissenschaftliches Experiment“*. Darin will er zeigen, dass alle „Wunder“ des Christentums naturwissenschaftlich erklärbar sind – von der „Jungfrauengeburt“ über den Spaziergang Jesus über das Wasser des Sees Genezareth bis hin zur Entmaterialisierung des Körpers von Jesus. Die „Lösungen“, die er dabei anbietet, sind aber derart grotesk (er erklärt z. B. das Wandeln Jesus über das Wasser mit einem Neutrinostrahl, der sich unter den Füßen Jesus bildet und nach „unten“ gerichtet ist – einfacher ging es wohl nicht? Wie wär's mit einem Flyboard?), dass man irgendwann aufhört zu lesen. Von einigen Christen, besonders aus der Kreationistenszene, euphorisch begrüßt, wurde es von seinen Fachgenossen (z. B. Lawrence Krauss, der ansonsten auch gern „spekuliert“) als barer Unsinn bezeichnet, welches der hohen fachlichen Reputation des Verfassers überhaupt nicht gerecht wird (er ist immerhin Professor für mathematische Physik an der Tulane University in New Orleans, der anerkannte Beiträge beispielsweise zur Kosmologie geliefert hat).

363. Christlicher Fundamentalismus

Mit diesem Buch jedenfalls outet sich Tipler als Anhänger des Christlichen Fundamentalismus, die sich auf die Bibel als wörtlich inspiriertes Wort Gottes (des christlichen wohlgemerkt) berufen. Dieser Fundamentalismus, der insbesondere im sogenannten „Bibel-Gürtel“ der USA weit verbreitet, ja sogar dominant ist (in Form der Evangelikalen), versucht das moderne wissenschaftliche Weltbild wieder zu verdrängen, in dem es auf der Grundlage von Bibelworten eine Gegenposition aufbaut, die gläubige und schlichte Gemüter überzeugen soll.

364. Intelligent Design

Aus dem Problem heraus, dass ihnen nach einem Rechtsstreit ihre Einflussnahme auf das säkularisierte Bildungssystem der USA erschwert ist, entwickelten sie unter dem

Deckmantel der Wissenschaftlichkeit eine Gegenposition, die als „Intelligent Design" bezeichnet wird, um über eine Hintertür doch noch ihre Anschauungen in das staatliche Bildungssystem einschmuggeln zu können. Dabei ist die Methode äußerst raffiniert. In dem man z. B. verlangt, dass sowohl die Darwin'sche Evolutionstheorie als auch die „Theorie des Intelligent Design" – wobei offengelassen wird, wer der „Designer" eigentlich ist (das kann sich ja schließlich jeder selber denken) – gleichberechtigt gelehrt werden, versuchen die Evangelikalen doch noch einen Fuß in die Schulen und Hochschulen zu bekommen.

„Intelligentes Design" ist erst einmal eine teleologische Position, die behauptet, das bestimmte Dinge in der Natur (die Evolutionstheorie ist dabei nur ein besonders gern genutztes Feld) besser erklärbar wären, wenn man den steuernden Einfluss eines außerhalb der Natur stehenden, allmächtigen Wesens postuliert. Dazu suchen sich die Anhänger des „Intelligenten Designs" Phänomene oder Problemstellungen, die von der Wissenschaft noch nicht verstanden oder noch nicht geklärt sind und bieten eine scheinbare Lösung in dem Wirken eines „intelligenten Designers" an. Und wenn dann die Wissenschaft doch eine einleuchtende und stringente Erklärung gefunden hat, dann wenden sie sich schnell einem neuen, noch nicht gelösten Problem zu. Dabei nutzen sie durchaus wissenschaftliche Methoden, publizieren in der entsprechenden Fachsprache und lassen meist nur im Hintergrund anklingen, dass zur Lösung des Problems nur ein übernatürlicher Einfluss übrig bleibt. Dabei wird das Wort „Gott" oder anderweitiges religiöses Vokabular möglichst vermieden, damit nicht der Eindruck eines „Lückenbüßergottes" aufkommt, der immer nur dann bemüht wird, wenn es darum geht, Lücken in einer wissenschaftlichen Argumentationskette zu schließen.

Das sich die Ideologie des „Intelligent Designs" gerade die Evolutionstheorie als wichtigstes Betätigungsfeld ausgesucht hat, scheint mehrere Gründe zu haben. In der extremen, quasi wortwörtlichen Auslegung der Bibel, wo es eine Schöpfung in 6 Tagen, einen Noah mit seiner Arche und eine die ganze Welt heimsuchende Sintflut gibt, ist es natürlich durchaus eine Herausforderung, diese Ansichten mit dem, was die Wissenschaft herausgefunden hat, in Einklang zu bringen. Wenn man die Schöpfungsgeschichte, wie sie in der Genesis niedergelegt ist, Wort für Wort für eine nicht zu hinterfragende Wahrheit hält, dann ist natürlich die Darwin'sche Evolutionstheorie mit stetigen Wandel über große Zeiträume hinweg ein natürlicher Feind dieser Auffassungen. In dieser Hinsicht ist die (katholische sowie evangelische mit Ausschluss der „Evangelikalen") „Amtskirche" pragmatischer und lässt Glaube Glaube und Wissenschaft Wissenschaft sein, ja, sie erkennt die Evolutionstheorie mittlerweile problemlos an, da sie eine Domäne der Naturwissenschaften ist und die von Glaubensinhalten, die sie in einer anderen Ebene ansiedeln, nicht berührt wird (Johannes Paul II., 1996). Evangelikale Strömungen können und wollen das nicht akzeptieren, weil das auch ihrem ausgeprägten Sendungsbewusstsein und ihrem Alleinvertretungsanspruch für die „göttliche Wahrheit“ widersprechen würde. Mittels der „Theorie“ des „Intelligenten Designs“ versuchen sie quasi eine Gegenposition zur Evolutionstheorie aufzubauen, die den Eindruck erwecken soll, dass sie auch eine „wissenschaftliche“ Position widerspiegelt, die der kanonischen Evolutionstheorie in ihrer Wertigkeit zumindest gleichzusetzen ist. Und gerade das ist sie nicht, denn sie bemüht zur Erklärung gewisser Phänomene etwas, was außerhalb der Naturwissenschaften steht und damit einer Falsifizierung gemäß Karl Popper prinzipiell nicht zugänglich ist. Ziel scheint es zu sein, die wissenschaftliche Evolutionstheorie im Gebäude der Biologie insgesamt zu diskreditieren, in dem man den Eindruck vermittelt, dass sie in deren Rahmen selbst umstritten sei (was sie natürlich nicht ist, denn *„Nichts in der Biologie ergibt einen Sinn außer im Licht der Evolution.“* - Theodosius Dobzhansky (1900-1975)).

„Moderne“ Formen des Kreationismus leugnen mittlerweile übrigens nicht mehr, was offensichtlich ist, nämlich das sich Lebewesen im Laufe der Zeit wandeln. Jeder Hühner- oder Hundezüchterverein könnte ansonsten deren Ansichten sofort ad absurdum führen.

365. Grundtypentheorie

Sie haben sich dafür etwas anderes ausgedacht – auch in Hinsicht auf den begrenzten Frachtraum der Arche Noah – in dem sie nun behaupten, dass „Gott“ nur gewisse Grundtypen erschaffen hat, aus denen sich dann „nach der Sintflut“ alle heutigen Lebewesen durch Mikroevolution (und dann durchaus nach den Prinzipien Darwins) entwickelt haben.

Bei konsequenter Verfolgung dieser Anschauung müssten die Kreationisten (was einige auch tun) das „Weltalter“ von nach ihren Berechnungen gerade einmal 6000 Jahren aufgeben (schon der anglikanische Theologe James Ussher (1581-1656) hat in einer beachtlichen Fleißarbeit aus der Generationenfolge der Bibel sowie den Vorarbeiten von John Lightfoot (1602-1675) den genauen Schöpfungszeitpunkt auf den 23. Oktober 4004 v. Chr. datieren können). Aber kommen wir zurück zu einigen Aspekten des „Intelligent Design“ in dem wir uns fragen, durch was sich ein „intelligenter Designer“ nun eigentlich verrät.

366. Nichtreduzierbare Komplexität

Das Stichwort lautet hier „Nichtreduzierbare Komplexität“. Bevor näher auf diesen Begriff eingegangen werden soll, ist noch an eines der einflussreichsten Bücher des angehenden 19. Jahrhunderts in Bezug auf Fragen, die man später mit dem Begriff der Evolution in Verbindung bringen wird, hinzuweisen. Es stammte von dem englischen Theologen und Philosophen William Paley (1743-1805), erschien 1802 und trägt den Titel *„Natural Theology“*. Was sich bis heute von diesem äußerst geistreichen Buch erhalten hat, ist das Gleichnis von der Taschenuhr, die ein Spaziergänger auf seinem Spaziergang am Wegrand findet. In dem er staunend deren Mechanismus untersucht, sieht, wie ein Rädchen in das andere greift und sich alles harmonisch zu einem Ganzen fügt, kommt er zu dem Schluss, dass diese Uhr nur ein begnadeter Uhrmacher geschaffen haben kann. Die gleiche Argumentation verwendet er dann in völlig einleuchtender und nachvollziehbarer Weise, um die Existenz von Pflanzen und Tieren (die ja nicht weniger, sondern eher noch um einiges wunderbarer sind als Taschenuhren) auf die geniale Arbeit eines Schöpfers zurückzuführen. Zu diesem Zeitpunkt, also lange bevor Darwins *„On the Origin of Species…“* (1859) erschienen ist, war das die einzige und auch für jedermann verständliche Erklärung für die Existenz von Tieren, Pflanzen und Menschen.

Würde man die Taschenuhr als ein natürliches, durch „Darwin'sche Evolutionsprozesse“ entstandenes Objekt auffassen, dann müsste es sich in vielen kleinen Schritten quasi dahin, auf welche Weise auch immer, „entwickelt“ haben. Da einzelne Entwicklungsstufen aber gemäß ihrer Eignung als Uhr „selektiert“ werden, müsste von vornherein sicher sein, dass am Ende der Entwicklung ein Zeitmesser steht. Jede Zwischenstufe jedenfalls kann als alles andere, aber niemals als Zeitmesser dienen. Erst das endgültige Zusammenspiel wirklich aller Teile macht die Uhr letztendlich zu einer Uhr. Wir sind uns deshalb von vornherein sicher, dass eine Taschenuhr ein Objekt eines bewussten, dem Ziel bzw. Zweck verschriebenes Kunstproduktes eines entsprechend fähigen und begabten Uhrmachers sein muss und kein Endpunkt eines natürlichen Evolutionsprozesses analog der biologischen Evolution.

Ein Objekt, welches aus mehreren Teilen besteht, die erst in ihrer Zusammenwirkung den Zweck dieses Objekts ermöglichen, nennt man „nichtreduzierbar komplex". Denn nimmt man nur ein Zahnrädchen aus der Taschenuhr, dann bleibt sie stehen und kann keine Uhrzeit mehr anzeigen. Michael J. Behe, der diesen Begriff in die wissenschaftliche Diskussion 1996 einbrachte, definiert ihn so:

„Ein nichtreduzierbar komplexes System kann nicht auf direktem Weg (d. h. durch fortgesetztes Verbessern der ein und derselben Ausgangsfunktion, die durch denselben Mechanismus weiter arbeitet) durch leichte aufeinanderfolgende Änderungen von weniger komplexen Vorläufersystems erzeugt werden, weil jeder Vorläufer zu einem nichtreduzierbar komplexen System, an dem ein Teil fehlt, per Definition funktionsunfähig ist."

Dieses Konzept ist gerade deshalb für die Ideologen des „Intelligent Designs" so interessant, weil es viele biologische Organe und Prozesse gibt, die aus vielen Teilen zusammengesetzt sind, die erst in ihrer Gesamtheit ihre Funktionalität (ähnlich der Taschenuhr) entfalten. Als ein für jedermann verständliches Beispiel wurde dafür früher gern das menschliche Auge genommen. Netzhaut, Glaskörper, Linse und Pupille müssen offensichtlich sehr genau zusammenarbeiten, bis mit ihrer Hilfe im Gehirn ein virtuelles Bild der Welt entstehen kann. Dieses Beispiel ist aber gerade nicht geeignet, um einen „intelligenten" Augendesigner zu bemühen. Denn die evolutionäre Entwicklungslinie eines Wirbeltierauges und eines Tintenfischauges (beides Linsenaugen) lassen sich durchaus schrittweise nachvollziehen (und alle notwendigen Zwischenstufen lassen sich noch heute in rezenten Tierarten finden). Dazu kommt noch, dass das Wirbeltierauge (und damit auch das menschliche Auge) eine Fehlkonstruktion und das Tintenfischauge eine Idealkonstruktion eines Linsenauges darstellt. Man erkennt das leicht, wenn man sich die „Verkabelung" der Lichtrezeptorzellen einmal genauer ansieht. Bei einem Wirbeltierauge reicht sie nämlich in das Innere des Auges und der Nervenstrang muss über den „Blinden Fleck" nach Außen geführt werden. Kein Ingenieur der Welt würde auf die Idee kommen, so z. B. die Pixel eines CMOS-Sensors für eine Digitalkamera zu verdrahten. Wenn man sich aber die evolutionäre Entwicklung des Auges aus einer lichtempfindlichen Pigmentzelle über ein Becherauge sowie über eine Anzahl weiterer Zwischenstufen zum modernen Wirbeltierauge anschaut, dann wird klar, dass die Evolution einen einmal eingeschlagenen Weg zwar nicht mehr ändern, aber den „Anfangsfehler" durch Optimierung quasi auf hohem Niveau ausbügeln kann.

Dass es auch anders geht, zeigt das analog aufgebaute Auge eines Tintenfischs, welches, da „richtig" verdrahtet, keinen „Blinden Fleck" benötigt. Eine interessante Frage an einen Anhänger des „Intelligenten Designs" wäre also in diesem Zusammenhang, was den „intelligenten Designer" wohl bewogen haben mag, das menschliche Auge (oder ganz allgemein, ein Wirbeltierauge) genau so und nicht anders, d. h. im ingenieurtechnischen Sinn „richtig", zu entwickeln. Das menschliche Auge jedenfalls taugt nicht, um dessen Existenz plausibel zu machen. Es gibt aber durchaus Objekte, deren schrittweise Entstehung und funktionelle Optimierung sich nicht so einfach ad hoc erklären lassen. Michael J. Behe diskutiert z. B. die Bakteriengeißel (Flagellen), die funktionell einen Nano-Ringmotor aus mehreren Funktionseinheiten darstellt, der nur dann funktioniert, wenn alle diese Funktionseinheiten vorhanden und richtig zusammengebaut sind. Geht man von den bekannten Evolutionsmechanismen aus, dann muss sich der Antrieb der Bakterie in Einzelschritten entwickelt haben, die zufällig und richtungslos waren. Diese „nichtreduzierbare Komplexität" des „Elektrorotationsmotors" eines Bakteriums ist in der Tat nur schwer verständlich, wenn man sie im Lichte einer schrittweisen Entwicklung betrachtet. Denn erst wenn alle Teile vorhanden sind, funktioniert die Geißel auch. Und erst wenn sie funktioniert, kann sie als Selektionsmerkmal dienen, an der wiederum nachfolgende evolutionäre Entwicklungsprozesse ansetzen können. Für die einzelnen Funktionseinheiten als individuelle Objekte gilt das offensichtlich nicht. In der Tat ist es aus der Sicht von Wahrscheinlichkeiten völlig unmöglich, dass zufällig eine entsprechende Anzahl von Mutationen gleichzeitig aufgetreten ist, die am Ende zu einer funktionsfähigen Geißel geführt hat. Was in dieser Argumentation aber nicht bedacht wird, ist die Möglichkeit, dass es in einem Entwicklungsprozess zu einer Funktionsänderung kommt. Und zwar in dem Sinn, dass die Einzelteile zunächst eine bestimmte Funktion wahrnehmen (im Fall des Flagellums beispielsweise in der Art einer Molekularpumpe, die in die Zellmembran eingebaut ist), die sie im Verlauf der Evolution jedoch in eine andere ändert (in einen Geißelmotor). Mittlerweile konnten die dazu notwendigen evolutionären Schritte aufgeklärt werden, so dass auch das häufig bemühte „Design-Argument" für den bakteriellen Geißelmotor entfällt. Das Problem an der „nichtreduzierbaren Komplexität" liegt offensichtlich darin, dass sie sich auf den gegenwärtigen Zustand eines entsprechenden Objektes bezieht und nichts darüber aussagt, welche früheren Zustände das Objekt durchlaufen hat.

Zusammengefasst muss man konstatieren, dass Kreationismus, auch wenn sie als pseudowissenschaftliches „Intelligent Design" herkommt, nichts mit Wissenschaft zu tun und damit auch nichts in staatlich organisierten Bildungssystemen laizistisch organisierter Staaten zu suchen hat. Versuche, dies beispielsweise in einzelnen Bundesstaaten der USA zu ändern, konnten bisher immer abgewehrt werden.

367. Lehre vom fliegenden Spaghettimonster (FSM)

Als ein Resultat dieses „Abwehrkampfes“ ist übrigens im Jahre 2005 eine neue Offenbarungsreligion mit einer mittlerweile erstaunlich großen Mitgliederzahl entstanden – und das geschah so: Als es sich immer mehr abzeichnete, dass die Schulbehörde von Kansas die Unterrichtung des „Intelligent Designs“ parallel zur Darwin'schen Evolutionslehre befürworten wollte, sah sich der Physiker Bobby Henderson veranlasst, einen ironischen, aber durchaus ernstgemeinten offenen Brief an die genannte Behörde zu versenden. Darin verlangt er, dass – wenn „Intelligent Design“ und damit Kreationismus – in einer öffentlichen Schule gelehrt werden soll, er auch Anspruch hat, dass „seine“ Lehre vom „Fliegenden Spaghettimonster“ (FSM) genauso gleichberechtigt zu lehren sei. Sollte dies nicht geschehen, kündigte er sogar rechtliche Schritte gegen das Kansas School Board an.

Diese Spaßreligion, die alle Merkmale einer „echten“ monotheistischen Religion aufweist (mit sogar einigen Vorteilen!), verbreitete sich schnell – auch über die Vereinigten Staaten hinaus. Selbst in Deutschland gibt es einen Ableger dieser Religionsgemeinschaft mit einer nicht unbeachtlichen Zahl von Anhängern. Ihr Amtssitz ist Templin in der Uckermark, wo regelmäßig (ich glaube, jeden Freitag 10 Uhr) eine „Nudelmesse“ bei Bier und Pasta gefeiert wird. Übrigens, nach dem Tod stehen den Gläubigen im „Pasta-Himmel“ unter anderem ein Biervulkan und eine Stripper- und Stripperinnen-Fabrik zur Verfügung. Wenn das nichts ist.

Kreationismus ist übrigens nicht nur eine Spielart fundamentalistisch angehauchter christlicher Sekten.

368. Islamischer Fundamentalismus

Auch für den Islam ist der Darwinismus mittlerweile ein rotes Tuch, weshalb der islamische Publizist Adnan Oktar („Harun Yahya“, als der er auftritt, ist quasi sein „Künstlername“) ein richtig knallrotes Buch (zumindest in der englischsprachigen Ausgabe) mit einem Gewicht von mehr als 6 kg in Hochglanzpapier mit dem Titel

„Atlas der Schöpfung" herausgegeben hat, in dem er in einer für den Fachmann lächerlichen und für den islamgläubigen suggestiven Weise die schlichte Botschaft verkündet: Darwin hat unrecht! Auf den Inhalt braucht man gar nicht weiter einzugehen, obwohl seine Bildersammlung von Fossilien und heute existierender Pflanzen und Tieren durchaus recht ansehnlich und eindrucksvoll ist. Immerhin bedient er mit diesem Werk ein im Islam bis heute nur wenig beackertes Gebiet, denn mit richtiger „Wissenschaft" hat sich diese Heilslehre schon lange nicht mehr auseinandergesetzt. Von einem „islamischen Kreationismus" kann man genaugenommen erst seit den 1970er Jahren sprechen, nachdem die christlichen Fundamentalisten mit dieser Lehre immer mehr in die Öffentlichkeit gegangen sind. Die „Philosophie", die dahinter steckt, lässt sich durch folgenden Satz auf den Punkt bringen:

„Alles Wissen ist schon im Koran angelegt und Wissenschaft muss sich daran messen. Ist der Koran mit der Wissenschaft nicht vereinbar, liegt automatisch die Wissenschaft falsch."

Hierin zeigt sich auch eine gewisse Schizophrenie der Lehre, z. B. im Iran. Würden nämlich die dortigen Ingenieure diesen „Lehrsatz" so ernst nehmen wie ihre Mullas, dann brauchte niemand davor Angst zu haben, dass sie über kurz oder lang Atomwaffen entwickeln könnten. Genauso schizophren ist es, wenn die Terroristen des „Islamischen Staates" jahrtausendealte Kulturdenkmäler zerstören, weil „davon nichts im Koran steht", sich aber dazu mittels Smartphone und Internet verabreden (und auch von „Smartphones" hab ich noch nichts in der Reclam-Ausgabe des Korans gelesen). Und geradezu grotesk erscheint es einen aufgeklärten Mitteleuropäer, wenn in der Abfertigungshalle eines Flughafens ein „Scheich" aus Saudi-Arabien mit dem modernsten und teuersten Smartphone am Ohr an einem vorbeiwandelt, gefolgt (natürlich in einem gebührenden Abstand) von seinen drei (oder mehr) bis auf die Augenschlitze tief verschleierten Frauen. Man ist geneigt zu sagen, Hightech trifft auf geistiges Mittelalter.

369. Progressive Rolle des Islams in der Geschichte

Und dabei gab es durchaus einmal eine Zeit, in der der Islam in gewisser Weise eine überaus progressive Rolle in der Geschichte der Menschheit gespielt hat. Davon zeugen heute noch phantastische Bauwerke wie Moscheen und Paläste mit ihrer typisch islamischen Ornamentik. Die maurische Alhambra auf einem Hügel bei Granada in Spanien ist dabei nur eines von vielen sehenswerten Beispielen.

Als „Goldenes Zeitalter“ gelten die Jahrhunderte, die unter der Dynastie der abbasidischen Kalifen standen (zwischen 750 und 1250 n. Chr.), wobei der Höhepunkt das relativ friedliche Jahrhundert zwischen 900 n. Chr. und 1000 n. Chr. auf der iberischen Halbinsel bildete. Zentren des islamischen Wissens und Literatur waren zu dieser Zeit insbesondere das persische Chorasan sowie das von den Mauren beherrschte Al-Andalus, mit dem Emirat von Cordoba (später Granada) als geistiges Zentrum. Hier konzentrierten sich in einer durchaus weltoffenen Atmosphäre Gelehrte aller Wissenschaftsdisziplinen, um verschüttgegangenes antikes Wissen zu bergen, in Arabisch zu übersetzen (und damit zu bewahren) sowie um neues Wissen zu generieren. Unter dem Herrscher (Kalif) al Hakam II. (915 n. Chr. - 976 n. Chr.) wurde die große Bibliothek von Cordoba gegründet, in der bis zu 500.000 Bücher und andere Schriftzeugnisse aufbewahrt und genutzt wurden.

Nehmen wir z. B. den im damaligen Persien wirkenden Astronomen Abu l-Wafa (940 n. Chr. - 998 n. Chr.), der nicht nur das Hauptwerk des Claudius Ptolemäus (Almagest genannt) ins arabische übersetzte, sondern der selbst eine Vielzahl mathematischer Entdeckungen (beispielsweise auf dem Gebiet der sphärischen Trigonometrie) vorweisen kann. Auch al-Biruni (973 n. Chr. - 1048 n. Chr.) wirkte in der Provinz Chorasan im alten Persien, wo er sich mit einer Vielzahl wissenschaftlicher Themen, insbesondere aus der Astronomie und der Kartographie, auseinandersetzte. So bestimmte er mit einem von ihm selbst entwickelten Messverfahren den Durchmesser der Erde, wobei sein Wert (12679 km) nur marginal von dem modernen Wert (12756 km am Äquator) abweicht. Auch ein wertvolles Geschichtswerk stammt aus seiner Feder. In Cordoba wirkte der berühmte Geograph und Historiker al-Bakri (1014 n. Chr. - 1094 n. Chr.), dessen Hauptwerk, das *„Buch der Straßen und Reiche“* (es ist leider nur fragmentarisch erhalten geblieben), lange Zeit ein Standardwerk für Kaufleute und Abenteurer war, welche die damals bekannte Welt bereisten.

Neben Mathematik, Astronomie und Geographie stand die Medizin im „Goldenen Zeitalter“ des Islams in voller Blüte. Das medizinische Wissen der Antike wurde wiederentdeckt und rezipiert, Krankenhäuser und Heilstätten errichtet und der Beruf des Arztes erfreute sich großer Wertschätzung. Der berühmteste Arzt aus jener Zeit dürfte Ibn Sina (980 n. Chr. - 1037 n. Chr.) gewesen sein, der im Mittelalter und in der Neuzeit mehr unter seinen latinisierten Namen „Avicenna“ bekannt war. Seine Schriften (insbesondere der fünfbändige *Canon medicinae*) waren das ganze Mittelalter hindurch im Gebrauch und Lehrstoff an den medizinischen Fakultäten der christlichen Universitäten. Seine Kenntnisse beschränkten sich dabei nicht nur auf die Heilkunde. Von ihm sind auch großartige philosophische und naturwissenschaftliche Werke überliefert, die ihn als einen Universalgelehrten seiner Zeit ausweisen. Ein weiterer arabischer Universalgelehrter, der insbesondere durch seine Aristoteles-Kommentare die Scholastik maßgeblich beeinflusst hat, ist Ibn Ruschd (1126-1198), bekannter als Averroës. Er war Jurist, Arzt und Philosoph und wurde im Mittelalter schlicht „der Kommentator" genannt. Leider ging dieses „Goldene Zeitalter" des Islams schnell zu Ende, als in Andalusien die Reconquista einsetzte und in Persien die Seldschuken die Oberhand gewannen. Man kann wohl mit Fug und Recht sagen, dass dieses „Goldene Zeitalter" im islamischen Kulturkreis seitdem nie wieder erreicht wurde. Trotzdem haben sich aus jener Zeit, als Literatur und Wissenschaft blühte, Relikte bis ins Heute erhalten, obwohl uns das kaum bewusst ist. So stammen die meisten Eigennamen von Sternen am Himmel aus dem arabischen Raum. Und wenn wir „Alkohol" trinken, dann hat auch dieses Wort – wie viele Wörter, die mit „Al" beginnen (wie Algebra, Alchemie) – einen arabischen Ursprung: *Al kuhul* wurde die von den Alchemisten aus Wein hergestellte Flüssigkeit genannt, in der sich pulverisierte Kosmetika besonders gut lösten. Ansonsten ist Alkoholgenuss bekanntlich im Islam verpönt (besser „verboten"), was mit gewissen Versen im Koran und ihrer zeitlichen Reihenfolge zu tun hat. Der Koran ist nämlich in dieser Hinsicht widersprüchlich. Frühe Verse (aus der sogenannten mekkanischen Periode) erlaubten noch ausdrücklich den Handel und Genuss berauschender Getränke. Erst in der spätmedinischen Zeit gilt Alkohol als „Teufelszeug", deren Genuss unter Androhung von Körperstrafen verboten ist. Nun gilt in der kanonischen Auslegung von widersprüchlichen Versen immer, dass der zeitlich gesehen jüngste (von der Gegenwart aus betrachtet) der Maßgebliche ist (Abrogation). Und so kann heute ein Vollrausch in einem der Scharia zugeneigten islamischen Land schnell zum Genuss der Strafe der Auspeitschung führen. Im islamischen Kalender befindet man sich ja auch erst im Jahr 1436...

370. Iglauer Kompaktat

Im Jahr mit der gleichen Jahreszahl, diesmal der christlichen Zeitrechnung, nahm man in meiner zu jener Zeit noch böhmischen Heimatstadt Zittau (Sittaw) gerade das Ende der Hussitenkriege mit großer Freude und Erleichterung zur Kenntnis, die auch in der Oberlausitz und im benachbarten Schlesien viel Unheil über die Menschen gebracht hatten. Im Iglauer Kompaktat wurden schließlich einige Forderungen der Kalixtiner (der Hauptströmung der hussitischen Reformbewegung) erfüllt (das Abendmahl in beiderlei Gestalt – Hostie und Wein) und Kaiser Sigismund (1368-1437) wurde nun auch als böhmischer König von den Hussiten als Landesherr anerkannt. Das Kompaktat war natürlich ein Dorn im Auge der Papstkirche und hatte deshalb nur wenige Jahre (bis 1462) Bestand. Von den ehemaligen Hussiten spaltete sich schließlich die Religionsgemeinschaft der „Böhmischen Brüder“ ab, die eine an das Urchristentum angelegte Lebensweise an den Tag legten. Während der Zeit der deutschen Reformation wandten sie sich mehr der lutherischen Lehre zu, die sie noch mehr zur Opposition zum katholischen Klerus brachte.

371. Majestätsbrief von Kaiser Rudolf II

Mit dem Majestätsbrief von Kaiser Rudolf II. (1609) wurde ihnen und allen anderen protestantischen Ständen in Böhmen und Schlesien Religionsfreiheit gewährt, was ihnen eigene Kirchenbauten ermöglichten. Diese Urkunde (die einzige beglaubigte Abschrift befindet sich im Altbestand der Christian-Weise-Bibliothek in Zittau) hatte aber keinen sonderlich großen Wert, denn sie erreichte nicht, dass die Katholiken die Duldung protestantischer Kirchen zuließen. Mit der Zerstörung der Kirche der Böhmischen Brüder in Klostergrab (1617) und dem davon ursächlich ausgelösten Zweiten Prager Fenstersturz (1618) begann der Dreißigjährige Krieg, die größte Katastrophe, welche die Menschen in der Mitte Europa je heimgesucht hat. Er besiegelte auch das Ende der Protestanten in Böhmen, die verfolgt und in ihrer Religionsausübung behindert und in die Illegalität gedrängt wurden. Ihr berühmtester Bischof, der große Pädagoge Johann Amos Comenius (1592-1670), musste schließlich seine mährische Heimat verlassen. Er starb im Exil in Amsterdam. Erst mit dem Westfälischen Frieden von 1648 erhielten auch die böhmischen Protestanten die reichsrechtliche Gleichstellung mit den Lutheranern und Katholiken, was sich in einer Art privater Glaubensfreiheit widerspiegelte.

372. Böhmische Brüder in Herrnhut

Aber die Gegenreformation hatte in Böhmen weiterhin Bestand, so dass es bis in die Mitte des 18. Jahrhunderts immer wieder zur Vertreibung protestantischer Glaubensanhänger aus Böhmen und Mähren kam, die formell erst mit dem Toleranzpatent von 1781, ausgestellt vom Habsburger Kaiser Joseph II., beendet wurde. Im Sinne dieser erzwungenen Auswanderungen gelangten auch einige Böhmische Brüder in das damalige oberlausitzische Berthelsdorf, wo sie unter der Protektion des Reichsgrafen Nikolaus Ludwig Graf von Zinzendorf (1700-1760) sich ab 1722 in dem neu gegründeten Ort „Herrnhut" niedergelassen haben. Hier entstand schließlich die noch heute bekannte und weltweit durch ihre missionarische Tätigkeit berühmte Herrnhuter Brüder-Unität (Unitas Fratrum) mit mittlerweile über 1 Million „Geschwister" (die aber gottseidank nicht alle in Herrnhut wohnen).

Bereits von Anfang an (genauer ab dem Jahr 1732) schwärmten ihre Mitglieder in die Welt aus, um ihren christlichen Glauben z. B. bei den Inuit auf Grönland oder bei den Ureinwohnern von Niederländisch-Guayana (heute Suriname), zu verkünden. Viele Herrnhuter Missionare verbanden dabei ihre missionarische Tätigkeit mit umfangreichen völkerkundlichen Studien, die auch heute noch einen großen Wert besitzen. Die Mitbringsel von ihren Reisen werden übrigens seit 1878 in einem Museum gesammelt (darunter auch Exponate von James Cooks 3. Reise) - dem „Völkerkundemuseum Herrnhut".

373. Gewöll- und Rupfungskunde

Was weniger bekannt sein dürfte ist, dass an der Herrnhuter Brüder-Unität ein Mann wirkte, der ein völlig neues Wissensgebiet im Bereich der Ornithologie begründete, die „Gewöll- und Rupfungskunde". Ich meine Otto Uttendörfer (1870-1954). Seine Passion von jungen Jahren an war es, die Ernährungsgewohnheiten unsere einheimischen Greifvögel und Eulen zu erforschen.

Greifvögel, welche Kleinvögel jagen (wie z. B. der Sperber oder der Wanderfalke), hinterlassen sogenannte „Rupfungen" an ihrem „Rupfplatz", also die Federn - die sie, da unverdaulich - von ihrer Jagdbeute durch den Vorgang des „rupfens" entfernen mussten, bevor sie den Vogel fressen konnten. In dem man solche Rupfungen sammelt, sie einer bestimmten Greifvogelart zuordnet und auch die Artzugehörigkeit des Beutevogels anhand seiner Federn bestimmt, lassen sich Aussagen über dessen bevorzugte Beutetiere machen. Vögel dagegen, die ihre Beute - insbesondere Kleinsäuger - als Ganzes verschlingen, müssen die unverdaulichen Reste wieder herauswürgen. Diese Speiballen werden bei Greifvögeln und Eulen gewöhnlich „Gewölle" genannt. Sie enthalten fast immer Skelettreste (z. B. Schädel) ihrer Beutetiere, anhand der die Art der Beutetiere identifiziert werden kann. Uttendörfer hat auch sie gesammelt und penibel analysiert. Zudem baute er ein deutschlandweites Netz von Beobachtern auf, die ihm Rupfungen und Gewölle bzw. deren Analysen zur Verfügung stellten. Aus deren Auswertung resultiert Uttendörfers Hauptwerk *„Die Ernährung der Deutschen Raubvögel und Eulen“* (1939), in dem er auf über 400 Seiten seine Ergebnisse systematisch vorstellt. Nach dem Krieg wurde ihm aufgrund seiner Forschungen eine Vielzahl akademischer Ehren zuteil.

Seine Methode der Gewöllanalyse wird heute von Biologen gern verwendet, um z. B. den Kleinsäugerbestand eines Gebietes auf eine ökonomische Art und Weise zu erforschen. Denn Greifvögel und Eulen sind bessere Jäger als Biologen Fallensteller. Erfreulicherweise nehmen tendenziell die Bestände der Greifvögel und Eulen – mit Ausnahmen – in den letzten Jahrzehnten langsam wieder zu, wie entsprechende Monitorprogramme beweisen. Insbesondere hat der Jagddruck (z. B. auf Sperber und Habicht) stark abgenommen und einige Arten, wie der Wanderfalke, konnten durch Auswilderungsprogramme in ihren angestammten Lebensräumen wieder etabliert werden. Ich denke hier besonders an die Sächsisch-Böhmische Schweiz, wo man ihn seit einigen Jahren wieder beobachten kann. Er hat übrigens mittlerweile auch die Straßenschluchten mancher Großstädte als Brut- und Jagdgebiet (verwilderte Tauben) entdeckt – so im Zentrum von Frankfurt am Main und sogar in Berlin, Alexanderplatz. Dabei sah es Anfang der 1960er Jahre in Deutschland gar nicht gut für den größten und schnellsten einheimischen Falken aus. Die dramatische Ausdünnung des Bestandes lag dabei weniger an einer illegalen Nestlingsentnahme oder einer Lebensraumzerstörung, sondern an vermehrt ausbleibenden Bruterfolgen. Die Ornithologen, welche ehrenamtlich die Brutplätze überwachten um Störungen und Nestplünderungen auszuschließen, stellten fest, dass häufig die Eier während des Bebrütens zerbrachen. Ihre Schalen waren dünner und brüchiger geworden.

374. Dichlordiphenyltrichlorethan (DDT) und Vogelwelt

Der Grund dafür war ein seit den 1940er Jahren immer stärker in der Land- und Fortwirtschaft eingesetztes Insektizid mit dem chemischen Wirkstoff Dichlordiphenyltrichlorethan, welches eher unter seinem Trivialnamen DDT bekannt geworden ist. Auf den ersten Blick hatte diese seit 1874 bekannte Chemikalie eine ganz ideale insektizide Wirkung. Geringste Mengen töteten Insekten ab, während es für Warmblütler und für Pflanzen keine oder nur in höheren Dosen eine geringe Giftwirkung zeigte. Außerdem lässt sich Dichlordiphenyltrichlorethan relativ leicht und äußerst billig herstellen. Für die Entdeckung der insektiziden Wirkung von DDT (1939) wurde der Schweizer Chemiker Paul Hermann Müller (1899-1965) im Jahre 1948 mit dem Nobelpreis für Medizin ausgezeichnet. Zu dieser Zeit war DDT „das" Insektizid der Wahl, mit welchen man selbst die Köpfe von Kindern einpuderte, wenn sich in deren Haarschopf Kopfläuse eingenistet hatten. Der intensive Einsatz von DDT zur Schädlingsbekämpfung (insbesondere in den USA) zeigte aber schnell Nebenwirkungen, die man nicht bedacht hat. DDT ist eine äußerst stabile Verbindung, die in der Natur kaum abgebaut wird und sich deshalb im Boden und im Wasser anreichern kann. Viel bedenklicher war jedoch der Umstand, dass eine Anreicherung auch über die Nahrungskette erfolgt. Besonders insektenfressende Vögel und in Folge „Vögel" fressende Greifvögel waren davon betroffen. Ab einer gewissen Konzentration wirkt es nämlich als Enzym, welches die Calziumeinlagerung in die Eierschalen der Vögel hemmt. Die Eischalen werden brüchiger und Bruterfolge bleiben aus. Die Folge war, dass die Ornithologen in den USA bereits Anfang der 1950er Jahre einen dramatischen Rückgang von Greifvögeln wie den Wanderfalken und sogar dem Weißkopfseeadler, dem Wappentier der USA, bemerkten. Schnell erkannte man eine Korrelation der negativen Bestandsentwicklung mit dem stetig ansteigenden Einsatz von DDT-haltigen Pestiziden. Auch in Europa zeigten sich die gleichen alarmierenden Symptome. Die negativen Auswirkungen waren aber nicht nur auf Vögel begrenzt. Auch Fische und Säugetiere wie z. B. Robben waren davon betroffen. Auch im Menschen sammelte sich nach und nach DDT an und begann dessen Gesundheit zu gefährden. Das brachte die Umweltschützer auf die Palme, und so entstand die erste organisierte Ökologiebewegung in den USA, die vehement ein Verbot des Einsatzes von DDT und anderen chemischen Substanzen forderten.

375. Der stumme Frühling

Und genau zu dieser Zeit erschien ein Buch einer damals noch recht unbekannten Biologin mit Namen Rachel Carson (1907-1964), welches schnell extrem populär wurde und somit auch von der Politik nicht ignoriert werden konnte: *„Der stumme Frühling"* (Silent Spring). Es erschien 1962 und sollte zu einem der einflussreichsten Bücher des 20. Jahrhunderts werden. Darin stellt sie wohlbegründet einen Zusammenhang zwischen dem steigenden DDT-Einsatz und den sich daraus ergebenden

Konsequenzen her - wie beispielsweise einen Frühling, in dem es wegen fehlender Vögel keinen Vogelgesang mehr gibt. Es ist klar, dass dieses Buch von der chemischen Industrie und ihrer Lobbyisten sowie einer Vielzahl von Landwirten nicht gerade mit Begeisterung aufgenommen wurde. Und so setzte schnell eine Gegenkampagne ein mit den sattsam bekannten und auch heute noch mit gleicher Vehemenz benutzten Methoden, die da sind: Einschüchterung des Verlages durch Drohen mit rechtlichen Konsequenzen wie beachtlichen Schadenersatzforderungen, Absprechen der fachlichen Kompetenz der Autorin, Vermutung einer durchs Ausland gesteuerten Verschwörung gegen die amerikanische Lebensmittelindustrie, Verdächtigung „kommunistischer Umtriebe“ der Autorin, Behauptung, dass ohne DDT „Käfer“ und „Raupen“ den Amerikanern die Lebensmittel wegfressen würden, Veröffentlichung kruder Gegenpositionen (wie z. B. *„The desolate year“*, in dem eine Welt ohne Pestizide in den düstersten Farben gemalt wird), Schalten von Medienkampagnen, welche zeigen, wie wichtig und wie harmlos Insektenvertilgungsmittel sind etc. pp. Dabei übersah man geflissentlich, dass Rachel Carson nicht das Verbot von DDT gefordert hatte, sondern lediglich einen beschränkten und wohlüberlegten Einsatz (insbesondere was die Langzeitfolgen betrifft) von chemischen Stoffen in der Land- und Forstwirtschaft anmahnte. Denn ihr waren durchaus die Erfolge bewusst, die man mit Hilfe von DDT beispielsweise bei der Eindämmung der Malaria (durch Mückenbekämpfung) in Afrika und Südostasien erzielt hat. Letztendlich konnten sich dann aber doch die Mahner und Umweltaktivisten durchsetzen, da sie - auch dank Rachel Carsons - die besseren Argumente hatten. Und wie hätte es erst ausgesehen, wenn das Wappentier der USA, der Weißkopfseeadler, ausgestorben wäre. Und so trat 1972 ein absolutes DDT-Verbot in Kraft, dem auch viele (mittlerweile alle) europäischen Staaten folgten.

Diese Ereignisse um das DDT herum führten auch zu einer politischen Neubewertung der Risiken, welche chemische Produkte inhärent in sich tragen. Der Einsatz von Pestiziden war jedenfalls ein großes Experiment, bei dem sich erst im Nachhinein die negativen Folgen bemerkbar machten. Und als man 1965 zum ersten Mal DDT in den Körpern von Pinguinen auf Antarktika nachweisen konnte, wurde es offensichtlich, dass sich Chemikalien nicht allein auf das Areal ihrer Anwendung beschränken lassen, sondern - wenn sie langzeitstabil sind - sich letztlich global ausbreiten.

376. Ozonzerstörung durch FCKW

Ein weiteres instruktives Beispiel bildet die Stoffgruppe der Fluorchlorkohlenwasserstoffe, besser unter ihrem Kürzel FCKW bekannt. Sie ist rein künstlicher Natur und wurde speziell als ideales Kühlmedium für Kühlschränke entwickelt (ihr Siedepunkt lässt sich über ihre Zusammensetzung einstellen). Außerdem nahm man an, dass FCKW's chemisch weitgehend inert und deshalb keine Umweltprobleme zu erwarten sind. Sie wurden seit den 1930er Jahren in riesiger Menge produziert und dabei auch zwangsläufig in die Umwelt entlassen. Was man aber nicht bedacht hat, war, dass die Eigenschaft der „Inertheit“ (d. h. der Stoff ist chemisch stabil und geht keine Reaktionen mit anderen Stoffen der Umgebung ein) nur für die Troposphäre gilt. Gelangen dagegen FCKW-Moleküle in die Stratosphäre, dann können sie durch die UV-Strahlung der Sonne gespalten werden, wobei die dabei entstehenden „Produkte“ massiv Einfluss auf die Photochemie dieser Atmosphärenschicht nehmen. Er äußert sich in einer Zerstörung der fragilen, uns vor der UV-Strahlung der Sonne schützenden Ozonschicht. Auch hier musste erst ein „globales“ Experiment stattfinden, bis man sich durchringen konnte, diese Stoffgruppe wegen ihrer fatalen Wirkung auf die Umwelt (Stichwort „Ozonloch“) aus dem Verkehr zu ziehen (international ab dem Jahr 2000).

DDT und FCKW's sind alles künstliche Stoffe, die erst langfristig zur Gefahr werden und deshalb in der Bevölkerung erst einmal wenig Beachtung finden.

377. Katastrophale Chemieunfälle in Seveso und Bhopal

Anders sieht es mit großen Chemieunfällen wie in Seveso (1976) oder Bhopal (1984) aus, letzterer mit über 3800 Toten und noch mehr Verletzten. Sie führten letztendlich recht schnell zu einer Neuorientierung der Risikobewertung chemischer Anlagen und Stoffe, die sich in einer mehr stoffbezogenen Gesetzgebung, was Sicherheitsanforderungen und Umweltverträglichkeit betrifft, niederschlugen. Nicht nur der zu erwartende „Nutzen“ eines chemischen Produkts spielt heute bei entsprechenden Zulassungsverfahren eine Rolle, sondern noch viel mehr dessen nachweispflichtige Umweltverträglichkeit - verbunden mit einer deutlichen Verschärfung (inklusive Kontrollmechanismen) der Sicherheitsanforderungen bei deren Produktion und Anwendung.

Die rasante Entwicklung der chemischen Industrie und die genauso rasante Entwicklung und Synthese neuer Stoffe haben es notwendig gemacht im Detail zu erforschen, wie sich diese Stoffe, einmal freigesetzt, in der freien Natur verhalten und welche Wirkungen sie auf Lebewesen entfalten.

378. Ökotoxikologie

Zu diesem Zweck wurde gegen Ende der 1960er Jahren das interdisziplinäre Forschungsgebiet der Umweltchemie bzw. der Ökotoxikologie etabliert. Man schätzt, dass mittlerweile zwischen 6 und 7 Millionen unterschiedliche chemische Verbindungen bekannt sind, wobei diese Zahl durch mehr oder weniger gezielte Synthesen und Entdeckungen (insbesondere in der Biochemie) stetig anwächst. Ein Bruchteil davon wird in der chemischen Industrie verwendet und gelangt schließlich als Pestizide, Haushaltschemikalien, Toilettenartikel, Nahrungsmittelzusätze, als Arzneimittel sowie als Lösungs- und Desinfektionsmittel (um nur ein paar Beispiele zu nennen) in die Umwelt. Im Idealfall werden sie dort abgebaut. Es gibt aber auch Stoffe, die langzeitstabil sind, sich wie DDT in Nahrungsketten anreichern und letztendlich im menschlichen Körper eine gesundheitsgefährdende Wirkung (z. B. als Karzinogen) entfalten.

379. Das Sevesogift Dioxin

Unter allen Umweltgiften hat insbesondere das Dioxin, genauer 2,3,7,8-Tetrachlordibenzodioxin (TCDD), einen gewissen Bekanntheitsgrad erlangt. Es ist zwar selbst ohne wirtschaftlichen Nutzen, entsteht aber bei bestimmten Verbrennungsprozessen aus Halogenverbindungen bzw. wird als Zwischenprodukt in der chemischen Industrie in größerer Menge hergestellt. Dieser Stoff wäre auch heute noch unter Nichtchemikern kaum bekannt, hätte er nicht einen eingängigen Trivialnamen und wäre er nicht am 10. Juli 1976 bei einem Chemie-Unfall im Bereich der Gemeinde Seveso in Norditalien in großer Menge freigesetzt worden. Seitdem wird das Dioxin TCDD auch gern als „Sevesogift“ bezeichnet. TCDD ist aber auch der Wirkstoff des Entlaubungsmittels „Agent Orange“, welches die Amerikaner in den Jahren des Vietnamkrieges (seit 1965) in großer Menge über dem vietnamesischen Dschungel versprüht hatten. Die Langzeitwirkungen dieses Aktes der chemischen Kriegsführung (obwohl in diesem Fall der Terminus nicht international anerkannt ist, denn es handelte sich ja „nur“ um ein Herbizid) sind noch heute überall in Vietnam präsent: Fehlbildungen bei Kindern, Immunschwäche, Krebserkrankungen.

Doch zurück zu Seveso, der kleinen italienischen Gemeinde in der Lombardei, dessen Name heute niemand kennen würde, wäre dort nicht das bereits genannte Unglück passiert. In der dortigen Chemiefabrik, in der Herbizide hergestellt wurden, kam es durch eine unglückliche Verkettung von Umständen bei der Herstellung von 2,4,5-Trichlorphenoxyessigsäure aus 1,3,4,6- Tetrachlorbenzen zu einer unkontrollierten Reaktion, die mit einer Temperatur- und Druckerhöhung in der Produktionsanlage einherging. Dabei erfolgte eine teilweise Dimerisierung des Trichlorphenols zum hochgiftigen TCDD, bis schließlich der Reaktionskessel explodierte und sich das Dioxin in Form einer Wolke weiträumig über die Umgebung verbreitete. Was dann folgte, war ein Akt der Verschleierung und der anfänglichen Beschwichtigung der Bewohner der Umgebung, die aber schnell die Giftwirkung des Dioxins in Form einer mehr oder weniger akuten Chlorakne zu spüren bekamen - und die Firma schließlich Farbe bekennen musste. Auch setzte ein bedrohliches Massensterben bei den Nutztieren ein, die Dioxin-verseuchtes Gras gefressen hatten. Außerdem verwelkten und verdorrten die Blätter von Bäumen und Sträuchern am Unglücksort. Da bereits 1 Mikrogramm TCDD pro Kilogramm Körpergewicht zu einer schweren Dioxinvergiftung führt und sich dieses Gift nur sehr langsam (unter Einwirkung von Sonnenlicht) abbaut, musste man um Soveso herum zuerst eine Evakuierung der Bevölkerung und anschließend eine großflächige Dekontamination durchführen. Dazu wurde u. a. der Erdboden abgetragen und auf spezielle Sondermülldeponien verbracht.

Das alles hatte natürlich auch noch ein gerichtliches Nachspiel und weltweit wurden die Gesetze, Dioxin betreffend, verschärft, um zukünftig solche Katastrophen auszuschließen. Auch wurde die Analytik weiter verbessert, um auch kleinste Mengen dieses Giftstoffes in der Umwelt nachweisen zu können. So lassen sich heute wenige Nanogramm pro Kilogramm Körpersubstanz sicher messen (1 ppt (parts per trillion) = 1 ng/kg - „trillion“ entspricht unserer „Billion“). Um diese winzige Stoffmenge sich anschaulich vorstellen zu können, vielleicht folgender Vergleich: Wenn man den Erdäquator mit 40.000 km angibt, dann entspricht ein ppt davon einer Länge von 0,04 Millimeter. Wenn man mit solch einer Genauigkeit Analytik betreibt, dann stellt man fest, das TCDD quasi überall vorhanden ist: 3 ppt im Ruß der KFZ-Auspuffe, 40 ppt im Straßenstaub, 2 ppt im Zigarettenrauch usw. Besonders hohe Konzentrationen kann man in der Nähe von Müllverbrennungsanlagen messen, ja sie gelten mittlerweile als richtige Dioxin-Schleudern (bis zu 30 ppb - parts per billion - „billion“ entspricht unserer „Milliarde“), weshalb sie auch einer besonderen Aufsicht unterliegen. Das Problem liegt hier wieder in der Langzeitstabilität des Stoffs und dessen Anreicherung in Umwelt und Mensch. Während man das klinische Bild einer akuten TCDD-Vergiftung sehr gut kennt, existieren über die Auswirkungen geringster Mengen nur wenige gesicherte Erkenntnisse. Demzufolge sollte man alles vermeiden, um Dioxine in die Umwelt zu entlassen. Deshalb müssen auch Müllverbrennungsanlagen gesetzlich vorgeschrieben bei höheren Temperaturen arbeiten, als es die Betreiber aus ökonomischen Gründen gerne hätten.

Der Einsatz von „Chemie“ in der Landwirtschaft hat seit der Verfügbarkeit von Kunstdünger und von Pestiziden die Erträge regelrecht explodieren lassen. Dadurch konnten vielen Millionen Menschen die Lebensgrundlage gesichert werden. Insektizide helfen von Insekten übertragene Krankheiten wie die berüchtigte Malaria oder die Schlafkrankheit einzudämmen. Das alles wird jedoch erkauft mit einer zunehmenden Belastung von Lebensmitteln mit unerwünschten Stoffen. Die durchaus begründete Angst davor sowie ein erwachtes „ökologisches Bewusstsein“ bei den Wohlstandsbürgern der Industrienationen führten zu den Präfixen „Bio“ und „Öko“ vor Lebensmitteln, die durch „ökologische Landwirtschaftsformen“ erzeugt wurden. Dabei versteht man unter „ökologischer Landwirtschaft“ eine besonders naturschonende Landwirtschaft, die sich durch wenig bis gar keinen Einsatz von Kunstdüngern und Pestiziden sowie durch die Berücksichtigung von Umwelt- und Landschaftsschutzbelangen auszeichnet. Diese Art von Landwirtschaft ist natürlich sehr zu begrüßen. Trotzdem muss darauf hingewiesen werden, dass weltweit weniger als 1% der verfügbaren landwirtschaftlichen Nutzflächen in dessen Sinne bewirtschaftet werden – und eine wesentliche Vergrößerung ist aufgrund der stetig steigenden Bevölkerung gerade in den Entwicklungsländern auch nicht zu erwarten. So traurig es auch ist, „Bio“ und „Öko“ ist nur eine Marktnische, die sich in ihrer reinen Form nur in Wohlstandsgesellschaften etablieren kann. Die größte Zeit ihrer Existenz hat sich die Menschheit um „Öko“, wie wir heute sagen würden, überhaupt nicht geschert.

380. Umweltschutz – ein Gedanke des 20. Jahrhunderts

Die Idee, dass es die Umwelt zu schützen und vor übermäßiger Beanspruchung zu bewahren gilt, ist ein Gedanke des 20. Jahrhunderts. Im Römischen Reich wurden riesige Wälder abgeholzt. Die wenigen mächtigen Zedern im Libanon sind ein trauriger Rest aus jener Zeit, als die Phönizier daraus ihre Schiffe bauten. Die Sumerer hatten Jahrhunderte zuvor schon ihr blühendes Land zwischen den Strömen Euphrat und Tigris in eine Salzwüste verwandelt, weil sie die Folgen ihrer Tätigkeit (Bewässerung) nicht vorhersehen konnten. Zu Beginn des 9. Jahrhunderts (n. Chr.) brach das Maya-Reich zusammen – wahrscheinlich aufgrund einer selbstverschuldeten Umweltkatastrophe (induzierte Dürren durch Rodung der Urwälder, um Landwirtschaft auf wenig geeigneten Böden bei steigender Bevölkerungszahl betreiben zu können). Mit dem Beginn der industriellen Revolution im 19. Jahrhundert verschwanden die Wälder Britanniens in den Öfen der Dampfmaschinen und Metallhütten. Und zur Zeit Goethes waren der Harz und der Schwarzwald weitgehend von Bäumen befreit. Man sagt immer, der Mensch ist in der Lage aus der Geschichte zu lernen. Aber das ist ein Irrtum, wie viele Beispiele zeigen. Die Macht des Faktischen macht in der Regel alle individuellen Anstrengungen des Natur- und Umweltschutzes wieder zunichte. Bitterste Armut und noch mehr die Profitgier verschlingen noch heute Minute um Minute einige Dutzend Hektar tropischen Regenwaldes. Die Akteure interessiert es nicht oder sie wissen es nicht oder sie wollen es nicht wahrhaben, dass sie damit langfristig eine der wichtigsten Lebensgrundlagen der Menschen zerstören. In diesem Zusammenhang erscheint es durchaus bemerkenswert, dass der Mensch dieses Risiko erkennt und auch quantifiziert (was seiner Intelligenz zuzuschreiben ist). Genauso bemerkenswert ist, dass er wenig oder nichts dafür tut, dieses Risiko zumindest ein wenig zu verkleinern (was seiner Unvernunft zuzuschreiben ist). Lokal mag die Vernunft siegen, global gesehen überwiegen – angetrieben durch eine immer mehr wachsende Zahl von Menschen auf diesem Planeten – jedoch noch die destruktiven Kräfte. Dass der Mensch sich die Natur „untertan" macht, ist nichts weiter als eine Mär. Er wandelt nur auf einem schmalen Grat der Natur und erhält von ihr keine Vorzugsbehandlung.

381. Der Mensch als ultimative Naturkatastrophe

Seine weitere Geschichte ist genauso unsicher wie die eines jeden anderen Lebewesens auf der Erde. Oder wie es der österreichische Soziobiologe Franz M. Wuketits einmal treffend ausgedrückt hat:

„Der Mensch ist nicht nur Verursacher großer Naturkatastrophen, sondern stellt genaugenommen selbst die größte Naturkatastrophe dar, welche den Planeten gegenwärtig heimsucht."

Die Aussterberaten von Pflanzen und Tieren übersteigen dabei mittlerweile schon diejenigen einiger der großen Massenextinktionen der Erdgeschichte. Der Mensch ist eine „Großverbraucherart". Er hat sich global ausgebreitet, benötigt mehr Nahrung und mehr Fläche und mehr Energie als irgendeine andere Art und vermindert aufgrund seiner Tätigkeit die Diversität des Lebens nachhaltig (um mal ein beliebtes Wort der Ökoszene zu verwenden) – was ihm eines Tages zum Verhängnis werden wird. Und trotzdem ist uns dieses unbestreitbare Faktum kaum bewusst. Der Ökologe R. Kinzelbach hat das in seinem bereits 1989 erschienenen Buch *„Ökologie – Naturschutz – Umweltschutz"* meiner Ansicht nach äußerst treffend charakterisiert:

„In den Industriestaaten haben die meisten Einwohner nicht unbedingt das Gefühl, dass sie oder ihre Gesellschaft prinzipiell am Ende sind. Das steht nur in der Zeitung. Hätten sie nicht – dank der abendländischen Kritikfähigkeit und der hocharbeitsteiligen Gesellschaftsstruktur – ihre Reisenden, Berichterstatter, Kommentatoren, Wissenschaftler, Gurus und Panikmacher, kurzum jenen pluralistischen Sauerteig unruhiger Sensoren, so könnten sie, beschwingt von den Statements ihrer Lenker von Ökonomie und Staat, sogar meinen, die Welt sei in Ordnung."

Wenn man mit klarem Verstand die gegenwärtigen Entwicklungen verfolgt, dann bekommt man ein zwiespältiges Gefühl. Die technologische Entwicklung wird mit großen Schritten vorangetrieben. In naher Zukunft werden Autos völlig autonom über unsere Straßen rollen. OLED-Displays sind mittlerweile so dünn, dass sie sich bald wie Tapeten an die Wand kleben lassen. Immer mehr Menschen sind über soziale Netzwerke miteinander verbunden. Unsere in das Weltall geschossenen Forschungssonden haben das gesamte Sonnensystem in Augenschein genommen und sogar den Zwergplaneten Pluto, quasi einen Außenposten unseres Planetensystems, passiert. Nichts scheint mehr unmöglich zu sein. Was vor hundert Jahren noch ein

„Wunder“ gewesen wäre, ist heute zum Objekt unserer Begierde geworden, das es zu besitzen gilt. Unglücke und Katastrophen geschehen immer nur weit weg und betreffen uns nicht (oder nur selten). Es ist so etwas wie die Ruhe vor dem Sturm.

382. Der Geschützdonner ist schon zu hören

Dabei zeigen sich erste dunkle Wolken am Horizont. Immer mehr Armuts- Kriegs- und Glaubensflüchtlinge drängen sich an den Grenzen der wohlhabenden Staaten und begehren Einlass. Die Bevölkerungsexplosion in den Schwellenländern hält an, während die Geburtenrate in den entwickelten Gesellschaften eher rückläufig ist. Um hegemoniale Ansprüche aufrechtzuerhalten oder einzufordern, werden von den Großmächten Nebenkriegsschauplätze eröffnet, was aber immer öfters ins Auge geht, wie das Beispiel „Islamischer Staat“ zeigt. Moderne Technik und archaische Ideologie bilden dort eine Melange, die für die Zukunft nichts Gutes erwarten lassen. Der Verteilungskampf um Einfluss, Rohstoffe und Energiequellen ist längst im vollen Gange und wir stehen mittendrin.

383. Pandemien

Die Welt ist mittlerweile verkehrstechnisch so vernetzt, dass neu entstehende Infektionskrankheiten mit dem Potential der Spanischen Grippe, die zur Zeit des Endes des ersten Weltkrieges wütete (1918-1920) und weltweit mehr Tote gefordert hat als die eigentlichen Kampfhandlungen (man schätzt, zwischen 25 und 50 Millionen Tote), eine echte Gefahr darstellen, die gewöhnlich völlig unterschätzt wird. Wir in den modernen Industriestaaten vertrauen in dieser Beziehung voll auf ein funktionierendes Gesundheitssystem und verkennen, dass es für einen Massenansturm an Erkrankten nicht konzipiert ist. Es ist sicher völlig richtig, dass Pandemien schon immer Begleiter der Menschheit durch seine Geschichte waren. So wurde das Römische Weltreich in den Jahren 165 bis 180 n. Chr. von einer überaus tödlich wirkenden Infektionskrankheit, man vermutet heute eine besonders virulente Art der Pocken, heimgesucht. Ihr fiel in Vindobona (ein römisches Feldlager im Gebiet des heutigen Wiens) 180 n. Chr. der Philosoph und römische Kaiser Mark Aurel (121-180 n. Chr.) zum Opfer. Diese „Antoninische Pest“, die sich mit kurzen Unterbrechungen über 25 Jahre hinzog und in der Summe nach vorsichtigen Schätzungen wohl 5 Millionen

Menschen das Leben kostete, hatte einschneidende politische Auswirkungen auf das gesamte römische Imperium.

Weitere Pandemien, die in Wellen insbesondere im europäischen Raum wüteten, werden unter dem Begriff des „Schwarzen Todes" (im Mittelalter „Große Pestilenz" genannt) zusammengefasst. Dabei handelt es sich wohl hauptsächlich um die vom Bakterium *Yersinia pestis* hervorgerufene Pest. Sie rottete allein in der Mitte des 14. Jahrhunderts wenigstens ein Drittel der gesamten europäischen Bevölkerung aus. Auch bei der Ausrottung der Eingeborenen Nord- und Südamerikas (*native people*) im Zuge der Eroberung durch europäische Mächte nach 1492 waren Infektionskrankheiten (insbesondere die Pocken) äußerst hilfreich, um es etwas zynisch auszudrücken. Die Pocken sind mittlerweile verschwunden - Dank der Erfindung des Impfens durch den britischen Arzt Edward Jenner (1749–1823). Seitdem haben Infektionskrankheiten weitgehend (und zumindest gefühlt) ihren Schrecken verloren. Aber dieses Gefühl ist gleich in mehrfacher Hinsicht äußerst trügerisch. Während sich bakterielle Infektionskrankheiten mittels antibakteriell wirkender Arzneimittel (noch) relativ gut beherrschen lassen, ist das bei Viruserkrankungen schwieriger bis ganz unmöglich. Hier gilt es Impfstoffe für einen vorbeugenden Schutz zu entwickeln, was i. d. R. sehr schwierig ist. So gibt es für eine ganze Zahl von Viruserkrankungen (dazu gehörte bis vor kurzem auch Ebola) keinen Impfschutz. Obwohl die meisten Virusinfektionen vergleichsweise harmlos verlaufen, so gibt es doch einige Viren, die durchaus zu Pandemien führen können. Hier ist an erster Stelle das hochvariable Influenza-Virus zu nennen. Ein zu spät erkannter Influenza-Ausbruch mit einem Grippevirenstamm, der ähnlich letal wirkt wie derjenige der Spanischen Grippe, könnte sich – wie entsprechende Modellrechnungen zeigen, aufgrund der hohen Mobilität der Menschen schnell zu einer globalen Katastrophe ausweiten. Man schätzt, dass es ohne massive Gegenmaßnahmen gerade einmal 60 Tage dauern würde, bis alle Metropolen der Welt davon betroffen sind.

Von allen vorhersagbaren Katastrophen, die eine entwickelte und maßgeblich in Städten konzentrierte Bevölkerung bedrohen, ist eine Pandemie einer leicht übertragbaren Viruserkrankung am wahrscheinlichsten. Deshalb ist es unbedingt notwendig, sich logistisch auf solch ein Ereignis vorzubereiten, denn es gilt in erster Linie einen Ausbruch zu verhindern. Denn ist eine derartige Pandemie erst einmal im Gange, dann sind damit nicht nur die Gesundheitsbehörden von Entwicklungsländern völlig überfordert, auch in den hochentwickelten Industrienationen gelangt man schnell an die Grenzen. Eine Lehre kann in diesem Zusammenhang der Ebola-Ausbruch (ein hämorrhagisches Fieber mit hoher Letalitätsrate) in Westafrika im

Jahre 2014 sein, der eine Zeitlang die Nachrichtenkanäle dominierte, bis das Interesse daran nachgelassen hat. Die Welt würde heute ganz anders aussehen, wenn das Ebolavirus das gleiche Ansteckungspotential wie das Influenza-Virus der Spanischen Grippe gehabt hätte. So kann man von Glück reden, dass die Epidemie auf ein paar Länder Afrikas begrenzt werden konnte und sich die Zahl der Opfer (wenn das auch zynisch klingen mag) mit etwas über 11.000 in Grenzen hielt (nur um die Größenordnung richtig einzuschätzen, allein die Malaria fordert im Jahr weltweit weit über 1 Million Todesopfer).

Ebola wurde zum ersten Mal im Jahre 1976 in der Demokratischen Republik Kongo beobachtet, wo sich in einem Ort in der Nähe des Flusses „Ebola" 318 Menschen infizierten, von denen 280 starben. Man vermutet, dass das „Wirtstier" von diesem Filovirus mit seiner charakteristischen Form Flughunde sind, die von einigen Afrikanern gern als „Buschfleisch" ab und an verspeist werden. So konnten sie in den menschlichen Körper gelangen und dort ihre todbringende Kraft entfalten - die Menschen verbluteten quasi von innen heraus (deshalb auch „hämorrhagisches Fieber"). Seitdem wurden noch einige weitere Ebola-Ausbrüche beobachtet, die sich primär (soweit nicht verschleppt) auf den zentralafrikanischen Raum konzentrierten und die letztlich alle eingedämmt werden konnten. Das Problem ist, dass solche Virusinfektionen aufgrund ihrer geringen Fallzahl für die Pharmaindustrie meist keinen Anreiz bieten, dagegen spezielle Virushemmer (Virostatika) bzw. Vakzine (zur Anregung der Antikörperbildung) zu entwickeln bzw. die Entwicklung voranzutreiben (an hämorrhagischem Fieber wird durchaus viel geforscht). Und das kann - wie der genannte Ebola-Ausbruch im Jahre 2014 deutlich zeigt - einmal zum Problem werden. In diesem Fall waren aber zumindest in einigen Forschungslabors schon experimentelle Impfstoffe vorhanden, deren Zulassung aber noch weit in der Zukunft lag. Diese Ebola-Vakzinen (von dem insbesondere der von kanadischen Wissenschaftlern entwickelte Wirkstoff rVSV-ZEBOV-GP zu nennen ist) bestehen im Prinzip aus für den Menschen harmlosen Viren, die aber derartig gezielt genetisch verändert wurden, dass sie ein bestimmtes Protein, aus dem Teile des Ebola-Virus aufgebaut sind, produzieren. Der menschliche Körper reagiert darauf und entwickelt dagegen entsprechende Antikörper, wodurch er dann auch vor einen Angriff von „echten" Ebolaviren geschützt ist. Was hier schnell beschrieben ist, erfordert umfangreiche Forschungs- und Entwicklungsarbeiten, die sich durchaus einige Jahre hinziehen können.

Andererseits tauchen alle paar Jahre neue, bisher unbekannte Viren auf. Man denke da beispielsweise an diverse „Schweine- und Vogelgrippeviren" oder an das gerade aktuelle (2015) MERS-CoV (*Middle East respiratory syndrome coronavirus*), die alle ein nicht zu unterschätzendes Gefahrenpotential darstellen, sollten sie oder ihre Abkömmlinge sich zu einer Seuche oder gar, noch schlimmer, zu einer Pandemie entwickeln. Dann kann die Zeit für die Entwicklung eines Gegenmittels nicht ausreichen, um eine Katastrophe zu verhindern. Wichtiger sind deshalb Notfallpläne, die auf eine logistische Eindämmung beruhen (wie z. B. Quarantänemaßnahmen) und die das Vorhalten von Kapazitäten in Krankenhäusern sowie von eventuell nutzbaren Impfstoffen und Arzneimitteln regeln. Bedenklich ist jedoch, dass solche Notfallpläne zwar in Industrienationen obligatorisch sind, sie sich aber bereits bevölkerungsreiche Schwellenländer sowie Entwicklungsländer nicht oder nur in einem unzureichenden Maß leisten können. Wie selbst die WHO festgestellt hat, ist die Menschheit gegen die Entstehung neuer Pandemien nur schlecht vorbereitet. Hier stellt sich die Frage, ob vielleicht irgendwann in der Zukunft ein „Killerkeim" entstehen kann, der das Potential einer nicht mehr beherrschbaren globalen Pandemie in sich trägt. Wäre solch ein „Keim" in der Lage, die ganze Menschheit auszurotten? Diese Frage kann eindeutig mit „nein" beantwortet werden. Und das gleich aus mehreren Gründen. Erstens ist der Mensch als biologische Spezies global verbreitet und er kann als „Allesfresser" eine Vielzahl von Nahrungsmittel nutzen. Dazu kommt, dass es in der Population „Menschheit" eine genügend große genetische Vielfalt gibt, so dass es immer Individuen geben wird, die gegen einen Krankheitskeim, ob Bakterium oder Virus, immun sind. Bei einer nichtbeherrschbaren Seuche (wie z. B. teilweise die „Große Pestilenz" im Mittelalter) kann es zwar zu erheblichen Verlusten an Menschenleben kommen, wobei die mit hoher Wahrscheinlichkeit zusammenbrechenden Gesellschaftsstrukturen neben der eigentlichen Infektionskrankheit einen nicht unwesentlichen Anteil daran haben werden. Aber zu einer Ausrottung der Art *Homo sapiens* wird es deswegen nicht kommen. Selbst ein „Meteoritentreffer" unterhalb des „Chicxulub-Niveaus" sowie ein atomarer Schlagabtausch zwischen den Großmächten wäre dazu nicht in der Lage – trotz der im letzteren Fall einhergehenden radioaktiven Verseuchung. Wie gesagt, es geht hier nur um den Menschen als biologische Art. Die Lebensumstände sind jedoch mit denjenigen vor solch einem „Ereignis" kaum zu vergleichen und es wird eine geraume Zeit ins Land gehen müssen, bis das „Leben" in unserem Sinn wieder lebenswert erscheinen mag. Man sollte also alles, was von uns selbst beeinflussbar ist, tun, um sowohl lokale als auch – im schlimmsten Fall – globale Apokalypsen zu vermeiden.

384. Menschengemachter Klimawandel – das neue Menetekel

„Das" Menetekel, welches gegenwärtig in dieser Hinsicht am deutlichsten an die Wand gemalt wird, ist der „menschengemachte" Klimawandel. Dabei ist hier das Adjektiv „menschengemacht" das eigentliche Problem und der Knackpunkt der Kontroverse, denn das „Klima" hat sich schon immer geändert und wird es auch in Zukunft weiterhin tun. Doch zuerst zur Begrifflichkeit, denn „Wetter" und „Klima" werden oft fälschlicherweise bewusst oder unbewusst zusammengeworfen, obwohl es zwischen „Wetter" und „Klima" einen fundamentalen Unterschied gibt: *„Klima ist dass, was man erwartet, Wetter ist dass, was man bekommt"* (Larry Gates). Der Wetterbericht beschäftigt sich mit dem „Wetter", welches für eine Region morgen und übermorgen mit hoher Wahrscheinlichkeit zu erwarten ist. Die Klimaforschung beschäftigt sich u. a. mit dem Auftreten von Kalt- und Warmzeiten oder, noch exakter, mit den Mittelwerten und Abweichungen vom Mittelwert meteorologischer Parameter für eine vorgegebene Region über einen so langen Zeitraum, dass die genannten statistischen Parameter sinnvoll sind. In der Praxis hat man sich für diese Mittelwertbildung auf einen Zeitraum von mindestens 30 Jahren geeinigt. Für langfristige Untersuchungen mittelt man dann wieder über die Zusammenfassung mehrerer dieser 30 Jahre-Mittelwerte. Schwieriger wird es, wenn man daraus etwas über globale Trends (d. h. für die gesamte Erde) und nicht nur regionale (wie z. B. Mitteleuropa) ableiten möchte. Insbesondere die Bestimmung der zeitlichen Dimension des Klimas ist ein äußerst schwieriges Geschäft. Einmal, weil „Messungen" erst seit einigen hundert Jahren verfügbar sind und zum anderen, weil die Ableitung von Klimaparametern auf indirekten Wege (Baumringe, Eisbohrkerne, geologische Marker wie Sedimentationen, Isotopenverhältnisse) vielfältige methodische Schwächen aufweist. Paläoklimatologie ist deshalb nur in der Lage, Klimaentwicklungen auf der Erde recht grob nachzuzeichnen. Besser sieht es für das Zeitalter des Quartärs (d. h. ungefähr die letzten zweieinhalb Millionen Jahre) und hier insbesondere für das Holozän (ungefähr die letzten 12.000 Jahre) aus – zumindest, was die Nordhalbkugel der Erde betrifft. Für diesen Zeitraum konnten in Bezug auf die mittlere Jahrestemperatur aussagekräftige Temperaturkurven erstellt werden. Sie geben das auf- und ab der Temperaturen wieder und zeichnen damit den Verlauf der sogenannten Interglaziale (Warmzeiten) und den Glazialen (Kaltzeiten) nach, bei denen große Teile Eurasiens und Nordamerikas von einem mächtigen Inlandeispanzer bedeckt waren. Um es gleich vorweg zu nehmen, wir leben heute (glücklicherweise) in einem Interglazial.

Dabei ist die letzte größere Eiszeit, die Weichsel- bzw. Würmeiszeit, noch gar nicht so lange her (sie endete vor ca. 10.000 Jahren).

385. Kleine Eiszeit

Und auch unsere Vorfahren, die beispielsweise zwischen 1675 und 1715 auf der Nordhalbkugel lebten, hatten mit besonders „eisigen" Wintern zu kämpfen – man spricht hier zusammen mit einer ähnlich kühlen Periode zwischen 1570 bis 1630 sogar von einer „Kleinen Eiszeit". Dagegen betrieben die Wikinger des „Erik des Roten" noch bis vor ~1000 Jahren Viehzucht auf den üppigen Weiden des „Grünen Landes" (Grönland), bis eine relativ plötzlich einsetzende Abkühlung dazu führte, dass sie um 1350 ihre Siedlungen schließlich aufgeben mussten. Die Ursachen für den natürlichen Klimawandel sind vielfältig, was dazu führt, dass Klimasysteme äußerst komplexe Systeme sind, die sich einer einfachen Beschreibung widersetzen. Einen ganz wesentlichen Aspekt, die Milankovic-Zyklen, habe ich in einem anderen Zusammenhang ja bereits erwähnt.

386. Treibhauseffekt

Weiterhin muss man, wenn man den Wandel des Erdklimas verstehen will, wissen, dass unsere „gemäßigten" Temperaturen das Resultat eines „Effektes" sind, den man (nicht ganz glücklich gewählt) „Treibhauseffekt" nennt und von dem die meisten annehmen, dass er im Wesentlichen von dem Spurengas Kohlendioxid verursacht wird - was aber so nicht (ganz) stimmt. Ich komme darauf noch zurück. Ohne diesen Treibhauseffekt läge die Gleichgewichtstemperatur der Erde ziemlich genau bei -18 °C. Diesen sogenannten Gleichgewichtstemperaturwert kann man ohne einen allzu großen Fehler zu machen als die mittlere Jahrestemperatur der Erde interpretieren (obwohl der Begriff einer „mittleren Jahrestemperatur" eines Planeten thermodynamisch wenig sinnvoll ist). Da sie aber in Wirklichkeit +14 °C beträgt, muss die Differenz von 32° als das Resultat des genannten Treibhauseffektes angesehen werden. Die Physik, die dahinter steckt, ist komplizierter als gemeinhin angenommen wird und auch noch nicht bis in das letzte Detail verstanden. Dazu vielleicht nur so viel: Die Erdatmosphäre ist für die Sonnenstrahlung im optischen Bereich nahezu durchlässig, d. h. sie gelangt nur wenig beeinflusst bis zur Erdoberfläche, wo sie von Land und

Meer teilweise absorbiert und teilweise reflektiert wird. Dadurch erwärmt sich die Oberfläche und strahlt entsprechend ihrer Temperatur Infrarotstrahlung (Wärmestrahlung) ab, für welche die Erdatmosphäre für bestimmte Wellenlängenbereiche nun nicht mehr transparent ist. Der Grund dafür sind bestimmte Gase, deren Moleküle nicht wie Stickstoff oder Sauerstoff (die Hauptbestandteile der irdischen Lufthülle) homonuklear sind. Diese meist dreiatomigen Moleküle sind in der Lage, die von der Erdoberfläche emittierte Infrarotstrahlung zu absorbieren (d. h. sie werden energetisch angeregt – insbesondere deren Rotationsniveaus), weshalb man sie den Treibhausgasen zurechnet. Derartig angeregte Moleküle geben die aufgenommene Energie aber nach einer kurzen Zeit wieder ab - z. B. durch Stöße mit anderen Molekülen - bzw. durch die Reemission der zuvor absorbierten Strahlung. Diesmal erfolgt die Reemission aber nicht mehr zielgerichtet vom Boden in Richtung Weltraum, sondern isotrop in alle Richtungen, also auch auf die Erdoberfläche zurück, die nach der gängigen Lehrmeinung dadurch etwas mehr Strahlungsenergie erhält als direkt von der Sonne (an der Stelle habe ich zumindest meine Zweifel mit dem gängigen Paradigma, da ich nicht einsehen kann, wie Wärme von der kälteren Atmosphäre zur wärmeren Erdoberfläche fließen soll...). Im Endeffekt stellt sich nach dieser Theorie eine neue Gleichgewichtstemperatur zwischen solarer Einstrahlung und terrestrischer Ausstrahlung ein (beide Anteile sind immer gleich), die größer ist als ohne der Präsenz von Treibhausgasen. Das zur Theorie, die im Detail aber weitaus komplizierter ist.

Was sind nun diese Treibhausgase? In der Reihenfolge des Maßes ihrer Wirkung sind das Wasserdampf, Kohlendioxid und Methan plus noch ein Dutzend weiterer Gase äußerst geringer Konzentration. In dieser Auflistung ist der Wasserdampf der Hauptverursacher des natürlichen Treibhauseffekts (sein Anteil an den 32° wird auf über 60% geschätzt). Dann folgt das Kohlendioxid, dessen Konzentration, wieder nach der aktuellen Lehrmeinung, gewissermaßen eine Regelgröße des Treibhauseffektes darstellt. Es gelangt im Wesentlichen durch vulkanische Exhalationen in die Erdatmosphäre (und in die Weltmeere) und wird hauptsächlich durch Verwitterungsprozesse von Gesteinen wieder aus der Atmosphäre entfernt. Seit Beginn des industriellen Zeitalters hat sich noch eine weitere Kohlendioxidquelle aufgetan, die der menschlichen Tätigkeit zuzuschreiben ist - und zwar in Form der Kohlenstoffverbrennung zur Energiegewinnung.

387. Anthropogener Treibhauseffekt

Deren Anteil am gesamten Treibhauseffekt wird gewöhnlich als „anthropogener Treibhauseffekt" bezeichnet - und auf ihn gründet sich die Angst vor einer globalen Klimakatastrophe, die es zu verhindern gilt (ungefähr 6% des gesamten in der Erdatmosphäre vorhandenen Kohlendioxids ist anthropogenen Ursprungs). Die Logik, die dahinter steckt, lässt sich wie folgt darlegen: Durch Verbrennung fossiler Kohlenstoffe (Kohle, Erdgas, Erdöl) zur Energiegewinnung entsteht als Verbrennungsprodukt Kohlendioxid, dessen Konzentration in der Atmosphäre entsprechend stetig ansteigt (von 280 ppm in der vorindustriellen Zeit auf heute ~400 ppm. Das entspricht 12 CO_2-Moleküle mehr auf 100.000 Luftmoleküle). Mit diesem Anstieg nehmen die Flanken der (bereits gesättigten) Kohlendioxid-Absorptionsbanden zu, wodurch mehr Wärmestrahlung absorbiert wird, was zu einer leichten Erhöhung der Lufttemperatur und diese wiederum zu einer verstärkten Wasserdampfbildung durch Verdunstung führt. Dadurch verstärkt sich der Treibhauseffekt (d. h. mehr Wasserdampf in der Atmosphäre) mit dem Ergebnis, dass die globale Durchschnittstemperatur entsprechend zunimmt. Die Beobachtungen als auch die Theorie weisen eindeutig darauf hin, dass es offensichtlich eine Korrelation zwischen dem globalen Temperaturmittelwert und der Kohlendioxidkonzentration gibt, wobei ein Vorlauf der CO_2-Konzentration in Bezug auf die Temperatur postuliert wird. In dem man mittels Klimasimulationsrechnungen unter Berücksichtigung dieser Korrelation quasi in die Zukunft extrapoliert, ergeben sich die alarmistischen Zahlen für den zu erwartenden Temperaturanstieg in Richtung Apokalypse, welche die Politik zumindest in manchen Industriestaaten mit Deutschland an der Spitze umtreibt. Dabei zeigt sich immer mehr, dass sich die Natur nicht unbedingt an die Simulationen und Modelle der Klimaforscher hält.

388. Seit 15 Jahren keine globale Erwärmung mehr

Denn seit nunmehr 15 Jahren scheint sich nach Satellitenmessungen die globale Durchschnittstemperatur der Erde nicht mehr zu erhöhen, obwohl die Kohlendioxidkonzentration mit ca. 2 ppm pro Jahr weiterhin ansteigt („global" ist hier das Schlüsselwort, denn „lokal" gab es in dem Zeitraum durchaus einige Klimahitzerekorde). Was der genaue Grund dafür ist, wird sowohl unter den Klimatologen als auch den sogenannten „Klimaskeptikern" zurzeit äußerst kontrovers diskutiert. Auch zeigen im Gegensatz zu den theoretischen Erwartungen der meisten Klimamodellbauer die

Messkurven einen deutlichen Nachlauf der Kohlendioxidkonzentration in Bezug auf die globale Mitteltemperatur - ein Effekt, der, da er nicht in das erwartete Bild passt, oft verschwiegen wird. Um es noch einmal zu betonen, es geht nicht darum, ob ein Klimawandel stattfindet (er findet immer statt), sondern um die Frage, wieviel davon, wenn überhaupt, „menschengemacht" ist. Denn alle Vorhersagen beruhen auf äußerst komplexen Klimamodellen, mit deren Hilfe man versucht, quasi die zukünftige Entwicklung des Klimas vorherzusagen. Und das ist durchaus problematisch, wenn man weiß, wie solche Simulationen funktionieren.

389. Kann man Klimasimulationen vertrauen?

Denn man kann ein komplexes System, wie es nun mal das System „Erde" ist, immer nur näherungsweise mathematisch modellieren. Dabei sind weniger die Algorithmen, die auf der Lösung entsprechender Differentialgleichungen beruhen, strittig, sondern eher die Wahl der Anfangs- und Randbedingungen sowie die Wahl der räumlichen Auflösung (man spricht von den sogenannten „Gitterparametern" - Die Erde wird dazu von einem dreidimensionalen Gitternetz umgeben, in dem für jeden Gitterpunkt pro Zeitschritt die meteorologisch signifikanten Größen berechnet werden).

Eine der wichtigsten Fragen, die man sich bei der Arbeit mit derartigen „Klimasimulationen" stellen muss, ist die Frage, inwieweit man ihrer Vorhersagekraft für 10, 100 oder sogar 1000 Jahre vertrauen kann. Und da ist auf jedem Fall Vorsicht und Skepsis angesagt. Ausnahmslos keines der vielen Klimamodelle, die von den verschiedensten Wissenschaftlergruppen zur Klimasimulation eingesetzt werden, konnte den mittlerweile 15-jährigen Stillstand der mittleren globalen Erdtemperatur vorhersagen. Gut, vielleicht ist ein Zeitraum von 15 Jahren auch zu kurz, um hier verlässliche Aussagen machen zu können.

390. Klimasimulationen lassen sich weder validieren noch verifizieren

Aber dahinter könnte sich ein prinzipielles Problem von Klimasimulationen bzw. numerischen Simulationen komplexer Systeme an sich verbergen, auf das schon 1994 Naomi Oreskes, Kristin Shrader Frechette und Kenneth Belitz hingewiesen haben.

Ihre Verifikation und Validierung ist nämlich nicht möglich - es sei denn, man wartet, bis der Vorhersagezeitpunkt, auf den sich die Simulation bezieht, erreicht ist. Dann kann man sehen, ob die Vorhersage eingetroffen ist oder nicht.

Gerade das Problem bei Klimasimulationen ist, dass sie ein äußerst komplexes, an sich chaotisches System ausmitteln müssen, bei dem sowohl die Datengrundlage prinzipbedingt unvollständig und das Wissen über das zu simulierende System bestenfalls näherungsweise richtig ist. Die Wissenschaftler, die solche Klimamodelle entwickeln, können deshalb nie sicher sein, ob das Modell nicht doch irgendwelche relevanten Faktoren übersieht. Das bedeutet natürlich nicht, dass derartige numerische Simulationen hochdynamischer Systeme per se nutzlos wären. Sie sind es natürlich nicht, denn sie helfen, derartige Systeme zu verstehen und deren Entwicklungstrends aufzudecken. Das heißt, man kann mit ihnen „spielen“, um zu sehen, was passiert, wenn an dieser oder jener Stellschraube (z. B. der Kohlendioxidkonzentration) gedreht wird. Man darf aber das Ergebnis einer Simulation, soweit sie zukünftige Zustände betrifft, nicht mit der Wirklichkeit verwechseln, wie das bei Klimamodellen gerne getan wird. Auch muss man berücksichtigen, dass Berechnungen immer mit Zahlen einer festgelegten Stellenzahl (Genauigkeit) ausgeführt werden und die dabei zwangsläufig entstehenden (und sich fortpflanzenden) Rundungsfehler „als Störung“ das Systemverhalten durchaus beeinflussen können. Die numerische Stabilität von derartigen Simulationen hängt dabei entscheidend von den numerischen Lösungsverfahren ab, weshalb die Mathematiker auch sehr viel Aufwand in deren Entwicklung stecken müssen. Bei der Interpretation von Simulationsrechnungen ist deshalb aus allen diesen genannten Gründen besonders große Sorgfalt an den Tag zu legen, insbesondere dann, wenn davon weitreichende politische Entscheidungen abhängig gemacht werden.

Vom Standpunkt des Risikomanagement sollte man die Ergebnisse von Klimasimulationen, insbesondere wenn verschiedene Modelle zu einem jeweils ähnlichen Trend führen (Erwärmung des Planeten), durchaus ernst nehmen und, wenn es Sinn macht (was zu diskutieren wäre), Gegenmaßnahmen ergreifen. Andererseits sind die „Beweise“, die auf Messungen und nicht auf Simulationsrechnungen diverser Klimamodelle beruhen, im Lichte der natürlichen Temperaturschwankungen der Erde bei kritischer Betrachtung immer noch recht dürftig.

391. Usurpierung des Klimawandels durch die Politik

Die Usurpierung des tatsächlich (und schon immer) stattfindenden Klimawandel durch die Politik hat schon zu einigen positiven, aber auch einer Vielzahl negativen Entwicklungen geführt, deren Durchsetzung ohne das Schreckgespenst „globale Erwärmung" so nicht möglich gewesen wären. Wenn man die Modelle ernst nimmt, muss man sich entscheiden, ob man den anthropischen Anteil begrenzen möchte (konkret bedeutet das nach heutiger Auffassung „Drehen an der Kohlendioxidschraube") – was dann nur eine globale Aufgabe sein kann, an der alle kohlenstoffverbrennenden Nationen zu beteiligen sind (wie es gegenwärtig aussieht, ist das, zumindest, was die Entwicklungs- und Schwellenländer betrifft, eine Illusion). Alleingänge a la Deutschland sind in dieser Hinsicht und im wahrsten Sinne des Wortes vollkommen bedeutungslos, was jeder selbst erkennen kann, der in der Lage ist, sich die Zahlen im Internet zusammenzusuchen und zugleich noch fähig ist, einen Taschenrechner zu bedienen. Denn hier gilt, entweder alle gemeinsam ziehen es durch oder man lässt es bleiben. Wenn hier nicht alle großen Kohlendioxid-Produzenten mitspielen (also u. a. China, Indien, die USA und Russland), wird mit Sicherheit der erhoffte Effekt verpuffen. Und alle die, die mitgemacht haben, haben dann einen großen Teil ihrer Anstrengungen (die sie mit vielen Nachteilen erkauft haben) in den Sand gesetzt (man bedenke, dass in den Industriestaaten die Angst vor der Klimaapokalypse sich zu einem bedeutenden Wirtschaftsfaktor entwickelt hat – d. h. damit lässt sich richtig Geld verdienen).

392. Positive Effekte einer Erhöhung der Kohlendioxidkonzentration

Man kann die Argumentation aber auch umdrehen und darauf hinweisen, dass eine höhere Konzentration von Kohlendioxid in der Atmosphäre durchaus positiv sein kann. Nicht wegen einer möglichen Vergrößerung des Treibhauseffekts, sondern wegen der sich verbessernden Bedingungen für das Pflanzen- respektive Nutzpflanzenwachstum. Denn im Allgemeinen wird heute das Kohlendioxid-Molekül eher als eine „Gefahr" für die Menschheit wahrgenommen. Dabei wird verkannt, dass der gesamte in Lebewesen (also auch in uns) eingebaute „Kohlenstoff" primär aus dem

Kohlendioxid der Luft stammt. Würde der Kohlendioxidgehalt der Luft auf einen Wert unter ~150 ppm sinken, dann hätte das fatale Folgen für das Pflanzenwachstum – es würde dann nämlich nicht mehr stattfinden. Richard Feynman (1918-1988), der große Physiker und Nobelpreisträger, hat einmal eine Binsenweisheit aufgeschrieben, die heute noch die meisten Menschen überrascht:

„Bäume bestehen hauptsächlich aus Luft. Verbrennt man sie, werden sie wieder zu Luft, und in der lodernden Glut wird die lodernde Glut der Sonne freigesetzt, die mitwirkte, um die Luft in den Baum zu verwandeln. Und in der Asche finden wir den kleinen Überrest des Anteils, der nicht aus der Luft, sondern aus der festen Erde kam."

Wenn im Frühsommer bei uns in Deutschland die „Energiemaisfelder" zu sprießen beginnen, dann stammt der Kohlenstoff ihrer extrem schnell wachsenden Stängel aus dem Kohlendioxid der Luft, den sie daraus im Prozess der Kohlenstofffixierung per Photosynthese mit Hilfe des Sonnenlichts gewinnen. Eine höhere Kohlendioxidkonzentration in der Luft würde deshalb das Pflanzenwachstum eher stark befördern, wie man bereits aus der Erdgeschichte lernen kann. Da gab es Perioden, wo die Kohlendioxidkonzentration die 1000 ppm – Marke weit übertroffen hat, was mit einem äußerst üppigen Pflanzenwachstum (z. B. im Mesozoikum) verbunden war (zum Vergleich, der heutige Wert liegt bei ~400 ppm). Es kann also durchaus sein, die Klimakatastrophe findet nicht statt und die Erde wird stattdessen grüner, die Wüsten kleiner und die Pflanzen benötigen – wie eben veröffentlichte Forschungsergebnisse zeigen – weniger Wasser für ihr Wachstum. Die Erträge steigen und die Erde kann mehr Menschen menschenwürdig ernähren. Was ich damit sagen will ist, dass die Klima-Futurologie mittlerweile durch ihre Verflechtung mit Politik und Industrie zunehmend zu einer Ideologie ausgewachsen ist, in der die Befürworter und Gegner der These einer sich entwickelnden (menschengemachten) „Klimakatastrophe" unversöhnlich gegenüber stehen. Es wird Zeit, dass auf diesem wichtigen Gebiet wieder die reine Wissenschaft Einzug hält – und zwar in Form ihrer altbewährten, ideologiefreien Methoden. Voraussicht kann dabei nicht schaden. Man sollte die Zukunft aber auch nicht gleich völlig schwarz malen, nur weil es für gewisse Interessengruppen zum Vorteil gereicht. Das Klima wird sich weiterhin ändern, und der Mensch wird dagegen nicht viel Substantielles entgegen zu setzen haben. Ich denke, es gibt gegenwärtig andere menschengemachte Probleme, deren Lösung dringlicher ist. Aber verweilen wir kurz bei den Vorteilen einer erhöhten Kohlendioxidkonzentration in der Erdatmosphäre in Bezug auf die Pflanzenwelt. Sie entnehmen es aus der Atmosphäre (was übrigens zu einer jahreszeitlichen Modulation der Kohlendioxidkonzentration führt) und wandeln es mit Hilfe des Sonnenlichts sowie des Wassers auf eine äußerst raffinierte Weise in Glukose (Traubenzucker) um, wobei Sauerstoffmoleküle frei werden.

Die Bedeutung der Photosynthese für das Leben auf der Erde ist fundamental. Sie kann wohl als eine der wichtigsten "Erfindungen" des Lebens überhaupt angesehen werden. Ohne Photosynthese wäre es auf der Erde mit hoher Wahrscheinlichkeit klein und primitiv und nur auf wenige geeignete Lebensräume beschränkt geblieben. Die sonnengetriebene Produktion von energiereichen organischen Stoffen wie Kohlenhydrate, Lipide und Proteine ermöglichte eine neue Art von Stoffwechsel, der neben den genannten Stoffen als Nahrungsmittel auch gleich den bei der Lichtreaktion anfallenden Sauerstoff als Oxidationsmittel für eine aerobe Lebensweise nutzen konnte. Heterotrophes (insbesondere tierisches) Leben hatte unabhängig von seiner Stellung in der Nahrungskette immer pflanzliches Leben als Primärproduzenten von Biomasse zur Grundlage.

In diesem Zusammenhang ist es durchaus einmal interessant, den von Photosynthese betreibenden Lebewesen (Cyanobakterien, Pflanzen) bedingten Energie- und Stoffumsatz auf der Erde zu analysieren. Das Maß dafür ist die organische Trockenmasse, die im Rahmen phototropher Metabolismen jährlich entsteht. Sie liegt netto (also abzüglich des Stoffverbrauchs durch Atmung) ungefähr bei 115 Gigatonnen (Gt) in terrestrischen und 55 Gt in marinen Ökosystemen. Begrenzende Faktoren stellen dabei u. a. der Wirkungsgrad der Photosynthese (netto i. d. R. weit unter 5 %) und der Gehalt der Erdatmosphäre an Kohlendioxid dar. Letzterer muss immer wieder regeneriert werden (vulkanische Entgasung, Respiration), damit der globale Kohlenstoffkreislauf nicht aus dem Gleichgewicht gerät. Man schätzt, dass der gesamte atmosphärische Kohlenstoff einmal in nur 12,5 Jahren in der Biosphäre umgeschlagen wird. Um die Bedeutung dieser Zahlen auf ein handliches Maß herunter zu brechen (die Photosynthese treibt quasi alle biogeochemischen Kreisläufe irdischer Ökosysteme an), folgendes Beispiel: Jeder kennt ihn, den Laubbaum unserer gemäßigten Breiten – die Rotbuche (*Fagus sylvatica*). Ein 100-jähriges Exemplar besitzt (zumindest im Sommer) etwa 200.000 Blätter mit einer Gesamtfläche von ~1200 m². Sie enthalten ca. 180 g reines Chlorophyll (das ist der grüne "Pflanzenfarbstoff" in dem die Photosynthese stattfindet), aufgeteilt in ~100 Billionen Chloroplasten in den Blattzellen. Diese Chloroplasten sind in der Lage, an einem sonnigen Tag aus ca. 36.000 m³ Luft ~9,4 m³ reines Kohlendioxid aufzunehmen und nachfolgend daraus ~12 kg Kohlenhydrate zu erzeugen. Bei der photolytischen Zerlegung des dafür benötigten Wassers entstehen dabei simultan ~9,4 m³ reiner molekularer Sauerstoff – was dem Tagesbedarf von 2 bis 3 Menschen entspricht. Von den 12 kg Kohlenhydraten wird ein Teil über einen komplizierten biochemischen Prozess in Lignin umgewandelt, welches wir heute gemeinhin als „Holz“ kennen. Kurz gesagt, im Buchenholz stecken nicht nur Aromastoffe, die für das „Räuchern“ von Schinken, Würsten und Käse wichtig sind, sondern auch - wie es Richard Feynman ausgedrückt hat - Sonnenenergie. Man kann sie zum Teil „zurückgewinnen“ in dem man das Holz verbrennt. Das ist, auf organische Abfälle und den schnellwachsenden „Biomais“ bezogen, das Prinzip der Biogasanlagen, nur dass hier das Ergebnis einer „Vergärung“ - und zwar Methan, gewonnen wird, welches dann später, z. B. in einem Gasmotor mit angeschlossenen Generator, verbrannt wird, um auf diese Weise Elektroenergie zu erzeugen.

393. Georg Imbert und der Holzvergaser

Einen Gasmotor kann man aber auch für den Antrieb eines Fahrzeuges verwenden, wodurch wir auf einen Erfinder zu sprechen kommen, den noch vor nicht einmal 70 Jahren jeder einigermaßen gebildete Deutsche vom Namen her kannte: Georg Christian Peter Imbert (1884-1950). Er erfand um 1920 herum den „Holzvergaser“ und etwas später das „Holzvergaserautomobil“. Sein „Treibstoff“ besteht zumeist aus Holzspänen, die man in einem entsprechenden Behälter mitführen kann. Und wenn der Treibstoff einmal knapp zu werden droht, muss man halt kurz anhalten, um im Wald Holz sammeln zu gehen... Aber Scherz beiseite. Der Holzvergasermotor war damals, besonders in den Kriegsjahren, eine sehr angesehene Antriebsquelle, so dass es sich durchaus lohnt, sich seine Funktionsweise einmal zu vergegenwärtigen. Immerhin erhoffte sich das Naziregime mit dieser „Wunderwaffe“ trotz der zuletzt immer aussichtsloseren Rohstofflage den „Endsieg“ doch noch zu erringen. Die beiden Grundtechnologien - die Erzeugung von Gas durch Verschwelung organischer Stoffe (dabei entsteht bekanntlich Kohlenmonoxid) sowie der Gasmotor - waren in den 1920er Jahren selbstverständlich wohlbekannt. Selbst die ersten Zwei- und Viertaktmotoren, die u. a. von Nicolaus Otto um 1865 entwickelt wurden, waren „Gasmotoren“, die man mit Leuchtgas betrieben hat. Dieses „Leuchtgas“ fiel in großer Menge bei der Herstellung von Koks aus Steinkohle an, denn Koks brauchte man wiederum in riesiger Menge bei der Eisen- und Stahlherstellung. Das Verdienst Georg Imbert's war es, den Gaserzeuger (also das Teil, in dem aus Holzspänen „Leuchtgas“ erzeugt wird, welches man in diesem speziellen Fall als „Kraftgas“ bezeichnet hat) so zu verbessern und zu optimieren, dass man damit längere Zeit einen leichten Gasmotor betreiben kann. Stationär aufgebaut ließen sich damit Maschinen antreiben (z. B.

Dreschmaschinen) oder, wenn die Anlage in einen LKW integriert wurde, konnte man damit benzinlos durch die Gegend schippern...

Wenn man zum ersten Mal einen Holzvergaser sieht, so sieht er in etwa aus wie ein Kanonenofen. Unten glimmt ein Feuer und oben schüttet man Holzspäne hinein... Es kommt aber auf sein genaues Innenleben an. Denn in einen „Ofen" entsteht nicht nur ein Gemisch aus Kohlenmonoxid (hochgefährlich!), Kohlendioxid und Wasserstoff, sondern noch eine Vielzahl weiterer Substanzen, die man in ihrer Gesamtheit schlicht als „Holzteer" bezeichnet. Diese übelriechende zähe Flüssigkeit muss unbedingt permanent aus dem Holzvergaser entfernt werden, damit es nicht in den Motor gelangt, der ansonsten schnell seinen Geist aufgeben würde. Der „Ofen" benötigt also zusätzlich noch einen Gaskühler, eine Teerauffangschale und schließlich auch noch einen Nachreiniger, und alles möglichst optimal für eine hohe Gasausbeute ausgelegt. Im Idealfall sollte der anfallende Teer gleich weiter verbrannt werden, damit gar nicht erst größere Mengen davon anfallen. Georg Imbert hat in dieser Beziehung viele Versuche unternehmen müssen, bis er „seine" Optimalauslegung erreichte. Stichwörter dafür sind „Ringdüse", Holzkohlenbett und Luftführung mit Umkehr. Trotzdem blieb der Energiegehalt des entstehenden Gases mit ~1,2 kWh pro Kubikmeter im Vergleich zu reinem Methan (Erdgas, ca. 10 mal höher) doch recht gering. Deshalb musste der Motor eine hohe Verdichtungsstufe (z. B. 1:9) erreichen, was wiederum dessen Konstruktion und Bau erschwerte. Schon zur Zeit seiner Erfindung war deshalb ein Holzvergasermotor, was die Leistungsfähigkeit betraf, einem „Benziner" hoffnungslos unterlegen. Er wurde höchsten in speziellen LKW's eingebaut (natürlich gibt es Ausnahmen, auch PKW's und sogar Motorräder gab es mit Holzvergaser), die wiederum gerne von Gewerken erworben wurden, die selbst viel mit Holz zu tun hatten (z. B. Möbelbetriebe, Tischlereien etc.). Das änderte sich aber ab der zweiten Hälfte des zweiten Weltkrieges, wo Treibstoffe immer knapper wurden. Hier erlebte der Holzvergasermotor auf einmal eine Renaissance, die in Deutschland nach Kriegsende noch einige wenige Jahre anhielt. Dann gab es wieder Benzin und Diesel in Hülle und Fülle und dem Holzvergaser ging es wie den Sauriern - er starb aus. Und auch der Name seines Erfinders geriet schnell in Vergessenheit.

Wie muss man sich nun eine Ausfahrt mit einem Holzvergaserauto, beispielsweise einem „Opel Blitz" - LKW, vorstellen? Zündschlüssel umdrehen und starten war nicht. Als erstes musste man den „Ofen" anheizen. Dazu legte man auf den „Herd" eine ca. 10 Zentimeter dicke Schicht aus guter Holzkohle und darüber ein paar Späne. Etwas Brennspiritus hilft beim Anzünden. Also eine Arbeit, die jedem, der häufig grillt, leicht von der Hand geht. Sobald sich genügend Glut gebildet hat, kann man den Deckel öffnen und den Holzvergaser mit Holzspänen oder anderweitig zerkleinerten Holz befüllen. Man darf am Ende natürlich nicht vergessen, den Deckel wieder aufzusetzen. Sobald der „Vergaser“ genügend Gas produziert, heißt das, den Motor anzuwerfen. Dafür gibt es die berühmte Kurbel, die man von vorn in den Motor stecken musste - so wie man es in alten Filmen manchmal noch sehen kann. Damit musste man quasi händisch die Kurbelwelle ein paarmal drehen, damit die niedergehenden Kolben das Gas ansaugen können und der Holzvergaser auf diese Weise „Zug“ bekommt – so wie der Kamin durch den Schornstein. Mit etwas Glück springt jetzt der Motor an und es steht einer Spritztour nichts mehr im Wege. So alle 100 km muss man jedoch anhalten, um Holzspäne „nachzutanken“. Weitere 50 km weiter ist Termin, um den Gasreiniger zu reinigen. Und nach rund zweitausend Kilometer ist schließlich eine gründliche Reinigung des „Imbertgenerators“ in Erwägung zu ziehen, möchte man nicht, dass die Karre irgendwann in der Botanik stehen bleibt oder der Holzvergaser Feuer fängt und dabei abfackelt. Was man einem bezahlten LKW-Fahrer vielleicht noch zumuten kann, geht jedoch für einen Privat-PKW nun mal gar nicht (schon die Optik entsetzt). Kein Wunder also, dass das Holzvergaserauto kaum jemals wahre Freunde gefunden hat. Übrigens, so wie sich aus den mittlerweile ausgestorbenen Dinosauriern Vögel entwickelt haben, so hat sich aus dem Holzvergaser die Holzpelletheizung entwickelt. Irgendwie lebt die Erfindung Georg Imberts doch noch weiter. Und wenn man deren Technik zugrunde legt (Computersteuerung etc.), dann hätte heute vielleicht sogar ein Holzvergaserauto wieder eine Chance, vielleicht ökologisch CO_2-neutral beheizt mit Biomaispellets. So gesehen ist es echt verwunderlich, dass man im Zuge der Energiewende auf diese Technologie noch nicht aufgesprungen ist. Der Gesamtwirkungsgrad sollte sogar besser sein, als wenn man aus Holz oder anderen organischen Stoffen zuerst Biodiesel herstellen und dann als Sprit verwenden würde.

394. Das Gyroauto

Weil wir gerade bei ökologisch-nachhaltigen Antriebssystemen sind, muss unbedingt noch das in den 1950er Jahren nur kurzzeitig die Welt erblickende Gyroauto, ein spezielles Elektrofahrzeug, erwähnt werden. Es handelt sich dabei um eine eidgenössische Erfindung, bei der zur Energiespeicherung ein großes Schwungrad Verwendung fand. Es wird bei einem Stopp an einer Haltestelle mittels eines Elektromotors immer wieder neu beschleunigt, wobei der erforderlichen Strom über entsprechende Stromabnehmer auf dem Dach, ähnlich einem Trolleybus, bezogen wird. Insgesamt wurden 17 Busse (und nur Busse) mit diesem Antriebssystem gebaut, bei denen ein 1,5 Tonnen schweres Schwungrad (Durchmesser 1,7 Meter), welches zwischen zwei stabilen Rahmenträgern aufgehängt war, auf rund 3000 Umdrehungen pro Minute gebracht wurde. Das dauerte aus dem Stand ungefähr 2 Minuten. Dann konnte sich der Bus von seiner Stromquelle abkoppeln und mit der im Schwungrad gespeicherten Energie ca. 6 km weit fahren, wobei eine Höchstgeschwindigkeit von 50 km/h erreicht wurde. Aber offensichtlich hat sich diese Idee nicht bewährt, denn seit 1960 wurde keines mehr von ihnen auf irgendwelchen Straßen der Welt gesehen. Aber vielleicht gibt es auch hier eine Weiterentwicklung, wie die vom Holzvergaser zur Holzpelletheizung. Ich möchte die Idee eigentlich gar nicht äußern, um nicht schlafende Hunde zu wecken: Neben jede WKA (Windkraftanlage) ein Schwungrad als Energiespeicher. Immerhin war es im Gyrobus in der Lage, sagenhafte 5 kWh an Energie zu speichern... Und diese Energie kann unberechenbar frei werden, wenn ein Schwungrad zerbirst. Und früher, Ende des 19. Jahrhunderts, wo Schwungräder als temporäre Energiespeicher oder zur Stabilisierung von Drehzahlen rotierender Wellen noch sehr beliebt waren, kam es durchaus öfters zu „Schwungradexplosionen“. Nach einer im Internet zu findenden Statistik starben allein zwischen 1856 und 1883 in Deutschland 16 Menschen bei insgesamt 38 Schwungradunfällen.

395. Die Töpferscheibe

Die Ursachen dafür waren zumeist Material- und Lagerprobleme oder zu hohe Umlauffrequenzen. Das „Schwungrad“ ist übrigens eine ähnlich alte Erfindung wie die Windmühle (sogar noch um einiges älter) – und zwar in Form der Töpferscheibe. Ihr Gebrauch ist bis vor 6000 v. Chr. nachweisbar, und zwar im Zweistromland (Mesopotamien). In Mitteleuropa kann man wohl das Neolithikum als letzte nacheiszeitliche Kulturstufe der Steinzeit als das Zeitalter ansehen, in der keramische Erzeugnisse eine immer größere Bedeutung erlangten. Der Grund dafür war, dass die Menschen sesshaft wurden und Ackerbau und Viehzucht betrieben. In dieser Zeit wurde die Keramik noch ohne Töpferscheibe hergestellt, aber bereits in Öfen gebrannt, um sie dauerhafter zu machen. Die Töpferscheibe ist erst in der darauf folgenden Bronzezeit nachweisbar, in der dann das Steinzeug auch zunehmend rotationssymmetrischer wurde. Was aber noch viel wichtiger ist, die Leute waren damals über viele Jahrhunderte hinweg äußerst konservativ, was die Form sowie die Muster, mit denen sie ihre Keramiken schmückten, betrifft. Der Archäologe, der heute Keramikscherben bei Ausgrabungen alter Siedlungskerne findet, kann deshalb meist bereits durch Augenschein schnell eine grobe Datierung vornehmen: scheinen die Scherben zu einem „glockenförmigen“ Becher zu gehören, dann war deren Hersteller mit hoher Wahrscheinlichkeit ein Mitglied der in Mitteleuropa weit verbreiteten „Glockenbecherkultur“ (zwischen 2600 und 2200 v. Chr.). Sehen dagegen die „Becher“ wie „Trichter“ aus, dann hatte man es mit entsprechender Wahrscheinlichkeit mit einem Produkt der „Trichterbecherkultur“ (zwischen 4200 und 2800 v. Chr.) zu tun. Beide „Kulturen“ überlappen sich mit den älteren „Bandkeramikern“ und den jüngeren, weitgehend mit der Glockenbecherkultur zusammenfallenden „Schnurkeramikern“. Letztere verwendeten äußerst gern Schnüre, um sie zur Musterbildung und damit zur ästhetischen Aufwertung ihres Steinguts in den weichen Ton zu drücken. Ihre Kunstfertigkeit kann man noch heute in einer Vielzahl von Museen mit archäologischen Sammlungen (was die Lausitzer Slawen betrifft, z. B. das Stadtmuseum Bautzen in der Oberlausitz) bewundern. Nach der Entwicklung von Feuersteinwerkzeugen war offensichtlich die Entwicklung von Gebrauchsgegenständen aus getrocknetem und etwas später gebranntem Ton eine besonders wichtige Innovation in der Entwicklung der Menschheit. Im Zweistromland wurden ganze Städte – Weltstädte in ihrer Blütezeit – aus gebrannten Lehmziegeln errichtet. Wurden sie auch mit Sand zugeweht, so verrieten doch große Mengen von Tonscherben oder Tontafeln mit geheimnisvollen Schriftzeichen den ersten Abenteurern, die wir heute „Laien-Archäologen“ nennen würden, dass sich unter diesen Schutthaufen eine versunkene Stadt verbirgt.

396. Keramiken

Gegenstände, die aus anorganischem nichtmetallischem Material wie Lehm oder Ton bestehen und aus denen man durch Formen und Brennen z. B. haltbare Gefäße, Figuren, Fliesen oder Ziegel herstellen kann, werden heute als Keramiken bezeichnet. Darunter findet man mittlerweile High-Tech-Materialien, die unser Leben nun zum wiederholten Male grundlegend geändert haben. So bestehen die Kochplatten unserer Elektroherde aus speziellen Keramiken genauso wie die Spiegel unserer Riesenteleskope, mit denen wir Milliarden von Lichtjahren in den Weltraum hinaus blicken können. Die Meißel unserer Werkzeugmaschinen sind mit extrem harten Keramiken bestückt, die härteste Stähle mühelos zerspanen können und selbst unsere kaputten Zähne werden mittlerweile nicht mehr mit Amalgam, sondern mit Keramikinlays und Keramikkronen geflickt. Keramikplatten verhindern, dass Raumfahrzeuge bei ihrem Wiedereintritt in die Erdatmosphäre verglühen. Auch alle Hochtemperatursupraleiter sind ausnahmslos Keramiken wie YBa2Cu3O7x. Und selbst die Mikroelektronik wäre ohne spezielle Keramiken völlig undenkbar.

397. Porzellan

Dass „Keramik“ nicht nur gebrannter Ton ist, zeigen schon die Vasen und Figuren aus Porzellan, die insbesondere im Zeitalter des Barocks quasi mit Gold aufgewogen wurden. Die ersten Porzellanvasen gelangten bereits im 13. Jahrhundert über die Seidenstraße aus dem fernen China nach Europa. Das rief eine Vielzahl von Begehrlichkeiten in den vermögenden Kreisen hervor, was schließlich mit Beginn des 16. Jahrhunderts zu einem wachsenden Export dieser Waren – nun meist per Schiff – nach Europa führte. Hier ist besonders die holländische Vereenigde Oostindische Compagnie zu nennen, welche quasi als Monopol lange Zeit die europäischen Fürstenhäuser mit Porzellanerzeugnissen aus China sowie Japan belieferte. So entstanden umfangreiche Sammlungen, von denen hier nur die berühmte Sammlung von Vasen aus der Ming-Dynastie im Schloss Versailles (dort wo sich der berühmte Spiegelsaal befindet) genannt werden soll. So wuchs der Wunsch, diese Art des „Steingutes“ selbst herstellen zu können, was aber immer wieder an der Geheimniskrämerei der Chinesen scheiterte. Und so begann man zunächst nur immer bessere Nachahmungen, die sich besonders durch spezielle Glasuren auszeichneten, herzustellen. Am Bekanntesten ist hier das sogenannte Medici-Porzellan, welches etwa ab 1575 in Florenz hergestellt wurde. Es wird auch als „Weichporzellan“ bezeichnet und war damals „der“ Exportschlager dieses oberitalienischen Stadtstaates.

398. Ehrenfried Walther von Tschirnhaus und Johann Friedrich Böttger

Dass schließlich gerade Dresden (bzw. Meißen) einmal ein Zentrum der europäischen Porzellanherstellung werden sollte, hat neben einem an Porzellan interessierten Landesherrn (August der Starke (1670-1733)) mit einem leider etwas in Vergessenheit geratenen Universalgelehrten (sowie natürlich mit Johann Friedrich Böttger (1682-1719)) zu tun: Ehrenfried Walther von Tschirnhaus (1651-1708). Er entstammt einem alten oberlausitzer Adelsgeschlecht, das zwischen Görlitz und Seidenberg seine Landsitze hatte (Tschernhausen, heute Černohousy; Kieslingswalde, heute

Sławnikowice, der Geburtsort E. W. von Tschirnhaus). Sein eigentliches Interesse galt seit seiner gymnasialen Ausbildung in Görlitz der Mathematik. Nach ihm ist z. B. die Tschirnhaus-Transformation benannt, die noch heute jedem Algebraiker bekannt ist. Nach Studium in den Niederlanden und einer anschließenden Bildungsreise durch ganz Europa, bei der er gezielt Wissenschaftler (z. B. Isaak Newton in London, Gottfried Wilhelm Leibniz in Paris, Athanasius Kircher in Rom) und Philosophen (Baruch Spinoza) besuchte, um von ihnen zu lernen, kehrte er 1679 nach Kieslingswalde zurück.

In unserem Zusammenhang ist sein Interesse an der Glasherstellung und dessen Bearbeitung von Bedeutung, die er in Paris kennengelernt hat. Dort verwendete man große Brennspiegel, um Tonerden zum Schmelzen zu bringen. Um diese Versuche wiederholen zu können, begann er selbst mit Hilfe eines Mechanikers Brennspiegel aus Metall herzustellen. Es folgten weitere längere Auslandsaufenthalte, die ihn u. a. wieder in die Niederlande und nach Paris führten. Wieder zurückgekehrt nach Kursachsen, setzte er seine Versuche mit Brennspiegeln fort (einer von ihnen kann in Dresden im Mathematisch-Physikalischen Salon im Zwinger noch heute bewundert werden). Dabei gelang ihm die damals für nicht möglich gehaltene Verflüssigung von Asbest. 1697 wandte er sich an den Kurfürsten August den Starken, um ihn für einen verstärkten Aufbau von Glashütten und Steinzeugwerken zu überzeugen. Das gelang zum Teil mit der Prämisse, dass er zuerst eine gründliche Durchforschung Sachsens nach Edel- und Halbedelsteinen wie Achat, Amethyst u. a. als mögliche Grundstoffe zu organisieren habe. Damit begann eine Phase, in der in Sachsen intensiv nach mineralischen Grundstoffen gesucht wurde. 1700 entstand dann die als „Ostrahütte“ bekannte Dresdener Glashütte, die von v. Tschirnhaus bis zu seinem Tod selbst geleitet wurde.

In diese Zeit fällt den Herrschenden zuerst in Preußen, dann in Sachsen ein junger Alchimist mit Namen Johann Friedrich Böttger auf, der vorgab, aus Silbermünzen Goldmünzen herstellen zu können und es auch überzeugend vor Publikum vorführen konnte (natürlich nur mit Taschenspielertricks, wie man sich denken kann). Da beide Königshäuser Geld brauchten, wurde diese Personalie auf einmal so begehrt, dass Böttger aufgrund eines Kopfgeldes des Preußischen Königs nach Wittenberg fliehen musste (1701), wo er dann auf Befehl von August dem Starken entführt und in „Schutzhaft“ genommen wurde mit der unmissverständlichen Aufforderung *„Mache er mir Gold!“*. Da er natürlich damals noch keinen Schwerionenbeschleuniger, wie einer heute beispielsweise im GSI Helmholtzzentrum in Darmstadt steht, zur Verfügung hatte, war das natürlich eine unmöglich lösbare Aufgabe. Das ahnte auch Ehrenfried Walther von Tschirnhaus, so dass er, nachdem er dienstlich mit dem durchaus begabten Böttger 1702 Bekanntschaft gemacht hatte und 1704 auf königliche Anordnung dessen Chef wurde, ihn auf die Entwicklung von Porzellan ansetzte. Nach vielen Versuchen, die zuerst die Erhöhung der Temperatur der eingesetzten Brennöfen betrafen, gelang es schließlich 1706 „Rotes Steinzeug" (heute „Böttger-Steinzeug" genannt) herzustellen. Es handelt sich dabei um eine unglasierte, durch die hohe Brenntemperatur wasserarme und völlig durchgesinterte quasi porenfreie Keramik rötlicher Färbung mit hoher Bruchfestigkeit. Der wichtigste „Trick" bei deren Herstellung war dabei das „Sintern", ein Verfahren, mit dem sich v. Tschirnhaus lange auseinandergesetzt hat. Darunter versteht man das Erhitzen eines aus zwei Komponenten bestehenden keramischen Ausgangsstoffes auf eine so hohe Temperatur, bei der die Hauptkomponente zwar fest bleibt, die Nebenkomponente aber schmilzt und dabei alle Poren ausfüllt, wobei zusätzlich die Teilchen der Hauptkomponente auch noch glasig verkleben.

Die Herstellung des ersten „echten" Hartporzellans gelang knapp 2 Jahre später, genau am 15. Januar 1708, in der Dresdner Jungfernbastei, wie ein überliefertes Protokoll beweist. Am Ende dieses Jahres verstarb v. Tschirnhaus, aber die Versuche zur Herstellung von Porzellan gingen nun unter der Leitung von Böttger weiter, bis er das endgültige „Rezept" (eine Mischung von Kaolin, Feldspat und Quarz) und die dazugehörige Brenntechnologie im Frühjahr 1709 offiziell vorstellen konnte.

399. Meißner Porzellan

Das war die eigentliche Geburtsstunde des später „Meißner Porzellan" genannten Produktes. Der Name kommt daher, weil die erste sächsische Porzellanmanufaktur in der Meißner Albrechtsburg eingerichtet wurde, in der sie im Sommer des Jahre 1710 auf kurfürstlichen Erlass gegründet worden ist. Seit 1722 sind übrigens die beiden gekreuzten Schwerter ihr Markenzeichen. Ungefähr zur gleichen Zeit entstanden weitere Porzellan-Manufakturen - und zwar nicht nur in Deutschland. Viel Arbeit wurde in die Entwicklung von typischen Dekors und Glasuren gesteckt, die nicht nur zum Markenzeichen bestimmter Manufakturen, sondern auch von ganzen Stilepochen wurden. Heute ist die Technik der Porzellanherstellung weitgehend ausgereizt. Massenprodukte werden mittlerweile auch in Massenfertigung, quasi industriell, hergestellt und die Forschung konzentriert sich auf das riesige Gebiet der Spezialkeramiken, die mit dem, was wir gewöhnlich unter „Steinzeug“ verstehen, wahrlich kaum noch etwas zu tun haben.

400. Hochtemperatursupraleitfähigkeit

Hier sei besonders auf die Suche nach keramischen Materialien hingewiesen, welche die außergewöhnliche Eigenschaft der sogenannten „Hochtemperatursupraleitfähigkeit“ aufweisen. Denn supraleitfähige Materialien eröffnen die Möglichkeit eines völlig verlustfreien Transports elektrischer Energie über große Entfernungen hinweg, der Traum eines jeden Energetikers. Das Problem besteht nur darin, dass in diesem Zusammenhang auch heute noch „Hochtemperatur“ eine Temperatur von weniger als -135 °C bedeutet, also eine Temperatur, die man sicherlich nicht als sonderlich „hoch“ empfindet, wenn man ihr ausgesetzt ist. Das schränkt die Einsatzmöglichkeiten derartiger elektrischer Leiter immer noch ziemlich stark ein, da zu deren Kühlung mindesten flüssiger Stickstoff (Siedetemperatur bei -196 °C) notwendig ist. Ideal wäre ein Supraleiter, der bei gewöhnlichen „Zimmertemperaturen“ funktionieren würde. Aber der Weg dahin ist nach dem gegenwärtigen Stand der Forschung noch weit - wenn es überhaupt Materialien mit dieser Eigenschaft geben sollte (sogenannter „metallischer“ Wasserstoff, aus dem der Riesenplanet Jupiter zu einem hohen Prozentsatz besteht, könnte zwar solch ein Material sein. Es lässt sich aber unter irdischen Verhältnissen (Druck!) in den notwendigen Mengen nicht herstellen).

401. Was ist Supraleitfähigkeit?

Bevor ich in Folge auf die Bedeutung von ganz speziellen keramischen Werkstoffen in Hinsicht auf die Supraleitfähigkeit eingehe, sollte ich vielleicht kurz einmal erklären, was „Supraleitfähigkeit“ eigentlich ist. Wenn wir uns an die Schulzeit oder an die Zeit der „Lehre“ oder des „Studiums“ erinnern (soweit es etwas mit Technik zu tun hatte), dann dürfte das „Ohm'sche Gesetz“ zumindest noch als Begriff eine blasse Erinnerung hervorrufen. Es sagt aus, dass bei konstanter Temperatur das Verhältnis zwischen Spannung und Stromstärke für einen gegebenen metallischen Leiter immer konstant ist, wobei diese Konstante als elektrischer Widerstand („Ohm'scher Widerstand“) bezeichnet wird. Er ist ein Maß dafür, wie stark das Material den Stromfluss in einem Leiter hemmt. Man kann sich das anschaulich vielleicht am besten so vorstellen, dass die negativ geladenen freien Elektronen, die bekanntlich in jedem „Leiter“ vorhanden sind, durch die anliegende elektrische Spannung beschleunigt werden, dabei aber fortwährend gegen die „Atomrümpfe“ knallen, was ihre Bewegung stark behindert. Der Leiter erwärmt sich, da bei diesem Vorgang die Elektronen Bewegungsenergie an ihre Stoßpartner, d. h. die Atomrümpfe im Metallgitter, abgeben. Man denke hier nur an die Wendel einer Glühlampe, die genau deswegen zu glühen beginnt, sobald genügend Strom fließt. Als Resultat dieser Wechselwirkung zwischen Elektronen und Metallgitter stellt sich schließlich so etwas wie eine mittlere Driftgeschwindigkeit ein, die festlegt, wie viele Elektronen pro Zeiteinheit den Leiterquerschnitt durchlaufen, was wiederum der in Ampere gemessenen elektrischen Stromstärke entspricht. Durch Versuche wusste man bereits im 19 Jahrhundert, dass der elektrische Widerstand sowohl stoffabhängig als auch temperaturabhängig ist. Als es gelang, Gase wie Sauerstoff, Stickstoff oder sogar Helium zu verflüssigen und es dann als Kühlmittel zu nutzen, begann man sich auch für das Verhalten des elektrischen Widerstandes bei tiefen Temperaturen zu interessieren. So führte z. B. der Physiker Gilles Holst (1886-1968) im Labor des späteren Nobelpreisträgers Heike Kamerlingh Onnes (1853-1926) Versuche zur Bestimmung des elektrischen Widerstandes von Quecksilber durch, welches er mit flüssigen Helium (dessen Herstellung kurz zuvor seinem Mentor gelungen war) kühlte. Und dabei bemerkte er etwas Erstaunliches. Er beobachtete das plötzliche und vollständige Verschwinden des elektrischen Widerstandes, sobald die Temperatur unter 4,2 Kelvin sank. Sein Chef wollte das erst nicht glauben, aber weitere Versuche zeigten, dass dieses Verhalten wirklich real war. Kamerlingh Onnes nannte dieses bis dahin völlig unbekannte Verhalten des Quecksilbers „Supraleitfähigkeit“. Obwohl es so nicht stimmt, gilt Heike Kamerlingh Onnes als Entdecker der Supraleitfähigkeit. Seinen Nobelpreis (1914) erhielt er aber nicht konkret dafür, sondern ganz allgemein für seine „Untersuchungen der Eigenschaften von Materie bei tiefen Temperaturen“ und der Entwicklung einer Methode, das Edelgas Helium zu verflüssigen.

Die meisten metallischen Supraleiter besitzen Sprungtemperaturen unterhalb von 10 K. Nur die intermetallische Verbindung Magnesiumdiborid wird bereits bei einer Sprungtemperatur von 39 K supraleitfähig, was es zum Spitzenreiter unter den metallischen Stoffen macht. 1986 entdeckten die Physiker Alexander Müller und Georg Bednorz, dass Lanthan-Barium-Kupferoxid bei einer Temperatur von 35 K seinen elektrischen Widerstand verliert. Ein Jahr später wurde eine Kupferoxid-Verbindung (Yttrium-Barium-Kupferoxid) entdeckt, welches bereits bei 92 K supraleitend wird. Diese Art von Supraleiter, bei denen es sich nicht um Metalle, sondern stofflich gesehen um Keramiken handelt, nannte man Hochtemperatur-Supraleiter. Dafür bekamen die beiden IBM-Forscher im Jahre 1987 den Nobelpreis für Physik. Damit begann eine intensive Suche nach weiteren Hochtemperatursupraleitern mit dem Ziel, möglichst solche zu finden, deren Sprungtemperatur in dem Temperaturbereich liegt, in der Stickstoff flüssig ist (zwischen 63 K und 77 K). Denn flüssiger Stickstoff ist leicht herzustellen und damit das Laborkühlmittel überhaupt (als Studenten haben wir es zur unkomplizierten Herstellung leckeren Speiseeises verwendet). Der gegenwärtige Rekord in Hinsicht auf die Sprungtemperatur hält übrigens eine spezielle Keramik mit 138 K. Er besteht seit 1994 und konnte bisher nicht weiter verbessert werden. Ein großer Nachteil supraleitender Keramiken besteht darin, dass sie, wie alle Keramiken, extrem spröde sind und sich aus ihnen keine oder nur sehr schwer flexiblen Drähte, z. B. für supraleitende Spulen zur Erzeugung extrem starker Magnetfelder oder zur Verwendung als Stromkabel, herstellen lassen. Wo sie aber unangefochten sind wie in der Präzisionsmesstechnik, Stichwort *Superconducting Quantum Interference Device* = SQUID, haben sie herkömmliche Messverfahren (insbesondere was Magnetfeldmessungen betrifft) mittlerweile fast vollständig verdrängt. Während es für die „klassische Supraleitfähigkeit" seit 1957 eine allgemein akzeptierte Theorie gibt, ist das für die Hochtemperatursupraleitfähigkeit, wie sie in bestimmten keramischen Materialien auftritt, nur teilweise der Fall. Hier gibt es also auch auf theoretischem Gebiet noch viel zu erforschen.

402. Suprafluidität

Die Supraleitfähigkeit ist mit einem anderen erstaunlichen Phänomen, die Suprafluidität von flüssigem Helium (He-4 unterhalb 2,4 K), verbunden. Bei beiden handelt es sich um physikalische Effekte, die sich im Rahmen der klassischen Physik nicht erklären lassen.

Sicherlich kennen Sie die Lichtmühle, ein evakuierter Glaskolben, in dem sich ein leicht drehbares Flügelrad mit zwei bzw. vier Flügeln befindet, die jeweils auf der einen Seite weiß und auf der anderen schwarz sind. Stellen sie sich nun vor, dass auf diese Flügel eine Düse gerichtet ist, durch die Luft geblasen wird. Dann wird sich das Rad auch im Dunkeln schnell in Bewegung setzen und zu rotieren beginnen. Jetzt stellen Sie sich vor, durch die Düse wird nicht Luft, sondern eine Flüssigkeit, und zwar eine besondere Flüssigkeit - nämlich suprafluides flüssiges Helium hindurchgedrückt. Und da passiert etwas wahrlich Erstaunliches. Jeder würde erwarten, dass der Flüssigkeitsstrahl noch besser als die durch die Düse gedrückte Luft das Rad antreiben wird. Aber nichts passiert. Trotzdem das flüssige Helium auf die Flügel prasselt, ist es nicht in der Lage, einen Druck darauf auszuüben. Suprafluides Helium besitzt je nach Versuchsanordnung eine verschwindende oder eine dem „normalen“ flüssigen Helium ähnliche Viskosität (selbst das ist schon mehr als paradox!). Sie kann sich weiterhin reibungsfrei durch Kapillaren bewegen. Wenn man z. B. in ein Becherglas mit suprafluiden Helium ein langes Reagenzglas stellt, dann wird die Flüssigkeit an dessen Außenseite entgegen der Schwerkraft hinaufkriechen (es entsteht ein sogenannter Rollin-Film) und dann von oben das Reagenzglas füllen, bis es voll oder das Becherglas leer ist. Würde uns das beispielsweise mit Selterswasser passieren, würden wir unseren Augen nicht trauen. Und so gibt es noch eine Vielzahl von weiteren Effekten, die im Fall des suprafluiden Heliums unserem „klassischen Weltbild“ diametral entgegenstehen.

403. Wunderwelt der Quantenphysik

Hier beginnt - makroskopisch erfahrbar - die Wunderwelt der Quantenphysik: Supraleitfähigkeit und Suprafluidität lassen sich nämlich nur im Rahmen der Quantenmechanik erklären. Etwas darüber lernt man bereits in der Schule, zumindest, wenn man Abitur macht. Ansonsten stellt sie eine der Königsdisziplinen eines jeden Physikstudiums dar, und zwar sowohl hinsichtlich der experimentellen Seite (ich erwähne hier nur das Doppelspaltexperiment) als auch - und in noch weitaus größerem Maße - in Bezug auf die Theorie und der ihr zugrundeliegenden Mathematik (z. B. „Operatoren im Hilbert-Raum“). Das für jeden Physiker „Verstörende“ ist dabei nur, dass die theoretische Beschreibung quantenphysikalischer Vorgänge ausgezeichnet funktioniert, die „Vorstellungen“ jedoch, die man sich von diesen Vorgängen zu machen versucht, oftmals dem gesunden Menschenverstand zu widersprechen scheinen. Denken Sie dabei einfach an das hochgradig paradoxe Verhalten von suprafluidem Helium. So ist auch heute noch - bei völliger logischer Konsistenz des zur Beschreibung quantenphysikalischer Vorgänge notwendigen mathematischen Apparats - die Interpretation im Sinn von „Was soll das eigentlich alles?“ oder „Welche Art von Realität liegt der Quantentheorie zugrunde?“ immer noch umstritten. So lässt sich, wenn auch nicht immer in allen Details, Suprafluidität und Supraleitung mit den Mitteln der Quantentheorie durchaus erklären. Im Fall der Supraleitung gelang das schon im Jahre 1957 John Bardeen (1908-1991), Leon Neil Cooper und John Robert Schrieffer, deren Theorie der Supraleitfähigkeit (BCS-Theorie genannt) ihnen 1972 den Nobelpreis für Physik einbrachte. In dieser Theorie geht es um das quantenmechanische Verhalten von Elektronen, die sich trotz ihrer gleichnamigen Ladung (Abstoßung!) unter gewissen Bedingungen, die in Supraleitern bei tiefen Temperaturen erfüllt sind, zu Paaren vereinigen können, was ihr Verhalten grundlegend ändert.

404. Fermionen und Bosonen – der Spin machts...

Elektronen besitzen nämlich wie die meisten anderen Elementarteilchen auch, einen sogenannten Eigendrehimpuls, den man kurz als „Spin" bezeichnet (man stelle sich vor, das Elektron rotiert um seine Rotationsachse, was natürlich bei einem quasi punktförmigen Teilchen Unsinn ist, Quantenmechanik halt). Dieser „Spin" wird in Einheiten einer fundamentalen Naturkonstante gemessen, die man nach ihrem Entdecker Max Planck (1858-1947) als „Planck'sches Wirkungsquantum" bezeichnet. Ist der Spin ein halbzahliges Vielfaches dieser Konstante, dann spricht man von Fermionen - die Elektronen und auch die Nukleonen (d. h. die Bestandteile der Atomkerne, Protonen und Neutronen) gehören dazu. Besitzt ein Elementarteilchen oder ein aus Fermionen zusammengesetztes „Teilchen" wie der Atomkern von He-4 ein ganzzahliges Vielfaches davon (oder Null), dann spricht man von Bosonen. „Fermionen" sind nach dem berühmten italienischen Physiker Enrico Fermi (1901-1954) und Bosonen nach dem indischen Physiker Satyendranath Bose (1894-1974) benannt. Beide Teilchenfamilien unterscheiden sich u. a. grundlegend in ihrem statistischen Verhalten, d. h. wenn sie beispielsweise ein „Gas" (wie die freien Elektronen in einem elektrischen Leiter) oder eine Flüssigkeit (wie das suprafluide He-4) bilden.

405. Quantenmechanischer Zustand

Wie Objekte, also Elektronen, Atomkerne oder ganze Atome bis hin zum „gesamten Universum" in der Quantenmechanik beschrieben werden, erscheint auf dem ersten Blick gewöhnungsbedürftig. Der grundlegende Begriff ist dabei der „Zustand" eines solchen Objektes, der in sich alle über das Objekt „wissbaren" Eigenschaften (oder manchmal auch nur eine spezielle Eigenschaft wie Spin, Ladung, Ort, Impuls oder Kombinationen davon...) subsummiert. Aufgrund seiner mathematischen Struktur spricht man analog dazu auch von einer Wellenfunktion. Dasjenige, was in der klassischen Mechanik die Bewegung eines Objektes (beispielsweise eines Massepunktes) beschreibt, die Newtonsche Bewegungsgleichung („Kraft=Masse mal Beschleunigung“), ist in der Quantenmechanik die sogenannte Schrödingergleichung, die sich nicht mehr so leicht in Worte fassen lässt. Sie bestimmt - analog der Newtonschen Bewegungsgleichung für einen Massepunkt - die „Bewegung“ (besser „Ausbreitung“) eines quantenmechanischen Zustandes („Wellenfunktion“) in Raum und Zeit. Während die Newtonsche Bewegungsgleichung streng determiniert ist (sind der Ausgangsort und die Ausgangsgeschwindigkeit (ausgedrückt durch den Teilchenimpuls) als Anfangswerte sowie die wirkenden Kräfte gegeben, dann lässt sich die vergangene und zukünftige Position des Massepunktes (oder eines Systems aus Massepunkten) prinzipiell für jeden beliebigen Zeitpunkt berechnen), erhält man mit der Schrödingergleichung nur Wahrscheinlichkeiten, ein Objekt (wenn man z. B. den Ort als Zustand verwendet) an einem bestimmten Ort zu finden. Erst wenn man einen Messvorgang auslöst (hier eine Ortsmessung), lässt sich der Ort des Objektes genau feststellen. Dabei bleiben aber u. U. andere Eigenschaften - wie in diesem Fall die Geschwindigkeit (ausgedrückt durch den Impuls) - unbestimmt. Dieser Sachverhalt, den es in der klassischen Mechanik nicht gibt und der mit ein Grund für die vielen Absonderlichkeiten der Mikrowelt ist, wird durch die Heisenbergsche Unschärferelation ausgedrückt.

406. Das Pauli-Verbot

Für „Zustände“ von Mikroobjekten gibt es eine Einschränkung, die von Wolfgang Pauli (1900-1958) im Jahre 1925 gefunden wurde und die generell für alle quantenmechanischen Objekte mit einem halbzahligen Spin (also Fermionen) gilt - das Paulische Ausschließungsprinzip. Vereinfacht sagt es aus, dass sich zwei Fermionen niemals im gleichen Quantenzustand befinden dürfen. Volkstümlich ausgedrückt bedeutet das, dass sich Elektronen „aus dem Wege“ gehen. In einem Fermionengas hat jedes Teilchen quasi „seinen (energetischen) Platz“. Deshalb kann es auch einen nichtthermischen Druck aufbauen, den man den „Entartungsdruck“ nennt. Er rührt von den Teilchen her, die am energiereichsten sind. Sie können ihre Energie nicht an andere Fermionen abgeben, da sie dann ihren quantenmechanischen Zustand ändern müssten. Aber da der neue Zustand bereits durch ein Teilchen im Gas besetzt ist, funktioniert das aufgrund des Pauli-Prinzips nicht. Solch ein „Entartungsdruck“ hält übrigens Weiße Zwergsterne (entartetes Elektronengas) und Neutronensterne (entartete Neutronenflüssigkeit) stabil.

407. Cooper-Paare und Supraleitfähigkeit

Auch jeder „Draht“ (Metall) enthält in sich ein entartetes Elektronengas, welches sich bei angelegter Spannung in Bewegung setzt und durch den Draht strömt. Dabei stößt es gegen die Metallatome, die das Metallgitter bilden und induziert dabei Schwingungen, die durch das Metallgitter wie Schallwellen laufen. Deshalb nennt man diese Schwingungen auch Phononen. Auch sie lassen sich quantenmechanisch durch einen „Zustand“ beschreiben, so dass man in bestimmten Kontexten so tun kann, als ob es „Teilchen“ wären, „Quasiteilchen“ halt. Wenn nun Elektronen mit Phononen zusammenstoßen bzw. wechselwirken, wird deren Bewegungsenergie dissipiert (der Leiter erwärmt sich) und der Stromfluss begrenzt (ohmscher Widerstand). Wenn man jetzt einen Leiter, z. B. Quecksilber, immer weiter abkühlt, dann passiert etwas Bemerkenswertes. Die thermischen Gitterschwingungen (Phononen) nehmen mit sinkender Temperatur immer mehr ab. Sobald die stoffabhängige Sprungtemperatur (für Quecksilber 4,153 K) erreicht ist, kann ein Elektron durch Energieabgabe ein Phonon anregen, und zwar derart, dass ein zweites Elektron durch Absorption eines solchen Phonons einen gleich großen Energiegewinn erzielt. Daraus resultiert eine Polarisation des Metallgitters, welche die Coulombsche Abstoßung zwischen diesen beiden Elektronen unterschiedlicher Spinausrichtung überkompensiert, die nun auf einmal eine schwache Anziehung spüren. Sie bilden jetzt ein Paar (genauer Cooper-Paar, nach dessen Entdecker Leon Neil Cooper) mit einem Gesamtspin Null. Das bedeutet, bei diesen „Cooper-Paaren“ (die im Metallgitter räumlich durchaus weit getrennt sein können) handelt es sich nicht mehr um Fermionen, sondern um „Bosonen“. Bosonen unterliegen aber bekanntlich nicht dem „Pauli-Verbot“ und das hat dramatische Folgen. Sie „kondensieren“ quasi aus dem Elektronengas aus, d. h. sie besetzen schließlich alle den gleichen quantenmechanischen Zustand (es gibt hier eine gewisse, aber wirklich nur gewisse Analogie zur Bildung eines Bose-Einstein-Kondensats, was hier aber nicht näher erläutert werden kann). Und in diesem Zustand sind sie nicht mehr in der Lage, mit Phononen (bzw. mit den Ionen, die das Metallgitter bilden) in Wechselwirkung zu treten. Die Cooper-Paare können nun widerstandslos durch den Leiter fließen, denn sie haben alle den gleichen Impuls. Man spricht hier von einem kohärenten Zustand, wie er auch für suprafluide Flüssigkeiten gilt (dort verschwindet, wie bereits erwähnt, die innere Reibung). Man vermutet, dass in supraleitfähigen Keramiken ein ähnlicher, aber im Detail weitaus komplizierterer Mechanismus der Cooper-Paarbildung wirkt und der nicht auf einer Elektron-Phonon-Wechselwirkung beruht. Die genaue Ursache für die Paarbildung ist bei supraleitfähigen Keramiken (genauer keramische Oxide) nach wie vor unbekannt (bzw. es gibt nur Vermutungen, aber keine abschließende Theorie darüber). Deshalb ist es auch äußerst schwierig, gezielt, d. h. auf der Grundlage des Wissens über die Mechanismen, die zur Hochtemperatursupraleitfähigkeit führen, die Zusammensetzung neuer Keramiken mit dieser Eigenschaft zu ermitteln.

1987 hat man die sogenannte „Flüssig-Stickstoff-Barriere", was die Sprungtemperatur betrifft, durchbrochen. Damit wurden auf einmal technische Anwendungen der Supraleitung möglich, von denen man vorher nur träumen konnte. Noch besser wäre es natürlich, man fände ein leicht herstellbares Material, dessen Sprungtemperatur im Bereich der „Zimmertemperatur" liegen würde. Dann wären auf einmal höchst effektive supraleitende Antriebssysteme wie z. B. für Magnetschwebebahnen oder noch leistungsfähigere Computersysteme denkbar. Im letzteren Fall könnten mittels einer supraleitenden Schaltungslogik (Stichwort *Rapid Single Flux Quantum*-Logik, RSFQ) Taktfrequenzen bis zu 100 GHz erreicht werden. Dass mittels Supraleiter die Verteilung von elektrischer Energie über Kabelnetze revolutioniert werden könnte (Stichwort Ohm'scher Verlust), steht außer Frage. Nur hat man leider den Eindruck, dass die Erfolge, was die Anhebung der Sprungtemperatur von Hochtemperatursupraleitern betrifft, seit ungefähr 2 Jahrzehnten ausbleiben. Man kann also nur hoffen, dass die Materialwissenschaftler neue Zusammensetzungen supraleitender Keramiken entwickeln und die Physiker sie dabei in überschaubarer Zukunft mit einer plausiblen Theorie der Hochtemperatursupraleitung unterstützen. Dabei ist zu erwähnen, das seit 1980 auch organische Supraleiter bekannt sind und auch die Entdeckung der Fullerene, eines speziellen Kohlenstoff-Allotropes (Allotrope sind spezielle Strukturformen eines bestimmten Feststoffs wie hier Graphit, Diamant oder Graphen), haben zur Entdeckung neuer supraleitender Materialien geführt. Ihr gemeinsamer „Nachteil" für den Ingenieur ist jedoch ihre geringe Sprungtemperatur.

408. Magnetresonanzspintomographie

Supraleitende Elektromagneten haben, und das wissen die Wenigsten, zu einer Revolution in der Medizintechnik geführt - zur „Röhre" - wie volkstümlich ein Magnetresonanzspintomograph genannt wird. Damit können, ohne dass man einen Patienten explizit aufschneiden muss (was gewöhnlich von ihm nachvollziehbar als unangenehm empfunden wird), dessen innere Organe in Form von Schnittbildern sichtbar und damit diagnostizierbar gemacht werden. Auch dieses Gerät ist ein Anwendungsfall der Quantenphysik und wäre ohne deren Erkenntnisse nicht realisierbar. Es basiert auf einen Effekt, den man Kernspinresonanz nennt und der darauf beruht, dass Atomkerne elektromagnetische Wechselfelder absorbieren und reemittieren können. Dieses Verfahren (kurz MRT - Magnetresonanztomographie genannt) nutzt die Kombination eines starken, von supraleitenden Spulen erzeugten Magnetfeldes mit einem Hochfrequenz-Impuls zur Anregung der im Körpergewebe in großer Zahl vorhandenen Wasserstoffkerne aus, um aus der Relaxationsstrahlung Protonendichten und schließlich mittels eines Computers Gewebeschnittbilder ableiten zu können. Untersuchungen mittels MRT sind im Gegensatz zu Röntgenuntersuchungen für den Patienten praktisch unschädlich, soweit er keine Metall-Piercings (Magnetfeld!) oder einen Herzschrittmacher sein eigen nennt...

409. Computertomographie

Mit der MRT verwandt ist die Computertomographie CT, die jedoch mit Röntgenstrahlung arbeitet. Auch hier handelt es sich um ein bildgebendes Verfahren, mit dem sich Körperschnitte berechnen lassen. Dazu wird mittels eines Computerprogramms aus einer großen Zahl von aus verschiedenen Richtungen aufgenommenen Röntgenbildern ein dreidimensionales Bild, das Computertomogramm, errechnet. Dabei nutzt man aus, dass Röntgenstrahlung von verschiedenen Gewebetypen unterschiedlich stark absorbiert wird. Indem man das Absorptionsvermögen nicht nur in Projektion misst (wie es bei einer normalen Röntgenaufnahme der Fall ist), sondern deren Absorption aus vielen verschiedenen Durchleuchtungsrichtungen bestimmt, lässt sich unterscheiden, ob die Absorption durch einen räumlich begrenzten Dichteunterschied (Organ) oder durch eine größere Schichtdicke hervorgerufen wird. Mathematisch hat man es in diesem Fall mit einem sogenannten inversen Problem zu tun, bei dem man aus der räumlichen Verteilung der Röntgenintensitäten außerhalb des Körpers auf die inneren Strukturen schließt, in denen die Strahlung absorbiert wird. Die Stichworte für weitergehende Studien sind hier Radontransformation und Fourieranalyse.

CT-Geräte und, etwas seltener, MRT-Geräte, gehören heute trotz ihres hohen Anschaffungspreises zur Grundausstattung einer jeden Universitätsklinik und werden dort auch weitgehend ausgelastet. Wenn es aber einmal mit der Auslastung hapert, werden auch schon einmal eine Moorleiche, eine Gletschermumie („Ötzi“) oder die mumifizierten Reste einer ehemals mächtigen Persönlichkeit aus dem alten Ägypten,

Pharao genannt, in die „Röhre“ geschoben, um zu schauen, welche Zipperlein ihn einst wohl geplagt haben mögen...

410. Pharaonenmord – endlich aufgeklärt

Auch alte Mordfälle lassen sich computertomographisch nachbearbeiten, wie der schauerliche Mord an Ramses III. zeigt, der von 1221 v. Chr. bis 1156 v. Chr. lebte, wobei er, wie überlieferte „Gerichtsakten“ beweisen (sie liegen heute im Ägyptischen Museum von Turin), sein Leben im Rahmen einer von seiner Nebenfrau Teje und seinem Sohn Pentawer angezettelten Revolte auf unsanfte Weise verlor. „Unsanft“ bedeutet in diesem Fall, dass man ihm, wie man nun seit 2012 definitiv weiß, einen 7 Zentimeter tiefen Schnitt in den Hals zugefügt hat. Jedoch dank dessen, dass es im alten Ägypten üblich war, einen verstorbenen Herrscher in Form einer Mumie zu konservieren, lässt sich dieser Mord nach fast 3000 Jahren noch einmal forensisch aufrollen. Die guterhaltene Mumie selbst wurde 1881 geborgen und befindet sich heute im Ägyptischen Museum in Kairo. Dort wurde sie auch computertomographisch untersucht, bei der der erwähnte, unter einem Halstuch (das man nicht entfernen wollte) verborgene Schnitt, ausgeführt von einem scharfen Messer in der Hand eines Meuchelmörders, entdeckt wurde. Damit war bewiesen, dass dieser berühmte Pharao der 21. Dynastie, der sich zu Lebzeiten mit den „Seevölker-Attacken“ herumplagen musste, wirklich einer Palastrevolte (genauer einer Haremsverschwörung) zum Opfer gefallen war. Andererseits zeigten die Aufnahmen aber auch, dass es zum Todeszeitpunkt eh nicht gerade gut um den Gesundheitszustand des Pharaos gestanden hatte. Er war nämlich todkrank und litt u. a. massiv unter Arteriosklerose. Teje und Pentawer hätten vielleicht etwas geduldiger sein sollen. So wurde das Komplott schon kurz nach dem Mord aufgeklärt und der Prinz Pentawer nach einem Gerichtsprozess, wie damals üblich, zum Selbstmord genötigt. Auch seine, im Gegensatz zu Ramses III. nur schlampig ausgeführte Mumie, konnte mittlerweile identifiziert werden, wobei die moderne Genetik dabei maßgeblich mitgeholfen hat. Denn auch Mumien besitzen einen unverwechselbaren genetischen Fingerabdruck.

411. Seismische Tomographie

Doch zurück zur Computertomographie. Anstelle von elektromagnetischen Wellen (zu denen auch die Röntgenstrahlung gehört) lassen sich auch seismische, also „Erdbebenwellen“, für computertomographische Arbeiten nutzen. Nur lassen sich hiermit zwar keine „Organe“, dafür aber Strukturen tief in der Erdkruste und im Erdmantel aufspüren und dreidimensional abbilden. Die von einem Erdbebenherd (Epizentrum) ausgehenden seismischen Wellen durchlaufen die geologischen Formationen entsprechend ihrer stofflichen Zusammensetzung (Dichte) und Temperatur unterschiedlich schnell. Nach welcher Zeit sie bei einem Seismometer an der Erdoberfläche ankommen, hängt konkret vom Weg ab, den sie durch das Erdinnere nehmen, wobei sich die Ausbreitungsgeschwindigkeit in Abhängigkeit der elastischen Parameter der Gesteine (die wiederum temperaturabhängig sind) entlang des Weges verändert. Wie man sich leicht überlegen kann, ist die Zeit vom Epizentrum bis zum Seismometer davon abhängig, in welcher Richtung sie beispielsweise eine räumlich strukturierte Temperaturinhomogenität (z. B. eine Magmakammer) durchläuft. Indem man diese Laufzeit für seismische Wellen, die auf verschiedenen Wegen die Erde durchlaufen, bestimmt, kann man - genauso wie bei der Computertomographie oder MRT - durch Lösung eines „inversen Problems“ die räumliche Struktur einer stofflichen oder thermischen Instabilität im Erdinneren berechnen und bildmäßig darstellen. Oder anders ausgedrückt, die seismische Tomographie versucht aus den an verschiedenen Messstationen bestimmten Laufzeiten des Wellenfeldes auf die Geschwindigkeitsverteilung des durchlaufenen Untergrundes zurückzuschließen um daraus wiederum die geometrischen Parameter der entsprechenden Störstrukturen zu ermitteln.

Fast alle Parameter, von denen die Geschwindigkeit einer Erdbebenwelle abhängt, sind temperaturabhängig. Deshalb kann man in diesem Zusammenhang für die relativen Begriffe „schnell“ und „langsam“ auch die Begriffe „kalt“ und „heiß“ verwenden, um die von diesen Wellen durchlaufenen Bereiche im Erdinneren näher zu beschreiben. Vergleichsobjekt ist dabei immer ein Erdmodell, welches die mittlere seismische Geschwindigkeit als Funktion der Tiefe angibt. Eine Abweichung davon, also eine „Anomalie“, bedeutet dann in dem Fall, wenn die Wellengeschwindigkeit geringer ist als im Modell vorgegeben, dass die Region wärmer und die Festigkeit der Gesteine geringer sein muss als im Normalfall. Natürlich gilt dann auch die umgekehrte Argumentation, wenn die Wellengeschwindigkeiten in der gleichen Tiefe signifikant größer sind als im Modell. Wenn man aus der Beobachtung von „Wirkungen“

(z. B. Schattenbilder eines Objektes aus verschiedenen Projektionsrichtungen) auf deren Ursache (z. B. die Form des dazugehörigen geometrischen Objekts) schließen möchte, muss man, mathematisch gesprochen, ein „inverses Problem" lösen. Im Fall der seismischen Tomographie sind die Ursachen lokale Temperaturschwankungen im Inneren der Erde (die sich, wie bereits gesagt, in einer Änderung der Geschwindigkeit seismischer Wellen niederschlagen) und die Wirkungen sind die von einem seismischen Modell abweichenden Ankunftszeiten von Erdbebenwellen an möglichst vielen verschiedenen Stellen der Erdoberfläche. Ein inverses Problem besteht also darin, aus indirekten Beobachtungen (in diesem Fall sogenannte Laufzeitresiduen) auf die diese Beobachtungen bedingenden physikalischen bzw. geometrischen Eigenschaften (z. B. die Größe und Form einer Magmakammer) zurückzuschließen. Das dazugehörige „direkte Problem" würde dagegen darin bestehen, ausgehend von einer modellmäßig vorgegebenen Magmakammer die Wege möglichst vieler seismischer Wellen rechnerisch zu verfolgen, um die Eintreffzeiten an bestimmten Punkten der Erdoberfläche zu berechnen – ein Verfahren, das an das Raytracing der Computergrafiker erinnert. Mathematisch handelt es sich um eine sehr anspruchsvolle Aufgabenstellung, die schon aufgrund der riesigen Menge von Messdaten, die verarbeitet werden müssen, den Einsatz leistungsfähiger Computer erfordert. Grundlage dafür ist die Umkehrung der sogenannten Radon-Transformation, die numerisch mittels schneller Fouriertransformationen sehr gut gelingt. Die detailreichen Abbildungen von inneren Organen, welche moderne Computer- und MRT-Tomographen zu liefern in der Lage sind, beweisen das.

Die seismische Tomographie ist heute eine der modernsten indirekten geophysikalischen Bildgebungsverfahren, mit denen quasi ein direkter dreidimensionaler Blick in das Erdinnere gelingt. Zum ersten Mal in den 1970er Jahren angewendet, verdankt man ihr wichtige Einblicke in die Struktur des Erdkörpers und in die Funktionsweise der Plattentektonik. Sie wird mittlerweile in allen Größenskalen, so z. B. auch bei der Suche nach Erdöl- und Erdgaslagerstätten mittels künstlicher Beben, eingesetzt. Die Geophysiker nennen dieses spezielle geologische Erkundungsverfahren „Lokalbebentomographie". Es ist schon interessant, wie jeweils das Gleiche mathematische Verfahren helfen kann, Tumore im menschlichen Körper, forensische Spuren in Mumien und die Größe und Gestalt von Magmakammern von Supervulkanen sichtbar zu machen. Hier zeigt sich wie wichtig die Mathematik als Grundlagenwissenschaft ist.

412. Johann Radon aus Tetschen an der Elbe

Als Johann Radon (1887-1956, er stammte aus Tetschen an der Elbe) im Jahre 1917 seinen Artikel *„Über die Bestimmung von Funktionen durch ihre Integralwerte längs gewisser Mannigfaltigkeiten“* in den „...Verhandlungen der Königlich-Sächsischen Gesellschaft der Wissenschaften zu Leipzig“ veröffentlichte, handelte es sich dabei um einen mathematischen Grundlagenartikel ohne Bezug auf irgendeine Anwendungsmöglichkeit. Heute gäbe es ohne diese Grundlagen die Computertomographie nicht, welche mittlerweile unzähligen Menschen das Leben gerettet hat. Das soll ein Hinweis an alle Ignoranten (insbesondere unter den Politikern) sein, die meinen, Forschungen ohne praktischen Bezug einschränken zu müssen. Grundlagenforschung schafft ja gerade die Grundlagen für die angewandte Forschung und sollte deshalb mit besonders hoher Priorität aus sich heraus vorangetrieben werden.

413. Mathematik ist keine Naturwissenschaft aber unentbehrlich

Bleiben wir bei der Mathematik. Es gibt und gab so gut wie keine „Kultur“, die nicht zumindest im Ansatz über so etwas wie Mathematik (und sei es nur des Zählens wegen) verfügt bzw. verfügt hat. Bereits auf Keilschrifttafeln, die aus dem Zweistromland stammen, finden sich mathematische Texte, die z. B. Lösungsverfahren von quadratischen Gleichungen enthalten. Seitdem hat sich die Mathematik zu einem für einen einzelnen Menschen nicht mehr überschaubaren Wissensgebiet entwickelt, dessen Erkenntnisse und Methoden mittlerweile in alle Bereiche der naturwissenschaftlichen und ingenieurtechnischen Forschung und selbst in die „Gesellschafts- und Wirtschaftswissenschaften“ wie die Soziologie und Ökonomie Einzug gehalten haben und von dort nicht wieder wegzudenken sind.

Die Mathematik hat die Eigenschaft, dass sie auf sich selbst aufbaut und dabei die Menge der „Sätze“ und „Beweise“ immer größer wird. Die Algebra stützt sich auf die Arithmetik. Die Geometrie stützt sich auf die Arithmetik und die Algebra. Und die für wissenschaftlich-technische Anwendungen wichtigste und unverzichtbare Disziplin der Analysis in Form der Differential- und Integralrechnung basiert sowohl auf Arithmetik, Algebra und Geometrie. Und so geht es fort. Die Mathematik ähnelt einem gewaltigen Stammbaum, dessen Äste immer weiter wachsen und die immer stärker werden. Und alles, was im Rahmen der mathematischen Forschung einmal „bewiesen" wurde, bleibt bestehen. Das ist der Unterschied zu den Naturwissenschaften (Mathematik ist keine Naturwissenschaft, obwohl sie gerne zu den naturwissenschaftlichen Fächern gezählt wird), wo sich jede Erkenntnis an der Erfahrung, an der Empirie, am Experiment, messen lassen muss.

Seitdem es die Mathematik gibt, reizt es die Mathematiker Probleme zu formulieren, deren Lösung eine besondere Herausforderung darstellen. Sie sind manchmal sehr einfach und einleuchtend zu formulieren, wie der „Große Fermatsche Satz" oder die Goldbachsche Vermutung, die da lautet *„Jede gerade Zahl größer als 2 kann als Summe zweier Primzahlen geschrieben werden."* Die Erstere konnte mittlerweile (1995) von Andrew Wiles bewiesen werden, während sich an der Goldbachschen Vermutung noch heute die Zahlentheoretiker die Zähne ausbeißen.

414. Hilbertsche Probleme

Die erste größere Sammlung von mathematischen Problemen, deren Lösung für die Weiterentwicklung der Mathematik von besonders großer Bedeutung sind, wurde von dem berühmten Göttinger Mathematiker David Hilbert (1862-1943) im Jahre 1900 auf dem II. Internationalen Mathematiker-Kongress in Paris vorgestellt. Diese Zusammenstellung von 23 „Hilbertschen Problemen" sollte die Mathematik des 20. Jahrhunderts maßgeblich voranbringen. Von den Problemen gelten gegenwärtig 15 als gelöst, 3 als ungelöst und 5 als prinzipiell unlösbar, wobei sich die Unlösbarkeit zumeist auf eine unpräzise Fragestellung bezieht. Eines der drei ungelösten Probleme stellt übrigens die Goldbachsche Vermutung dar.

415. Millenium-Probleme

Auch für das 21. Jahrhundert gibt es eine solche Zusammenstellung von mathematischen Problemen, die man als „Millennium-Probleme" bezeichnet. Mit ihrer Lösung kann man sich sogar als Mathematiker etwas Geld hinzu verdienen, denn für jede Lösung dieser 7 Probleme wurde vom Clay Mathematics Institute ein Preisgeld von jeweils 1 Million Dollar ausgelobt. Eines davon haben wir bereits kennengelernt – es ging dabei um die Suche nach exakten Lösungen der für die Strömungsmechanik fundamentalen Navier-Stokes-Gleichungen. Die anderen sind:

- der Beweis der Vermutung von Birch und Swinnerton-Dyer,
- der Beweis der Vermutung von Hodge,
- die Lösung des P-NP-Problems,
- der Beweis der Poincaré-Vermutung (2002 gelöst von Grigori Jakowlewitsch Perelman),
- der Beweis der Riemannschen Vermutung,
- die Erforschung der Gleichungen von Yang-Mills.

Sie sollen hier nicht näher erläutert werden. Wer sich dafür interessiert und vielleicht sogar denkt, dass er etwas zu ihrer Lösung beitragen kann, kann sich darüber selbst im Internet informieren, wo alle Unterlagen dazu auf der Webseite des Clay-Institutes einsehbar sind.

Nun noch kurz ein paar Bemerkungen dazu, wie wichtig gute Kenntnisse in Mathematik sind, wenn man Naturwissenschaftler oder Ingenieur werden möchte. Schon mancher erstsemestrige Physikstudent war überrascht, als er feststellen musste, dass die ersten beiden Jahre hauptsächlich aus Mathematik-Vorlesungen bestehen – und die Hochschulmathematik ganz anders dargeboten wird, als er es von der Schule gewohnt war (in den ersten vier Semestern macht es quasi keinen Unterschied, ob man Mathematik oder Physik studiert). Professionell Physik zu betreiben bedeutet, dass man erst einmal die „Amtssprache" dieser höchst anspruchsvollen Wissenschaft erlernen muss, und das ist nun mal die Mathematik. Das bedeutet jedoch nicht, dass man besonders gut im „Kopfrechnen" sein muss (das können viele Verkäuferinnen oftmals besser als manche gestandene Mathematik- oder Physik-Professoren), sondern es gilt ein mathematisches Verständnis auf möglichst hohem Niveau zu entwickeln, um dieses „Werkzeug" auch erfolgreich zur Problemlösung einsetzen zu können. Und das kann man nur durch üben, üben und nochmals üben. Deshalb sollte man sich als Student nicht wundern, dass man jede Woche neben der obligatorischen Vorlesungsnacharbeitung zig Übungszettel plus umfangreiche Praktikumsprotokolle bearbeiten muss, um einigermaßen erfolgreich über die Runden zu kommen. Viel wichtiger als Begabung sind dabei Fleiß, eine hohe Frustrationsgrenze und der Wille, an einem Problem solange zu arbeiten, bis man „seine" Lösung gefunden hat. Und wenn sie einmal falsch sein sollte, dann einfach noch mal hinsetzen, um den Fehler nachzuvollziehen. Wenn man dagegen nur ein lustiges Studentenleben anstrebt, dann sind die MINT-Fächer dafür definitiv nicht geeignet, es sei denn, man ist sowas wie ein „Überflieger“.

Wer bereits im Vorfeld den Schock etwas abmindern möchte, den der Übergang von der Gymnasialmathematik zur Hochschulmathematik für viele Studenten bereitet, dem empfehle ich im Internet nach Videos mit Mathematikvorlesungen (z. B. auf dem Tübinger Multimedia-Server TIMMS) zu suchen und sich diese einmal anzuschauen. Kann man sich damit anfreunden, dann sollte man wirklich etwas „Mathematiklastiges“ studieren, denn der intellektuelle Lohn, der einen am Ende erwartet, ist nicht zu verachten. Ansonsten wird man mit hoher Wahrscheinlichkeit die ersten Semester nicht überstehen.

Nun noch ein paar Worte zum Internet.

416. Joseph Weizenbaums “Misthaufen“

Joseph Weizenbaum (1923-2008) hat es einmal sinngemäß als einen „großen Misthaufen, in dem viele Perlen und Diamanten verborgen sind“, bezeichnet. Wer es lernt, diese „Perlen“ und „Diamanten“ darin aufzufinden, kann das Internet als eine nie versiegende Quelle zum Erwerb von Wissen nutzen. Bleiben wir dabei nur beim Thema „Vorlesungen“. Der Begriff stammt noch aus der Zeit der Scholastik, als Bücher noch sehr rar waren. Bei einer Vorlesung wird bekanntlich ein Thema mündlich an einer Tafel mit Kreide oder neuerdings per Powerpoint "multimedial" vorgetragen, was den Vorteil hat, dass man den Ausführungen des Vortragenden (im Gegensatz zum Lesen) gleich mit zwei Sinnen folgen kann. Der "Nachteil" ist, dass Vorlesungen i. d. R. nur von eingeschriebenen Studenten besucht werden dürfen und dass man für (öffentliche) Vorträge meistens löhnen muss - und dass sie meist an aktuell unerreichbaren Orten und zu meist unmöglichen Zeiten stattfinden. Das Internet macht es heute im Prinzip für wirklich jeden daran Interessierten möglich, Vorlesungen und Vorträge zu besuchen, ohne seine Wohnung verlassen zu müssen. Auch Vorlesungsskripte sind mittlerweile für jedermann kostenlos im Web auf entsprechenden Seiten zugänglich und können u. U. teure Fachbücher ersetzen. Kurz gesagt, es gibt keinen Grund mehr, unwissend zu bleiben...

Ich selbst verwende einen Tablet - PC, um mir beispielsweise abends bequem im Sessel (oder im Bett, wer es mag) eine Vorlesung, einen Vortrag oder eine BBC-

Dokumentation online anzusehen. Wichtig ist nur, dass man möglichst frühzeitig lernt, die nach Weizenbaum 90% „Mist“ des Internets von den wahren Perlen und Diamanten zu trennen und man sich auf Letztere konzentriert und das Andere, soweit überhaupt möglich, außen vor lässt.

Von Joseph Weizenbaum, dem wohl prominentesten und tiefgründigsten Kritiker der modernen Informationsgesellschaft, stammt auch folgendes Zitat, welches man zugleich durchaus auch als Teil einer Agenda einer modernen Schulpolitik begreifen kann:

"*Die höchste Priorität der Schule ist es, den Schülern ihre eigene Sprache beizubringen, so dass sie sich klar und deutlich artikulieren können: in ihrer stillen Gedankenwelt ebenso wie mündlich und schriftlich. Wenn sie das können, dann können sie auch kritisch denken und die Signale, mit denen sie ihre Welt überflutet, kritisch interpretieren. Wenn sie das nicht können, dann werden sie ihr ganzes Leben lang Opfer der Klischees und Schablonen sein, die die Massenmedien ausschütten.*"

Gerade die Fähigkeit, sich mündlich und schriftlich und dabei noch möglichst fehlerfrei ausdrücken zu können, scheint nicht nur nach meinen eigenen Beobachtungen im Zeitalter von SMS und E-Mail rapide verloren zu gehen. Alexander von Humboldt (1769-1859) und viele seiner Zeitgenossen konnten noch Bücher handschriftlich so schreiben, dass sie 1:1 gesetzt werden konnten.

417. KI - Phrasendrescher und Bullshit-Generatoren

Heute beobachtet man nicht nur hier und da Artikel und Abhandlungen, in denen Unwissenheit oder Inhaltslosigkeit z. B. durch Bombast und sinnbefreite Fremdwörter getarnt wird. Wer sich dieser Methodik exzessiv bedienen möchte, der sei auf ein Produkt der „künstlichen Intelligenz“ a la Weizenbaum hingewiesen, den „Bullshit-Generator“ oder „Phrasendrescher“. Durch Eingabe entsprechender Hauptwörter kann man damit leicht grammatikalisch richtige, aber weitgehend sinnfreie Sätze bilden, die obendrein noch äußerst „gelehrt“ klingen. Durch intelligente Anwendung dieser Hilfsmittel lassen sich übrigens mit wenig Aufwand ganze Passagen, beispielsweise für „Parteiprogramme“ oder „Reden“, generieren - zumindest hat man manchmal den Eindruck, dass das wirklich *in praxi* der Fall ist, wenn man solche liest...

Zum Abschluss noch ein meiner Meinung nach besonders schönes Beispiel aus der sogenannten „Wissenschaftsprosa“, welches ich vor einiger Zeit gefunden habe. Es stammt aus der Linguistik, also einer Wissenschaft, die sich besonders der menschlichen Ausdrucksweise verpflichtet fühlt.

Hier das Zitat:

„Die 'kaleidoskopische Polemik' (W. Lepenies) um das Verhältnis eines zwischen Methodologie und panstrukturalistischer Ideologie oszilierenden Strukturalismus zum Marxismus dominierte in den letzten Jahren die theoretische Szene in Frankreich und führte in den Arbeiten der Schule Althussers zu dem Versuch, über die Assimilierung der Ergebnisse der Linguistik, Kybernetik und einer ihrerseits von linguistischen Aporien her interpretierten Psychoanalyse gegenüber den humanistischen Marxismus-Interpretationen eine 'szientifizierte' Version marxistischer Theorie zu katalysieren.“

Alles klar? Eine Dissertation in solch einem Stil kann eigentlich gar nicht anders als mit „summa cum laude“ bewertet werden.

418. Fahrräder und Fahrrad fahren

Etwas völlig anderes als Sinnfreiheit ist Bewegungsfreiheit - und zwar im körperlichen Sinn. Das Fehlen von Letzterer beim modernen (Stadt-) Menschen hat eine Erfindung wieder zu Ehren kommen lassen, welches dem Autofahrer lange Zeit verhasst war, das Fahrrad. Die Verkaufszahlen (ca. 4 Millionen im letzten Jahr allein in Deutschland) lassen im Vergleich dazu die Automobile alt aussehen. Mit der Einführung des Mountainbikes in den 1990er Jahren hat seine Beliebtheit stetig zugenommen und zwar sowohl als Gebrauchsgegenstand (Fahrt zur Arbeit, innerstädtisches Verkehrsmittel), als auch Sportgerät und Fortbewegungshilfe im Freizeitbereich. Es ist in seiner klassischen Form technisch gesehen weitgehend ausgereizt, in vielen Details „Hightech“, und vom energetischen Standpunkt her (Reichweite und Geschwindigkeit bei einer durchschnittlichen Antriebsleistung von ~150 W) unerreicht. Es dürfte also nicht uninteressant sein, etwas über seine Geschichte zu erzählen, die sich wahrscheinlich bis zum Jahr 1801 zurückverfolgen lässt. In diesem Jahr soll angeblich ein russische Bauer aus dem Ural mit Namen Jefim Artamanow so etwas wie einen „Trittroller“ am Zarenhof vorgeführt haben, was sich aber nicht mehr eindeutig belegen lässt. Die eigentliche „Erfindung“ eines zweirädrigen Gefährts geht auf den badischen Forstbeamten Karl Friedrich Christian Ludwig Freiherr Drais von Sauerbronn (1785-1851) zurück, der damit im Jahre 1817 eine erste Ausfahrt unternahm. Sein von ihm „Veloziped“ benanntes Laufrad wurde dabei von seinen Zeitgenossen eher als Kuriosum angesehen als eines ernsthaften, einer Entwicklung fähigen Personenbeförderungsmittels. So schrieb ein Jahr nach dieser denkwürdigen Ausfahrt über die nun bereits „Draisine“ genannte Fortbewegungsmaschine eine Pariser Postille

„Diese Maschine wird nicht von großem Nutzen sein; denn man kann sich ihrer nur in gut erhaltenen Alleen oder Parks bedienen... Das Fahrzeug ist gut, um Kindern im Garten zum Spielen zu dienen...“

Im gewissen Sinne hatte hier der Autor sogar Recht, denn so etwas, was wir heute als vernünftige Straße bezeichnen würden, gab es zu jener Zeit nur ganz, ganz vereinzelt. Aber von Drais hatte trotzdem den Nerv der Zeit mit seiner Erfindung getroffen und so begannen sich eine Vielzahl weiterer „Erfinder“ und Techniker damit zu beschäftigen, wobei einige unter ihnen ein paar wahrlich abenteuerliche Konstruktionen ablieferten.

Das uns heute „schlechte Wege“ beim Radfahren nicht sonderlich mehr stören (höchstens ärgern, es sei denn, man fährt Rennrad), liegt an der Erfindung des luftgefederten Reifens (Pneu, Patent 1888). Zuvor sahen „Fahrradräder“ wie „Kutschenräder“ aus, d. h. sie hatten eine Holzfelge, die zu deren Zusammenhalt und Schutz mit einem Metallreif ausgestattet war. Die erste wichtige Frage, mit der sich die Ingenieure zu beschäftigen hatten, war die Frage a) der Antriebstechnik und b) der Größe der Räder. Dass das Antriebsprinzip, welches von Drais für seine „Draisine“ genutzt hat, nicht ideal ist, kann jeder nachvollziehen, dem einmal bei einer Radtour die Kette gerissen ist. Die erste Idee war deshalb, das Vorderrad mit einem Pedalantrieb auszustatten. Das erforderte ein möglichst großes Vorderrad und ein um einiges kleineres hinteres Stützrad. Die Vorderradgröße war dabei durch die Sattellage begrenzt, denn es musste ja eine optimale Kraftübertragung auf die Pedalenkurbel gewährleistet werden. Eine Pedalenkurbelumdrehung war in diesem Fall gleich einer Radumdrehung und der dabei zurückgelegte Weg entsprach einem Radumfang. Damit ließen sich im Vergleich zum Veloziped höhere Geschwindigkeiten erreichen und es war auch robuster gegenüber Wegunebenheiten. Dieses als „Hochrad“ bezeichnete Fahrrad kam um 1845 auf und erfreute sich einer gewissen Beliebtheit, bis es von besseren Konstruktionen abgelöst wurde. „Evolutionsbiologisch“ gesehen wurde dabei das Vorderrad immer größer, das Hinterrad immer kleiner, das „Aufsitzen“ immer schwieriger und die Folgen von Unfällen für den Fahrer immer bedrohlicher.

Schlicht, dass Hochrad war in eine evolutionäre Sackgasse geraten, ähnlich wie am Ende der letzten Eiszeit der amerikanische Säbelzahntiger. Während letzterer bekanntlich ausgestorben ist, wird das Hochrad heute in geringen Stückzahlen wieder produziert und bei Schauveranstaltungen gern als Blickfang genutzt.

Die ersten Fahrräder, die schon in etwa wie unsere heutigen Fahrräder aussahen, wurden etwa ab 1861 von dem Franzosen Pierre Michaux (1813-1883) gebaut. Auch sie besaßen noch einen Vorderradpedalantrieb. Das größte Manko war jedoch das schwierige Lenken, da der Pedalantrieb direkt am Vorderrad das Vehikel instabil machte. Ein Amerikaner, ein gewisser Hemmings, sagte sich um 1869 - warum zwei Räder, wenn ein Großes auch geht, und erfand das erste Monocycle. Hierbei sitzt der Fahrer im Inneren eines größeren Rades, welches aus zwei, durch Speichen verbundenen Ringen besteht. Der innere Ring dient dabei quasi als Führungsschiene für das eigentliche Fahrgestell mit Sattel und dem Antriebsmechanismus, der aus einem Antriebsrad mit Pedalen bestand (die Patentliteratur kennt hier eine Vielzahl von Antriebsvarianten bis hin zum Motor). Eine Lenkung gab es ebenso wenig wie eine Bremse, was vom Fahrer einen gewissen Mut abverlangte. Trotzdem erreichte die Kunde vom *„Flying Yankee Veloziped"* auch Europa, wo die „Leipziger illustrierte Zeitung (Jahrgang 1882)" wie folgt darüber berichtet hat:

„Wenngleich das neue Vehikel in Folge des bedeutenden Durchmessers des äußeren Rads nicht geeignet erscheint als Verkehrsmittel praktische Dienste zu leisten, so bietet dasselbe doch den Freunden des Sports eine interessante Übung und ist als anziehendes Schauspiel namentlich für die, welche mit den Gesetzen der Mechanik wenig vertraut sind, wohl auch einer industriellen Verwertung fähig."

Solch ein Rad hat sich natürlich nicht durchsetzen können, aber das Prinzip hat durchaus überlebt, wie einige exotisch anmutende Motorräder (sogenannte Monowheels) beweisen.

Richtig brauchbar wurde das Fahrrad jedoch erst mit der Einführung der Fahrradkette und des Hinterradantriebs, was ungefähr um 1885 (John Kemp Starley) geschah. Damit war im Prinzip das „Niederrad" (zwei gleich große Räder) erfunden, so wie es sich bis heute bewährt hat. Zuerst Vollgummi- dann Luftbereifung (1888, John Boyd Dunlop) ließen den Komfort wachsen und auch die Gangschaltung (zuerst Nabenschaltung, dann ab 1930 die Kettenschaltung) machten schließlich das Fahrrad zu einem viel benutzten und ernsthaften Massenverkehrsmittel.

„Radrennen“ gibt es seit 1869, Radfahren als olympische Disziplin seit 1896. Die berühmte „Tour de France“ wird - mit kriegsbedingten Unterbrechungen - seit 1903 durchgeführt. Der „Stundenweltrekord“ mit einem Rennrad liegt derzeit (2015) bei 54,5 km, bei vollverkleideten Liegerädern bei 91,55 km. Beim Fahren im Windschatten wurden bereits Geschwindigkeiten bis zu 268 km/h allein mit Muskelkraft erreicht. Das allein unterstreicht, dass das Fahrrad „die“ Erfindung im Fahrzeugsektor ist, welche die Antriebsenergie am effektivsten in Bewegungsenergie umzusetzen vermag. Zur Erinnerung, die durchschnittliche Antriebsleistung liegt bei ca. 150 W (=0,2 PS). Christopher Froomes, der Sieger der Tour de France 2015, erreichte „am Berg“ eine Antriebsleistung von etwa 425 W, was schon in der Grenze des gerade noch Menschenmöglichen ist.

Die Innovation des neuen Jahrtausends in Bezug auf Fahrräder ist deren Antriebsleistung künstlich zu erhöhen, und zwar durch batteriebetriebene Elektromotoren. Solche „Pedelec's“ (*Pedal Electric Cycle*) oder E-Bikes erfreuen die Fahrradhändler mit stetig steigenden Umsatzzahlen, denn ein bei Bedarf zuschaltbarer Nabenmotor hilft insbesondere auch älteren Menschen fahrradtechnisch mobil zu bleiben (hier kommt mir die alte Radfahrerweisheit in den Sinn: *„Man merkt am besten, wie es mit einem bergab geht, wenn man bergauf fährt...“*).

419. Elektromobilität

Elektromobilität ist bei uns in Deutschland eh das politisch verordnete Gebot der Stunde: 1 Million Elektroautos sollen bekanntlich bis zum Jahr 2020 die deutschen Straßen bevölkern. Im Jahre 2015 hat man immerhin schon die 19.000er Marke an batteriebetriebenen geknackt (ohne Hybride). Und es sind ja noch 5 Jahre Zeit, um den gemeinen Autofahrer von den Vorteilen moderner Elektroautos zu überzeugen, selbst wenn sie mit einer Batteriefüllung weniger weit fahren als ein Diesel oder Benziner, bei Kälte schon mal den Geist aufgeben und während des „Strom-tankens“ u. U. genügend Zeit für eine kleine Stadtbesichtigung bleibt. Da macht der höhere Preis auch kaum was aus, denn Elektroautos sind bekanntlich „öko“. Pedelec-Fans sind ja bereits überzeugt, denn mittlerweile sind in Deutschland schon mehr als 2 Millionen Elektrofahrräder innerhalb kürzester Zeit verkauft worden. Nur scheint dieser Erfolg aus unerklärlichen Gründen nicht auf die Autobranche durchgeschlagen zu haben. Auf jeden Fall war es ein strategischer Fehler, als man regierungsseitig das Projekt mit den 1 Million „Elektrofahrzeugen“ bis zum Jahr 2020 aufgelegt hat, ohne die E-Bikes zu den „Elektrofahrzeugen“ hinzu zu rechnen. Denn dann hätte heute schon die Politik stolz eine enorme Übererfüllung ihrer Pläne vermelden können. Nun ja, das Hauptproblem, von dem die Akzeptanz von Elektrofahrzeugen bekanntlich in erster Linie abhängt, liegt in der Effizienz und den Kosten der dazu notwendigen Batterietechnik.

420. Nadelöhr Batterietechnik

Denn von der verwendeten Batterietechnik hängen zwei der für den Verbraucher (neben dem Preis) wichtigsten Akzeptanzparameter eines Elektroautos ab, die Reichweite pro Ladungszyklus sowie die Dauer einer kompletten Aufladung an der Ladestation im Vergleich zum „Tankstopp“ eines herkömmlichen Automobils (dazu kommt eventuell noch die Lebensdauer der Batterie, die an der Anzahl der maximal möglichen Ladezyklen gemessen wird).

Batterien, die als Primärenergiegeber für einen PKW herhalten sollen, müssen offensichtlich besonderen Anforderungen gerecht werden. Das Maß aller Dinge ist hier die Energiedichte, d. h. wieviel Energie sich pro Volumen- oder Masseeinheit speichern und zur Nutzung zurückgewinnen lässt. Dieselkraftstoff besitzt beispielsweise eine Energiedichte von 43 MJ/kg. Die besten Batterien erreichen heute in Experimentalanordnungen (also weitab einer praktischen Einsatzfähigkeit) gerade einmal eine Energiedichte von ungefähr 4,7 MJ/kg (Aluminium-Luftbatterien, sind aber als Akkus aus chemischen Gründen nicht zu gebrauchen). *„State of the Art“* für den Einsatz im KFZ sind Lithium-Ionen-Akkumulatoren, die eine Energiedichte in der Größenordnung von 0,5 MJ/kg aufweisen. Das dürfte erklären, warum Elektroauto-Batterien so groß und so schwer - und auch so teuer sind. Um zu verstehen, warum sich das kurz- und wahrscheinlich auch mittelfristig kaum ändern wird, muss man sich mit den elektrochemischen Prozessen, die in Batterien ablaufen, beschäftigen.

Batterien sind ja erst einmal nichts anderes als die Zusammenschaltung mehrerer galvanischer Elemente, in denen chemische Energie in elektrische Energie umgewandelt wird. Sie bestehen aus jeweils zwei verschiedenen Metallelektroden (Anode und Kathode) sowie einem Elektrolyten in Form eines sogenannten Redox-Systems. Die Spannung, die sie liefern, hängt neben dem Anoden- und Kathodenmaterial (die sich in der Position in der elektrochemischen Spannungsreihe möglichst stark unterscheiden sollten) von den verwendeten Elektrolyten und der Temperatur ab. Die Kunst besteht darin, die richtigen Ingredienzien für eine sogenannte Sekundärzelle zu finden (nur sie lassen sich als Akkus verwenden) und die physikalisch-chemischen Umgebungsbedingungen für deren optimalen Betrieb zu schaffen. Und das ist alles andere als trivial, wie mittlerweile zwei Jahrhunderte „Batterieforschung“ zeigen.

Das Prinzip, auf dem Batterien beruhen, kennt man, seit Luigi Galvani (1737-1798) mit Hilfe eines einfachen galvanischen Elements Froschschenkel hat zucken lassen und Alessandro Volta (1745-1827) mehrere von diesen „galvanischen Elementen“ zu einer ersten Batterie zusammenschaltete („Voltasche Säule“). Auch heute ist das schnell getan. Man braucht dazu nur zwei verzinkte Nägel, etwas Kupferblech und Draht sowie zwei Zitronen (es müssen keine Bio-Zitronen sein) aus dem Supermarkt. Will man damit ein Lämpchen betreiben, dann benötigt man noch zusätzlich eine handelsübliche Leuchtdiode. Ansonsten reicht zum Nachweis der Spannung ein normales Voltmeter aus. Nun muss man nur noch in jede der beiden Zitronen einen Nagel und ein Stück Kupferblech stecken und mit etwas Kupferdraht das Stück Kupferblech der ersten Zitrone mit dem Zinknagel der zweiten Zitrone verbinden. Wenn man jetzt ein „Bein“ der Leuchtdiode mit dem Zinknagel der ersten Zitrone und mit dem anderen „Bein“ das Kupferblech der zweiten Zitrone verbindet, dann wird sie aufleuchten (vorausgesetzt, sie haben die „richtigen“ Beine erwischt und die Diode arbeitet in Durchlassrichtung) und damit beweisen, dass unsere einfache Batterie auch wirklich funktioniert. Durch Hintereinanderschaltung zusätzlicher Zitronen lässt sich diese einfache Batterie übrigens weiter verbessern. Was geschieht hier eigentlich? Im Saft der Zitrone ist bekanntlich Zitronensäure enthalten (einfach mal kosten), welche in diesem Fall als Elektrolyt wirkt. Wenn man in die Zitrone ein Kupferblech und einen Zinknagel steckt, dann lösen sich daraus positiv geladene Kupfer- bzw. Zinkionen, die frei durch den Elektrolyt diffundieren können. An den Elektroden bleibt dabei eine negative Ladung in Form eines Elektronenüberschusses zurück. Zinkionen lösen sich in der Säure jedoch leichter als Kupferionen, und dementsprechend sammelt sich auf dem verzinkten Nagel mehr negative Ladung als auf dem Stück Kupferblech an – es entsteht ein Potentialunterschied, den man mit einem Voltmeter messen kann. Der Nagel bildet hier einen negativen (Anode) und das Stück Kupferblech einen positiven Pol (Kathode). Wenn man nun zwischen Nagel und Kupferblech eine Leuchtdiode klemmt, wandern die Elektronen vom Nagel durch die Diode zum Kupferblech und bringen dabei die Diode zum Leuchten.

Was die Elektromobilität betrifft, stellen heute Akkumulatoren auf Lithiumionen-Basis die fortschrittlichsten Energiespeicher für PKW’s dar. Es gibt sie mittlerweile in mehreren Varianten, so u. a. als Lithium-Metalloxid-Akkus, als Lithium-Polymer-

Akkus mit flüssigen organischen Elektrolyten, als Lithium-Mangan-Akkus mit besonders vielen Ladezyklen sowie Lithium-Luft-Akkumulatoren, denen noch ein sehr hohes Entwicklungspotential nachgesagt wird. Bei IBM hofft man z. B. in näherer Zukunft in Lithium-Luft-Batterien eine (theoretische) Energiedichte von ~40 MJ/kg erreichen zu können, was dann ein echter Durchbruch wäre. Eine typische heutzutage verwendete Lithium-Ionen-Batterie mit insgesamt 180 MJ (=50 kWh) Energiegehalt besitzt eine Masse von rund 400 bis 500 kg und ermöglicht eine Reichweite von ungefähr 150 km. Die Reichweite lässt sich hier nur noch durch Volumenvergrößerung der Batterie signifikant erhöhen. Lithium-Luft-Batterien könnten hier aufgrund ihrer höheren spezifischen Energiedichte Abhilfe schaffen, wenn ihre Realisierung nicht so extrem schwierig wäre. Eine große Zahl von Detailproblemen verhindert bis jetzt, dass sie über das Versuchsstadium hinausgelangten. Es sieht aber so aus, dass sich vielleicht die Probleme, die überwiegend chemisch-physikalischer Natur sind, in kleinen Schritten doch noch lösen lassen. Zumindest in den IBM-Forschungslabors ist man immerhin in dieser Hinsicht bedeckt-optimistisch. Letztendlich werden die Batterietechnik und ihr Preis entscheiden, in welchem Maße Elektroautos angeschafft werden. Als Zweitfahrzeuge für kurze Distanzen haben sie heute bereits einen gewissen und durchaus meist zufriedenen Kundenstamm. Damit sie aber als Alternative für heutige Mittelklassewagen am Markt bestehen können, ist noch viel Entwicklungsarbeit nötig. Doch zurück zu den heute überall zu findenden Lithiumionen-Akkus.

421. Lithium

Sie haben ein chemisches Element zu Ehren gebracht, welches vor einigen Jahrzehnten fast nur für Kernwaffenbauer (als Lithiumdeuterid) von Interesse war. Man findet es bekanntlich an dritter Position (Kernladungszahl Z=3) im Periodensystem in der ersten Hauptgruppe, den Alkalimetallen. Es ist zum überwiegenden Teil während der ersten Minuten des Urknalls im Rahmen der primordialen Nukleosynthese entstanden (neben Deuterium, primordialem Helium und ein klein wenig Beryllium). Innerhalb von Sternen kann es prinzipiell nicht fusioniert, aber sehr effektiv zerstört werden. So ist es durchaus bemerkenswert, dass es in der Tabelle der Elementehäufigkeiten der Erdkruste an 27. Stelle (ähnlich Zink oder Wolfram, geschätzter Anteil ~0,006%) steht und damit beispielsweise, absolut gesehen, in größerer Menge in der Erdkruste vorhanden ist als Blei. Aufgrund dessen, dass Lithiumverbindungen jedoch nur selten gehäuft vorkommen, ist die Gewinnung dieses sehr leichten Alkalimetalls schwierig und kostenintensiv, was natürlich auf die Batteriepreise durchschlägt. In der Natur kommt Lithium in zwei stabilen Isotopen vor. Der Kern des häufigeren (92,4%) Lithium-7 besteht aus drei Protonen und vier Neutronen, während Lithium-6 nur drei Neutronen besitzt. Die Theorie der Elementeentstehung (Nukleosynthese) während des Urknalls macht recht präzise Vorhersagen in Bezug auf die Mengenverhältnisse von Wasserstoff, Deuterium, Helium und Lithium (alle anderen Elemente werden erst im Zuge der Sternentwicklung produziert), die durchaus gut mit den beobachteten Mengenverhältnissen mit Ausnahme der des Lithiums, übereinstimmen. Dessen beobachteter Mengenanteil (Lithium-7) in den Atmosphären alter, im Halo der Milchstraße angesiedelter Sterne (Kugelsternhaufen), erscheint im Lichte der primordialen Nukleosynthese überraschenderweise als zu gering, was den Inhalt des sogenannten „kosmologischen Lithiumproblems“ ausmacht. Neuere Messungen an Halosternen scheinen jedoch zu bestätigen, dass dieses „Problem“ nur vorgetäuscht ist. Es scheint vielmehr so zu sein, dass das in Bezug auf Wasserstoff und Helium spezifisch schwerere Lithium im Laufe der vielen Milliarden Jahre der Existenz dieser Sterne langsam in deren zentrale Bereiche absinkt, wo es dann bei Kernprozessen zerstört wird. Das Resultat davon ist die beobachtete Verarmung an diesem Element in den beobachteten Sternatmosphären, welche ungefähr 2/3 gegenüber dem primordialen Wert ausmacht. Das letzte Wort in dieser Angelegenheit ist aber noch nicht gesprochen, denn es gibt auch noch einige andere, ernstzunehmende Erklärungsmodelle für dieses Phänomen. Auf jeden Fall ist es jedoch interessant zu wissen, dass das Lithium in unseren Lithiumionenbatterien sehr alt ist (genau 13,798±0,037 Milliarden Jahre), denn es entstand in den ersten paar Minuten nach dem ominösen Zeitpunkt Null, den wir „Urknall“ nennen.

422. Urknalltheorie

Die Erkenntnis, dass „unsere“ Welt vor nicht einmal 14 Milliarden Jahren auf eine noch unerklärliche Weise aus etwas, was man als „Urknall“ bezeichnet, hervorgegangen ist, wird heute im sogenannten Standardmodell der Kosmologie im Detail dargelegt. Es ist mittlerweile so gut empirisch abgesichert, dass alternative Sichten wie beispielsweise die einst von Hermann Bondi (1919-2005), Thomas Gold (1920-2004) und Fred Hoyle (1915-2001, von ihm stammt übrigens der Begriff „Big Bang“) begründete Steady State – Theorie heute nicht mehr ernsthaft verfolgt werden. Die „Urknalltheorie“ ist, wie der Name schon sagt, ein mathematisch-physikalisches Konstrukt (Theorie), welches geschaffen wurde, um unsere Beobachtungen, soweit sie sich auf die Entwicklungsgeschichte des Kosmos als Ganzes beziehen, möglichst widerspruchsfrei zu erklären und zu begründen. Den theoretischen Hintergrund, was Raum, Zeit und Gravitation betrifft, liefert die Allgemeine Relativitätstheorie Einsteins. Das, was „geschah", bestimmen in diesem Modell die Thermodynamik und die Quantentheorie in Form des Standardmodells der Elementarteilchenphysik. Beide Theorien, die Gravitationstheorie Einsteins und die Quantentheorie, beschneiden mit ihren ureigenen Gültigkeitsbereichen unser Bild „nach unten", denn es gibt noch keine anerkannte Quantentheorie der Gravitation, höchstens einige diskussionswürdige Ansätze dazu. Das verwehrt uns einen Blick auf die wahre Ursache dieses allgemein als „Explosion" eines singulären Zustands wahrgenommenen Vorgangs „Urknall". Aber man kann sich dem Zeitpunkt „Null" mit unseren physikalischen Theorien immerhin einigermaßen sicher bis auf 10^{-44} Sekunden (was erstaunlich genug ist) nähern. Es ist der Zeitpunkt, ab der die „Physik, wie wir sie kennen", zu funktionieren anfängt. In Wahrheit ist aber, wie der bekannte Kosmologe Hubert Reeves es einmal ausgedrückt hat, der Urknall lediglich unser Horizont in Zeit und Raum, den wir aus Bequemlichkeit und in Ermangelung eines Besseren als Nullpunkt unserer Geschichte betrachten: *„Wir sind Entdeckungsreisende vor einem Ozean: Wir sehen nicht, ob es hinter dem Horizont etwas gibt."* Empirisch haben wir uns diesem Horizont bereits bis auf wenige Minuten nach dem Urknall genähert - in Form der Ergebnisse der bereits erwähnten „Produkte" der primordialen Elementesynthese (genauer dem primordialen Wasserstoff/Helium-Verhältnis). Einen Blick auf die winzigen Inhomogenitäten, Quantenfluktuationen, im sich beim Urknall mit dem Raum ausdehnenden Plasma, liefert uns die kosmische Hintergrundstrahlung (auch 3 Grad Kelvin - Strahlung genannt), die mittels Satelliten (z. B. „Planck") immer genauer vermessen wird und die uns Einblicke sowohl über die genaue räumliche Struktur, das Weltalter, als auch auf die frühe Strukturbildung im Kosmos gewährt. Zeitlich führt sie uns bis auf ~380.000 Jahre an den „Urknall" heran, als der Kosmos quasi durchsichtig wurde (man nennt diese Epoche „Zeitalter der Wasserstoffrekombination"), weil sich nun das elektromagnetische Strahlungsfeld von der Materie abkoppeln konnte. Dieses Strahlungsfeld, welches heute hochgradig dem eines idealen schwarzen Körpers (Planck-Strahler) mit einer Temperatur von 2,725 K entspricht, füllt den kosmischen Raum homogen und isotrop aus und lässt sich am besten im Mikrowellenbereich beobachten. Es ist neben der Beobachtung der Expansion des Raumes (sichtbar an der entfernungsabhängigen Fluchtgeschwindigkeit der Galaxien) eine der wichtigsten empirischen Stützen der Urknalltheorie. Beide Beobachtungen, die kosmische Expansion und die isotrope Hintergrundstrahlung, sind genaugenommen „der" Beweis, dass unser Kosmos einen dichten und heißen Anfang genommen haben muss. Als man 1929 anhand von Beobachtungen, die zuerst von Vesto Slipher (1875-1969) und dann systematisch von Edwin Hubble (1889-1953) ausgeführt wurden, festgestellt hatte, dass sich unser Universum ausdehnt, da war sofort klar, dass es „früher" eine geringere Ausdehnung gehabt haben musste. Und genau solch ein Verhalten hatte bereits der russische Mathematiker und Meteorologe Alexander Friedman (1888-1925) aus den Einstein'schen Gravitationsfeldgleichungen deduziert. Oder anders ausgedrückt, Theorie und Empirie weisen eindeutig auf die Existenz des Urknalls hin, in dem „unser" Kosmos entstanden ist. Volkstümlich stellt man ihn sich gewöhnlich wie eine Explosion „im Raum" vor, was aber falsch ist, wenn man ihn im Lichte der Allgemeinen Relativitätstheorie betrachtet. Er umfasste nämlich nicht nur den materiellen Inhalt des uns zugänglichen Kosmos (heute dargestellt durch die Hubble-Sphäre), sondern den gesamten physikalischen Raum (der wahrscheinlich unendlich groß ist). Die geometrischen Konzepte, auf denen diese Erkenntnisse beruhen, liegen leider außerhalb jedes Vorstellungsvermögens, weshalb man sich auch auf die Metapher einer „Explosion" (aus der wir selbst hervorgegangen sind) bezieht, wenn man auf die Formelsprache der Mathematik verzichten möchte.

423. Warum ist überhaupt etwas und nicht vielmehr nichts?

Soweit wir uns aber auch der Antwort auf die Frage, was genau während des Urknalls passiert ist, annähern, die alte Frage, der Metaphysik, *„Warum ist überhaupt etwas und nicht vielmehr nichts?"* (in der Formulierung von Gottfried Wilhelm Leibniz), bleibt dabei unbeantwortet. Eine Frage dieser Art ist der empirischen Wissenschaft unzugänglich, da sie auf einer höheren, allgemeineren Ebene angesiedelt ist. Sie ist, kurz gesagt, philosophischer Natur. Martin Heidegger (1889-1976) bezeichnete deshalb die Frage *„Warum ist überhaupt Seiendes und nicht vielmehr Nichts?"* sogar als die zentrale Frage der Metaphysik, die sich allein mit logischen Argumenten nicht beantworten lässt. Ein Schlüsselbegriff ist hier der Begriff des „Nichts". Er besitzt viele Bedeutungsaspekte, die sich im Falle der genannten Aussage auf die Nichtexistenz des Seienden reduzieren lassen.

Die Ambivalenz zwischen Seiendem und Nichtseiendem ist bereits bei den Vorsokratikern (so nennt man die Naturphilosophen, die vor dem Athener Philosophen Sokrates (469 v. Chr. – 399 v. Chr.) wirkten) ein zentrales Thema ihres philosophischen Denkens. Mit der Erkenntnis, dass das Nichtseiende weder erkennbar noch erforschbar ist, wie es Parmenides von Elea (zwischen 520 v. Chr. und 460 v. Chr.)) lehrte, konzentrierte man sich nach ihm auf die nähere Bestimmung des Seins und dessen wesentlichste Eigenschaft, der Existenz. Die damit im Zusammenhang stehenden Fragen werden in der Lehre der Ontologie, also der Lehre von allem, was es gibt, behandelt. Weitere Schlüsselbegriffe sind in diesem Zusammenhang der Begriff der Wirklichkeit (Realität), das Problem der Identität sowie das auf Platon zurückgehende Problem der Universalien (das betrifft Allgemeinbegriffe wie Zahl, Mensch, Gott, Farbe etc. und die Frage, ob sie wirklich existent oder nur „menschliche Konstruktionen" sind – Stichwort „Universalienstreit"), an dem sich noch heute die verschiedenen „Ontologien" scheiden. Aber das soll hier nicht das Thema sein. Kommen wir lieber zum „Urknall" zurück.

424. Das ominöse "Nichts"

Man liest, wenn man sich mit Kosmologie beschäftigt, immer häufiger, dass die Welt aus dem „Nichts" entstanden ist, ohne dass dieses ominöse „Nichts" näher, ob nun philosophisch oder physikalisch, spezifiziert wird. Für dieses „Nichts" hat sich in der modernen Physik der Begriff des quantenmechanischen Vakuums eingebürgert, welches sich, wie man heute weiß, ganz grundlegend vom mathematisch denkbaren Vakuum, quasi der absoluten Leere, unterscheidet. Bereits in der Antike hat man das „Nichts" mit einem anderen Begriff, dem der „Leere" identifiziert (was zwar philosophisch gesehen eine Einschränkung ist, sobald man dem „Raum" auch eine eigenständige Existenz zubilligt). Für die Atomisten war das der Raum zwischen den Atomen. Für ihre, der Atomisten, Lehre, war dieser Raum, den man vielleicht als „Mikrovakuum" bezeichnen kann, notwendig, um die Bewegung der unteilbaren Atome überhaupt postulieren zu können.

425. Das "Nichts" als "Leere"

Da es den meisten antiken Philosophen unmöglich war, das absolut Leere zu denken, wurde es geleugnet (*horror vacui*) bzw. von Aristoteles mit einem „fünften Stoff" aufgefüllt. Dieser fünfte Stoff (neben Feuer, Erde, Wasser und Luft), die *„quinta essencia"*, sollte immateriell, strukturlos und frei von dem in den genannten Elementen enthaltenen Gegensätzen (z. B. warm und kalt, fest und flüssig...) sein. Er soll das gesamte Universum gleichmäßig ausfüllen (Äther) und außerdem die eigentliche Ursache für die Bewegung der Himmelskörper sein. Aus diesem Grund gibt es in der Philosophie des Aristoteles keinen Platz für das Vakuum, während für die Atomisten die Existenz der Leere eine Notwendigkeit ist, um die Bewegung der Atome als inhärente Eigenschaft der Materie überhaupt postulieren zu können. Die Leugnung des Vakuums durch Aristoteles lässt sich als eine direkte Konsequenz seiner Bewegungsauffassung ansehen. Seine Dynamikkonzeption basiert auf den Schlüsselbegriffen Kraft, Geschwindigkeit und Widerstand. Dabei ist die Kraft die eigentliche Ursache für einen Bewegungsvorgang. Ein Körper bewegt sich aber nur solange, wie die Ursache, d. h. die Kraftwirkung, anhält. Ab dem Moment, wo keine Kraft mehr wirkt, sollte auch die Bewegung aufhören. Dass diese Behauptung nicht der Realität entspricht, konnte erst rund 2000 Jahre später Galileo Galilei (1564-1642) mit der Entdeckung des Trägheitsgesetzes zeigen. Nach Aristoteles ist demnach die Luft, die sich vor dem fliegenden Pfeil öffnet und sich dahinter wieder schließt, die eigentliche Ursache für dessen Bewegung. Erkennt man diese Aussage erst einmal als richtig an, dann folgt daraus zwingend, dass es ohne Luft auch keine Bewegung geben kann. Die Luft oder der „feinere" Äther werden damit zu Medien, ohne die eine Bewegung quasi unmöglich ist. Ein völlig leerer Raum ist deshalb im Rahmen der peripatetischen Physik schon rein kinematisch undenkbar.

426. Das Vakuum

Auf diese Weise wurde für die nächsten zwei Jahrtausende der Äther zu einem festen Begriff in den Naturwissenschaften. Die Frage nach der Existenz eines „Vakuums" wurde erst wieder zu Beginn der Neuzeit aktuell, und zwar weniger aus weltanschaulich-philosophischen Gründen, sondern mehr aus rein praktischen Erwägungen. So war schon vor der Zeit Galileis den Bergleuten bekannt, dass man mit normalen Saugpumpen das Wasser nur ungefähr 9 Meter hoch anheben kann. Aus diesem Grund mussten zur Entwässerung von Bergwerken auch Kaskaden von Pumpen gebaut werden. Die Analyse dieser oft benutzten Geräte brachte das Vakuum als Synonym für den „luftleeren Raum" wieder in das Blickfeld der Forschung.

Evangelista Torricelli (1608-1647), dem wohl bekanntesten Schüler Galileis, gelang es 1644 erstmalig einen luftleeren Raum, ein Vakuum, herzustellen. Er füllte in eine rund 90 Zentimeter lange, an ihrem Ende zugeschmolzene Glasröhre Quecksilber, verschloss sie mit einem Finger und tauchte sie mit der Öffnung nach unten in ein

Gefäß, welches ebenfalls Quecksilber enthielt. Nach Freigabe der Öffnung konnte er beobachten, wie sich ein rund 14 Zentimeter langer freier Raum oberhalb der Quecksilbersäule ausbildete. Torricelli äußerte die naheliegende Hypothese, dass dieser Raum völlig leer ist und somit ein Vakuum darstellt. Weitere Experimente bewiesen dann auch, dass er Recht hatte. So konnte man z. B. zeigen, dass sich der leere Raum oberhalb der Quecksilbersäule vollständig mit Wasser füllen lässt und somit wirklich leer ist. Trotz dieser offensichtlichen experimentellen Ergebnisse schieden sich aber gerade an diesem Punkt die Geister. Renè Descartes (1596-1650) war beispielsweise ein entschiedener Gegner der Auffassung, dass sich die Welt in einen „korpuskularen Teil" und in ein Vakuum aufteilt. Mittels einer scharfsinnigen Argumentation suchte er zu beweisen, dass Raum und Substanz eine Einheit bilden. Für ihn gab es in der Welt nichts als sich bewegende Materie. Dieser Standpunkt kommt auch in folgendem Zitat zum Ausdruck:

„Darin aber scheinen mir viele zu irren, dass sie zwar im Himmel eine Flüssigkeit annehmen, aber ihn wie einen leeren Raum vorstellen, der den Bewegungen anderer Körper keinen Widerstand leistet, aber auch keine Kraft hat, sie mit sich zu nehmen. Denn eine solche Leere kann es in der Natur nicht geben, und allen Flüssigkeiten ist es gemeinsam, dass sie nur deshalb den Bewegungen anderer Körper nicht widerstehen, weil sie selbst eine Bewegung in sich haben, und weil diese Bewegungen leicht nach allen Richtungen hin mit einer derartigen Kraft geschehen, dass sie bei einer bestimmten Richtung notwendig alle in ihnen enthaltene Körper mit sich nehmen, soweit keine andere Ursache sie zurückhält, und sie fest, ruhend und hart sind, wie aus dem früheren erhellt. ..."

Aufbauend auf der These eines flüssigkeitsähnlichen, den gesamten kosmischen Raum ausfüllenden Äthers entwickelte Descartes in seinem Werk *„Principia philosophiae"* (1644) eine Wirbeltheorie, nach der die Bewegung der Himmelskörper ursächlich durch eine Bewegung des Äthers bedingt ist. Das Faszinierende an seiner Theorie war, dass es ihm gelang, auf plausibel wirkende Weise die Bewegung der Planeten ganz ohne Fernwirkungskräfte zu erklären.

Die große Bedeutung der Cartesianischen Ideen in der Wissenschaftsgeschichte liegt weniger in ihrem sachlichen Gehalt. Wichtiger ist vielmehr, dass Descartes nicht nur die prinzipielle Gleichheit irdischer und kosmischer Gesetze betonte, sondern auch die stoffliche Einheit der gesamten Welt hervorhob. In diesem Zusammenhang kann man durchaus Analogien zwischen seinem stofferfüllten Kosmos und dem quantenmechanischen Vakuum der gegenwärtigen Physik sehen.

In den darauffolgenden Jahrzehnten nach Descartes erfreuten sich Versuche mit dem Vakuum wachsender Beliebtheit. Vakua, die durch Auspumpen von Hohlkörpern entstehen, bezeichnet man gewöhnlich als „technische Vakua". Sie sind von großer praktischer Bedeutung. Der berühmte Magdeburger Bürgermeister und Ratsherr Otto von Guericke (1602-1686) verbesserte beispielsweise die Luftpumpe bis zur Perfektion und konnte mit ihrer Hilfe Gefäße luftleer pumpen. Sein bekanntester Versuch ist wohl der mit den Magdeburger Halbkugeln. Er wurde nach seinem Vorschlag 1654 erstmalig durchgeführt und zeigte anschaulich die enorme Kraft des Luftdrucks. Aus dem Innenraum zweier aneinandergesetzter Halbkugeln aus Kupfer ließ er die Luft herauspumpen und es zeigte sich, dass selbst zwei Gespanne von jeweils acht Pferden nicht in der Lage waren, die beiden Halbkugeln zu trennen. Dieses durchaus eindrucksvolle Experiment wird heute noch oft in etwas abgewandelter Form (Pferdemangel) in Physikvorlesungen gezeigt. Weiterhin konnte man schon damals bei weiteren Experimenten feststellen, dass sich im luftleeren Raum zwar Licht, jedoch kein Schall ausbreiten kann. Auch Leben ist im Vakuum nicht möglich. Die Beobachtung, dass sich im Vakuum sowohl Licht als auch Magnetismus ausbreitet (Robert Boyle, 1627-1691) und die von Isaak Newton (1643-1727) postulierte Fernwirkungstheorie der Gravitation zeigte, dass das Vakuum doch nicht völlig eigenschaftslos ist. Denn immerhin musste man ja irgendwie erklären, wieso es möglich ist, dass sich bestimmte Wirkungen durch den leeren Raum ausbreiten.

427. Der "Weltäther"

Auf diese Weise entstanden verschiedene Konzeptionen eines raumerfüllenden universellen Äthers, der den absoluten Raum Newtons statisch ausfüllen und zugleich als Medium für die Übertragung von Fernwirkungen dienen sollte. Mit Hilfe des Äthers wollte man vordergründig die in der Physik auftretenden Fernkräfte auf die einsichtigere Nahwirkungskräfte zurückführen. Dass sich beispielsweis die Gravitation ohne Vermittlung eines Mediums durch den leeren Raum ausbreitet, erschien selbst Newton als völlig absurd. Trotzdem blieb die Ätherhypothese in seiner Mechanik völlig formal. Das Problem der Wechselwirkung konnte die Physik des 17. und 18. Jahrhunderts noch nicht lösen. Als Alternative zur Newtonschen Fernwirkungstheorie wurden solche dubiosen Stoffe wie der Wärmestoff (Phlogiston) oder die Lichtsubstanz vorgeschlagen. Sie sollten unwägbar und Bestandteile des universellen Äthers sein.

Im 18. Jahrhundert ist es dann wieder still um den Äther geworden. Viele Wissenschaftler jener Zeit hatten sich mit der Fernwirkung der Gravitation abgefunden. Die Newtonsche Mechanik, ihr axiomatischer Aufbau und ihre erstaunliche und oft bewunderte Vorhersagekraft wurden schlechthin zum Inbegriff einer wissenschaftlichen Theorie. Neben der Mechanik wurde zu dieser Zeit besonders die Optik gepflegt. Zielgerichtete Experimente und theoretische Untersuchungen führten zu einer Wiederentdeckung der von Christian Huygens (1629-1695) in seiner *„trait'de lumie're"* im Jahre 1678 niedergelegten Idee, nach der das Licht ein Wellenvorgang ist. Damit erklärte er systematisch die geradlinige Ausbreitung, die Brechung und die Reflektion von Licht. Auch entwickelte er 1690 eine scharfsinnige, aber leider nur phänomenologische Theorie der Doppelbrechung, ohne jedoch zu erkennen, dass hinter dieser Erscheinung eine neue fundamentale Eigenschaft des Lichtes steckt. Da jedoch Newton in seiner „Optik" (1704) der Korpuskularvorstellung den Vorzug gab, konnte sich aufgrund seiner Autorität die Wellenvorstellung nicht durchsetzen. Das änderte sich aber, als es 1801 Thomas Young (1773-1829) gelang, die am Doppelspalt beobachteten Interferenzerscheinungen qualitativ mit der Wellentheorie zu erklären. Die Erfahrung zeigte, dass sich das Licht sowohl durch durchsichtige Festkörper, Flüssigkeiten und Gase als auch durch das Vakuum ausbreiten kann. Damals waren den Wissenschaftlern jedoch nur elastische Wellen bekannt. So stand die Frage, warum sich Lichtwellen sowohl in Körpern hoher Elastizität als auch in Körpern geringer oder verschwindender Elastizität ausbreiten können. Um diese Frage zu beantworten, musste man einen hypothetischen Lichtäther einführen, der sowohl das Mikrovakuum als auch das Makrovakuum (d. h. den leeren Raum zwischen den Himmelskörpern) ausfüllen sollte. Diesen Lichtäther stellte man sich einerseits so extrem dünn vor, dass er die Bewegung der Planeten um die Sonne kaum beeinflussen kann. Andererseits sollte er aber auch elastisch genug sein, damit sich das Licht in Form von longitudinalen Ätherwellen in ihm ähnlich wie Schallwellen in der Luft fortpflanzen kann.

Den ersten, sehr ernsten Rückschlag erhielt die Idee des elastischen Äthers durch Augustin Fresnel (1788-1827), der sich in seinen Arbeiten wieder mit der Frage der Polarisation des Lichtes auseinandersetzte. Er stellte experimentell fest, dass bei der Wechselwirkung von zueinander senkrecht polarisierten Lichtstrahlen keine Interferenz auftritt. Diese Beobachtung kann man jedoch nur erklären, wenn man annimmt, dass das Licht transversalen Charakter besitzt. Oder anders ausgedrückt: Das Licht ist keine Longitudinalwelle wie beispielsweise eine Schallwelle, sondern eher eine Transversalwelle, wie sie in Festkörpern auftritt. Der Nachweis der Transversalität der Lichtwellen bedeutet demnach, dass sich der Lichtäther ähnlich wie ein Festkörper verhalten muss. Dem widerspricht aber eindeutig die Bewegung der Planeten um die Sonne.

Die Entdeckung, dass dem Licht Transversalwellencharakter zuzuschreiben ist, ist ja der eigentliche Kernpunkt des Dilemmas mit dem Äther. Dem Äther mussten Festkörpereigenschaften zugeschrieben werden, wenn er als Trägermedium für das Licht dienen soll. Um die liebgewordene Ätherhypothese zu retten, blieb nichts anderes übrig, als den Lichtäther mit neuen, sich zum Teil widersprechenden Eigenschaften auszustatten. Im Endeffekt konnte man ihm nur einige wenige mechanische Eigenschaften theoretisch widerspruchsfrei zuschreiben. Er sollte ein ruhendes, den ganzen kosmischen Raum ausfüllendes, quasistarres Substrat sein, welches die Ausbreitung von Licht ermöglicht und außerdem ein absolutes Bezugssystem darstellt. Die mechanische Äthertheorie übte jedoch einen solchen Reiz auf die Wissenschaftler aus, dass man trotz der sich immer mehr verschärfenden inneren Widersprüche an einer Präzisierung der eigentlich unhaltbaren Prämissen festhielt. Gelehrte wie Augustin Louis Cauchy (1789-1857), Franz Ernst Neumann (1798-1895) und George Gabriel Stokes (1819-1903) haben daran, wenn auch letztendlich erfolglos, gearbeitet.

Noch verwirrender wurde die Situation als es galt, die neuen Erkenntnisse auf dem Gebiet der Elektrizitätslehre und des Magnetismus in dieses Bild einzuarbeiten. Schon seit langem wusste man, dass die Elektrizität und der Magnetismus durch das Vakuum hindurch wirksam sind. Um diese Wirkung adäquat beschreiben zu können, führte der englische Physiker Michael Faraday (1791-1867) den Begriff des elektrischen und magnetischen Feldes ein. Er schuf die experimentellen Grundlagen für die erste große Synthese zweier Kräfte (Faraday'sches Induktionsgesetzt), die James Clerk Maxwell (1831-1879) dann auch mit seiner Theorie des Elektromagnetismus vollzog. Diese Leistung ist nicht hoch genug einzuschätzen. Seine berühmten vier Gleichungen beschreiben die Struktur des elektromagnetischen Feldes, das demnach durchaus real existiert und neben der Substanz eine neue Art von Materie (im physikalischen Sinn) darstellt. Die Maxwellsche Theorie war die erste echte Feldtheorie in der Geschichte der Physik. Eine Interpretation im Rahmen mechanischer Vorstellungen erwies sich jedoch weiterhin als sehr schwierig, wenn nicht ganz unmöglich. Da man auf die Äthervorstellung nicht verzichten wollte, war man gezwungen, ihn weiter zu modifizieren. Auf diese Weise entstanden teilweise unheimlich anmutende Modelle mit einander berührenden Ätherwirbeln und daraus resultierenden Ätherdrücken und Ätherspannungen. Diese Modelle ebneten jedoch den Weg zu der Erkenntnis, dass sich die elektromagnetischen Erscheinungen letztendlich nicht auf die Mechanik zurückführen lassen.

Eine unerwartete Konsequenz der Maxwellschen Gleichungen war die Vorhersage elektromagnetischer Wellen. Aus der Theorie konnte man nämlich eindeutig ableiten, dass eine beschleunigt bewegte elektrische Ladung immer elektromagnetische Strahlung emittiert, die sich mit Lichtgeschwindigkeit ausbreitet und dabei Energie transportiert. Elektromagnetische Wellen in Form von Radiowellen wurden einige Zeit später von Heinrich Hertz (1857-1894) experimentell nachgewiesen. Außerdem wurde recht schnell klar, dass das Licht eine elektromagnetische Wellenerscheinung ist. Damit erhielt auch die Optik ein neues Fundament. Was nur noch ausstand, war der direkte Nachweis des Lichtäthers. Überlegungen von Maxwell, aber auch von Hermann Helmholtz (1821-1894) deuteten darauf hin, dass es möglich sein sollte, experimentell eine Bewegung der Erde gegenüber dem als ruhend angenommenen Weltäther festzustellen. Das entsprechende Experiment wurde 1881 von Albert Abraham Michelson (1852-1931) und in stark verbesserter Form 1887 zusammen mit Edward Williams Morley (1838-1923) durchgeführt. Mit Hilfe einer scharfsinnig ersonnenen und präzise aufgebauten Interferometeranordnung (man spricht von einem Michelson-Interferometer) versuchten sie die Geschwindigkeitsdifferenz zwischen einem Lichtstrahl in Richtung der Erdbewegung und einem dazu senkrechten Strahl zu messen. Wenn das Licht eine Ätherwelle ist, dann sollten sich in Bewegungsrichtung der Erde die Lichtgeschwindigkeit und die Erdgeschwindigkeit addieren. Bei Existenz eines Lichtäthers hätte man demnach eine Geschwindigkeitsdifferenz messen müssen. Das Experiment und auch alle Folgeexperimente mit immer höherer Genauigkeit verliefen jedoch in jeder Hinsicht negativ.

428. Die Überwindung des "Weltäthers"

Es gibt schlicht keinen „Ätherwind" und damit auch keinen „Lichtäther". Stattdessen ergab sich die anschaulich nur schwer zu akzeptierende Erkenntnis: Die Lichtgeschwindigkeit im Vakuum ist vom Bewegungszustand eines Beobachters völlig unabhängig. Während man die Nichtexistenz des Äthers mit seinen exotischen Eigenschaften durchaus verschmerzen konnte, führte die daraus abgeleitete Konstanz der Vakuumlichtgeschwindigkeit zu neuen Konflikten. Es zeigt sich, dass damit die sogenannten Galilei-Transformationen - eine der Grundpfeiler der Klassischen Mechanik - ihre Gültigkeit verlieren. Geschwindigkeiten, die nahe an der Lichtgeschwindigkeit von ~300.000 km/s liegen, lassen sich nicht mehr einfach addieren. Die „Zeit“ selbst ändert sich und hängt vom Bewegungszustand des Beobachters (Bezugssystems) ab. Diese wahrhaft revolutionäre Erkenntnis verdanken wir Albert Einstein (1879-1955).

1905 veröffentlichte er die Spezielle Relativitätstheorie, mit der er die Raum-Zeit-Auffassungen der klassischen Physik einer grundlegenden Revision unterwarf. Damit wurden auch der Ätherhypothese endgültig die Grundlagen entzogen. Das Vakuum erwies sich im klassischen Sinn als wirklich leer. Was blieb, waren Teilchen und Felder. Die weitere Geschichte des Vakuums wird durch die ungefähr zur gleichen Zeit entstandene Quantenphysik bestimmt.

429. Das Quantenvakuum

Insbesondere die Entwicklung relativistischer Quantenfeldtheorien führte zu einem neuen und völlig unerwarteten Vakuumbegriff. Es wurde quasi ein neuer „Äther“ entdeckt, der mit seinem klassischen Vorbild nichts mehr zu tun hat, nichtdestotrotz existent ist und sich in Experimenten messbar bemerkbar macht. Er entsteht dadurch, indem man aus einem Raumgebiet sämtliche realen Elementarteilchen, also Protonen, Neutronen, Elektronen, Photonen und Neutrinos (um nur einige zu nennen) entfernt. Das auf diese Weise entstandene Vakuum bezeichnet man als physikalisches Vakuum oder kurz „Quantenvakuum“. Es stellt quasi die experimentell maximal erreichbare „Leere“ dar. Vom mathematischen Vakuum unterscheidet es sich durch den Umstand, dass es weiterhin mit Feldern, die sich in ihrem energetischen Grundzustand befinden, durchsetzt ist. Das mathematische Vakuum stellt dagegen lediglich eine Abstraktion dar. Es lässt sich prinzipiell nicht herstellen. Das „Quantenvakuum“ ist das maximal erreichbare „Nichts“ der Natur. Klassisch lassen sich ihm Eigenschaften wie eine endliche elektrische und magnetische Feldkonstante zuordnen, deren Wurzel ihres Produktes gerade den Kehrwert der Vakuum-Lichtgeschwindigkeit ergibt. Quantenmechanisch stellt es den tiefsten stabilen Zustand dar, den ein Raumgebiet bei Durchsetzung mit physikalischen Feldern annehmen kann. Dazu muss man wissen, dass in Quantenfeldtheorien jedes Elementarteilchen durch ein Feld beschrieben wird. Ein derartiges Quantenfeld im Vakuumzustand bedeutet, dass keine realen Elementarteilchen vorhanden sind, d. h. die sogenannte Nullpunktsenergie des Feldes (sie ist immer größer Null) reicht nicht aus, um „reale Teilchen“ zu erschaffen. Sie reicht aber aus, dass ständig sogenannte virtuelle Teilchen und Antiteilchen entstehen, die aber innerhalb einer Zeitschranke, die durch die

Heisenbergsche Energieunschärfebeziehung gegeben ist, wieder vergehen. Die von der Quantentheorie vorhergesagten „Nullpunktfluktuationen“ zeigen, dass das Quantenvakuum nur im Mittel „leer“ erscheint. Es verhält sich, um einmal eine Analogie zu bemühen, wie die Oberfläche des Ozeans, betrachtet aus einer Raumstation. Je mehr man sich beim Abstieg ihrer Oberfläche nähert, umso stärker treten ihre Wellen in Erscheinung. Könnte man das physikalische Vakuum bis auf eine Längenskala in der Größenordnung der Planck-Länge ($\sim 10^{-35}$ m) auflösen, würde man so etwas wie einen „Quantenschaum“ höchster Dynamik erkennen - quasi einen brodelnden See aus Teilchen und Antiteilchen aller Art. Das Quantenvakuum enthält demnach virtuell das gesamte Teilchenspektrum aller bekannten und noch unbekannten Elementarpartikel. Schon deshalb ist zu erwarten, dass das physikalische Vakuum direkten Einfluss auf die beobachtbaren Parameter, wie beispielsweise auf die elektrische Ladung eines Elementarteilchens, nimmt. Und genau das ist auch der Fall, wie eine Vielzahl von Experimenten zeigen.

Unter bestimmten Bedingungen können die virtuellen Teilchen „materialisieren“, d. h. zu realen Teilchen werden. Das geschieht beispielsweise bei Zusammenstößen von Elementarteilchen in Teilchenbeschleunigern oder in der unmittelbaren Nähe des Ereignishorizontes eines Schwarzen Loches. Im letzteren Fall spricht man von der Hawking-Strahlung (benannt nach ihrem Entdecker Stephen Hawking), die dazu führt, dass auch Schwarze Löcher letztendlich nicht ewig leben.

Eine wichtige Eigenschaft des Quantenvakuums ist, dass ihm raum-zeitliche Bezüge fehlen, oder, anders formuliert, ein Beobachter darf niemals relativ zur „Nullpunktstrahlung“ des Quantenvakuums seinen eigenen Bewegungszustand festzustellen in der Lage sein.

430. Der Unruh-Effekt

Diese Forderung führt zu interessanten Konsequenzen, wie bereits 1976 der kanadische Physiker William G. Unruh festgestellt hat. Er hat sich dazu ein „Gedankenexperiment“ ausgedacht, dass ich hier, ohne zu sehr die technischen Termini zu bemühen, kurz vorstellen möchte, da es zeigt, wie man reale Wärmestrahlung aus dem Quantenvakuum erzeugen kann.

Eine Aufzugskabine aus einem ideal elektrisch leitenden Material (diese Einschränkung ist notwendig, damit keine elektromagnetische Strahlung von „außen" in den Kasten eindringen kann, Stichwort universeller Faraday'scher Käfig) befinde sich irgendwo im Kosmos weitab von störenden Gravitationsfeldern. Im Inneren wie auch außerhalb des Kastens herrsche absolutes Vakuum. Die Frage, die sich William Unruh gestellt hat, ist: „Was passiert, wenn dieser Aufzugskasten gleichmäßig beschleunigt wird?" Wie man bereits im Rahmen der klassischen Elektrodynamik zeigen kann, emittiert genau in dem Augenblick, bei dem die Beschleunigung einsetzt, der ideal leitende Kabinenboden eine elektromagnetische Welle, die sich in Richtung Decke mit Lichtgeschwindigkeit ausbreitet. Dort wird sie reflektiert, wobei sie einen kleinen Teil ihrer Energie an die Decken-Atome abgibt. Dabei werden Photonen emittiert, deren Spektrum rein thermisch ist und damit dem Planck'schen Strahlungsgesetz gehorcht. Als Ergebnis des Beschleunigungsvorgangs erhält man im Inneren der Aufzugskabine ein stark verdünntes Photonengas aus realen Photonen. Gedanklich macht es nun überhaupt keine Schwierigkeiten, diese Photonen aus dem Inneren der Kabine abzusaugen und damit zu entfernen. Man muss lediglich die Kabine entsprechend abkühlen. Auf diese Weise entsteht im Kabineninneren wiederum ein Vakuum, das sich aber deutlich von dem Vakuum außerhalb des Kastens unterscheidet. Am deutlichsten erkennt man das, wenn man jeweils einen Photonen-Detektor innerhalb und außerhalb des Aufzugs anbringt und ihre Ausschläge vergleicht. Während der innere Detektor in Bezug auf das Kasteninnere in Ruhe ist, bewegt sich der außen angebrachte Detektor in Bezug auf das umgebende Vakuum beschleunigt. Er muss deshalb auf die Nullpunktfluktuationen des Quantenvakuums reagieren und zeigt deshalb die Präsenz realer Photonen an, während der Detektor im Inneren des Aufzugskastens keinen Ausschlag zeigt. Das bedeutet, dass sich das „innere" Vakuum auch energetisch von dem „äußeren" Vakuum unterscheiden muss. Das äußere Vakuum ist ja gerade durch den Umstand, dass seine Energie im Mittel verschwindet, definiert. Akzeptiert man diese Definition, dann ist es vernünftig, dem Vakuum im Inneren des Aufzugskastens eine negative Energie zuzuordnen. Eine Annäherung beider Vakua-Energien ist nur insofern möglich, wenn man die „abgesaugten" Photonen wieder in den Kasten einbringt. Dann würde sich das „äußere" Vakuum nicht mehr von dem „inneren" Vakuum unterscheiden und beide hätten die gleiche Energie.

Aus diesen Betrachtungen folgt, dass sich für einen beschleunigten Beobachter dem Spektrum der „Nullpunktstrahlung" ein Schwarzkörperspektrum überlagert, was dazu führt, dass sich die Nullpunktfluktuationen verstärken. Er bekommt demnach den

Eindruck, als ob er sich in einem Strahlungsfeld mit einer von der Größe der Beschleunigung abhängigen Temperatur bewegt. Eine interessante Übungsaufgabe für einen angehenden theoretischen Physiker ist es deshalb, auszurechnen, wie stark man den Aufzug im völlig leeren Weltraum beschleunigen muss (und zwar ohne die Photonen abzusaugen), damit sich sein Inneres in einen komfortablen Backofen verwandelt... (Lösung $\sim 1.2 \cdot 10^{23}$ m/s²).

Dieses Szenario entspricht übrigens ziemlich genau - wegen der Äquivalenz zwischen Schwerkraft und Beschleunigung - den Verhältnissen im Bereich des Ereignishorizontes eines genügend kleinen Schwarzen Lochs. Nutzt man den dortigen Wert für die Schwerebeschleunigung, dann erhält man auch eine entsprechende Unruh-Temperatur und ein damit verbundenes thermisches Strahlungsfeld, die bereits erwähnte Hawking-Strahlung.

Solche und ähnliche Überlegungen zeigen, dass die kosmische Leere eine ganz spezielle „Leere" ist, die sich im Licht der modernen Quantenfeldtheorien als ein hoch dynamischer Untergrund der Welt, als ein Quantenvakuum, entpuppt - quasi ein neuer „Äther", der mit der klassischen Äthervorstellung nichts mehr zu tun hat. Wenn man den „Weltanfang" verstehen möchte, muss man auf geeignete Weise das Quantenkalkül in die Beschreibung dieses „Anfangs" (was für uns einen Anfang in der Zeit bedeutet) mit einbeziehen. Dieser Aufgabe unterzieht sich die sogenannte „Quantenkosmologie", die sich u. a. bemüht, das Singularitätenproblem der klassischen Kosmologie zu lösen (unendlich kleiner und dichter Materiezustand zum Zeitpunkt Null). Sie ist zwar immer noch hochgradig hypothetisch, aber es scheint so, dass sie vielleicht einmal in der Lage sein wird, den „Urknall" physikalisch zu erklären. Ihre Grundlage bildet die sogenannte Quantengravitation, d. h. eine Theorie, die auch die Schwerkraft quantenphysikalisch einbezieht und von der es gegenwärtig zwar eine ganze Anzahl verschiedener theoretischer Ansätze, aber noch keine ausgearbeitete Theorie gibt. Das ist zu beachten, wenn man etwas über Branenwelten, Schleifen-Quantengravitation, ekpyrotische Universen oder ähnliches liest.

431. Die Entstehung unseres Universums aus dem Quantenvakuum

Dass die Idee, dass unser Universum aus einem quasi zeitlosen Quantenuniversum (vielleicht zusammen mit vielen anderen) durch so etwas wie eine Vakuumfluktuation hervorgegangen sein könnte, nicht ganz von der Hand zu weisen ist, konnte 1973 bereits Edward Tryon zeigen. Ihm fiel etwas auf, was bereits zwei Jahrzehnte vorher Pascual Jordan (1902-1980) aufgefallen war: Ein Kosmos mit einer flachen (d. h. euklidischen) Geometrie besitzt die Gesamtenergie Null. In diesem Fall ist nämlich die Summe aller Einzelenergien der Teilchen, die den Kosmos ausmachen, genau so groß wie der Betrag ihrer wechselseitigen Gravitationsenergien (die bekanntlich ein negatives Vorzeichen besitzen). Wenn das aber der Fall ist, dann kann man sich die Heisenbergsche Energieunschärferelation hernehmen (sie lautet, dass das Produkt aus Energie und Zeit immer größer oder gleich einer speziellen Naturkonstante, dem Planck'schen Wirkungsquantum, sein muss) und wie folgt argumentieren: Je mehr sich die Gesamtenergie des Universums dem Wert Null nähert, desto länger erlaubt die Unschärfebeziehung die zeitliche Existenz dieser Fluktuation. Ist der Energiewert sogar exakt Null, dann wird die dazugehörige Quantenfluktuation („Universum") ewig existieren.

Überlegungen dieser Art nähren die Vermutung, dass es auch jenseits des Urknalls ein Universum gibt, ein Quantenuniversum - vielleicht ohne Zeitlichkeit, mit mehr räumlichen Dimensionen und der Potentialität, aus sich heraus ganze „klassische" Universen entstehen zu lassen, die dann wiederum so etwas wie ein Multiversum bilden. Wie gesagt, die Physik und Mathematik sprechen nicht dagegen. Aber auch hier steht die Frage nach der Überprüfbarkeit - und die dürfte schwierig werden, denn wir sind kausal in „unserem" Universum gefangen. Das Einzige, was in dieser Hinsicht vielleicht bleibt, ist die Stringenz einer zukünftigen Theorie, die einen genau definierten, aber prinzipiell nicht überprüfbaren Anfangszustand postuliert. Wenn sie plausibel und auf der Grundlage der Naturgesetze logisch und nachvollziehbar erklärt, was vor 13,7 Milliarden Jahren geschehen sein muss, damit sich ein Universum voller Galaxien, Sterne - und Leben bis hin zur Komplexität des Bewusstseins und der Intelligenz bilden konnte, dann kann man auch den Bedingungen, denen solch eine Theorie zugrunde liegt, vertrauen, ohne sie direkt überprüfen zu können. Aber diesen Status hat noch keine einzige der bis heute vorgeschlagenen Quantengravitationstheorien erreicht.

432. Cargo-Kult-Wissenschaften

Das Problem, welches sich hier durchaus ernsthaft stellt, hat der berühmte Physiker und Nobelpreisträger Richard Feynman (1918-1988) in seinem durchaus lesenswerten Buch *„Sie belieben wohl zu scherzen, Mr. Feynman“* in der Art kritisch hinterfragt, dass es sich bei einer Wissenschaft, die sich außerhalb der Möglichkeiten sinnvoller experimenteller oder beobachterischer Überprüfung bewegt, eigentlich um keine „echte“ Wissenschaft, sondern um eine Art „Cargo-Kult-Wissenschaft“ handelt. Das trifft für einige Aspekte der Kosmologie (ich denke da z. B. an das „ekpyrotische Universum“ nach Steinhardt und Turok, das als Grundlage die noch nicht verifizierte Stringtheorie in Form deren Verallgemeinerung auf „Branen“ verwendet) durchaus zu, weshalb man sie auch nicht unbedingt zu ernst nehmen, sondern eher als Hypothese, und zwar im wahrsten Sinne des Wortes, betrachten sollte. Gerade populärwissenschaftliche Darstellungen des Gegenstandes vermitteln scheinbar eine Gewissheit, die in dieser Weise aber gar nicht besteht. Kosmologie zu betreiben, ist ein schwieriges Geschäft, bei dem es selbst für einen Insider nicht einfach ist, harte Fakten von reinen Spekulationen zu trennen. Schon Lew Dawidowitsch Landau (1908-1968) wusste 1962 über die Kosmologen zu berichten: *„Kosmologen sind oft im Irrtum, aber nie im Zweifel“*, womit er wohl den Nagel auf den Kopf getroffen hat.

Doch zurück zum Begriff der „Cargo-Kult-Wissenschaften“, von denen einige Aspekte durchaus auch auf manche Mainstream-Forschungsfelder zutreffen. Aber eben nur manche. Echte Hardcore-Cargo-Kult-Wissenschaften sind nämlich von Blödsinn kaum oder überhaupt nicht zu unterscheiden und werden deshalb von ernsthaften Wissenschaftlern nicht verfolgt. Auf mindestens drei bin ich, wie der aufmerksame Leser sicherlich festgestellt hat, bereits eingegangen: die Höllentopographie, die Astrologie und die Homöopathie. Alle diese „Fachgebiete“ nehmen in Anspruch, wissenschaftlich zu arbeiten.

433. Cargo-Kult

Und doch ist es bei näherer Betrachtung bloß Blödsinn, was sie produzieren. Gut, also was ist überhaupt „Cargo-Kult“, auf den sich Richard Feynman auf seiner Abschlussrede am Caltech (California Institute of Technology) im Jahre 1974 explizit berufen hat? Wer einmal den durchaus eindrucksvollen Film *„Erinnerungen an die Zukunft“* auf der Grundlage des gleichnamigen Buches Erich von Dänikens gesehen hat (hier handelt es sich um verfilmte Cargo-Kult-Wissenschaft), wird sich vielleicht an die Eingangsszene erinnern. Da werden Südseeinsulaner gezeigt, die neben aus Holz und Stroh gebauten Flugzeugattrappen sitzen und sehnsüchtig auf die Militärflieger warten, die ihnen während des zweiten Weltkrieges die eine oder andere

Errungenschaft der westlichen Zivilisation gebracht haben. Damals landeten und starteten regelmäßig Flugzeuge von schnell angelegten Feldflugplätzen und sie sahen, wie Schiffe an- und ablegten und Dinge mitbrachten wie Schokolade, nützliche Werkzeuge, Radios und Funkgeräte, die sie so zuvor noch nie gesehen hatten. Doch dann war der Krieg vorbei und das Militär zog ab. Die Flugzeuge landeten nicht mehr, und es legten auch keine Schiffe mehr an. Die Lieferungen blieben aus, und die Insulaner vermissten all diese für sie erstaunlichen und nützlichen Dinge. Also bauten sie sich Kopfhörer und Mikrophone aus Holz, setzten sich in Bambushütten und taten so, als würden sie über Funk mit den Flugzeugen Kontakt aufnehmen. Sie stellten sich auf verwaiste Landebahnen und gestikulierten mit hölzernen Paddeln, um die Flugzeuge, die nicht kamen, einzuweisen. Sie machten alles genauso, wie sie es bei den Soldaten gesehen haben – zwar mit Erwartung, aber ohne Erfolg. Denn die Flugzeuge landeten nicht mehr und auch Schiffe ließen sich nicht mehr blicken. Diese Art von „Kult“ wird seitdem von den Ethnologen „Cargo-Kult“ genannt. Erich von Däniken wollte damit zeigen, wie primitive Völker auf die Ankunft von „Außerirdischen“ reagieren, die er für eine Vielzahl von „Götterkulten“ rund um den Erdball verantwortlich machte. Richard Feynman nutzte diesen Begriff, um damit pseudowissenschaftliche Konzepte zu bezeichnen, die sich bemühen, nach außen seriös wissenschaftlich zu wirken, aber sich bei genauerem Hinsehen als Blendwerk erweisen. Ihre Repräsentanten mögen zwar in weißen Laborkitteln daherkommen, was sie aber machen, ist das Gleiche wie die Südseeinsulaner: sie warten auf Flugzeuge, die nie ankommen.

Nicht nur in den Naturwissenschaften ist es wichtig zu vermeiden, sich selbst und andere zu täuschen, in dem man seine Ergebnisse frisiert oder dem Zeitgeist anpasst; in dem man vergisst, auf die Dinge hinzuweisen, die gegen die veröffentlichten Forschungsergebnisse sprechen oder in dem man Hypothesen zu Theorien stilisiert, die sie nicht sind. Und man muss immer bereit sein, seine Forschungsergebnisse in die Tonne zu kloppen, wenn sie sich – so schön sie auch sein mögen – letztendlich als falsch erweisen.

Nichtdestotrotz ist der gegenwärtige Wissenschaftsbetrieb nicht gegen Cargo-Kult gefeit, wie einige Wissenschaftsskandale der jüngeren Vergangenheit deutlich gemacht haben. Und ob man manche Themen der „Gender Studies“ nicht auch dazu zählen sollte, soll an dieser Stelle offen bleiben. Wenn Richard Feynman noch leben würde, hätte er sicherlich auch einige Ansichten der gegenwärtigen „Klimawissenschaften“ als „Cargo-Kult-Wissenschaft“ entlarvt, denn gerade bei ihnen zeigt sich die enge Verflechtung zwischen Wissenschaft und Politik, die hier, vermittelt durch staatliche Forschungsgelder, so etwas wie eine Symbiose eingegangen sind. Man erkennt das z. B. daran, dass Studien, die nicht die Erwartungshaltung befriedigen (menschengemachter Klimawandel), schnell von anderen Wissenschaftlern (oder Politikern) verworfen oder ignoriert werden, anstatt sie nach den Methoden der Wissenschaft ergebnisoffen zu falsifizieren oder, wenn das nicht gelingt, sie als augenscheinlich richtig anzuerkennen.

434. Der Piltdown-Mensch

Eine der berühmtesten wissenschaftlichen Fälschungen der Wissenschaftsgeschichte war bekanntlich der „Piltdown-Mensch“. Seine 1912 gefundenen Schädelfragmente galten lange Zeit als der *„missing link“* zwischen den Affen und den Menschen, bis sie 1953 als relativ gut gemachte Fälschung entlarvt werden konnte. Zuvor, im Jahre 1856 wurde ein primitiver Menschenschädel im Neandertal bei Düsseldorf entdeckt, wobei gemutmaßt wurde, dass die Wiege der Menschheit in Europa gelegen hat. Diese in den Zeitgeist passende These wurde obsolet, als man in Südostasien ein offensichtlich viel älteres Urmenschenskelett fand.

In gebildeten Kreisen begann man sich Ende des 19. Jahrhunderts durchaus mit der von Charles Darwin (1809-1882) vertretenen Theorie, dass Mensch und Menschenaffe einen gemeinsamen Vorfahren besitzen (gern missdeutet als „der Mensch stammt vom Affen ab“), anzufreunden. Deshalb wurde jeder Fund von prähistorischen Menschenknochen als eine Art Sensation aufgefasst und der Finder konnte sich hoher wissenschaftlicher und gesellschaftlicher Reputation sicher sein. Ein solcher Fund wurde 1912 in einer Kiesgrube bei dem Dorf Piltdown in der Grafschaft Sussex (England) gemacht, und zwar von dem Amateur-Archäologen Charles Dawson (1864-1916). Dieser Fund bestand aus einem Schädelfragment, einem Unterkieferknochen und einer Anzahl von Zähnen. Eine Rekonstruktion ergab ein altertümlich ausschauendes und mehr einem Menschenaffen ähnelndes Wesen, welches den wissenschaftlichen Namen *Eoanthropus dawsoni* erhielt. Dieses Fossil wurde eingehend untersucht und für echt befunden, und man war als Engländer ganz stolz darauf, dass der „Mensch der Morgenröte“ offensichtlich Brite war. Diese „Art“ spielte in der anthropologischen Literatur der ersten Hälfte des 20. Jahrhunderts eine wichtige Rolle bei der Rekonstruktion der damals noch recht übersichtlichen Stammesentwicklung des Menschen. Zwar äußerten einige Wissenschaftler von Anfang an gewisse Zweifel, insbesondere im Vergleich zu Neandertaler-Schädeln, die aber von den englischen Forschern weitgehend ignoriert wurden.

1953 erkannten bei einer Reinspektion der Knochen der Archäologe Kenneth Oakly und seine Kollegen, dass die Fundstücke von verschiedenen Orten stammten und an die Umgebung der Kiesgrube bei Piltdown angepasst worden sind. Der Schädel war ein Menschenschädel aus dem Mittelalter, der Unterkiefer war ein etwa 500 Jahre alter Unterkiefer eines Orang Utans und die Zähne gehörten einst einem Schimpansen. Die Knochen und Zähne waren künstlich so präpariert, dass sie wie altertümliche Knochen aussahen. Außerdem wurden Veränderungen derart vorgenommen, dass verräterische Merkmale gar nicht erst sichtbar wurden.

Im Allgemeinen wurde die Entlarvung des Piltdown-Menschen von der Forschergemeinde mit Erleichterung aufgenommen, da dadurch einige unerfreuliche Kontroversen beendet werden konnten. Blieb nur noch die Frage, wer die Fälschung begangen hat. Es gibt dazu zwei Theorien. Entweder war es eine aus dem Ruder gelaufene Posse, deren Urheber sich nicht mehr getraut hat, sie aufzulösen oder es war vielleicht der Entdecker Charles Dawson selbst, der auch schon durch andere Schummeleien aufgefallen war. Da alle Protagonisten mittlerweile tot sind, wird sich die Frage nach dem Schuldigen wohl nicht mehr aufklären lassen.

Wissenschaft kann aber auch auf furchtbare Weise entarten, wenn sie sich bestimmten Ideologien anbiedert. Ein besonders böses Beispiel ist hier die „Rassenkunde“ des „Dritten Reiches“, eine Pseudowissenschaft, an deren Fingern Blut klebt. Für sie wäre eine Einordnung als „Cargo-Kult-Wissenschaft“ mehr als verharmlosend. Sie zeigt, wie man „Wissenschaft“ politisch missbrauchen kann, nur um so etwas wie eine „Begründung“ für eine menschenverachtende Ideologie zu liefern.

435. Lyssenkoismus

In der Sowjetunion der Stalinzeit wurden auch Pseudowissenschaften gepflegt, soweit sie der herrschenden Ideologie – hier des Kommunismus in Stalinscher Ausprägung – diente. Ein herausragender Repräsentant war dabei der Agronom und Biologe Trofim Denissowitsch Lyssenko (1898-1976), dessen Lehren man heute als „Lyssenkoismus“ bezeichnet. Er war ohne Zweifel einer der höchstdekorierten Wissenschaftler der Sowjetunion: dreimaliger Stalinpreisträger, siebenmal mit dem Leninorden dekoriert, Held a) der „Sowjetunion“ und b) der „Sozialistischen Arbeit“, mehrfacher Deputierter des Obersten Sowjets und - man könnte schon fast sagen „natürlich“ - Präsidiumsmitglied der Akademie der Wissenschaften der UdSSR. Und trotzdem war ein gewichtiger Teil seiner Arbeiten und Erkenntnisse „Cargo-Kult" im besten Sinne des Wortes. Sein Fachgebiet war die Landwirtschaft, sein theoretischer Unterbau eine modifizierte Form des Lamarckismus - einer Evolutionslehre, die außerhalb der damaligen Sowjetunion so gut wie keine Anhänger mehr hatte - und seine Reputation erwuchs im Wesentlichen aus seiner Beziehung zu Josef Stalin, dessen Repressionsregime er sich nutzbar machte, um nicht nur Konkurrenten im Wissenschaftsbetrieb mundtot zu machen.

Lyssenko war der Auffassung (ähnlich wie Lamarck), das erworbene Eigenschaften vererbbar sind. Das passte sehr gut zur Irrlehre des „Wissenschaftlichen Kommunismus", die u. a. davon ausgeht, dass sich durch Erziehung und Indoktrination ein neuer Menschenschlag, die „sozialistische Persönlichkeit" - oder, genauer, der „Sowjetmensch", erschaffen lässt, deren damals propagierte Eigenschaften sich von Generation zu Generation weiter vererben. Die „klassische Genetik" mit den Genen war in dieser Hinsicht natürlich zutiefst „unsozialistisch" und „bourgeois", was deren Anhänger in der Sowjetunion der Stalinzeit natürlich in den kommunistischen Kreisen schnell verdächtig machte. Und einmal in den Fängen eines Lawrenti Beria (1899-1953) und seiner Häscher geraten, bedeutete das schnell Verlust der Karrieremöglichkeiten bis hin zu „Sibirien" und Tod. Und Lyssenko war einer derjenigen, die diesen unvergleichlichen Repressionsapparat für sich nutzte, um Widersacher zu verdrängen, denen er weder charakterlich noch intellektuell gewachsen war und sich selbst in deren Positionen zu schieben. So ist auch leicht verständlich, dass nach Stalins Tod im Jahre 1953 mit Beginn der Aufarbeitung seiner Verbrechen auch der Stern Lyssenkos zu sinken begann. Unter Nikita Chruschtschow (1894-1971) wurde er schließlich als Präsident der Lenin-Landwirtschaftsakademie abgesetzt und seine nunmehr auch von der Staats- und Parteiführung als skurril erkannte Lehre nach und nach aus den Lehrplänen der Schulen und Hochschulen verbannt. Der Lyssenkoismus, der sich einst wie ein Mehltau über die Landwirtschaft der Sowjetunion legte, hatte ausgedient. Dabei war Lyssenko ein durchaus fleißiger Wissenschaftler mit Ideen, der pragmatisch, aber letztendlich auf der Grundlage falscher Überlegungen an die Züchtung neuer Pflanzen heranging. Dabei hatten es ihm insbesondere neue Getreidesorten angetan. So führte er Versuche durch, um aus „Winter-Weizen" (der bekanntlich einmal überwintern muss) „Sommer-Weizen" herzustellen, dessen Lebenszyklus auf einen Sommer begrenzt ist und der höhere Erträge erwarten ließ - und das in klimatischen Zonen, wo dessen Anbau gewöhnlich ein Risiko darstellt. Da er davon ausging, dass sich erworbene Eigenschaften vererben, feuchtete er Wintergerstenkörner an, ließ sie keimen und anschließend in Kühlhäusern lagern. Anschließend säte er sie wie

Sommergerste aus und stellte fest, dass er aus „Wintergerste" „Sommergerste" gezüchtet hat, deren Ertrag den der normalen Sommergerste um mehr als 30% überstieg. Er glaubte, auf diese Weise „Wintergerste" in „Sommergerste" umgewandelt zu haben. Diese Züchtungsmethode nannte er „Jarowisation". Sie erklärt sich durch einen den Botanikern als Vernalisation bekannten Prozess und hat nichts mit der Vererbung erworbener Eigenschaften zu tun. Nach sowjetischen Angaben betrug die Fläche, die 1938 mit jarowisiertem Getreide bestellt war, rund 18 Millionen Hektar und die damit erzielten Ertragssteigerungen waren durchaus beachtlich. Diese anfänglichen Erfolge begründeten seinen Ruf und um ihn begann sich auch so etwas wie ein Personenkult zu entwickeln. Er wurde in der Presse als „Genie" tituliert, was ihn wiederum beflügelte, eine allgemeingültige „Theorie" zur Erklärung dieser neuen Zuchtmethode zu entwickeln. Und damit verließ er die Pfade der seriösen Wissenschaft. Als großer Vorteil erwies es sich für ihn, dass seine schlichten Ideen bei Stalin auf offene Ohren stießen. Seine Erfolge wurden hochstilisiert, seine genau so vielen Misserfolge dagegen unter den Teppich gekehrt und seine Kritiker mundtot gemacht. In seinen theoretischen Schriften negierte er den Zufall bei evolutionären Prozessen und begründete das mit Zitaten von Lenin und Stalin.

Nach Lyssenko stellen die Erbanlagen so etwas wie ein „Konzentrat aus den Umwelteinflüssen" dar, den das Lebewesen über Generationen ausgesetzt war. Auf dieser völlig falschen Prämisse entwickelte er schließlich eine Art „neuer Biologie", die zwar ganz auf dem Fundament des „Dialektischen Materialismus" stand, aber ansonsten mit Biologie an sich nur noch wenig zu tun hatte. Sie fand sogar Eingang in die Schullehrbücher der damaligen Sowjetunion. Darin konnte man lesen, dass es Lyssenko und seinen Mitarbeiter beispielsweise gelungen ist, Kiefern in Fichten und Weizen in Roggen zu verwandeln und das es bald Apfelbäume geben wird, welche selbst in den Kältesteppen Sibiriens eine reiche Ernte versprechen. Der Lyssenkoismus ist vielleicht das Paradebeispiel dafür, wie unter dem Einfluss einer politischen Ideologie Wissenschaft quasi durch ein Dogma ersetzt wird.

436. Mitschurin hat festgestellt...

Die Lehre Lyssenkos ist aber nicht völlig auf dessen eigenem Mist gewachsen. Viele seiner Ideen gehen auf den großen Obstzüchter Iwan Wladimirowitsch Mitschurin (1855-1935) zurück, dessen praktische Erfolge (er entwickelte u. a. die Obstbaum-Propfung zur Perfektion) auch heute noch unbestritten sind. Nur dessen theoretische

Überlegungen, die sich stark an Jean-Baptiste de Lamarck (1744-1829) anlehnten und die von Lyssenko übernommen wurden, waren schlicht falsch. Über ihn haben sich leider nur einige Spottverse erhalten, die auch heute ab und an noch zitiert werden: *„Mitschurin hat festgestellt, dass Marmelade Fett enthält, drum essen wir auf jeder Reise Marmelade eimerweise...“* Oder, als es in den Anfangsjahren der DDR nur wenig oder keine Butter zu kaufen gab, kursierte unter der Bevölkerung der Reim: *„Mitschurin hat festgestellt, dass die Butter Gift enthält. Um das Volk halt zu gesunden, ist die Butter nun verschwunden...“*

437. Epigenetische Prozesse

Interessanterweise gibt es rund 40 Jahre nach Lyssenkos Tod doch Hinweise darauf, dass bestimmte erworbene Eigenschaften (z. B. Krankheitsbilder) unter gewissen Umständen an die Nachkommen weitergegeben werden. Die Funktionsweise dieser sogenannten epigenetischen Prozesse ist dabei durchaus an die Gene und deren Vererbungsmechanismen gebunden, aber nicht an die eigentliche genetische Information, die im DNA-Molekül hinterlegt ist. Ausschlaggebend sind hier spezielle epigenetische Faktoren, welche in der Lage sind, die Aktivität von Genen zu regulieren, indem sie diese oder Gruppen von ihnen in Bezug auf die Genexpression in der Zelle ein- oder ausschließen. Sie sind selbst nicht in der DNA lokalisiert, sondern in bestimmten Proteinen in den Chromosomen, genauer den Histonen. Diese Histone stellen quasi die „Spulen“ dar, um die sich ein DNA-Molekül bei Eukaryonten im kondensierten Zustand windet. Werden diese „Spulen“ chemisch verändert, hat das entsprechende Auswirkungen auf die Genexpression. Gerät ein Lebewesen z. B. unter Stress, d. h. durch veränderte Umweltbedingungen, Nahrungsmangel oder der Einwirkung von Giftstoffen, dann können bestimmte Histone dauerhaft chemisch markiert werden und auf diese Weise Einfluss auf das Verhalten von Körperzellen nehmen, in dem sie gewisse Gene permanent ein- oder ausschalten. Es scheint so - und entsprechende Experimente belegen es mittlerweile - dass derartige epigenetische Marker durchaus an die Nachkommen weitergegeben werden können. Es gibt sogar begründete Vermutungen darüber, dass bestimmte Krankheiten wie Diabetes oder Fettleibigkeit zu einem gewissen Teil epigenetisch bedingt sind. Deshalb ist die Erforschung der entsprechenden Mechanismen auch von großer gesundheitspolitischer Bedeutung. Für die Erb- und Evolutionsbiologie ist die Epigenetik ein neuer Ansatzpunkt zur Erklärung erbbiologischer Auffälligkeiten.

Nehmen wir z. B. die Honigbiene, um mal ein Beispiel aus der Tierwelt zu bemühen. Bekanntlich sieht dieses Insekt im frühen Larvenstadium immer gleich aus. Diejenigen Larven, die von den Ammenbienen mit einem Gemisch aus Honig und Pollen gefüttert werden, entwickeln sich zu sterilen Arbeitsbienen. Die Larve hingegen, die mit Gelée royale (Weiselfuttersaft) gefüttert wird, ändert ihre Gestalt und entwickelt sich zu einer eierlegenden Bienenkönigin. Dabei sind die Gene der Arbeitsbienen und der Bienenkönigin völlig identisch. Es scheint so, dass die Nahrung - hier die Honig-Pollen-Mischung - zur expliziten Abschaltung bestimmter Entwicklungsgene führt. Der chemische Mechanismus, der insbesondere auf die Histone wirkt, nennt man Methylierung. Darunter versteht man das „Anhängen" bzw. „Entfernen" von Methylgruppen an bestimmten Histon-Proteine mit dem Effekt, dass sich damit die Genexpression steuern lässt. Und das Bemerkenswerte dabei ist, dass sich mit speziellen Pharmaka gezielt Einfluss auf diesen Vorgang nehmen lässt, was neue therapeutische Ansätze bei gewissen Krankheiten verspricht. Erste Erfolge gibt es beispielsweise bei der Erkennung von Krebszellen, bei denen die Gene abgeschaltet sind, welche das krankhafte Zellwachstum normalerweise verhindern. Weiterhin sind, wie man erst seit wenigen Jahren weiß, epigenetische Fehlsteuerungen für die Entstehung bestimmter immunologischer und neuronaler Erkrankungen sowie diverser Wachstumsstörungen von Bedeutung. Darunter fallen beispielsweise auch seltene Erkrankungen wie das Silver-Russel-Syndrom (eine spezielle Form der Kleinwüchsigkeit), die man unter dem Begriff *Genomic Imprinting* (genomische Prägung) zusammenfasst.

438. Kleinwüchsigkeit

Kleinwüchsige Menschen (d. h. Menschen, die im Erwachsenenalter unter 1,5 Meter Körperlänge bleiben und keine Pygmäen sind) hat es schon immer gegeben. In der Bundesrepublik sind nach Angaben des „Bundesverbandes Kleinwüchsige Menschen und ihre Familien" ca. 100.000 Personen davon betroffen. Heute stehen ihnen fast alle Berufe offen (eine Ausnahme sind beispielsweise Profi-Basketballspieler). In der Vergangenheit wurden Kleinwüchsige zumeist toleriert und, wie im alten Ägypten, sogar verehrt. Besonders im Mittelalter und in der frühen Neuzeit galt es bei Hofe als schicklich, den einen oder anderen „Zwerg" als Spaßmacher anzustellen. Auch waren kleine Menschen als „Spezialisten" gern gesehen - so z. B. im Bergbau (man denke nur an die „Sieben Zwerge") oder als Kaminreiniger („Schornsteinfeger"). Der Ire Jonathan Swift (1667-1745) machte „Kleinwüchsige" 1726 sogar zum Thema eines vielbeachteten Romans mit dem etwas sperrigen Titel: *„Travels into Several Remote*

Nations of the World in Four Parts By Lemuel Gulliver, first a Surgeon, and then a Captain of Several Ships" - heute kurz als „Gullivers Reisen" bekannt. Seitdem werden Kleinwüchsige auch gern als „Liliputaner" bezeichnet, was manchmal als abwertend empfunden wird, es aber sicherlich nicht ist.

Interessant ist, dass ab dem 19. Jahrhundert viele Kleinwüchsige Karrieren auf dem Gebiet der Schauspielerei gemacht haben. Nehmen wir z. B. Kenny Baker, den viele von uns aus der Star-Wars-Saga kennen. Oder Tamara De Treaux (1959-1990), die in Steven Spielbergs berühmten Film *„E.T."* („Nach hause telefonieren...") den „Außerirdischen" (leider nur als Kern der „Puppe") mimte, weshalb sie trotz ihrer herausragenden schauspielerischen Leistung leider ziemlich unbekannt blieb. Fast jeder in der DDR geborene kennt dagegen - wenn auch kaum vom Namen her - Richard Krüger (1953-1995). Er spielte u. a. den bösen Zwerg in dem hübschen Märchenfilm *„Das singende klingende Bäumchen"* aus dem Jahre 1957. Heute vermutet man, dass Richard Krüger nur der Künstlername des Artisten Hermann Emmrich war, der in Prenzlau lebte. Interessanterweise gibt es darüber immer noch eine Kontroverse unter den Cineasten, die sich bis heute nicht abschließend klären ließ. Aber es stimmt durchaus. Kleinwüchsige arbeiten gern im Zirkus - wenigstens als Clown, aber oft als begnadete Zirkusartisten. Die Ungarin Susanna Bokoyni (sie wurde im Jahre 1879 geboren, war gerade einmal einen Meter groß und wurde 105 Jahre alt) trat z. B. europaweit und zuletzt auch in den Vereinigten Staaten als „Prinzessin Susanna" auf und begeisterte ihr Publikum. Berühmt wurde auch der schwarze Entertainer Thomas Dilward (1840-1902), der als „Japanese Tommy" in Varietéshows auftrat. Und auch die berühmten Worte über Isaak Newton: *Nature and nature's laws lay hid in night - God said "Let Newton be!" and all was light.* („Natur und der Natur Gesetze lagen in dunkler Nacht - Gott sprach: Newton sei! Und sie strahlten voller Pracht" – in Deutsch gereimt.) stammen von einem heute noch bekannten kleinwüchsigen Dichter (1,37 Meter) - nämlich Alexander Pope (1688-1744).

439. Große kleine Königin – Mathilde von Flandern

Unter den gekrönten Häuptern der Weltgeschichte findet man dagegen so gut wie keine Kleinwüchsige. Der Grund dafür dürfte dabei eher in ihrer Seltenheit liegen, denn in Dynastien, die sich durch Erbfolge erhalten, dürfte die Körpergröße kein maßgeblicher Parameter gewesen sein. So mag es zwar überraschen, dass die Gemahlin König Wilhelm I. (um 1027-1087) und spätere Königin von England, Mathilde von Flandern (um 1030-1083), nur 1,27 Meter groß war, während ihr Ehemann eine außergewöhnlich stattliche Gestalt gehabt haben soll. Man kennt ihre Körpergröße nur deshalb so genau, weil man 1961 ihr Grab in der Abtei des Klosters Sainte Trinité in Caen geöffnet und ihre Gebeine vermessen hat. Zu Lebzeiten wurde ihre Kleinwüchsigkeit, jedenfalls was die schriftlichen Überlieferungen betrifft, nie thematisiert. Warum sollte auch eine große Königin nicht mal klein sein dürfen. Leider wissen die Historiker nur erstaunlich wenig über die Französin, die am 11. Mai des Jahres 1068 als Mathilde I. (wahrscheinlich in Winchester, der ersten Hauptstadt Englands) zur Königin von England gekrönt wurde.

440. Der Teppich von Bayeux

Das gilt nicht für ihren Mann, dem mit dem berühmten „Teppich von Bayeux“ ein bis heute erhaltenes Denkmal gesetzt wurde. Es zeigt auf einem ca. einem halben Meter breiten und rund 68 Meter langen Stoffstreifen in aufwändiger farbiger Stickarbeit Szenen der Eroberung Großbritanniens durch den Normannenherzog und späteren König von England Wilhelm I., der deshalb auch den Beinamen „der Eroberer“ trägt. Die ikonenhafte Bildgeschichte beginnt mit dem Zusammentreffen von Harald Godwinson, Earl of Wessex, mit dem englischen König Edward und endet mit der berühmten Schlacht von Hastings am 14. Oktober 1066, der mit dem Sieg der Normannen über die Angelsachsen und dem Tod ihres Königs Harald II. (1022-1066) endete. Dann dauerte es nur noch 5 Jahre, und der Normannenherzog, der sich noch im gleichen Jahr zum englischen König krönen ließ, hatte das ganze Land unter seine Herrschaft gebracht.

Der „Teppich von Bayeux“, der manchmal auch „Bildteppich der Königin Mathilda“ genannt wird (obwohl wahrscheinlich Edith von Wessex (1029-1075) die Auftraggeberin war), ist in vielerlei Hinsicht von geschichtlicher und kulturhistorischer Bedeutung. Selbst astronomiegeschichtlich ist diese Textilie erwähnenswert.

441. Der Halley‘sche Komet

Ungefähr in der Mitte des Wandteppichs, bei Szene 33, erkennt man nämlich einen „Schweifstern“, auf den einige Männer mit ihren Fingern zeigen. Wie wir heute wissen, stellt er die älteste Abbildung des Halley'schen Kometen dar, welcher im Jahre 1066 einen Periheldurchgang absolvierte und bei der er sich der Erde auf bis zu 15 Millionen Kilometer näherte (was übrigens im Fall von „Halley" außergewöhnlich „nahe" ist). Auf jeden Fall muss er damals eine äußerst auffällige Himmelserscheinung gewesen sein, so wie vielleicht für unsere Generation der Komet Hale-Bopp im Frühjahr des Jahres 1997. Für die Engländer, die bei Hastings den Normannen entgegentraten, war er ohne Zweifel ein Unglücksstern. Wilhelm I. dürfte ihn dagegen als Glücksstern oder als „himmlische Siegesbotschaft" empfunden haben.

Kometen gehören seit je zu den spektakulärsten Himmelserscheinungen, die zu allen Zeiten mit großer Aufmerksamkeit beobachtet wurden. „Gaststerne", wie man sie auch nannte, galten im Mittelalter und frühen Neuzeit jedoch hauptsächlich als Unglücksbringer, die für mancherlei Übel auf der Welt verantwortlich gemacht wurden.

442. Kometenflugblätter

Bekannt sind die sogenannten Kometenflugblätter aus jener Zeit, die noch in manchen Archiven und Bibliotheken schlummern. Dort wird von „erschröcklichen Zornruten Gottes" und „Pestilenz-bringenden Haarsternen" berichtet. Es scheint, dass man in jener Zeit alle Übel der Welt, die einem Menschen widerfahren können, durch „Haarsterne", was „Komet" übersetzt bedeutet, verursacht dachte. So findet man im Stadtarchiv der Sechsstadt Löbau in der Oberlausitz unter dem Jahr 1472 den Eintrag:

„Am Tage Agnetis erschien abermahl ein erschröcklicher Comet, welcher ganzer 6 Wochen am Himmel z sehen war, worauf an vielen Orten Krieg, Hunger und Pestilenz erfolgt."

Da dieser Komet (sein offizieller Name ist C/1472 Y1) besonders hell und damit leicht mit freien Augen zu sehen war, gibt es viele Einträge dazu in alten Annalen. Er wurde sehr genau von dem Astronomen Johannes Müller, bekannt als Regiomontanus (1436-1476), beobachtet. Seine Beobachtungsergebnisse legte er in einer Schrift nieder, die erst 1532 von einem gewissen Johannes Schöner (1477-1547) in Nürnberg posthum veröffentlicht worden ist. Der interessierte Leser kann sie heute unter dem Titel "*Problemata XVI de cometae (1472) magnitudine longitudineque ac de loco ejus vero*" in digitalisierter Form im Internet finden. Sie gilt als die erste wissenschaftliche Beschreibung eines Kometen. Aber wie gesagt, noch bis weit in die Neuzeit galten

Kometen als Unglücksbringer, wie folgende eindrückliche Worte auf einem Kometenflugblatt aus der Zeit des Dreißigjährigen Krieges zeigen:

„Es zeugen uns alle Cometen zwar - Sehr viel Unglücks, Trübsal und Gefahr, - Und hat niemals eines Cometen Schein - Pflegen ohne böse Bedeutung zu sein. - Achterley Unglück insgemein entsteht, - Wenn in der Luft brennet ein Comet:

- 1) Viel Fieber, Krankheit, Pestilentz und Todt,

- 2) Schwere Zeit, Mangel und große Hungersnoth,

- 3) Große Hitze, dürre Zeit und Unfruchtbarkeit,

- 4) Krieg, Raub, Brand, Mord, Aufruhr, Neid, Haß und Streit,

- 5) Frost, Kälte, Sturmwind, böse Wetter, Wassersnoth,

- 6) Viel hoher Leute Untergang und Todt,

- 7) Feuersnoth und Erdbeben an manchem End,

- 8) Große Veränderung der Regiment,

So wir aber Buße thun von Hertzen, - So wendet Gott auch alles Unglück und Schmertzen."

Hier erkennt man, dass zu jener Zeit immer noch die alte aristotelesche Deutung der Kometen als Erscheinung der Meteorologie und nicht der Astronomie zur Erklärung herangezogen wurde: Kometen sind Ausdünstungen der Erde, die sich in den obersten Luftschichten entzündet haben.

Im Jahre 1577 konnte der berühmte Astronom Tycho Brahe (1546-1601) auf seiner Sternwarte Uranienburg mit speziellen Peilgeräten (das Fernrohr war zu jener Zeit noch nicht erfunden) einen sehr hellen Kometen über mehr als zwei Monate verfolgen. Auch die schon erwähnte Löbauer Stadtchronik weiß über diesen „Großen Kometen von 1577" zu berichten:

„Den 12. Novembr. biß aufn 6. Jan. 1578 hat man abermahl einen großen erschröcklichen Cometstern am Himmel gesehen, im 16 grad des Steinbocks, nicht weit von Saturno, welcher nach Untergange der Sonnen erschienen, und seinen Schwantz, so

sich in die länge auf 39 gradus soll erstrecket haben, nicht schnurschlecht von der Sonnen, sondern seitwarts derselben gekehret, daß sich ihrer viel darüber verwundernde entsetzet, maßen dergleichen und von solcher Länge wenig Cometen gesehen worden, ...".

Tycho Brahe ließ sich natürlich von einem solchen Kometen nicht schrecken, sondern stellte nüchtern fest, dass die Horizontalparallaxe dieses Himmelskörpers unter 15 Bogenminuten lag. Daraus schlussfolgerte er, dass Kometen außerhalb der Erde – und offensichtlich sogar weit hinter dem Mond – ihre Bahn ziehen. Eine qualitative Erklärung des Phänomens blieb ihm aber trotzdem verwehrt. Erst über 100 Jahre später – zwischenzeitlich hatte Johannes Kepler (1571-1630) seine Planetengesetze entdeckt und Isaak Newton (1643-1727) das von ihm gefundene Gravitationsgesetz zur Erklärung der Bewegung der Himmelskörper herangezogen – konnte Edmund Halley (1656-1742) durch die Entdeckung, dass Kometen periodische, d. h. wiederkehrende Erscheinungen sind, die Kometenforschung wieder ein großes Stück voranbringen. Sein Forschungsobjekt, der „Große Komet von 1682", wird heute ihm zu Ehren „Halley'scher Komet" genannt. Dass es von ihm sogar eine Abbildung in Form einer Stickerei auf einem alten englischen Wandteppich gab, war ihm jedoch nicht bekannt. Dieser Komet wurde natürlich auch in Löbau in der Oberlausitz mit bangem Herzen verfolgt, über den diesmal der Annalenschreiber besonders ausführlich berichtete:

„D. 23 Jul (1683. d. A.)*: Zu Abend um halbweg 10 Uhr, sahe man zum erstenmahl einen neuen Cometen, er war aber dermahln sehr kleine, mit einem kurzen Schwanze, durch den Tubum kondte er fein deutlich undt helle betrachtet werden, mit bloßen gesichte mochte er etwan einem Sterne Vierter größe gleichen. In folgenden Tagen spürte man, daß er rückgängig war undt zwar sehr schwaches Lauffes, sintemahl er nicht viel über einen halben grad desTages verrichtete. Er blieb lange Zeit klein und es war nicht zuerkennen, ob er ab- oder zunahm. Endlich sah man doch, daß er mercklich zunahm, sonderlich war er am 28. Aug: als er Beim SiebenGestirn stund, als der halbe Mond groß iedoch blaß undt ohne eines frischen Kern. So lange, als wir ihn sahen, nahm sein Lauff stets zu, biß er zulezt auff 5 grad kam, Erstlich war er (...) zwischen dem Kopffe des großen Behren undt dem Fuhrmanne, hernach ging er durch den Fuhrmanne undt kam nahe unter der Ziege hin, ferner zum Sieben gestirn undt ward im Kopffe des Wallfisches zulezt gesehen. - Nachdenklich ists, daß eben dieser Comet damahls erschien, als die Türcken Wien belagert hatten, Man sollte wohl meinen, er hatte den Türcken Krieg bedeutet undt sonderlich der Stadt Wien solch unglück; Aber es kann nicht seyn, Das unglück war schon da, durffte nicht erst bedeutet*

werden. Vielmehr wollte ich sagen: Dieser Comet verkündiget das Türken groß unglück. Denn ob es wohl erstlich, da er noch klein war, gegen Norden stund, so hatten wir ihn doch hernach, da er am grösten erschien, undt am stärcksten lieff, also auch vermuthlich der Erde am nechsten war, gegen den Türckenkrieg zu zusehns, als eben diese Gott undt Christus verhaßete Menschen, oder vielmehr Teuffel ihr 30 tägige Fasten Ramadan hielten. Gott trieb sie bald darauf durch die Waffen der Christl. Potentaten, am 20 Tage ihres Fasten von Wien, die sie so lange geängstiget hatten undt verliehe den Christen eine überaus herrlichen Sieg ...".

Interessant ist dabei u. a. dass bei den beschriebenen Beobachtungen offensichtlich bereits ein Fernrohr („Tubum") verwendet wurde. Ein paar Jahre zuvor hatte Georg Samuel Dörffel (1643-1727) aus Plauen anhand seiner Beobachtungen des „Großen Kometen von 1680" nachweisen können, dass sich dieser Komet auf einer Parabelbahn mit dem Brennpunkt „Sonne" bewegt. Damit konnte er zeigen, dass die beiden Kometen von 1680 und 1681 ein und derselbe war und zwar einmal vor und einmal nach dem Periheldurchgang. Seine Schrift *„Dissertatio de Cometa"* hat diesen sonst heute wohl vergessenen Liebhaber der Astronomie (er war von Beruf Geistlicher, zuletzt Superintendent im thüringischen Weida) in den Kreisen der Kometenforscher weltberühmt gemacht.

Mit dem Fernrohr als Hilfsmittel entwickelte sich in der Folgezeit die Suche nach neuen Kometen zu einer Lieblingsbeschäftigung mancher Astronomen und Astronomieliebhaber, die bei Erfolg nicht nur in Fachkreisen zu Hochachtung und Anerkennung führte. Dem Franzosen Charles Messier (1730-1817) gelangen zum Beispiel im Laufe seines Lebens 19 Kometenentdeckungen. Aber nicht diese Kometenentdeckungen haben seinen Namen in die Gegenwart gerettet. Richtig berühmt hat ihn eigentlich ein Nebenprodukt seiner Beobachtungstätigkeit gemacht, sein weithin bekannter Katalog der Nebelflecken (1784), der noch heute jedem Astronomen und Amateurastronomen geläufig ist.

Und noch ein Beispiel aus dem Dunstkreis der Stadt Löbau in der Oberlausitz sei erwähnt: Ernst Wilhelm Leberecht Tempel (1821-1889) aus Niedercunnersdorf, wo man noch heute sein Geburtshaus besichtigen kann. Er gilt als Entdecker von 21 Kometen. Darunter so prominente wie 55/Temple-Tuttle, der Ursprungskomet des Meteorstroms der Leoniden, und 9P/Tempel-1, der 2005 von der NASA-Sonde „Deep Impact" besucht und sogar mit einem großen Kupferprojektil beschossen wurde.

Von den mehr theoretisch bewanderten Astronomen wurden neue und schnelle Berechnungsverfahren (zu jener Zeit war die Logarithmentafel und der Kopf der Computer des kleinen Mannes), insbesondere auch für Parabelbahnen, entwickelt. Hier ist besonders der Bremer Arzt und Liebhaberastronom Wilhelm Olbers (1758-1840, er entdeckte selbst 6 Kometen) zu nennen, dessen Schrift *„Abhandlung über die leichteste und bequemste Methode, die Bahn eines Kometen aus einigen Beobachtungen zu berechnen"* die Bahnbestimmung von Kometen wesentlich vereinfachte.

Während man die Bahneigenschaften der Kometen immer besser verstand, wurden wesentliche Fortschritte über ihre physische Natur erst im 20. Jahrhundert erzielt. Alle Deutungsversuche davor waren eher vage. So führte z. B. die Entdeckung, dass viele kurzperiodische Kometen ihr Aphel in der Nähe der Jupiterbahn haben, zu der Hypothese, dass Kometen Himmelskörper sind, die ab und an vom Jupiter ausgestoßen werden ohne jedoch genau zu erklären, wie das eigentlich funktionieren soll.

Als Höhepunkte der Kometenforschung des 19. Jahrhunderts kann man die Erklärung der Kometenschweife durch austretenden Staub unter Einwirkung einer von der Sonne ausgehenden repulsiven Kraft durch Friedrich Wilhelm Bessel (1784-1846) und der Nachweis, das Kometen mit Meteorströmen verbunden sind, durch Giovanni Schiaparelli (1835-1910), ansehen. Die Staubtheorie Bessels hatte sehr lange Bestand, da sie in einigen wesentlichen Punkten der Wahrheit recht nahe kam. Im Jahre 1900 zeigte Svante Arrhenius (1859-1927), dass für Bessels repulsive Kraft der Strahlungsdruck des Sonnenlichts in Frage kommt. Diese Idee wurde beispielsweise von Karl Schwarzschild (1873-1916) aufgegriffen und später von Arthur S. Eddington (1882-1944) weiterentwickelt, der 1910 (das war übrigens das Jahr, wo der Halley'sche Komet wieder einmal zu sehen war) eine Theorie entwickelte, die erklärt, wie Staubpartikel in Sonnennähe einen Kometen verlassen können. 1868 beobachtete Giovanni Donati (1826-1873) und William Huggins (1824-1910) zum ersten Mal einen Kometen durch ein Spektroskop und fanden, dass sich ihr Licht doch wesentlich von gewöhnlichem reflektiertem Sonnenlicht unterscheidet. Die in den Kometenspektren vorherrschenden molekularen Banden konnten erst über ein halbes Jahrhundert später mit Hilfe der Quantentheorie erklärt werden. Von 1950 stammt das berühmte Modell des „schmutzigen Schneeballs" für einen Kometenkern (Fred Whipple, 1906-2004) und die Theorie der „Kometenwolke", welche das Sonnensystem als sphärische Hülle von außen her umschließt (Jan Oort, 1900-1992). Und als weitere große Entdeckung soll die Erklärung des Plasmaschweifs von Kometen als Ergebnis der Wechselwirkung der Kometengase mit einer von der Sonne permanent ausgehenden Partikelstrahlung, die heute als „Sonnenwind" bezeichnet wird, durch den deutschen Astronomen Ludwig Biermann (1907-1986) nicht unerwähnt bleiben.

1986 trat dann ein Ereignis ein, welches die Kometenforschung wahrhaft beflügelte – die Wiederkehr des Kometen Halley, den einst schon Mathilde von Flandern, König Harald II. von England, Wilhelm den Eroberer und Edith von Wessex gesehen haben, um nur einige zu nennen, deren Namen die Zeiten überdauert haben. Wenn sich auch diesmal seine Erscheinung am Himmel in Grenzen hielt, war er doch ein Medienereignis und das Ziel einer ganzen Armada von interplanetaren Raumsonden, von denen hier nur die ESA-Kometensonde „Giotto" erwähnt werden soll. Weitere knapp 30 Jahre später steht – zwar etwas verkantet – der Kometenlander „Philae" auf der Oberfläche des Kometen 67P/Tschurjumow-Gerassimenko und wartet auf Sonnenschein, um wieder einmal „nachhause-telefonieren" zu können - aber es will nicht gelingen...

Es ist doch irgendwie erstaunlich, wie sich zumindest in technischer Hinsicht die Menschheit in den knapp 1000 Jahren seit der Schlacht von Hastings weiterentwickelt hat.

443. Problem Fortschritt

Nur am Schlachtenlärm hat sich nichts geändert. Nun ja, auch „Fortschritt" ist keine absolute Größe und genaugenommen vom Kontext abhängig, in dem man diesen Begriff benutzt. Am häufigsten findet man ihn im Sinn des „Technischen Fortschritts", wo er auch am besten aufgehoben ist. Er beschreibt hier den Wandel einer Volkswirtschaft anhand der von ihr zur Verfügung gestellten Produkte und ihrer stetigen qualitativen Verbesserung, die durch gezielte Forschung und Entwicklung vorangetrieben wird. Sie impliziert gewöhnlich gesellschaftliche Entwicklungen „zum Besseren" hin, obwohl auch das wieder im Kontext der allgemeinen Lebensumstände und des gesellschaftlichen Umfeldes gesehen werden muss (was nutzt ein technologischer Fortschritt einem Menschen, der daran nicht partizipieren kann?). Andererseits ist es nicht selbstverständlich, dass eine Gesellschaft aus sich heraus sich zu einer „technologischen Gesellschaft" entwickelt. Das ist sogar eher wenig wahrscheinlich, da, wie viele Beispiele in der Menschheitsgeschichte zeigen, Traditionen und deren Aufrechterhaltung eine große Rolle im Zusammenleben der Menschen spielen und somit eine Entwicklung in Richtung „Fortschritt" behindern.

„Fortschritt" im technischen Sinn initiiert sich in revolutionären Phasen, an die sie entweder wieder eine lange Zeit des Stillstands anschließt (z. B. Übergang von der Stein- zur Bronzezeit, von der Bronzezeit zur Eisenzeit) oder eine Entwicklung ausgelöst wird, die sich mit der gesellschaftlichen Entwicklung parallelisiert wie die industrielle Revolution, die in der zweiten Hälfte des 18. Jahrhundert in England ihren Ausgangspunkt nahm und die, wie die Energiesparlampen auf LED-Basis zeigen, noch anhält.

Eine interessante Frage in diesem Zusammenhang ist, ob eine zunehmende Technik- und Wissenschaftsfeindlichkeit im Zusammenspiel mit fortschrittsfeindlichen Ideologien diese Entwicklung stoppen kann.

444. Fortschrittsgläubigkeit

Viel mit „Fortschritt" hat auch die „Fortschrittsgläubigkeit" zu tun. Denn mit der Entwicklung der Atombombe, der Freisetzung langlebiger toxischer Stoffe bei Chemieunfällen, der technisch bedingten und möglich gewordenen großflächigen Umweltzerstörung (eine für die Natur der Erde wohl schlimmste Erfindung dürfte in dieser Hinsicht die Hand-Kettensäge gewesen sein) dämmert es manchen Menschen, dass „Fortschritt" nicht per se etwas Positives ist. Dieser Fakt wird aber in der Regel verdrängt, denn technologischer Fortschritt wird noch mit einem anderen Begriff assoziiert, dem Begriff des stetigen wirtschaftlichen Wachstums. Von den Politikern wird diese Art von Wachstum als „die" Bedingung für technischen und gesellschaftlichen Fortschritt angesehen. Zwar hat sich mittlerweile herumgesprochen, dass Wachstum in einer Welt begrenzter Ressourcen zwangsläufig in eine Sackgasse führt. Diese Erkenntnis tritt aber nur zögerlich in das politische Bewusstsein, denn „kein Wachstum" wird eher als Bedrohung empfunden – genauer gesagt, ist es aber das „Diktat des Wachstums", das Menschen und Unternehmen zwingt, immer mehr zu konsumieren und zu produzieren. Die Gesetze der Wirtschaft zwingen ihn regelrecht dazu. Bei näherer Betrachtung besteht der einzige Weg, um die durch „Wachstum" verursachten Probleme wie Ressourcenverknappung, Schuldenkrisen, Handelskriege, Überbevölkerung etc. zu mindern, in der Entkopplung von Fortschritt und Wachstum.

445. Nachhaltigkeit

Das Zauberwort, welches in diesem Zusammenhang seit einigen Jahrzehnten durch die politische und wirtschaftliche Literatur geistert, ist *„Sustainability“*, zu Deutsch „Nachhaltigkeit“. Es übernimmt ein aus der Forstwirtschaft zur Ressourcenschonung schon früh entwickeltes Prinzip (Hans Carl von Carlowitz (1645-1714)), nach dem man aus einem Wald immer nur so viel Holz entnehmen sollte, wie in derselben Zeit auch nachwächst, in das allgemeine Wirtschaftsleben. Die Bedeutungsvielfalt, die dieser Begriff mittlerweile erlangt hat, kulminiert dabei in der Forderung, dass wirtschaftliches Handeln stets so ausgerichtet sein sollte, dass immer etwas bewahrt bleibt für die nachkommenden Generationen. Die kapitalistische Produktionsweise widerspricht offensichtlich diesem Prinzip, weshalb es nur politisch durch entsprechende Rahmenbedingungen durchgesetzt werden kann. Umgangssprachlich hat sich dieser Begriff aber mittlerweile leider zu einem Euphemismus entwickelt, seitdem er zu einem Kampfbegriff von Ideologen aller Colour geworden ist, welcher in dieser oder jener Form in allen möglichen Zusammenhängen eingesetzt wird. Zu diesem begrifflichen Dilemma hat die natürliche Unschärfe, die diesem Begriff innewohnt, ohne Zweifel beigetragen. Denn auf konkrete Sachverhalte angewendet, bleibt er erstaunlich schwammig (ähnlich wie der Begriff der „Ganzheitlichkeit“). Die einen sehen in der Herstellung von Biokraftstoffen aus Mais oder Palmöl ein nachhaltiges Verfahren, um den Treibstoffbedarf „nachhaltig“ und „klimaneutral“ zu sichern, andere darin – und das zu Recht! – eine beispielslose Umweltzerstörung durch Agrarwüsten mit ihrer „nachhaltigen“ Zerstörung von Biodiversität und Landschaft sowie von Nahrungsmitteln. Die einen sehen in den Windkraftanlagen, die zu zigtausenden z. B. in Deutschland in die Landschaft gestellt werden, eine Möglichkeit, um eine „nachhaltige“ „entkarbonisierte“ (auch so ein neues Schlagwort!) und „klimafreundliche“ Energiewirtschaft aufzubauen, andere darin – und das durchaus zu Recht! – eine nachhaltige Zerstörung gewachsener Kulturlandschaften durch optischen Terrorismus, verbunden mit einem von manchen grünen Ideologen als Kollateralschäden problemlos hingenommenen zigtausenfachen Vogelmord bei gleichzeitiger Gefährdung einer sicheren Energieversorgung durch hochgradig volatilen Windstrom. Die gleichen Ideologen sind es dann aber auch, die mit ähnlicher Vehemenz, wie sie den Bau von Windparks befürworten, gegen die traditionelle Singvogeljagd – und das wiederum zu Recht – in den Mittelmeeranrainerstaaten vorgehen. Die einen sehen in der Kernenergie das Übel an sich, welche die Menschheit an den Rand des Untergangs bringt (und weniger die Kernwaffenarsenale der Großmächte), andere wiederum – und das sicherlich mit Recht – als eine der wenigen Möglichkeiten, um auf der Welt die Energiearmut ohne riesigen Flächenverbrauch zu beenden (Stichwort: Energiedichte von Primärenergieträgern). Die einen fühlen sich in dieser Hinsicht ideologisch so gefestigt, dass sie sogar Forschungen auf dem Gebiet inhärent sicherer Kernkraftwerke mit aller Kraft verhindern wollen, die anderen sehen in der Kernkraft einen Ausweg, um eine CO_2-arme Energiewirtschaft aufzubauen, die in der Lage ist, die Zeit bis zur (möglichen) Verfügbarkeit von Energieerzeugungsanlagen, die auf dem Prinzip des „Sonnenfeuers“, der Kernfusion, beruhen, zu überbrücken.

Wenn also irgendwo von „Nachhaltigkeit“ gesprochen wird, dann sollte man genau hinhören und versuchen, jenseits von diesem Begriff das Gemeinte einzuordnen. Denn mittlerweile verschleiert dieser Begriff die Komplexität, wie sie der Natur und der Gesellschaft nun mal immanent ist, mehr, als dass er zu deren Verständnis beiträgt. Meines Erachtens ist genaugenommen das Konzept der "Nachhaltigkeit" zur Förderung menschlicher Gesellschaften denkbar ungeeignet, insbesondere dann, wenn man die Populationsentwicklung (=Bevölkerungsexplosion) außer Acht lässt. Dass es dennoch so populär wurde, hängt offensichtlich damit zusammen, dass sich heute, speziell in den saturierten Gesellschaften, ein großes Misstrauen gegenüber der Menschheit sowie deren bisherigen Entwicklung und dessen künftigen Entwicklungsmöglichkeiten entwickelt hat.

446. Zukunftsängste

Und das nicht ohne Grund. Finanzkrisen erschüttern die Weltwirtschaft, überall flackern Kriege auf und führen zu einem nicht mehr beherrschbaren Flüchtlingsproblem, das Armutsproblem ist nicht gelöst, die Berichte über neue Krankheiten und Epidemien schrecken die Menschen auf und allerorten macht sich die Angst vor Apokalypsen wie die „Klimakatastrophe“ breit. Fast alle zentralen Debatten der Gegenwart haben etwas mit Zukunftsängsten zu tun. Zu deren Abwendungen werden Instrumente aus der technologischen Mottenkiste geholt um sie zu Zukunftstechnologien zu stilisieren. Echte, bahnbrechende Technologien werden dagegen von gewissen Kreisen verteufelt und zum Schluss Verbote auferlegt, obwohl gerade sie es sind, welche der Misere Einhalt gebieten könnten. Dabei ist es doch das Gebot der Stunde, Wissenschaft und Technik weiter zu entwickeln und so einzusetzen, dass mit ihrer Hilfe immer mehr Menschen in die Lage versetzt werden, ein glückliches und menschenwürdiges Leben zu führen. Es ist vielleicht Zeit, einmal statt über „Wachstum“

über „Stillstand“ nachzudenken und zwar nicht im Sinn des Einfrierens der bestehenden Verhältnisse, sondern eher im Sinne einer vorsichtigen Anpassung der unbefriedigenden Verhältnisse, unter denen noch Hundert Millionen Menschen auf der Welt leben müssen, auf ein Niveau, wo niemand mehr verhungern muss, wo Wohlhabende bereit sind, Abstriche von ihrem Lebensniveau hinzunehmen, um anderen, weniger Bemittelten, auch ein menschenwürdiges Leben zu ermöglichen. Wenn die Menschheit mittelfristig überleben will, muss sie sich dieser Aufgabe stellen und nicht ihre materiellen und geistigen Ressourcen für einen zweifelhaften „Fortschritt“ aufs Spiel setzen, an dem prozentual nur wenige partizipieren, wie es gegenwärtig der Fall ist.

Jenseits von Ideologien und Religionen besteht der eigentliche Sinn unserer Existenz in dem Streben nach Glück, wie es einmal der Dalai Lama (Tendzin Gyatsho) ausgedrückt hat. Aber echtes individuelles Glück kann nun mal nicht auf dem Unglück anderer Gedeihen.

447. Blochs konkrete Utopien

Es wird also Zeit, sich wieder einmal mit „konkreten Utopien“ auseinanderzusetzen, um mit Ernst Bloch (1885-1977) zu sprechen. Das Problem ist, dass die Zukunft offen ist und Vorhersagen über gewisse Entwicklungen nur – und auch da nicht sicher – über einen überschaubaren Zeithorizont möglich sind. Daran scheitert übrigens regelmäßig die „Futurologie“, die Lehre von den möglichen zukünftigen Entwicklungen, sobald sie den überschaubaren Zeithorizont überschreitet. Zu Beginn des 20. Jahrhunderts sagte man z. B. ein „Pferdemistproblem“ für die Zukunft vorher. Allein in New York lebten um 1900 etwa 100.000 Pferde, die als Zugtiere unentbehrlich waren. Sie produzierten täglich etwa 1400 Tonnen Pferdemist, der natürlich kontinuierlich von den Straßen entfernt werden musste. Diese Menge sollte sich, wie plausible Hochrechnungen der Städteplaner zeigten, im Zuge des stetigen Wirtschaftswachstums immer weiter erhöhen, so dass schließlich eine vollständige und zeitnahe Entfernung sowie ein Abtransport irgendwann nicht mehr möglich ist. Eine Überschlagsrechnung ergab das pessimistische Ergebnis, dass man um 1950 mit einer ca. 3 Meter hohen Schicht von Pferdemist auf allen New Yorker Straßen zu rechnen hat. Gottseidank konnte dieses Horrorszenario durch die Erfindung des Automobils (dessen Erfolg seinerzeit die Zukunftsforscher so nicht vorhergesagt haben) noch einmal abgewendet werden.

Es ist auch heute noch schwierig, der Zukunftsforschung so etwas wie eine „Wissenschaftlichkeit“ zu bescheinigen, wenn sie vorgibt, Aussagen über zukünftige Entwicklungen zu machen, die einen Zeithorizont von vielleicht zehn Jahren übersteigen. Man denke hier nur an den Siegeszug des Computers, der zu jener Zeit, als von Steve Jobs (1955-2011) der erste „Apple“ vorgestellt wurde, so noch nicht abzusehen war. Unerwartete politische und technologische Entwicklungen können bekanntlich schnell eine Zukunftsprognose zunichtemachen. Trotzdem sind Zukunftsmodelle nicht per se sinnlos. Sie sind in Hinsicht auf gewisse Fragen sogar äußerst wichtig, soweit sie Basisparameter wie z. B. das Bevölkerungswachstum sowie gewisse, für die wirtschaftliche Entwicklung wichtige Kennziffern betreffen. Auch die zukünftige Entwicklung des Erdklimas gehört ohne Zweifel dazu, und zwar unabhängig davon, ob sie einen wesentliche anthropogenen Anteil enthält (und damit zumindest theoretisch in gewissen Grenzen steuerbar ist) oder nicht.

Wenn man jedoch eine konkrete Vorstellung von einer wünschenswerten Zukunft hat, dann spricht man von einer Utopie. „Utopia“ ist erst einmal ein Ort, den man als „Nirgendwo“ übersetzen kann. Er wird immer dann bemüht, wenn man zu den herrschenden gesellschaftlichen Verhältnissen einen positiven Kontrast einer „Idealwelt“ aufbauen möchte, wie es die frühen Utopisten versucht haben. Die Marxisten haben schließlich daraus eine nach ihren eigenen Anschauungen „wissenschaftliche“ Lehre gemacht, indem sie die geschichtliche Entwicklung der Menschheit (genauer des Abendlandes) hin zu einer klassenlosen Gesellschaft, quasi einem kommunistischen Elysium, extrapolierten. Damit erhielt sie einen eschatologischen Touch, wie man sie sonst nur von monotheistischen Religionen her kennt. Hier wird „Utopie“ als reale Möglichkeit gedacht, ja sogar zum Ziel sozialökonomischer Entwicklungen stilisiert.

Denkt man eine Utopie als etwas Wünschenswertes, Erstrebenswertes, dass sich jenseits von reinen Luftschlössern erreichen lässt, dann gelangt man zu dem von Ernst Bloch geprägten Begriff einer „konkreten Utopie“. Sie ist eng mit dem „Prinzip Hoffnung“ verbunden, welches zugleich auch der Titel des philosophischen Hauptwerks Ernst Blochs ist, in dem er in Bezug auf das real Mögliche Wege gesellschaftlicher Entwicklungen aufzeigt, die nichts mit dem Bau von „Wolkenkuckucksheimen“ zu tun haben, sondern Handlungsanweisungen aufzeigen, um Wünschenswertes real werden zu lassen. Bei Ernst Bloch ist der Weg das Wesentliche und dessen Endpunkt bleibt nebulös und zweitrangig, aber trotzdem soweit sichtbar, dass er als wünschenswertes Ziel erhalten bleibt.

448. Romantischer Utopismus

Bei den „romantischen Utopisten“ wird dagegen das wünschenswerte „Endziel“ als ein „Utopia“ vorgegeben und der Weg dahin bleibt nebulös.

Thomas Morus (1478-1535) war ein englisch-liberaler Politiker. In seinem 1516 verfassten Werk *„Utopia“* schildert er eine in seinen Augen liberale Idealgesellschaft, die durchaus modern anmutet. Tommaso Campanella (1568-1639) entwarf in seinem *„Sonnenstaat“* (1602) einen utopischen Staat, der seine Wunschvorstellung einer päpstlichen Universalmonarchie unter Aufhebung des Privateigentums (das er als Ursache aller sozialen Übel ausmachte) entsprach. Henri de Saint-Simon (1760-1825) wiederum, zweihundert Jahre später, prägte als Zauberwort *„l'Industrie“* – nur die nützliche Güter produzierenden und nützliche Dienstleistungen anbietenden Mitglieder des Gemeinwesens (im Gegensatz zu den „parasitären Elementen“, worunter er in erster Linie den Adel verstand) sind für ihn wertvoll für die Gesellschaft.

Heute müssen wir uns Gedanken darüber machen, wie die Menschheit selbstverschuldete lokale und globale Katastrophen verhindern kann, in dem man als Wunschvorstellung eine im Gleichgewicht mit der Natur existierende Gesellschaft, die den Planeten nicht überfordert, sich nicht selbst ausrottet und trotzdem dem wissenschaftlich-technischen Fortschritt verhaftet bleibt, vorgibt und die Wege dahin aufzeigt: Begrenzung des Bevölkerungswachstums, ressourcensparende Kreislaufwirtschaft, Beendigung der Zerstörung der Biodiversität des Planeten, Primat der Politik bei Konfliktsituationen, Abbau des Potentials der versehentlichen Selbstzerstörung, Überwindung der Armut und der Unwissenheit auf der Welt durch Modelle der gleichberechtigten Teilhabe an sozialen Mindeststandards, globales Denken etc. pp. Hier ist in erster Linie die Politik gefragt. Aber ob man Politikern, die in undurchschaubare Interessensnetzwerke eingebunden sind und bei denen i. d. R. mehr ein kurzfristiges Denken von Wahlperiode zu Wahlperiode zu erwarten ist, in dieser Hinsicht vertrauen kann, sei jedoch dahingestellt. Auch die vielfältigen Interessengegensätze zwischen den Nationen erschweren eher die Inangriffnahme der Lösung globaler Probleme. Auf jeden Fall kommt dem 21. Jahrhundert eine Schlüsselrolle in der Geschichte der Menschheit zu, was die Menge und das Ausmaß der zu lösenden Probleme betrifft. Aber andererseits sind die Aussichten, diese Probleme in den Griff zu bekommen, vielleicht doch besser, als allgemein angenommen. Da der Mensch der Urheber aller dieser Probleme ist (und das auch selbstkritisch erkannt hat), liegt es auch in seiner Macht, sie zu lösen. Seine Chance liegt in seinem kreativen Potential, verbunden mit den neuen technischen Möglichkeiten, wie sie beispielsweise die modernen Telekommunikationsmittel bieten. Sie ermöglichen einen instantanen Austausch von Informationen, den Erwerb von Wissen (wenn man es nur will) sowie die Einflussnahme in politische Prozesse über Ländergrenzen hinaus durch eine globale Vernetzung vieler Millionen Menschen über soziale Netzwerke. Internet-Plattformen wie Wikileaks haben gezeigt, dass es für Regierungen und Geheimdienste nicht mehr so einfach ist, im Geheimen zu agieren und sie so einer verstärkten Kontrolle durch die Öffentlichkeit ausgesetzt sind.

Wir wissen zwar nicht, wie die Welt in vielleicht 50 Jahren aussehen wird. Aber man kann heute durchaus mit dazu beitragen, dass sich die Welt mehr in einem positiven Sinn in Richtung Zukunft verändert.

Doch zurück zu „Utopia". Dieses „Nirgendwo" hat das Genre der „Utopischen Literatur" begründet, aus dem sich später das Genre der „Science Fiction" entwickelte.

449. Schöne neue Welt und "Big Brother is watching you"

Drei herausragende Werke einer fiktiven Gesellschaftskritik waren insbesondere in total organisierten Staaten (Diktaturen) gefürchtet, weshalb sie dort auch meist nicht zugänglich waren. Das ist einmal *„Brave new World"* („Schöne neue Welt") von Aldous Huxley (1894-1963) von 1932, der darin eine düstere Fiktion eines totalitären Staates entwickelt, welcher zwar weitgehend gewaltlos daherkommt („Weltregierung"), aber stattdessen durch „Menschenzüchtung" und ideologische Indoktrination seine Machtbasis festigt. Auf der Liste der 100 wichtigsten Bücher des 20. Jahrhunderts der Pariser Tageszeitung Le Monde findet sich dieser Roman auf Platz 21, sofort gefolgt von *„1984"* von George Orwell (1903-1950). Er erschien im Sommer 1949 im Londoner Verlagshaus „Secker & Warburg" und sollte Orwells letztes Werk sein, denn er starb bereits ein Jahr später an Tuberkulose. Den großen Erfolg, den er mit dieser düsteren Schilderung einer totalitären Gesellschaft ("*Big Brother is watching you*") landete, hat er leider nicht mehr erlebt. Die düstere Vision "Ozeaniens", wo "Big Brother" herrscht, ein "Neusprech" (*„War is peace; Freedom is slavery; Ignorance is strength."*) die Gedanken vernebelt und die Menschen bis in ihre innersten Gedankengänge und Gefühle manipuliert, wurde besonders in den kommunistischen Regimes gefürchtet, da sich hier offensichtlich leicht erkennbare Parallelen auftaten.

Wer, wenn nicht Josef Stalin selbst, sollte sich auch hinter dem „dicken schwarzen Schnauzbart“ verbergen, den „Big Brother“ trägt? Und der kleine Mann, mit den wirren weißen Haaren und dem Ziegenbärtchen, der sich im Roman Emmanuel Goldstein nennt – waren das nicht die Züge Leo Trotzkis, dem späteren Erzfeind Stalins?

Bereits 1950 erschien die erste deutsche Übersetzung von *„1984“*, welches zuvor in den Vereinigten Staaten und dem Vereinigten Königreich viel Aufmerksamkeit – auch politisch gewollt – erregt hat. So ist es nicht verwunderlich, dass der Roman in der DDR verboten und nicht mal in den „Giftschränken“ der Universitätsbibliotheken zu finden war. 1978 gab es sogar die ersten Verurteilungen im Zusammenhang mit diesem Buch: Mehrjähriger Knast war demjenigen sicher, der erwischt wurde, dieses Buch gelesen und an andere verborgt zu haben. Dieser Umstand „adelte“ den Roman dahingehend, dass er quasi zur Pflichtlektüre von Dissidenten in der DDR wurde. Ich selbst habe ihn als Student Mitte der 1980er Jahre in Form einer schlechten Fotokopie einer bundesdeutschen Taschenbuchausgabe gelesen, ohne aber recht die „Gefährlichkeit“ der darin dargestellten Gedanken nachvollziehen zu können, die immerhin mehrere Jahre Gefängnisaufenthalt rechtfertigen sollten.

Nach dem Fall der Mauer deutete sich mit der rasanten Entwicklung der modernen Informationstechnologien und ihrer Anwendungen eine Änderung in der Interpretation des Werkes in Form einer „negativen Utopie“ an. Heute wird mit „Orwell“ oder „1984“ in der Regel sofort die Utopie eines totalen Überwachungsstaates assoziiert, wie er mittlerweile technisch möglich geworden ist. NSA-Skandal und Vorratsdatenspeicherung (natürlich nur für hehre Ziele!) sind nur zwei Stichpunkte in diesem Zusammenhang. Bei alledem sollte man aber nicht verkennen, Orwells Roman ist keine Prophetie, sondern eine Warnung.

Das dritte Buch, welches ich hier in Erinnerung rufen möchte, stammt auch von George Orwell: *„Farm der Tiere“* (1945). Es war in den Ostblockstaaten unter den Herrschenden besonders verhasst, weil in der erzählten Parabel die Machtstrukturen der „Diktatur der Arbeiterklasse“ besonders klar zu erkennen waren. Das Gebot „Alle Tiere sind gleich – aber manche sind gleicher“ (original *„All animals are equal, but some are more equal than others.“*) ist mittlerweile zu einem geflügelten Wort geworden um auf zynische Weise auszudrücken, dass das revolutionäre Prinzip der „Gleichheit“ (*Égalité*) in keiner hierarchisch organisierten Form des Zusammenlebens der Menschen zu verwirklichen ist.

450. Thomas Hobbes Staatstheorie

Das Prinzip der „Gleichheit“ ist ein wichtiges Prinzip der Staatstheorie und von Thomas Hobbes (1588-1678) als Ausgangspunkt seiner Überlegungen zu einem Gesellschaftsvertrag gemacht worden. In dem er einen Naturzustand des Menschen postuliert, in dem jeder Mensch zwar als gleichwertig und frei gilt, unter dem aber Anarchie und Gesetzlosigkeit herrschen und in dem jeder Mensch dem Menschen ein Wolf ist, leitet er dessen Naturrecht ab, seine egozentrische Natur gegen jeden anderen Mitmenschen, auch gegen deren Widerstand, mit Gewalt durchzusetzen, was wiederum als Ausdruck seiner individuellen Freiheit gilt. Um diesen Naturzustand zu verlassen, muss er, nach Hobbes, aus reinen Selbsterhaltungsgründen unter Aufgabe seines Selbstbestimmungsrechtes letztendlich einen Unterwerfungsvertrag gegenüber einem Souverän abschließen, dessen absolute Macht ein friedliches Zusammenleben seiner „Untertanen“ untereinander ermöglicht. Auf diese Weise entsteht, wie er in seiner staatstheoretischen Schrift *„Leviathan“* von 1651 ausführlich beschreibt, ein Abhängigkeitsverhältnis in Form eines Gesellschaftsvertrages, der die Möglichkeit bietet, über kodifizierte Rechte und Gesetze einen Ausgleich zu schaffen, der letztlich in der Institution des Staates aufgeht. Dessen Aufgabe besteht darin, ein Übergewicht gegen die anarchischen Leidenschaften zu schaffen, in dem er auf vereinbarte Art und Weise die natürlichen Freiheitsrechte des Individuums einschränkt und Verstöße gegen Gesetz und Ordnung ahndet:

„Ich übergebe mein Recht, mich selbst zu beherrschen, diesem Menschen oder dieser Gesellschaft unter der Bedingung, dass du ebenfalls dein Recht über dich ihm oder ihr abtrittst.“

Der Souverän ist hier der Rechtsgarant und Gewaltmonopolist. Er garantiert, soweit er rational und vernünftig handelt, Lebens- und (in Hinsicht auf das Naturrecht eingeschränkte) Freiheitsrechte seiner Untertanen und ist in der Lage *„alle Bürger zum Frieden und zu gegenseitiger Hilfe gegen auswärtige Feinde zu zwingen.“* Seit Hobbes wird Gleichheit in erster Linie, aber nicht nur, als „Gleichheit vor dem Gesetz“ verstanden und ist so – seit 1775 (Verfassung der Vereinigten Staaten von Amerika) – zum Bestandteil vieler Verfassungen geworden.

451. Freiheit, Gleichheit, Brüderlichkeit und der Planet Neptun

Das Wort taucht dann in der berühmten Losung der Französischen Revolution von 1789 wieder auf: „Freiheit, Gleichheit, Brüderlichkeit“, obwohl sie erst 1871 vom französischen Kaiser des Zweiten Kaiserreichs, Napoleon III. (1808-1873), zu deren offiziellen Parole erklärt wurde. Ursprünglich wurde diese Parole von Maximilien de Robespierre (1758-1794) in einer Rede vor der Nationalgarde geprägt und später vom Volk aufgegriffen. Robespierre war übrigens der politische Vordenker der Französischen Revolution, der die Gegner der Revolution nur vor die Wahl stellte, entweder ihre Überzeugung zu ändern oder den Tod zu erleiden (Stichwort: Guillotine). So wurde er zu einem Begründer der „Schreckensherrschaft (Juni 1793 bis Juli 1794), der er schließlich selbst zum Opfer fiel.

Übrigens, auch die moderne Genderforschung hat sich intensiv mit dieser Parole beschäftigt, und zwar mit dem Ergebnis, dass es besser wäre, statt „Freiheit, Gleichheit, Brüderlichkeit“ „Freiheit, Gleichheit, Solidarität“ zu sagen. Warum, dürfen sie selbst herausfinden. Noch weniger dürfte bekannt sein, dass die Begriffe *„Liberté, Égalité, Fraternité“* auch astronomisch bedeutsam sind. Als nämlich 1989 die Raumsonde Voyager 2 am Planeten Neptun vorbeiflog, konnte sie auch eine Anzahl von Aufnahmen des kurz zuvor mit irdischen Teleskopen entdeckten Ringsystems machen. Insgesamt ließen sich darauf 5 reguläre Ringe nachweisen, die freilich nicht so imposant waren wie die des Planeten Saturn. Der äußere Ring, der den Namen „Adams“ erhalten hat, befindet sich in einem Abstand von ca. 62.900 km vom Zentrum des Planeten. Er war zum Zeitpunkt des Vorbeiflugs vollständig geschlossen, zeigt aber drei auffällige und zwei weniger auffällige Verdickungen mit einer Länge zwischen 1° und 10° innerhalb eines Segments von ~40°. Die drei Hellsten dieser Bögen haben nach der Losung der Französischen Revolution die für astronomische Objekte ungewöhnliche Namen „Liberté“, „Égalité“ und „Fraternité“ erhalten. Sie waren eine Zeitlang mit Riesenteleskopen selbst von der Erde aus nachweisbar. Die Entstehung dieser „Arc’s“ ist dagegen nur schwer zu verstehen. Sie haben offensichtlich etwas mit dem Neptunmond Galatea und anderen, noch unbekannten Monden des Neptun-Systems zu tun.

Galatea hat einen Durchmesser von 158 km und bewegt sich in 0,429 Tagen einmal an der Innenkante des Adams-Rings um Neptun. Die Gravitationswirkung und die

Bewegung dieser Monde führen nach Meinung einiger Wissenschaftler zu speziellen Resonanzzonen auf dem Ring, wo sich dann die leichteren Ringpartikel, die wahrscheinlich aus Eis bestehen, bevorzugt ansammeln. Eis hat eine höhere Albedo als Gestein, wodurch diese Region heller als der übrige Ring erscheint. Wie Beobachtungen mit den 10 Meter – Keck-Teleskopen auf Hawaii in den Jahren 2002 und 2003 zeigten, scheinen die „Arc's“ keine stabilen Objekte zu sein. Alle Ringbögen mit Ausnahme von „Liberté“ sind seit dem Besuch von Voyager 2 mehr oder weniger zerfallen und auch Letzterer ist in Auflösung begriffen. Auch ihre Position in Bezug zum Arc „Fraternité“ hat sich deutlich verändert. Diese Beobachtungen sind durch eine Theorie gegenwärtig nur schwer zu erklären. Wahrscheinlich spielt bei diesem Auflösungsprozess der Mond Galatea eine wichtige Rolle. Auf jeden Fall verändern sich diese Ringstrukturen schneller als jemals erwartet wurde.

Neben dem außergewöhnlichen Außenring besitzt Neptun noch 4 weitere Ringe, die von Innen nach Außen mit dem Namen „Galle“, „LeVerrier“, „Lassell“ und „Arago“ versehen wurden. Es handelt sich dabei um die Namen von Astronomen, die in irgendeiner Weise an der Entdeckung dieses Großplaneten am äußeren Rand unseres Planetensystems involviert waren. Was die Ringe betrifft: „Galle“ und „Lassell“ sind relativ breit, „LeVerrier“ und „Arago“ dagegen ziemlich schmal. Sie bestehen überwiegend aus mikrometergroßen Staubteilchen und – zumindest Teile des Adams-Rings – aus Eispartikel.

452. Galileo Galilei war der erste Mensch, der den Planeten Neptun gesehen hat

Der erste Mensch übrigens, der den Planeten Neptun je zu Gesicht bekommen hat, war Galileo Galilei (1564-1642), der berühmte italienische Naturforscher, von dem Bertolt Brechts Werk „Das Leben des Galileis“ handelt und der die Mondkrater, die Phasen der Venus, die Sonnenflecken und die vier „Galileischen Monde“ des Jupiter mit seinem selbstgebauten Fernrohr entdeckt hat. Er wusste damals natürlich nicht, dass das Sternchen, welches er Anfang Januar 1613 in sein Notizbuch neben Jupiter und seinen Monden eintrug, der über 200 Jahre später offiziell entdeckte Planet Neptun war. Diese frühe Beobachtung Neptuns ist gleich in mehrfacher Hinsicht bemerkenswert. In der Nacht vom 3. Januar zum 4. Januar 1613 kam es zu einer der seltenen Neptun-Bedeckungen durch Jupiter. Beide Planeten befanden sich in Opposition zur Erde und ihre Oppositionsschleifen berührten sich so am Himmel, dass Jupiter über Neptun hinweg wandern konnte. Dieser Vorgang dauerte ungefähr 9 Stunden und 45 Minuten. Galilei hat während dieser Zeit an seinem Fernrohr gesessen, natürlich ohne etwas von dieser außergewöhnlichen Konjunktion zu bemerken. Auf einigen seiner Skizzen von Jupiter und seinen Monden ist jedenfalls ein Sternchen verzeichnet, welches heute als Planet Neptun identifiziert werden konnte.

453. Die eigentliche Neptunentdeckung

Die eigentliche Entdeckung Neptuns wird auch heute noch als ein besonderer Meilenstein der Astronomiegeschichte und als Triumph der Himmelsmechanik verstanden. Er ist der Planet, der quasi auf dem Papier, rein rechnerisch, vorhergesagt und danach – nur knapp zwei Vollmonddurchmesser vom berechneten Ort entfernt – auch prompt aufgefunden wurde. Dieser Umstand ist allein Grund genug, hier die Geschichte seiner Entdeckung etwas genauer zu schildern. Wie bereits im Kapitel über Uranus erwähnt, hat man nach seiner Entdeckung durch Wilhelm Herschel (1738-1822) noch eine ganze Anzahl von Beobachtungen (in Form von Positionsbestimmungen) gefunden, die vor dem eigentlichen Entdeckungszeitpunkt datieren. Nach der Entdeckung hat man die Bewegung dieses Planeten natürlich mit höchster Präzision und Akribie weiter verfolgt, so dass Anfang des 19. Jahrhunderts genügend Beobachtungen vorlagen, um seine Bahnelemente mit großer Genauigkeit zu bestimmen und daraus Ephemeriden zu rechnen. Aber bereits 1811 fiel einigen Astronomen auf, dass die berechneten Örter von den beobachteten bis zu 20'' abwichen. 1821 unternahm Alexis Bouvards (1667-1843) eine weitere Analyse des Beobachtungsmaterials ohne die bestehenden Diskrepanzen aufklären zu können. Durch Friedrich Wilhelm Bessell (1784-1846), dem berühmten Astronomen aus Königsberg, wurde die Diskussion angestoßen, ob diese Abweichungen nicht vielleicht durch einen weiteren, außerhalb der Uranusbahn befindlichen und unbekannten Planeten hervorgerufen werden. Er widmete sich zwar dem Problem, konnte es aber auch nicht lösen. Später, um 1845, begannen zwei damals noch junge und unbekannte Mathematiker, Urbain Jean Joseph Leverrier (1811-1877) in Frankreich und John Couch Adams (1819-1892) in England, sich mit dem „Uranus-Problem" zu beschäftigen, wobei beide von vornherein von der These ausgingen, dass die Abweichungen der Uranusbahn von der berechneten Bahn durch einen unbekannten Planeten verursacht werden. Ihr Ziel war es, die Position dieses unbekannten Planeten möglichst genau zu bestimmen, damit man ihn im Fernrohr auffinden kann.

Zur damaligen Zeit gab es weder Taschenrechner noch Computer, mit denen man derartige Probleme heute lösen würde. Dafür gab es die mittlerweile in Vergessenheit geratene Logarithmentafel, welche die „Himmelsmechaniker" der damaligen Zeit auswendig „im Kopf" hatten, und mit deren Hilfe die aufwendigen Berechnungen gemäß der Newtonschen Theorie ausgeführt wurden.

Im Herbst 1845 lagen die Ergebnisse von Adams vor und Anfang 1846 die von Leverrier. Adams Vorhersagen führten im Folgejahr, genauer am 4. und 12. August 1846 zur Beobachtung des neuen Planeten. Nur wurden die Beobachtungen nicht ausgewertet, da gültige Sternkarten von der entsprechenden Gegend fehlten. Auf diese Weise wurde diese günstige Gelegenheit verpasst. Am 23. September 1846 erreichte Johann Gottfried Galle (1812-1910) in Berlin ein Brief von Leverrier mit der Bitte, nach dem von ihm berechneten Planeten Ausschau zu halten. Da es an diesem Tag klar war, machte sich Galle und sein Assistent Heinrich Louis d'Arrest (1822-1875) noch am gleichen Abend an die Arbeit und fanden prompt nach knapp einer Stunde Beobachtungszeit einen Stern, der in den neuen Berliner Akademischen Sternkarten nicht eingezeichnet war. Nach einem Tag Ungewissheit konnten sie die Eigenbewegung dieses „Sterns" zweifelsfrei mit ihrem neunzölligen Refraktor messen und damit war Neptun entdeckt. Leverrier wurde berühmt und Adams hatte das Nachsehen. Heute weiß man, dass dem Franzosen wirklich die größere Ehre gebührt, wie vor kurzem angestellte Forschungen in den alten Archiven, wo die Aufzeichnungen von Leverrier und Adams aufbewahrt werden, zeigen.

Bereits einen Monat später, im Oktober 1846, gelang dem Briten William Lassell (1799-1880) die Entdeckung des ersten Neptunmondes. Er hat den Namen Triton erhalten. Seit Voyager 2 wissen wir auch, wie es auf seiner Oberfläche aussieht... Heute sind insgesamt 14 Neptunmonde bekannt. Übrigens, als man später die Aufzeichnungen des französischen Astronomen Joseph Jerome L. de Lalande (1732-1807) überprüft hat, stellte man fest, dass er im Jahre 1795 zweimal die Position des Neptun – den er für einen Stern gehalten hatte – in seinem Beobachtungstagebuch notierte. Während Galilei ihn mit einem Jupitermond verwechselte, verwechselte de Lalande ihn mit einem gewöhnlichen Stern. Wenn man sich als Physiker heute mit Himmelsmechanik beschäftigt, dann ergreift einen die Ehrfurcht vor den Männern und Frauen (!), die im 19. Jahrhundert umfangreichste numerische Berechnungen nur mit Kopf, Papier und Stift ausgeführt haben. Ihr einziges Hilfsmittel waren umfangreiche Logarithmentafeln, die sie zumindest etwas von schwierigen Multiplikationen und Divisionen entlasteten. An Berechnungen, die heute ein moderner Computer in Sekundenbruchteilen mit einem entsprechenden Programm erledigt, war man damals manchmal monatelang beschäftigt, wobei man sich dabei nicht verrechnen durfte und man auch die Fehlerfortpflanzung im Auge behalten musste.

454. Begabte Damen als "menschliche Rechenmaschinen"

Für die oftmals eintönigen Berechnungen, wie sie insbesondere die Störungsrechnung bedarf (hier werden die Einflüsse der großen Planeten z. B. auf die Bahn eines Planetoiden oder Kometen, in die Bahnbestimmung und Ephemeridenrechnung mit einbezogen), wurden von den Astronomen gern rechnerisch begabte Damen angestellt, die quasi den Part des heutigen Computers übernahmen. Einige von ihnen lieferten selbständig wichtige Forschungsergebnisse und wurden auch entsprechend in der Wissenschaftsgemeinde anerkannt. Luise de Pierry (1746- nach 1807) war beispielsweise die erste Frau, die ab 1789 an der Pariser Sorbonne Astronomie gelehrt hat. Sie beschäftigte sich insbesondere mit Berechnungen von Sonnen- und Mondfinsternissen. Die von ihr erhaltenen Ergebnisse sind zu einem großen Teil in die Arbeiten de Lalande's eingegangen, der sie darin auch entsprechend würdigt. Auch dessen illegitime Tochter, Marie-Jeanne de Lalande (1769-1832), arbeitete als Astronomin. Ihr bekanntestes Werk war ein Sternkatalog von ca. 10.000 Sternen, der im Jahre 1799 veröffentlicht wurde.

455. Eine kluge Frau korrigiert Newton

Ganz besonders zu erwähnen ist noch Marquise Émilie du Châtelet (1706-1749), die trotz ihres kurzen Lebens (sie starb nach der Geburt ihres Kindes wahrscheinlich an Kindbettfieber) als eine der bedeutendsten Wissenschaftlerinnen in der Zeit der Aufklärung gilt und die z. B. mit Voltaire (1694-1778) nicht nur eng befreundet, sondern auch dessen Lebensgefährtin war, und die sogar mit dem Preußenkönig Friedrich II. regelmäßig korrespondierte. Auf Anregung Voltaires, der um 1737 selbst ein populäres Buch über die Newtonsche Mechanik geschrieben hatte, beschäftigte sie sich mit einer Übersetzung ins Französische sowie der geistigen Durchdringung von Newtons Hauptwerk, der *„Principia mathematica"*. Dabei begann sie dessen schwer verständlichen mathematischen Calculus in die mittlerweile immer beliebter gewordene Leibniz'sche Schreibweise anzupassen, was sehr zur Verbesserung der Verständlichkeit von Newtons Hauptwerk beitrug. Was auch wenig bekannt sein dürfte, ist, dass das Konzept der „lebendigen Kraft", die wir heute unter dem Begriff der „kinetischen Energie" kennen, im Wesentlichen auf du Châtelet zurückgeht und die damit einen wesentlichen Fehler Newtons korrigierte (Newton nahm noch an, dass die Bewegungsenergie der Geschwindigkeit proportional sei. Sie ist aber dem Quadrat der Geschwindigkeit proportional). Auch ein großer Teil ihrer philosophischen Reflexionen sind in die Geschichte der Aufklärung eingegangen. Sie vertrat dabei vehement Auffassungen, die weitgehend mit denen Voltaires übereinstimmten. So kritisierte sie ganz allgemein Offenbarungstheologien und machte sich selbst (was damals noch mutig war) über die Schöpfungsgeschichte des Alten Testaments lustig, in dem sie schrieb: *„Wie amüsant, dass die ersten drei Tage* [der Schöpfungsgeschichte] *durch Abend und Morgen begrenzt wurden, bevor am 4. Tag die Sonne erschaffen wurde…"*. Marquise Émilie du Châtelet war ohne Zweifel eine der gebildetsten und bestens vernetzten Frauen jener Zeit, deren Arbeiten auch von der Männerwelt, welche damals monopolistisch den Wissenschaftsbetrieb beherrschten, neidlos anerkannt wurden. Es ist schade, dass sie neben ihrem Lebensgefährten Voltaire in Bezug auf die Rezeption ihrer Werke immer noch ein Schattendasein führt.

456. Diderot und seine Enzyklopädie

In ihre Lebenszeit reicht auch die Lebenszeit eines anderen großen Franzosen hinein, dessen Vermächtnis in der Wikipedia weiter lebt, Denis Diderot (1713-1784). Er gilt – und das zu Recht – als der große Enzyklopädist und damit als einer der wichtigsten Wegbereiter der Französischen Aufklärung des 18. Jahrhunderts. Er schaffte es als großer Organisator und Herausgeber, fast alle Geistesgrößen jener Zeit für ein Projekt zu begeistern, einer Wissenssammlung, eines „Kreises von Kenntnissen" (*enkyklios paideia*), in dem nach Wörtern oder kurzen Phrasen geordnet, deren Bedeutung erklärt, beschrieben und in einen größeren Zusammenhang eingeordnet werden. Über seinen ersten Lebensabschnitt, etwa bis 1745, ist nur wenig bekannt. In diesem Jahr 1745 veröffentlichte er, noch anonym, seine *„Philosophischen Gedanken"*, die ihn bereits als einen Mann auszeichnen, dessen Gesicht das Jahrhundert entscheidend mitbestimmen und zum *„siècle des lumières"*, zum „Zeitalter des Lichts" machen soll.

Die Idee einer allumfassenden Enzyklopädie kam nicht aus dem Nichts, sondern wurde anhand eines Vorbilds geboren. Im Jahre 1728 erschien in London ein zweibändiges Werk mit dem Titel *„Cyclopaidia or Universal Dictionary of Arts and Sciences"* von einem gewissen Ephraim Chambers (1680-1740) als Autor. Als Übersetzer in das Französische wurde vom Pariser Verlag Le Breton der junge Denis Diderot gewonnen, der ein regelmäßiges Einkommen brauchte, aber ansonsten nicht sonderlich hohe Ansprüche an seine Bezahlung stellte. Irgendwann zu jener Zeit kam die Idee auf, es nicht bei der Übersetzung zu belassen, sondern ein eigenes und bedeutend umfangreicheres Werk zu verfassen. 1747 konnte dafür d'Alembert (1717-1783), ein damals schon bedeutender Mathematiker und Philosoph sowie Mitglied der Französischen Akademie der Wissenschaften, gewonnen werden. Durch seine Hilfen konnten weitere Autoren für das Projekt begeistert werden, darunter solche schillernde Persönlichkeiten wie Charles-Louis de Montesquieu (1689-1755), Bernard le Bovier de Fontenelle (1657-1757) und, nicht zu vergessen, Voltaire. 1749 schien das Projekt zu platzen, als Diderot verhaftet und in der Festung Vincennes eingesperrt wurde – u. a. wegen seiner *„Philosophischen Gedanken"*, die den Behörden ein Dorn im Auge waren. Erst nach einhundertzwei Tage Haft konnte er nach einem Schuldbekenntnis und der Intervention seiner Verleger, die ihr vorgeschossenes Geld schon verloren sahen, aus der Haft befreit werden.

1750 erschien Diderot's *„Prospekt der Enzyklopädie"*, in der er Sinn, Zweck und Aufbau des geplanten Werkes bekannt gab und das in erster Linie der Gewinnung von Subskribenten diente. Am 1. Juli 1751 konnte dann endlich der erste Band erscheinen, was wütende Angriffe des Klerus (insbesondere der Jesuiten) zur Folge hatte und der Enzyklopädie noch mehr Aufmerksamkeit zuteilwerden ließ. 1752 war dann das Jahr der Zensoren, die kein gutes Blatt an den aufklärerischen Artikeln der Enzyklopädie ließen und schließlich deren Verbot auf königlichen Befehl erwirkten. Das Verbot sollte der damalige königliche Direktor des Verlagswesen mit Namen Chrétien-Guillaume de Lamoignon de Malesherbes (1721-1794) durchsetzen, der aber Diderot warnte. Diderot übergab danach heimlich das Manuskript an de Malesherbes und ging für einige Zeit in die Illegalität. Offiziell beauftragte Malesherbes unterdessen die Polizei, das Manuskript bei Le Breton zu beschlagnahmen, was, wie könnte es auch anders sein, natürlich misslang.

Die Enzyklopädie hatte mittlerweile auch viele Freunde in Regierungskreisen gewonnen. Insbesondere Madame de Pompadour (1721-1764), die gebildete Mätresse Ludwig XV., nutzte ihren Einfluss, um bereits drei Monate nach dem Verbot dessen Aufhebung durchzusetzen, was ihre manche Kreise bei Hofe übelgenommen haben sollen. Nein, die französische Regierung trat sogar ganz offiziell an d'Alembert heran und befahl ihm und Diderot, die Enzyklopädie fortzusetzen. So konnte endlich im

November 1753 deren dritter Band erscheinen. Mit dem 7. Band, der im November 1757 erschien, erreichte man den Buchstaben „G“. Das war just das Jahr, als Robert-François Damiens (1715-1757), von Beruf „erfolgloser Attentäter“, sein fehlgeschlagenes Attentat auf Ludwig XV. ausführte und damit dem berühmten Henker von Reims, Nicolas-Charles-Gabriel Sanson (1721-1795) und dessen Neffen Charles Henry Sanson (1739-1806) zu einem öffentlichkeitswirksamen Auftritt verhalf. Die Hinrichtung war besonders grausam (Vierteilung), denn es handelte sich immerhin um versuchten Königsmord. Näheres dazu kann in den „*Tagebüchern der Henker von Paris*“, Band 1, nachgelesen werden (z. B. in Google Books), in welchen dem Attentat auf Ludwig XV. ein ganzes Kapitel gewidmet ist. Im Zusammenhang mit diesem Attentatsversuch wurden in Frankreich die Gesetze verschärft, die das Schreiben und Drucken von Büchern und Journalen regelten. Klerikale Kreise nutzten das für eine rechtliche Handhabe gegen die „Enzyklopädisten“, denen sie indirekt die Anstiftung Damiens zu seiner Tat zuzuschieben versuchten. Und sie hatten erst einmal Erfolg. Zuerst musste d'Alembert sein Amt als Mitherausgeber aufgeben, dann wurde im März 1759 die königliche Lizenz für die „Enzyklopädie“ zurückgezogen. Das Projekt schien am Ende zu sein. Aber die Autoren arbeiteten illegal unter wohlwollender Duldung Malesherbes weiter, so dass sie 1765 das vollständige, nun siebzehnbändige Textwerk an ihre Subskribenten ausliefern konnten. 1772 waren dann auch noch die elf Bildbände fertiggestellt.

In der Hochzeit der Auslieferung musste der Verlag über 200 Personen, d. h. Papierhersteller, Drucker, Buchbinder und Kupferstecher, beschäftigen. Eine Gesamtausgabe des Werkes kostete 1772 rund 900 Livre, was ungefähr das 1,5fache des Jahresverdienst eines an sich schon gut bezahlten Lyoner Seidenarbeiters entsprach. Kommerziell war die Enzyklopädie, an deren Texten sich ungefähr 160 Personen beteiligten, für den Verlag ein voller Erfolg. Dieses Werk und seine vielen Nachfolger waren für Generationen „die“ Quelle des Wissens, in dem man nachschlagen, aber auch schmökern konnte. Auch heute lohnt es sich noch, darin den einen oder anderen Artikel zu lesen, um zu sehen, was die Menschen im 18. Jahrhundert so wussten und dachten. Hier ein Beispiel – der Begriff „Verrücktheit“, wie er im siebenten Band abgehandelt wird:

„Weicht man unwissentlich von der Vernunft ab, weil man ideenlos ist, so ist man dumm; weicht man wissentlich, wenn auch mit Bedauern von der Vernunft ab, weil man Sklave einer heftigen Leidenschaft ist, so ist man schwach; Weicht man aber getrost von ihr ab, nämlich in der Überzeugung, dass man ihr folgt, so ist man, wie mir scheint, verrückt. Das sind zumindest jene Unglücklichen, die man einsperrt und

die sich von den anderen Menschen vielleicht nur dadurch unterscheiden, dass ihre Verrücktheiten von seltenster Art sind und nicht in die Ordnung der Gesellschaft passen... (d'Aumont)".

Oder hier noch ein Begriff aus der Kategorie „Küche", wie er im vierzehnten Band abgehandelt wird – Sauerkraut:

„Dieses Wort verstümmeln die Franzosen zu „choucroute". Es ist ein in Deutschland überall beliebtes Gericht; Sauerkohl liegt ihm zugrunde; daher sein deutscher Name. Sauer bedeutet Säure, Kraut bedeutet Kohl. Wenn man Sauerkraut machen will, so schneidet man zunächst Weißkohl in sehr dünne Scheiben; die Deutschen haben für diesen Zweck ein Brett, das einem Hobel ähnelt und mit einem scharfen Messer versehen ist. Reibt man den Kohl an dieser Art Hobel, so wird er in dünne Scheiben geschnitten, die unter dem Hobel von einem Trog aufgefangen werden. Wenn man eine ausreichende Menge angehäuft hat, bringt man den auf diese Weise kleingeschnittenen Kohl in Fässer, Schicht für Schicht, die man jeweils mit Salz und einigen Wacholderbeeren bestreut; sobald das Fass voll ist, bedeckt man es mit einem Brett und legt ein Gewicht darauf, damit der zerschnittene Kohl zusammengepresst wird. Man bringt das Ganze in einen Keller und lässt es einige Wochen lang gären. Wenn man den Kohl essen will, wäscht man ihn und lässt ihn mit Pökelfleisch, Würsten, Rebhuhn und – je nach Wunsch – auch mit anderem Fleisch kochen. Dieses Ragout wird von den Deutschen sehr geschätzt; es wird auf der Tafel der Reichsten ebenso serviert wie auf dem Tisch der Ärmsten. Die Fremden gewinnen an ihm kaum Geschmack; doch scheint dieses Ragout für Seeleute auf weiten Reisen recht nützlich zu sein ...".

Enzyklopädien in gedruckter Form waren bis vor kurzem wichtige Wissenssammlungen und Nachschlagewerke, die in irgendeiner Form, ob als wuchtiger „Brockhaus" oder als kleines Taschenlexikon, in keinem Haushalt des Bildungsbürgertums fehlen durfte.

457. Encyclopædia Britannica

Eine der ältesten und auch heute noch bestehenden Enzyklopädien stellt die 32-bändige „*Encyclopædia Britannica*" dar, die aus rund 44 Millionen Wörtern besteht und damit 300-mal mächtiger ist als dieses kleine Büchlein, welches Sie gerade lesen. Sie entstand um 1768 in Schottland und wird auch heute noch weiter gepflegt – dem

Geist der Zeit und den technischen Möglichkeiten entsprechend aber seit 2012 nur noch in digitaler Form. Denn mit dem Aufkommen enzyklopädischer Werke im Internet haben die gedruckten, teuren und viel Platz einnehmenden Varianten quasi ihre Daseinsberechtigung verloren. Mit dem genialen Projekt der Wikipedia (die aber auch viele Schwächen aufweist, insbesondere in den mehr politischen Traktaten) hat die Enzyklopädie auch ihren elitären Charakter verloren, die nun – im Sinne Diderots – zur Wissensquelle eines jeden (soweit er Zugang zum Internet hat) geworden ist.

Neben den „Großen Enzyklopädien" sind im Laufe der Zeit unzählige „kleine" und auch sehr spezielle, zum Teil auch kuriose, entstanden.

458. Von Wendehälsen und Wetterhähnen

So fiel es einem unbekannten Autor in den Jahren nach der Französischen Revolution auf, dass aus vielen ehemaligen Royalisten auf einmal glühende Republikaner geworden sind, die nun begannen, unter den neuen Verhältnissen wieder Karriere zu machen. In Deutschland Anfang der 1990er Jahre hat man zur Kennzeichnung solcher Personen das Wort „Wendehals" aus der Vogelwelt adaptiert. Der unbekannte Autor erwählte dafür den Begriff des „Wetterhahns", der sich auf dem Dach immer in Richtung des gerade herrschenden Windes drehte. Wie gesagt, 1815 (das Jahr des Waterloo-Debakels Napoleons) erschien in Paris das *„Dictionnaire des girouettes"*, in dem auf rund 500 Seiten in alphabetischer Reihenfolge alle die Personen aufgelistet sind, deren öffentliche Laufbahn dadurch gekennzeichnet war, dass sie ihr Mäntelchen stets nach dem Winde hängten und auf diese Weise rückgratlos und damit ungeschoren politische Umbrüche überstehen konnten. Der „Grad" des Gesinnungswandels wurde in diesem Buch durch stilisierte „Wetterhähne" – Fähnchen – dargestellt. Je mehr hinter einem Namen gedruckt waren, desto öfters hatte sich die Person nach Meinung des Autors den wechselnden Zeiten angepasst. Und in diesem Lexikon finden sich Unmengen von illustren Namen, beispielsweise Charles-Maurice de Talleyrand-Périgord (1754-1838), der berühmte Außenminister Napoleon Bonapartes (16 Fähnchen), über den der abgedankte französische Kaiser auf Sankt Helena die Worte fand:

„Was mich überzeugt, dass es weder einen strafenden noch einen belohnenden Gott gibt, ist der Umstand, dass die anständigen Menschen immer unglücklich und die

Schufte immer glücklich sind. Sie werden es erleben, dass ein Talleyrand in seinem Bett sterben wird."

Und so ist es gekommen.

Zwölf Fähnchen gingen an Joseph Fouchè (1759-1820), dem berüchtigten Polizeiminister Napoleons. Er hat wahrlich in jeder Lebenslage die Kurve gekriegt, was ihn geradezu zum Inbegriff eines Wendehalses machte. Stefan Zweig (1881-1942) hat 1929 seine Lebensgeschichte aufgeschrieben (man kann sie im Internet im „Projekt Gutenberg" lesen) und kann darin eine gewisse Bewunderung für diesen Mann, der seine Überzeugungen, sobald es ihm opportun erschien, wie die Hemden wechselte, kaum unterdrücken. Zu Beginn der Revolution war er mit den Parteiführern der gemäßigten Girondisten liiert. Dann wendete er sich der extremen Bergpartei zu und forderte die Hinrichtung des Königs. Durch sein politisches Gespür sah er das Scheitern Robespierres voraus und nahm aktiv an dessen Sturz Anteil, wobei er sich eiligst Jean Lambert Tallien (1667-1820) anschloss. In diesem Zusammenhang wurde Fouchè verhaftet und eingesperrt. Aber nicht für lange. Er schleimte sich schnell bei den Mitgliedern des sogenannten „Direktoriums" (der letzten „Regierung" der Revolution), insbesondere Paul de Barras (1755-1829), ein. Trotzdem man mit ihm dort nicht sonderlich zufrieden war, wurde er schließlich Polizeiminister, was für ihn einen großen Karrieresprung bedeutete und es ihm ermöglichte, ein beträchtliches Vermögen anzuhäufen. In der Kaiserzeit wurde er mit Ehren überschüttet. Durch Indiskretionen am Kaiserhof, die zweite Ehe Napoleons betreffend, fiel er zwar in Ungnade. Da er aber den Sturz des Kaisers vorhersah, war das für ihn kein größeres Problem, denn er begann jetzt gemeinsame Sache mit den Bourbonen zu machen. Als aber die Gazetten meldeten, dass Napoleon die Insel Elba verlassen hat und mit seinen Anhängern auf Paris zu marschierte (*„Der böse Wolf legte in der Bucht von Juan an"* titelte die BILD jener Zeit), verließ er erst einmal sicherheitshalber Paris. Als Napoleon in Paris eingetroffen war (die BILD jener Zeit titelte *„Seine Kaiserliche Majestät zog in die Tuilerien ein, umgeben von seinen getreuen Untertanen."*), wagte es auch Fouchè wieder nach Paris und begann den Kaiser zu umschmeicheln. So wurde er auch prompt während der „Hundert Tage" wieder als Polizeiminister eingesetzt. Da er ahnte, dass die Herrschaft Napoleons nicht lange anhalten wird, verriet er den geplanten belgischen Feldzug in konspirativer Weise an den britischen Feldmarschall Arthur Wellesley (1769-1852), besser bekannt als „Wellington" (er war der 1. Duke of Wellington). Und als schließlich Napoleon bei Waterloo endgültig besiegt war, wurde Fouchè Präsident der Provisorischen Regierung und brach damit endgültig mit den Bonapartisten. Und so ging es weiter. Als mit Ludwig XVIII. schließlich wieder ein

Bourbone auf den französischen Thron zurückkehrte, wurde er abermals Polizeiminister – ein ehemaliger Jakobiner, der einst für den Tod des Bourbonenkönigs Ludwig XVI. gestimmt hatte... Man kann sich vorstellen, dass dieses „Lexikon der Wetterhähne“ viel Aufsehen in Frankreich jener Tage hervorgerufen hat. So sah sich ein gewisser Beuchot genötigt, die Ehre der Nation wieder herzustellen. Seine Elaboration zu diesem Thema gereichte zu einem Buch, welches man z. B. in der digitalen Bibliothek „Gallica“ unter dem Titel „*Dictionnaire des immobiles*“ – also als „Lexikon der Charakterfesten“ einsehen kann. Er brachte es immerhin auf 38 Textseiten... Also weit her kann es mit den „Charakterfesten“ zur Zeit der „Ersten Republik“ nicht gewesen sein – wahrscheinlich auch Dank der Erfindung des Herrn Joseph-Ignace Guillotin, der so viele „Charakterfeste“ in den Wirren der Französischen Revolution zum Opfer gefallen sind...

Der Begriff der „Revolution“ wird immer gern bemüht, wenn es innerhalb vergleichsweise kurzer Zeiträume zu einem grundlegenden und anhaltenden Wandel eines Systems kommt. Dabei muss dieses „System“ nicht unbedingt ein gesellschaftliches System wie z. B. eine Monarchie sein. Auch Wissenschaft und Technik kennen Revolutionen. In der Wissenschaft werden sie meist schlicht „Paradigmenwechsel“ genannt.

459. Paradigmenwechsel in der Wissenschaft

Dieser Begriff stammt von dem Wissenschaftstheoretiker Thomas S. Kuhn (1922-1996), nach dem ein Paradigma im Wesentlichen die Rahmenbedingungen beschreiben soll, in die eine wissenschaftliche Theorie als Erklärungsmodell der Wirklichkeit eingebettet ist. Ist es notwendig, diese Rahmenbedingungen zu ändern, dann spricht man von einem Paradigmenwechsel. Ein typisches Beispiel dafür ist der Übergang vom geozentrischen Weltbild zum heliozentrischen Weltbild, welches von dem Ermländer Nicolaus Copernicus (1473-1543) vollzogen wurde. Unter beiden Paradigmen war es möglich, die Positionen der Planeten am Himmel für zukünftige Zeitpunkte in einer für die damalige Praxis befriedigenden Genauigkeit zu berechnen. Copernicus konnte jedoch zeigen, dass sich unter seiner Prämisse das Erklärungsmodell zu einem gewissen Grad logisch vereinfachen lässt, ohne dass die Ergebnisse schlechter werden.

An sich treten Paradigmenwechsel in der Wissenschaft öfters auf. Nur hier war er mit einem weltanschaulichen Wandel verbunden, der religiöse Lehrsätze infrage stellte. Die Brisanz davon sollte sich erst etwas zeitversetzt zu Copernicus Tod zeigen, als sich seine Idee langsam im Abendland zu verbreiten begann. Das lag daran, dass sein 1543 erschienenes Hauptwerk aufgrund seines mathematischen Charakters von seinen Zeitgenossen nur wenig beachtet wurde, obwohl sich auch die katholische Kirche durchaus dafür – und zwar im positiven Sinn – interessierte (Papst Paul III. (1468-1549)) ließ sich darüber im Vatikanischen Garten berichten). Ein Grund dafür war die „Kalendermisere“ (d. h. das Auseinanderlaufen von kirchlichen Feiertagen und Kalender aufgrund einer falschen Jahreslänge), deren Lösung immer akuter wurde und schließlich unter Einbeziehung kopernikanischer Ideen 1582 zur „Gregorianischen Kalenderreform“ führte. Erst reformatorische Kirchenlehrer wie Phillipp Melanchton (1497-1560) und Martin Luther (1483-1546) erkannten die weltanschauliche Brisanz des Heliozentrismus und versuchten, in dem sie Disputationen in den Universitäten verhinderten bzw. die kopernikanische Lehre ins Lächerliche zogen (*„Es ward gedacht eines neuen Astrologi, der wollte beweisen, daß die Erde bewegt würde und umbginge, nicht der Himmel oder das Firmament...*, Luthers Tischreden), dessen Ausbreitung zu unterbinden. In der katholischen Kirche wurde man dagegen erst im Zusammenhang mit Giordano Bruno (1548-1600) und Galileo Galilei (1564-1642) auf das Werk aufmerksam und setzte es nach eingehender Prüfung und unter Einhaltung der Kirchengesetzlichkeiten 1616 auf den Index der verbotenen Bücher (bis 1835). Aber es hatte – aus der Sicht der Kirche – nichts genutzt. Einmal die kopernikanischen Ideen als wahr erkannt, begann die Emanzipation der Wissenschaft von der Kirche – mit dem heute sichtbaren Erfolg, dass vor kurzem (15. Juli 2015) eine Raumsonde an Pluto vorbeigeflogen ist, dabei dessen Oberfläche und die Oberfläche seines Mondes Charon fotografiert hat und jeder Mensch mit Internetzugang daran teilhaben konnte – wenn es ihn denn interessierte...

460. Wissen und Erkenntnisstreben als Selbstzweck

Nun ja, es ist nicht lebenswichtig, etwas über Pluto zu wissen, oder über den Fährmann über den Fluss Acheron mit Namen „Charon“ (*Don't Pay the Ferryman!*) oder über Chris de Burgh. Aber die Welt wird interessanter, wenn man es weiß. Man sollte Wissen wieder als Selbstzweck erkennen, etwas, was einen als Persönlichkeit weiterbringt, hilft, die Dinge der Welt zu verstehen und einzuordnen und somit ermöglicht, ein selbstbestimmtes Leben zu führen. Nur mit einem gewissen Maß an Allgemeinbildung und sich darauf aufbauender Kritikfähigkeit kann ein Individuum die zentralen Menschheitsprobleme verstehen und kritisch reflektieren. Ein Mensch, der etwas über die Französische Revolution weiß, dem kann dieses Wissen helfen, eine Reihe gesellschaftlicher Probleme und menschlicher Abgründe zu erkennen und realistisch einzuordnen, welche beispielsweise die Tagespolitik beschäftigen. Ein Mensch, der einige Grundgedanken der Naturwissenschaften verinnerlicht hat, wird beispielsweise die Nebelkerzen erkennen, die ihm in Bezug auf Klimapolitik und „erneuerbare" Energien tagtäglich von den Medien vorgesetzt werden. Und eines sollte man nicht vergessen, wenn es um den Erwerb von Spezialwissen geht, wie es heutzutage in jedem anspruchsvollen Beruf erwartet wird. Nur diejenigen, die ein ausgeprägtes Allgemeinwissen mitbringen, sind in der Regel überhaupt erst in der Lage, Dinge und Sachverhalte selbst und kritisch zu beurteilen, da sie verschiedene Facetten betrachtet und dadurch den nötigen Weitblick gewonnen haben. Etwas zu wissen ist aber ohne Zweifel auch ein intellektuelles Vergnügen. Es mag für die meisten nutzlos erscheinen, Blumen am Wegrand benennen oder die wichtigsten Sternbilder am Himmel zeigen zu können. Aber ein derartiges Wissen ist ein Teil eines riesigen Netzwerks von Fakten und Zusammenhängen, die auf vielfältigste Weise untereinander verbunden sind. Und genau das sollte Ihnen dieser kleine Ausflug in das Panoptikum interessanter Dinge und Begebenheiten vermitteln. Alles hängt irgendwie zusammen – und dabei habe ich noch nichts über die quantenmechanische Verschränkung erzählt.

P.S. Wie Sie sicher schon längst wissen, passen genau 9 grüne Hunkis in einen Hemputi...

Inhalt

FSC
www.fsc.org